FLUSH

똥

뜻밖의 보물에 숨겨진
놀라운 과학

THE REMARKABLE
SCIENCE OF AN UNLIKELY
TREASURE

브린 넬슨 지음

고현석 옮김

arte

일러두기

- 이 책은 Bryn Nelson의 *Flush*(Hachette Book Group, Inc., 2022)를 우리말로 완역
  한 것이다.
- 외국 인명 및 지명 표기는 국립국어원의 외래어표기법을 따르되, 일부는 통용되는
  표기를 따랐다.
- 원서에서 강조를 위해 이탤릭으로 표시한 부분은 볼드로 표시했다.
- 도서는 『 』 논문 등 짧은 글은 「 」 잡지나 신문 등 정기간행물은 《 》, 영화나 음악 등
  의 작품명은 〈 〉, 기사 및 통계조사는 ' '로 묶었다.
- 각주는 모두 역주이다.

부모님께 이 책을 바칩니다.

차례

서론

　최근 들어 시신을 땅에 묻거나 화장하지 않고 퇴비로 만드는 "인간 퇴비화"와 관련된 논란이 계속 일고 있다. 일반적으로 사람들은 시신을 매장하거나 화장한다. 하지만 생물학적 관점에서 본다면 완전히 부패해 흙의 일부로 변화한 인간의 시신은 식물의 훌륭한 먹이가 될 수 있다. 시신은 식물에 필요한 (니켈을 제외한) 모든 미네랄과 영양분을 제공하기 때문이다. 장의사이자 작가인 케이틀린 도티(Caitlin Doughty)는 『좋은 시체가 되고 싶어(From Here to Eternity)』에서 시신을 땅에 돌려줌으로써 "지저분하고, 혼란스럽고, 흐트러진 상태의 몸"이 자유를 찾게 만들자는 "재구성(recomposition)" 운동이 점점 확산되고 있다고 말한다.

　테네시주 녹스빌에 있는 시체 농장(Body Farm)에 갔던 일이 지금도 생생하게 기억난다. 시체 농장은 기증된 시신들을 대상으로 법의학 전문가들이 땅 위, 땅 밑, 자동차 트렁크 안, 트레일러 안 같은 다양한 자연환경 또는 끔찍한 공간에서 시신이 **어떻게** 부패하는지 연구하는 곳이다. 나는 그곳이 매우 흥미로운 곳이라고 느끼면서도 한편으로는 묘한 감동을 받기도 했다. 그곳은 시신 기증자들이 삶의 피할 수 없는 결론에 대해 과학자들이 연구할 수 있도록 해 주고, 과학수사관들이 살인범을 찾아내 정의의 심판대에 세울 수 있도록 도움을 주는 곳이었기 때문이다. 하지만 그곳에 대한 이야기를 쓰면서 약 3000평 넓이 시체 농장에서 찍은 사진들을 기사에 수록하겠다고 사진 담당 편집자에게 말하자 그는 그 말을 듣는 것만으로도 역겹다는 표정을 지었다. 결국 그는 내 사진에 시신이 하나도 찍혀 있지 않았는데도 부적절하다는 이유로 사진 게재를 거부했다.

신생아의 탯줄 기증 역시 논란의 대상이 되고 있다. 길이가 약 60센티미터인 탯줄은 일반적으로 의료폐기물로 간주되어 버려진다. 하지만 생물학적 관점에서 보면 탯줄에는 산소를 운반하는 적혈구, 감염물질과 싸우는 백혈구, 백혈병에서 낫적혈구장애(sickle cell disease)[1]에 이르기까지 70가지 이상의 질환을 치료하거나 증상을 완화하는 데 도움이 되는 혈소판 등을 만들어 내는 줄기세포와 전구체 들이 들어 있다. 현재 제대혈(cord blood)[2] 이식은 전 세계적으로 4만 건 이상 이루어졌으며, 이식 건수는 지금도 계속 늘어나고 있다. 언젠가 나는 이 중 제대혈 이식수술로 백혈병 환자를 살린 사례를 다른

---

1   건강한 적혈구가 부족하여 몸 전체로 산소를 운반하는 능력이 저하된 상태.

2   산모가 신생아를 분만할 때 분리된 탯줄과 태반에 존재하는 혈액.

글에서 언급한 적이 있다. 이 수술은 익명의 두 아기(각각 A형과 O형인 이 아기들은 아멜리아와 올리비아라는 가명으로 불렸다)로부터 채취한 탯줄을 이용해 백혈병 환자의 골수를 다시 채운 수술이었다. 이 환자는 그동안 받은 화학 치료와 방사선치료 때문에 골수가 모두 소진된 상태였다. 하지만 탯줄이 이런 가능성을 가졌음에도 대다수 병원에서는 신생아의 탯줄 기증을 고려해 보라는 말을 부모에게 거의 하지 않는다.

이 책을 쓰기 시작할 때 나를 사로잡은 질문은 **어떤 것이 가치를 가지는가?**였다. 혈액, 장기, 정자, 난자 등을 기증하는 일의 가치를 의심하는 사람은 거의 없다. 생명을 구하거나 새로운 생명이 태어나는 데 도움을 주는 일은 이타적인 행동의 전형으로 간주된다. 하지만 어떤 사물이 일단 쓸모없거나 가치가 없다고(또는 역겹다고) 규정되면 그때부터는 그 사물을 새로운 시각으로 보기 힘들어진다. 이 책에서 똥을 기증하는 일에 대한 이야기를 하게 된 이유가 바로 여기에 있다. 우리는 가능한 한 빨리 똥을 없애려고 한다. 하지만 생물학적 관점에서 볼 때 정상적인 소화의 부산물인 똥은 식물과 인간의 생명을 완전히 바꿀 수 있는 물질이다. 나는 사람들이 이 사실을 간과하고 있다고 본다. 우리는 똥에 얼굴을 찌푸리기 전에 태어날 때부터 죽을 때까지 우리가 열심히 만들어 내는 이 숨겨진 보물에 진지한 관심을 가져야 한다.

아기가 태어나서 보통 하루나 이틀 안에 배출하는 똥은 일반적으로 녹색이 도는 검은색 타르 모양이며 냄새가 거의 나지 않는다(태아는 **자궁 안에서도** 똥을 배출한다). 전문용어로는 태변(meconium)이라고 부르는 이 상태의 똥에는 점액, 담즙, 장내의 찌꺼기, 양수, 솜털, 배냇솜털(태아의 몸에 나는 섬세한 털) 그리고 태아가 자궁에 있는 동안 삼킨 여러 가지 물질이 포함되어 있다. 태변 배출은 신생아가 먹은 모유나 분유의 찌꺼기를 소화계가 처리할 수 있도록 길을 열어 줌으로써 장을 정화하는 역할을 한다. 똥은 하부 소화기관에서 이런 찌꺼기가 몸 밖으로 빠져나가는 마지막 과정에서 내괄약근과 외괄약근이 이완되면서 배출된다. 소화 활동이 괄약근의 이완으로 이어지는 이 중요한 사건은 평균적인 성인에게서 매주 8~9회 정도 일어난다. 성인의 주간 배변량은 시중에서 파는 파인애플 한 개 무게인 900그램 정도로 널리 알려져 있지만, 최근 세계 곳곳의 사람들을 대상으로 수행한 대규모 연구 결과에 따르면 이 수치는 그 두 배를 넘는다. 현재 지구 인구가 약 80억 명이라는 점을 감안하면, 대충 계산한다고 해도 인류가 한 해에 배출하는 똥의 양은 엄청나다고 할 수 있다.

미생물학자로서의 편견 때문일 수도 있겠지만, 나는 우리가 이렇게나 많이 만들어 내는 천연자원을 계속 무시하고 있다는 사실이(그래, 존 워터스 감독이나 독일인들은 빼고) 좀 이상하게 느껴진다. 얼마 전 나는 우리 집 외벽에 갈색 페인트를 칠했는데, 그 페인트 색깔을 보고 이웃집 사람이 보였던 반응이 생각난다. 그는 페인트공이 방금 칠한 페인트 색깔이 "뭐라고 말하기 힘든 몸의 기능" 때문에 배출된 물질의 색깔이라고 말했다. 그 말은 들은 나는 어이가 없으면서도 묘한 즐거움을 느꼈다. 그는 그 색깔이 똥색이라는 지적을 한 것이었고, 똥색이라는 말을 쓰고 싶었지만 예의상 그 말을 쓰지 않았던 것이다. 또한 나는 이 책을 쓰는 과정에서 흥미로우면서도 황당한 사실 하나를 발견했다. 내가 인터뷰 내용을 녹음한 음성파일을 텍스트파일로 바꾸는 데 사용하는 인공지능 알고리즘이 '똥' '오줌' '똥구멍' 같은 단어들을 걸러 내도록 훈련받았다는 사실이다. 알고리즘은 음성을 텍스트로 전환하면서 이런 단어들을 아예 삭제하기도 했다.

프랑스의 정신분석학자 도미니크 라포르트(Dominique Laporte)는 고매함에 대한 서양 사회의 잘못된 생각을 신랄하게 꼬집은 『똥의 역사(Histoire de la merde)』에서 "우리는 똥에 대해 말하려고 하지 않는다. 하지만 태초 이래 똥만큼 많은 것을 말하게 만든 것은 없었다. 섹스도 그 정도는 아니다"라고 썼다. 실제로 아이를 키우는 부모(또는 반려동물 주인)가 똥에 얼마나 많이 신경을 쓰는지 생각해 본다면, 똥이 어떤 의미를 가지는지 알 수 있을 것이다. 부모라면 아기의 기저귀를 갈면서 똥의 색깔과 냄새가 어떤지, 아기가 얼마나 많이 쌌는지 살펴보던 순간을 생생하게 기억할 것이다. 부모들은 제대로 대소변을 가린 아기가 만족스러운 표정을 짓거나 즐거운 감탄사를 내뱉는 것을 보면서 기쁨을 서로 나눈다. 또한 이런 순간들은 아이의 발달 과정에서 기념비적인 단계로 기억된다. 우리 아이의 첫 똥! 아이가 처음 눈 갈색 똥! 아이의 첫 단단한 똥! 아이가 처음 혼자 변기에 눈 똥!

성장이 끝난 뒤에도 우리는 똥에 신경을 쓴다. 특히 사고를 당했거나, 질병에 걸렸거나, 수술을 받은 후에 우리는 똥의 **부재**와 그 부재의 의미에 대해 집착하게 된다. 똥이 다시 배출되기 시작하면 환자는 물론 그 가족과 지인 들도 환자의 신체 시스템이 회복되어 생활이 정상으로 돌아오고 있다고 생각해 기쁨의 감탄사를 연발한다. 나도 담낭과 포도알만 한 담석을 제거하는 수술을 받은 뒤 처음 정상적인 배변을 하게 됐을 때 기뻐했던 기억이 있다.

담낭 제거 수술은 물렁물렁한 배 모양 기관이 몸 안에서 실제로 어떤 역할을 하는지에 대해 아직 배울 것이 많다는 사실을 내게 시기적절하게 알려 준 경험이었다. 의사 대부분은 담낭을 "소모품"이라고 부른다. 이는 담낭이 간에서 만들어져 지방을 분해하는 담즙을 축적하고, 저장하고, 분배하는 역할을 하지만, 담낭이 없어도 정상적인 생활이 가능하다는 뜻이다. 내 경우 심장마비처럼 느껴질 정도로 가슴을 주먹으로 때리는 것 같은 통증이 6년 동안 산발적으로 진행됐기 때문에 어쩔 수 없이 담낭 제거 수술을 한 것이었다. 하지만 배꼽에 뚫린 구멍을 통해 담낭이 녹색 물티슈처럼 조각조각 떨어져 나오는 것을 보면서도 나는 별로 슬프지 않았다. (그래, 사실 실제로 그 장면을 직접 보지는 못했다. 하지만 지름이 2센티미터가 넘는 황갈색 다면체 형태인 담석이 배꼽에 뚫린 구멍으로 튀어나오는 장면은 쉽게 상상할 수 있었다. 나는 의료진에게 담석을 기념으로 간직하고 싶다고 말했고, 의료진은 약간 당황하기는 했지만, 그 담석은 지금 내 작업실 책장에 있는 골동품 구슬 보관용 유리병에 담겨 있다.)

하지만 안타깝게도, 수술 집도의, 마취의, 간호사는 모두 외래환자 수술과 그 수술에 사용되는 여러 가지 약물이 환자의 내부 배관(내부 장기들)에 얼마나 큰 혼란을 일으키는지는 내게 제대로 설명해 주지 않았다(분명히 말하지만, 장기를 엉망으로 만드는 방법은 정말 너무나 다양하다). 수술이 끝난 뒤 회복실에서 퇴원 전담 간호사는 변기에 앉아 너무 힘을 주면 심각한 부수적인 손상이 발생할 수 있으며, 드물게는 심한 변비로 사망할 수도 있으니 주의하라고 경고했다. 배변 과정에서 지나치게 힘을 주면 다리 안쪽 깊은 곳이나 골반 정맥에서 갑자기 혈전이 떨어져 나와 폐동맥으로의 혈액 유입을 막는 증상인 폐색전증이 발생해 사망할 수 있다. 또한 과도한 긴장 때문에 혈압이 급상승함에 따라 뇌 또는 복부에 있는 혈관이 부풀어 올라 파열하면서 뇌졸중, 동맥류, 심장마비 같은 치명적인 상태를 초래할 수도 있다. 실제로 엘비스 프레슬리는 변기에 앉은 채 사망했을 가능성이 높다고 추정된다(불쌍한 엘비스). 사망 당시 엘비스는 오랜 아편중독 때문에 심각한 만성 변비에 시달렸고, 대장이 엄청나게 비대해진 상태, 즉 거대결장(megacolon) 상태에 있었다. 이 상태가 어떤 상태일지는 쉽게 상상이 갈 것이다. 현재 그의 사망을 둘러싼 유력한 가설 중 하나는 배변 과정에서 너무 힘을 주다 심장마비로 쓰러졌다는 것이다. 로큰롤의 황제 엘비스는 심한 변비 때문에 왕좌에서 물러났을 수도 있다.

내 경우 담낭 제거 수술 후 배변 활동은 같은 수술을 받은 다른 환자들에 비해 매우 짧은 시간인 52시간 만에 재개됐다. 중년 남자가 배변 활동 재개에 대해 부모님께 기뻐하면서 말씀드린다는 것이 좀 어색하게 느껴지긴 했지만, 배변이 다시 시작되면서 상황이 정상으로 회복되고 있다는 안도감은 이루 말로 하기가 힘들 정도였다. 수술 후 회복 과정을 거치면서 나는 내 몸이 어떻게 작동하는지, 내 몸 안으로 어떤 것이 들어가고 나오는지에 대해 이전보다 훨씬 더 깊은 주의를 기울이게 됐다. 또한 나는 이 일을 통해 장 안에 존재하는 물질들의 작용에 대해 아직도 많은 것을 배워야 한다고 생각하게 됐다. 우리는 흔히 우리가 자연과 떨어져 살고 있다고 생각한다. 하지만 우리 안에는 자연을 완벽하게 축소한 세계가 들어 있으며, 그 세계의 운명이 우리와 밀접하게 얽혀 있는 현실에서 벗어날 수 없다. 그 세계가 무엇이고 어떤 일을 하는지 이해함으로써 우리는 우리가 가진 내적인 힘을 제대로 이해할 수 있으며, 우리와 함께 진화한 우리 안의 생태계와 조화롭게 공존하는 방법을 배울 수 있다. 더 나아가 이러한 사고의 전환은 자연을 압도하거나 지배하려고 하는 대신 자연과 조화롭게 공존하는 것이 수많은 고통을 피할 방법이 될 수 있다는 것을 이해하는 데 도움을 준다.

사실 인류는 "오, 쉿(Oh, Shit)"이라고 말한 순간부터 인간을 제외한 지구의 나머지 부분과 발을 맞추는 것을 거부해 왔다. 기후 과학자들은 화석연료 의존으로 인한 해수면 상승과 기온 상승이라는 최악의 결과를 피하려면 지금 당장 조치를 취해야 한다고 말한다. 다른 에너지원으로 전면적으로 전환하려면 후기산업사회로 이행하는 인류가 삶에서 어떤 것이 가장 중요하고 가장 큰 의미를 지니는지를 창의적으로 다시 생각해야만 한다. 우리를 괴롭히는 모든 문제를 해결할 만병통치약은 존재하지 않는다. 하지만 바람직한 해결책 중 하나는 우리가 만들어 내는 똥에서 찾을 수 있다.

우리가 자연계의 본질적인 구성원이자 우리 내부의 생태계와 우리 주변의 더 큰 생태계 사이의 통로라는 사실을 이해한다면, 이 두 생태계의 관리자로서 우리의 본질적인 역할을 더 쉽게 받아들일 수 있을 것이다. 더 나은 관리자가 되려면 변화하는 환경에 더 이상 맞지 않는 기존의 규정과 인프라에 대한 새로운 사고방식이 필요할 수 있다. 또한 가치와 진보를 평가하고 이야기하는 방식에 대해서 다시 생각해야 할 수도 있다.

한 생명체의 사체나 부산물이 다른 생명체를 만들어 내는 재생 순환(regenerative cycle)을 핵심적인 요소로 다룬 창조 설화나 민담은 오랫동안 여러 문화권에서 공통적으로 전해 내려오고 있다. 유리 릿헤우(Yuri Rytkheu)의 『축치 바이블(Chukchi Bible)』에는 최초의 새(First Bird)인 갈까마귀의 배와 방광에서 세상이 창조됐다는 축치족의 창조 설화가 실려 있다. 이 설화의 내용은 다음과 같다. "갈까마귀 한 마리가 창공을 날고 있었다. 이 갈까마귀는 이따금씩 비행 속도를 늦추고 배설물을 뿌렸다. 딱딱한 배설물이 떨어진 곳에는 육지가 생겼고, 액체가 떨어진 곳에는 강, 호수, 웅덩이, 개울이 생겼다. 어떤 곳에는 이 최초의 새가 배출한 배설물들이 서로 뭉쳐 툰드라습지를 이루기도 했다. 새의 배설물 중 가장 딱딱한 것들은 자갈 비탈, 산, 울퉁불퉁한 절벽이 됐다."

이런 오래된 이야기들은 수로 오염, 질병 예방, 분뇨처리에 대해 현대와 정반대의 시각을 보여 준다. 워싱턴DC에서 활동하는 예술가이자 교육자, 활동가인 숀 섀프너(Shawn Shafner)에 따르면 현대인들은 자신이 사는 공간의 구조 자체에 대해 생각할 때 그리고 그 생각을 표현할 때 "버려지는 것들에 대해서는 전혀 의미를 부여하지 않는다". 언급하기 곤란하거나 중요하지 않다고 생각해 사람들이 터부시하는 것들에 대한 생각을 바꾸기 위해 섀프너는 POOP 프로젝트를 시작했다. POOP는 "사람들이 가진 유기적인 힘(People's Own Organic Power)"

의 약자다. 이 프로젝트를 기반으로 섀프너는 음악, 미술, 연극 공연 등 다양한 수단을 동원해 우리 몸과 지구가 더 건강한 관계를 맺는 방법에 대해 사람들과 진지하면서도 유머러스하게 소통하고 있다[섀프너는 "나는 똥 싸는 사람, 응가쟁이라네(I'm a pooper. Yes, I doo)"라는 가사의 노래를 만들기도 했다].

일반적으로 사람들은 똥과 관련된 문제는 자신의 문제가 아니라고 생각한다. 하지만 이제는 이 문제에 대해 현실적으로 생각해야 할 때다. 노르웨이에서 캐나다에 이르기까지 많은 나라의 도시와 마을은 지금도 폐수(하수)를 바다로 직접 흘려보내고 있다. 미국 뉴욕시의 부실한 복합 하수도시스템은 폭우가 온 뒤에 하수를 그대로 운하와 수로로 배출한다. 플로리다주, 텍사스주를 비롯한 여러 주의 도시들도 허리케인이 발생한 뒤에 하수가 넘쳐 뉴욕시와 비슷한 문제를 겪고 있다. 내가 현재 살고 있는 시애틀에도 이와 비슷한 문제가 가끔 발생한다. 시애틀은 하수처리시설이 비교적 잘 갖추어져 있는데도 지난 2021년 1월에 발생한 하수처리 펌프 시설(우리 집에서 멀지 않은 곳에 있다) 정전으로 빗물과 하수 220만 갤런이 그대로 워싱턴호수로 흘러들었다(이 하수 중에는 우리 집에서 배출한 하수도 포함되어 있었을 것이다).

우리는 자연재해에 취약할 수밖에 없다. 하지만 자연재해에 취약한 사람들에게 가장 큰 피해를 입히고 우리 모두를 위험한 상태로 빠뜨릴 수 있는 것은 "쓸모없는" 것들에 대한 우리의 무관심이다. 섀프너는 내게 이렇게 말했다. "우리의 똥은 폐기물과 관련된 잘못된 생각, 즉 재생 순환에 관한 우리의 무관심을 그대로 드러내는 물질입니다. 우리는 재생 순환에서 우리의 몸이 주체적인 역할을 할 수 있다는 생각을 하지 않고 있는 것이지요."『아무것도 하지 않는 법(How to Do Nothing)』의 저자 제니 오델(Jenny Odell)은 우리의 생존은 우리 몸이 이런 역할을 해야 한다는 책임감을 다시 가지는 데 달려 있다며 다음과 같이 주장한다. "생존에만 관심을 한정한다고 해도, 인류의 생존은 정교하고 미묘한 관계망의 이용이 아니라 그 관계망의 유지에 달려 있음을 인정해야 한다. 개인에게만 삶이 있는 것은 아니다. 개인 차원을 넘어 장소에도 삶이 있다. 그리고 그 장소의 삶은 특정한 몇몇 동물이나 식물 수준을 넘어 더 많은 것을 보는 능력에 달려 있다. 우리는 장소의 삶과 상관없이 생존할 수 있다고 자신을 속일 수도 있지만, 그렇게 자신을 계속 속이는 것은 물리적으로 불가능하며 다른 방식으로 인류를 피폐하게 만들 수 있다."

좋든 싫든, 우리는 이 관계망에 연결되어 있으며, 우리가 배출하는 똥과도 밀접한 관계를 가진다. 사람들은 우리의 똥이 한편으로는 악취를 풍길 수도 있지만 다른 한편으로는 우리를 위험에서 구해 줄 수도 있는 "지킬과 하이드" 같은 양면성을 지닌 존재라는 사실을 인식하지 못하고 있다. 하지만 좀 더 깊이 생각한다면 똥은 인류를 지켜 주고, 혁신을 일으키고, 근본적인 변화를 초래할 가능성이 매우 높은 물질이라는 것을 확실하게 알 수 있다. 예를 들어, 똥은 생명을 구하는 의약품의 소재가 될 수도 있고, 지속 가능한 에너지원이 될 수도 있다. 또한 똥은 침식 또는 미네랄 고갈 등 다양한 원인으로 퇴화된 토양을 복원하는 데 퇴비나 비료의 형태로 사용될 수도 있다. 게다가 똥은 과거의 삶을 들여다보게 해 주며, 요람에서 무덤까지 인간의 건강상태를 측정하는 방법을 제공해 코로나19 같은 전염병 발생의 조기 예측과 곧 닥칠 수 있는 환경피해에 대한 예상을 가능하게 해 준다.

현재 연구자 중에는 똥을 이용해 물, 연료, 미네랄 등을 만들어 내는 방법을 연구하는 사람도 있다. 똥은 이동성과 독립성을 높이는 데 사용될 수도 있기 때문이다. 똥은 화성으로 향하는 우주선에 연료를 제공할 수도 있고, 우주비행사들의 생명 유지에 도움이 되는 물과 미네랄을 제공할 수도 있는 멀티태스킹의 최강자라고 할 수 있다. 이제 우리는 똥을 터부시하는 태도를 버리고 똥의 다양한 장점에 대해 이야기해야 한다. 그동안 과소평가되어 왔던 인간의 똥에는 인간의 과거와 미래 그리고 위험과 가능성에 대한 많은 이야기가 담겨 있다. 우리는 똥에서 우리의 편견과 실수를 볼 수 있을 뿐 아니라 우리의 운명을 바꿀 가능성도 볼 수 있다.

일본 작가 고미 다로(Taro Gomi)는 그림책 『누구나 눈다(Everyone Poops)』에서 모든 사람과 동물이 똑같이 똥을 눈다는 것을 재미있는 그림으로 보여 주었다. 이 책은 인간이 고래나 코끼리 같은 동물들과 똑같이 똥을 누는 동물이라는 사실을 유쾌하고 밝게 설명한다. 물론 이 책에는 이보다 더 큰 메시지도 담겨 있다. 우리의 몸과 우리의 주변 환경이 입을 수 있는 피해에 대한 이야기, 우리 몸과 환경을 회복하고 재건하는 데 똥이 어떤 역할을 할 수 있는지에 관한 희망적인 이야기가 그것이다. 우리는 우리 몸 안에 있는 내장이라는 복잡한 공장, 이 공장에서 만들어 내는 정교한 제품(똥)의 용도 그리고 그 제품의 응용 가능성을 연구하는 혁신적인 학자들에 대해 너무 모른다. 고미 다로의 이 책은 이런 상황을 바꾸기 위한 책, 즉 누구나 다 누지만 사랑받지 못하는 똥, 누구나 고정관념 때문에 언급하기 싫어하는 똥에 대해 다시 생각하게 만드는 책이다.

우리는 똥에 대한 생각을 좋은 쪽으로 바꿈으로써 세상과 다시 연결될 수 있을 것이다. 한편으로 이런 생각의 변화는 기존의 가치와 윤리에 대한 정의를 다시 내리게 만들 수도 있을 것이다. 예를 들어, 특정 계층 사람들이 소외된 계층 사람들로부터 강제로 착취해 부를 축적하는 수단으로 똥이라는 재화가 사용되는 되는 것을 어떻게 막을 수 있을까? 어떻게 하면 똥이라는 재화가 가장 잠재적으로 그 재화에 취약한 사람들에 의해서만 생산되지 않게 하고, 그 혜택이 모든 계층에 공평하고 확실하게 분배되게 만들 수 있을까?

매우 복잡하면서 가장 과소평가되고 있는 자원 중 하나인 똥은 수많은 이야기를 품고 있다. 따라서 세상에서 가장 많이 낭비되는 자원이자 가장 크게 간과되고 있는 이 천연자원에 대한 이 책의 심층 분석은, 우리가 더러운 "폐기물"로 생각해 일상에서 무시하는 똥에 숨겨진 엄청난 가능성에 대한 관심을 일깨우기 위한 노력의 일환으로 생각되어야 할 것이다. 탯줄과 시신 외에도 우리는 바깥으로 나오기만을 기다리며 꿈틀대는, 엄청난 과학적·경제적 잠재력을 가진 물질을 뱃속에 평생 가지고 산다. (미안 담낭, 네 얘기 하는 거 아니야.) 하지만 똥의 성분이 **무엇**인지 아는 일만큼 인류의 미래에 중요한 것은, 똥을 **왜** 진지하게 생각해야 하는지 그리고 똥을 **어떻게** 진지하게 생각해야 하는지 아는 일이다.

똥의 엄청난 잠재력을 현실에서 이용하려면 우리의 수치심, 혐오감, 무관심을 극복하고 똥의 물리적 생산자이자 더 공정하고 살기 좋은 지구의 윤리적 설계자로서의 우리의 역할을 받아들여야 한다. 또한 거기서 더 나아가 배설물의 중요성을 널리 알려야 하며, 그러기 위해서는 무엇이 가치 있는지, 무엇이 우리를 앞으로 나아가게 만드는지, 그리고 균형 잡힌 삶이란 무엇을 의미하는지에 대한 우리의 서양식 사고를 근본적으로 변화시켜야 한다. 우리가 매일 배출하는 똥을 소중히 다루고 중요하게 여기는 세상은, 기후변화처럼 지구를 위협하는 문제들을 해결하기 위해 근사해 보이는 새로운 방법에만 의존하지는 않는 세상이 될 것이다. 그 세상은 파괴적이고, 착취적이고, 독점적인 혁신의 유혹에 저항하면서 창의적인 "보강(retrofitting)"과 "재창조(reinvention)"를 통해 진보의 미래를 포용하는 세상이 될 것이다. 또한 그 세상은 간단하거나 우아한 답을 요구하는 세상이 아니라 지속가능한 해결 방법을 제공하는 세상이 될 것이다. 우리의 똥은 스타일이 아니라 실체다. 우리의 똥은 구체적이고 지속적인 형체이지, 화려하고 순간적인 허상이 아니다. 그러면서도 똥은 그 압도적인 양을 통해 힘을 발휘하기도 한다. 수많은 똥의 집합이 가지는 힘은 그 집합의 원소들 각각이 가진 힘의 총합보다 크기 때문이다.

물방울은 모여 잔물결을 이루고, 잔물결은 모여 파도를 이룬다. 예상치 못한 자원에서 자라날 수 있는 힘에 대한 이야기들을 엮은 이 책은 우리가 삶과 죽음, 성장과 쇠퇴로 이루어지는 오래된 재생 순환의 틀 밖에 살고 있다는 환상을 버리고 순환 경제로 재진입하는 과정을 돕기 위해 쓴 책이다. 또한 이 책은 앞으로도 낭비할 것이 **남아 있다고** 생각하면서 계속 낭비를 일삼는 행동을 멈추게 하고자 쓴 책이기도 하다. 똥의 힘을 극대화하려면 강력한 반응을 이끌어 낼 수 있는 변혁의 주체를 더 잘 이해해야 한다. 똥은 우리에게 유익하면서도 해롭고, 흥미로우면서도 이상하고, 부드러우면서도 격정적이기도 하다. 똥에 대한 미스터리는 이제야 밝혀지기 시작했다. 한 연구자가 내게 말했듯, **우리는 똥에 대해 개똥도 모른다.**(We don't know shit.)

이제는 알아야 한다. 지금이야말로 우리 안에 존재하는 챔피언에 대해 더 많은 것을 알아야 할 때다. 우리 안에는 약, 연료, 비료, 바이오가스가 숨겨져 있다. 우리가 배출하는 똥은 죽어 가는 환자를 회복시킬 수도 있고, 조명에 전원을 공급할 수도 있고, 버스 연료가 될 수도 있다. 때때로 희망은 예상치 못한 모습으로 우리에게 다가오기도 한다.

약 2만 년 전 북아메리카대륙에 살았던 짧은얼굴곰(short-faced bear) 한 마리를 상상해 보자. 이 곰은 뒷다리로 섰을 때 키가 약 3미터에 이르고 몸무게가 1톤이 넘는 거대한 곰이었다. 고생물학자들은 이 곰이 어떤 먹이를 먹었는지 아직 완전히 밝혀내지 못했지만, 이 곰은 식물의 잎과 큰 동물의 사체를 모두 먹는 잡식성 동물이었을 가능성이 높다. 그렇다면 이 거대한 동물이 숲에서 똥을 쌌을 때 어떤 일이 벌어졌을까? 매우 흥미로운 상황이 전개됐을 것이다.

짧은얼굴곰은 북아메리카대륙에 살았던 아메리카사자(American lion), 다이어울프(dire wolf), 검치호랑이(saber-toothed cat)와 함께 플라이스토세(Pleistocene)[3] 동안 생태계 먹이그물(food web)[4]의 정점에 위치했던 포식자였다. 짧은얼굴곰은 느릿느릿 움직이는 거대한 초식동물들을 먹이로 삼았다(지금 우리에게는 매우 이국적으로 보이는 동물들이다). 이 초식동물 중에는 서양낙타

3   약 258만 년~1만 2000년 전까지의 지질시대. 홍적세(洪積世)라고도 부른다.

4   먹이사슬들이 복잡하게 얽혀 생성되는 연결망.

(western camel), 큰머리라마(large-headed llama), 엄청나게 큰 뿔이 달린 자이언트들소(long-horned bison)와 사슴무스(stag-moose) 등이 있었다. 이 중 목초지 땅나무늘보(Harlan's ground sloth)의 몸집은 짧은얼굴곰과 비슷할 정도로 컸고, 컬럼비아매머드(Columbian mammoth)는 새끼 때에 이미 당시의 다른 거대 초식동물들을 모두 압도할 정도로 몸집이 컸으며, 거대한 어금니로 북아메리카대륙의 거의 모든 지역에서 다른 동물들을 위협했던 동물이었다.

이런 거대한 초식동물들은 몸집에 걸맞은 먹이를 먹었고, 이들의 소화 시스템은 섭취한 식물을 거대한 거름더미로 변화시켰다. 또한 이들은 아메리카사자, 다이어울프, 검치호랑이 같은 포식자들의 먹이가 됨으로써 포식자들에게 지방과 단백질을 비롯한 다양한 영양분을 공급하는 역할을 했다. 거대한 짧은얼굴곰은 다른 포식자가 반쯤 먹고 있는 동물 사체의 냄새를 맡고 움직여 그 사체를 가로채 먹었을 것이고, 주변 곳곳에 배설물을 배출했을 것이다.

또한, 이 배설물로 비옥해진 땅에서는 나무를 비롯한 다양한 식물이 자라났고, 이 식물을 먹은 초식동물들은 다시 포식자들의 먹이가 되는 순환이 반복됐다.

하지만 그로부터 약 2만 년이 지난 지금, 지구상에서 소 다음으로 똥을 많이 싸는 인간은 이런 순환에서 멀어진 상태다. 사람들 대부분은 배설물을 하수도를 통해 폐수처리장으로 내보내기 때문이다. 사람들은 하수를 선별적으로 여과하고, 폭기(aerate)[5] 처리한 뒤, 미생물이 하수 내 오염물질을 먹도록 만든 다음, 염소 같은 물질로 소독해 파이프를 통해 근처의 호수, 강, 바다로 배출한다. 또한, 이 과정에서 걸러진 고형물질들은 트럭이나 기차에 실어 소각장으로 운반해 태우거나 매립지에 묻는다.

물 내림 버튼을 한 번 누르는 것만으로 똥이 사라지게 만드는 현대의 위생 시설은 사실 대부분 사치품이라고 할 수 있다. 변기 물이 하수구로 소용돌이치면서 빠질 때 정확하게 무엇이 빠져나가는지 생각해 본 적이 있는가? 곰이나 고래 또는 새와는 달리 우리 인간은 자기 배설물을 자연 세계에서 격리하기 위해 엄청난 노력을 기울인다. 그렇게 함으로써 인간은 지구에서 가장 쓰임새가 많은 천연자원 중 하나를 사실상 낭비한다.

이 책을 읽는 여러분은 지금 **설마, 그럴 리가?** 하고 생각할 것이다. 하지만 사실이다. 사람들이 혐오의 대상, 농담이나 말장난의 소재로만 생각해 평소에는 입에 잘 올리지 않는 똥은 사실 눈으로 보는 것(또는 코로 냄새를 맡는 것)보다 훨씬 더 큰 가치를 지닌다. 하지만 우리가 똥에 대해 놓치고 있는 것이 무엇인지 알려면 먼저 왜 우리가 똥에 관심을 가져야 하는지, 똥이 몸 안에서 어떻게 만들어지는지, 똥에 어떤 것들이

5   하수에 공기를 불어넣거나 공기에 하수를 살포해 하수와 공기를 접촉시키는 과정.

들어 있는지 알아야 한다. 예를 들어, 우리가 똥에 관심을 가져야 하는 이유는 플라이스토세가 한창 진행되던 시기에 일어났던 일들에서 찾을 수 있다.

암석은 서서히 풍화되고 침식되면서 인(phosphorus)을 토양으로 방출하고, 식물의 뿌리는 이 인을 흡수한다. 식물은 성장에 필요한 14가지(코발트까지 포함하면 15가지) 토양 유래 영양소 중 하나인 인을 이용해 햇빛으로부터 에너지를 만들어 내고 저장하며 DNA, RNA, 세포막을 만들어 낸다. 동물은 식물 섭취를 통해 얻은 인을 이용해 에너지를 저장하고 DNA, RNA, 세포막, 이빨, 뼈, 껍질(껍데기)을 만들어 낸다.

한마디로 인은 생명에 필수적인 물질이다. 따라서 사람들은 인을 더 효과적으로 이용하기 위해 인을 채굴해 비료에 첨가하는 방법을 생각해 냈다. 토양에서 빠져나온 인은 개울과 강을 거쳐 바다로 흘러든 뒤 해저에 가라앉으면서 서서히 퇴적물 형태로 쌓인다. 문제가 발생하는 곳은 바로 이 지점이다. 우리는 이미 채굴이 가능한 인을 거의 다 채굴한 상태이며, 해저에서 지질학적 융기가 일어나 인이 풍부하게 함유된 암석들이 드러날 때까지는 수천, 수만 년의 시간을 기다려야 한다. 그렇다면 채굴 외에 인을 확보해 다시 토양에 보충하는 방법은 없을까?

크리스 도티(Chris Doughty)는 지구를 하나의 통합된 시스템으로 보는 지구시스템과학자다. 특히 도티는 바람, 물, 식물과 함께 동물이 어떻게 영양소 순환(nutrient cycle) 같은 대규모 생태학적 패턴에 영향을 미치는지, 즉 인 같은 원소들의 순환을 완성하는 데 동물이 어떤 영향을 미치는지 모델링을 통해 파악하는 데 주력하고 있다. 예를 들어, 곰, 고래, 코끼리 같은 동물이 일생 동안 영양분을 섭취한 뒤 죽어서 몸이 분해되면, 다른 생명체들은 그 영양분을 섭취한다. 하지만 놀랍게도 도티의 연구에 따르면 동물은 죽어서 다른 생물체들의 영양분 섭취에 기여하는 것보다 주기적인 배설물 방출을 통해 훨씬 더 다양하고 많은 영양분을 다른 동물에게 제공한다. 즉, 이 연구에 따르면 동물이 똥의 형태로 방출하는 물질이 다른 동물의 영양분 섭취에 기여하는 정도는, 사망해 분해된 동물 몸이 기여하는 정도의 몇백, 몇천 배에 이른다. 이런 동물들이 일생 동안 얼마나 오래 그리고 얼마나 넓은 범위를 돌아다니면서 똥을 배출하는지 생각해 본다면 도티의 주장을 쉽게 납득할 수 있을 것이다. 도티에 따르면 수생동물과 육상동물 모두 몸이 클수록 넓은 범위에 똥을 더 잘 퍼뜨린다. 그는 이렇게 설명했다. "큰 동물은 작은 동물보다 많이 움직입니다. 이는 큰 동물이 (영양분 순환에) 핵심적인 역할을 한다는 뜻입니다." 영양분이 제한적으로 존재하는 지역에 동물이 진입할 가능성은 몸이 클수록 높아지기 때문이다.

도티가 이끄는 연구 팀은 플라이스토세에 살았던 몸무게 44킬로그램 이상의 거대 동물(megafauna)이 깊은 바다에서 대류의 광활한 내부로 인이 이동하는 복잡한 경로에서 핵심적인 역할을 한다는 모델을 제시했다. 실제로 고래는 숨을 쉬기 위해 심해에서 해수면으로 떠올라 깃털들이 뭉친 모양의 배설물을 방출하며, 인이 포함된 이 배설물을 먹은 다양한 바닷새, 연어 같은 이주성 어류(migratory fish)는 인을 해안, 개울과 강으로 이동시키고, 결국 이 인은 숲, 평원, 산, 초원에 있는 육식동물과 초식동물에 의해 섭취된다.

도티를 비롯한 일부 과학자는 육식동물과 초식동물이 서로 끊임없이 쫓고 쫓김으로써 모두 계속 움직이게 되는 복잡한 포식자-먹이 상호작용을 "공포의 경관(landscape of fear)"이라는 말로 설명한다. 도티는 이렇게 말했다. "공포의 경관은 동물이 똥을 싸는 위치와 똥의 성분들이 생태계에 통합되는 방식에 엄청난 영향을 미칩니다." 이런 환경에서 시간이 지나면서 동물들은 활동 지역 전체에 걸쳐 매우 고르게 인을 재분배하기 때문이다. 또한 동물들이 주기적으로 방출하는 똥은 먹이를 찾는 다른 동물들에게 먹이의 위치를 추적할 매우 강력한 단서를 제공한다. 즉, 똥은 생물계의 순환을 돕는 역할을 하고 있는 것이다.

이런 순환은 실제로 현재 활발하게 일어나고 있는 순환이다. 남극 바다의 여과섭식(filter-feeding)[6] 고래들은 철분이 풍부

---

6 특수한 여과 구조를 이용해 물을 통과시켜 물속 음식 입자나 부유물질을 걸러 먹는 포식 행태.

한 크릴새우를 먹고 오렌지색 배설물을 방출한다. 이 배설물은 철분에 의존하는 식물성플랑크톤에 영양분을 공급하고, 이 미세한 조류는 다양한 해양생물의 좋은 먹이가 됨으로써 철분이 순환하게 된다. 햇볕이 강렬한 아프리카 사바나에 사는 코끼리들은 나무의 씨앗들을 그 나무에서 최대 약 65킬로미터 떨어진 곳까지 옮기며, 배설물을 통해 토양 탄소의 양을 거의 두 배로 늘려 가젤(gazelle) 같은 초식동물의 먹이가 되는 풀을 풍성하게 만든다. 캐나다의 생태학자 웨스 올슨(Wes Olson)의 연구에 따르면, 들소가 코와 입으로 숨을 쉬면서 들이마신 미생물은 들소가 풀의 셀룰로스(cellulose)[7]를 분해하는 데 도움을 주며, 들소가 풀을 먹고 배출한 똥 한 덩어리는 곤충 100마리 이상의 먹이가 된다. 과학저널리스트 미셸 나이하우스(Michelle Nijhuis)는 『소중한 동물들(Beloved Beasts)』에서 이런 "들소 패티 생태계(bison patty ecosystem)"와 "들소 콧물 생태계(bison snot ecosystem)"가 아프리카의 대초원에 엄청난 영향을 미친다고 말했다. 들소의 개체수가 많아지면 들소 똥을 먹고 사는 곤충의 수가 많아지고, 그렇게 되면 그 곤충들을 먹이로 하는 새 그리고 몸집이 작은 포유동물의 수도 많아진다는 설명이다. 나이하우스는 "들소가 없다면, 즉 들소의 콧물과 똥이 없다면, 아프리카 대초원은 지금보다 더 작고 조용한 곳이 됐을 것"이라고 말한다. 일부 연구자는 이런 식으로 서식 환

7   식물 세포벽의 기본 구조 성분.

경을 만드는 동물을 "생태계 엔지니어(ecosystem engineer)"라고 부른다.

하지만 도티의 연구 팀은 플라이스토세 후기와 홀로세(Holocene)[8] 초기에 발생한 대규모 육상동물 멸종[일부 학자는 1만 4000년 전에서 1만 1000년 전 사이 "지질학적 순간(geologic instant)"에 이 일이 일어났다고 본다]이 지구의 재생 시스템을 초토화했다고 추정한다. 예를 들어, 로스앤젤레스의 라브레아 타르 웅덩이(La Brea Tar Pits)[9]에서는 당시 북아메리카에서 일어난 토양 손실을 확실하게 관찰할 수 있다. 실제로 나는 그곳에서 부글거리면서 거품을 뿜는 아스팔트(타르)에 화석들이 들어 있는 것을 관찰했는데, 그 광경은 마치 정교하게 보존된 포식자와 피포식자 들의 화석이 뒤섞인 괴기스러운 동물원 같았다. 연구자들은 인간에 의한 사냥, 기후변화 또는 그 둘 모두가 이런 대규모 멸종을 유발했다고 거의 확신하고 있다. 게다가 최근에는 인간이 곳곳에 만든 도로도 살아남은 동물들의 생태계 간 이동을 크게 제한한다. 실제로 고속도로는 표범과 들소의 서식지를 크게 손상했고, 댐은 연어의 상류 이동을 방해한다. 도티 연구 팀의 계산 결과에 따르면 인간이 건설한 구조물 때문에 유라시아, 호주, 아메리카대륙의 육상 포유류가 영양분을 재분배하는 능력이 이전의 5퍼센트 이하로 떨어진 상태다.

8   약 1만 년 전부터 현재까지의 지질시대. 충적세(沖積世) 또는 현세(現世)라고도 부른다.
9   전 세계에서 가장 유명한 빙하기 화석 발굴지.

또한 현재는 고래와 이주성 어류의 영양분 확산 능력도 크게 떨어졌다. 도티는 "기본적으로 동물은 경관(landscape)[10] 간 영양분 교환의 핵심 통로였지만, 지금은 그렇지 않다"라고 말한다.

현재의 지배적인 거대 동물은 인간과 가축이다. 이론상 현재 인간과 가축은 멸종하거나 몸이 작아진 거대 동물의 생태학적 역할의 상당 부분을 수행하고 있기 때문이다. 실제로 인간은 육식동물 역할을, 가축은 초식동물 역할을 하고 있다. 하지만 현재의 인간은 영양분을 분산시키는 역할이 아니라 집중시키는 역할을 하고 있으며, 동물은 이전과는 달리 더 이상 공포의 경관에서 살지 않기 때문에 대부분 같은 장소에 배설물을 배출한다. 이에 따라 어떤 지역에는 배설물이 축적되고, 어떤 지역에는 배설물이 고갈된다. 도티는 이 상황에 대해 "배설물의 부익부 빈익빈 현상이 나타나는 것"이라고 설명했다. 덴마크의 사업가이자 자선가인 자파르 샬치(Djaffar Shalchi)는 이렇게 말한다. "부는 거름과 비슷하다. 퍼뜨리면 모든 것을 자라게 만들지만, 쌓아 두면 악취가 난다."

게다가 인간의 시신은 인을 재분배하는 데에도 별로 도움이 되지 않는다(인이 인체에서 차지하는 비율은 약 1퍼센트에 불과하다). 인간의 시신은 대부분 화장되거나 방부처리한 후 나무

10 생태학에서 경관이라는 용어는 한 생태계와 그 주변 생태계들을 아울러 일컫는, 생태계의 상위 범주를 뜻한다.

또는 금속으로 만든 상자에 넣어 매장된다. 인간이 배출한 똥에 존재하는 영양분은 대부분 매립지에 묻히거나 바다로 흘러들며, 인간의 시체에서 나오는 영양분은 묘지에 사는 미생물이나 정원 식물이 흡수하긴 하지만 그 양은 매우 적다(재구성 운동은 인간의 시체에서 나오는 영양분을 널리 확산시키기 위한 운동이다). 아메리카 원주민 출신 식물생태학자 로빈 월 키머러(Robin Wall Kimmerer)는 『향모를 땋으며(Braiding Sweetgrass)』에서 북아메리카의 아니시나베족(Anishinaabe)이 성스럽게 여기는 여러해살이풀인 **윙가슈크(향모, wiingaashk)**가 주고받기의 필요성과 미덕에 대해 우리에게 어떤 가르침을 주는지 다음과 같이 설명한다.

서양인들은 전통적으로 생명체들 사이에 위계가 있다고 생각한다. 인간이 진화의 정점 또는 신이 가장 공을 들여 만든 존재이며, 식물은 그 위계에서 가장 낮은 자리를 차지한다는 생각이다. 하지만 우리 아메리카 원주민들은 인간이 "모든 창조물의 동생"이라고 생각한다. 살아가는 방식에 대한 경험이 가장 적은 존재인 인간이 가장 많은 것을 다른 존재들로부터 배워야 한다고 본다. 우리는 다른 종들로부터 삶의 지혜를 배워야 한다고 생각한다. 그들의 지혜는 그들이 사는 방식에서 분명하게 드러난다. 그들은 우리에게 모범을 보임으로써 우리를 가르친다. 그들은 우

리보다 훨씬 더 오래 지구에서 살아오면서 더 많은 것을
알아낼 시간을 가졌기 때문이다.

우리는 자신도 모르게 중요한 영양분을 그 영양분이 가
장 쓸모가 없는 곳에 버리면서 고대인들이 중시했던 재생 순
환 주기를 와해시키고 있다. 우리는 살아 있든 죽어 있든, 소
비와 생산 사이의 균형에서 심각할 정도로 멀리 벗어나 있다.
또한 인간은 인류세(Anthropocene)[11]에 살면서도 생명을 다루는
데 여전히 미숙하기 때문에 발생하는 불균형으로 인해 어려
움을 겪을 수도 있다. 우리 내부 생태계의 무질서는 질병과
항생제내성을 통해 우리의 건강을 해칠 수도 있다. 더 높은
차원에서 볼 때 이런 불균형이 지구 전체의 건강을 위협할 수
도 있다고 생각하는 것은 무리가 아닐 것이다.

×

인은 지구의 안녕에 필수적인 요소임은 틀림없지만, 평생
우리의 몸을 비롯한 다양한 부분에서 역할을 하는 수많은 요
소 중 하나일 뿐이다. 거대한 짧은얼굴곰은 사슴무스의 썩어
가는 사체나 연한 채소를 주로 먹었을 것이다. 나는 동네 버
거 가게에서 파는, 참깨빵에 체다치즈, 토마토, 아보카도, 딜

11 인류 문명의 발전이 초래한 지구 환경의 극적인 변화를 강조하고자 제안된 지질시대.

(dill)피클을 넣은 미디엄 레어 버거를 좋아한다. 버거는 건강에 아주 좋다고는 할 수 없지만, 버거를 들여다보면 현대의 잡식동물인 인간이 동식물로부터 탄수화물, 단백질, 지방, 섬유질, 비타민, 미네랄 등의 다양한 영양분을 어떻게 섭취하는지 쉽게 분석할 수 있다. 멸종한 거대 동물들이 우리가 유용한 영양분들을 먼 거리에 걸쳐 어떻게 분산시키는지 알 수 있도록 해 준 것처럼, 현재의 동물들도 어떻게 우리가 복잡한 음식을 분해해 우리에게 영양분을 제공하거나 해를 끼치고, 우리의 내부 생태계 균형을 변화시키고, 우리 주변의 식물계와 동물계를 재구성하는 구성 요소들로 만드는지 이해하는 데 도움을 준다.

소화는 음식을 씹어 잘게 부수고 침 속의 효소로 부드럽게 만들면서 시작된다. 하지만 우리는 입에서 항문으로 이어지는 관의 시작 부분에서 이루어지는 이 소화 메커니즘을 완전히 이해하지는 못했다. 2020년, 네덜란드의 연구자들은 코 뒤쪽의 목구멍 깊숙한 곳에서 "이전에는 관찰되지 않았던" 침샘들을 발견했다는 놀라운 내용의 논문을 발표했다. 이 논문은 19세기 해부학자들이 이 침샘들을 이미 했었는지, 그리고 그 침샘들이 실제로 소화를 돕거나 모호한 생리학적 역할을 하는지에 대한 격렬한 논쟁을 촉발했다. 이와 관련해 현재 우리가 아는 한 가지 확실한 사실은 우리 몸의 여러 위치에서 매일 와인 두 병 분량의 침이 분비된다는 것이다. 이렇게 분비되는 침은, 예를 들어, 참깨버거를 한 입 먹을 때마다 소화에 좋은 덩어리, 즉 볼러스(bolus)[12]를 만들어 내는 데 도움을 준다. 이때 이 볼러스를 삼키는 행동은 인간의 몸에서 일어나는 매우 복잡한 행동 중 하나다. 일부 전문가는 이 과정에 근육 쌍 약 30개와 뇌신경 6개가 관여한다고 보지만, 실제로 이 과정에 관여하는 근육 쌍의 수는 50개에 가깝다고 말하는 전문가도 있다.

목구멍에서 식도로 이동한 볼러스는 컨베이어벨트처럼 작용하는 근육들의 하향식 수축에 의해 다양한 산(acid)이 들어 있는 통, 즉 위(stomach)로 옮겨진 뒤 괄약근(sphincter)[13]을 통과하게 된다. 1824년에 영국의 의사이자 화학자인 윌리엄 프라우트(William Prout)는 토끼의 위에서 염산[뮤리아트산(muriatic acid)이라고도 부른다]을 추출해 큰 반향을 일으켰는데, 이는 솔개에서 황소개구리까지 다양한 동물을 대상으로 실험을 진행한 연구자들이 발견한 위액(gastric juice)에 염산이라는 강력한 산이 포함되어 있음을 보여 주는 최초의 증거였다. 또한 프라우트는 토끼의 위뿐 아니라 말과 개의 위에서도 "적지 않은 양의" 염산이 존재하는 것을 발견했다는 기록을 남기기도 했다.

12 씹은 후 침과 섞인 음식물 덩어리.

13 고리 모양으로 된 근육으로 수축과 이완을 통해 몸 안에 있는 통로들을 열고 닫는 역할을 한다. 우리 몸의 괄약근은 식도 윗부분, 위와 식도를 잇는 부위, 위의 끝부분, 요도, 항문 등 전신에 분포한다.

그로부터 9년 후, 윌리엄 보몬트(William Beaumont)라는 미국 육군 군의관은 프라우트의 발견을 검증했고, 소화과정 연구에 새로운 장을 열었다(문자 그대로, 열었다). 당시 보몬트는 프랑스계 캐나다인인 사냥꾼 알렉시생 마르탱(Alexis St. Martin)을 우연히 진료하게 됐는데, 그는 총기 오발 사고로 왼쪽 옆구리에서 위까지 구멍이 뚫렸지만 기적적으로 살아난 청년이었다. 보몬트는 이 청년을 계속 치료해 건강을 회복시키기 위해 노력하는 한편 그의 위에 뚫린 구멍을 최대한 이용해 소화과정에 대한 연구를 진행했고, 실제로 이 청년을 실험용 기니피그로 삼아 수백 가지 침습적인 실험을 수행했다. 한 실험에서는 쇠고기, 돼지고기, 빵, 익히지 않은 양배추를 비단 끈에 매달아 이 청년의 위에 뚫린 구멍에 집어넣은 다음 이 음식들 각각이 소화되는 시간을 측정하기도 했다. 보몬트는 이 실험의 결과를 『위액에 대한 실험과 관찰 그리고 소화의 생리학(Experiments and Observations on the Gastric Juice, and the Physiology of Digestion)』이라는 책으로 정리해 발표했다. 이 책은 위와 장에 대한 새로운 시각을 제공한 기념비적인 책이었지만, 보몬트의 실험은 오늘날의 의료윤리 기준으로 볼 때는 매우 바람직하지 않은 것이었다.

이런 연구와 관찰을 통해 현재 우리는 버거 빵에 포함된 전분(starch)을 말토오스(maltose, 엿당)로 분해하고 다시 그 말토오스를 글루코스(glucose, 포도당)로 분해해 햄버거로부터 에너지를 처음 추출하게 만드는 것이 위에 있는 효소가 아니라 침과 췌장에 있는 효소라는 사실을 알고 있다. 하지만 흰 빵에는 밀의 겨와 배엽(germ layer)에 있는 다양한 영양분과 섬유질이 거의 포함되어 있지 않기 때문에 영양학자들 사이에서는 흰 빵이 "빈 칼로리(empty calories)"[14]의 대명사로 여겨진다.

체다치즈와 다진 쇠고기에도 상당히 많은 칼로리가 포함되어 있으며, 이 칼로리는 대부분 소에서 나온 단백질과 지방에 함유된 것이다. 위에서 이 단백질은, 마치 손으로 접은 종이학이 펼쳐지듯이, 염산이 함유된 위액에 의해 변성(denature)[15]되기 시작한다. 이 과정은 단백질의 복잡한 3차원 구조가 쉽게 분해되는 간단한 형태들로 잘게 쪼개지는 과정이다. 다시 말해, 위에 있는 화학물질들은 본질적으로 쇠고기를 부분적으로 "익히는(cook)" 역할을 한다고 할 수 있다. 우유에 약한 구연산을 첨가해 치즈를 만들거나 날생선이나 새우를 산성 라임즙에 담가 세비체(ceviche)[16]를 만드는 과정에 적용되는 원리가 바로 이 원리다.

음식을 미리 익혀 두면 소화가 훨씬 쉬워진다. 실제로, 쇠고기를 굽거나 튀기면 결합조직의 콜라겐 같은 단백질이 분

---

14   영양분은 거의 없고 칼로리만 있다는 뜻.

15   변성이란 단백질이나 핵산이 강한 산, 열, 방사선 같은 외부 자극에 의해 본래의 구조를 상실하는 과정을 말한다.

16   생선 등의 해산물을 회처럼 얇게 떠 레몬즙이나 라임즙, 식초, 고수, 고추, 양파, 소금 등을 넣고 재워 두었다가 먹는 음식.

해되어 고기가 더 연해져 씹기 쉬워진다. 2007년에는 인간 대신 버마비단뱀(Burmese python)[17]을 이용해 소화의 일반적인 생리학적 과정을 더 자세하게 구명하기 위한 연구가 진행되기도 했다. 거대 동물인 버마비단뱀은 야생에서 염소나 돼지, 심지어는 악어도 통째로 삼키는 것으로 유명하다. 앨라배마대학교 연구 팀은 버마비단뱀 16마리에게 터스컬루사에 있는 대형 정육 체인점인 사우스파이니스트미츠(South's Finest Meats)에서 사 온 쇠고기를 배불리 먹였다.

실험을 위해 연구자들은 버마비단뱀이 자주 먹는 쥐, 그리고 그 쥐 크기로 자른 생쇠고기, 전자레인지에서 익힌 쇠고기, 잘게 간 생쇠고기, 잘게 갈아 전자레인지에서 익힌 쇠고기를 버마비단뱀에게 각각 먹인 후 반응을 비교했다. 실험 결과, 버마비단뱀은 생쇠고기를 소화시키는 데 가장 많은 에너지를 사용한다는 것이 밝혀졌다. 이 경우 필요한 에너지는 쥐를 소화시키는 데 필요한 에너지와 거의 같았다. 잘게 간 쇠고기를 먹었을 때 필요한 에너지의 양은 전자레인지에서 익힌 쇠고기를 먹었을 때 필요한 양과 거의 같았다. 버마비단뱀이 소화에 가장 적은 양의 에너지를 필요로 한 경우는 잘게 갈아 전자레인지에서 익힌 쇠고기를 먹었을 때였다. 우리는 고기를 씹으면서 잘게 간다. 인류의 조상들은 고기를 익혀 소화에 필요한 에너지를 절약하고 그 에너지를 다른 활동에 사

---

17 동남아 아열대지방에 서식하는 뱀으로, 다 자랐을 때 몸길이가 5미터에 이른다.

용하는 법을 알게 됨으로써 진화 과정에서 다른 동물들을 앞설 수 있었을 것이다.

하지만 쇠고기와 치즈에 들어 있는 지방은 췌장에서 만들어지는 효소, 간에서 만들어져 담낭에서 분비되는 담즙에 의해 추가적으로 용해되어야 완전히 분해된다. 위가 소장(small intestine)[18]으로 이어지는 위치에서 멀지 않은 곳에 있는 작은 괄약근에서 총담관(common bile duct, 온쓸개관)과 이자관(pancreatic duct)이 합쳐진다. 독일의 의사이자 작가인 기울리아 엔더스(Giulia Enders)는 이 작은 괄약근이 세탁 세제(detergent) 역할을 하는 물질들의 이동을 조절한다고 설명한다. 엔더스는 "세탁 세제가 때를 제거할 수 있는 것은 세제가 세탁기 드럼의 움직임에 도움을 받아 빨래에서 지방, 단백질, 당이 많이 포함된 물질들을 '소화해 배출(digests out)'함으로써 이 물질들이 더러운 물과 함께 배수구로 흘러가도록 만들기 때문"이라고 설명한다. 장에서는 효소 활동에 의해 지방이 글리세롤(glycerol)과 지방산(fatty acid)으로, 탄수화물이 단당류로, 단백질이 아미노산으로 분해되어 혈액으로 흡수된다.

사람의 위장관계(gastrointestinal tract)[19]에 대한 더 자세한 내용은 다양한 실험동물의 위장관계와의 비교를 통해 밝혀졌다. 예를 들어, 위장관계를 구성하는 장기의 구조와 배치가 인

---

18   위와 대장 사이에 위치한 소화기관으로 십이지장, 공장, 회장으로 구성된다.

19   동물의 입에서 항문까지 존재하는 모든 소화계통 기관을 일컫는 말.

간과 매우 비슷한 돼지는 사람의 장 손상과 질환 연구에 매우 유용한 역할을 한다. 특히, 돼지와 인간의 소장은 양탄자에 길고 촘촘하게 박힌 털처럼 생긴 융털(villus)과 미세 융털(microvillus)이 내벽 전체를 덮고 있기 때문에 거대한 스펀지처럼 기능한다.[20] 또한 융털에 연결된 정교한 모세혈관들은 아미노산, 당, 글리세롤, 작은 지방산, 수용성비타민, 미네랄을 흡수하고, 정교하게 구성된 림프관들은 큰 지방산과 지용성비타민을 흡수한다. 이 과정이 바로 위장관계를 통과해 흐르는 액화된 음식물에서 영양분과 에너지 그리고 지방, 단백질 같은 분자를 만드는 데 필요한 물질을 우리 몸이 추출해 내는 과정이다.

대변에 소화되지 않은 음식물이 섞여 나오는 것은 정상 상태에서는 이렇게 매우 효율적인 역할을 하는 소장이 영양분을 제대로 흡수하는 데 어려움을 겪고 있다는 뜻이다. 예를 들어, 단장증후군(short bowel syndrome)[21] 환자는 소장이 영양분을 제대로 흡수하지 못해 음식에 포함된 에너지의 상당 부분을 추출하지 못한다. 반면, 대변이 기름지고 악취가 난다면 담즙이나 췌장 효소가 제대로 생성되지 않아 소장이 지방을

20　융털은 포유류의 소장 내벽에 촘촘하게 돋아 있는 손가락 모양의 돌기로서 소장 내벽의 표면적을 증대시켜 영양소의 흡수 면적을 넓힌다. 융털 표면 세포에 있는 돌기 모양 구조물인 미세 융털 때문에 영양소의 흡수 면적은 더욱더 늘어나게 된다.

21　외과적 수술로 소장을 본래 길이의 절반 이상 제거했을 경우 발생하는 소화흡수불량증. 때로는 선천적으로 장이 짧아서 발생하는 경우도 있다.

제대로 흡수하지 못한다는 뜻이다. 또한 담즙 분비 상태는 대변의 색깔을 보면 알 수 있다. 담즙이 지방을 소화시키는 데 도움을 준 뒤 담즙 내 색소들은 분해되어 서서히 스테르코빌린(stercobilin)이라는 화학물질로 변하는데, 이 스테르코빌린은 장에 있는 녹황색 잔여물이 몸 밖으로 배출되는 과정에서 장내 잔여물의 색깔을 갈색으로 변화시킨다. 하지만 장내 잔여물이 너무 빠르게 배출되면 담즙이 완전히 분해되지 못해 대변이 노란색이나 녹색을 더 많이 띤다.

유당불내증(lactose intolerance)은 유제품에 포함된 유당(lactose, 젖당)을 분해하는 효소인 락타아제(lactase)를 소장이 충분히 만들어 내지 못해 발생하는 증상이다. 전 세계 성인의 약 3분의 2가 유당불내증을 겪고 있으며, 나도 우유를 많이 마시면 복부 경련이 일어나거나 방귀가 잦아지거나 설사가 난다. 셀리악병(celiac disease)은 (햄버거 빵의 재료인) 밀에 들어 있는 글루텐(gluten) 단백질에 몸이 비정상적인 면역반응을 일으켜 소장 내벽이 손상되고 변비나 설사 등의 증상이 나타나는 질환이다.

사람마다 차이가 있지만, 햄버거는 먹은 후 1시간 안에 약 10퍼센트가 위를 통과하는 반면 햄버거의 반 정도가 소장으로 들어가는 데에는 평균 2~3시간이 걸린다. 여성의 경우에는 이 시간이 약간 더 길다. 또한 소장에 도착한 음식물이 약 5미터에 이르는 구불구불한 소장을 지나 대장(large intestine)[22],

22 대장은 맹장, 결장, 직장으로 구성된다.

즉 결장(colon)에 도착하는 데에도 최대 6시간이 걸린다. 그 후 음식물은 마지막으로 길이가 1.5미터 정도 되는 소화관(돼지의 소화관은 코르크 마개 뽑이처럼 생겼지만, 사람의 소화관은 마치 물음표처럼 생겼다)을 통과하면서 통과 속도가 매우 느려진다. 마지막에 음식물이 이동하는 속도가 이렇게 느려지는 것은 좋은 일이다. 결장은 체다치즈에 남아 있는 칼슘과 아연 같은 잔여 미네랄을 흡수하고, 음식물을 마지막으로 잘게 분해하고, 전해질과 물 사이의 균형을 조절하는 등 다양한 작업을 수행해야 하기 때문이다.

결장의 이런 다양한 작업 수행은 결장에 촘촘하게 분포한 미세한 요소들의 도움을 받아 효율적으로 진행된다. 최근 연구들에 따르면 우리의 위장관계에는 수조 개에 이르는 박테리아가 살고 있으며, 이 박테리아 대부분은 결장에 분포한다. 이 숫자는 우리 몸을 구성하는 세포 숫자와 거의 비슷하다. 인간의 장에서는 박테리아 수백 종을 먹여 살리는 생태계가 우리와 함께 공진화해 왔다. 열대우림의 생태계만큼이나 복잡한 이 미세한 정글, 즉 미세 생태계는 끊임없이 변화하면서 우리가 먹는 음식, 우리가 사는 곳, 우리의 질병 상태와 항생제 복용 상태 등 수많은 환경적 요인에 반응한다. 현재 연구 결과에 따르면 전 세계 사람들의 장에 서식하는 박테리아는 수천 종에 이른다.

과학자들은 장에서 사는 미생물 군집, 즉 장내 마이크로바이옴(microbiome)²³을 "숨겨진 대사 기관(hidden metabolic organ)"이라고 설명하곤 한다. 지금까지 과학자들은 이 "기관"이 (아보카도나 토마토에 포함된) 식물섬유질과 탄수화물을 분해해 음식물 소화를 돕고, 비타민K와 비타민B 8종을 비롯한 여러 영양소의 합성에 도움을 주며, 면역계가 우리 몸을 과도하게 공격하지 않으면서 외부 위협을 식별하도록 우리 몸이 면역계의 균형을 조절하는 것을 돕는다는 사실을 밝혀냈다. 또한 과학자들은 장내 마이크로바이옴의 균형이 깨지면, 즉 우리 몸에 디스바이오시스(dysbiosis)가 초래되면 염증성장질환(inflammatory bowel disease), 고혈압, 당뇨, 비만 등 다양한 질환이 발생할 수 있다고 보고 있다.

박테리아, 그리고 박테리아가 만들어 내는 산물이 가진 엄청난 가능성에 대해 우리가 이해하기 시작한 것은 비교적 최근의 일이다. 그렇지만 우리는 몇몇 박테리아에 대해서는 매우 많은 것을 알고 있다. 세계 곳곳에 사는 사람들의 장과 배설물에서 가장 흔하게 발견되는 박테리아는 박테로이데스(Bacteroides)속에 속한 박테리아들이다. 이 박테리아들은 복잡한 탄수화물을 분해해 주변 미생물들에게 먹이로 제공하며 병원균으로부터 우리 몸을 보호한다. 또한, 관련 연구에 따르면 이 박테리아들은 인간의 면역체계 조절에도 매우 큰 영향을 미친다. 하지만 이 박테리아들은, 비교적 드물게 일어

23 기회성병원균

나는 일이기는 하지만, 취약한 부분에 접근하는 기회성병원균(opportunistic pathogen)[24]이 되어 우리 몸의 세포를 침범할 수도 있다. 예를 들어, 대장균(Escherichia coli)도 기회성병원균이 될 수 있다. 대장균은 소화와 비타민 합성을 돕는 비교적 유익한 장내미생물이자 내가 박사학위를 받을 때 활용했던 실험생물이지만, 독성이 강한 변종은 오염된 음식이나 물을 통해 몸에 침입하는 치명적인 공격자가 될 수도 있다.

널리 알려진 또 다른 박테리아속인 비피도박테리움(Bifidobacterium)속에는 식물섬유와 탄수화물을 발효시키는 데 특화된 박테리아 수십 종이 포함되어 있으며, 락토바실러스(Lactobacillus)속에 속하는 박테리아들은 모유 같은 음식에 들어 있는 탄수화물을 발효시키는 과정에서 부산물로 젖산을 만들어 낸다. 이 박테리아들은 젖산과 함께 항균펩타이드와 과산화수소를 방출함으로써 장내 환경(그리고 질내 환경)을 병원성미생물이 살기 어려운 환경으로 만들어 자신의 텃밭을 적극적으로 보존한다.

비피도박테리움과 락토바실러스는 유아의 장에 풍부하게 존재하면서 유아의 발달과 감염예방에 핵심적인 역할을 한다. 수천 년 전, 우리 조상들은 이런 박테리아들과 효모 세포들이 일으키는 발효과정을 이용해 염소, 양, 낙타, 소, 말, 들

---

24 건강한 사람에게는 감염 증상을 유발하지 않지만 극도로 쇠약하거나 면역기능이 약화된 사람에게는 감염 증상을 일으키는 병원균.

소의 젖을 케피르(kefir)[25]나 요구르트로 만들어 냈다. 동물 젖을 발효시켜 pH를 낮추면(산성도를 높이면) 신맛이 나긴 하지만 어느 정도 맛이 있는 음식을 만들 수 있고, 다른 미생물들에 의한 부패도 막을 수 있다는 것을 알게 된 우리 조상들은 그 후로 발효를 이용해 김치, 콤부차, 된장, 사우어크라우트(sauerkraut)[26], 사워도(sourdough), 살라미, 맥주, 와인, 치즈, 피클(산성을 가진 소금물에 식재료를 절이는 과정은 별도의 과정이다) 등 수천 가지 음식과 음료를 만들어 냈다. 또한, 효모나 박테리아가 만들어 내는 에탄올과 항균 단백질은 천연 방부제 역할을 하기도 한다. 다시 말해서, 오늘날 우리가 즐겨 먹는 발효식품 대부분은 원래 우리 조상들의 장에 존재하다 똥으로 배출된 미생물들의 후손 또는 변종으로 만들어진 것이라고 할 수 있다.

발효 전문가인 로버트 헛킨스(Robert Hutkins)는 발효 요구르트를 정기적으로 섭취하면 그 안에 든 살아 있는 미생물이 장내 병원균을 죽이는 물질을 배출해 장내 환경을 우리 몸에 더 유리한 환경으로 변화시킨다고 말한다(현재 연구 대부분이 이 미생물들에 집중되어 있다). 이 장내미생물들은 복잡한 구조의 섬유질을 소화시키고, 가스 배출을 줄이고, 유당불내증으로 인한 복부 팽만감을 완화할 수 있다. 헛킨스에 따르면 요구르트에

---

25 소젖이나 염소젖 또는 양젖을 발효시켜 만든 알코올 발효 유제품.

26 독일을 비롯한 중앙유럽, 동유럽 지역에서 먹는 양배추 발효식품.

도 유당이 많이 들어 있지만, 발효를 일으키는 미생물들은 이 유당의 매우 적은 부분만 분해한다. 그렇다면 유당불내증을 가진 사람들에게 요구르트는 어떤 도움을 주는 것일까? 헛킨스는 요구르트에 들어 있는 미생물이 유당불내증을 가진 사람들의 소장에 부족한 락타아제(유당분해효소)를 제공하고, 복합당(complex sugar)[27]을 소장이 쉽게 흡수할 수 있는 포도당과 갈락토스(galactose)로 분해하는 데 도움을 준다고 설명한다. 이 미생물들의 작용에 따라 유당이 거의 또는 전혀 남아 있지 않게 되면 대장에서 번식해 가스를 배출하게 만드는 다른 미생물들의 활동이 억제되는 것이다. 유당불내증이 있는 사람은 우유 한 잔과 요구르트에서 추출한 박테리아가 든 캡슐 하나를 같이 섭취해 이런 억제 효과를 볼 수 있다.

이보다 훨씬 더 놀라운 사실은 미생물이 면역체계를 지속적으로 훈련시켜 안정적으로 만드는 역할을 한다는 것이다. 면역체계는 안전한 물질과 안전하지 않은 물질을 구별하기 위해 일종의 "아군-적군" 식별검사를 계속 수행한다. 헛킨스의 설명에 따르면, 몸으로 들어오는 발효균들은 면역체계의 이 식별검사를 통과할 뿐만 아니라, 단순히 이 검사를 통과하는 차원을 넘어, 면역체계의 식별검사 자체를 촉발한다. 그럼으로써 면역체계가 스스로 문제를 찾아낼 필요를 없애고 면역체계가 공격해서는 안 되는 것들(예를 들어, 장)을 실수로 공

---

27 복당류. 가수분해에 의하여 한 분자에서 두 개 이상의 단당류를 생성하는 탄수화물.

격하는 것을 방지하는 역할을 한다.

우리가 장내미생물을 가지고 있어야 하는 이유는 이 밖에도 수없이 많다. 예를 들어, 장내미생물은 장을 구성하는 세포들이 몸에서 만들어지는 세로토닌(serotonin)의 95퍼센트를 생성하는 데 도움을 준다. 신경 화학물질인 세로토닌은 우리의 기분에 영향을 미치며, 소화되지 않은 음식물이 직장(rectum)으로 이동하는 데 필요한 근육수축에도 영향을 미친다. 이런 규칙적인 연동운동(peristaltic movement)[28]은 음식물에 포함된 수분 또는 음식물의 부피 또는 그 둘 모두에 의해 촉진되며, 일반적으로 여성보다 남성에게서 더 빠르게 일어난다. 음식물이 장을 통과하는 시간이 남성에게서 더 짧은 이유 중 하나는 여기에 있는 것으로 보인다.

음식물이 장을 통과하는 데 시간이 얼마나 걸리는지 궁금하다면 참깨빵에 박힌 씨앗을 이용해 대략적으로 계산할 수 있다. 참깨 씨앗을 비롯한 몇몇 씨앗은 사람의 소화관을 어느 정도 온전하게 통과하기 때문이다. 라즈베리, 블랙베리, 토마토, 후추 같은 식물의 씨앗은 곰이나 새 같은 동물이 배설한 물질, 즉 씨앗의 성장에 도움이 되는 영양분이 매우 많은 똥 안에서 특히 잘 자라나 확산하도록 진화했다. 참깨 씨앗 한 스푼을 물 한 컵에 섞어 마시고 대변에 이 참깨 씨앗이 언

---

28 식도, 위, 소장, 대장에서 일어나는 특수한 근육운동으로, 음식물을 이동시키거나 소화액과 잘 섞이도록 만든다.

제 나타나는지 관찰하면 참깨 씨앗이 장을 통과하는 시간을 대략 측정할 수 있다. 참고로 내 경우에는 참깨 씨앗이 25시간 후에 처음 대변에 나타났고, 그 후 35시간 동안 계속 대변에서 관찰됐다. 소화가 되지 않는 셀룰로스로 알갱이가 싸여 있는 단옥수수(sweet corn)도 대부분 그대로 대변으로 배출되기 때문에 장내 체류 시간을 측정하는 데 사용할 수 있다. 나는 옥수수를 좋아하기 때문에 단옥수수로도 배출 시간을 측정해 봤는데, 4번 시도하여 평균적으로 16시간이 좀 안 되는 시간 내에 단옥수수가 대변으로 배출되는 것을 확인했다.

　규칙적인 배변에 대한 이야기를 할 때 빼놓을 수 없는 것이 있다. 섬유질(식이섬유)이다. 아보카도나 토마토 같은 식품에 들어 있는 섬유질은 음식물이 장을 통과해 계속 움직이는 데 도움을 준다. 소장은 섬유질을 잘 소화하지 못한다. 따라서 소장을 그대로 통과한 섬유질은 대장을 청소하는 역할을 함으로써 소화과정에서 매우 중요한 역할을 한다. 브루클린의 공인 영양사 마야 펠러(Maya Feller)의 설명에 따르면 불용성 섬유질[29]은 음식이 장을 통과하는 시간을 줄일 뿐만 아니라 당 흡수를 늦추고 혈당 수치를 개선한다. 또한 섬유질은 혈액 안에 있는 콜레스테롤과 지질(lipid), 소화과정에서 생성된 발암물질과 독성물질 등에 흡착함으로써 이런 노폐물들을 몸 밖으로 배출하는 데 도움을 주기도 한다. 즉, 똥은 섬유질과

29　물에 녹지 않는 섬유질.

팀을 이루어 해로운 부산물을 몸에서 제거하는 역할을 한다.

수용성 섬유질은 박테로이데스 같은 발효균의 먹이가 됨으로써 장내미생물계를 풍부하게 만든다. 장 안에서 섬유질을 먹는 미생물이 많아지면 햄버거 같은 음식에 과도하게 들어 있는 지방산이 장내미생물계의 다양성을 감소시키고 유익한 미생물의 숫자를 줄일 가능성을 최소한 어느 정도는 낮출 수 있다. 특히 펠러는 섬유질이 장내 염증을 억제하는 역할에 주목한다. 장은 몸의 면역체계 조절에서 가장 큰 역할을 하기 때문에 장내 염증이 줄어든다는 것은 몸 전체적으로 염증이 줄어든다는 뜻이다. 장에서 일어나는 일은 장뿐만 아니라 몸 전체에 영향을 미친다. 펠러는 "위장 장애나 위장 염증, 변비, 설사 같은 증상이 나타난다면 몸의 나머지 시스템에도 문제가 발생하고 있다고 생각해야" 한다고 말한다.

구불구불하게 이어지는 장들의 끝부분, 즉 직장의 바깥 부분인 항문은 안쪽 항문괄약근과 바깥쪽 항문괄약근으로 구성된다. 안쪽 항문괄약근은 압력 또는 부피의 증가 같은 입력에 반응하는 신경계에 의해 무의식적으로 이완되거나 수축된다. 반면 바깥쪽 항문괄약근의 이완과 수축은 우리 의지로 상당 부분 통제가 가능하다. 우리가 배변을 참을 수 있는 이유가 여기에 있다. 일부 연구자는 소화되고 남은 음식이 부피와 압력이 늘어나면서 이 두 개의 관문을 모두 열라는 확실한 신호를 보낼 때 배변을 하면, 배변 활동 자체가 매우 즐거운 경험이 될 수 있다고 말한다.

『내 몸이 깨끗해지는 똥오줌 사용설명서(What's Your Poo Telling You?)』의 공저자인 소화기내과 전문의 애니시 셰스(Anish Sheth)는 이렇게 배변을 할 때 느끼는 쾌감을 "푸포리아(poo-phoria)"라고 부른다. 배변, 특히 상당한 양의 대변 배출은 그동안 높아졌던 장내 압력을 확실하게 낮추며, 직장을 팽창시켜 미주신경을 자극함으로써 오르가슴을 느낄 때 분비되는 신경전달물질인 엔도르핀이 대량으로 분비되게 만든다. 행복 호르몬인 엔도르핀은 심박수와 혈압을 떨어뜨리면서 약간의 어지러움을 유발해 기분을 좋게 만든다. 셰스에 따르면 이런 순간적인 쾌감에 중독될 수도 있다. 일부 의사는 이 쾌감의 원인이 항문과 항문관(anal canal)[30]에 있는 음부신경(pudendal nerve)이 자극되는 데 있다고 본다. 일부 전문가는 남성의 경우, 이런 장운동이 항문 섹스에서 쾌감을 유발하는 G 스팟(G spot)인 전립선을 자극한다고 추측하기도 한다.

×

휴! 그렇다면 우리가 변기에 앉아 이런 쾌감을 느끼면서 배설하는 것의 실체는 무엇일까? 이 의문에 대한 답 역시 다른 종들에게서 얻을 수 있다. 하지만 이 답은 거대 동물이나

---

30 대장의 끝부분인 직장을 몸의 외부와 연결하는 관.

실험용 동물이 아니라 우리의 대변 속에 섞여 배출되는 미생물과 그 미생물의 신진대사와 부패로 인한 부산물에 있다. 미생물의 세계는 매우 미세한 세계지만, 그 안에도 포식자와 피식자 관계, 미생물 간의 복잡한 경쟁 관계가 존재한다. 또한 사람에 따라 미생물 서식 환경이 다르기 때문에 미생물들의 생태적 지위(ecological niche) 또한 매우 다양하다.

사람의 똥은 약산성을 띠며, 건강한 성인의 경우 똥의 약 4분의 3이 수분으로 구성되어 있다. 나머지 4분의 1의 성분을 파악하기 위해 세계 곳곳에서 연구자들은 지원자들을 모집해 그들의 음식 섭취량을 기록하고 식단을 조절하게 한 다음 배출량을 면밀히 조사했다. 예를 들어, 1980년에 영국에서 진행된 한 실험에서는 20~30대 남성 9명에게 3주 동안 "표준 영국식 식단(위타빅스 통곡물 시리얼, 우유, 설탕, 오렌지주스, 비스킷과 잼, 고기, 야채, 과일, 버터 바른 식빵, 차와 커피)"을 제공한 뒤 그들의 대변을 조사했다. 연구자들은 먼저 대변을 동결 건조해 수분이 없는 고체 상태로 만든 뒤 밀대로 부숴 가루로 만들었다. 그 다음에는 스토마커(stomacher)[31]에 이 가루를 넣고 세제와 함께 섞은 다음 여과해 냈다.

이 실험에서 연구자들은 식단이 동일하더라도 대변의 양과 체내 이동 시간이 사람에 따라 크게 차이가 난다는 사실을 발견했다. 한 지원자는 평균 이틀 만에 음식을 통과시킨

31 일회용 멸균 비닐봉지.

반면, 다른 지원자는 음식이 위장관(gastrointestinal circuit)[32]을 통과하는 데 거의 5일이나 걸렸다. 1996년 메이오클리닉(Mayo Clinic) 연구진이 수행한 연구에 따르면 음식물이 장을 통과하는 시간은 사람마다 크게 차이가 있으며, 특히 결장을 통과하는 시간은 여성에 비해 남성이 유의미하게 짧다는 사실이 확인됐다. 이 연구 결과는 여성이 변비에 더 취약하다는 연구 결과와도 일치한다. 또한, 이 연구 결과는 이런 연구에 다양한 인구 집단이 포함되어야 하는 이유도 잘 드러낸다. 같은 나라에 살면서 같은 음식을 먹는 비슷한 연령대의 남성들은 대표성이 부족하기 때문에 이들만을 대상으로 한 연구는 "정상"에 대한 생각을 쉽게 왜곡할 수 있다.

이런 연구에서는 사회경제적 다양성도 고려해야 한다. 2015년 20여 개국의 연구를 검토한 결과, 유카, 렌틸콩, 검은콩처럼 식물성 식이섬유가 풍부한 식품을 많이 섭취하는 저소득 국가 사람들의 일일 대변 무게 중앙값[33]은 고소득 국가 사람들의 대변 무게의 두 배에 달하는 것으로 나타났다. 또한 고소득 국가 사람들은 최소 및 최대 대변 무게도 저소득 국가 사람들에 비해 훨씬 다양했는데, 이는 고소득 국가 사람들이 더 다양한 식품을 섭취하기 때문으로 보인다.

1980년에 영국에서 진행된 연구는 대변 고형물(소화되지 않

32 입, 인두, 식도, 위, 소장, 대장으로 구성되며 항문과 연결되어 있는 관 전체.
33 크기순으로 배열할 때 한가운데에 오는 값.

은 찌꺼기)의 주요 구성 성분을 설명하는 몇 안 되는 연구 중 하나다. 남성 9명을 대상으로 한 이 연구에서는 불용성 식이섬유가 무게 기준으로 대변 고형물의 약 17퍼센트를 차지한다는 사실이 발견됐다. 24퍼센트는 수용성 식이섬유, 소화되지 않은 단백질, 지방, 탄수화물 같은 물질이었다. 그렇다면 대변 고형물 중에서 가장 큰 비중을 차지하는 승자는 누구였을까? 박테리아였다. 박테리아는 대변 고형물 무게의 절반 이상을 차지했다. 다른 연구들에서는 이 비중이 약간 낮게 조사되기도 했다. 이는 식단이 상당히 중요한 역할을 하기 때문으로 보인다.

섬유질을 많이 섭취하는 사람처럼 콩, 현미, 익지 않은 바나나, 렌틸콩 등에 포함된 저항성 전분(resistant starch)[34]을 많이 섭취하는 사람도 대체로 변이 부피가 더 크고 미생물이 많다. 이는 우리 몸의 세포에 의해 분해된 뒤 대장에 남게 된 식물성 물질을 발효시키는 장내 박테리아 때문이다. 장내 박테리아는 플라이스토세의 초원에서 풀을 뜯는 초식성 긴뿔들소와 비슷한 역할을 한다고 생각하면 된다. 한 연구에 따르면 인간 대변에 있는 박테리아 세포의 거의 50퍼센트는 환경만 적절하다면 인간의 장 밖에서도 생존이 가능하다. 이런 박테리아의 일부는 인간처럼 호기성생물(aerobe)이기 때문에 산소가 있어야 생존할 수 있지만, 일부는 혐기성생물(anaerobe)이기

---

34   체내에서 소화효소에 의해 잘 분해되지 않는 전분.

때문에 생존을 위해 산소를 필요로 하지 않거나 산소가 있으면 죽을 수도 있다. 하지만 수십 년 전까지만 해도 연구자들은 장내 박테리아를 장이 아닌 실험실 환경에서 생존시키는 방법에 대해 거의 아는 것이 없었다. 따라서 장내 박테리아는 DNA 염기서열분석으로 장내 박테리아의 존재가 밝혀지기 전까지는 그 수가 실제보다 훨씬 적다고 생각됐었다.

장 안에는 박테리아와 종류가 전혀 다른 미생물인 고세균(archaea)[35]도 존재한다. 고세균도 탄수화물을 먹는다. 하지만 고세균은 극한 환경에서도 견딜 수 있는 사슴이나 순록과 더 비슷하다. 일부 고세균은 산소가 없는 상태에서 탄소 함유 분자를 분해해 메탄(CH_4)가스를 만들어 낸다. 먼저 혐기성 박테리아가 탄수화물을 발효시켜 구성 요소들로 분해하면, 메탄생성균(methanogen)은 이 구성 요소들 중에서 수소와 이산화탄소를 기질로 사용해 메탄가스를 만들어 낸다. 혐기성발효(anaerobic fermentation)라고 부르는 이 다단계 과정은 인체 유래 바이오가스를 생산하는 데 매우 유용하다. 모든 사람이 메탄을 생성하는 것은 아니지만, 1972년《뉴잉글랜드의학저널(The New England Journal of Medicine)》에 실린 「뜨는 대변: 방귀와 지방(Floating Stools-Flatus versus Fat)」이라는 논문에 따르면 메탄 생성을 확인하는 방법 중 하나는 대변이 배출 즉시 변기 바닥에 가라앉지 않고 뜨는지 확인하는 것이다. 내 경우에는 대체로 대변

---

35 세포핵이 없는 미생물. 박테리아, 진핵생물과 함께 생물 역 3개 중 하나다.

이 물에 뜬다. 자신 있게 말할 수 있다.

연구자들은 물에 뜨는 대변에서 가스를 제거한 뒤 다시 물에 집어넣으면 대변이 물에 가라앉는 것을 관찰하기도 했다. 이 실험은 간단했지만 매우 중요한 사실을 알려 주었다. 대변에 지방이 과도하게 포함되어 있다는 것은 당연히 장에서 지방이 제대로 흡수되지 않고 있다는 것을 나타내지만(이는 다양한 장질환의 임상적 특징 중 하나다), 대변이 물에 뜨는 것은 지방이 아니라 가스, 특히 메탄가스 때문이며 따라서 의사들은 대변이 물에 뜨는 것을 문제의 징후로 간주해서는 안 된다는 것을 알려 준 것이다.

최근 연구에 따르면 우리 몸에는 박테리아와 고세균만큼 바이러스도 많이 존재한다. 이는 장내미생물 개체의 총수가 우리 몸의 세포 수보다 최소 2배는 더 많다는 것을 뜻한다. 이 바이러스 중에서 특히 에볼라바이러스, 소아마비바이러스, 인플루엔자바이러스 그리고 코로나19 팬데믹의 원인인 SARS-CoV-2바이러스 같은 것들은 매우 위험하다. 다행히도 우리 몸에 있는 미세한 바이러스입자들, 즉 인간 바이롬(human virome)은 적어도 우리에게는 무해하다. 박테리오파지(bacteriophage)로 알려진 다양한 바이러스들은 사나운 늑대가 들소를 공격하는 것처럼 장내미생물을 공격해 죽이기도 한다. 식물을 감염시키는 고추약한모틀바이러스(pepper mild mottle virus, PMMoV) 같은 바이러스는 음식을 통해 우리 몸으로 유입되기도 한다. 실제로 고추약한모틀바이러스는 사람의 똥에서 많이 발견되는 바이러스 중 하나이며, 우리가 어떤 환경에 있는지를 알려 주는 유용한 표지자(marker)이기도 하다.

고고학자가 화석을 조사해 선사시대 생태계의 전반적인 상태를 유추하듯이 의사는 사람의 똥을 검사해 우리 몸의 내부 환경에 대해 많은 것을 추측한다. 이런 단서 중 일부는 장 내벽에서 떨어져 나온 세포에서 얻을 수 있다. 장 내벽에서는 계속 세포가 떨어져 나오기 때문에 의사들은 이 세포를 이용해 비침습적인 검사를 수행할 수 있다. 예를 들어, 임상병리학자들은 이런 세포를 검사하거나 이런 세포에서 유전정보를 추출해 대장암을 비롯한 다양한 질환과 관련된 이상 징후를 찾아낸다. 이런 세포와 함께 배출된 박테리아, 고세균, 바이러스 그리고 효모 같은 진균류를 조사하면 장에 어떤 미생물들이 살고 있으며 어떤 질병이 진행되고 있는지 알 수 있다. 또한 대변에서 검출되는 촌충, 편모충, 와포자충(Cryptosporidium) 같은 기생충의 알 또는 세포도 이런 정보를 제공한다.

배변 후 똥에서 나는 냄새도 우리 몸에 대한 정보를 제공한다. 이 냄새의 원인은 우리와 우리 몸속 미생물이 음식을 소화하는 과정에서 생성되는 유기화합물이다. 이 유기화합물 대부분은 매우 유용한데, 예를 들어, 카다베린(cadaverine), 푸트레신(putrescine), 스퍼미딘(spermidine), 스퍼민(spermine) 같은 폴리아민(polyamine)[36] 계열 물질들은 우리 몸 세포의 성장, 성숙, 증식 같은 생물학적 과정에 도움을 준다.

문제는 이런 유용한 유기화합물 대부분이, 그래, 냄새가 지독하다는 것이다. 장내미생물이 아르기닌(arginine)이라는 아미노산을 이용해 만드는 푸트레신에서는 살이 썩는 냄새가 나는데, 이 푸트레신이 추가적인 분해 과정을 거치면 정자에 들어 있는 화합물인 스퍼미딘이 되고, 여기서 더 분해되면 스퍼민이 된다. 스퍼미딘과 스퍼민은 봄에 산책을 하다 보면 가끔 맡게 되는 진한 비린내의 원인이다. 과학 작가인 키키 샌퍼드(Kiki Sanford)는 어떤 나무들에서는 "정액 냄새"가 난다고 묘사하기도 했다(꽃가루의 역할과 정자의 역할이 동일하다는 점을 생각하면 쉽게 이해가 될 것이다). 그리고 카다베린에서는, 음, 이름에서 예상할 수 있는 냄새가 난다.[37]

스카톨(skatole)도 악취의 원인물질 중 하나다. 이 물질은 좀약 냄새가 난다는 일부 연구자의 주장에도 불구하고 이런 이름이 붙었다.[38] 이 유기 분자는 박테리아가 트립토판(tryptophan)이라는 아미노산을 분해하는 과정에서 만들어진다. 스카톨은 내가 가장 싫어하는 식품 중 하나인 비트에 포함되어 있으며, 돼지고기에서 가끔 나는 불쾌한 냄새인 웅취(雄臭)

---

36   체내에서 아미노산으로부터 합성되는 2개 이상의 아미노기를 가진 물질의 총칭.

37   카다베린이라는 단어 안에 들어 있는 "cadaver"는 시체라는 뜻이다.

38   스카톨이라는 이름에는 동물의 똥이라는 뜻의 "스캣(scat)"이 들어 있다.

의 원인이기도 하다. 하지만 스카톨은 소량으로 존재할 때는 달콤한 꽃향기를 낸다. 우리 집 마당에 있는 재스민에서 나는 좋은 냄새에도 이 스카톨 냄새가 포함되어 있다. 또한 합성 스카톨은 아이스크림이나 향수를 제조할 때 사용되기도 한다. 스카톨의 가까운 친척인 인돌(indole)도 소량으로 존재할 때는 달콤한 꽃향기가 나지만, 다량으로 존재할 때는 불쾌한 좀약 냄새나 퀴퀴하고 썩는 냄새가 난다.

하지만 이런 냄새는 생각하기 나름인 것 같다. 노르웨이의 한 연구진은 2015년에 발표한 「인돌-건강한 '내면의 향기'(Indole-the scent of a healthy 'inner soil')」라는 논문에서 인돌의 냄새는 모든 것이 정상적으로 돌아가고 있다는 것을 보여 주는 신호인데도 과소평가되고 있다고 주장했다. 이 연구에 따르면 "인돌은 미생물이 생성하는 신호 물질의 하나로, 숙주뿐만 아니라 마이크로바이옴에도 긍정적인 영향을 미치며, 정상적인 냄새가 나는 대변은 건강을 나타내는 지표 중에서 과소평가되고 있는 지표일 수 있다".

똥에서 나는 냄새의 진짜 원인에 대해 그동안 뜨거운 논쟁이 벌어지고 있었다는 것을 알게 되면 놀랄 것이다. 예를 들어, 1987년에 유타대학교의 연구자 3명은 "대변의 불쾌한 악취에 가려져 인간의 후각으로는 감지할 수 없는" 특정한 냄새를 만들어 내는 화학물질을 분리해 그 특성을 구명했다고 주장한 바 있다. 인돌과 스카톨이 대변 냄새의 원인이 아니라고 생각한 이 연구자들은 여성 6명과 남성 4명으로 "냄새 패널 (odor panel)"을 구성해 이들에게 연구자들이 분리해 낸 (인돌과 스카톨이 아닌) 세 가지 화학물질의 냄새를 맡게 했다. 그 결과, 연구자들은 황화메틸(methyl sulfide) 계열 화합물이 "대변의 불쾌한 악취"의 원인일 가능성이 매우 높다는 결론을 내렸다.

우리가 배설하는 대변에서 썩은 양배추 냄새가 나든 썩은 고기 냄새가 나든, 대변에는 그 특유의 냄새를 유발하는 수많은 유기 화학물질이 포함되어 있는 것은 확실해 보인다. 실제로, 영국 브리스톨대학교의 연구자들은 건강한 자원봉사자들의 대변과 염증성장질환인 궤양성대장염 환자들[캄필로박터 제주니(Campylobacter jejuni) 또는 클로스트리디오이데스 디피실 (Clostridioides difficile) 감염 환자들]의 대변에서 냄새를 만들어 내는 화학물질을 거의 300가지나 찾아냈다.

이런 화학물질들은 미생물에 의해 생성되기 때문에 특정 미생물 개체군의 불균형이나 붕괴 또는 폭발적인 증식이 일어나면 대변 냄새는 눈에 띄게 달라질 수 있다. 한 연구에 따르면, 몸에서 영양분을 잘 흡수하지 못해 장내미생물에 의해 부분적으로 소화된 음식이 더 많이 발효되는 어린이는 대변에서 푸트레신과 카다베린이 더 많이 생성된 것으로 나타났다. 다른 연구에 따르면, 설사를 동반하는 과민대장증후군을 앓는 성인 환자도 건강한 사람에 비해 이 두 화합물이 더 많이 생성된 것으로 밝혀졌다. 실험실 장비나 질병 탐지견을 이용해 이런 화학적 신호를 식별해 낸다면 문제를 발견하고 생명을 구할 수 있을 것이다.

한 종으로서 그리고 하나의 개체로서도 우리는 신진대사와 소화를 통해 방출되는 수많은 화학적 및 유전적 표지자들로 구성되는 고유한 흔적을 남긴다. 그리고 점점 더 많은 고고학자와 법의학자가 이 흔적에 관심을 가지고 있다. 동물의 배설물 연구가 이미 자연계의 상황에 대해 많은 것을 알려주고 있다는 사실을 생각하면 이런 연구가 이루어지고 있다는 것은 놀라운 일이 아니다. 예를 들어, 미국 에버글레이즈(Everglades)국립공원에 서식하는 플로리다표범의 똥에서는 털과 뼈가 섞인 부드러운 검은색 고기 배설물이 확인됐는데, 이는 멸종위기의 이 고양잇과 동물이 흰꼬리사슴, 습지토끼, 너구리를 먹잇감으로 가장 선호한다는 사실을 드러낸다. 애리조나주의 카치너(Kartchner)동굴에 사는 동굴박쥐의 배설물인 구아노(guano)는 진균류를 먹는 미세한 진드기를 비롯한 포식성 진드기, 파리 유충, 귀뚜라미, 거미 등으로 구성되는 독특한 동굴 생태계를 유지하는 데 중요한 역할을 하기 때문에 액체 "햇빛"이라고 불리기도 한다. 또한 알래스카의 숲에 사는 회색곰이 싸는 갈색의 큰 똥 덩어리에서는 과일 향이 약간 나는데, 이 똥은 야생동물을 연구하는 생물학자들, 그리고 동물의 영역과 개체 밀도를 추적하는 시민과학자들에게 많은 정보를 제공하기도 했다(전문적인 훈련을 받지 않은 시민들이 자발적으로 과학 연구에 참여하여 과학자들과 협업을 통해 문제를 해결하는 것을 "시민과학"이라고 부른다).

현재 우리는 생명체의 배설물이 다른 생명체들에게 얼마나 중요한지 알아 가고 있다. 암스테르담의 마이크로피아박물관(Micropia Museum)에서는 '똥의 여행(Tour de Poep)'이라는 제목의 인터렉티브 영상이 상영된다. 미생물의 역할을 보여 주는 이 영상은 이 박물관 근처의 아르티스암스테르담왕립동물원(ARTIS Amsterdam Royal Zoo)에 있는 아시아코끼리들의 똥이 어떻게 퇴비로 변화하는지 보여 준다. 이 퇴비화 기법은 한국의 고대 농법과 일본의 발효 퇴비인 보카시(bokashi)에서 영감을 얻은 것이다. 이 코끼리들은 먼 거리를 이동하지 않고 동물원 안을 돌아다니면서 영양분이 가득한 똥을 여기저기에 싼다. 사육사들은 이 똥에 80여 종의 박테리아와 진균류를 첨가해 발효시켜 허브나 채소 같은 식용식물을 키우는 데 유용한 "슈퍼 퇴비(supercompost)"를 만들었다(이 과정은 한국에서 김치를 담그는 과정과 비슷하다). 이 퇴비를 사용해 키운 식물은 코끼리를 비롯한 동물원에 있는 다른 동물들의 먹이가 되어 생태순환 고리를 완성한다.

사람들은 자신의 똥이 회색곰이나 코끼리의 똥만큼 유용할 거라고는 생각하지 않는다. 하지만 절대 그렇지 않다. 지구의 지배적인 동물인 인간은 다른 종으로부터 배우고, 자연의 순환에 다시 참여하고, 제한된 영양분과 자원을 재활용함으로써 잠재력을 발휘할 힘을 가지고 있다. 생존하는 동안 인류는 계속 똥을 눌 것이다. 그렇다면 왜 우리는 공동의 이익을 위해 우리의 똥을 재사용하지 않고 계속 낭비할까?

그 답은 우리가 아직도 과거의 잘못된 생각을 극복하지 못했으며, 우리가 적절한 혁신을 위해 이미 개발한 노하우와 기술을 사용하지 못하게 만드는 뿌리 깊은 혐오감에 사로잡혀 있기 때문일 것이다. 많은 과학자는 인간과 자연 사이에 쐐기를 박은 깊은 혐오감의 근원을 파악하는 것이 정신적 장애물을 극복하고 우리 안팎의 세계와 더 나은 균형을 이루며 양쪽 모두에 대한 더 큰 피해를 줄이는 데 중요하다고 믿고 있다.

CHAPTER 2

공포

저속하고 불경스럽고 역겨운 느낌을 준다고 여겨진 악명 높은 그림이 있다. 이 그림에 불쾌감을 느낀 한 시위자는 흰색 페인트를 그림 위에 칠하기도 했다. 1999년 당시 뉴욕 시장 루돌프 W. 줄리아니(Rudolph W. Giuliani)는 브루클린박물관에서 열린 "센세이션(Sensation)"이라는 이름의 도발적인 아트 쇼에 출품된 이 그림을 "역겹다(sick)"라는 한마디 말로 비난한 데 이어, 이 유서 깊은 박물관에 대한 시의 지원금을 동결하고 오랫동안 프로스펙트공원 옆에 있던 이 박물관을 철거하겠다고 위협했다. 하지만 줄리아니는 박물관이 제기한 연방 소송에서 패소했고, 영국 화가 크리스 오필리(Chris Ofili)가 그린 이 그림, 〈성모마리아(The Holy Virgin Mary)〉는 예술적 자유의 대명사가 됐다. 처음 이 작품을 봤을 때 나도 약간은 혐오감을 느꼈다.

나이지리아계 영국인인 오필리는 반짝이는 금색 배경에 힙합 버전의 흑인 성모마리아를 그리고 그 위에 포르노 잡지에서 오린 여성의 엉덩이와 성기 사진들과 코끼리 똥을 여기저기 붙였다. 오필리는 성모마리아의 오른쪽 가슴에도 코끼리 똥을 붙였고, 코끼리 똥 두 덩어리를 그림 하단 받침대로 사용하기도 했다. 이 두 똥 덩어리에는 각각 **성모**(Virgin)와 **마리아**(Mary)라는 노란색 글자가 새겨져 있다.

당시 나는 뉴욕에 살았지만 몇 년이 지나서야 이 그림을 볼 수 있었다. 처음에 멀리서 봤을 때 이 그림은 신기한 변형 과정을 거치고 있는 것처럼 보였다. 내 눈에는 포르노 잡지에서 오려 붙인 문제의 성기와 엉덩이 사진들이 추해 보이기보다는, 노란빛이 도는 눈부신 오렌지색 하늘을 배경으로 그려진 성모마리아의 머리 뒤에 있는 태양에서 뿜어져 나오는 보석들처럼 보였다. 성모마리아는 보석이 달린 하늘하늘한 푸른색 드레스를 입고 평화롭고 자신감 넘치는 표정으로 나를 똑바로 쳐다보고 있는 것 같았다. 성모마리아의 이 자세는 런던국립미술관(London's National Gallery)에 전시된 가슴을 드러낸 백인 성모마리아 그림들에서 볼 수 있는 전형적인 자세, 즉 성적인 에너지가 넘치는 자세를 모방한 것이다.

오필리가 코끼리 똥을 작품에 접목하는 데 영감을 준 것은 장학금을 받아 다녀온 짐바브웨 여행이었다. 그 후 미니애폴리스 워커아트센터(Walker Art Center)에서 열린 전시회에서 그는 코끼리 똥이 "풍경을 그림으로 그리는 거친 방법 중 하나"라며, 코끼리 똥이 모더니즘 예술에 사용될 수 있는 재료 중 하나라고 말했다. 황금색 직사각형과 소용돌이 위에 코끼리 똥을 붙인 그의 추상적인 작품 〈똥이 묻은 그림(Painting with Shit on It)〉도 거칠지만 매력적이다. 이후 《뉴욕타임스》와의 인터뷰에서 오필리는 재생의 문화적 상징인 똥이 자신의 아프리카 혈통을 나타내기도 한다며 "똥에는 놀랍도록 단순하지만 믿을 수 없을 정도로 근본적인 무언가가 있다. 똥은 수많은 의미와 해석을 수반하기 때문이다"라고 말했다. 그에게 똥은 신성한 동시에 불경하고, 지상의 것이면서 천상의 것이고, 역겨우면서도 영감을 주는 존재다.

가장 기본적인 의미에서 똥은 우리의 혐오 목록에서 가장 높은 순위를 차지한다. 자칭 혐오학자(disgustologist)이자 런던 열대보건의학 대학원의 환경·건강 그룹 책임자였던 밸 커티스(Val Curtis)는 2020년 세상을 떠나기 전 한 인터뷰에서 "전 세계에서 우리가 수집한 연구 대상 중에서 일반적으로 가장 큰 혐오감을 유발하는 것이 똥일 것"이라고 말하기도 했다.

커티스는 똥이 "역겨운 존재(yuck factor)"인 데에는 그럴 만한 이유가 있다고 생각했다. 똥에서는 기생충과 원생동물부터 곰팡이, 박테리아, 바이러스에 이르기까지 다양한 질병을 유발하는 미세 생물체들이 발견되기 때문이다. 커티스는 우리 조상들이 질병의 온상인 똥을 멀리한 것은 생존을 위해서였다는 가설을 제시했다. 이 가설에 따르면 똥을 멀리하지 않은 사람들은 자주 병에 걸려 번식 가능성이 떨어졌을 것이다.

그는 이렇게 말했다. "우리는 우리를 잡아먹으려는 외부의 큰 동물을 멀리하는 건강한 공포감을 진화시켜 왔다. 동시에 우리는 내부에서 우리를 잡아먹으려는 미세한 동물을 멀리하는 건강한 혐오감도 함께 진화시켜 왔다."

우리를 위험으로부터 보호하기 위해 오래전부터 진화했을 수 있는 행동 면역체계의 핵심으로서, 배설물은 우리가 죽음에 대한 취약성을 이해하고 질병을 피하는 데 도움을 주었을 것이다. 또한 배설물은 이런 면역체계의 확장으로 현재의 우리가 어떻게 "역겨운" 것들을 제거하거나, 우리 자신의 이익을 위해 외부 사람들이나 동물들에게 역겹다는 꼬리표를 붙이게 되는지에 대한 설명도 제공한다.

똥이 불완전한 영웅이라면 똥에 대한 혐오감은 영웅의 반대편에 위치한 존재다. 적절한 시점에 충분한 혐오감을 느끼면 피해를 막을 수 있지만, 잘못된 시기에 지나친 혐오감을 느끼면 역효과가 발생할 수 있기 때문이다. 코로나19를 통해 우리가 배운 것처럼, 앞으로도 중요한 시점에 상식에 기초한 위생 관념을 갖는 것은 공중보건에서 필수 요소가 될 것이다. 하지만 앞으로는 우리의 배설물 그리고 다른 사람들의 배설물에 열린 마음으로 호기심을 갖고 실용적으로 대처하는 자세도 중요해질 것이다. 우리가 똥에 혐오감을 느끼는 이유를 이해하면 똥이 정상적이고 유용한 자연의 산물이라는 생각을 갖게 될 것이고, 똥이 득보다 실이 많을 때 혐오감을 극복할 수 있을 것이며, 똥에 대한 우리의 감정을 이용해 우리를 속이는 악의적인 정치인, 사이비 과학자 및 기타 영향력 있는 사람 들에게 대항할 수 있을 것이다.

혐오의 대상은 똥뿐만이 아니다. 혈액, 땀, 구토, 소변, 정액, 타액 등 다른 사람의 몸에서 나오는 모든 것이 혐오의 대상이 될 수 있다. 커티스는 다른 사람의 분비물과 배설물이 내 몸으로 들어올 수 있다는 두려움이 가장 크다며 "우리가 다른 사람의 분비물이나 배설물이 우리 안으로 들어오는 것을 극도로 두려워하는 이유는 다른 사람이 우리를 아프게 하는 질병의 주요 원인이기 때문"이라고 말했다. 또한 커티스는 우리 자신의 분비물도 일단 배출된 후에는 혐오의 대상이 된다며 "깨끗한 유리잔에 침을 뱉은 뒤 그것을 다시 마실 수 있는지 시험해" 보라고 덧붙였다.

커티스는 『보지도, 만지지도, 먹지도 마세요: 혐오감의 과학(Don't Look, Don't Touch, Don't Eat: The Science Behind Revulsion)』에서 우리 내면의 방어 메커니즘이 몸이 좋지 않은 사람의 땀에 흠뻑 젖고 깔끔하지 않은 모습, 썩은 음식 냄새, 쥐, 파리, 기생충 등 질병의 다양한 징후로 확장된다고 주장했다. 커티스는 사람들이 역겹다고 느끼는 것을 모두 7가지 범주로 분류하면서 이 모든 것이 조상들이 질병으로부터 자신을 보호했던 방어 메커니즘과 관련이 있다고 주장했다. 일부 심리학자는 이 범주들을 병원체 혐오(pathogen disgust), 성적 혐오(sexual disgust), 도덕적 혐오(moral disgust)라는 세 가지 그룹으로 다시 분류하기도 했다. 후자의 두 그룹은 해를 피한다는 생각에 중점을 두지만, 그 강도와 구체성이 더 다양하다. 혼전 성관계, 공공장소에서 코를 푸는 행동, 개구리 다리를 먹는 것처럼 한 문화권에서는 금기시되는 행동이 다른 문화권에서도 항상 금지되는 것은 아니지만, 전반적으로 볼 때 혐오감은 인간이 가진 감정 중에서 매우 강력한 감정 중 하나다.

✕

무엇이 당신을 역겹게 하는가? 이 질문은 내 친구들이 구체적으로 어떤 것들을 싫어하는지 알려주고, 그 결과에 놀라움을 느끼게 만들었다. 페이스북에서 여러 친구에게 물어본 결과, 민달팽이, 침, 콧물, 썩은 생선, 구토, 스컹크 스프레이 등 꽤 흔한 혐오 유발 요인들도 있었지만, 식초, 니스를 칠하지 않은 나무 도구, 차가운 토마토주스, 파시즘, 개구리, 신선한 파파야, 진실하지 않은 칭찬, 시금치 통조림 같은 것들도 답으로 나왔다.

설문조사 형식의 혐오감 테스트는 다양한 연구자에 의해 만들어져 과학 연구에 사용된다. 내가 참여한 설문조사 중 하나는 똥 모양 초콜릿, 공중화장실 변기에 남아 있는 대변, 항문 섹스 등의 항목이 얼마나 역겹게 느껴지는지 선택하도록 한 것이었다. 이 설문조사 결과에 따르면 나는 평균적인 미국 남성에 비해 혐오 감수성이 약간 낮은 것으로 나타났다. 나는 실험실과 병원에서 상당한 시간을 보냈기 때문에 피나 죽음에 대한 혐오감이 덜하긴 하다. 게다가 우리 집을 방문한 손님이 떠난 후 뒷마당에 있는 별채의 화장실을 정기적으로 청소하기 때문에 다른 사람들의 분비물에 대해 상당한 내성이 생긴 상태다.

하지만 나는 말린 대구를 잿물에 담가 생선 젤리 같은 농도가 될 때까지 졸인 요리인 루테피스크(lutefisk)는 정말 역겹다. 이 요리는 미네소타에 살 때 크리스마스 만찬 테이블에 흔히 올라왔는데, 지금 생각해도 진저리가 처진다. 뉴욕에 살 때는 땅이나 하늘에서 나를 따라다니는 것 같은 바퀴벌레들, 압도적인 쉿내와 썩은 냄새, 더러움과 절망의 냄새를 풍기는 비트에 혐오감을 느꼈다. 혐오감은 당연히 **감정적인** 반응을 불러일으킨다. 그런데 그 이유는 무엇일까?

심리학자 스티븐 테일러(Steven Taylor)는 갓 태어난 아들의 기저귀를 처음 갈아야 했을 때 코를 틀어막았는데도 토할 뻔했다고 고백했다. 그는 "너무 역겨웠다"라면서 당시 상황을 웃으면서 회상했다. 인정할 수밖에 없는 불완전한 행동 면역 체계의 일부로서, 그의 갑작스러운 혐오감은 신체가 자신의 방어적 결함을 인식하는 것과 관련이 있을 수 있다. 그는 내게 이렇게 말했다. "이런 행동은 우리의 면역체계가 병원균을 피할 수 있을 정도로 발달되어 있지 않다는 생각에 기초합니다. 바이러스와 박테리아는 눈으로 보기에는 너무 작기 때문이지요." 테일러는 대신 행동 면역체계는 병원균의 원천일 수 있는 것을 보거나, 냄새를 맡거나, 맛보거나, 만지거나, 심지어는 그 잠재적 원천이 내는 소리를 들음으로써 혐오 반응을 이끌어 낸다고 생각한다.

혐오감이 실제로 진화한 방어 메커니즘인지 확인하기 위해 생물인류학자 태라 세폰-로빈스(Tara Cepon-Robins)와 공동 연구자들은 질병 발병률이 높은 지역 주민을 대상으로 혐오감으로 인한 손해와 이득 정도를 측정했다. 연구는 에콰도르 남동부에 있는 슈아르 원주민 마을 세 곳에서 이루어졌다. 이 지역의 중심지이자 시장이 형성된 수쿠아에서 1시간 정도 떨어진 우파노강 계곡의 농촌 마을은 시장 통합형 경제로 빠르게 전환하고 있었고, 많은 주민이 농산물을 판매하거나 노동자로 일하면서 목재 또는 시멘트 바닥에 양철 지붕을 얹은 집에 살고 있었다. 코르디예라데쿠투쿠산맥의 동쪽에 위치한 다른 두 마을은 아마존강 지류에서 버스와 전동 카누를 타고 약 7~12시간 들어가야 닿는 거리에 있었다. 이곳의 주민들은 사냥, 낚시, 채집, 원예에 더 많이 의존하며 초가지붕과 흙바닥으로 된 집에서 생활했다.

세폰-로빈스와 공동연구자들은 이 세 마을의 주민 75명을 대상으로 지역 환경에 기초해 다음과 같은 항목들을 포함하는 질문 19개를 했다. **얼마나 혐오감을 느끼는가? 맨발로 똥을 밟았을 때? 음식에서 바퀴벌레를 발견했을 때? 죽은 동물을 손으로 집어 들었을 때? 누가 신발에 구토를 했을 때? 치아가 없는 사람이 만든 치차**(chicha, 마니옥 뿌리의 과육을 씹어 만든 발효 음료)**를 마실 때?**

연구진은 혐오감의 강도가 높을수록 방어에 유리한지 알아보기 위해 박테리아 또는 바이러스, 대변으로 오염된 토양을 통해 전염되는 기생충으로 인해 발생한 염증의 혈액 기반 표지자도 측정했다. 그 결과, 연구진은 혐오감 강도가 높은 마을 주민들이 박테리아나 바이러스 감염과 관련된 염증이 더 적다는 사실을 발견했다. 이 연구에 따르면 혐오감을 쉽게 느끼는 사람의 경우 그 사람의 가족 전체가 보호될 가능성이 높았다. 세폰-로빈스는 "가족 중에 혐오감 강도가 높은 사람이 있어 주변 모든 것에 조심한다면 그 사람은 물론 가족 모두 감염될 가능성이 적다"라고 말했다. 시장과 가까운 슈아르마을에 사는 주민은 시장에서 멀리 떨어진 곳에 사는 주민보다 혐오감에 민감했다. 세폰-로빈스는 상수도시설이 갖추어져 있고, 바닥이 시멘트이고, 주방이 거주 공간과 분리된 집에 사는 주민은 병원균을 더 쉽게 피할 수 있었다며, 더러운 것을 피하는 데 유용하기 때문에 이는 당연한 결과라고 말했다. 그렇다면 수돗물이 나오지 않는 흙바닥 집에 사는 사람은 병원균을 피하기가 더 어렵기 때문에 혐오감 강도가 높아도 별 소용이 없었을 것이다.

처음에 세폰-로빈스는 높은 혐오감 강도가 육안으로 쉽게 볼 수 있는 기생충으로부터 주민들을 보호하지는 않았다는 사실에 놀랐다. 하지만 이는 대변 배출을 통해 흙으로 들어간 미세한 기생충 알은 배아로 성장하는 데 약 3주가 걸리며, 기생충 배아는 수개월 동안 생존하며 인간을 다시 감염시킬 수 있다는 사실에 의해 설명이 가능했다. 이때 기생충 배아에 오염된 토양은 그 주변의 오염되지 않은 토양과 구분하기 힘들다. 혐오감에는 장단점이 있는데, 이 경우 혐오감은 확실한 이점을 제공하지 않는 것으로 보였다. 슈아르마을 사람들은 식량을 재배해 먹어야 하는데, 기생충에 대한 혐오감이 효과를 나타내려면 흙에 대한 혐오감이 함께 존재해야 했기 때문이다. 흙에 대한 혐오감과 식량 재배의 필요성이 상충되는 상황이었다.

진화는 우리에게 혐오감을 느끼는 일반적인 능력을 부여했지만, 혐오감의 구체적인 표현은 다양한 문화적 단서와 얼굴 표정에서 찾을 수 있다. 중국의 엄마들은 말썽을 부리는 아이를 단속하기 위해 눈으로 강한 혐오감을 표현하곤 하지만, 유럽의 엄마들은 코를 찡그리면서 얼굴 전체로 혐오감을 표현하는 경우가 많다. 내가 어렸을 때인 1970년대에 부모님이 오하이오에 있는 우리 집 부엌 싱크대 밑과 욕실 세면대 밑의 청소용품에 형광 스티커를 붙이면서 만지지 말라고 얼굴을 찡그리던 기억이 난다.

이렇게 주의를 주지 않으면 어린아이들은 역겨운 물건을 마구 만질 수도 있다. 실제로, "혐오 박사(Dr. Disgust)"라는 별명으로 널리 알려진 심리학자 폴 로진(Paul Rozin)은 1986년에 진행한 실험을 통해 유아들이 음식을 아무거나 먹는다는 사실을 확실하게 보여 주었다. 로진과 공동연구자들은 아이들에게 음식을 보여 주면서 "개똥(doggie doo)"(실제로는 땅콩버터와 림버거치즈, 블루치즈를 섞은 것이었다)이라고 말한 뒤 아이들이 그 음식을 먹는지 관찰했다. 생후 2년 6개월 미만의 유아는 절반 이상이 그 음식을 아무렇지도 않게 먹었다. 하지만 그보다 더 나이가 든 아이들은 그 음식을 먹는 비율이 상대적으로 낮았다. 이는 생후 2년 6개월 이후의 아이들은 먹지 말아야 하는 것이 무엇인지 이미 알고 있다는 것을 뜻한다. 지금도 우리 가족들은 미네소타 북서부에 있는 부모님의 농장에서 "진흙파이"를 가지고 재미있게 놀던 사촌 형의 아기 때 모습을 떠올리며 즐거워하곤 한다. 이 진흙파이는 사실 소똥을 뭉친 것이었고, 사촌 형을 제외한 모든 사람이 그 모습을 보고 역겨워했었다.

『배설물의 기원(The Origin of Feces)』을 쓴 수의사이자 전염병학자 데이비드 월트너-테이스(David Waltner-Toews)는 똥에 대한 사람들의 반응은 지리적인 특성에 기초한 복잡하고 다양한 문화사를 반영한다고 말했다. 그의 설명에 따르면 똥은 농촌지역에서는 퇴비로 생각되지만, 도시지역에서는 똥과 관련해 행정 당국이 설사병의 위험을 강조하기 때문에 농촌지역에서보다 부정적으로 인식되는 "퇴비 대 콜레라 양분 현상 (cow manure versus cholera dichotomy)"을 보인다. 그는 "(똥은) 농장에서 멀어질수록 위험성이 강조되는 반면 이용 가능성은 줄어든다"라고 말했다. 실제로, 아시아와 남미의 일부 도시는 도시 주변 농장들과 강력한 연계를 구축하고 있지만, 다른 도시들에서 똥은 해결책이 아니라 문제로만 인식되고 있다.

똥에 대한 생각은 문제와 해결책, 혐오와 수용 사이에서 계속 변화해 왔다. 고대 로마에서는 "스테르코라리(stercorarii)"라고 불리던 분뇨 수집업자가 사람의 분뇨와 동물의 똥을 수거해 비료로 팔았다[하지만 고대 로마의 하수도시스템인 "클로아카막시마Cloaca Maxima"를 청소하는 일은 주로 노예나 죄수가 하던 단순노동이었다]. 1세기에 로마 황제 베스파시아누스는 공공장소의 소변기(손님들이 소변을 볼 수 있도록 상점 앞에 놓였던 항아리)에서 내용물을 사들인 축융업자(fuller)[39]에게 "오줌세(vectigal urinae)"를 부과하기도 했다. 축융업자들은 이렇게 사들인 소변에 포함된 암모니아를 이용해 빨래를 했다(무두장이들도 가죽을 무두질하는 데 소변을 사용했다). 베스파시아누스는 오줌에 세금을 매기면서 "돈에서는 냄새가 나지 않는다(Pecunia non olet)"라는 말을 남긴

---

39 새로 깎은 양털과 새로 짠 천에 배어 있는 기름을 제거하고 올을 촘촘하게 수축시키는 일을 하는 사람.

것으로 유명하다.

16세기의 프랑스 파리는 창문과 출입구에서 요강의 내용물을 버리는 관행을 없애기 위한 칙령이 잇달아 발표되면서 오물로 더럽혀지지 않은 도시라는 명성을 얻게 됐다. 도미니크 라포르트는 『똥의 역사』에서 공공도로와 골목길에 버려지던 오물이 이 칙령들에 의해 가정집 화장실과 오물 구덩이에 버려짐에 따라 오물 관리가 사실상 개인에 의해 이루어지게 되는 결과를 낳았다고 분석했다. 라포르트에 따르면 이런 조치는 파리의 근본적인 위생 문제를 해결하는 데에는 실패했지만, 벌금과 세금을 통해 국가 금고에 돈을 채우면서, 악취를 가리는 향수를 만드는 업자와 강이나 들판으로 오물을 옮기는 업자로 구성되는 자본주의 생태계를 탄생시켰다.

라포르트는 농업기술을 통해 도시의 오물로 재배한 과일이 도시의 시장에 다시 등장했다며 "수 세기 동안 망각 속에 묻혀 있던 고대 관습에 대한 기억"은 오물이 특히 비료로서 가치가 있다는 생각을 부활시켰을 것이라고 본다. 그는 당시의 이런 생각은 오물에 대한 현대인들의 생각과는 달랐다며 다음과 같이 썼다.

오물, 특히 인분에 대한 가치투자 관행의 특징은 그 바로 이전 시기의 가치투자 관행에 대한 의도적인 망각이다. 이 관행은 고대의 관행을 **재**발견한 결과로 생각되기 때문이다. 19세기에는 위생 개념이 크게 확장됨에 따라 오물에 이용 가치가 있다는 생각이 확산됐지만 프랑스 시골의 참신한 오물 사용 사례를 들면서 오물이 농업적 가치를 가진다는 주장을 하지는 않았다.

오히려 당시 사람들은 중국을 다녀온 여행자들의 일지에 묘사된 농업기술과 비교하면서 당시의 농업기술이 더 이상 진보할 수 없는 **최상의 수준**에 이르렀다고 자위했다. 이런 반복과 부활의 패턴은 배설물에 대한 문명국가들의 생각이 그동안 얼마나 크게 요동쳤는지 잘 보여 준다. 역사의 한 시기에는 혐오의 대상이었던 오물이 그 전이나 그 후의 시기에는 그다지 혐오스럽게 생각되지 않았다. 오물에 대한 생각은 심지어는 몇 년 만에 역전되는 미세변이(microvariation) 현상을 보이기도 했다.

체액에 대한 감정적인 반응과 마찬가지로 죽음에 대한 감정적인 반응도 시간이 지남에 따라 변화해 왔다. 케이틀린 도티는 19세기 중반에 현대식 장례 산업이 등장하기 전에 우리는 죽음을 보는 것에 매우 익숙했고, 몇 가지 전염성질병을 제외하면 시체의 잠재적 "위험"에 대한 두려움은 지금보다 훨씬 덜했다고 주장한다.

언제나 그렇듯이 여기서도 맥락이 중요하다. 병원이나 자연 다큐멘터리에서 죽음이나 피, 똥을 보는 것은 길거리에서 보는 것보다 덜 불안하다. 징그러운 장면과 역겨운 사람들이 나쁜 행동을 하는 장면은 오랫동안 텔레비전 시청자와 소셜미디어 이용자를 사로잡아 왔다. 안전한 거리에서 보는 혐오 장면은 흥미로울 수 있기 때문이다. 하지만 심리학자 스티븐 테일러는 진화론적 관점에서, 우리에게는 덜 민감한 경보보다 지나치게 민감한 경보가 더 유리하다고 본다. 이는 쉽게 혐오감을 느끼는 것은 많은 거짓 경보를 유발하지만, 진정으로 위험하고 피해야 하는 것들을 더 많이 피하는 데 도움이 된다는 뜻이다. 그는 팬데믹처럼 위협으로 인식되는 상황은 혐오 민감도를 높일 수 있다며 (이런 상황에서) "사람들은 더 예민해지고, 전염의 잠재적 원천을 더 잘 피하며, 다른 사람들을 더 많이 경계하게 된다"라고 말한다.

예를 들어, 코로나19 팬데믹 기간에 호주에서 발생한 화장지 사재기는 이런 강렬한 감정에 의한 것으로 보인다[2020년 3월에 호주 사람들은 트위터에 화장지대재앙(#ToiletPaperApocalypse)이라는 해시태그를 단 글을 올리면서 재미와 공포를 동시에 느꼈다]. 실제로 당시에는 사람들이 집 밖으로 잘 나오지 않아 가게들이 텅 비었고, 사무실과 공장이 문을 닫으면서 집 밖에서는 화장지가 사용되지 않은 반면 사회적 격리에 들어간 사람들은 집에서 화장지를 더 많이 사용할 수밖에 없었다. 곧 사람들은 화장지 구하는 방법을 공유하기 시작했다. 캘리포니아 오렌지카운티의 한 멕시코 음식점에서는 20달러 이상 음식을 주문하면 화장지 한 롤을 제공하기도 했다.

이런 화장지 사재기와 화장지를 두고 주먹다짐이 벌어지는 현상을 보면서 나는 왜 사람들이 엉덩이를 깨끗하게 유지하는 것 외에는 별다른 목적이 없는 화장지에 감정적으로 집착하게 되었는지를 깊이 성찰하게 됐다. 『팬데믹의 심리학(The Psychology of Pandemic)』의 저자 테일러는 이미 바이러스에 대한 불안감이 높아진 사람들이 혐오감을 더 많이 느끼지 않기 위해 화장지 사재기를 했다고 본다. 감염의 위협으로 감정이 증폭된 상태에서 화장지가 감정을 누그러뜨리는 수단이 되었다는 것이다. 사회적 격리기간에 2주 분량의 생필품을 확보하라는 당국의 공식적인 권고가 내려진 가운데, 화장지를 준비해 두면 엉덩이를 깨끗하게 유지할 수 있어 역겨움을 느끼지 않지만 화장지가 떨어지면 고통을 받을 거라는 생각에 사람들이 사재기를 시작한 것으로 보인다.

불확실성에 대한 인내력 부족(intolerance of uncertainty)이라는 사람들의 개인적 특성도 이런 부조리한 행동에 영향을 미쳤을 가능성이 높다. 테일러는 불확실성을 좋아하는 사람은 아무도 없지만, 어떤 사람들은 불확실성을 감당하는 데 특히 더 어려움을 겪는다며 "팬데믹은 정의상 여러 가지 불확실성과 관련이 있다"라고 말했다. 이런 상황에서 매장에서 벌어지는 혼란을 담은 소셜미디어 영상은 광기와 공포를 더 심하게 만들 뿐이었다.

세폰-로빈스는 혐오감의 강도가 우리가 통제할 수 있는 것들과 환경의 상대적 관계에 의해 결정된다고 본다. 강박적으로 손을 씻거나, 화장지를 쌓아 두거나, 다른 사람과의 접촉을 피하는 등 주변 환경을 더 많이 통제할 수 있게 되면 높은 혐오감과 낮은 위협감 사이의 불일치가 병적으로 나타날 수 있다. 혐오감은 특히 업무나 여행 중에 화장실에 가는 시간을 지연시킬 수 있으며, 때로는 혐오감을 느끼는 당사자에게 해가 될 수도 있다. 혐오감은 강박장애, 거미공포증, 혈액이나 주사에 대한 비이성적인 공포증과 같은 다양한 공포증과도 관련이 있는 것으로 알려져 있다. 또한 여러 연구에 따르면 혐오 민감성이 높은 사람은 외국인혐오증, 인종적 편견, 표면적으로 건강이 좋지 않은 징후가 있는 사람에 대한 편견이 강한 것으로 나타났다.

테일러는 외국인에 대한 혐오 감수성은 자신이 질병에 취약하다는 생각, 외국인과의 접촉을 피하면 자신에게 항체가 없는 새로운 병원체를 피할 수 있다는 생각과 밀접한 관련이 있다고 본다. 도널드 트럼프 전 미국 대통령이 2018년에 아이티, 엘살바도르, 아프리카 국가들을 "시궁창(shithole)" 국가로 폄하하고 SARS-CoV-2바이러스를 "중국 바이러스"라고 반복해서 언급했을 때, 그의 말은 인종차별주의자나 외국인 혐오 성향을 가진 사람들의 혐오감을 부추겼을 것이다. 혐오감은 이렇게 전염될 수 있고 무기화될 수 있는 감정이다.

×

역사학자이자 민속학자인 에이드리엔 메이어(Adrienne Mayor)는 『그리스의 불, 독화살, 전갈 폭탄: 고대의 생화학전 (Greek Fire, Poison Arrows, and Scorpion Bombs: Biological and Chemical Warfare in the Ancient World)』에서 여러 시대에 걸쳐 배설물을 이용한 심리전이 수행됐다고 말했다. 동유럽과 중앙아시아의 대초원에서 살았던 유목민 전사 부족인 스키타이족은 치명적인 궁술과 무시무시한 가시 화살을 사용한 전사 부족으로 악명이 높지만, 역사상 최초로 똥을 무기로 사용한 것으로도 유명하다. 기원전 4세기에 스키타이인들은 사람의 피와 동물의 배설물, 독사의 독, 썩은 독사 사체를 섞어 만든 "스키티콘 (scythicon)"이라는 혼합물을 화살촉에 묻혀 화살을 쐈다. 이 화살에 의한 자상 자체는 치명적이지 않았지만, 화살에 묻은 물질 때문에 상처 부위에서 괴저와 파상풍이 발생해 부상자들은 죽거나 무력화됐다. 고대 그리스의 지리학자이자 역사가인 스트라본(Strabo)은 "독화살에 맞지 않은 사람들도 끔찍한 냄새 때문에 고통을 겪었다"라는 기록을 남겼다.

12세기 중국에서는 화약, 말린 인분, 독을 도자기 용기에 담아 투척기로 적군에게 투척했다. 역사학자 스티븐 턴불 (Stephen Turnbull)이 "배설물 폭탄(excrement trebuchet bomb)"이라는 이름을 붙인 이 폭탄은 터질 때 유독한 연기를 내뿜었을 것으로 추정되는 말 그대로 더러운 폭탄이었다. 중세에는 유럽인 침략자들이 페스트 희생자의 시체나 배설물을 적의 성벽에 투척하는 방법으로 생물학적 공격을 하기도 했다. 감염된 시체가 페스트를 퍼뜨리는 데 성공한 경우도 있었지만, 중세의 의학자들은 질병을 일으키는 힘은 시체 자체가 아니라 썩은 유기물의 악취에서 나온다고 생각했다.

"나쁜 공기(bad air)"가 "미아즈마타(miasmata, 부패하거나 감염된 물질에서 방출되는 유독한 증기)"를 통해 질병을 일으킨다는 미아즈마 이론(miasma theory)은 몇백 년 동안 지속됐다. 16세기에 파리에서 내려진 칙령들은 이 이론에 근거한 것이 확실하다. 또한 이 이론은 19세기 중반까지 콜레라의 원인을 설명하는 이론으로 이용되기도 했다. 실제로, 공중보건 연구자들은 1830~1840년대에 영국에서 벌어진 위생 운동은 "마을의 오물에서 나오는 전염성 안개나 유해한 증기"를 통해 질병이 퍼진다고 열렬히 믿었던 미아즈마 이론 신봉자들로부터 동력을 얻은 것이라고 설명한다. 당시 영국 사람들은 이 이론에 근거해, 질병을 예방하려면 "도시 생활에 수반되는 쓰레기, 하수, 동물 사체, 폐기물 등을 청소할" 새로운 위생 조치가 필요하다고 생각했다.

19세기의 가장 큰 아이러니 중 하나는 도시의 냄새, 특히 사람의 배설물 냄새에 대한 혐오감이 미아즈마 이론을 강화해 콜레라가 여러 차례 유행하는 데 적극적으로 관여했으며,

미아즈마 이론을 신봉하는 사람들이 위험을 경고하는 냄새를 위험 자체로 착각했다는 것이다. 스티븐 존슨(Steven Johnson)은 1854년 런던 소호 지역을 휩쓸었던 콜레라를 다룬 책『감염지도(The Ghost Map)』에서 이렇게 설명했다. "19세기까지 미아즈마 이론이 지속된 것은 지적 전통이 이어졌기 때문이기도 하지만 본능에 의한 현상이기도 했다. 미아즈마 이론에 관한 문서들을 살펴보면 이 이론이 도시의 냄새에 대한 본능적인 혐오와 불가분의 관계에 있다는 것을 알 수 있다."

사람들이 일반적으로 질병의 원인이라고 믿었던 것은 실제로 질병의 원인이 아니었는데도 혐오의 대상이 되곤 했다. 이는 실제 위협(이 사례에서는 장염비브리오균에 오염된 물)을 더 잘 인식하게 하는 새로운 정보가 혐오의 초점을 바꾸거나, 무고한 희생자를 향한 혐오의 힘을 분산시키는 데 도움이 될 수 있다는 점에서 매우 중요한 사실이다. 예를 들어, 인구밀도가 높았던 빅토리아시대의 런던과 뉴욕에서 미아즈마 이론 지지자들은 도시 빈민들이 신체적 결함이나 도덕적 결함 때문에 오염된 공기에 더 취약해졌다고 주장했다. 하지만 존 스노(John Snow)라는 의사는 오염된 수도 펌프를 질병의 원인으로 지목하는 데 도움을 주었고, 그로부터 10년이 채 지나지 않아 발표된 프랑스 화학자 루이 파스퇴르(Louis Pasteur)의 병균 이론(germ theory of disease)은 "나쁜 공기"가 아니라 나쁜 박테리아가 질병을 일으킨다는 주장을 더욱 강화했다. 그런데도 여전히 미아즈마 이론은 사회적인 영향력을 가진 사람들이 대중의 공포심과 혼란스러운 마음을 악용해 희생양이나 적을 혐오의 대상으로 만드는 데 이용되곤 했다.

2017년에 호주의 미디어 문화 연구자인 마이클 리처드슨(Michael Richardson)은 세균에 대한 병적인 공포를 가진 것으로 잘 알려진 트럼프가 자신과 타인의 혐오감을 자신에게 유리하게 활용하는 데 어떻게 탁월한 능력을 발휘했는지 자세히 설명했다. 리처드슨은 「도널드 트럼프의 혐오(The Disgust of Donald Trump)」라는 글에서 정치적 적수에 대한 본능적이고 극단적인 트럼프의 혐오가 어떻게 트럼프와 그의 지지자들을 하나로 묶는지 설명했다. 예를 들어, 트럼프는 2015년에 열린 민주당 대선후보 토론회에서 힐러리 클린턴 후보가 화장실에 간 사이에 "어디 갔는지 다 압니다. 역겨워서 말하고 싶지도 않습니다. 너무 역겨워요"라고 말했다. 이 글에서 리처드슨은 트럼프가 보수적인 이념을 가진 사람들이 혐오감에 더 쉽게 흔들리는 경향이 있다는 여러 연구 결과를 근거로 삼았다고 말했다.

이런 혐오감의 분출은 일종의 정치적 쇼라고 볼 수도 있다. 리처드슨은 트럼프의 이 말을 듣는 사람들이 혐오스러운 대상과 직접 접촉하지는 않았지만, 트럼프가 그들의 불안이나 불확실한 생각, 두려움이나 분노에 모양과 이름을 부여함으로써 그들에게 자신이 오염되고 있다는 생각을 하게 만들었다고 분석했다. 트럼프는 자기 몸에 대해 이야기하는 여성들, 미국 국경을 넘어오는 이민자들, 미국인들의 삶을 위협하는 소수민족을 혐오의 대상으로 부각했다. 대중의 반발에도 불구하고 트럼프는 자신의 지지자들이 이들에 대해 느끼는 혐오감을 확실하게 제거할 수 있는 사람은 자기밖에 없다고 주장했다. 불쾌감을 주는 대상을 근절하고자 하는 트럼프의 욕구가 지지자들의 욕구가 된 것처럼, 트럼프의 혐오감도 지지자들의 혐오감이 됐다. "힐러리를 감옥으로!(Lock her up!)" "장벽을 세워라!(Build that wall!)" 같은 구호는 방송 뉴스에 노출하기 위해 미리 만든 것이었다. 일종의 감정 증폭 장치가 된 소셜미디어는 사려 깊은 성찰보다 빠른 참여를 우선시하는 알고리즘에 힘입어 바이러스성 밈과 슬로건을 통해 분노나 혐오, 공포를 짧은 순간에 폭발적으로 전달했다.

다양한 소수자 집단들도 이와 유사한 혐오 기반 캠페인의 표적이 되고 있다. 과학저널리스트 제인 C. 후(Jane C. Hu)는《슬레이트(Slate)》에 기고한 글에서 2020년 1월 SARS-CoV-2바이러스가 중국 국경을 넘어 확산한 후 중국 시장에서 판매되는 "비정상적인" 또는 "이상한" 식품에 대한 기사가 계속 나왔다고 언급했다. 이런 표현들은 역겨운 음식이 바이러스의 원인이라는 것을 암시하며 중국인이 질병의 매개체라는 고정관념을 강화했고, 그로부터 얼마 지나지 않아 세계 곳곳의 아시아인들은 후가 "일상적인 인종차별 행위"라고 표현한 차별

행위의 대상이 됐다. 2020년에는 증오범죄가 전반적으로 감소한 것으로 집계됐지만, 미국 16개 주요 도시를 대상으로 한 조사에 따르면 아시아인을 대상으로 한 범죄는 150퍼센트 급증했으며, 이런 추세는 2021년까지 이어졌다.

동성애자 남성들을 비난하는 정치인들은 오랫동안 남성 동성애를 항문 성교, 대변, 소아성애 등의 개념과 연결해 왔다. 이런 연관 짓기는 동성애자 남성들을 성적, 도덕적 혐오의 대상으로 만들고, 병원균의 매개체로 낙인찍는 데 가장 효과적인 방법이다. 한 연구에 따르면 이런 연관 짓기의 가장 큰 목표는 "특정한 인간 집단을 도덕적 일탈과 육체적 오염을 매개하는 '역겨운' 집단으로 매도함으로써 혐오감을 유발하는 것"이다. 예를 들어, 최근 성소수자를 겨냥한 정치 캠페인에서는 "그루밍(grooming)"[40] 같은 단어가 사용되는데, 이런 단어들의 사용은 동성애가 부도덕하고 일탈적인 행동이라는 개념과 성소수자들이 순진한 어린이들에게 해를 끼칠 수 있다는 생각을 결합하는 효과를 발생시킨다. HIV와 에이즈의 출현으로 동성애자 남성이 질병의 매개체라는 공격을 받게 되면서 이런 효과는 더욱 두드러지고 있다. 또한, 내면으로 향하는 혐오감으로 정의되는 수치심도 내면화된 동성애 혐오(homophobia)의 형태로 동성애자 남성들에 대한 혐오를 강화하고 증폭하고 있다.

40 가해자가 피해자를 길들여 성폭력을 용이하게 하거나 은폐하는 행위.

심리학자 고든 호드슨(Gordon Hodson)과 공동연구자들은 2014년에 발표한 논문 「더러운 돼지와 인간 이하의 잡종들: 비인간화, 혐오, 집단 간 편견(Of Filthy Pigs and Subhuman Mongrels: Dehumanization, Disgust, and Intergroup Prejudice)」에서 우리는 다른 사람들(그리고 그들의 신체적 기능)을 동물에 비유해 비인간화함으로써 그들을 혐오의 시선으로 보게 된다고 주장했다. 실제로, 이 전략은 인류 역사에서 지속적으로 사용되면서 정교하게 다듬어진 전략 중 하나다. 예를 들어, 유럽인 식민지 개척자들과 미국 정부는 그들이 점령한 원주민들을 일상적으로 "야만인"이라고 불렀다. 나치 선동가들은 유대인을 병균을 옮기는 바퀴벌레나 쥐로 비인간화했다. 인종차별주의자들은 흑인을 유인원에 비유해 왔다. 트럼프는 일부 라틴계 이민자를 "동물"이라고 부르면서 그들의 "성역 도시(sanctuary city)"**41** 설립 노력을 비난했다.

호드슨은 동물에 대한 대중의 생각 전환, 가령 동물에 대한 인간의 우월성을 강조하는 대신 동물과 인간의 유사성을 강조하는 생각으로의 전환이 이루어진다면 특정한 인종 집단, 민족 집단에 속한 사람들의 인간성과 존엄성을 회복하고 그들에 대한 편견을 줄이는 데 도움이 된다고 본다. 그는 동물을 열등한 존재로 여기지 않게 되면 다른 사람을 비인간화

41　미 연방정부가 진행하는 서류 미비 이민자 단속과 불법 외국인 추방에 협력을 거부하는 도시.

하는 데서 얻는 사회적 이득이나 가치도 사라진다고 주장한다. 이 점에서 고미 다로의 그림책 『누구나 눈다』는 우리가 돼지, 개, 코끼리와 연결되어 있음을 재확인하고 비인간화, 혐오, 편견에 대항할 절묘한 방법을 제시했다고 볼 수 있다.

×

신종 병원체 전문가인 J. 글렌 모리스 주니어(J. Glenn Morris Jr.)는 질병이 얼마나 파괴적인지 설명하기 위해 대중 강연에서 두 가지 이미지를 사용하곤 한다. 첫 번째 이미지는 러디어드 키플링(Rudyard Kipling)이 1896년에 쓴 시 「콜레라 캠프(Cholera Camp)」의 첫 번째 연이다. 이 시는 인도에서 영국 보병대를 간단하게 제압한 적, 즉 콜레라에 대한 것이다.

우리 막사에 콜레라가 퍼졌다. 40차례 전투보다 더 희생자를 많이 냈지.
우리는 광야의 유대인들처럼 죽어 가고 있어.
콜레라는 우리 앞에, 우리 안에 있어. 도망칠 수 없어.
의사는 오늘 10명이 또 콜레라에 걸렸다고 말했어.

두 번째 이미지는 1896년으로부터 한 세기가 지난 뒤 방글라데시 다카(Dhaka)에 있는 국제설사병연구센터(International

Centre for Diarrhoeal Disease Research)의 한 콜레라 병동에서 찍은 사진이다. 이 사진 역시 콜레라가 얼마나 끔찍한 질병인지 키플링의 시만큼 잘 보여 주는 이미지를 담고 있다. 이 사진은 콜레라 병동 병상에 누워 있는 여성 환자들을 찍은 것이다. 병상에는 고무 시트가 덮여 있고, 고무 시트에는 구멍이 하나 뚫려 있다. 각 구멍 아래에 있는 플라스틱 양동이는 "쌀뜨물 대변(rice-water stool)"이라고 불리던 묽은 설사를 받아 낸다. 콜레라균의 활동이 가장 왕성할 때 환자는 한 시간에 1리터 정도의 설사를 배출한다.

모리스가 강연에서 한 설명에 따르면 간호사들은 주기적으로 자를 사용해 이 양동이에 받아진 내용물의 양을 측정했다. 경험에 기초해 간호사들은 환자 몸에서 설사가 1리터 정도 빠져나올 때마다 환자에게 수분 보충 용액을 먹이거나, 환자의 몸에 정맥 카테터를 연결해 수분을 1.5리터 정도 주입한다. 이렇게 하지 않으면 환자는 빠르게 사망에 이른다. 완전히 성장한 성인 환자의 경우 몸에서 빠져나간 수분을 적절하게 보충해 주지 않으면 순환계가 붕괴해 10시간에서 12시간 안에 사망하지만, 적절한 시점에 이렇게 간단한 수분 보충 요법을 시행하면 감염에 의한 탈진 상태가 종료될 때까지 환자는 생명을 유지할 수 있다.

콜레라는 원래 남아시아의 인구 밀집 지역인 벵골(인도의 서 벵골주와 방글라데시를 포함하는 지역)의 풍토병이었다. 이 끔찍한 질병은 벵골의 문화와도 밀접한 관련이 있는데, 지금도 벵골 지역 사람들은 콜레라의 여신 올라데비(Oladevi)에게 제물을 바쳐 분노를 달래는 의식을 치른다. 하지만 전쟁과 무역 경로의 확장, 열악한 위생 환경으로 인해 19세기 들어서 콜레라는 런던, 파리, 뉴욕을 비롯한 세계 곳곳의 도시를 강타했다.

이런 치명적인 질병의 확산을 막는 방법은 무엇일까? 나는 그 방법 중 하나가 대상에 대한 적절한 혐오감을 가지는 것이라고 본다. 밸 커티스는 『보지도, 만지지도, 먹지도 마세요: 혐오감의 과학』에서 "혐오감은 우리 머릿속에서 들려오는 목소리, 즉 우리에게 해로운 것을 멀리하라고 말하는 조상들의 목소리"라고 말했다. 실제로, 똥이나 오염된 음식에 대해 문화적으로 강화된 혐오감은 콜레라균에 오염된 설사에 의해 쉽게 확산하는 이 끔찍한 소화기계질환을 예방하는 데 도움이 된다. 하지만 콜레라에 걸려 엄청난 양의 설사를 하는 사람이 사랑하는 사람, 즉 자녀, 부모 또는 배우자라면 어떻게 해야 할까? 가족구성원 한 사람이 병원성 박테리아로 가득 찬 설사 때문에 고통을 받는 경우 콜레라는 그 가족구성원을 돌보는 가족 전체에게로 쉽게 퍼진다. 모리스는 "콜레라 환자는 전염성이 매우 강한 엄청난 수의 미생물을 퍼뜨린다. 이 미생물은 손, 손가락, 음식, 물을 통해 쉽게 확산되어 결국 가족 모두를 감염시킨다"라고 말했다.

이웃 사람들과는 달리, 콜레라 환자의 가족들은 도움이 필요한 가족구성원을 방치하기 힘들다. 모리스는 "환자의 가족들은 이 부분에서 갈등을 느낄 것이다. 가족들은 눈앞에서 환자가 죽어 가는 것을 지켜보아야 하는 상황에서 환자와 같이 있고 싶어 하기 때문이다"라며 사랑이 혐오를 넘어서는 상황이 바로 이런 상황이라고 말했다.

심리학자 트레버 케이스(Trevor Case)가 2006년에 발표한 논문 「내 아기는 당신의 아기만큼 나쁜 냄새가 나지 않는다: 혐오의 가소성(My Baby Doesn't Smell as Bad as Yours: The Plasticity of Disgust)」에 따르면 가족, 특히 자신의 아이를 돌보는 엄마는 혐오감이라는 장애물을 쉽게 뛰어넘는다. 케이스는 실험을 통해 엄마 13인에게 자기 아기가 찼던 기저귀와 다른 아기가 찼던 기저귀의 냄새를 맡고 냄새를 비교해 달라고 요청했다. 그 결과, 이 엄마들 대부분은 자기 아기가 찼던 기저귀의 냄새가 덜 역겹게 느껴진다고 대답했다. 연구진이 기저귀에 라벨을 의도적으로 바꿔 붙였을 때, 심지어는 기저귀에 라벨을 아예 붙이지 않았을 때도 엄마들은 같은 대답을 했다.

케이스는 이 연구와는 별도로 엄마 42명을 대상으로 설문조사를 실시했는데, 응답자 대부분은 아기의 더러운 기저귀에 대한 자신의 반응이 시간에 따라 변화했다고 답했다. 이는 시간이 지남에 따라 아기의 똥이 냄새가 덜 나고 덜 역겹게 느껴졌다는 뜻, 다시 말해, 엄마들이 자기 아기의 똥에 습관화(habituation)됐다는 뜻이다. 이런 습관화는 긍정적인 현상으로 보인다. 이와 관련해 케이스와 공동연구자들은 논문에서 "아기의 대변에 대한 엄마의 혐오감은 아기를 돌보는 데 방해가 될 수 있으며, 심지어 아기와의 유대감 강도에 영향을 미칠 수도 있다"라고 말했다. 하지만 실험을 위해 더러운 기저귀를 준비했던 케이스는 똥 냄새에 별로 익숙해지지 않았던 것 같다. 논문에서 그는 "기저귀들의 냄새는 모두 비슷한 정도로 강렬하고 압도적으로 불쾌했으며, 기저귀에 정확하게 라벨을 붙이는 작업에 몰두하기가 힘들 정도였다"라고 밝혔으니 말이다.

다행히도 스티븐 테일러는 다른 부모들이 수천 년 동안 그랬듯이 자기 아들의 더러운 기저귀에 익숙해졌다. 태라 세폰-로빈스는 자신의 연구를 통해, 더러운 기저귀를 만지고 난 뒤 손 씻을 비누와 물이 부족한 엄마나 죽은 동물을 만져야 하는 사냥꾼이 그렇듯이, 사람들은 다른 형태의 혐오에 비해 특정한 형태의 혐오에 더 쉽게 익숙해짐으로써 변화하는 현실에 잘 적응할 수 있다는 사실을 발견했다. 세폰-로빈스는 이 연구 결과를 담은 논문에서 "어떤 대상을 피할 수 없다면 그 대상에 혐오감을 느끼지 않게 된다"라고 말했다.

앞에서 우리는 혐오 민감도가 높은 사람은 정치적으로 보수적일 가능성이 높으며, 역사적으로 혐오의 대상이 되어 왔던 사회집단에 속한 사람들을 피하려는 성향이 강하다는 연구 결과를 살펴본 바 있다. 그런데 여성은 혐오감 척도 면에서 남성에 비해 점수가 더 높지만, 특히 영국과 미국 같은 몇몇 서구 민주주의국가의 여성은 남성보다 **덜** 보수적인 것으로 나타났다. 세폰-로빈스에 따르면 이렇게 명백한 모순 현상이 관찰되는 것은 측정되는 혐오 유형의 차이, 또는 정직하게 대답하고자 하는 응답자들의 의지 때문일 수도 있다. 여성은 아이를 낳기 때문에 병에 걸리면 남성에 비해 더 위험하고, 따라서 임신한 여성 또는 임신 가능성이 높은 여성은 병원균에 대한 혐오 민감도가 더 높을 수밖에 없다. 임신 초기 여성이 특정 음식에 강한 혐오감을 갖는 이유가 여기에 있다. 다만 세폰-로빈스는 이 이론은 여대생들과 선진국 여성들에게서밖에 검증되지 않았다고 지적했다.

호드슨에 따르면 혐오감은 혐오 대상에 대한 반복적인 노출과 강한 유대 관계에 의해 "사라질" 수도 있다. 예를 들어, 과거 동성애자 남성들은 똥이나 정액 또는 항문 성교처럼 금기시되는 소재에 대해 공개적으로 말하기가 힘들었지만, 현재에는 HIV와 에이즈에 대한 공포 때문에 자신과 파트너를 보호하기 위해 서로 솔직한 대화를 나눈다. 혐오는 우리를 안전하게 지켜 주고, 사랑과 회복탄력성은 인간의 존엄성을 유지시켜 주는 것 같다. 다른 사람으로부터 감염되는 것을 두려워하는 사람들, 자신이 특히 취약하다고 믿는 사람들, 이미 강한 편견을 가진 사람들에게 다가가는 것은 상당히 어렵다. 한번 다른 사람에게 상징적인 의미를 부여하고 나면 그 사람에 대한 감정을 바꾸기가 쉽지 않다. 그러기 위해서는 상당한 인지적 노력이 필요하기 때문이다. 하지만 호드슨의 연구에 따르면 이런 편견적인 태도는 연민, 공감, 신뢰 구축에 기초한 행동을 통해 조금씩 제거할 수 있다.

2013년, 호드슨은 "집단 간 혐오(intergroup disgust)"라는 이름의 구체적인 척도를 개발했다. 이 척도는 개인이 인종, 민족, 종교, 성적 취향 또는 기타 특성의 차이로 자신이 속한 집단과 동일시되지 않는 사회적 아웃그룹(outgroup)에게 느끼는 혐오감을 측정하기 위한 것이다. 호드슨에 따르면 집단 간 혐오는 편견과 밀접한 관련이 있으며, 집단 간 혐오 척도 면에서 남성과 여성은 비슷한 점수를 기록한다. 다만 지난 50년 동안의 심리학 연구 결과를 분석한 한 연구에 따르면, 여성에 비해 남성이 편견을 드러낼 가능성이 약간 더 높은 것으로 나타났다. 또한 이 연구에 따르면 "여성이 남성보다 더 많은 편견을 보인 사례는 단 한 건도 없었다".

테일러는 무의식적인 편견에 대한 자각을 유도하는 방법, 대중의 생각을 조종할 목적으로 일부 사람이 사용하는 전략을 폭로하는 방법 등을 이용해 혐오와 차별이 어떻게 연관되는지 사람들에게 인지시키고 교육할 수 있다고 본다. 보건, 사회, 정치 등 다양한 측면에서 격변이 맞물려 일어났던 2020년 "흑인의 생명은 소중하다(Black Lives Matter)" 운동은 체계적인 인종차별이 초래하는 장기적인 피해에 대한 관심을 다시 불러일으켰고, 코로나19 팬데믹은 건강 위기의 심각성과 자원 부족이 유색인종에 미치는 영향을 여실히 드러냈다.

호주 연구원 마이클 리처드슨은 갈수록 수위가 높아지고 있는 공포와 혐오 기반 정치에 적절한 압박이 가해진다면 이런 정치는 결국 자체의 무게를 견디지 못하고 붕괴할 것이라고 말한다. 이와 관련해 그는 거짓말, 속임수, 도둑질 같은 행동에 대한 도덕적 혐오감을 측정하는 척도는 여성과 남성 사이에 거의 차이가 없는 것으로 나타났었지만, 최근 들어서는 특히 미국 여성들 사이에서 비도덕적인 행동에 대한 혐오감이 급증했다며, 이런 경향이 최근 몇 차례의 선거 결과에 어느 정도 영향을 미쳤을 것이라고 말했다.

2018년 중간선거를 앞두고 트럼프는 불법 이민자들이 미국의 남부 국경을 오염시키고 있다고 비난하면서도 한편으로는 그와 그의 지지자들이 불법 이민자들에 대해 가진 혐오를 없애는 역할을 자신이 하겠다고 공언하기도 했다. 당시 리처드슨은 "트럼프는 혐오를 없애겠다고 약속하지만, 그의 힘은 여전히 혐오감이나 수치심 또는 그 둘 다를 느끼는 사람들에게서 나온다"라고 분석했다. 리처드슨에 따르면 트럼프의 이렇게 상반되는 발언들은 서로 균형을 유지하기 어려우며, 소모적이고 결국 지속적인 혐오의 대상이 될 수밖에 없는 사람들에게 실질적인 도움이 되지 않는다. 일부 정치 분석가는 민주당이 2022년 하원의원 선거에서 선전한 것은 의료보험 혜택이 줄어들 수도 있다는 생각에 분노한 사람들의 혐오가 트럼프를 향했기 때문이라고 본다.

민주당의 이런 선전은 잔인하고 비인간적이라고 비난받는 이민정책과 코로나19 팬데믹에 대한 트럼프 행정부의 한심한 대응이 대중의 반발을 가중시킨 결과라고도 해석할 수 있다. 정치부 기자들은 2020년 대선에서 트럼프가 재선에 실패한 주요 원인이 도시 교외 지역에 사는 부유한 중산층 여성들이 가진 트럼프에 대한 혐오감에 있다고 지적하기도 했다. 트럼프가 구사하는 공격적인 양극화 전략은 2021년 1월 6일에 발생한 사건에 대한 대중의 공포와 비난에 의해 그 위험성이 백일하에 드러났다. 대선 결과 발표 직후 트럼프가 결과에 불복한다는 취지의 열변을 토하자 줄리아니를 비롯한 그의 지지자들은 국회의사당에 난입했다[당시 트럼프의 개인 변호사였던 줄리아니는 이미 결과가 확정된 선거를 "결투재판(trial by combat)"을 통해 뒤집어야 한다고 선동했다]. 폭동이 실패로 돌아간 뒤 뉴스 매체에서는 국회의사당 청소 작업을 할 때 복도에 묻은 인분을 씻어 내야 했다고 보도했다.

코끼리 배설물이 신성한 상징물을 더럽히는 것에 혐오감을 느낀 전직 시장 줄리아니는, 사람의 배설물을 이용해 또 다른 신성한 상징물을 더럽힌 폭도들을 선동했다는 비난을 받으면서 그 자신이 혐오의 대상이 됐다. 이는 한 형태의 혐오가 다른 형태의 혐오를 압도한 경우라고 할 수 있다. 당시

한 신문에서는 '초당파적인 혐오라면 나라를 구할 수 있을지도'라는 제목의 기사를 싣기도 했다. 정말 그럴 수 있을지는 지켜봐야 한다. 하지만 여기서 우리가 알게 된 것이 하나 있다. 어떤 대상에 대한 진화적 적응(그것을 지님으로써 생명체로 하여금 보다 잘 생존하고 번식할 수 있게 해 주는 유전적 특징)이 악의적으로 이용될 수 있다는 사실을 인식한다면 그 진화적 적응을 무기로 사용하는 사람들의 조작에 덜 휘둘릴 수 있다는 점이다. 다시 말해, 똥은 우리에게 많은 것을 가르쳐 준다.

한때 한 도시를 떠들썩하게 만들었던 크리스 오필리의 〈성모마리아〉는 그 후 어떻게 됐을까? 이 그림은 태즈메이니아의 한 미술관으로 건너가 전시된 뒤 뉴욕으로 돌아와 뉴욕 현대미술관(MoMA)에서 영구 전시되고 있다. 오필리는 〈성모마리아〉를 비롯한 작품을 만드는 데 10년 동안 그에게 똥을 제공한 런던동물원의 암컷 아시아코끼리 세 마리(미야, 라양-라양, 딜버타)에 대한 고마움을 잊지 않았다. 그는 이 코끼리들에게 감사의 마음을 전하기 위해 자신의 다른 작품을 경매에 내놓아 번 10만 5000달러를 이 코끼리들이 새로 옮겨진 런던 북부의 ZSL휩스네이드동물원에 기증했고, 동물원은 이 돈을 코끼리들의 야외 놀이터를 만드는 데 사용했다. 이 코끼리 중 40대 초반에 접어든 미야는 현재 다시 이탈리아의 동물원으로 옮겨진 상태이고, 라양-라양과 딜버타는 세상을 떠났다. 하지만 죽기 전에 라양-라양은 수컷 코끼리 네 마리를 낳았고, 그중 두 마리가 살아남아 유럽의 다른 동물원에서 각각 지내고 있다.

오필리는 자신에게 도움을 준 코끼리들에게 은혜를 갚았고, 오필리의 이런 행동은 한때 일부 사람의 비난을 받았던 〈성모마리아〉에서 상징적으로 표현하고자 했던 생성의 재생 순환을 촉진했다고 할 수 있다. 이 생성의 재생 순환에서 신성모독은 신성함이 되고, 세속적인 것은 천상의 것이 되며, 혐오는 영감의 원천이 되며, 가장 하찮은 것은 예상치 못한 생명의 원천이 된다.

CHAPTER 3

구원

매리언(가명)의 딸은 심각한 자가면역질환으로 대장에 출혈을 동반한 궤양이 생겨 4년이 넘도록 고생하고 있었다. 매리언은 그동안 여러 병원을 돌아다니며 딸을 치료하기 위해 노력했지만 실패해 절망에 빠진 상태였다. 그러던 중 매리언은 그전에는 한 번도 들어 본 적이 없는 새로운 치료법에 대해 듣게 됐다. 매리언은 그 치료법을 선택했고, 매리언의 딸은 거의 하루아침에 증상이 없어지는 경험을 하게 됐다. 매리언은 내게 "어떤 엄마라도 딸을 위해서라면 나와 같은 선택을 했을 거예요"라며 "하룻밤 사이에 기적이 일어난 거지요"라고 말했다.

매리언은 낯선 사람 두 명을 위해서도 같은 일을 했다. 고통을 받는 환자와 그 가족들에게 이 방법이 얼마나 효과적인지 그는 직접 체험했기 때문이었다. 매리언이 혈액(혈장)을 기증했다면 별로 주목을 받지 않았을 것이다. 하지만 그가 자신의 딸과 사람들에게 기증한 것은 혈액이 아니었다. 그는 다른 사람들이 어떻게 반응할지 몰라 자신이 **무엇**을 기증했는지 말할 수 없었다. 매리언은 내게도 자신의 실명을 밝히지 말아 달라고 말했다.

점점 더 발생빈도가 높아지는 만성적인 염증성장질환이 두 가지 있다. 궤양성대장염과 크론병(Crohn's disease)이다. 매리언은 이 두 가지 질환을 앓는 환자들에게 익명으로 무엇인가를 기증해 증상을 완화시키는 데 도움을 준 한 명이다. 이 두 가지 염증성장질환 환자는 미국에서만 300만 명에 이른다. 매리언의 딸이 앓았던 질환은 결장과 직장(대장은 맹장, 결장, 직장으로 구성된다)을 공격하는 궤양성대장염이었다. 크론병은 소장을 주로 공격하지만, 입에서 항문까지 이어지는 위장관계 어디에서나 발생할 수 있다.

클로스트리디오이데스 디피실(Clostridioides difficile)이라는 박테리아 감염증에 걸린 사람들에게도 자신의 배설물을 제공해 치료에 도움을 준 사람이 많다. 이 강력한 미생물은 고치 모양의 포자에서 몇 년 동안을 생존할 수 있으며, 표백제를 제외한 거의 모든 물질의 공격을 견딜 수 있다. 또한 이 박테리아는 항생제에 대한 내성도 빠르게 증가하고 있다.

대략적인 추정에 따르면 현재 이 박테리아 감염 환자의 20~35퍼센트가 첫 번째 항생제 치료에 실패하며, 그중 40~60퍼센트는 증상이 재발한다. 클로스트리디오이데스 디피실 감염 환자는 미국에서만 약 46만 명에 이르며, 해마다

이 환자 중 1만 5000~3만 명이 사망한다. 지난 10년 동안 환자 수가 줄기는 했지만, 현재 클로스트리디오이데스 디피실 감염 환자의 50퍼센트 이상은 병의원이 아닌 다른 곳에서 감염된 환자들이다.

나와 이야기를 나눌 당시 매리언은 플로리다주 탬파베이 지역에 살고 있었다. 매리언은 딸을 치료한 방법에 대해 구체적으로 사람들에게 말하지 않았다고 했다. 그는 "건강에 해로운 박테리아를 건강에 좋은 박테리아로 교체했다"라고만 말했다고 했다. 구체적으로 말하면, 매리언은 대변 미생물총 이식(Fecal Microbiota Transplantation, FMT)의 기증자였다. 매리언은 자신의 똥을 기증해 딸의 생명을 구해 낸 것일지도 모른다.

사람의 똥은 의학적 치료 수단으로는 완전하지 않다. 더러운 데다 냄새까지 나기 때문이다. 또한 사람의 똥을 의학적 수단으로 이용하는 것은 위협의 원인을 찾아내 제거하는 서양의학의 전통적인 접근 방식과 정반대 편에 위치한다. 게다가 똥은 어느 정도 양을 사용해야 하는지 정량화하기도 쉽지 않고, 똥의 의학적 사용을 규제하기도 힘들다. 하지만 이방법의 잠재적 가능성은 엄청나게 크다. 똥 전체 질량의 절반 정도를 차지하는 다양한 종류의 박테리아 세포들에는 수백 가지의 미생물 단백질, 탄수화물, 지방, DNA, RNA 등 다양한 세포 구성 물질들이 포함되어 있기 때문이다. 게다가 똥에는 고세균, 바이러스, 진균류도 포함되어 있다.

배변할 때마다 이 복잡한 장내 생태계의 일부가 몸 밖으로 배출되는데, 이를 통해서 우리는 체내 대사 기관의 건강 상태를 파악할 수 있다. 또한 똥은 이렇게 복잡한 장내 생태계를 몸 밖에서 부분적으로 재현하게 해 주는 종균배양(starter culture) 매개체가 되기도 한다. 생태학적인 관점에서 볼 때 FMT는 장에 침입하는 박테리아들을 죽이는 이로운 장내 박테리아들이 항생제로 인해 모두 제거된 뒤에 다시 장에 이로운 박테리아(유익균)를 주입하는 과정이라고 할 수 있다. 다시 말해서, FMT는 장이라는 정원에 잡초, 즉 해로운 박테리아가 자랄 수 없도록 이로운 박테리아를 빽빽하게 다시 심는 과정이라고 할 수 있다.

유익균은 입과 항문 어느 쪽으로도 주입할 수 있다. 초기에는 친구나 친척에게 받은 똥을 직접 환자의 항문에 주입하기도 했지만, 최근 들어 FMT 요법이 진화함에 따라 구불창자내시경(sigmoidoscope)이나 대장내시경을 이용해 더 효과적으로(그리고 훨씬 덜 지저분하게) 의사가 대장 안쪽으로 똥을 주입하는 방법이 사용되고 있다. 또한 최근에는 위장병 전문의가 비위관(nasogastric tube)[42]을 이용해 위 안으로 주입하거나, 비십이지장관(nasoduodenal)을 이용해 소장 안으로 주입하는 방법이 사용되기도 하지만, 많은 의사가 기증자의 대변을 삼중 코팅 처리가 된 알약 형태로 만들어 환자가 안전하고 쉽게 삼킬 수

42 코를 통해 위로 넣는 관.

있도록 하는 방법을 선호하고 있다.

　FMT는 기술 수준이 비교적 낮아 보이긴 하지만, 재발성 클로스트리디오이데스 디피실 감염증 치료에 이 방법보다 높은 치료율을 보이는 의학적 방법은 존재하지 않는다. 한 간호사는 FMT의 효과를 1990년대에 자신이 목격했던 HIV-단백질분해효소억제제(HIV-protease inhibitor)의 효과에 비교하기도 했다.[43] FMT는 2011년 미국 애리조나주 피닉스 소재 메이오클리닉에서 처음 시도했는데, 몇 주 동안 병상에 누워 있던 환자는 이 요법을 실시한 지 24시간 만에 퇴원했다. 2013년 네덜란드의 연구자들은 클로스트리디오이데스 디피실 관련 임상시험을 조기에 중단한다고 밝혔는데, 이는 FMT의 완치율이 한때 "최후의 항생제"로 여겨졌던 반코마이신(vancomycin)의 완치율인 31퍼센트를 훨씬 앞질렀기 때문이었다. 이 연구자들은 반코마이신 치료 이후 증상이 재발한 환자 중 18명을 무작위로 선정해 대변 이식을 실시한 결과 그중 15명이 완치됐다고 밝혔다.

　하지만 FMT만큼 반발과 조롱, 혐오감을 많이 불러일으킨 치료법은 거의 없었다. 실제로, 캐나다 연구 팀의 FMT 관련 연구 성과를 다룬 한 신문 기사는 독자들에게 "기사를 읽다 역겨울 수도 있으니 주의 바람"이라고 경고하기도 했다. FMT를 시행하는 의사 로런스 브랜트(Lawrence Brandt)는 2012년

43　HIV-단백질분해효소를 억제하는 것은 HIV 감염을 막는 매우 중요한 치료법 중 하나다.

에 쓴 글에서 "이 치료법의 광범위한 수용을 가로막는 가장 큰 장애물은 환자보다 의사가 역겨움을 더 많이 느낀다는 사실"이라고 지적했다. 그에 따르면 자신에게 FMT 시술을 받은 환자들을 진료했던 의사들 대부분이 FMT 관련 데이터를 신뢰하지 않았으며, 심지어는 FMT를 "돌팔이 시술" "장난" "사이비 의술"이라고 비난했다.

항생제 장벽이 무너지기 시작하면서 대안을 찾으려는 노력은 혐오감 외에도 많은 장애물에 부딪히고 있다. 그동안 FMT는 제거보다 균형에 중점을 두는 해결 방법을 거부하는 오랜 의학 전통과 계속 충돌해 왔으며, 생물학적인 불확실성을 수용하지 못하고 공익보다는 상업적 이익을 우선시하는 견고한 관료주의적 시스템과 맞서 싸워야 했다. 또한 FMT는 과거의 일상적이지만 유용한 방법을 무시하고 현란한 해결책을 선호하는 우리의 고정관념을 깨야만 했다. 하지만 문헌을 찾아보면 사람들이 과거 몇백 년 동안 이런 유용한 방법을 실제로 사용해 왔다는 것을 알 수 있다.

대변 이식에 관한 최초의 기록은 4세기의 중국 의사 갈홍(葛洪, Ge Hong)이 편찬한 의서인 『주후비급방(肘後備急方, Handy Therapy for Emergencies)』에서 찾을 수 있다. 갈홍은 이 책에서 식중독 환자나 심한 설사 환자에게 똥물을 먹여 치료하는 방법을 자세하게 설명했다. 중국 위장병 전문의 파밍 장(Faming Zang)과 공동연구자들은 이 치료법의 역사를 연구한 결과, 이 치료법이 환자를 죽음 직전에서 살려 낸 "의학적 기적"을 일으킨 것으로 보인다는 결론을 내렸다. 파밍 장은 대변 기증자가 보통 어린아이였으며 이 약은 때로는 "대변 발효액"이라는 진짜 이름으로 때로는 완곡하게 "노란 수프" 또는 "황금 주스"라는 이름으로도 불렸지만, "황룡탕(黃龍湯, Yellow Dragon syrup)"이라는 이름으로도 불렸다고 말했다. 16세기 중국의 의사이자 약초학자인 이시진(李時珍, Li Shizhen)은 질병의 치료에 쓰이는 약물을 관찰·수집하고 문헌을 참고해 저술한 의서 『본초강목(本草綱目, Compendium of Materia Medica)』에서 대변을 사용한 다양한 치료법을 언급했다. 파밍 장과 공동연구자들은 이런 대변 치료법은 명나라 시대에 들어 더욱 확장됐다며 "이시진은 심한 설사, 발열, 통증, 구토, 변비 등의 복부질환을 효과적으로 치료하기 위해 발효된 대변 액, 신선한 대변 현탁액, 마른 대변 또는 유아 대변을 약으로 사용하는 방법을 설명했다"라고 말했다.

유럽의 수의사들과 의사들 사이에서도 이와 비슷한 치료법이 사용됐다. 예를 들어, 17세기의 이탈리아 해부학자 지롤라모 파브리치 다쿠아펜덴테(Girolamo Fabrizi d'Aquapendente)는 소나 양 같은 반추동물에 이 치료법을 적용하는 방법에 대해 자세히 설명했다. 그가 "트랜스포네이션(transfaunation, 내강 유체 전달)"이라고 불렀던 이 과정은 위장 장애를 치료하기 위해 건강한 동물이 씹은 먹이를 아픈 동물에게 먹이는 간단한 방법이었다. 당연히 이 과정에서 먹이와 함께 박테리아, 원생동물, 곰팡이도 옮겨졌다. 현재의 수의사들은 자동차 운전자가 빈 연료탱크에 가스를 주입하는 것처럼 기증 동물의 첫 번째 위 공간인 반추위의 내용물을 수혜 동물에게 이식하기 위해 튜브와 사이펀을 사용한다.

1696년에 독일의 의사 크리스티안 프란츠 파울리니(Christian Franz Paullini)는 『배설물 치료법(Heilsame Dreck-Apotheke)』이라는 책을 출간했다. 악명이 높았지만 대중적인 인기를 끌기도 한 이 책의 초판과 이후 개정판에서 파울리니는 의학 문헌과 자신의 진료 경험을 바탕으로 대소변에서 생리혈, 귀지에 이르는 신체 분비물의 치료 효능에 관한 수백 가지 놀라운 처방전을 정리했다. 1958년에 발표된 독일 바로크 고문헌 카탈로그에서는 이 책이 "전 세계 문헌 중에서 가장 지저분한 책 중 하나"로 평가되기도 했다.

특이해 보이는 것들의 가치를 발견하는 눈을 가졌던 파울리니는 다양한 동물의 배설물을 연구해 치료법을 만들어 낸 것으로 보인다. 파울리니의 연구 결과는 미 육군 대위 존 그레고리 버크(John Gregory Bourke)가 1891년에 발표한 『전 세계의 배설물 이용 현황(Scatologic Rites of All Nations)』이라는 두꺼운 책에서 요약되기도 했다. 파울리니는 낙타, 악어, 코끼리, 매, 여우, 거위, 부엉이, 공작, 다람쥐, 황새, 야생 돼지, 늑대, 암사자, 검은 개, 소 등 다양한 동물의 배설물을 연구했고, 그 배설물을 이용해 현기증이나 통풍, 입덧을 치료하는 방법을 제시했다. 하지만 파울리니가 제시한 치료법들, 예를 들어, 말똥으로 치통을 진정시키거나, 매의 배설물로 불임을 치료하거나, 어린 소년의 소변에 꿀을 섞어 귀앓이를 치료하는 방법 등은 대부분 망각 속으로 사라졌다. 이런 치료법 중에는 사람의 똥을 사용해 이질을 치료하는 방법과 "요강에서 꺼낸 똥을 브랜디에 담가 만든 용액"으로 신장결석 같은 병을 치료하는 방법도 포함되어 있었다.

미생물 치료가 장내 균형을 회복하고 박테리아 감염을 해결하는 데 도움이 된다는 초기 기록 중 하나는 1910년 주간 의학 학술지《메디컬레코드(Medical Record)》에 실린, "만성적인 장 부패 증상"을 치료할 새로운 기술에 관한 논문이다. 이 논문에서 위장병 전문의 앤서니 배슬러(Anthony Bassler)는 장에서 유래한 박테리아 또는 순수 박테리아(대장균)를 4일마다 환자의 직장에 주입해 치료에 성공한 사례를 언급했다. 이 논문에 따르면 이 주사를 통해 환자들의 건강이 눈에 띄게 개선됐고, 장내 상주 박테리아 개체군이 변화했다. 그로부터 거의 50년 후, 당시 덴버재향군인관리병원의 외과 과장이었던 벤 아이즈먼(Ben Eiseman)이라는 의사는 거짓막잘록창자염(pseudomembranous colitis)이라는 치명적인 염증성질환을 앓던 남성 3명과 여성 1명의 항문에 건강한 사람의 대변을 주입해 치료에 성공했다. 당시 아이즈먼은 이 장질환을 황색포도상구균이라는 잘 알려진 병원균과 연관시켰지만, 현재의 과학자들은 이 질환의 진짜 원인이 클로스트리디오이데스 디피실이라 보고 있다. 아이즈먼은 1958년에 발표한 이 논문에서 자신이 대변 이식을 통해 치료한 환자들의 사례를 자세히 다루면서 첫 번째 환자에 대해서 "항문을 통한 대변 이식에 대한 이 중증 거짓막잘록창자염 환자의 반응은 매우 즉각적이고 극적이었다"라고 썼다. 하지만 그러면서도 그는 장용 코팅 캡슐[44] 형태로 대변을 이식하는 방법이 더 효과적이고 거부감이 적을 것으로 보인다는 결론을 내렸다.

사실, 당시에도 수술 전 항생제 과다 사용으로 환자의 정상적인 장내세균총(intestinal flora)이 와해되는 현상을 우려한 한 외과의사의 지적에 따라 미국 동부에서는 이미 캡슐을 이용한 대변 이식 시술이 시도되고 있었다. 이 의사는 1957년에 스탠리 팰코(Stanley Falkow)라는 세균학자에게 수술을 위해 입원한 환자들의 대변 샘플을 채취해 달라는 요청을 했던 것으로 알려진다. 그 후 병원성 박테리아 연구의 선구자가 된 팰코는 이 의사의 이름을 밝히지는 않았지만, 2013년 자신의 블로그에 올린 글에서 당시 모든 환자의 대변을 큰 젤라틴 캡슐 12개에 나눠 담은 뒤 냉동실에 보관했었다고 회상했다. 이 외과의사와 같은 방법을 시도한 다른 의사는 수술 전 환자의 장내미생물을 회복시키기 위해 하루에 두 번 캡슐을 섭취하

---

44 장에서 녹는 캡슐.

라는 처방을 내렸다.

당시 기록에 따르면 대조군 없이 시행된 이런 임상시험에서 수술 환자들은 대변 캡슐을 섭취하지 않은 수술 환자들에 비해 경과가 더 좋았지만, 팰코는 정작 환자들은 자신이 섭취한 캡슐의 내용물에 대해서는 알지 못했을 가능성이 높다고 썼다. 결국 이 실험은 팰코가 환자들에게 환자 자신의 똥을 먹였다는 사실을 알게 된 병원장이 팰코를 고발하면서 갑작스럽게 종료됐다. 아이즈먼의 연구를 잇는 본격적인 후속 연구는 그로부터 반세기가 지나서야 시작됐다.

×

FMT가 주류 의학에 스며들기 시작했을 때만 해도 FMT로 며칠 안에 치명적인 감염을 치료할 수 있다는 사실을 아는 의사나 환자는 거의 없었다. 2010년 4월의 어느 목요일 아침만 해도, 페기 릴리스(Peggy Lillis)는 교육학 석사과정을 밟고 있던 56세의 건강한 유치원 교사였다. 페기는 수십 년 동안 웨이트리스로 일한 탓에 허리가 좋지 않았고, 브루클린에서 두 아들을 혼자 키우면서 담배를 피우다가 30대에 담배를 끊은 상태였다. 오른쪽 어깨의 만성염증으로 가끔 통증이 심해졌고, 몇 년 동안 체중이 약간 늘었지만, 혈압은 정상이고 전반적으로 건강했다. 그의 아들들은 엄마가 무척 건강했다고 말했다.

하지만 그날 저녁 페기는 몸이 좋지 않아 일찍 잠자리에 들었다. 그러던 중 새벽 4시에 갑자기 설사가 시작됐다. 그렇게 심한 설사가 난 것은 처음이었다. 페기는 장에 바이러스가 들어가서 그럴지도 모른다고 생각했고, 아들은 페기에게 게토레이를 가져다주었다. 피곤하고 창백해 보이기는 했지만 겉으로는 별 이상이 없어 보였다. 하지만 그때 페기가 복용한 강력한 지사제로 인해 페기의 몸 안에서는 끔찍한 일이 벌어지고 있었다. 당시 페기의 장에는 박테리아 수백만 마리가 증식하면서 방출한 독성물질이 가득 차 있었다.

결국 그다음 주 화요일 저녁, 페기는 브루클린의 한 병원 중환자실로 옮겨졌다. 다이어트 펩시가 간절할 정도로 목이 마른 상태였지만 감염이 너무 많이 진행되어 패혈성쇼크[45]와 독성거대결장증이 발생해 대장이 죽어 가고 있었다. 이튿날 아침 의사는 최후의 수단으로 그의 대장을 제거했다. 친구 수십 명과 아일랜드 가톨릭 신자 가족들이 중환자실 밖에서 마음을 졸였다. 하지만 첫 증상이 나타난 지 6일이 되던 날 오후 7시 20분, 페기는 세상을 떠났고, 페기의 아들들은 처음 들어보는 병으로 엄마가 어떻게 그렇게 빨리 세상을 떠났는지 의아해하면서 망연자실했다.

페기 릴리스는 자신의 대모가 지내던 요양원에 갔다 치명적인 병원균에 감염된 것으로 추정된다. 부검 보고서에 따르

45 패혈증에 저혈압이 동반된 경우.

면 페기는 치과에서 받은 신경치료 때문에 장내미생물총이 크게 변화된 상태에서 클린다마이신(clindamycin)을 복용한 뒤 감염증이 시작된 것으로 보인다. 클린다마이신은 클로스트리디오이데스 디피실 감염을 촉진한다. 페기의 경우 감염이 너무 빨리 진행되었기 때문에 아들들이 FMT에 대해 들어 봤더라도 도움이 되지 않았을 수도 있다. 하지만 페기의 큰아들 크리스천은 "이 질병에 대한 경각심을 높이고, 이 질병에 대해 이야기하고, 이 질병을 확인하고 예방하고 치료하는 일은 모두 우리가 똥에 대한 이야기를 꺼린다는 사실 때문에 더 어려워진다"라고 말했다.

그해 말, 크리스천과 그의 동생 리엄은 병원과 요양원에서 오랫동안 골칫거리로만 여겨 온 감염에 더 많은 관심을 기울이기 위해 페기릴리스기념재단을 설립했다. 그 후 크리스천은 온라인 "클로스트리디오이데스 디피실 환자 지원 그룹" 회원들에게 이 질병의 증상에 대한 자세한 설명을 꺼려서는 안 된다고 강조하기도 했다. 그는 이렇게 말했다. "눈에서 피가 나거나 몸에 이상한 발진이 생기면 사람들은 사진을 찍어 다른 사람들에게 보여 줍니다. 하지만 왜 이 대장질환에 대해서는 그러면 안 된다고 생각할까요? 유방암 환자 지원 단체에서 '가슴이 어떤 모습인지 얘기하지 않았으면 좋겠다'라고 말하나요?" 그는 똥에 대한 설명이 누군가의 건강상태에 대한 중요한 정보를 제공할 수 있는데 왜 똥만 다른 취급을 받아야 하는지 의문을 제기한다.

이런 편견에 맞서 싸운 클로스트리디오이데스 디피실 감염증 환자 캐서린 더프(현재 이름은 캐서린 윌리엄스)는 정말 어쩔 수 없을 때가 되어서야 마지못해 자신의 똥에 대해 이야기해야 했다고 기억한다. 2005년부터 2012년까지 캐서린은 8번이나 이 박테리아에 감염됐다. 처음 6번은 항생제 치료가 효과가 있었지만, 그 후에는 그렇지 않았다. 당시 쉰여섯 살이었던 캐서린은 "대장외과의사가 대장을 완전히 제거하거나 죽는 것 중 하나를 선택하라고 했어요"라고 말했다. 당시 캐서린은 이미 대장의 3분의 1을 제거한 상태였고, 남아 있는 대장을 포기할 수는 없었다.

하지만 세 아이의 엄마였던 캐서린은 설사와 구토를 반복할 때마다 생명이 고갈되는 것을 느꼈다며 "곧 죽게 될 거라고 생각해 사실상 체념한 상태"였었다고 회상했다. 그러던 중 세 딸 중 한 명이 토머스 보로디(Thomas Borody)라는 호주 위장병 전문의의 연구를 접하게 됐다. 그의 연구 팀은 FMT 치료법을 이용해 클로스트리디오이데스 디피실 감염증 환자들에게서 놀라운 결과를 얻고 있었다. 캐서린은 이 연구와 관련된 모든 자료를 읽은 뒤 그 내용을 출력해 의사들에게 보여주었다. 캐서린은 의사 8명에게 FMT에 대해 이야기했지만, 그중 이 치료법을 들어 본 적이 있는 사람은 감염병 전문의 한 명과 위장병 전문의 한 명뿐이었고, 이 두 의사 모두 FMT

시도에 난색을 표명했다.

페기 릴리스가 사망한 지 2년 뒤인 2012년 봄, 절실했던 캐서린은 당시 막 시도되고 있었던 DIY 대변 이식을 시도하기로 결정했다. 군인 180명과 바다 밑 잠수함에서 한 번에 몇 달씩 근무하다 은퇴한 캐서린의 남편이 기꺼이 아내에게 자신의 대변을 기증하기로 했다. 당시 상황에 대해 캐서린은 "남편은 별로 역겨워하지 않았어요"라고 웃으며 내게 말했다. 부부는 그들의 주치의에게 남편 존의 대변에 병원균이 있는지 검사해 달라고 부탁한 뒤 인터넷에서 DIY 대변 이식 방법을 검색했고, 유튜브에서 관련 동영상을 검색해 이식에 필요한 준비물을 알아냈다. 아래에 열거한 준비물들은 동네 약국에서 쉽게 구할 수 있었다.

대변을 담을 플라스틱 용기

라텍스 장갑

초고속 믹서기

금속 소재 체

일회용 관장기

0.9퍼센트 식염수

큰 계량컵

플라스틱 스푼

캐서린은 오후 4시에 관장을 시작했고 "저녁 7시가 되자 기분이 좋아졌어요. 너무 빨리 몸이 편해져서 마치 기적처럼 느껴졌습니다"라고 그날을 회상했다. 다음 날 아침, 캐서린은 몇 달 만에 처음으로 샤워를 하고, 옷을 입고, 화장을 한 후 아침 식사를 하러 아래층으로 내려갔다.

그로부터 몇 달 후, 캐서린은 오래전 말을 타다 발생한 척추 협착 때문에 응급수술을 받아야 했는데, 그때 병원에서 여덟 번째로 클로스트리디오이데스 디피실에 감염됐다. 이번에는 주치의가 대장내시경을 이용한 FMT 시술을 하기로 결정했고(대장 깊숙이 튜브를 삽입해 대변을 주입하는 방법이다), 캐서린은 인디애나주의 의료시설에서 이 시술을 받은 최초의 환자가 됐다. 캐서린은 "마취에서 깨어났을 때 기분이 좋았어요"라고 말했다.

하지만 미국식품의약국(FDA)은 이 시술에 대한 규제를 고민하던 중 다른 생각을 하게 됐다. 2013년 4월, FDA 생물의약품평가연구센터(Center for Biologics Evaluation and Research) 소장이 FMT 시술을 이식이 아니라 생물학적 약물 투여법의 일종으로 분류한다는 방침을 발표했기 때문이다. 이는 FMT 시술을 지지하는 환자들을 실망시키는 동시에 이 신생 시술법의 시행을 크게 제한하는 조치였다. 이 조치에 따르면 환자를 계속 치료하려는 의사들은 임상시험용 신약 적용 신청서를 제출해야 했는데, 신청서의 요건들은 대부분 매우 까다롭고 시간이 많이 소요되었기 때문이다.

그로부터 일주일 후, FDA는 메릴랜드주 베세즈다(Bethesda)에서 이 치료법에 대해 이틀 동안 공개 워크숍을 열었다. 환자와 의료진을 연결하고 더 많은 의사가 이 치료를 제공하도록 장려하기 위해 "대변이식재단(Fecal Transplant Foundation)"을 설립한 캐서린 더프도 이 워크숍에 참석한 150명 중 한 명이었다. 참석자 명단을 훑어보던 캐서린은 참석자 중 환자는 자기밖에 없다는 사실을 알게 됐고, 환자의 관점에서의 FMT의 영향에 대한 논의가 이루어져야 한다고 생각했다. 그는 자신이 무언가를 해야 한다는 것을 깨달았다. 캐서린은 점심시간에 아이패드로 즉석 연설문을 쓴 뒤 사회자에게 금요일 오후 세션에서 연설하게 해 달라고 읍소했다.

캐서린은 사람들 앞에서 말하는 것과 귀뚜라미를 가장 두려워하는 사람이었다. 대중 앞에서 이야기할 생각만 해도 숨이 턱턱 막혔다. 하지만 사회자가 시청각 부스에 신호를 보낸 후 약속대로 그를 지목하고 마이크에 불이 들어오자 캐서린은 멈칫거리며 자신의 이야기를 시작했다. 캐서린은 자신이 준비한 글을 끝까지 읽지는 못했지만 참석자들은 그의 이야기에 충분히 공감했고 기립 박수로 응답했다. 그 후 의사들은 잇달아 캐서린에게 자신을 소개하면서 감사의 인사를 전했다. 그로부터 몇 주 만에 이들 중 많은 의사가 캐서린이 설립한 대변이식재단의 이사와 자문 위원이 됐다.

캐서린의 첫 번째 DIY 대변 이식을 시작으로 가정에서 대변 이식이 보편화되고 있지만, 캐서린은 적절하게 걸러지지 않은 대변 기증자로 인해 문제가 발생할 가능성이 존재하기 때문에 의료진에 의한 시술이 훨씬 더 바람직하다고 강조했다. 실제로, 수혜자에게 박테리아나 바이러스를 옮기는 이식은 치명적이다. 이와 관련해 캐서린 재단 자문위원회에 합류한 미네소타대학교 위장병 전문의이자 면역학자인 알렉산더 코루츠(Alexander Khoruts)는 마이크로바이옴이 비만, 당뇨, 알레르기와 관련이 있다는 증거를 고려할 때 장기적인 영향에 대해서도 고려해야 한다며 "현시점에서 과학은 우리에게 이 방법 적용에 매우 신중해야 한다고 말한다"라고 우려의 목소리를 높였다.

캐서린이 워크숍에서 한 연설 때문에 FDA가 태도를 바꿨는지도 모르겠다. FDA의 감독이 미치지 못하는 곳에서 사실상 규제를 받지 않고 시행되는 가정 대변 이식술의 위험성과 이 치료법의 효과 사이에서 힘겨운 저울질을 계속하던 FDA가 언론의 압박에 굴복한 것일 수도 있다. 어느 쪽이었든 FDA는 실제로 압력에 굴복했고, 표준적인 치료법에 반응하지 않는 클로스트리디오이데스 디피실 감염증 환자에 대해 집행 재량(enforcement discretion)[46]을 행사하기로 결정함으로

---

46 법 위반에 대한 제재 여부 및 시기의 결정 등을 포함해 법 집행과 관련해 행정청에 인정되는 광범위한 재량.

써 부분적으로 FMT 시술에 대한 태도를 바꿨다. 다시 말해, FMT는 FDA의 승인을 받지는 못했지만 FDA에 의해 금지되지도 않은 상태가 된 것이었다. 다만 FDA는 클로스트리디오이데스 디피실 감염증을 제외한 모든 질환(예를 들어, 궤양성대장염)에 대해서는 임상시험용 신약 적용 승인을 받아야 FMT 시술을 할 수 있도록 제한했다.

이 작은 승리 이후 캐서린과 그의 재단은 다른 소화기질환을 대상으로 한 더 많은 FMT 임상시험 실시, 연구 자금의 형평성 제고, 대중의 인식 개선 및 교육 강화를 위해 계속 노력했다. 이 과정에서 캐서린은 더 많이 웃게 됐다. 예전보다 더 많이 웃었다. 똥에 대한 혐오감은 그에게서 사라진 지 오래였다. 그는 끝없는 설사에 시달리면서 자존감을 잃게 될 때는 유머 감각을 갖는 것이 도움이 된다고 말한다. 캐서린과 같은 생각을 가진 몇몇 이사회 멤버들은 티셔츠나 스웨터에 새길 슬로건을 만들기 시작했다. 이들이 가장 마음에 들어 하는 문구는 "똥은 똥일 뿐!(Poop is the Shit!)"과 "똥을 대변이식재단에 기증합시다(Give a Shit, Donate to the Fecal Transplant Foundation)"이다. 이 재단의 인터넷 홈페이지에서는 FMT 시술을 상징하는 리본을 팔기도 한다. 리본의 색깔은 물론 갈색이다. 캐서린은 웃으면서 말했다. "우리가 어떤 이야기를 하고, 어떤 일을 하는지 알리려는 노력이지요."

×

　그동안 점점 더 많은 병원과 의원에서 신중하게 FMT 시술을 시행하게 되면서 이제 FMT는 전 세계 곳곳에서 환자들을 치료하고 있다. 플로리다주 탬파의 웰스우드 외곽에 위치한 위장병 전문의 R. 데이비드 셰퍼드(R. David Shepard)의 클리닉을 방문한 적이 있다. 이 클리닉은 미국 남동부 지역에서 최초로 FMT 치료법을 실시한 병원 중 하나다. 내가 방문한 날도 셰퍼드는 탬파베이내시경센터(Tampa Bay Endoscopy Center)에서 수일에 걸쳐 진행되는 이 치료를 시작했다. 선별된 기증자의 대변을 마취 상태의 환자에게 이식하는 이 치료는 두 개 과정으로 구성된다. 대장내시경으로 대변을 주입하는 과정과 내시경을 목에 집어넣어 위를 통과시킨 다음 소장의 중간 부분, 즉 공장(jejunum)까지 집어넣는 과정이다.

　다음 날도 셰퍼드는 사생활 보호를 위한 검은색 유리창이 달린 소박한 단층 건물인 RDS인퓨전스센터에서 이 과정을 계속 진행했다. 환자들은 머리가 아래로 향하도록 기울어진 침대에 누워 중력의 도움을 받아 항문을 통해 대변 이식을 받았다. 그다음 날에도 환자들은 같은 과정을 거쳤다. 수술실 중 한 곳에는 반짝이는 포스터가 하나 걸려 있었는데, 마치 획기적인 변화를 희망하는 환자들의 불안한 마음을 상징하는 것 같았다. 포스터에는 구름 사이에 걸린 무지개가 그려져 있었고, 무지개 위에는 "BREATHE(숨 쉬세요)"라는 단어가 점점 커지면서 8번이나 반복적으로 표시되어 있었다.

셰퍼드는 자신의 지시를 따랐던 클로스트리디오이데스 디피실 감염증 환자 60여 명 중 단 한 명의 실패도 없었다고 말했다. 지역 유명 사업가의 딸인 한 환자(55세)는 감염증이 계속 재발해 그동안 15만 달러가 넘는 의료비를 지출한 상태였다. 결국 그는 셰퍼드를 찾았고, 단 한 번의 치료로 완치됐다. 셰퍼드는 FDA가 궤양성대장염에 대한 FMT 치료를 중단하도록 강요하기 전까지만 해도 약 70퍼센트의 치료 성공률을 달성했다고 말했다. 이번 장의 시작 부분에서 언급한 매리언의 딸이 셰퍼드의 첫 번째 FMT 성공 사례였다.

남부 억양이 약간 섞인 말투를 쓰는 셰퍼드는 매우 예의바르고 신중해 보였다. 그는 수술실이 늘어선 복도 끝 작은 주방에 있는 테이블에서, 자신이 처음에는 무시했었던 치료법을 어떻게 시작하게 됐는지 내게 설명했다. 그동안 나는 의사 6명과 이야기를 나눈 뒤 그들의 공통점을 발견했는데, 그들 대부분이 처음에는 이 치료법에 거부감을 가졌다는 것이었다. 셰퍼드도 "처음에는 역겹다고 느꼈습니다. 절대 이런 시술은 하지 않을 거라고 생각했지요"라고 말했다.

캐나다 온타리오주의 전염병 전문가인 일레인 페트로프 (Elaine Petrof)는 전염병 분야 의사들 대부분은 감염증을 치료하려면 병원균을 반드시 제거해야 한다고 생각한다며 이렇게 말했다. "개념적으로만 생각한다면, 사람들에게 오물을 주입하는 것은 좋은 생각이 아니겠지요? 나도 이 치료법이 실제로 사람의 생명을 구하는 것을 두 눈으로 보기 전까지는 그렇게 생각했어요."

오랫동안 이 치료법이 의학 행위의 변방에 머물러 있었던 이유는 매우 간단하다. 필요성이 크지 않았기 때문이다. 상황이 바뀐 것은 2002년 캐나다 퀘벡 지역을 휩쓴 심각한 전염병의 원인균 그리고 그 원인균보다 더 치명적인 변종들이 발견되고, 클로스트리디오이데스 디피실 감염증이 풍토병이 되면서부터다. 그때부터 의사들은 어떤 항생제에도 반응하지 않는 감염 환자들을 일상적으로 진료하게 됐고, 그 의사 중 일부는 FMT에 대해 다시 생각하기 시작했다.

그전까지는 의사가 FMT 시술을 거부하면 환자가 할 수 있는 일은 아무것도 없었다. 하지만 인터넷의 등장으로 모든 것이 바뀌었고, 환자들은 인터넷 검색을 통해 FMT 시술을 해 줄 만한 의사를 찾아내 설득하기 시작했다. 페트로프에게 전환점이 된 시점은 2009년이었다. 항생제 치료를 했는데도 클로스트리디오이데스 디피실 감염증이 치료되지 않아 중환자실에 입원한 한 여성 환자가 있었다. 환자의 가족들은 매일 페트로프에게 대변 이식을 고려해 달라고 설득했다. 하지만 당시 페트로프는 대변 이식은 **말도 안 되는** 방법이라고 생각했다. 그러던 중 가족들이 대변이 담긴 양동이를 페트로프에게 가져왔고, 결국 페트로프는 설득당해 시술을 시행했다. 페트로프는 "하루에 열두 번 이상 배변하던 환자가 72시간도 채 되지 않아 완전히 회복되어 주말에 걸어서 퇴원하는 것을 보고 놀라지 않을 수 없었지요"라고 당시를 회상했다.

코루츠 같은 의사들은 이러한 "중세적" 치료 방법의 효율성에 놀라움을 금치 못한다. "믹서기에 똥을 넣고 주사기로 뽑아내기만 하면, 짜잔! 이식 준비가 끝납니다." 코루츠에 따르면 초기 성공률은 평균 85~95퍼센트에 달했으며, 이는 그 이후 발표된 보고서의 내용과도 일치한다. 그는 이렇게 덧붙였다. "가장 치료하기 힘든 환자들에게 이 정도로 효과적인 치료법이 있다는 것은 매우 놀랍습니다."

하지만 이런 놀라운 성공에도 불구하고 이 분야에는 해결해야 할 큰 문제가 있다. 충분한 자격을 갖춘 기증자를 찾는 일이다. 코루츠는 전단지를 보고 대변 기증 의사를 밝힌 한 의대생으로부터 친구들의 비웃음을 샀다는 이야기를 들었다고 내게 말했다. 코루츠는 헌혈을 하는 사람은 아무도 비웃지 않는다며 목소리를 높였다. 헌혈을 하는 사람은 배지나 스티커를 받고 자신의 행동에 자부심을 느낀다. 하지만 대변 기증은 사람의 생명을 구할 수 있는 행동임에도 의대생조차 친구들로부터 조롱을 받는다.

매사추세츠공과대학교(MIT) 학생 두 명이 공동 설립한 비영리단체인 "오픈바이옴(OpenBiome)"은 최고 수준의 대변 기증자를 모집하고, 사전 선별 작업을 거쳐 냉동된 대변을 개당 250달러(배송비 별도)라는 저렴한 가격에 제공해 증가하는 수요를 충족시키기 시작했다. 내가 2015년 가을에 오픈바이옴을 방문했을 때는 기부자 27명을 모집한 상태였다. 자원봉사자인 켈리 링은 이 비영리단체가 그때까지 치료용 대변 7000개를 제공함으로써 이정표를 세웠다고 말했다(켈리는 그해 연말까지 4개국의 500곳이 넘는 병원에 치료용 대변이 배송될 예정이라고 말했다). 오픈바이옴은 당시 교외의 비즈니스단지에 자리 잡고 있었지만, 터프츠대학교와 가까웠고 "워크아웃월드"라는 체육관이 바로 옆에 있었다. 나중에 알게 됐지만 이 위치는 새로운 대변 기증자를 모집하기에 이상적인 위치였다.

대변 기증자는 아무나 될 수 있을까? 그렇지 않다. 헌혈에서처럼 매우 엄격한 기준에 따라 HIV, 간염 바이러스 등 다양한 항목에 대한 검사를 받아야 한다. 성생활을 하는 동성애자 남성이나 65세 이상 고령자도 기증자가 될 수 없다. 검사 시점 기준으로 6개월 안에 문신을 한 적이 있거나, 여행 제한 국가를 최근에 다녀온 사람도 기증자가 될 수 없다. 또한 기증 시점 이전 3개월 동안 항생제를 복용하지 않았어야 하며, 자가면역질환, 신경계질환 또는 위장관계질환을 앓은 적이 없어야 한다. 뇌졸중, 심장병, 당뇨병의 위험을 높이는 고혈압, 고지혈증 같은 대사증후군 병력도 없어야 한다. 과체중이 아니어야 하며, 고도비만인 사람은 절대 기증자가 될 수 없다.

비위가 약한 사람도 기증자가 될 수 없다.

2017년 캐나다의 한 연구진은 대사증후군과 관련된 질병에 대한 FMT의 효과를 평가하는 임상시험을 위해 잠재적 기증자 46명을 선별하는 데 1만 5000달러 이상을 지출하기도 했다. 병력조사와 신체검사에 따라 절반을 제외한 후, 의사들은 나머지 후보자를 대상으로 건강의 생화학적 지표와 바이러스, 박테리아, 곰팡이, 원생동물 병원체 31종에 대한 검사를 진행했다. 그 결과, 모든 기준을 충족한 기증자는 단 한 명밖에 없었다. 하버드대학교 학생들과 스탠퍼드대학교 학생들의 통과 비율은 이보다 조금 더 높았다.

오픈바이옴의 엄격한 심사 과정을 통과한 소수의 기증자들을 위해 직원들은 기증자들이 자신의 대변을 최대한 효과적으로 전달할 수 있는 절차를 만들었다. 1층 실험실 밖에서 기증자가 초인종을 누르고 들어오면 직원은 육안검사를 통해 기증자의 건강상태를 확인한 후 기증자가 집에서 뚜껑이 달린 파란색 용기에 담아 가져온 대변을 그 자리에서 검사한다. 내가 오픈바이옴을 방문했을 때 직원은 밝은 파란색 봉투에 담긴 대변의 무게를 측정해 대변이 최소 무게(대략 테니스 공 무게)가 넘는지 확인하고 있었다. 이 과정을 통과한 대변은 켈리 링이 "대변 대기 라인(poop queue)"이라고 부르는 곳에 배치됐다. 검사를 통과한 대변 샘플 하나당 기증자에게 40달러가 지급된다.

대기 라인에서 꺼낸 대변 샘플에는 최종적으로 영하 80℃에서 보관되는 동안 pH를 유지시키기 위해 식염수가 포함된 완충용액을 뿌리고, 그 안에 포함된 미생물들을 보호하기 위해 글리세롤을 분사한다. 그 후 "대변 분쇄기"로 똥을 분쇄해 균질화한 다음, 미세한 망사 필터가 가운데에 세로 방향으로 부착된 투명한 비닐봉지에 붓는다. 이렇게 하면 섬유질(좋은 신호다)은 한쪽에 남고 갈색 액체는 다른 쪽으로 흘러내린다. 그런 다음 용액을 별도의 배송 단위로 나누어 바코드를 붙이고 최대 2년 동안 냉동 보관한다.

2층 회의실에서 오픈바이옴의 연구 책임자인 마크 스미스(Mark Smith)는 일곱 번에 걸친 반코마이신(vancomycin) 치료에 실패한 클로스트리디오이데스 디피실 감염증 환자였던 친구와 함께 어떻게 오픈바이옴을 설립하게 됐는지 설명했다. 스미스의 친구는 끈질긴 수소문 끝에 뉴욕 지역에서 본격적으로 FMT 시술을 시행하던 의사를 한 명 찾아냈다. 하지만 진료 예약이 가능한 날짜는 그로부터 6개월 후였다. 18개월 동안 이 감염증에 시달렸던 그는 하는 수 없이 룸메이트의 똥과 마가리타 믹서기, 가정용 관장 키트를 이용해 자가 대변 이식을 시도해 결국 치료에 성공했다.

스미스는 자신이 설립한 비영리 대변 은행이 자체적으로 더 정제된 배설물을 혼합, 냉동, 배송하며, 약 86퍼센트의 치료 성공률을 달성했다고 말했다. 방문 중에 나는 새로운 기부자 중 한 명인 친절하고 부드러운 말투를 쓰는 스물여섯 살 청년 조를 만나기도 했다. 그는 두 달이 조금 넘도록 정기적으로 대변을 제공하고 있었다. 그는 형으로부터 이 비영리 단체에 대해 듣고 지원해 엄격한 심사 과정을 통과했다고 했다. 그는 처음에는 단순히 과학 연구에 참여하면서 돈도 벌 수 있을 것이라고만 생각했지만 시간이 지나면서 자신이 그보다 훨씬 더 의미 있는 일을 하고 있다는 사실에 놀라게 됐다고 말했다.

조는 건장한 체격에 식이섬유가 풍부한 식단으로 상당히 건강한 라이프스타일을 유지한 청년이었다. 그는 자신의 몸 안에 사는 미생물들에게 감사하게 됐고, 재단 직원들을 행복하게 해 줄 대변을 배출하면서 "이상할 정도의 자부심"을 가지게 됐다고 말했다. "저는 생각했어요. **와, 이거 정말 멋진데!**" 조는 업무 스케줄과 달리기 스케줄에 따라 달라지기는 하지만 매주 네 번 정도 대변을 재단에 전달한다고 말했다.

소화기내과 전문의들은 조와 같은 기증자의 대변을 이용한 FMT 시술의 효과가 클로스트리디오이데스 디피실 감염증 외의 다른 위장관계질환에서 동일하게 나타나지는 않는다는 사실을 잘 알고 있다. 페트로프는 반복적인 항생제 요법은 본질적으로 "숲을 불태우는 것"과 같아서 다양한 박테리아 대부분을 죽이고, 클로스트리디오이데스 디피실이 뿌리를 내리고 성장할 공간을 열어 준다고 설명했다. 그는 흙에 다양한 묘목을 심는 것처럼 장에 다양한 박테리아를 심으면 장내 생태계가 병원균의 활동을 막는 데 도움이 된다고 설명했다. 그러나 그는 궤양성대장염 같은 복잡한 자가면역질환의 경우, 일반적인 서양인 기증자의 대변을 이용하는 기본적인 FMT만으로는 효과를 충분히 볼 수 없다고 말했다.

과학자들은 선진국에서 알레르기와 자가면역질환이 증가하는 것은 부분적으로는 섬유질이 부족한 식단과 잦은 항생제 사용으로 장내미생물 다양성이 감소하여 발생하는 결과라고 본다. 오픈바이옴을 비롯한 대변 은행들이 정한 상한선과 비슷하게, 코루츠도 미네소타대학교에서 대변 기증 신청자의 약 95퍼센트에 대해 부적격 판정을 내렸다. 그는 "건강한 사람은 매우 드물다"라며, 항생제를 복용한 적이 없는 건강한 사람은 더더욱 드물다고 내게 말했다. 실제로 그는 그 말을 할 때까지 항생제 복용 경험이 없는 사람을 단 한 명도 찾아내지 못했다. 아마도 서양인 기증자는 장에 완전히 다시 씨를 뿌리는 데 필요한 미생물을 제공할 수 없을지도 모른다. 그렇다면 어떻게 해야 할까? 연구자들은 비서양식 식단을 섭취하고 항생제 노출이 적은 아프리카와 아마존 시골 지역 사람들에게서 장내미생물 다양성이 상당히 높다는 사실과, 알레르기와 자가면역질환이 더 적다는 사실을 발견했다. 코루츠는 항생제가 일상적으로 사용되는 항생제 시대가 도래하기 전에 우리 조상들이 가지고 있었던 미생물들을 이러한 인구 집단에서 찾아내야 한다며 이렇게 덧붙였다. "그런 미생물들은 현재 사라져 가고 있는 자원이라고 할 수 있습니다."

대변 이식 분야의 선구자인 호주의 보로디는 이 생각에 동의하면서도, 기증자 선별 과정에서 풍토성 기생충과 병원균도 고려해야 한다고 경고했다. 그는 연구자들이 다양한 박테리아뿐만 아니라 미생물을 감염시키는 박테리오파지와 같은 곰팡이 및 바이러스로부터 그 힘을 얻을 수 있는 복잡하고 가변적인 장기의 세부적인 특성에 대해 아직 거의 알지 못한다며 이렇게 지적했다. "단순하게 말하자면, 우리는 그것들에 대해 개똥만큼도 모릅니다."

×

우리 몸 안에 사는 미생물들에 대해 더 잘 알기 위해서는 익숙한 불쾌감이라는 장벽을 극복할 전략이 필요할 것이다. 코루츠를 비롯한 일부 과학자는 FMT라는 용어보다 "장내미생물총 이식(intestinal microbiota transplant)"이라는 용어를 선호하는데, 이는 대변이라는 말에 중점을 두지 말아야 한다는 생각에 기초한 것이다. 기증자들이 역겨움이라는 장벽을 극복하게 만드는 방법 중 하나는 치료 효과를 강조하는 것이다. 과거에는 잘 알려지지 않았던 1958년 벤 아이즈먼의 연구에서 영감을 받았다는 보로디는 기증 센터에서 기증자의 똥을 사용해 환자를 성공적으로 치료할 때마다 센터 직원이 기증자에게 그 사실을 알렸다고 말했다. 보로디는 그 소식을 들은 기증자 중에는 눈물을 흘리는 사람도 있었다고 말했다. 우리에게는 이보다 더 강력한 전략이 필요할지도 모른다. 예를 들어, FMT보다 더 괜찮은 이름을 사용하거나, 파란색으로 대변을 염색하거나, 라벤더나 감귤 또는 소나무 향으로 대변 냄새를 가리는 방법도 생각해 볼 수 있을 것이다. 스테인리스 용기나 깨끗한 유리 용기에 대변을 보관하는 방법도 생각해 볼 수 있다. 이전 장에서 만났던 혐오학자 밸 커티스는 조상에게 물려받은 혐오감을 최소화하려면 똥을 더 먹기 쉽게 만들어야 한다고 주장한다.

커티스는 버터를 담았던 캔(반찬을 담는 플라스틱 용기와 비슷하게 생김)에 대변 샘플을 받아 달라고 의사들이 환자들에게 부탁하던 일에 대해 내게 말했다. 물론 아무도 그렇게 하지 않았다. 커티스는 똥이 주는 역겹다는 느낌 때문에 환자들이 항문으로의 대변 주입을 꺼리는데, 똥을 캡슐로 정교하게 만들어 복용하는 방법이 거부감을 줄일 수 있는 이유 중 하나가 여기에 있다고 말했다. 커티스는 "우리 몸의 혐오 시스템은 우리 몸 안으로 들어오려는 외부의 위협을 감지하도록 진화했다"라고 주장한다. 예를 들어, 기생생물(parasite)[47]이 팔에서

---

47 다른 생물에 기생하는 생물을 말한다. 일반적으로 박테리아와 바이러스는 기생생물로 보지 않는다.

기어다니면 이 시스템이 작동할 수 있다. 하지만 이 혐오 시스템은 장에 도달했을 때만 내용물을 방출하는 삼중 코팅 알약을 삼키는 것을 막지는 못한다. 커티스는 "캡슐에 똥을 넣음으로써 우리 조상들로부터 물려받은 혐오 시스템을 속일 수 있다"라고 설명한다.

보로디는 자신의 딸이 이러한 형태의 캡슐을 "크랩슐(crapsule)"[48]이라고 장난스럽게 부른다고 했다. 보로디를 비롯한 많은 연구자는 이 기술이 훨씬 더 침습적인 대장내시경검사를 대체할 수 있는 미래의 기술이라고 본다. 문제는 똥이라는 말을 어떻게 다른 세련된 말로 대체할지에 있다. 캐나다의 한 연구 팀이 똥이 채워진 캡슐을 개발했다고 발표했을 때 언론에서는 이 캡슐에 "똥 알약(poop pill)"이라는 이름을 붙였지만, 그로부터 몇 주 만에 셰퍼드는 이 캡슐 기술을 자신의 RDS인퓨전스센터에서 적용하기 시작했다. 그는 삼중 코팅 캡슐 35개에 기증자의 똥을 채운 다음, 그 캡슐들을 네 번이나 클로스트리디오이데스 디피실 감염증에 걸린 요양원 환자에게 먹여 치료에 성공했다. 당시에 이미 셰퍼드 같은 의사들은 항문에 대변을 주입하는 조잡한 방법이 몇 년 안에 근본적으로 다른 방법으로 개선될 거라는 생각을 했었던 것 같다.

로드아일랜드주의 위장병 전문의 콜린 켈리(Colleen Kelly)도 이런 급격한 변화를 예측한 사람 중 한 명이었다. 하지만 그

---

48 똥을 뜻하는 크랩(crap)과 캡슐을 합쳐 만든 말.

로부터 거의 10년이 지나도록 결국 근본적인 개선은 이루어지지 못했다. 그럼에도 대변 전체를 이식하는 방법에서 다른 방법으로의 개선이 조금씩 이루어지고 있다. 켈리는 대변 이식 기법에 대해 "미관상 보기 좋지 않기 때문만이 아니라 기증자를 찾기가 정말 어렵다"라고 말한다. 완벽한 기증자를 찾더라도 실제로 그 기증자가 얼마나 자주 기증할 수 있을까? 켈리는 "기증자가 줄을 서서 대기하고 있지는 않다"라고 말했다. 페트로프도 환자들의 항문에 "똥 밀크셰이크"를 주입하는 방법에 대한 고민이 많았다. 더 좋은 방법이 있을지 모른다고 생각했기 때문이다. 그는 고민 끝에 박테리아 배양균을 혼합한, 좀 더 명확한 성분으로 구성된 용액을 만들고 이 용액에 "합성 대변(synthetic stool)"이라는 이름을 붙였다. "그 용액의 냄새는 음, 달랐어요"라고 그는 내게 설명했다. 대장내시경을 이용해 이 용액을 환자에게 주입했던 간호사들도 실제 대변 냄새만큼 지독하지는 않았지만 여전히 역겨운 냄새가 났다고 말했다. 하지만 주사기에 담긴 이 희뿌연 용액은 겉으로 보기에는 그리 역겹지 않았다.

하지만 합성 대변 주입에도 문제가 있었다. 우선, 박테리아 혼합물에는 "로보것(robogut)"이라고 불리는 정교한 혐기성 성장 환경, 즉 일종의 인공 대장이 필요했다. 페트로프의 연구 팀이 만들어 낸 용액에 들어 있는 33가지 박테리아 균주로는 효과를 내기에 부족할 수도 있다는 우려도 제기됐다. 게다가 캐나다 보건당국은 더 많은 테스트 결과가 나올 때까지 치료 방법의 임상 적용을 보류하면서, 용액의 성분을 더 단순화할 방법을 찾아봐 달라고 요청했다. 이 요청은 단순성에 대한 규제 당국의 요구와 복잡성이 요구되는 과학 사이의 갈등을 그대로 드러내는 것이었다. 하지만 페트로프는 미생물 생태계가 유지되려면 박테리아 균주의 종류가 많아야 한다고 주장했다. 페트로프는 "당시 우리는 진흙탕 같은 상황에서 벗어나기 위해 안간힘을 쓰고 있었습니다"라고 회상했다.

많은 과학자가 페트로프와 같은 생각을 가지고 있었다. 실제로, SER-109로 알려진 기증자의 대변에서 추출한 포자형성 박테리아 약 50종을 혼합해 만든 용액은 초기에 치료에 실패했고, 이는 클로스트리디오이데스 디피실에 대한 장내미생물 군집의 자연 방어 시스템을 복제하는 것이 얼마나 어려운지를 보여 주었다. 하지만 세레스세러퓨틱스(Seres Therapeutics)가 만든 이 혼합물은 나중에 용량을 늘린 후속 3상 시험에서 좋은 결과를 냈다. 2021년 초, 페트로프와 공동연구자들은 건강한 기증자의 대변에서 추출한 박테리아 40종을 혼합해 만든 MET-2라는 캡슐로 치료에 성공했으며, 이 박테리아들을 실험실에서 배양하는 법도 알아냈다. 한 소규모 공개 임상시험에서는 환자 19명 중 15명이 며칠 간 이 캡슐을 고용량으로 복용한 뒤 한 명을 제외한 모든 환자의 재발성 클로스트리디오이데스 디피실 감염증이 완치됐다.

FMT 치료법은 임상시험을 통해 계속 범위를 확장했다. 이 치료법의 목표는 만성적인 박테리아 감염증과 그로 인한 위장관계 합병증, 즉 자가면역질환, 염증성질환, 대사질환, 신경질환, 심리적 질환을 제거하는 것이었다. 하지만 성공적인 치료가 계속 이어지던 중에 연구자들은 수년 동안 우려했던 큰 장애물에 실제로 직면하게 됐다. 2019년 6월, 보스턴의 매사추세츠종합병원에서 임상시험에 참여했던 환자 두 명이 수개월 동안 냉동 보관됐던 한 기증자의 대변 샘플로부터 다양한 항생제에 내성을 지닌 대장균에 감염됐고, FDA는 긴급 안전 경보를 발령했다. 이 두 환자 중 간경변증을 앓고 있던 한 환자는 중태에 빠졌다. 다른 한 명은 골수이식을 앞두고 면역억제제가 투여된 혈액암 환자였는데 이 대장균에 의한 혈류 감염으로 사망했다.

당시 FDA는 FMT에 혈액이나 조직 기증에 적용하는 규제를 동일하게 적용할지, 제약회사에 유리한 임상시험용 신약 기준을 적용할지를 놓고 수년 동안 고심하던 상태였다. 결국 FDA는 감염을 막기 위해 FMT 치료법을 실시하려는 의사들이 새로 강화된 임상시험 요건을 준수한다는 것을 입증할 때까지 임상시험을 중단하라는 지시를 내렸다. 2020년 3월, FMT 치료를 받은 클로스트리디오이데스 디피실 감염 환자 6명에게서 대장균 감염이 또 발견됐고, FDA는 다시 안전 경고를 발령했다. 이번 감염은 오픈바이옴에서 제공한 대변에 의한 것으로 밝혀졌다. 이 비영리단체에서 제공한 대변은 처음에는 클로스트리디오이데스 디피실 감염증 치료를 받은 다른 만성 환자 2명의 사망원인으로 의심됐지만, 후속 검사 결과 사망자 중 적어도 한 명은 이식과 관련이 없는 것으로 밝혀졌고, 다른 환자 한 명을 치료하던 의사는 그 환자가 기저질환인 심장병으로 사망했다고 추정했다.

크리스천 릴리스는 FDA가 FMT에 사용되는 대변을 혈액이나 혈액제제처럼 별도의 범주로 분류할 수 있었을 거라고 말한다. 그러나 대장균 감염 사례 때문에 이런 분류를 촉구하는 FMT 지지자들 및 의사들과, 더 통제된 약물 분류에 따라 다른 치료제를 개발하고자 하는 제약회사들 사이의 싸움이 격화됐다. 게다가 FDA는 재발성 클로스트리디오이데스 디피실 감염증 치료를 위한 FMT 시행에 대해서는 "집행 재량" 정책을 실시했다. 그럼으로써 용액 형태의 새로운 혼합물을 만드는 것을 사실상 허용하기는 했지만, 대변 미생물총 이식 자체에 대해서는 임상시험용 신약 적용 승인을 계속 받도록 했기 때문에 결국 이 싸움은 제약회사들의 승리로 끝났다고 할 수 있었다. 크리스천은 똥은 여전히 무료로 구할 수 있지만, 똥의 활성 성분들을 조합하는 약을 만드는 기술은 수익성 좋은 지식재산이 될 수 있다고 말했다.

어머니가 돌아가신 지 10년이 지난 2020년 10월, 크리스천 릴리스와 그의 동생 리엄은 페기릴리스재단의 연례 온라인 갈라 행사를 열었다. 한 해 동안의 재단 활동을 결산하는 이 행사의 주제는 "클로스트리디오이데스 디피실은 장애물(Drag)입니다"였다. 푸른빛이 도는 은색 띠들을 배경으로 금색 가발에 반짝이는 분홍색 드레스를 입고 등장한 드래그 퀸 사회자 커카퍼니 대니얼스(Cacophony Daniels)가 그 전 7개월 동안 지하실에서 공연을 해 왔다고 줌(Zoom, 온라인 화상회의 플랫폼) 시청자들에게 말한 뒤 셰어(Cher)의 노래 〈스트롱 이너프(Strong Enough)〉를 열창하는 모습이 재미있었던 행사였다. 이 행사는 전반적으로 좀 유치했지만, 그러면서도 한편으로는 정겹고, 다른 한편으로는 도전적인 분위기에서 진행됐다. 크리스천은 행사 중간쯤에 파란색 와이셔츠와 검은색 재킷을 벗어 던지고 초록색 티셔츠를 입었다. 이 티셔츠에는 "나는 똥을 기증합니다"라는 문구가 새겨져 있었다. 이 문구는 클로스트리디오이데스 디피실 감염증을 앓고 있는 환자들에게 자신을 드러내라고 촉구하는 것이었다. 또한 크리스천은 "미국은 똥에 대해 이야기하는 것을 금기로 여깁니다"라는 자신이 자주 하는 말을 이 행사에서도 반복했다.

이 행사에서 대니얼스와 크리스천은 대변 이식 덕분에 클로스트리디오이데스 디피실 감염증에서 벗어나 이 치료법의 헌신적인 지지자가 된 사람들을 소개하기도 했다. 캐나다의 환자 및 보호자 단체인 밴쿠버코스탈헬스(Vancouver Coastal Health)의 냄새 탐지 전문가 테레사 저버그(Teresa Zurberg)가 그

중 한 명이었다. 저버그는 자신이 키우는 앵거스라는 이름의 잉글리시 스프링어 스패니얼과 같이 무대에 올랐다. 마약 및 폭발물 냄새 탐지 전문가인 저버그는 2013년에 클로스트리디오이데스 디피실 감염증으로 사망 직전까지 갔던 사람이다. 그 후 그는 앵거스에게 냄새를 맡는 훈련을 시켜 밴쿠버 종합병원의 감염 위험 지점을 찾아내는 데 도움을 주었고, 그 결과 그 병원 내 감염률이 2년 만에 거의 절반으로 줄었다. 앵거스는 분홍색 유니콘 장난감에 더 관심을 보이긴 했다. 그 후 대니얼스는 "의사, 개, 드래그 퀸이 어울렸던 한마당"이라고 행사를 요약한 뒤 〈오버 더 레인보(Over the rainbow)〉라는 노래를 부르면서 행사를 마무리했다. 대니얼스가 노래를 부르는 동안 페기 릴리스의 모습이 찍힌 가족사진들이 스크린 한 편에서 계속 바뀌면서 떠올랐다.

페기가 사망한 후 10년 동안 몇 가지 희망적인 징후가 나타났다. 미국에서는 2013년부터 병원들이 클로스트리디오이데스 디피실 감염 사례를 질병통제예방센터(CDC) 산하 국가건강관리안전네트워크(National Healthcare Safety Network)에 보고하기 시작했고, 2011년과 2017년 사이에 전체 감염 건수가 줄어들었다. 지역사회 관련 감염 사례 추정치는 변하지 않았지만, 국가 차원의 건강관리 관련 감염 사례 수는 3분의 1 이상 줄어들었다. 하지만 코로나19가 전 세계로 확산하면서 FMT는 거의 중단됐다. FDA가 대변 은행이 대변 샘플을 계속 보내도록 승인하기 전에 SARS-CoV-2바이러스에 대한 추가 검사를 요구했기 때문이다. 미네소타대학교의 코루츠가 시작한 프로젝트는 그해 여름 기증자의 대변에 대한 포괄적인 테스트 프로토콜을 개발해 요건을 충족했다. 미국 최대의 대변 제공 은행인 오픈바이옴은 자체적인 대변 테스트 방법을 개발했지만, 담당 FDA 부서가 코로나19 백신 후보들을 걸러 내느라 이 방법에 대한 검토는 지연될 수밖에 없었다.

이 비영리단체는 마침내 2021년 5월에 정기 배송 재개를 승인받았다. 하지만 때가 이미 너무 늦었다. 오픈바이옴은 재정 부족으로 광범위한 대변 은행 프로그램을 단계적으로 중단해야 했고, 장비와 기타 자산을 매각하고, 핵심 네트워크의 병원들에만 공급을 할 수밖에 없었다. 그 후 오픈바이옴은 미네소타대학교의 코루츠와 협력해 새로운 방법에 대한 FDA의 승인이 떨어질 때까지 클로스트리디오이데스 디피실 감염증 치료에 필요한 대변의 수요를 부분적으로만 충족시켰다. 하지만 결국 이 공백은 핀치세러퓨틱스(Finch Therapeutics) 같은 스타트업 기업에 의해 채워지게 됐다. 핀치세러퓨틱스는 오픈바이옴의 연구책임자였던 스미스가 만든 회사다. 그 후 세레스, 페링(Ferring), 베단타(Vedanta) 같은 기업들이 전면으로 떠올랐지만 정제된 박테리아 균주 혼합물을 기반으로 한 이식 기법은 여전히 검증을 통과하지 못했다.

×

2021년, 나는 이전에 오픈바이옴에서 만났던 대변 기증자 청년과 다시 대화를 나눌 기회가 있었다. 청년은 32세가 되어 있었고, 콜로라도주 볼더에 살고 있었다. 지난번에 만났을 때와는 달리 이 청년은 자신의 이름이 조 팀(Joe Timm)이라고 밝혔고, 대변 은행에 2년 이상 기부한 사실을 자랑스럽게 회상했다. 그는 오픈바이옴이 궤양성대장염에 대한 FMT 임상시험에 그의 대변을 사용하기도 했다고 말했다. 팀은 당시 룸메이트에게도 대변 기증을 권유했는데, 룸메이트도 거의 2년 동안 오픈바이옴에 계속 기증을 했다. 당시 그 두 사람은 모두 보스턴마라톤대회 출전을 위해 훈련을 하고 있었다. 팀은 자신이 의학 연구의 최전선에 서게 된 것도 좋았지만, 매번 기증의 대가로 받은 40달러도 큰 도움이 됐다고 말했다. 팀은 대변을 낭비하지 않기 위해서는 매일 정해진 시간에 배변을 해야 한다는 생각에 스트레스를 받았다며, 정해진 시간 외에 배변을 하면 마치 돈을 변기에 버리는 것 같은 느낌이 들었다고도 말했다.

팀은 언젠가 미래의 손자들에게 자신이 의학 발전에 기여했다고 말하고 싶다고 했다. 또한 그는 그의 이 부업이 처음 만나는 사람들과의 대화를 부드럽게 만들어 주는 역할도 했다고 말했다. 그는 똥을 기증하고 그 대가로 현금을 받는다고 사람들에게 말했을 때 대부분은 이야기를 더 듣고 싶어 했다고 회상했다. 그는 자신이 가진 것이 정확하게 어떤 힘을 가지는지는 아직 확실하게 밝혀지지는 않았지만, 반복되는 감염으로 고생하는 사람에게는 기적과도 같은 힘을 가지고 있다는 것을 깨달았다고 했다. 똥의 가치를 인식하게 된 것이었다. 그는 돈을 받고 똥을 판다는 이야기는 똥에 대한 혐오감을 극복할 수 있게 만들기도 했다고 말했다. 사람들이 자신의 이야기를 듣고 "말도 안 돼. 똥을 판단 말이야?"라고 물으면서도 재미있어했다고 했다. 그는 "돈을 받지 않고 좋은 일을 위해 똥을 기부한다고 말했다면 사람들은 이상하게 생각했을 겁니다"라며 똥에 가치를 부여함으로써 똥에 대한 자신의 생각도 변화했다고 말했다. "어쨌든 화장실에 한번 갈 때마다 돈을 벌 수 있어서 좋았어요"라고도 덧붙였다.

FMT의 미래는 아직 불투명하다. 앞으로도 복잡한 장내 생태계를 임상시험용 신약 범주에 포함시켜 규제할 수는 없을 것이다. 실험실에서 배양한 장내 서식 미생물들로 만든 혼합물을 기반으로 한 알약은 안전성 문제와 기증자 확보 문제를 해결하는 데 도움이 될 것이다. 하지만 크리스천 릴리스를 비롯한 FMT 지지자들은 먹기에 좋고 시장성이 높은 알약에 대한 수요가 늘어나면 그에 비해 상대적으로 저렴하고 이용이 쉬운 FMT 치료 방법이 사장될 수 있다고 우려한다. 여기서 분명한 사실은 버려지던 부산물에서 귀중한 상품으로의 전환이 놀랍도록 빠른 속도로 이루어졌다는 것이다. 수십 년 만에 FMT는 조롱의 대상이 되던 민간요법에서 절망적인 환자들의 자가 치료법으로, 그리고 매우 효과적이고 인정받는 의학적 치료법으로 발전했다.

모든 의심과 조롱에도 결국 똥은 그 가치를 인정받기 시작했고, 사람들은 의학적 기적을 일으킬 수 있는 장내미생물을 찾기 시작했다. 이제 의사들은 개별적인 위협 요소를 제거하기보다는 장내 생태계의 균형을 회복하는 데 더 중점을 두는 전략을 다시 검토하고 있다. 팀과 같은 자부심에 찬 기증자들은 더 이상 익명의 그늘에 숨지 않는다. 이제 환자들은 침묵을 깨고 한순간의 은총이 어떻게 평생의 안도감을 가져다주는지 이야기한다. 우리는 **똥**에 대해 개똥만큼도 모르지만, 점점 더 많은 사람이 자신의 똥을 기부하고 있다는 것은 확실하게 안다.

CHAPTER 4

기억

1977년 10월의 화창한 정오, 크로(Crow)라는 이름의 독일 셰퍼드가 뉴욕 올버니의 축구장 한쪽 끝에서 경찰관 한 명과 함께 특별한 실험을 위해 대기하고 있었다. 대공황 시기인 1934년 공공사업진흥국이 건설한 다목적 블리커스타디움의 일부인 이 축구장의 미드필드에는 동영상 촬영을 위한 카메라가 설치되어 있었다. 경기장 반대쪽 끝에는 경찰이 세운 높은 합판 장벽 5개가 서 있었는데, 각 장벽 앞면에는 1부터 5까지의 숫자가 하나씩 검은색으로 크게 적혀 있었고, 뒤쪽에는 남자가 한 명씩 숨어 있었다.

실험이 시작됐다. 크로와 뉴욕주 경찰관 존 커리(John Curry)는 경기장 한쪽 끝 합판 장벽들 뒤에 숨어 있는 남자들을 향해 걸어가기 시작했다. 크로는 존 커리가 1975년에 미국 육군에게 독일셰퍼드 세 마리를 인수해 만든 폭발물탐지견 부대 "K-9"의 일원이었다. 인류학자 데니스 폴리(Dennis Foley)의 기록에 따르면 커리는 크로가 배설물 냄새로 사람을 정확하게 식별할 수 있도록 몇 달간 훈련을 시켰고, 크로가 자신과 함께 일했던 개 중에서 최고의 탐지견이라고 말하곤 했다. 그리고 이제 몇 분 후, 크로의 뛰어난 후각이 피해자 두 명을 잔인하게 살인한 뒤 결정적인 단서를 남긴 연쇄살인범을 찾는 데 정말 도움을 줄 수 있을지가 판명될 것이다.

독일 중부에서는 환기가 잘 되지 않는 아파트에서 미라처럼 변해 버린 어린 여자 아이의 시신이 발견된 사건이 발생한 적이 있다. 2000년 7월 10일, 침대 근처에서 발견된 아이는 영양실조 상태였고, 짧고 검은 머리에 몸무게는 약 7킬로그램, 키는 약 60센티미터에 불과했다. 아이는 짧은 상의를 입고 기저귀를 찬 상태였다. 당시 스무 살이었던 엄마가 집세를 내지 못해 삼촌 집으로 가면서 아이를 집에 그대로 방치한 것이었다. 경찰조사에 따르면 엄마는 아이를 언제 마지막으로 봤는지 기억하지 못했다. 언론보도에 따르면 집을 떠난 그는 삼촌 집에서 2주 정도 살면서 삼촌에게는 아이를 할머니가 돌보고 있다고 말했으며, 사람이 먹지 않고 얼마나 오래 버틸 수 있는지 삼촌에게 묻기도 했다.

경찰은 아이의 이 비극적인 죽음에 대해 두 가지 의문을 가졌다. 사망시점과 방치된 기간에 대한 의문이었다. 이 의문을 풀기 위해 라이프치히대학교 법의학연구소의 뤼디거 레시히(Rüdiger Lessig)는 이 아이의 생식기, 항문, 얼굴 등 몇몇 신체 부위에서 구더기들을 채취했다. 그런 다음 그는 그 구더기들을 뜨거운 물에 넣어 죽인 뒤 70퍼센트 에탄올 용액에 담가 "구더기 맨(Maggot Man)"이라는 별명으로 잘 알려진 법곤충학자(forensic entomologist)에게 보냈다.

×

다른 생명체와 마찬가지로 인간도 배설물을 통해 자신의 존재를 알리며, 관찰력이 뛰어난 과학자들은 오랫동안 간과되거나 방치됐던 이런 흔적들에서 놀라운 이야기를 찾아낸다. 똥은 질병으로부터 우리를 구해 줄 수호자일 뿐만 아니라 인류의 과거를 들여다보게 해 주는 증인 같은 존재이기도 하다. 우리가 남긴 똥에는 DNA와 냄새 그리고 미생물과 곤충에 대한 방대한 기억이 담겨 있다. 과학수사관들은 이런 단서를 해독해 빈칸을 채우는 방법으로 과거의 한순간을 재현해 내고 사건을 해결해 피해자들을 위한 정의를 실현한다.

더 넓은 시간적 범위에서 본다면, 보존된 똥은 고대 사람들이 어떻게 살았고 이동했는지, 그들의 정착지가 어디에서 세워지고 와해됐는지, 그들이 죽음과 질병 그리고 주변 세계에 어떻게 대처했는지 알려 주는 타임캡슐과 같은 역할을 할 수도 있다. 그동안 우리는 조상들이 남긴 글과 유물에서 과거의 이야기를 찾아내 왔다. 사해문서(Dead Sea Scrolls), 로제타 스톤, 화산재에 묻힌 도시, 오래전에 대부분 사라진 서사시의 일부가 그런 것들이다. 하지만 약 60년 전부터 우리는 문명이 알렉산드리아도서관보다 훨씬 더 많은 정보를 보유한 또 다른 도서관을 남겼으며, 그 도서관이 물리적 규모는 작지만 대부분 불에 타지 않은 채 보존되어 있다는 사실을 깨닫기 시작했다. 이제 우리는 이 소박한 도서관에 보관되어 있는 과거에 대한 정보가 한 사람의 생명 그리고 공동체, 더 나아가서 대도시 전체의 소멸을 막을 수 있다는 것을 알고 있다.

뉴욕주 올버니의 50컬럼비아스트리트는 로펌 건물과 식당 사이에 위치한 작은 공터다. 현재는 소규모 주차 공간으로 사용되고 있다. 하지만 1976년에는 그 공간에 존 F. 헤더먼(John F. Hedderman)교회용품점이 있었고, 그해 추수감사절 전날 그곳에서 두 명이 끔찍하게 살해됐다. 가게 주인이었던 로버트 헤더먼은 그날 오후 가게 뒤쪽 화장실에서 피투성이가 된 채 발견됐다. 시신은 외투를 입고 있었고, 지갑에는 현금 110달러가 들어 있었으며, 손이 묶여 있었고, 목이 너무 깊게 베여 머리가 몸에서 거의 떨어져 나간 상태였다. 다른 희생자인 가게 직원 마거릿 바이런(Margaret Byron)의 시신은 가게 뒤쪽 창고에서 발견됐다. 이 종업원도 가게 주인처럼 종교 예복의 끈으로 손이 묶여 있었고, 목이 졸린 채 왼쪽 가슴을 반복적으로 찔린 상태였다. 지갑은 옷에 그대로 있었지만, 차고 있던 시계는 없어져 있었다. 사건이 벌어지는 동안 헤더먼의 일흔여덟 살 아버지는 가게 뒤편에 있는 다른 방에서 낮잠을 자느라 전혀 상황을 눈치채지 못했다. 그는 잠에서 깬 뒤 남자의 시신을 발견했지만 그것이 아들의 시신이라는 것을 알지 못한 상태에서 경찰에 신고했다.

그날 밤, 형사 두 명은 사건 현장에서 피의 흔적을 따라가다 컬럼비아 인근 브로드웨이의 한 쓰레기통에서 기괴한 단서를 하나 발견했다. 피와 배설물로 얼룩진 장백의[49]였다. 피의 흔적은 브로드웨이의 북쪽, 하우스오브몬터규(House of Montague)라는 이름의 가구점 쪽으로 계속 이어졌다.

수사는 곧 이 가구점의 35세 청소부인 레뮤얼 스미스(Lemuel Smith)에게 초점이 맞추어졌다. 사건 당일, 스미스는 그 전에 저지른 수차례의 범죄로 수감 생활과 가석방을 반복하면서 총 20년 형기 중 18년을 복역하고 가석방된 지 7주가 채 안 된 상태였다. 1969년에 뉴욕주 스키넥터디(Schenectady)에서 한 여성을 폭행하고 강간하려다 미수에 그친 그는 같은 날 다른 여성을 폭행, 납치, 강간했고, 그보다 10년 전인 1958년에는 볼티모어에서 한 여성을 길이 38센티미터짜리 쇠파이프로 구타했다. 또한 그보다 6개월 전에는 뉴욕주 앰스터댐(Amsterdam)에서 친구의 어머니를 살해한 혐의를 받았지만, 당시 경찰은 16세 농구 스타였던 그를 기소할 만한 충분한 증거를 수집하지 못했다.

올버니 경찰은 목격자들과 초기 용의자들을 대상으로 거

49 성직자 또는 사제가 입는 흰색 예복.

짓말탐지기 검사를 실시하려 했다. 그러나 스미스는 검사를 거부했고, 당시 17세였던 그의 여자 친구는 사건 당일 하루 종일 그와 함께 있었다고 주장하며 알리바이를 제공했다. 여러 목격자가 스미스와 인상착의가 일치하는 사람이 사건 발생 시간쯤에 사건 현장인 교회용품점에서 나오는 모습을 봤다고 증언했지만(그 사람이 종교 예복처럼 보이는 것을 쓰레기통에 던지는 것을 봤다고 증언한 사람도 있었다), 경찰은 이 증언들의 신빙성이 떨어진다고 판단했다. 시간이 지나면서 더 많은 증거가 발견되기 시작했다. 스미스의 남색 울 스웨터에 있던 머리카락 한 가닥이 바이런의 갈색으로 염색한 회색 머리카락과 일치했고, 바이런의 시신에서 발견된 검은 머리카락과 화장실에서 발견된 헤더먼의 시신 근처에 떨어져 있던 검은 머리카락이 스미스의 머리카락과 일치했다. 장백의에 묻은 피의 혈액형도 스미스의 혈액형과 일치하는 O형이었다. 다급했던 형사들은 심령술사의 도움을 청하기도 했다. 그러던 중 올버니 경찰서의 한 형사가 존 커리와 그의 냄새 탐지견에게 도움을 얻을 수 있을 것 같다는 생각을 하게 됐다. 용의자들을 줄 세워 놓고 범인의 배설물과 혈흔이 묻은 장백의의 냄새를 탐지견이 그 용의자들 중에서 찾아내면 자백을 이끌어 낼 수 있을 거라는 생각이었다.

유럽에서는 20세기 초부터 용의자들을 줄 세워 놓고 냄새를 탐지하는 방법을 범죄 수사에 이용해 왔다. 탐지견은 먼저 범죄 현장에서 수거한 물건, 즉 "증거물"의 냄새를 맡는다. 이는 블러드하운드가 실종된 사람의 옷 냄새를 맡는 것과 비슷하다. 하지만 탐지견은 냄새 기둥(odor plume)[50]이나 발자국을 추적해 사람을 찾아내는 대신, 줄 세워 놓은 사람 5~7명의 냄새를 순차적으로 맡는다. 탐지견은 그 냄새들 중에서 이전에 자신이 맡은 증거물의 냄새와 같은 냄새를 찾아낸다.

이 방법은 1903년 독일 브라운슈바이크에서 부세니우스(Bussenius)라는 경찰관과 그의 탐지견이 처음으로 사용해 살인 용의자를 찾아낸 방법이라고 알려져 있다. 한 소녀가 농장에서 살해당했는데, 유력한 용의자로 두베(Duwe)라는 농장 인부가 거론되고 있었다. 이후 무슨 일이 일어났는지에 대해서는 여러 가지 이야기가 있는데, 한 이야기에 따르면 부세니우스는 두베를 포함한 용의자 5명에게 조약돌을 손에 쥔 다음 바닥에 내려놓게 했다. 부세니우스가 훈련시킨 독일셰퍼드 탐지견 하라스 폰 데어 폴리차이(Harras von der Polizei)는 먼저 범죄 현장에서 발견된 칼 냄새를 맡은 뒤, 그 냄새가 두베가 쥐었던 조약돌에서 나는 냄새와 일치한다는 반응을 보였고, 두베는 결국 살인을 자백했다. 다른 버전의 이야기는 먼저 범죄 현장 주변에서 냄새를 맡은 탐지견이 농장 인부 12명의 냄새를 차례로 맡다 두베에게 달려들었다는 내용이다.

---

50   냄새 기둥은 냄새 분자들이 냄새의 원천에서 방출되어 공기 중으로 흩어질 때 만들어진다.

미국에서도 1970년대에 들어서 이 방법이 사용되기 시작했다. 하지만 지금도 이 방법은 신뢰성이 낮고, 교차오염의 위험이 수반되며, 편견에 영향을 받고, 남용될 가능성이 있다는 등의 이유로 때때로 "사이비 과학"으로 치부되고 있으며, 여전히 논쟁적 법의학 기법으로 남아 있다. 이 방법을 이용해 얻은 증거가 법정에서 증거력을 가지는지 여부는 주마다 다르다. 일부 연구자는 이 방법을 시행하기 위해 필요한 훈련과 자원 그리고 절차를 고려할 때, 미국 법정에서 증거력이 인정되는 냄새 증거를 제시할 수 있는 수사기관은 FBI를 포함해 몇몇 수사기관밖에 없다고 생각한다. 하지만 이 방법의 지지자들은 개선과 표준화를 통해 이 방법의 유효성을 입증하기 위해 노력해 왔으며, 엄격한 탐지견 훈련을 통해 매우 정확하고 신뢰할 수 있고 유용한 법의학 증거를 확보할 수 있다고 주장한다. 프랑스의 한 연구 팀은 "흥미롭게도, 용의자의 신원을 확인한 탐지견이 자백을 이끌어 내는 경우가 많다"라고 논문에서 밝히기도 했다. 연구자들은 이 논문에서 2003년부터 2014년까지 프랑스 국립과학수사연구소가 냄새 탐지견을 이용하는 방법으로 용의자 신원확인 작업을 한 사례 총 435건 중 120건에서 이 방법이 범인을 찾아내는 데 도움을 준 것으로 확인됐다고 밝혔다.

올버니 축구장에서 시행된 실험이 오늘날 이루어진다면 레뮤얼 스미스 그리고 그와 연령대와 인종이 일치하는 4명

이상의 남성에게 정사각형 모양의 멸균된 탈지면을 10분 동안 만지게 해 냄새가 면 조각에 배게 만들었을 것이다. 탈지면 각각은 커리와 크로의 눈에 띄지 않는 병이나 통에 넣어 두고 세 번의 실험을 통해 개가 피와 배설물로 얼룩진 장백의의 냄새가 스미스가 만진 탈지면의 냄새와 일치하는지 확인했을 것이다. 올버니에서 이루어진 실제 실험에서는 남성 네 명에게서 나는 냄새가 비교용 냄새, 스미스의 냄새가 표적 냄새였다. 실험 당일 촬영된 사진에서 스미스는 밝은색 셔츠와 바지를 입고 팔짱을 낀 채 5번 장벽 뒤에 서 있었다. 그는 변호사로부터 이 법의학 전략에 대해 미리 들었고, 그날 아침 샤워를 하면서 몸을 세게 문질러 닦았지만 소용이 없었던 것으로 알려졌다. 폴리는 크로가 "레뮤얼 스미스에게 바로 접근했다"라고 기록을 남겼다. 당시 경찰은 이 실험을 세 번 반복했고, 세 번 모두 탐지견은 스미스가 어떤 장벽 뒤에 숨어 있든 상관없이 스미스에게 다가갔다.

놀랍게도, 법곤충학도 아주 옛날부터 용의자 신원확인 작업에 큰 도움을 제공하고 있다. 13세기 중국의 변호사이자 수사관이었던 송자(宋慈, Sung Tz'u)가 편찬한 『세원록(洗寃錄, The Washing Away of Wrongs)』에서는 논 근처에서 발생한 칼부림 살인 사건을 검정파리(blowfly)를 이용해 해결한 사례가 실려 있다. 송자는 논에서 일하던 사람들이 모두 낫을 내려놓게 만든 후, 파리들이 어떤 낫의 날에 모여드는지 확인하는 방법으로 피의 흔적을 추적했고, 결국 피의 흔적이 있는 낫의 주인은 자신의 범행을 자백했다.

현재 유럽 최고의 법곤충학자로 알려진 마르크 베네케 (Mark Benecke)는 1997년 박사학위를 받은 쾰른대학교 법의학 연구소에서 유전학을 공부할 때 "어린아이 같은 호기심"으로 이 분야에 처음 매료됐다. 당시 그는 법의학 검사를 위해 시체가 들어오는 법의학연구소 건물의 지하실에서 일하고 있었다. 그는 생물학자로서 시체들을 살펴볼 때 가장 흥미로웠던 것은 곤충이었다고 내게 말했다. 1990년대 후반에 베네케는 뉴욕 맨해튼의 수석 검시관 사무소에서 법의학 생물학자로 일하면서 비공식적으로 곤충 연구를 계속했다. 그와 동료는 냉동된 시체를 보관하는 해부실에서 시체에 대한 독성학적 검사를 마치고 "남은 부분들"을 해부실에 딸린 샤워 부스 바로 옆의 사용하지 않는 방으로 가져가 자체적인 실험을 진행하곤 했다. 한 실험에서 베네케는 약물 과다 복용으로 사망한 사람의 간과 근육 조직 샘플에 구더기를 넣어 약물이 곤충의 성장에 미치는 영향을 확인하려고 했다. 하지만 이 실험은 해부실에서 일하던 누군가(누구인지는 밝혀지지 않았다)가 조직과 구더기를 버리면서 갑자기 끝났다. 베네케는 범인이 냄새와 혐오감 때문에 그렇게 했을 것이라고 말했다.

이후 그는 세계 곳곳을 돌아다니며 강의와 강연을 했고, 현재는 법곤충학, 달팽이, 신체 개조, 청소년 하위문화 등 다양한 주제로 글을 발표하고 있다. 프리랜서 법의학 전문가인 그는 온몸에 다양한 문신이 있으며, 특히 구더기의 발달 과정을 전문적이고 열정적으로 연구한다는 이유로 "구더기 맨"이라는 별명으로 불린다. 그의 이 특이한 관심과 능력은 앞에서 언급한 독일 소녀의 사망사건을 조사하는 데 중추적인 역할을 했다.

법의학 병리학자들은 범죄 현장에서 똥을 샅샅이 뒤져 DNA나 RNA를 추출하고 희생자나 용의자가 무엇을 섭취했는지에 대한 단서를 수집한다. 똥에서 독성물질을 비롯한 예상치 못한 물질이 발견되면 희생자나 용의자에게 있었던 질병이나 희생자의 사망원인을 추정할 수 있기 때문이다. 살아 있을 때와 마찬가지로, 죽은 뒤에도 우리 몸에는 다양한 종류의 미생물이 서식한다. 특히 파리와 딱정벌레를 비롯한 절지동물 수백 종은 사후에 자연적인 분해 과정을 거치는 시신을 먹이의 원천, 쉼터 또는 번식 장소로 이용한다. 이런 청소동물(scavenger)[51] 중 일부는 인간의 사망 직후부터 시신에 달려들지만, 어느 정도 시간이 지났을 때부터 시신을 서식처로 삼는 청소동물도 있다. 이 과정을 동물군 천이(faunal succession)라고 한다. 법곤충학자들은 시신에 모여드는 이런 다양한 청소동

---

51 다른 동물을 사냥하지 않고 서식지에 있는 죽은 동물 및 식물 재료(plant material)를 먹는 동물. 구더기, 말똥풍뎅이, 썩은 고기를 찾아다니는 까마귀, 독수리, 하이에나, 자칼 등이 청소동물이다.

물의 종류와 성장 속도를 기초로 이 동물들이 언제 시신에 도착했는지, 즉 사람이 언제 사망했는지 추적해 낸다.

대다수 지역에서 곤충들이 시신에 도착해 시신을 이용하는 과정은 거의 동일하다. 하지만 베네케는 산업화가 덜 진행된 곳에서는 이 과정에서 차이가 관찰된다고 설명한다. 베네케는 출장을 갈 때면 현지에서 채집한 곤충을 럼주나 그 지역에서 구할 수 있는 알코올에 넣고 돌아와 연구실에서 현미경으로 자세히 관찰한다. 독일의 유아 방치 사건의 경우, 베네케는 에탄올 용액에 보존된 구더기를 배송받았다. 그는 여아의 얼굴에서 채취한 구더기 중에서 검정파리(Calliphora vomitoria) 유충을 발견했다. 검정파리는 일반적으로 사망 직후에 시신에 서식한다. 그는 사건이 일어나던 해 독일의 7월 기온이 이례적으로 낮아 유충 성장률도 낮았다는 것을 고려할 때 성충 파리가 시신이 발견되기 6~8일 전에 도착해 알을 낳은 것으로 추정했다. 이 추정을 기초로 유아의 사망시점은 2000년 7월 3일에서 7월 5일 사이로 확정됐다. 하지만 그의 이 작업으로도 그 어린 여자아이가 얼마나 오랫동안 혼자 방치되어 있었는지에 대한 의문은 풀지 못했다.

×

과거에 일어난 일련의 사건들을 과학적으로 재구성하는

일은 매우 어려우며, 시간이 지날수록 그 어려움은 더욱 커진다. 목격자의 기억이 흐릿해지고, 기록이 사라지고, 증거가 묻히기도 하기 때문이다. 때로는 그 간극으로 인해 사망자의 사망 경위가 모호해지기도 한다. 예를 들어, 수십 개의 둔덕(earthen mound)으로 유명한 선콜럼버스 시대[52]의 도시 카호키아(Cahokia)는 도시 전체의 역사가 시간에 가려져 버린 곳이다. "아메리카대륙 최초의 도시"라고도 불리는 카호키아는 전성기였던 1100년경에는 최소 1만 명, 최대 2만 명에 달하는 인구를 자랑했다. 이는 중세 런던의 인구 규모와 비슷하다. 세인트루이스 교외에 위치한 카호키아는 도시의 중심부에는 부유층이, 외곽에는 서민들이 거주했던 것으로 보인다. 이 도시에는 돌 원반을 던지는 게임인 "청키(chunkey)"를 즐길 수 있는 넓은 운동장이 여러 개 있었고, 서민들이 오대호와 멕시코만에서 채집한 구리와 조개껍데기 같은 이국적인 물건들을 부유층에게 판매하는 시장이 있었다. 농부들은 도시 주민들에게 옥수수와 기타 농작물을, 사냥꾼과 어부 들은 육류를 공급했다. 하지만 전해 내려오는 이야기에 따르면 어느 순간 이 모든 것이 사라져 버리고, 카호키아는 신비로운 둔덕들만 가득한 유령도시가 됐다.

인류학자 A. J. 화이트(A. J. White)와 공동연구자들은 이 도시

---

52 아메리카의 역사와 이전의 역사 속에서 유럽 백인의 영향이 적지 않게 나타나는 이전 시대 모두를 구분 없이 가리키는 말.

의 타임라인 공백을 메우고 이 지역의 흥망성쇠를 객관적으로 추정하기 위해 분변 스타놀(stanol) 개체군 재구성이라는 기법을 사용했다. 우리가 먹는 식물과 동물에 포함된 분자인 스타놀은 우리가 어디에 있었는지를 나타내는 매우 안정적인 지표 역할을 한다. 잡식성인 인간은 채식만 하는 동물에 비해 똥에 스타놀의 일종인 코프로스타놀(coprostanol)이 더 많이 포함되어 있다. 코프로스타놀은 장내세균이 지질 콜레스테롤을 부분적으로 소화할 때 만들어지는 화합물이다(콜레스테롤은 분해하기 어렵기로 악명 높은 물질로, 동맥경화의 원인이 된다).

한 다국적 연구 그룹은 11가지 스타놀의 비율을 바탕으로 비인간 동물 9종과 인간의 대변을 비교하기 위한 일종의 화학 라이브러리를 만들었다. 예를 들어, 순록은 이끼를 좋아하기 때문에 양이나 소 같은 다른 초식동물에 비해 배설물에서 이끼에 포함된 화합물이 더 많이 발견된다. 연구진은 분석을 통해 인간의 똥에는 잡식성 동물인 돼지나 개의 똥처럼 코프로스타놀이 많이 포함되어 있지만, 다양한 스타놀의 비율 면에서 인간과 돼지, 개는 구별이 된다는 결론을 내렸다. 즉, 연구진은 인간과 개는 먹는 것은 거의 비슷하지만 몸 안에서 음식이 처리되는 과정이 다르다는 사실을 알아낸 것이었다.

화이트 연구진의 분석 결과는 유럽인이 아메리카대륙에 처음 도착하기 전까지는 카호키아에 대형 가축이 살지 않았기 때문에 카호키아에서 발견된, 코프로스타놀을 많이 함유한 똥을 인간의 것으로 추정할 수 있다는 사실에 의해 추가적으로 뒷받침된다. 연구진은 호스슈(Horseshoe)호수의 퇴적층 두 곳에서 토양 샘플을 수집했다. 이 호수는 카호키아 사람들이 근처 들판 같은 곳에 배설한 대소변이 흘러들었을 것으로 추정되는 담수호다. 배설물에 포함된 화합물들이 모래 입자에 달라붙어 호수 바닥으로 떨어져 퇴적됐을 것이라고 생각한 연구진은 실험실로 돌아와 토양을 정밀하게 분석했다. 그리고 그 결과 실제로 토양에서 미세한 대변 화합물 흔적을 발견해 냈다.

나뭇가지나 나뭇잎 같은 유기물에 갇혀 있는 탄소 분자는 호수 바닥 퇴적물 각 층의 연대측정에 도움을 주었다. 배설물 내 스타놀 측정에 따르면 카호키아 지역의 인구는 800년대에 비교적 많았고, 1100년경에 급증한 것으로 나타났다. 1400년경에는 고고학적 증거와 스타놀 증거 모두 이 도시의 인구가 급감했음을 시사한다. 화이트는 그 시점 이후 카호키아라는 대도시가 급속하게 몰락했다고 보는 것이 통설이라며 "이야기가 그 시점에서 멈추기 때문에 이 지역에 사람들이 그 시점 이후에는 살지 않았을 것이라고 생각하기 쉽다"라고 말했다. 하지만 그는 적어도 자신이 발견한 증거들에 따르면 통설과는 다른 해석이 가능하다고 말했다.

1500년경, 배설물 스타놀 데이터에 따르면 카호키아의 인구는 부분적으로 반등했다가 1600년대에 유럽인 선교사들과 식민지 개척자들이 도착하기 전에 다시 정체됐다. 이 데이터는 카호키아의 급격한 인구 감소가 일시적인 것이었으며, 이후 북쪽과 동쪽에서 이주한 원주민들이 이 지역에 다시 거주하게 되었음을 뜻한다. 프랑스 선교사들이 이 지역에 대한 기록을 남기기 시작한 1699년 무렵에는 이미 일리노이원주민연맹(Indigenous Illinois Confederation)[53]에 속하는 부족들이 살고 있었다. 호스슈호수의 퇴적물에서 검출된 꽃가루(화분)는 그 무렵 일리노이 남부가 삼림 지대에서 더 넓은 대초원 지대로 전환됐으며, 그곳에서 들소 사냥꾼들에 의한 사냥이 이루어졌음을 시사한다. 화이트는 연대가 1600년대로 측정된 퇴적층에서 숯 조각이 대량으로 발견된 것은 산불로 인한 것일 수 있지만, 당시 사람들이 음식을 조리하기 위해 사용한 불이나 목초지를 넓히기 위해 의도적으로 낸 불 때문일 수도 있다고 본다.

호수 퇴적물 분석을 통해 다른 연구자들은 북극권 북쪽 노르웨이 로포텐군도에 위치한 베스트보괴위아(Vestvågøya)섬에서 고대 정착지의 운명이 바뀌었다는 증거를 발견해 내기도 했다. 이 연구는 배설물 증거와 환경조건에 영향을 받는 화학물질을 비교해 기후변화 같은 환경 변화가 시간이 지남에 따라 정착지에 어떤 영향을 미쳤는지 추정해 냈다. 연구진은 약 2300년 전에 인간과 동물의 배설물 수치가 크게 증

53   미시시피강 계곡 주위에 살던 12~13개 아메리카 원주민 부족들.

가했으며, 이는 당시 사람들이 호숫가에 정착했다는 것을 보여 준다고 추론했다. 인구와 방목하는 동물의 개체수는 모두 500년경에 정점을 찍었는데, 이 시기는 이 지역이 숲에서 초원으로 전환된 시기와 일치한다. 이후 중세 초기에 인구가 감소했다가 부분적으로 반등한 후, 아이슬란드로의 이민과 흑사병의 도래가 1170년에서 1425년 사이 또 다른 인구 감소를 초래했을 수 있디. 1650년경, 소빙하기라고 불리는 추운 시기의 한가운데에서 풀과 관목이 급증한 것은 남은 주민들이 토탄을 태우고 주변 숲의 일부를 개간해 땔감으로 사용했을 수 있음을 뜻한다.

화이트와 공동연구자들은 1150년경 미시시피강 홍수와 가뭄으로 카호키아 주민들이 "심각한 스트레스"를 받아 인구 일부가 다른 지역으로 이주했을 것으로 본다. 관련 연구자들 중에는 당시 이 지역에서 무분별한 벌목과 상류 침식에 의해 국지적인 홍수가 증가했다는 증거를 찾을 수 없다고 주장하는 사람도 있다. 이 주장 역시 당시 카호키아 사람들이 에코사이드(ecocide)[54]를 일으킨 결과로 도시가 위축됐다는 통설과 반대되는 주장이다. 화이트의 연구 결과는 원주민들의 의도적인 환경파괴가 카호키아의 몰락을 초래하지 않았다는 생각을 뒷받침한다.

---

54 환경(eco)과 집단학살(genocide)의 합성어로 생태계에 광범위하고 지속적인 악영향을 미치는 행위를 의미한다.

카호키아의 인구가 1500년대와 1600년대에 반등했다는 화이트의 해석은 그 시기의 중요한 고고학적 증거가 발견되지 않는다는 이유로 논란을 불러일으켰다. 하지만 화이트는 "고고학은 완벽하지 않으며, 고고학 기록의 공백은 똥이 채우고 있다"라고 말했다. 당시 카호키아의 초기 거주자들은 30미터 높이의 둔덕들을 만든 것으로 유명하지만, 후기에 거주했던 사람들은 다른 문화를 가졌을 수도 있다. 또한 카호키아에 마을이 존재했다는 사실을 보여 줄 물리적 증거가 파괴됐거나 땅에 묻혀 있어 연구자들이 아직 발견하지 못한 것일지도 모른다.

"사람들은 아메리카 원주민을 비롯한 전 세계 원주민들의 정착지가 어떤 시점에 붕괴했다고 생각하는 경향이 있습니다. 아너사지인(Anasazi)[55]의 멸망과 카호키아 사람들의 멸망에 대한 이야기도 사람들의 이런 생각에 기인한 것이지요." 화이트가 내게 말했다. 하지만 일정 기간 동안 사람이 살지 않아 물리적 유적지가 사라졌다고 해서 그 사람들의 문명 전체가 붕괴했다고 볼 수는 없다. 화이트의 연구 결과에서 확인할 수 있듯이, 카호키아 사람들이 살던 유적지도 이후에 다시 발견됐다. "어떤 이유에서든 사람들은 붕괴에 관심이 많아요. 연구자들이 붕괴에 집중하는 이유도 그 때문일 수 있습니다."

55 미국 애리조나주 북부, 뉴멕시코주, 콜로라도 남서부에 살았던 선사시대 아메리카 원주민.

자신 역시 처음에는 그랬다며, 화이트가 덧붙였다.

하지만 우리가 연구를 하지 않는다고 해서 역사가 사라지는 것은 아니다. 화이트는 "여기서 연구가 멈춰서는 안 되고, 전체 이야기를 찾아내야 한다"라고 말했다. 분변 스타놀 개체군 재조사는 이 지역에 인간이 지속적으로 존재했음을 보여 줌으로써 이전의 "붕괴" 서사를 바로잡는다. 오늘날에도 오세이지 네이션(Osage Nation)[56], 피오리아 부족(Peoria Tribe)을 비롯한 여러 원주민 집단은 자신들이 카호키아 사람들과 밀접하게 연결되어 있다고 주장한다. 이 두 부족은 모두 19세기에 오클라호마 보호구역으로 강제로 이주당했다. "다시 말해, 이들을 몰아낸 것은 환경 변화가 아니었습니다. 미국 정부였지요." 화이트가 말했다.

×

과거에 대한 우리의 이해를 재구성하는 데 도움을 준 스토리텔러로서 인간의 똥은 룬스톤(runestone)[57]만큼이나 유용하다. 하지만 최근까지도 과학자들은 똥을 하찮거나 귀찮은 존재로 취급하는 경우가 많았다. 텍사스A&M대학교의 인류학자 본 브라이언트(Vaughn Bryant)는 자신이 처음에 연구를 시작

56 미국 중서부 대평원의 아메리카 원주민 부족.
57 고대 스칸디나비아인과 앵글로색슨인이 룬문자로 기록을 남긴 돌.

했을 때 동료 연구자들이 화분석(coprolite)[58]을 무시하곤 했다며 다음과 같이 회상했다.

> 1960년대 초 학부 시절, 처음으로 고고학 유적지에 갔을 때였다. 유적지는 텍사스주 서부의 리오그란데강 근처 협곡 위쪽에 자리 잡은 동굴이었다. 매일 아침 연구자들은 납작한 소똥 모양의 인간 화분석을 수십 개씩 발견했지만, 그럴 때마다 한쪽으로 치워 두곤 했다. 연구자들은 이 작은 화분석들이 더 중요한 유물을 찾아내는 데 방해가 되는 귀찮은 존재라고 생각했다. 점심을 먹은 뒤 연구자들은 이 화분석들을 누가 멀리 던지는지 게임을 하곤 했다. 화분석이 기류에 의해 협곡 위로 더 멀리 날아갈 때마다 사람들은 환호성을 지르기도 했다. 나도 그 게임에 자주 참여했었다. 당시에는 몰랐지만, 우리는 그 유적지에서 발굴한 가장 귀중한 데이터 중 일부를 그렇게 내버리고 있었던 것이었다.

이런 일이 벌어지던 시기에 몬트리올에 있는 맥길대학교의 연구원 에릭 캘런(Eric Callen)은 인간의 몸에 있었던 기생충의 알과 식물의 꽃가루 알갱이를 검출하는 데 특히 유용한 것으로 입증된 화분석 분석이라는 새로운 분야를 개척하고 있

---

58 화석화된 똥.

었다. 캘런은 당시 대학 동료들이 자신을 조롱하고 자신의 연구를 "시간 낭비"로 여겼다고 한탄하며 자신의 전문 분야를 무시하는 처사에 대해 불만을 토로하기도 했다. 1970년 페루 안데스산맥의 고고학 유적지에서 캘런이 심장마비로 사망하자 브라이언트는 그의 화분석 컬렉션을 텍사스A&M대학교로 옮겼다.

브라이언트와 고고학자 글레나 딘(Glenna Dean)은 나중에 캘런에게 바친 헌사에서 캘런이 이 분야가 어떻게 확장되고 존중되기 시작했는지 봤다면 기뻐했을 것이라며 이렇게 썼다. "죽은 지 한 세기가 지났든 수백 년이 지났든 자신의 조상, 모든 사람의 조상을 알고, 만지고 싶어 하는 대중의 열망은 거의 무한하다. 가장 개인적인 유물인 화분석에 남아 있는 DNA와 호르몬 증거를 통해 과거에 살았던 남성들과 여성들의 존재를 재구성하는 방법은 두개골 복원을 통한 얼굴 재구성이 할 수 없는 방식으로 대중의 공감을 불러일으킨다."

코펜하겐의 연구자들은 화장실로 사용되던 와인 통 두 개에 보존된 매우 개인적인 유물을 통해 르네상스 시대의 일상을 재현함으로써 대중의 마음을 사로잡기도 했다. 1680년대 후반, 코펜하겐의 북쪽 성문으로 통하는 새로운 도로를 건설하던 인부들이 한 집과 작은 별채를 철거하는 과정에서 라인란트 와인 통 두 개가 들어 있던 움푹 파인 공간을 발견했다. 그로부터 약 40년 후인 1728년 10월 20일, 이 지역에서 화재가 발생했고, "비좁은 골목길, 상수도시스템의 부재, 술에 취한 소방관들 그리고 강풍"의 영향을 받아 이 지역과 코펜하겐의 오래된 중세 구역의 거의 절반이 파괴됐다. 코펜하겐은 다시 그 잔해 위에 더 넓은 거리와 쿨토르베트(Kultorvet, "석탄 시장"이라는 뜻)라는 이름의 웅장한 새 광장을 건설했다.

2011년 쿨토르베트광장을 보수하는 과정에서 고고학자들은 3세기 이상 방치되어 있던 와인 통을 발굴했다. 연구자들은 폭이 약 3피트 정도로 매우 잘 보존된 이 통들이 변기통이나 쓰레기통으로 용도가 변경된 것을 알아냈다. 그들은 통 안에서 발견된 곡물, 씨앗, 과일, 꽃가루, 동물 뼈, 기생충 알 등을 바탕으로 통을 사용했던 사람들의 식단, 생활 방식, 전반적인 건강상태를 재구성하기 위한 야심 찬 연구에 착수했다.

그 연구자 중 한 명이자 덴마크국립박물관의 고고학자인 메테 마리 할드(Mette Marie Hald)는 덴마크에서 오래된 변기통이 발견될 때마다 사람들이 가장 먼저 찾는 사람으로 명성이 자자하다. 이런 일이 흔치 않다고 생각할 수도 있지만 그렇지 않다. 2020년에 할드와 공동연구자들은 쿨토르베트에서 발견된 화장실과 9세기 바이킹 시대로 거슬러 올라가는 화장실을 포함해 덴마크 전역에서 발견된 오래된 화장실 12곳에 대한 연구를 발표했다. 덴마크 전역에 비슷한 유적이 40~50개 정도 더 있을 거라고 생각한 할드는 추가적인 발굴을 제안했지만, 고고학자들조차 이런 제의를 무시하는 경우가 많았다.

그들은 "더 발굴될 수는 있겠지만, 그래 봐야 화장실이잖아?"라고 생각했을 것이다.

하지만 할드의 작업은 오래된 마을과 고대 정착지에 대한 매우 흥미로운 정보를 제공했다. 할드의 전문 분야는 씨앗과 곡물 같은 식물 유적을 식별하는 것이다. 그의 동료들은 꽃가루, 동물 뼈, 기생충 알, DNA 등을 분석한다. 지금까지 이런 꽃가루 증거만으로도 덴마크에서 과거에 사람들이 오이, 대황, 감귤류, 정향을 먹었다는 사실이 밝혀졌다.

바이킹 시대의 구덩이 화장실 내용물을 분석하는 것은 쉬운 일이 아니다. 할드는 "당시의 구덩이 화장실은 퇴비 통이라고 할 수 있다"라며 구덩이 화장실에는 음식물 찌꺼기와 기타 폐기물이 똥과 섞여 있는 경우도 있었다고 설명했다. 선사시대의 화장실은 식별하기가 훨씬 더 어려우며, 많은 경우 DNA나 인간 대변의 특징적인 화합물을 추출해야 식별이 가능하다. 2008년, 과학자들은 오리건 남부의 페이즐리동굴(Paisley Cave)에서 출토된 1만 4300년 된 인간 화분석에서 DNA를 추출해 냈다. 당시 이 발견으로 북아메리카에 인류가 최초로 도착한 시기가 앞당겨졌다(2021년 뉴멕시코에서 화석화된 인간 발자국이 발견되면서 그 시기는 최소 2만 1000년 전으로 더욱 앞당겨졌다). 하지만 분변 스타놀 분석에 따르면 페이즐리동굴의 DNA는 초식동물에서 나온 것일 수 있다. 2014년, 이런 생각을 가진 연구자 중 한 명이 스페인 남부 지역 고대의 불구덩이에서 발견된 5만 년 전 네안데르탈인 화분석의 화학 성분을 분석했다. 그 결과, 그는 네안데르탈인이 그 이전의 추정과는 달리 육식에만 의존하지는 않았다는 결론을 내렸다. 당시 이 결과에 비판적인 시각을 가졌던 연구자들은 분석된 화분석이 인간의 것이 아니라 곰의 것일 수도 있다고 생각했다. 하지만 후속 연구를 통해 이 화분석에서 인간의 장에서만 사는 미생물의 흔적이 발견됐고, 이 결과는 네안데르탈인과 현생인류가 공통적으로 가지는 핵심 미생물총에 대한 증거를 제공하기도 했다.

할드는 중세와 르네상스 시대의 화장실에는 사람들이 용무를 보는 동안 앉았던 벤치 형태의 구조물 잔해가 남아 있는 경우가 많다고 말했다. 쿨토르베트광장에서 발굴 작업을 용이하게 하기 위해 한 작업자가 와인 통 변기 중 하나를 세로로 잘라 냈는데, 할드는 새로 드러난 유기물 층에서 식물 씨앗을 발견했다. 할드는 "거기서 버찌 씨앗과 무화과 씨앗 같은 것들이 층층이 튀어나왔다"라며 "흔적들이 너무 선명해서 놀랐다"라고 말했다. 오래된 변기의 퇴비 같은 물질과 달리 르네상스 시대의 똥은 버터와 같은 농도를 띠고 있었으며 입방체로 잘라 낼 수 있었다고 할드는 덧붙였다. 그리고 그 입방체들에서 할드와 공동연구자들은 17세기의 일상생활을 보여 주는 다음과 같은 흔적들을 찾아냈다.

벽돌 / 모래와 자갈 / 이끼, 짚, 건초 / 편충, 회충, 촌충, 진드기 알 / 새끼 고양이의 갈비뼈 / 새의 뼛조각 / 새끼 돼지의 이빨 / 청어, 대구, 장어 등의 물고기 / 사과 / 라즈베리 / 야생 체리 / 산딸기 / 엘더베리 / 말린 무화과 / 쓴 레몬 또는 오렌지 껍질 / 포도 또는 건포도 / 순무 / 상추 / 겨자 / 고수풀 / 홉 / 정향 / 메밀 / 호밀 / 보리 / 귀리

이 불행한 새끼 고양이는 죽은 채로 발견되어 변기통에 버려졌을지도 모른다. 할드는 짚, 건초, 이끼가 화장지로 사용되었을 가능성이 있으며, 메밀은 음식으로 먹은 것이 아니라 네덜란드에서 수입한 점토 담배 파이프의 포장재일 가능성이 높다고 본다. 이 변기통의 혼합물은 본질적으로 당시 사람들이 어떤 똥을 쌌는지, 무엇을 버렸는지에 대한 가감 없는 시각을 제공한다. 할드는 "이런 쓰레기들은 당시의 실제 생활을 그대로 보여 준다는 점에서 흥미롭다"라며 "완전히 여과되지 않은 것들도 발견되는데, 어쨌든 그것들도 당시에 사람들이 먹은 것이거나 어떤 이유에서든 화장실에 그들이 버린 것들"이라고 말했다.

영국의 고병리학자 피어스 미첼(Piers Mitchell)은 초기에 항아리나 동전, 보석 같은 "반짝이는 금빛 물건"에 초점을 맞추던 고고학이 발전하면서 과학자들은 결국 누군가의 장 내용물을 조사하는 것이 매우 합리적인 연구 분야라고 생각하게 되

었다고 말한다. 그는 "동전, 항아리, 장신구를 만든 사람들 자체에 대한 연구가 이루어지지 않는다면 그 사람들에 대한 중요한 정보의 절반만 보게 될 것"이라고 주장한다. 서기 79년 베수비오산 폭발로 화산재에 매몰된 이탈리아 헤르쿨라네움(Herculaneum)에서는 화산재 덕분에 한 블록 전체에서 당시 사람들의 삶을 들여다볼 창을 보존할 수 있었다. 이 유적은 빵집, 와인 가게, 2층짜리 아파트가 있는 주거 및 상업단지 아래 도시 하수도 한 지점을 발굴한 결과로 모습을 드러냈다. 이곳에서는 인분 700여 자루와 기타 유기물들도 발굴됐다. 고고학자 에리카 로언(Erica Rowan)과 공동연구자들은 하수구에서 식물과 동물 194종의 흔적을 발견했으며, 그중 14종은 음식물로 추정되는 것들이었다. 이러한 음식물의 영양소를 분석한 결과, 당시의 다양하고 영양이 풍부하며 건강한 식단은 도시의 부유한 주민들에게만 국한된 것이 아니라, 보통 정도의 소득을 가진 사람들도 적당한 키를 유지하고 질병으로부터 생존하고 회복할 수 있게 해 준 것으로 나타났다.

일부 발견은 주민들의 내장에서 무슨 일이 일어났는지에 대한 훨씬 더 자세한 정보를 제공하기도 했다. 벨기에 나무르(Namur) 지역의 한 도시 광장 아래에서 발견된 14세기 화장실에서 연구자들은 박테리아파지, 즉 대변에 있는 박테리아를 감염시킬 수 있는 바이러스로부터 항생제내성 단백질을 암호화하는 유전자를 분리해 냈다. 이 결과는 일반적으로 감염된 미생물을 죽이는 박테리아파지가 항상 파괴적인 것은 아니며, 이 경우 박테리아파지의 유전자가 자연적으로 발생하는 항생제 화합물로부터 장내 박테리아를 보호하는 데 도움이 되었을 것임을 시사한다. 또한 이 발견은 의약용 항생제가 널리 사용되기 훨씬 전에 미생물이 어떻게 내성을 획득하는 방법을 찾았는지도 보여 준다.

고인류기생충학은 수천 년 동안 우리와 함께 살아온 기생충, 즉 장내기생충에 대한 많은 정보를 제공한다. 다양한 고대 질병을 연구하는 미첼은 회충, 편충, 요충, 촌충, 소 및 돼지 촌충 등 아프리카에서 인류가 진화해 세계 곳곳으로 이동하는 과정에서 인간을 감염시킨 기생충들을 "세습(heirloom)" 기생충이라고 명명했다. 기생충은 인간의 장 깊숙한 곳에서 먹이와 잠자리를 구할 수 있기 때문에 자신의 존재를 거의 드러내지 않는다. 하지만 장내에 기생충이 너무 많은 숙주 또는 기생충에 약한 숙주에게는 복통, 설사, 출혈, 체중감소, 빈혈 및 기타 합병증이 나타난다. 1485년 전투에서 사망한 영국 왕 리처드 3세도 회충에 감염됐던 사람이다. 미첼과 동료들은 리처드 3세의 장에서 기생충 알이 무덤으로 흘러들었을 것으로 추정하고, 무덤의 흙을 분석해 실제로 회충의 흔적을 찾아냈다. 이 무덤은 2012년 레스터시의 한 주차장 밑에서 발견된 성당 유적에서 우연히 고고학자들에 의해 발굴되었다.

미첼은 이렇게 오래된 세습 기생충을 "기념품(souvenir) 기생충"과 구별한다. 기념품 기생충은 인류가 진화, 이주, 농경을 하는 과정에서 접촉한 동물에서 유래한 기생충, 즉 인수공통 감염병을 일으키는 기생충이다. 연구자들은 중국의 실크로드를 따라 한나라 시대에 지어진 중계소들, 즉 여행자들이 휴식과 재충전을 하는 장소에서도 고대의 기생충 흔적을 발견했다. 당시 여행자들은 천으로 감싼 막대기를 이용해 용변 후 항문을 닦았다(고대 로마에서도 막대기에 천을 붙여 사용했다). 미첼과 후이유안 예(Hui-Yuan Yeh)는 중국 북서부의 건조한 지역에 있는 2000년 된 중계소에서 발견한 이 막대기에서 그 중계소에서 약 1400킬로미터나 떨어진 담수습지에 서식하는 물고기에 기생했을 중국 간흡충(liver fluke)[59]의 알을 확인했다. 이 간흡충은 날생선 요리를 먹은 여행자에게 들어가 몇 달 이상 이 여행자의 간에서 살았을 가능성이 높다.

세습 기생충과 기념품 기생충의 알은 고대 이집트 미라의 장, 고대 로마와 고대 중국의 화장실, 중세 시대의 무덤 등에서 모두 흔하게 발견된다. 이런 흔적들에 기초해 미첼과 할드 같은 학자들은 위생 시설이 부족했던 당시에는 돈이 많아 좋은 음식을 먹는 것만으로는 전염병을 막을 수 없었을 거라고 추정한다. 미첼은 "로마인이나 중세 사람들이 더 건강해지기 위해 또는 병에 걸리거나 설사할 확률을 줄이기 위해 화장실을 사용했다는 증거는 없다"라면서 "당시 사람들이 화장실

59 동물의 간에 기생하는 기생충.

을 만들었던 가장 큰 이유는 다른 사람들에게 길거리에서 자신이 용변을 보는 모습을 보이고 싶지 않았기 때문으로 추정된다"라고 말했다. 미첼의 설명에 따르면, 고대 로마인들이 공중화장실을 지은 이유는 거리에서 대변과 소변의 냄새를 줄이기 위한 것이었다. 그는 최초의 위생 개념은 불쾌한 냄새를 줄이고 깨끗한 주거 공간을 확보하기 위해 생겨난 것이라고 본다.

고고학적 기록만으로는 오래전의 화장실이나 변기통을 누가 사용했는지 정확하게 알기 힘들다. 하지만 덴마크 올보르(Aalborg) 지역에서 발굴된 "주교들의 화장실"은 좀 다르다. 덴마크 연구자들은 그곳 사람들이 "주교의 똥 덩어리"라고 부르는 유물을 분석해 옌스 비르체로드(Jens Bircherod) 주교(그리고 같은 화장실을 사용했을 그의 아내)의 식단을 재구성했다. 1694년 부터 1708년까지 주교의 궁전에서 사용된 변기 조각에서 발견된 이 "성스러운 똥"은 1937년 궁전이 철거된 이후에도 창고에 보관되어 왔다. 그로부터 거의 80년이 지난 후 연구자들이 마침내 이 덩어리를 분석한 결과, 주교(그리고 아마도 그의 아내)가 메밀, 그의 고향인 푸넨(Funen)섬에서 가져온 것으로 추정되는 블랙커런트(blackcurrant)[60], 노르웨이에서 가져온 것으로 추정되는 클라우드베리(cloudberry)[61], 인도에서 수입한 후추

---

60 검은색 베리의 일종.

61 날씨가 추운 곳에서 자라는 베리의 일종.

열매, 수입품일 가능성이 있지만 궁전 정원에서 재배했을 가능성도 있는 무화과와 포도 등을 섭취했다는 것을 밝혀냈다.

영국 요크에서 발견된 바이킹 시대의 길이 약 20센티미터의 똥도 유명하다. "그 똥을 본 적이 있는데, 눌 때 힘들었겠다는 생각이 먼저 들었지요." 미첼이 말했다. 1972년에 발견된 이 똥은 "로이드 은행 화분석"이라는 이름으로 알려져 있다. 연대는 9세기로 추정되며, 똥의 주인은 주로 고기와 빵을 먹은 것으로 밝혀졌다. 한 바이킹이 배출한 이 똥에는 편충과 거대 회충의 알이 들어 있었다. 회충은 약 35센티미터까지 자라며, 경우에 따라서 장을 막히게 만들 수도 있다. 또한 회충의 알은 폐로 들어가 숙주가 기침을 할 때 배출되기도 하며, 사람이 회충의 알을 먹으면 알이 소장으로 이동해 성숙하기도 한다. 어쨌든, 이 화분석을 발견한 연구자 중 한 명은 이 화분석을 "왕관의 보석만큼이나 귀중한 것"으로 생각했다. 하지만 이 화분석은 2003년에 요르빅바이킹센터(Jorvik Viking Centre)를 방문한 방문객이 실수로 바닥에 떨어뜨리는 세 조각이 났고, 다시 접착제로 붙여야 했다.

할드는 코펜하겐 쿨토르베트광장 밑에서 발굴된 화장실을 가족들만 사용했는지 아니면 하인들도 함께 사용했는지는 확실하지 않지만, 내용물과 도자기, 동전, 수입 담배 파이프 같은 주변 유물을 보면 인근 거주자 중 일부가 네덜란드 상인이었거나 네덜란드 문화의 영향을 많이 받았을 거라고 본다. 무화과, 쓴 레몬 또는 오렌지 껍질은 지중해에서, 정향은 인도네시아에서 수입됐을 가능성이 있다. 이 가족의 국제적이고 놀랍도록 건강한 식단에도 불구하고 고고학자들은 대변에서 기생충의 흔적을 대량 발견했다. 편충과 회충 알은 이 가족의 위생 상태가 좋지 않았음을 시사하며(그 이전 시대와 거의 달라지지 않았다), 덴마크에서 발견된 가장 오래된 촌충 알은 덜 익힌 고기를 통해 전염되었을 가능성이 높다.

할드는 이 발견으로 인한 파장이 여러 박물관을 자극했다고 말했다. 코펜하겐박물관은 도시의 오래된 화장실에서 발견한 식물과 같은 식물을 텃밭에 심는 행사를 벌였고, 덴마크국립박물관은 4주 동안 토요일 아침마다 어린이들을 위한 체험 행사를 열어 "아이들이 와서 고대의 똥에 대해 자세히 보고 들을 수 있도록" 했다. 이 행사의 이름은 "로르모온(Lortemorgen)"으로 "똥의 아침"이라는 뜻이다. 큰 인기를 끌었던 이 행사에서는 갈색 찰흙 장난감을 똥 대용으로 사용했으며, 아이들에게 오래된 변기에서 발견된 향신료가 전 세계에서 어떻게 거래되었는지 가르쳐 주기도 했다. 할드는 "정말 즐거운 시간이었어요"라고 회상했다.

×

우리 집 반려견 파이퍼는 숨겨진 간식을 찾기 위해 집 안을 여기저기 뛰어다니는 놀이를 가장 좋아한다. 펜실베이니아대학교의 워킹독센터(Working Dog Center)에서는 이보다 조금 정교한 "퍼피 런어웨이(Puppy Runaway)"라는 이름의 게임을 새로 입소한 강아지들과 한다. 간단하게 말하면, 이 게임은 인간 자원봉사자들과 강아지들이 함께 하는 숨바꼭질이다. 워킹독센터는 수색 구조 팀에서 오랫동안 일했던 신시아 오토(Cynthia Otto)가 9·11 테러 공격으로 인한 건물 잔해들 속에서 고군분투한 탐지견들을 기리기 위해 2012년에 문을 연 훈련 센터다. 오토는 이 훈련 센터의 모든 탐지견은 냄새를 잘 감지하지만 집중력, 독립성, 자신감 및 기타 행동적 특성이 다양하다고 말했다. 2020년에 이 프로그램은 100번째 훈련생을 배출했으며, 탐지 작업에 대한 전반적인 적성을 기준으로 평가할 때 성공률 93퍼센트를 기록했다. 오토는 "우리가 높은 성공률을 보이는 이유 중 하나는 개가 자신이 잘하는 것에 따라 진로를 선택할 수 있도록 했기 때문"이라고 말했다. 이 센터를 거쳐 간 많은 개가 재난 구조나 야생 수색 및 구조 임무를 위해 훈련을 받았으며, 일부는 졸업 후 경찰에 의해 유해 물질, 마약 또는 폭발물을 탐지하도록 훈련받았고 최근에는 경찰 외에도 다양한 기관과 단체에서 질병 탐지견으로 훈련을 받는 등 활동 영역을 넓히고 있다.

탐지견은 강아지 시절에도 냄새로 사람을 잘 찾아낸다. 탐지견들은 일반적으로 "범용 탐지 보정장치(universal detection calibrant)"를 이용해 훈련을 받는다. 이 장치에는 수많은 향을 내는 훈련용 냄새가 들어 있다. 하지만 탐지견의 영역은 사람을 찾아내는 것을 넘어서 다양한 영역으로 확대되고 있다. 예를 들어, 탐지견은 빈대나 흰개미를 찾아내는 해충방제 역할을 하기도 하며, 환경보호 작업에서는 바다거북의 알과 침입식물을 발견해 내기도 한다. 워싱턴주 퓨젓사운드(Puget Sound) 지역에서는 터커(Tucker)라는 이름의 래브라도리트리버 믹스견이 "응가 탐색의 달인(the guru of doo-doo)"이라고 불리는 전문가와 함께 범고래가 배출한 똥을 찾아내기도 했다. 워싱턴대학교의 보존생물학센터 소장인 새뮤얼 와서(Samuel Wasser)는 터커 같은 능력을 가진 개가 적지 않다고 말하며, 탐지견이 배설물 18개 종을 구별할 수 있다고 설명했다. 예를 들어, 캐나다의 재스퍼국립공원에서 탐지견은 회색곰과 흑곰의 배설물을 구별해 낸다. 또한 탐지견들은 연구용 보트의 뱃머리에 앉아 최대 1해리 떨어진 곳에서 떠다니는 고래 똥을 찾아내는 데 도움을 주기도 한다. 와서에 따르면, 더욱 놀라운 사실은 일부 탐지견이 똥 샘플 하나의 냄새를 맡은 뒤 그 똥을 싼 종에 속하는 다른 개체들을 찾아낼 수 있다는 것이다. 예를 들어, 탐지견들은 같은 종의 개체가 싼 배설물 냄새를 맡고 캘리포니아에서는 피셔(fisher)[62], 브라질에서는 갈기늑대를 찾아냈다.

62 족제비와 비슷한 작은 포유류.

탐지견의 냄새 감지 능력에 관한 한 연구에 따르면 개의 냄새 감지 능력의 한계는 약 1조 분의 1, 즉 현재 사용 가능한 냄새 감지 장비보다 세 배 이상 뛰어난 것으로 나타났다. 연구자들은 이 능력이 올림픽경기용 수영장 20개에 해당하는 양의 물에서 표백제 한 방울을 감지하는 것과 같다고 설명했다. 이 정도 능력이라면 살아 있을 때나 죽었을 때 우리 몸에서 방출되는 화학물질의 변화무쌍한 냄새를 감지하기에 충분하다. 팰코(Falco)라는 이름의 유명한 수색 구조견은 넓이가 5에이커에 달하는 부지에 숨겨져 있던 피가 묻은 면봉을 찾아내기도 했다. 2017년에는 다른 시체 탐지견들이 펜실베이니아주 벅스카운티의 한 농장에서 4미터 깊이에 묻힌 살인 피해자 3명의 시신을 찾아냈다. 이 사건의 용의자는 당시 스무 살이었던 코스모 디나르도(Cosmo DiNardo)였으며, 자신이 젊은 남성 4명을 살해하고 부모 소유지에 묻었다고 자백했다. 디나르도의 사촌인 숀 크라츠(Sean Kratz)는 그 후 살인 행위 세 건에 도움을 준 혐의로 기소됐다.

개는 개인의 고유한 냄새를 구별할 수 있을까? 워킹독센터의 오토는 대체적으로 가능하다고 말한다. 이에 대해서는 의견이 지난 수십 년 동안 엇갈렸지만, 체코의 한 연구진은 최근 고도로 훈련된 독일셰퍼드가 일란성쌍둥이의 냄새도 구별할 수 있다는 연구 결과를 발표했다. 하지만 올버니의 이중 살인사건 범인을 확인하기 위한 실험에서 탐지견 크로가 더러워진 신부의 장백의 냄새와 레뮤얼 스미스의 냄새를 일치시켰을 때 어떤 냄새를 맡았는지 우리는 지금도 거의 모른다. 그러나 현재 우리는 인체가 공기 중에서 쉽게 증발하는 화학물질을 수천 가지 배출한다는 사실을 알고 있다. 이런 휘발성 유기화합물(VOC, volatile organic compound)에 대한 2021년 연구에 따르면, 우리는 호흡, 땀, 대변, 소변, 타액, 혈액, 모유 또는 정액을 통해 유기화합물을 최소 2746종 방출한다. 이런 화학물질은 세포 대사와 박테리아 활동의 부산물로 생성되며, 우리가 섭취 또는 흡입하거나 피부를 통해 흡수한 물질이 분해되어 만들어진다. 인체 휘발성 대사체(volatilome)라고도 불리는 이 화학물질들은 일종의 냄새 기반 서명을 구성한다. 쌍둥이들조차도 방출하는 화학물질의 종류와 양이 다르며, 이 사실은 체코의 연구 결과를 뒷받침한다. 즉, 이 "냄새 지문(odorprint)"은 지문과 매우 유사한 방식으로 사람을 식별하며, 특히 개는 냄새 성분을 감지하는 데 매우 능숙한 것으로 보인다.

사람의 대변에서 발견되는 VOC 중 일부는 쿠민(cumin)[63], 송로버섯, 감귤류, 찬물에 사는 어류에서 발견되는 물질과 동일하다. 이는 이 화합물들 자체가 환경에서 유래한 것일 가능성이 높다는 것을 뜻한다. 연구자들은 장내미생물들에 의해 다양한 VOC들이 생성된다고 본다. 예를 들어, 대변 성분 중

---

63 미나리과에 속하는 초본식물로, 씨를 향신료로 쓴다. 일명 쯔란.

티로신(tyrosine)과 트립토판(tryptophan)이 박테리아에 의해 발효되면 각각 휘발성 유기화합물인 페놀과 인돌이 된다(인돌은 꽃향기, 곰팡내, 건강한 "내부의 향기" 등으로 다양하게 묘사되는 물질이다). 장내미생물들은 또한 황화수소와 메탄티올(methanethiol)이라는 화합물도 만들어 내는데, 이 화합물들은 "지독한 방귀 냄새"의 주요 원인으로 여겨진다. VOC는 똥과 함께 배출되거나 혈액을 통해 간이나 방광과 같은 다른 기관으로 분산되면서 그 성분이 바뀔 수 있다.

올버니 수사관들은 이 사실을 전혀 알지 못했고, 레뮤얼 스미스에 대한 냄새 증거가 법정에서 인정될 가능성이 낮다는 결론을 내렸다. 하지만 이 냄새 증거에 의한 신원확인 결과는 별도의 물린 자국 패턴과 맞물려 스미스가 또 다른 살인을 자백하게 만드는 데 기여했다. 당시 스미스의 변호사는 심신미약을 인정받기 위해 자백을 권유한 것으로 알려졌다. 자백 과정에서 스미스는 유리에 십자가를 그린 종교 예술품을 팔기 위해 올버니의 종교용품점에 갔다고 말했다. 스미스는 법원 명령에 의해 그날 오전에 정신과 치료를 받으면서 느낀 분노를 매장 직원인 마거릿 바이런에게 쏟아 낸 것인지도 모른다. 마거릿이 스미스의 작품을 주인이 사지 않을 것 같다고 말했기 때문이다. 범죄 현장이 된 종교용품점이 개신교 광신도였던 자신의 아버지 존에게 느꼈던 반감과 그가 태어나기도 전에 뇌염으로 사망한 형 존 주니어에 대한 기괴한 감정을 소환해 광적인 행동을 하게 만들었을 수도 있다. 자백서에 따르면 스미스는 죽은 형 존 주니어를 자신을 보호하는 존재인 동시에 자신이 적대감을 느끼는 존재로 묘사했고, 그가 여성들을 응징하는 "위대한 처벌자"라고 생각했다.

스미스는 헤더먼과 바이런을 살해하기 전에 옷을 벗고 장백의를 입었던 사람이 그의 형 존 주니어라고 말했다. 사회복지사의 설명에 따르면 존 주니어는 스미스의 세 가지 인격 중하나였다. 스미스는 범행 중 오른쪽 새끼손가락을 칼에 베어지혈하기 위해 흰 헝겊을 사용했지만, 왜 범행 도중에 배변을했는지는 설명하지 않았다. 이 배변 행위에 대해 한 정신과의사는 "신에 대한 모독"을 뜻한다는 가설을 제시했고, FBI 행동과학부는 "범인의 긴장감"을 나타낸다고 분석했으며, 경찰은 교도소에서 이루어진 항문 성교 때문에 스미스의 괄약근이 느슨해진 결과일 수도 있다고 추측했다. 앨버트 B. 프리드먼(Albert B. Friedmaan)이 1968년에 쓴 「도둑들의 배설 의식(The Scatological Rites of Burglars)」은 이런 가설들과는 조금 다른 이론을 제시했다. 그는 마치 의식을 치르듯이 범죄 현장에 "똥 더미(grumus merdae)"를 남기는 행동은 그것을 행운의 상징으로 생각한 도둑들이 오랫동안 강박적으로 해 온 행동으로, 본질적으로는 자신을 속이는 행동이라고 주장했다.

스미스가 이런 행동들을 한 이유가 무엇이었든, 테이프에 녹음된 그의 자백은 살인 재판에서 중요한 증거가 됐다.

1979년 2월 2일, 배심원단은 3시간 30분 만에 논의를 끝낸 뒤 스미스에게 이급 살인 4건과 강도 1건 혐의로 유죄평결을 내렸고, 판사는 2회 연속 종신형을 선고했다. 당시 스미스는 살인사건 총 5건의 주요 용의자였지만 나머지 3건에 대해서는 재판을 받지 않았다. 그 후 그는 교도소에서 여성 교도관 도나 페이언트(Donna Payant)를 강간한 뒤 살해해 유죄판결을 받았고, 이 사건은 사실상 사형제도가 폐지된 뉴욕주에 사형제도 부활에 대한 논의를 촉발했다.

스미스의 냄새와 더러워진 장백의의 냄새를 일치시킨 탐지견 크로의 능력이 사건의 결과를 바꿨는지, 만약 크로가 다른 사람을 선택했다면 어떤 일이 일어났을지는 아무도 확실하게 말할 수 없다. 목격자의 시각처럼 개의 후각도 완벽하지는 않다. 하지만 여러 가지 잠재적인 법의학 도구 중 하나인 냄새 탐지는 사람의 소재, 신원, 질병을 탐지하는 동물의 능력에 대한 사람들의 생각을 계속 뒤집고 있다. 하지만 나는 스미스에 대한 크로의 냄새 탐지 결과가 두베에 대한 하라스 폰 데어 폴리차이의 냄새 탐지 결과 등 다른 비슷한 결과들만큼의 영향력을 가졌을지는 의문이 든다.

베네케 같은 법곤충학자들은 곤충이 어떻게 행동하고 미묘한 환경 신호에 반응하는지를 주의 깊게 관찰해 여러 사건을 해결하는 데 도움을 주었다. 벌레에 물린 흔적은 용의자와 범죄 현장을 연결해 주었고, 한 지역에 서식하지만 다른 지역의 시체에서 발견된 곤충은 시체가 사망 후 이동되었다는 증거가 되기도 했다. 또한 베네케의 법의학 기법은 특정한 곤충 애벌레의 존재와 크기를 통해 수사관이 어린이 또는 성인이 사망하기 전에 얼마나 오랫동안 방치되었는지 추정하는 데 도움을 준다.

베네케는 방치되어 사망한 독일 여아의 생식기와 항문에서 큰집파리(Muscina stabulans)와 아기집파리(Fannia canicularis)의 유충을 발견했다. 이 두 종 모두 썩은 유기물을 좋아하지만 구체적인 식욕 면에서 다르다. 아기집파리는 소변과 대변에 강하게 끌리며, 소변과 대변이 없는 경우에도 인체에 서식하지만 일반적으로 사망 후 며칠이 지나 부패가 시작될 때까지는 인체에 서식하지 않는다. 이에 비해, 큰집파리는 사람의 배설물에는 강하게 끌리지만 시체에는 덜 끌리며, 일정 크기에 도달하면 다른 파리 유충을 잡아먹는다. 베네케는 큰집파리 유충의 발달 상태를 토대로 유충이 여자아이의 몸에서 7일에서 21일 정도 산 것으로 보이며, 2주 정도 살았을 가능성이 가장 높다고 말했다. 즉, 아이의 기저귀를 갈아 주지 않았거나 기저귀 밑 피부를 닦아 주지 않은 기간이 사망 전 일주일 정도였을 가능성이 높으며, 이는 엄마가 아이를 방치했다는 증거가 되었다.

판사는 아이 엄마에게 과실치사죄로 가석방 없는 징역 5년을 선고했고, 베네케는 아이가 사망한 시점을 추정해 가족들이 묘비에 날짜를 새길 수 있도록 해 주었다. 많은 사람이 역겹게 여기는 법의학 증거가 소박한 정의를 실현한 셈이다. 하지만 베네케와 레시히는 시 복지국에 대한 비판 글을 통해 이 사건이 이렇게 끝나서는 안 됐다고 지적했다. 그들은 "시신에서 발견된 곤충학적 증거를 보면 방치가 실제 사망 시점보다 더 일찍, 어쩌면 훨씬 더 일찍 시작되었을 가능성이 높다. 이는 당국이 더 일찍 조치를 취했다면 아이가 살 수 있었다는 뜻이다"라고 썼다.

베네케에 따르면 이런 사례는 결코 드물지 않다. 그는 2002년 소파에서 숨진 채 발견된 고령의 한 독일 여성의 눈, 귀, 코에서 파리 알이나 유충이 발견되지 않은 사례를 들었다. 일반적으로 이런 알이나 유충은 사망 직후부터 시신에서 발견된다. 베네케는 이런 것들 대신 황띠수시렁이(larder beetle) 성충과 큰집파리, 아기집파리의 유충이 여성이 살아 있는 동안 몸에 서식했다는 증거를 발견했다. 아기집파리 유충이 서식했다는 것은 알을 낳는 암컷 파리가 여성의 대변과 소변에 끌렸다는 뜻이다. 이 분석 결과를 기초로 경찰은 여성의 아들을 노인 방치 혐의로 기소했다. 최근 베네케는 이탈리아 남부에서 정신질환과 요실금을 앓는 노인이 홀로 방치되어 사망한 사건을 다큐멘터리로 제작하기도 했다.

범죄 수사에 특이한 기법이 도입되는 일은 드물지 않다. 하지만 그 기법 중에는 잘못된 생각에 기초한 법의학 기법도

적지 않았다. 20세기 초반에는 범죄소설 작가들과 의사들 소수가 "옵토그래피(optography)"라는 사이비 과학 기법을 제시해 대중의 상상력을 사로잡은 적이 있다. 이 기법을 홍보하던 돌팔이의사들은 우리 눈의 망막이 외부 세계를 기록하는 인화지 역할을 하기 때문에 사람이 죽기 전에 마지막으로 본 것을 기록할 수 있으며, 따라서 살인 피해자의 망막을 떼어 내 검사하면 범인의 얼굴을 네거티브 이미지로 볼 수 있다고 주장했다.

물론 옵토그래피는 완전히 엉터리였다. 또한 옵토그래피는 우리가 누군가의 삶과 죽음에 대한 기록을 찾기 위해 얼마나 오랫동안 잘못된 징후를 읽어 내는 데 시간을 보냈는지를 보여 주는 증거이기도 하다. 사람의 두개골을 측정하여 정신적 특성을 알아내려는 노력인 골상학(phrenology)도 이런 엉터리 사이비 과학 중 하나였다. 레뮤얼 스미스 사건 수사에 활용된 물린 자국 분석에 대해서도 그 후 몇 년 동안 회의론이 커졌고, 비평가들은 이 기법을 "사이비 법의학" 기법으로 분류했다. 일부에서는 스미스의 연쇄살인사건 수사에도 적용된 거짓말탐지기 기법과 모발 분석 기법에 대해서도 그 신뢰성에 의문을 제기했다.

그동안 우리는 가장 복잡하고, 신비롭고, 우아해 보이는 부분들, 즉 눈, 뇌, 입, 머리카락 등에서 진실을 찾고자 했다. 하지만 그동안 우리는 우리가 찾던 많은 단서가 그것들의 아래쪽에 숨겨져 있다는 사실은 알지 못했다. 그 단서들은 우리는 눈치채지 못했지만 다른 동물들은 눈치채고 있었던 단서들, 허름한 변기통에 수 세기 동안 숨겨져 있던 단서들이다. 비극의 여파 속에서 생존자를 찾거나, 시신을 수습하거나, 폭탄 냄새를 맡아 폭발을 예방하는 데 우리가 의존하는 개들이 우리의 똥 냄새를 맡는다는 것은 놀랄 일이 아니다. 곤충이 먹이와 은신처를 찾는 데 도움이 되는 동일한 화학적 신호가 우리의 마지막 순간을 알리는 시계처럼 작용할 수 있다는 사실 역시 마찬가지다. 우리가 어떤 것을 보지 않는다고 해서 그것의 역사가 끝나는 것은 아니다.

베네케를 인터뷰하면서 그의 몸에 새겨진 수많은 문신 중 두 개의 문신에 담긴 의미에 대해 물어보지 않을 수 없었다. 두 문신 중 하나는 폴란드 바르샤바, 다른 하나는 콜롬비아 보고타의 맨홀뚜껑에 새겨진 문양을 따온 것이었다. 이 문신들은 그가 일했던 다양한 장소를 기념하기 위한 것이자 하수구와 관찰에 대한 일종의 찬사다. 그는 손으로 아래쪽을 가리키며 내게 말했다. "모든 증거는 아래쪽으로 떨어지는 것들에 있습니다. 아무도 주의를 기울이지 않지만 중요한 모든 증거가 맨홀뚜껑 밑 하수도관에 있는 거지요." 베네케의 아내는 모든 증거가 "잘 보이지 않는 곳에 숨겨져 있다"라고 말했지만, 그는 사실 숨겨져 있는 것도 아니라며 이렇게 덧붙였다. "그냥 거기에 있는 겁니다. 맨홀뚜껑만 들어 올리면 그 모든 증거를 찾아낼 수 있습니다. 곤충들과 함께 증거들이 그곳에 있는 거지요. 우리가 곤충에 혐오감을 느끼거나 고정관념이 있기 때문에 그 아래를 보려고 하지 않는 겁니다. 하지만 정보는 모두 거기에 있습니다."

모든 이야기는 가장 기본적인 형태 안에 담겨 있다. 냄새 나는 화합물, 화분석, 기생충, 변기, 구더기 같은 것들이 그동안 풀지 못했던 미스터리를 풀고 갑작스러운 사망의 원인을 밝혀낼 수 있다는 사실을 제대로 인식한다면, 우리는 살아 있는 동안 질병을 예방하고 건강을 증진하기 위해 우리가 배설하는 오물을 더 잘 읽어 낼 수 있을 것이다.

CHAPTER 5

징후

한때 서양 국가들에서 "질병 중의 질병" "문명 특유의 모든 끔찍한 질병의 원인"이라고 불릴 정도로 끔찍하고 두려운 존재로 여겨졌던 질병이 있다. 당시 의사들은 이 질병에 대한 적절한 예방조치를 취하지 않으면 사람들의 내장이 독에 중독되거나, "부패하거나", 정신이 "이상해지거나 타락할 수 있다"라고 경고하기도 했다. 이 위력적인 질병의 이름은 변비다.

의학 역사가 제임스 워턴(James Whorton)에 따르면 변비에 대한 공포는 파피루스에 쓰인 기원전 16세기의 고대 이집트 약학 서적에 처음 기록되어 있다. 고대 이집트인들은 썩은 장내 노폐물이 신체의 나머지 부분을 중독시킨다고 믿었다. 이 개념이 바로 현재까지 3500여 년 동안 이어지고 있는 "자가중독(autointoxication)" 개념이다(이 개념은 현재도 일부 광고에 등장한다). 19세기 후반, 프랑스의 한 의사는 변비가 있는 사람은 "항상 스스로 파멸을 향해 나아가며, 중독에 의한 자살을 지속적으로 시도한다"라고까지 말했다.

변비에 대한 이런 공포 조장은 복부 마사지기, 관장 기구, 초콜릿으로 코팅한 완하제(laxative)[64], "다이너마이트(DinaMite)" 같은 겨 시리얼 제품의 판매에 큰 도움이 됐다. 워턴은 과거 문헌조사를 통해 "닥터 영의 이상적인 직장 확장기(Dr. Young's Ideal Rectal Dilators)"라는 제품의 광고를 찾아냈는데, 이 제품은 작은 어뢰처럼 생긴 금속 봉 4개로 구성된 것이었다(봉 각각의 지름은 모두 달랐다). 이 제품은 실제로 괄약근 안쪽과 바깥쪽 근육을 늘리거나 확장해 "순간적인 통증 또는 스릴"을 유발했다. 하지만 기본적으로 이 봉들은 "엉덩이 플러그"로 알려진 섹스 토이와 별로 다르지 않았다.

변비를 치료한다고 광고하던 이런 제품들에는 어두운 면이 있었다. 워턴에 따르면, 1900년에 출시된 페놀프탈레인(phenolphthalein)이라는 화합물은 "자가중독의 손아귀에서 아이들을 구해 준다는 광고에 힘입어" 당시 미국에서 가장 많이 팔린 완하제였다. 하지만 과도한 완하제 사용은 영양소 및 기타 약물을 장이 흡수하는 능력을 떨어뜨리고, 전해질 불균형을 유발하며, 완하제에 대한 의존성을 발생시키며, 대장의 자연스러운 수축을 방해해 오히려 변비를 악화시킨다. 일부 소비자는 페놀프탈레인을 비롯한 완하제를 다이어트 약으로 사용하기도 했다. 페놀프탈레인이 출시된 지 거의 100년이 지난 후에야 쥐를 대상으로 한 연구에서 페놀프탈레인이

---

64 변을 부드럽게 만들어 배출시키는 약제.

여러 발암물질과 관련이 있다는 사실이 밝혀졌고, 미국 FDA는 이 약물을 "일반적으로 안전하고 효과적이라고 인정되지 않는 약물"로 재분류하면서 제조업체들에 완하제에서 페놀프탈레인을 제거하도록 명령했다. 사람에 대한 발암 위험성은 확인되지 않았지만, 별도의 연구에 따르면 이 화학물질은 DNA를 손상시킬 가능성이 있다. 여러 국가에서 일반의약품에 페놀프탈레인 사용을 금지하고 있지만, 페놀프탈레인은 여전히 효과가 의심스러운 건강보조식품에서 매우 흔하게 발견되는 성분 중 하나다.

찻잔에 남은 찻잎을 읽고 변기 속을 떠다니는 자신의 죽음의 단서를 찾고자 하는 인간의 욕망은 인류 역사가 시작된 이래로 계속 사기꾼들에게 이용되고 있다. 이런 문제 중 일부는 우리가 진정한 문제의 징후를 예측하는 데 필요한 기록을 가지고 있지 않다는 사실에 있다. 예를 들어, 조상들의 똥에서 장내기생충이 발견되었다는 것은 당시 공중위생과 개인위생이 좋지 않았다는 신호일 가능성이 높다. 하지만 고병리학자 피어스 미첼이 로마제국에서의 인간 기생충에 대해 설명할 때 언급했듯이, 당시 많은 의료 종사자는 그리스 의사 히포크라테스의 철학에 큰 영향을 받았다. 히포크라테스는 장내기생충에 의한 질병을 비롯한 많은 질병이 검은 담즙, 황색 담즙, 혈액, 가래 등 네 가지 "체액"의 불균형에 의해 유발되며, 이 체액 중 어느 하나라도 손상될 경우 다양한 질병이 발생한다고 주장했다. 히포크라테스는 몸 내부의 평형상태를 이루는 것들이 무엇인지는 밝히지 못했지만, 적어도 그 평형상태가 중요하다는 것은 직관적으로 알고 있었던 것 같다.

세 로마 황제의 주치의였던 그리스 의사 클라우디우스 갈레노스(Claudius Galenus)는 히포크라테스의 이 4체액설을 기초로 장내기생충에 대한 자신만의 설명과 치료법을 제시했다. 부패한 물질의 온도가 오르면서 기생충이 자연적으로 생긴다고 믿었던 그는 체액들의 평형상태를 회복시키고 기생충을 제거하기 위해 환자에게 식단 수정, 사혈을 권고했고, 몸을 차갑게 하고 건조하게 하는 효과가 있는 것으로 알려진 약을 쓰는 치료를 받도록 권장했다. 미첼은 장내기생충의 기원과 치료에 대한 히포크라테스와 갈레노스의 생각은 르네상스와 계몽주의 시대까지 약 2000년 동안 유럽과 중동에서 통용되는 지혜로 남았다고 말한다.

질병과 신체 기능에 대한 의심스러운 생각은 여기서 끝나지 않았다. 스티븐 존슨의 『감염지도』에 따르면 1800년대 중반 빅토리아시대 런던에는 치명적인 설사를 유발하는 것으로 알려진 콜레라균을 없애 준다는 소독제를 선전하는 광고, 배탈을 완화한다는 아편이나 아마씨유, 피마자유, 브랜디를 섞은 혼합물을 판매하는 광고, 깨끗한 물과 전해질로 수분을 보충하면 수천 명의 생명을 구할 수 있다는 광고가 넘쳐 났다. 코로나19가 유행하는 동안에도 표백제, 공업용 메탄올,

과산화수소부터 말 구충제인 이버멕틴(ivermectin), 소변, 코카인에 이르기까지 모든 것을 기적의 치료제 또는 예방제로 광고하는 매우 유사하고 위험한 주장과 사기가 인터넷에 창궐했다.

대변 배출과 관련해서도 이런 허황한 주장이나 사기 광고가 인터넷에 넘쳐 난다. 대변을 관찰하는 것만으로도 건강상태를 쉽게 알 수 있기 때문에 장을 깨끗하게 해 주는 "디톡스(detox)" 제품을 복용하면 건강에 확실히 도움이 된다는 광고가 소셜미디어를 채우고 있다. 대변에 관한 그럴듯해 보이는 연구 결과들을 인용하는 이런 화려한 광고들은 빅토리아시대의 사이비 변비치료제 광고를 연상시킨다. 예를 들어, 소셜미디어에서는 "장에 쌓인 5파운드 이상의 독성 똥을 빠르게 배출하세요"라고 유혹하는 29.95달러짜리 "주푸(zuPOO)" 클렌저 광고, 195달러를 지불하면 차, 파우더, 바, 프로바이오틱스 유산균, 복용 안내 책자를 함께 보내 준다는 "사카라의 10일 리셋 팩" 광고, 피부에서 장까지 모두 치료할 수 있으며 "소화계의 균형"을 회복시켜 준다는 "뷰티 워터 드롭(Beauty Water Drop)" 그리고 "디톡스 워터 드롭(Detox Water Drop)" 광고를 흔히 볼 수 있다. 구프(Goop) 같은 기업은 스크럽, 클렌징, 해독, 활력 회복 같은 단어들을 사용하면서 자사 제품이 신체 내부의 균형을 회복시킨다는 내용의 대규모 광고를 하고 있다. 실리콘밸리도 이러한 과대광고에서 자유롭지 못했다. 하지만 한

때 찬사를 받았던 장내미생물 검사 회사 유바이옴(uBiome)은 2019년에 파산 신청을 했고, 연방 검찰은 2021년 유바이옴의 두 공동 창립자를 40건 이상의 의료, 증권 및 온라인 사기 혐의로 기소했다. 검찰은 "검증되지 않았고 의학적으로 필요하지 않은" 똥 기반 검사 결과를 이용해 투자자, 의료 관계자, 보험사를 속인 혐의를 이들에게 적용했다.

불안과 수면 부족에 시달리는 부모들은 빠른 해결책을 제시하는 이런 광고들에 쉽게 현혹될 수밖에 없다. 태아는 자궁 안에 있을 때 짙은 녹색을 띤 태변을 배출하는데, 이 태변이 아기의 장을 위협하는 끔찍한 존재가 될 수도 있다. 자궁 속 태아가 자신이 싼 끈적끈적한 똥을 흡입하게 되면 심각한 호흡 문제가 발생하기 때문이다. 양수 내로 배출된 태변을 태아 자신이 폐로 흡입해 발생하는 이 질환을 태변흡인증후군(meconium aspiration syndrome)이라고 한다. 후두내시경으로 관찰했을 때 양수나 태아의 탯줄에서 짙은 녹색 물질이 보인다면 태아의 건강상태를 의심해 보아야 한다. 이 경우 태변의 색깔은 당황스럽게 느껴질 정도로 짙은 녹색을 띤다.

애니시 셰스와 조시 리치먼(Josh Richman)은 『내 몸이 깨끗해지는 똥오줌 사용설명서』의 후속 편인 『아기의 똥이 말해 주는 것들(What's Your Baby's Poo Telling You?)』에서 "수면 훈련이나 백신은 아무 소용이 없다. 아기를 키울 때 가장 중요한 결정은 똥과 관련된 것이다"라고 말한다. 한 엄마는 내게 "아이가 생기면서 똥에 대해 관심이 많아졌어요"라며 아이를 낳기 전까지는 남편과 매일 똥에 대해 심도 있는 대화를 나누리라고는 상상도 못 했다고 말하기도 했다(내 남편인 제프와 나도 반려견의 배설물에 대해 깊은 대화를 나눈다. 예를 들어, 우리는 "산책 중에 똥을 쌌어? 정말? 그렇게 많이? 괜찮아 보였어?" 같은 말을 주고받곤 한다). 그는 자신이 유아용 변기의 내용물 그리고 그 내용물의 농도를 살펴보면서 헛구역질을 하는 대신 아기에게 기능성 변비가 있는 것은 아닌지 걱정하게 될 것이라고 그전에는 한 번도 생각해 보지 않았다고도 했다.

앞에서 혐오감에 대해 다루면서 살펴보았듯이, 항상 그런 것은 아니지만 사랑은 우리의 감각을 상당히 크게 변화시킨다. 하지만 똥에 대한 잘못된 생각에 빠지지 않으려면 똥이 실제로 우리에게 무엇을 알려 주는지, 그리고 우리가 똥을 이용해 실제로 무엇을 할 수 있는지 잘 알아야 한다. 과학적인 관점에서 볼 때 현재 우리는 똥에 대한 새로운 재평가의 시기를 맞이하고 있다. 즉, 현재 우리는 단순한 물질이라고 생각했던 똥이 전혀 그렇지 않다는 것을 깨닫기 시작했다. 똥은 생명체의 탄생에서 죽음에 이르기까지 수많은 신호를 전달한다. 중요한 것은 이런 수많은 신호에서 진짜로 중요한 메시지를 해독해 내고, 그 메시지가 어떤 시점에 어떤 행동을 요구하는지 파악해 내는 일이다. 이런 신호 중에는 우리 스스로 충분히 감지할 수 있는 것도 어느 정도 있다.

물론, 이 신호 중에는 의사의 눈, 개의 코 또는 측정장치를 필요로 하는 미세한 신호도 있으며, 현재 과학자들은 이 신호들의 복잡한 패턴을 정교하게 분석해 질병을 예측 또는 예방하는 방법을 찾아내고 있다. 앞에서도 말했듯이, 나는 내 대변을 계속 살펴보면서 내가 잘 알고 있다고 생각하던 나의 대변에 대해 더 많은 것을 알게 됐다. 우리는 우리의 평생 파트너인 똥에 대해 아직도 알아야 할 것이 많다.

✕

변기에 배출된 똥이나 기저귀에 묻은 똥의 색깔만 살펴봐도 많은 정보를 얻을 수 있다. 똥이 대부분 노랗고 기름져 보인다면 이는 장이 지방을 잘 소화하지 못하고 있다는 뜻, 즉 셀리악병(celiac disease)[65] 같은 흡수장애를 일으키는 원인이 몸 안에 존재하고 있을 수 있다는 뜻이다. 똥이 녹색이라면 음식물이 대장을 너무 빨리 통과하고 있다는 뜻이다. 정상일 경우 똥은 담즙의 영향으로 갈색을 띤다. 담즙은 원래 녹색이지만 건강한 장 안에서 박테리아를 만나면 갈색으로 변한다. 따라서 똥이 녹색을 띤다는 것은 담즙이 장내에서 박테리아에 의해 정상적으로 처리되지 않아 색깔이 변하지 않았다는 뜻이다(물론 까만색 빵으로 만든 버거킹 핼러윈 와퍼를 먹었다면 똥의 색깔은

65　장내 영양분 흡수를 저해하는 글루텐에 대한 감수성이 증가해 나타나는 알레르기질환.

성 패트릭의 날 시카고강의 물 색깔처럼 녹색이 될 수도 있다).

검은색 똥은 위장관계 상부에 출혈이 있거나 감초사탕을 간식으로 먹었을 때 나온다. 붉은색 똥은 비트를 먹었거나 위장관계 하부에 출혈이 있을 때 나온다. 붉은 똥은 치질 때문에 나오기도 있지만 대장암 같은 심각한 질환이 원인일 수도 있다. 흰색 또는 흰색에 가까운 옅은 클레이색 똥은 담즙의 영향을 받지 않은 똥으로, 이 경우 (담즙이 만들어지는) 간에서 담낭으로 담즙을 운반하는 관이 막힌 것일 수 있다(담도폐쇄증이라고 불리는 이 질환은 대개 생후 1개월 된 아기들에게서 나타난다. 적절한 치료가 이루어지지 않으면 생명을 잃을 수도 있다). 자비롭게도 내 똥은 거의 언제나 정상인 갈색이다.

아기들의 똥은 색깔이 매우 다양하다. 소아 위장병 전문의 대부분은 태변 이후에는 기본적으로 검은색, 빨간색, 흰색을 제외한 모든 색깔 아기 똥이 정상이라고 생각할 정도다. 소아과의사들은 아기의 다양한 똥 색깔에서 알 수 있는 정보를 정리한 표를 나름대로 만들어서 가지고 있으며, 스마트폰 앱으로 촬영한 기저귀 똥 사진을 살펴보고 정상 여부를 판단하거나 후속 조치를 취하기도 한다. 이런 "스냅 앤 셰어(snap-and-share)"[66]의 정확도가 매우 높다는 연구 결과가 발표되기도 했다. 하지만 앱으로 찍은 이런 똥 사진들을 보면서 나는 내가 그 사진을 찍은 현장에 없었다는 것에 너무나 감사했다.

66 사진을 찍어 공유하는 방식.

똥의 모양도 중요하다. 종종 논쟁적인 의학적 조언을 건네는 심장외과의사 메멧 오즈(Mehmet Oz)는 〈오프라쇼〉에서에서 방청객들에게 배변에 주의를 기울이면 식단과 소화에 대해 많은 정보를 알 수 있다고 말했다. 위장병 전문의들도 오즈의 이런 생각에 대체적으로 동의한다. 하지만 오즈는 배변에 대해 대부분의 위장병 전문의보다 **훨씬** 구체적으로 묘사했다. "똥 덩어리가 물에 닿을 때 마치 폭격기가 폭탄을 떨어뜨릴 때처럼 '퐁당' 소리가 난다면 좋지 않습니다. 변비가 있다는 뜻이기 때문이지요. 음식이 똥으로 배출될 때 너무 딱딱한 상태로 배출되기 때문에 이런 소리가 나는 겁니다. 다이버가 물속으로 우아하게 뛰어들 때 물 표면과 부딪치는 소리처럼 '쉭' 소리가 나야 좋습니다." 또한 오즈는 완벽한 똥은 S자 모양이어야 하고, 금빛이 살짝 감도는 갈색(그렇다면 아마도 구릿빛?)이어야 한다고 말하면서 조각이 나지 않아야 한다고도 말했다. 그는 똥이 조각이 나 있다는 것은 "올바른 방식으로 똥을 배출하기에 충분한 양의 똥이 몸 안에 남아 있지 않다는 뜻이며, 똥을 처리해야 하는 장이 똥에 의해 상처를 입은 상태일 가능성이 높습니다"라고 설명했다. 또한 그는 방귀를 많이 뀌어야 한다고도 주장했다.

나는 목표 세우는 것을 중요하게 생각하는 사람이다. 하지만 장 건강을 위해 S자 형태의 완벽한 구릿빛 똥을 '쉭' 소리를 내며 배출하는 것과 더 규칙적으로 방귀를 뀌는 것을 목표로 세운 적은 없었다. 또한 똥의 모양과 크기는 매일 달라지기 때문에 이런 목표는 사실 성취하기 매우 어렵기도 하다. 하지만 나는 담낭 수술을 받은 뒤 처음으로 변을 보는 것이 일상으로의 복귀를 예고하는 신호라는 것 정도는 경험으로 알고 있었다.

오즈는 배변 활동을 다이버의 잠수나 폭격기의 폭탄 투하에 비유했지만, 시간에 따라 다른 형태로 배출되는 똥의 상태를 추적하는 가장 쉽고 일반적인 방법 중 하나는 똥의 7가지 모양에 대한 해석이 담긴 표를 이용하는 것이다. 이런 표 중 하나가 1997년에 영국의 브리스톨왕립병원에서 만든 "브리스톨 대변 척도(Bristol stool scale)"다. 이 표를 이용하면 대변의 모양과 굳기로 음식물이 장을 통과하는 데 걸리는 시간을 측정할 수 있다. 현재 수많은 병원에서 이 표를 기초로 만들어진 표들이 환자가 자신의 대변 유형을 식별하는 데 도움을 주고 있다. 예를 들어, 스탠퍼드의과대학의 소아일반외과에서는 대변의 각 유형을 친숙한 형태들에 비유해 환자들이 쉽게 이해할 수 있도록 하고 있다. "당신의 똥은 어떤 모양입니까?"라는 문구가 쓰인 이 표에는 토끼 똥 모양과 포도송이 모양의 똥(변비), 옥수수 모양과 소시지 모양의 똥("이상적인" 모양), 치킨너겟 모양의 똥(설사에 근접한 상태), 걸쭉한 죽(포리지)과 그레이비(육즙 소스) 모양의 똥(설사) 그림이 그려져 있다. 이 표의 목적은 옥수수나 소시지 모양의 똥을 목표로 양극단을 피하게 만드는 데 있다.

이 표에서 변비를 나타내는 똥의 경우 대장이 수분을 너무 많이 흡수한 상태로, 이 상태에서는 배변이 자주 일어나지 않거나 배변 활동 자체가 불편하다. 미국 성인의 약 16퍼센트에 영향을 미치는 이 흔한 질환의 원인은 매우 다양하며, 연구자들은 변비를 정의하고 분류하는 방법에 대해 지금도 열띤 토론을 벌이고 있다. 한 연구에 따르면, 15가지 유형의 약물이 변비를 일으킬 수 있다. 타이레놀도 이런 유형의 약물 중 하나다.

반면, 장 근육의 움직임을 증가시켜 모든 것을 밀어내는 설사를 유발하는 약물도 있다. 알레르기, 감염, 오염됐거나 지나치게 매운 음식도 신체가 장관을 통과하는 속도를 높인다. 이는 위험 요소를 최대한 빨리 제거하려는 몸의 방어 메커니즘에 의한 것이다. 또한 설사는 과민대장증후군이나 유당불내증과 같은 질환에 의해 유발될 수도 있다. 질병, 약물 또는 부상도 장 내벽에 염증을 일으키거나 장 내벽을 찢어지게 만들어 수분 흡수를 방해하고 대규모 면역반응을 유발해 상황을 악화시킬 수 있다. 소화되지 않은 음식과 소화 부산물로부터 대장이 수분을 제대로 흡수할 시간이 부족한 경우도 있으며, 콜레라균에 감염됐을 때처럼 주변 세포들로부터 장관으로 많은 수분이 쏟아져 들어오는 경우도 있다. 하지만 이 두 경우 중 어떤 경우든 대장은 물을 배출하는 용수로처럼 똥을 대장 밖으로 밀어낸다.

내 경우, 담낭 수술 후에 진통제와 항구토제가 대장에 여전히 남아 변비를 유도하고 있었다는 사실을 감안할 때 수술 뒤 이틀이 지나지 않아 포도송이 모양 똥이 배출된 것은 놀라운 일이었다. 그 후 얼마 지나지 않아 나는 완벽한 형태는 아니지만 부드러운 소시지 모양의 똥을 배출하기 시작했고, (슬프게도 다이버의 '쉭' 소리는 나지 않았다) 곧 치킨너겟과 죽 모양의 똥을 배출하기 시작했다. 물론, 설사를 유발하는 약물이 작용한 결과일 수도 있다.

브리스톨 대변 척도는 이상적인 형태와 그렇지 않은 형태를 구분하는 표준이지만, 일부 과학자는 그 신뢰성에 의문을 제기하면서, 똥이 장을 통과하는 시간을 직접 측정하는 것이 장의 건강상태와 장내미생물 군집 기능을 측정하는 더 유용한 방법이라고 주장한다(앞에서 언급했지만, 나도 참깨와 옥수수 알갱이가 내 장을 통과하는 시간을 측정한 적이 있다). ZOE라는 건강 과학 기업의 지원을 받은 과학자들은 건강한 자원봉사자 863명을 대상으로 파란색으로 염색한 머핀이 장을 통과한 시간을 측정했다. 과학자들은 이 연구 결과를 담은 논문 「파란 똥: 장 통과 시간이 장내 마이크로바이옴에 미치는 영향에 대한 새로운 표지자를 이용한 연구(Blue Poo: Impact of Gut Transit Time on the Gut Microbiome Using a Novel Marker)」에서 이 파란색으로 염색한 머핀이 무선 스마트 알약 같은 고가의 추적 장치만큼 효과적이었다고 주장하면서, 머핀이 실험 참가자들의 장을 통과한 시간의 중앙값은 약 29시간으로 측정됐지만, 장 통과 시간이 짧게는 4시간, 길게는 10일인 경우도 있었다고 밝혔다. 영양과학자 세라 베리(Sarah Berry)는 이 양극단 어느 쪽도 이상적이지 않으며, 사람들이 음식물에 어떻게 반응하는지 보여 주는 대규모 연구들에서도 이렇게 놀라울 정도로 다양한 변이가 관찰된다고 설명했다.

이 실험 참가자들 대부분에서 머핀의 장 통과 시간은 14시간에서 58시간 사이였다(나도 같은 실험을 해 봤는데 이 범위에 속했다). 연구 결과, 장 통과 시간이 길수록 내장지방 수치가 높고, 심혈관계질환을 일으키는 혈당과 트랜스지방의 수치가 식후에 급상승하는 것으로 나타났다. 또한 이 연구는 사람들의 생각과는 달리, 음식이 장을 통과하는 시간이 긴 사람일수록 장내 박테리아군의 다양성이 높다는 사실을 밝혀내기도 했다. 일반적으로 볼 때 장내 박테리아군의 다양성은 높을수록 좋다. 하지만 장내 박테리아가 너무 다양해지면 박테리아들이 소비하는 먹이도 많아져 일부 박테리아는 번성하지만 그 박테리아 때문에 다른 일부 박테리아가 사라질 수 있다. 다시 말해, 음식이 장에 머무는 시간이 너무 길어질 경우 미생물 다양성이 꼭 바람직한 것만은 아닐 수 있고, 장내 박테리아군의 영향을 주는 또 하나의 변수로 작용할 수 있다는 뜻이다. 베리는 "장내미생물 다양성이 높아진 결과로 우리 몸에 우호

적이지 않은 미생물들이 증가하는 것은 좋은 일이 아니다"라고 설명했다.

암스테르담과 브뤼셀의 연구자들은 기저귀에 묻은 똥의 모양에 기초해 음식의 장 통과 시간을 추정하는 척도인 "브뤼셀 유아 대변 척도"를 개발했다. 이 연구자들이 찍은 아기의 다양한 똥 사진을 보고 나니 초보 부모들이 아기의 똥을 보고 어떤 느낌을 받았을지 너무나 잘 이해가 갔다. 하지만 이 척도의 개발자들은 아기의 똥에 확실한 평가를 내리는 일이 반복적인 패턴을 관찰해 기능성 변비, 설사, 과민대장증후군 같은 위장관계질환을 진단해 내는 데 매우 중요하다고 강조한다.

이런 기저귀 똥 관찰은 수백 년 동안 이루어지던 "기저귀 점"을 연상시킨다. 19세기 노르웨이 작가 페테르 크리스텐 아스비에른센(Peter Christen Asbjørnsen)은 자신이 수집한 민담을 정리한 작품 중 하나인 「에케베르그의 왕(The King of Ekeberg)」에서 당시 오슬로 사람들이 기저귀 점 같은 점술에 의존하면서 아이들의 병을 트롤 탓으로 돌리지 않게 됐다고 말했다. 사이먼 로이 휴즈(Simon Roy Hughes)의 영어 번역본에 따르면, 당시 오슬로 사람들은 "구루병에 걸린 아이, 마법에 걸린 아이, 악령에 사로잡힌 아이를 치료하기 위해 통찰력이 깊은 여성에게 금속을 녹여 점을 쳐 달라고 부탁하거나, 스티네 브레드볼덴(Stine Bredvolden)이라는 현자에게 아이의 기저귀를 가져가 그 아이의 질병과 운명에 대해 묻고 대처 방법을 알려 달라고 부탁하곤 했다". 불에 녹인 금속을 물에 떨어뜨려 그 금속이 다시 굳는 모양으로 점을 치는 방법인 이 "금속 점(Molybdomancy)" 은 두개골의 모양으로 사람의 성격을 판단하거나 살인 피해자의 망막에 비친 이미지를 읽으려는 시도와 별로 다르지 않았다. 하지만 브레드볼덴은 어쩌면 아이의 대변 무게를 재는 저울을 사용했을지도 모른다. 내 경우에는 1년 동안 매일 변기 안의 똥을 관찰하면서 놀랍도록 풍부한 정보를 얻을 수 있다는 사실을 알게 됐다. 하지만 그러면서도 나는 이런 관찰이 내 건강을 개선하는 데 도움이 될지에 대해서는 확신이 없었다.

×

크리스마스 다음 날 사람들은 숙취를 달래며 새로 산 스마트폰을 만지작거리거나 에펠탑 퍼즐을 맞추면서 시간을 보내곤 한다. 나는 하루 종일 숙취를 달래며 새로 산 히에로니무스 보스(Hieronymus Bosch) 화집에서 고문 장면을 들여다보다, 배변 추적 앱 두 개를 업그레이드한 뒤 "스쿼티 포티(Squatty Potty)"를 조립하기 시작했다. 스쿼티 포티는 크리스마스 선물로 받은 것은 아니었지만, 전날 쇠고기와 샴페인, 크랜베리푸딩을 잔뜩 먹었던 나는 이 장치를 한번 사용해 보는 것도 괜찮겠다는 생각이 들었다. 당시 나는 이미 12월 내내 세 가지 배변 추적 앱을 사용하면서 많은 것을 알기 시작한 상태였고, 화장실 바닥에서 정확히 17.78센티미터 높은 위치에 두 발을 올려놓게 해 주는 이 스쿼티 포티로 배변 활동을 업그레이드해야겠다고 생각한 것이다.

스쿼티 포티는 유니콘이 변기에 쪼그리고 앉아 소프트아이스크림("신비로운 유니콘이 싸는 부드러운 아이스크림 모양의 똥")을 싼 콘을 채우는 광고로 인터넷에서 유명해진 제품이다. 이 제품은 사람들이 배변하는 동안 자연스러운 스쿼트 각도를, 엄밀히 말하면 항문직장각(anorectal angle)[67]을 유지하게 해 주는 일종의 발판이다. 광고에 따르면 스쿼티 포티에 두 발을 올려놓은 채 변기에 앉으면 꼬인 정원 호스처럼 하부 장관을 감싸면서 수축하는 치골직장근(puborectalis)이 이완되어 장에서 똥이 훨씬 더 잘 배출된다. 즉, 스쿼티 포티의 목표는 치골직장근을 이완시키고 항문직장각을 넓혀 더 자연스럽게 똥을 배출하게 해 주는, 음, 문자 그대로 발판이 되는 것이다.

기껏 토끼 똥이나 포도알 모양의 똥을 배출하기 위해 너무 힘을 주는 것은 건강에 좋지 않다. 스쿼티 포티는 이렇게 힘을 주지 않고도 배변을 할 수 있도록 도움을 주는 장치다. 19세기 들어 기능보다 편안함과 프라이버시 위주의 의자 형태 변기가 등장하기 전까지 서양 사람들 대부분은 쪼그려 앉

---

67   직장과 항문관이 이루는 각도.

아서 배변을 했다. 연구자들은 이런 구조적 결함이 배변의 긴장감과 관련된 여러 가지 의도치 않은 부작용을 야기했을 거라고 주장한다. 실제로, 좌변기를 사용하는 경우, 똥을 배출하기 위해 무리한 힘을 주면 장 내벽이나 항문이 찢어질 수 있다. 이 과정에서 대장에 강한 압력이 가해지면 식도·소장·대장 등 주요 신체 기관 벽에 생기는 작은 주머니인 게실(diverticulum)에 장 내용물이 들어가 게실이 장 벽 밖으로 튀어나오는 상태인 게실증이 발생할 수도 있다. 또한 무리한 힘을 주면, 직장 하부와 항문 주변이 몸 밖으로 튀어나오는 치질이 생길 수도 있다. 치질은 정맥류와 비슷한 질환으로, 변기에 오래 앉아 있거나 계속 배변을 하기 위해 과도하게 힘을 준 결과로 발생한다. 변비 때문에 변을 보기 위해 자주 힘을 주면 배변 실신 증상이나 뇌졸중과 같은 심각한 질환이 발생할 수도 있다. 불쌍한 엘비스.

하지만 쪼그려 앉아서 배변을 하는 것이 만병통치약은 아니다. 인도의 한 연구에 따르면 이 자세도 혈압을 높일 수 있다. 실제로, 쪼그려 앉은 자세가 변비나 치질을 예방하거나 완화하는지에 대해서는 현재까지도 의견이 크게 엇갈리고 있다. 하지만 이 자세의 장점에 대한 몇몇 연구 결과를 살펴보면 독일의 작가이자 의사인 기울리아 엔더스 같은 사람들이 배변할 때 이 자세를 취하는 것이 중요하다고 목소리를 높이는 데에는 어느 정도 이유가 있다. 예를 들어, 소규모지만 매우 구체적인 일본의 한 실험에서 연구자들은 자원봉사자 6명의 항문과 직장에 액체 조영제[68]를 주입한 다음, 자원봉사자들이 세 가지 자세에서 조영제를 몸 밖으로 배출할 때 그들의 복부, 직장 및 항문괄약근의 압력을 측정했다(맞다, 자원봉사자들은 자세를 바꿀 때마다 항문에 조영제를 다시 주입받아야 했다). 그 결과, 연구자들은 쪼그려 앉은 자세에서 엉덩이 관절을 더 많이 구부릴수록 항문직장각이 넓어지고 배변 시 긴장이 줄어든다는 것을 발견했다. 2019년에 오하이오주립대학의 위장병 전문의들은 자원봉사자 52명을 대상으로 자신들이 개발한 "배변 자세 교정 장치"를 테스트하기도 했다. 연구자들은 이 장치가 스툴(등받이가 없는 의자)에 불과하지만 자원봉사자들이 이 장치를 사용했을 때 배변 속도가 빨라지고, 긴장이 줄어들었으며, 더 확실하게 배변을 할 수 있었다는 보고를 했다고 밝혔다.

우리 집에서 사용하는 변기의 높이, 그러니까 바닥에서 변기 시트까지의 거리는 43.18센티미터다. 이 변기는 앉아 있는 것 자체는 편하지만 용변을 보기에는 별로 편하지 않다. 변기에 앉아서 화집을 보거나 오래된 과학책을 읽는 방법으로 항문직장각을 조금 넓힐 수는 있었지만, 나는 스쿼티 포티로 본격적으로 자세를 교정할 수 있을지 알아보기로 했다. 처음 몇 번 사용했을 때는 자세가 좋아지는 것을 거의 느낄 수 없었

---

68 방사선사진을 찍을 때 찍고자 하는 조직과 주변 조직을 구분해 주는 데 사용되는 물질.

다. 대변이 부드러워지지도, 변기 물에 떨어질 때 "쉭" 소리가 나지도 않았다. 하지만 스마트폰 앱 기록에 따르면 나의 배변 활동에는 별 문제가 없었다.

연구 목적이 아닌 이상 일반인이 배변 활동의 빈도와 속도, 대변의 양과 농도 그리고 색깔을 계속 추적하는 것은 쉬운 일이 아니다. 하지만 스마트폰 앱을 사용하면 어느 정도 도움을 받을 수 있다. 내가 다운로드해 사용하고 있는 세 가지 스마트폰 앱은 똥에 대해 아는 것이 곧 힘이라는 전제하에서 적어도 정상적인 배변 패턴과 위험한 배변 패턴을 식별해 낼 수 있게 해 준다. 나는 이 세 가지 앱을 모두 사용해 1년 동안 매일 나의 배변 활동을 기록했다.

한 앱의 기본 화면은 그날 배출한 똥의 모양이 작은 아이콘으로 표시되는 월별 달력이다. 내 경우에는 12월 9일이 앱을 사용한 첫날이었는데, 그 날짜에는 "부드럽고 매끄러운 소시지" 아이콘이 표시됐다. 이런 아이콘을 보면 내 똥 하나하나가 특별하다는 생각을 하게 된다. 다른 두 앱은 사용자가 찍은 똥 사진을 친구에게(개발자들은 아마도 의사를 염두에 두었을 것이다) 공유하게 해 주는 기능이 있다. 두 번째 앱은 브리스톨 대변 척도에 따라 내가 똥을 분류해 결과를 입력하면 초록색으로 "좋음" 또는 빨간색으로 "나쁨"이라고 평가한다. 나머지 한 앱은 "마지막으로 퐁당 소리를 낸 똥" 이후 경과한 시간(유용한 배경정보다)을 보여 주는 타이머 기능과 "퐁당 소리 분석기" 기능이 있으며, 사용자의 배변과 관련된 다양한 통계 수치들을 보여 준다. "퐁당 소리 분석기" 안의 "어떻게 할까요?" 항목 아래에는 내가 첫 번째 입력을 한 뒤 앱이 내린 판결이 이미 제시되어 있었다. "참 잘했어요. 앞으로도 계속 열심히 하세요"라는 내용이었다. 나이 쉰에 "참 잘했어요"라는 칭찬을 받다니.

이런 앱들을 사용하면서 재미있기도 했지만 놀랍기도 했다. 이 앱들을 통해 나는 12개월 동안 총 996번 똥을 배출했고, 보통 하루에 2~3회 정도 배변을 한다는 사실을 알게 됐다. 하루도 배변을 거른 적이 없었고 봄에는 더 많이, 여름과 가을에는 더 적게 배변을 했으며, 주로 오전에 배변을 했다. 그리고 여행을 갔을 때나 늦게까지 글을 쓰지 않았을 때는 거의 항상 오전 8시에서 오후 6시 사이에 배변을 했다. 추적 결과, 아침에 커피를 마시면 배변이 더 잘 이루어지는 것으로 확인됐다. 아이오와대학교 연구진이 건강한 지원자 12명을 대상으로 수돗물 관장을 한 다음 길이가 약 60센티미터인 유연한 탐침을 엉덩이를 통해 대장에 삽입해 18시간 이상 유지시킨 실험에서도 같은 결과가 나왔다. 압력센서 6개가 장착된 이 탐침은 지원자의 대장에서 근육수축의 양상과 강도를 객관적으로 측정하기 위해 설계된 것이었다. 섭취된 음식물은 근육의 수축 운동과 이완 운동, 즉 연동운동(peristalsis)에 의해 위장관계에서 이동한다. 탐침을 삽입한 채로 하룻밤을 지낸 뒤 지원자들은 푸짐한 (그리고 건강에 별로 좋지 않은) 점심 전후에 블랙커피, 디카페인커피, 뜨거운 물을 무작위 순서로 마셨다. 블랙커피는 대장 근육의 연동운동을 자극할 뿐만 아니라 근육수축을 출구 쪽으로 전파하는 데에도 점심 식사와 거의 같은 효과를 냈지만, 효과가 지속된 시간은 점심 식사에 의한 효과의 절반 정도에 불과했다. 정리하자면 블랙커피는 디카페인커피보다 23퍼센트, 물보다 60퍼센트 더 많이 대장 운동을 촉진했다.

한 소규모 연구에 따르면 커피를 마시는 사람 10명 중 약 3명이 커피 한 잔을 마시면 "배변 욕구"가 강해지는 것으로 나타났다. 하지만 디카페인커피도 장 수축을 촉진한다는 여러 연구 결과를 고려할 때 꼭 카페인이 배변 욕구를 자극한다고 볼 수는 없다. 대신, 연구자들은 커피에 포함된 다양한 성분들이 장-뇌 신호를 활성화하거나 가스트린(gastrin), 모틸린(motilin), 콜레시스토키닌(cholecystokinin) 같은 근육운동 촉진 호르몬의 분비를 촉진해 간접적으로 배변 욕구를 자극한다고 본다.

배변 활동을 매일 추적한 결과, 내 경우에는 멕시코를 여행하는 동안에는 연동운동이 더 많이 일어났고, 미네소타에 있는 부모님을 방문했을 때는 덜 일어났으며, 오리건주 바닷가로 여행을 떠났을 때는 일주일 동안 변이 묽었던 것으로 나타났다. 하지만 집에 돌아오면 항상 패턴이 정상으로 돌아갔다. 다행히도 그레이비 아이콘은 한 번밖에 그리고 죽아이콘도 몇 번밖에 표시되지 않았다. 하지만 앱의 월별 달력에 치킨너겟 아이콘이 상대적으로 많이 표시된 것을 보니 식이섬유를 더 많이 섭취해야 한다는 생각이 들었다.

그때 친구가 50번째 생일 선물로 준 메타뮤실(Metamucil)이 떠올랐다. 메타뮤실은 블론드질경이라고도 알려진 플란타고 오바타(Plantago ovata)라는 식물의 씨껍질(차전자피)로 만든 섬유질 보충제다. 이 식물은 수 세기 동안 약으로 사용되어 왔으며, 이 식물로 만든 제품인 메타뮤실은 이 전통적인 지식을 현대적인 형태로 재포장한 것이다. 차전자피는 수분 흡수율이 높기 때문에 변의 부피를 늘리고 변의 이동 시간을 조절하는 데 도움이 된다. 변의 질량 증가는 배변 활동을 촉진해 변비에 도움이 되며, 음식물이 대장을 통과하는 속도를 늦추고 전체 배변 횟수를 줄여 설사 완화에도 도움이 된다. 실제로 메타뮤실을 복용하고 한 주가 지나자 배변 횟수와 농도가 달라지는 것 같았다. 하지만 안타깝게도 하루에 두 알을 복용하는 것은 나의 민감한 장에 무리를 주는 것 같았다. 장에 가스가 차면서 복부 팽만감, 장 경련이 느껴져 너무 불편했고, 결국 나는 복용을 중단하기로 했다.

관련 연구에 따르면 이런 내 증상은 식이섬유에 포함된 복합 탄수화물을 소화하는 장내미생물의 부족에서 비롯된 것 같았다. 발효 전문가인 로버트 헛킨스에 따르면 섬유질을 분해하는 미생물이 부족한 사람이 섬유질 함량이 높은 식단으로 단계적으로 전환하면 장에서 이로운 박테리아들이 점차적으로 늘어나면서 몸이 서서히 그 상태에 적응하게 된다. 이로운 박테리아들이 느리지만 꾸준하게 늘어나면 장내미생물총이 그 상태에 맞추어 적응한다는 설명이다. 그는 이로운 미생물이 충분한 양으로 늘어나는 데에는 시간이 걸리며, 요구르트 같은 발효식품을 섭취해 섬유질을 분해하는 미생물을 추가적으로 몸에 주입해야 할 수도 있다고 말했다.

전산생물학자(Computational biologist) 로런스 데이비드(Lawrence David)도 몸에 필요한 박테리아는 원래부터 장 안에 존재하지만 그 수가 적기 때문에 늘어나는 데 시간이 필요하다고 말한다. 하지만 그의 최신 연구 결과에 따르면 또 다른 시나리오도 가능하다. 섬유질이 장 안으로 들어오기 전까지는 몸이 섬유질을 처리하는 유전자, 즉 섬유질의 대사 과정을 촉진하는 유전자를 활성화시킬 이유가 없다는 것이다. 그는 "사람들에게 섬유질을 섭취하게 하거나, 인공 대장에 섬유질을 주입하면, 당일에 비해 그다음 날에 박테리아가 섬유질을 더 많이 분해하는 현상을 관찰할 수 있다"라고 말했다. 이는 두 번째로 섬유질을 줄 때 박테리아가 새로운 음식, 즉 섬유질에 적응해 더 활발하게 섬유질을 분해한다는 뜻이다.

위장관계가 커피나 섬유질 같은 음식에 어떻게 반응하는지 알아보는 실험은 우리 몸이 어떻게 작동하는지에 대한 호기심을 충족시키기도 하고 칵테일파티에서 이야깃거리를 제공하기도 하지만, 변비나 설사 같은 질환에 대한 이해와 통제에도 큰 도움을 준다. 예를 들어, 아이오와대학교연구진의 실험이나 그와 유사한 실험들은 세계에서 가장 인기 있는 음료라고 할 수 있는 커피가 변비 완화에 도움이 되기는 하지만, 디카페인커피를 포함한 모든 커피는 만성설사 환자나 변실금 환자에게는 좋지 않다는 사실을 우리에게 알려 준다.

×

커피에 포함된 수많은 화학물질이 커피 특유의 다양한 향을 내는 것처럼, 똥에서도 다양한 냄새가 난다. 특히, 똥에서 나는 심한 악취는 소화나 영양 흡수에 문제가 있다는 신호일 수 있으며, 이런 악취는 과민대장증후군과 같은 대장 운동 장애나 셀리악병, 크론병, 췌장염 같은 질환에 의한 것일 수도 있다. 이런 악취를 내는 대변 내 휘발성 유기화합물(VOC)의 종류는 장내미생물의 영향을 크게 받는다. 따라서 장내미생물 군집의 변화로 대변의 화학적 특징이 변화하는 것은 매우 당연한 일이다. 연구자들이 대변 VOC를 이용해 전염성질환을 구별해 내는 일이나 일부 병원에서 냄새 탐지견이 환자의 몸, 환자의 대변 샘플, 의료기기의 표면 등에서 클로스트리디오이데스 디피실 박테리아 감염 징후를 탐지해 내는 일은 이런 화학적 변화에 의존한다.

2012년 암스테르담에서는 세계 최초의 박테리아 탐지견으로 기록된 클리프(Cliff)라는 이름의 비글이 두 병원의 병동에서 환자들의 냄새를 맡아 클로스트리디오이데스 디피실 감염 환자를 정확하게 찾아냈다. 클리프는 이 병원균으로 인한 설사 증상을 발견하면 환자의 침대 옆에 조용히 앉아 있었다(연구진은 탐지용 쥐를 사용하는 것도 고려했지만, 개가 훈련하기 쉽고 환자와 직원이 더 잘 받아들인다는 결론을 내렸다). 페기릴리스재단 갈라 행사에서 상을 받은 캐나다의 개 훈련사 테레사 주버그(Teresa Zurberg)는 자신의 개 앵거스에게 순수 배양액과 클로스트리디오이데스 디피실 양성 분변 샘플의 냄새를 구별해 내도록 훈련을 시키기도 했다. 2017년 연구에 따르면 앵거스는 탐지 능력 테스트에서 오탐(false alarm) 없이 양성 분변을 찾아내는 데 뛰어난 능력을 보였다. 또한 앵거스는 밴쿠버종합병원의 한 임상 부서에서 의료기기 표면의 클로스트리디오이데스 디피실 오염 가능성을 80회 이상 경고하기도 했다.

하지만 최근 토론토의 마이클개런병원에서 진행된 두 탐지견(파이퍼라는 이름의 독일셰퍼드와 체이스라는 이름의 보더 콜리-포인터 믹스견)의 클로스트리디오이데스 디피실 냄새 탐지 능력 비교 실험에서는 다소 실망스러운 결과가 나왔다. 연구자들은 체이스와 파이퍼의 탐지 능력에 차이가 있으며, 일부 양성 냄새와 음성 냄새 식별에 대한 훈련이 부족해 탐지견의 "현장"

진단자로서의 신뢰성에 의문이 제기된다고 말했다. 그렇다고 해서 이 두 탐지견이 클로스트리디오이데스 디피실 감염의 특징적인 냄새를 찾아내지 못했다는 것은 아니다. 탐지 작업의 성과는 주변이 어수선하거나 탐지견의 동기가 부족하면 영향을 받을 수 있다. 이 결과를 담은 논문의 수석 저자 모린 테일러(Maureen Taylor)는 의학 전문지 《STAT》와의 인터뷰에서 이 실험에서는 체이스가 환자 침대에 놓인 아침 식사 트레이에 주의를 빼앗겼으며 "탐지견들은 화장실에서 변기에 다가가면 항상 물을 마시는 데 정신이 팔렸다"라고 말했다.

아직까지 탐지견은 완벽한 법의학 탐정이라고 할 수는 없지만, 그 잠재력은 매우 크다. 예를 들어, 펜실베이니아대학교의 신시아 오토와 공동연구자들은 탐지견이 혈장에서 나는 독특한 냄새를 맡아 난소암을 식별해 낼 수 있다는 것을 보여 주었다. 또한 인공 임플란트 생체 박막의 박테리아 감염 여부를 냄새 탐지견을 이용해 알아내기 위한 연구도 진행되고 있다. 2020년에 오토의 연구 팀은 탐지견이 사슴 배설물에서 만성소모성질환과 관련된 감염성 단백질인 프리온의 존재를 감지할 수 있는지 확인하기 위해 새로운 프로젝트를 시작했고, 후속 연구를 통해 탐지견들이 환자의 소변, 땀, 타액 샘플에서 코로나19의 징후를 감지할 수 있다고 보고했다.

"질병은 냄새에 분명한 변화를 일으키며, 문제는 샘플을 통해 적절한 냄새에 대한 훈련을 시키는 데 있을 뿐입니다."

오토가 내게 설명했다. 그는 냄새 탐지견 연구의 진전이 오래된 개념을 다시 살려 낸 결과라고 생각한다며, "문헌을 찾아보면 고대 그리스인들이 다양한 질병과 관련된 냄새에 대해 이야기했다는 것을 알 수 있습니다"라고 말했다. 예를 들어, 히포크라테스는 몸에서 나는 냄새를 통해 질병 진단이 가능하며 질병에 따라 소변과 타액의 냄새가 다르다고 썼다. 하지만 현대인들은 다른 신호들에 의존하면서 후각이 거의 사라졌다. 오토는 찬찬히 다시 집중하면 "우리의 후각을 다시 훈련할 **수도** 있을 것"이라고 말했다. 하지만 후각을 되찾기 전까지는 탐지견이 감지하는 냄새에서 지식을 추출하기 위해 노력하는 수밖에 없다.

냄새를 탐지하는 능력 면에서는 개가 현재의 최첨단 장비보다 낫지만, 대다수 병원과 임상실험실에서는 의료 장비를 이용해 배설물의 성분을 식별해 낸다. 일부 설사 환자의 경우 대변에 포함된 백혈구는 박테리아 감염이나 염증성장질환을 경고한다. 또 다른 일반적인 검사인 위장 병원체 검사는 20개 이상의 세균, 바이러스 및 기생충질환을 유발하는 유기체의 DNA 또는 RNA를 검출해 진단 범위를 좁히는 데 도움을 준다.

임신 후반기에 배출되기 시작하는 태아의 태변에도 수많은 의학적 정보가 담겨 있다. 신생아가 배출한 태변을 대상으로 약물 분해 산물을 검사하면 산모가 임신 마지막 4~5개월 동안 약물을 사용했는지 확인할 수 있다. 예를 들어, 솔트레이크시티에 위치한 ARUP연구소는 태변 검사를 통해 아편, 코카인, 마리화나를 비롯한 6가지 약물 유형의 복용 여부를 탐지해 낸다. 아기가 어떤 약물에 노출되었는지 아는 것에는 확실한 의학적 이점이 있다. 하지만 범죄 수사 목적으로 아기를 이용해 엄마의 약물 복용 여부를 검사하는 일은 바람직하지 않다고 판단한 연구소는 이 방법이 의료 목적으로만 사용되며 법의학 용도로는 유효하지 않다고 밝히기도 했다.

대변에는 중금속을 제거하려는 몸의 시도가 기록되어 있을 수도 있다. 인도에서는 과학자들이 자이푸르(Jaipur)시의 산업지역 6곳의 오염 상태를 모니터링하기 위해 푸른바위비둘기의 배설물에서 독성 금속의 농도를 측정했다. 잠비아에서는 납과 아연 광산 근처의 오염된 마을에 사는 영유아의 분변과 소변에서 "매우 높은" 수준의 납과 높은 수준의 카드뮴이 검출됐다고 과학자들이 보고했다. 이런 생체 모니터링에는 혈액 및 소변 검사가 더 자주 사용되지만, 이 연구를 진행한 과학자들은 대변 샘플 검사도 납 및 기타 금속 중독에 대한 공중보건 감시에 효과적이라고 말했다.

실제로 여러 민간기업에서 납을 비롯한 12가지 이상의 금속 수치를 측정할 수 있는 대변검사를 제공하고 있다. 하지만 이런 검사는 불안한 가족들에게 수백 달러 비용을 청구하는 단점이 있다. 이런 민간기업 중 하나인 라이프익스텐션(Life

Extension)에서는 "이 분변 금속 검사는 얼마나 많은 금속이 몸 안팎을 드나드는지 알려 줍니다"라고 주장한다. 하지만 관련 정보를 잘 들여다보면 이 검사 결과는 "정보 제공용"으로만 사용될 수 있으며, FDA는 이 검사 결과를 의학적 용도로 사용하는 것은 승인하지 않았다는 설명을 읽을 수 있다. 이런 검사는 의사의 조언 없이는 신뢰성이 떨어지는 결과를 과대평가할 수도 있고 어떻게 이 결과에 대처해야 할지도 모르는 소비자에게 모든 책임을 전가한다고 할 수 있다.

샘플을 실험실에서 우편으로 받아서 진행하는 검사를 비롯해 가정용 검사 대부분은 FDA의 규제를 받지 않는다. 그럼에도 일부 가정용 검사는 HIV 및 기타 성병, C형간염, 대장암, 코로나19 등의 질병에 대한 공중보건 전략에 필수적인 요소가 된 상태다. 특히 이런 검사들은 프라이버시와 편의성, 그리고 2020년 팬데믹 기간에 다른 옵션에 대한 접근이 제한되면서 그 인기가 급상승했다. 이런 검사 서비스를 제공하는 기업 중 하나인 렛츠겟첵트(LetsGetChecked)는 2020년 3월 중순부터 4월 중순까지 가정용 대장암 검사 키트에 대한 수요가 477퍼센트나 증가했다고 보고했다. 하지만 이 검사는 종양이나 용종의 잠재적 지표로 대변에서 희미한 피의 흔적, 즉 "분변 잠혈(fecal occult blood)"을 찾는 다양한 검사 중 하나에 불과하다. "잠혈"이라는 말은 희생양과 관련이 있을 수도 있고 없을 수도 있는 오컬트적인 이교도 의식을 떠올리게 만들지만, 여기서 잠혈검사란 건강진단 기업인 에벌리웰(Everlywell)에서 판매하는 49달러짜리 키트를 이용해 대변 샘플을 채취하는 간단한 작업을 뜻한다. 손잡이가 긴 파란색 붓으로 똥의 일부를 떼어 내 분변 수집용 카드에 그려진 작은 사각형 안에 펴 바르고, 그 작업을 다시 다른 작은 사각형에 반복하는 것이 작업의 전부다. 분변 면역화학 검사(FIT)라는 이름으로 불리는 이 검사는 적혈구의 일부이자 산소를 운반하는 역할을 하는 헤모글로빈이 대변에 포함되어 있는지 알아내는 방법으로 미세한 피가 대변에 섞여 있는지 확인하는 검사다.

공중보건 전문기자 킴 크리스버그(Kim Krisberg)가 "민간 건강검사 분야의 우버"라고 부른 에벌리웰은 빠른 검사 결과 통보를 약속한다. 이 회사는 적어도 그 약속은 지켰다. 내 경우 금요일에 키트를 보냈는데 그다음 주 화요일에 검사 결과를 받았다. 결과는 음성이었다(양성 판정이 나왔다면 혈액의 출처를 확인하기 위해 대장내시경검사를 더 받아야 하는지 의사와 상의해야 했을 것이다). 외딴 지역에 거주하거나 미국의 의료시스템이 제대로 작동하지 않아 의료서비스를 제대로 받지 못하는 사람들에게는 적시에 검사 결과가 나오는 것이 신의 선물이 될 수 있다.

콜로가드(Cologuard)를 비롯한 몇몇 기업들은 암의 징후로 해석될 수 있는 DNA 변이를 찾아내기 위한 키트를 판매한다. 의사의 처방전이 있어야 이용할 수 있는 이 서비스는 매우 정확한 검사 결과를 제공하지만 의료보험 혜택을 받지 못할 경우 비용이 너무 많이 든다는 단점이 있다. 나는 이미 몇 년 전에 대장내시경검사를 통해 대장이 깨끗하다는 진단을 받았기 때문에 이 회사의 키트 옵션 중에서 간단한 옵션을 선택했다. 채취 과정 자체는 매우 간단했다. 하지만 치질로 인한 출혈이 있거나, 소변에 피가 섞여 나오거나, 위궤양 같은 위장질환이 있는 사람이라면 결과를 해석하기가 쉽지 않을 것 같았다.

이 검사 방법에는 다른 단점도 있다. 이 회사의 인터넷사이트 "마이 에벌리(My Everly)"에는 프리미엄 회원 가입을 하면 매달 24.99달러에 검사를 받을 수 있다는 문구가 있었지만, 검사는 대부분 콜레스테롤 관련 질환과 임질 같은 성병에 초점을 두고 있었다. 또한 이 사이트는 개인 병력 및 가족력 정보를 요구했다. 나는 그 정보가 개인 "맞춤형" 서비스에 도움이 될 수 있겠다고 생각했지만 결국 정보 제공을 하지 않았다. 음, 아니요 괜찮습니다.

검사를 많이 하는 것이 꼭 좋은 것만은 아니다. 특히 에벌리웰의 식품 민감도 검사 같은 것들은 일부 전문가에 의해 의학적 효용이 입증되지 않은 속임수라는 비판을 받기도 했다. 이 회사의 호르몬 및 비타민 결핍 검사도 아직 미국 예방 서비스 태스크포스 같은 독립적인 평가 기관에 의해 효용성이 입증되지 못한 상태다. 에벌리웰은 고객 데이터를 절대 판매하지 않으며 최첨단 보안 보호장치를 사용한다고 주장한다. 그럼에도 이 회사가 가치가 의심스러운 값비싼 검사들을 유도하기 위해 대장암 검사 키트 서비스를 제공한다는 사실을 알게 되면서 나는 실망하지 않을 수 없었다.

적어도 내 똥에 관한 정보는 악의적인 사람의 손에 들어가더라도 국가 보안을 해치지는 않을 것이다. 하지만 2016년 BBC 보도에 따르면, 실제로 "배설물을 이용한 스파이 활동"이 **수행되어 왔다**. 예를 들어, 이 보도에 따르면 1949년에 중국 공산당 지도자 마오쩌둥이 모스크바를 방문했을 때 소련 스파이들은 그가 머물던 영빈관 내 화장실에서 그의 대변을 몰래 빼돌려 실험실에서 분석했다. 소련의 지도자이자 동료 공산주의자인 이오시프 스탈린이 직접 지시한 것으로 알려진 이 스파이 작전은 마오쩌둥의 심리 상태를 분석하기 위한 시도였을 가능성이 높다. 북한 독재자 김정은이 2018년 싱가포르 정상회담에 전용 화장실을 가져간 것도 이런 스파이 작전을 염두에 둔 것일 수 있다. 당시 한국의 《조선일보》는 "김정은은 남북정상회담 현장에 있는 공중화장실 사용을 거부했으며, 이를 두고 배설물을 통해 건강 정보가 유출될 수 있음을 우려한 것이라는 추측이 나오고 있다"라고 보도했다. 《워싱턴포스트》의 보도에 따르면 북한 호외사령부 출신 한 탈북자는 "김 위원장의 배설물에는 건강상태에 대한 정보가 들어 있어 지도부가 이를 남겨 두고 떠나지는 못할 것"이라고 말했다.

대변을 이용한 스파이 활동은 스탠퍼드대학교가 사물인 터넷 시스템에 "스마트" 변기를 추가하는 데 영감을 준 것이 확실해 보인다. 이 스마트 변기는 여러 개의 압력 감지센서와 동작 감지센서, 카메라 4대, 컴퓨터 인터페이스가 갖추어져 있어 자율적인 작동이 가능하다. 이 스마트 변기는 소변의 색 깔을 분석할 뿐만 아니라, "딥 러닝" 기술을 이용해 브리스톨 대변 척도에 따라 대변의 상태도 분석한다. 여러 사람이 사용 하는 화장실의 경우 변기의 물 내림 레버가 각 사람의 지문을 읽고, 공항 보안 카메라보다 더 정교한 카메라가 각 사용자 를 항문 피부(anoderm)[69]의 특징에 따라 구분한다. 일종의 "항 문 지문"을 인식하는 셈이다.

연구자들은 내가 사용하는 배변 활동 추적 앱들보다 훨씬 더 복잡한 이 자동화시스템이 숙련된 의사보다 질병 징후를 더 잘 식별한다는 연구 결과를 내놓기도 했다. 그럼에도 이런 화장실 전용 "정밀 의학" 기기 그리고 의료진에게 사용자의 질병 징후를 알려 주는 앱은 잘못된 확신 또는 과잉 진단이 라는 문제를 발생시킬 소지도 있다. 또한 이런 첨단 시스템들 의 이점이 누군가의 항문이나 설사를 훔쳐보는 시선으로부 터 사용자를 보호하는 데 필요한 개인정보보호 기능과 보안 기능이 필요하다는 단점보다 더 크다고 할 수 있는지도 의

---

69 항문관의 상피층.

문이다. 이 스마트 변기의 개발자 중 한 명은 보도 자료를 통해 "스마트 변기는 일반적으로 무시되는 데이터를 활용하게 해 주는 완벽한 수단이다. 또한 스마트 변기 사용자는 신경을 쓰지 않아도 된다"라고 말했다. 하지만 우리는 우리가 신경 써야 하는 부분을 컴퓨터 알고리즘에 맡겼을 때 발생할 수 있는 위험을 피하기 위해 다른 방식으로 **신경을 써야 할지도** 모른다.

전산생물학자인 로런스 데이비드는 스마트 변기에 대해 좀 더 지켜봐야 한다는 입장을 취한다. 그는 다양한 검증은 실험 과정의 일부이며, 이런 검증은 인간유전체학 분야도 초창기에 겪었던 검증이라고 본다. 그는 "여러 종류의 스마트 변기 중에서 어떤 형태가 실제로 사람들에게 유용할지는 검증을 통해 확인하는 수밖에 없다"라고 말했다.

수십 년 전 독일의 엔지니어들은 대변에 대한 세심한 관찰을 장려하는 변기를 만들어 많은 미국인 여행자를 당황하게 만든 적이 있다. 이 독일식 변기는 변기 물 바로 위에 "대변 선반"이라는 이름의 판이 올라와 있는 구조였다. 이 대변 선반은 대변을 배출한 사람이 대변이 변기의 뒤쪽에서 나오는 물에 씻겨 내려가기 전에 자신의 대변을 살펴볼 수 있게 한 것이었다(물이 변기 안에서 과도하게 튀는 것을 방지하는 역할도 한다). 독일의 법곤충학자 베네케는 이 독일식 변기는 대변에 기생충이 있는지 확인하는 데 주로 사용됐지만, 시간이 지남에 따라 그 필요성이 줄어들었다고 말했다. 또한 일반적으로 변기에 묻은 똥을 닦아 낼 때는 변기 솔이 유용하지만, 똥의 모양, 색깔, 농도를 확인할 때는 이 "플라흐슈퓔러(Flachspüler, '얕게 씻어 내는 변기'라는 뜻)"가 유용하긴 하다. 과학을 소재로 코미디를 하는 빈스 에베르트(Vince Ebert)는 이 변기를 "독일식 사색을 위한 플랫폼"이라고 부르기도 했다.

×

무엇보다도, 나는 똥에 대해 더 잘 알게 되면서 다양한 똥들의 미세한 구분에 필요한 기준선을 설정할 수 있게 됐다. 하지만 나의 이런 노력은 매사추세츠공과대학교에서 대학원생으로 공부하던 데이비드가 한 노력에 비하면 아무것도 아니다. 그와 그의 대학원 지도교수인 에릭 알름(Eric Alm)은 1년 동안 매일 똥의 특징을 분석했을 뿐만 아니라, 똥 샘플과 타액 샘플을 같이 수집하는 방식으로 더 광범위한 분석을 수행했다. 이들은 개조된 스마트폰 앱을 이용해 대변의 무게와 냄새부터 대변 배출자의 식단과 기분에 이르기까지 변수를 총 349개 추적했으며, 매일 한 시간 정도를 들여 이 모든 과정을 기록했다. 데이비드는 이 모든 과정이 끝나고 나자 너무 지쳐 몇 년 동안 스마트폰을 사용하지 않았다고 말할 정도였다.

두 연구자는 자신들과 자신들의 체내 미생물의 생활 방식에 대한 측정값을 1만 건 이상 수집했다. 그 결과, 이들은 장내 경쟁이 계속되는 가운데에서도 몇 가지 주목할 만한 예외를 제외하고는 미생물 군집 대부분이 수개월 동안 놀라울 정도로 안정적으로 유지된다는 사실을 발견했다. 이 연구 결과에 따르면, 식중독, 외국 여행, 식단 변화와 같은 요인들이 모두 장내세균총의 분명한 변화와 관련이 있었다. 예를 들어, 알름이 설사를 동반한 살모넬라식중독에 걸린 후 그의 장내세균총은 극적인 변화를 겪었다. 이전에 있던 미생물들 상당수가 사라지면서 그전에는 소수였던 미생물들이 급격하게 증식하기 시작했다. 완전히 새로운 종도 등장했다. 하지만 이들을 자세히 살펴본 결과, 알름의 장에 새로 나타난 미생물들 대부분이 기존의 미생물들과 같은 역할, 예를 들어, 특정한 탄수화물을 소화하는 역할을 한다는 것을 알게 됐다. 감염으로 인해 알름의 장에서는 박테리아종(種)의 상당수가 사라졌지만, 장내 생태계는 곧 스스로 균형을 되찾았다. 사라진 미생물들 대신 다른 미생물들이 같은 역할을 하는 것으로 보였다.

연구가 진행되는 동안 데이비드는 아내와 함께 51일 동안 방콕에 머물렀다. 데이비드는 방콕에서 새로운 음식을 먹어보기 위해 노력했고, 여행 기간의 거의 3분의 1을 설사와 싸웠으면서도 지금까지 방콕에서의 시간을 미식의 하이라이트라고 생각한다. 하지만 놀랍게도 그의 장은 새로운 미생물들을 받아들이지 못했다. 데이비드는 "나는 다른 지역의 박테리아가 내 장으로 들어왔을 거라고 생각했지만, 그렇다는 증거를 거의 찾을 수 없었다"라고 말했다. 그에 따르면 오히려 그의 장 안에서는 항상 존재했지만 그 수가 상대적으로 적었던 일부 종이 급부상한 반면, 이전에 풍부했던 다른 종들은 수가 줄어들었다. 그가 매사추세츠주 케임브리지의 집으로 돌아온 뒤, 이 패턴은 2주 만에 여행 이전 패턴으로 돌아갔다.

데이비드의 이야기를 들으면서 장 건강상태를 알기 위해 장내미생물 군집을 분석해야겠다는 생각이 들었던 나는 선지노믹스(Sun Genomics)의 플로레 검사 서비스(Floré testing service, 정상가 249달러, 현재 169달러에 판매 중)를 이용하기로 결정했다. 그이유는 이 서비스가 단순히 "장 건강" 지표만 제공하는 것이 아니라 어떤 미생물종이 나와 공존하는지 알려 준다는 약속 때문이었다. 게다가 "당신의 장에 대해 알아보세요"라는 광고 문구도 마음에 들었다. 채집 패드에 충분하다고 판단될 정도의 대변을 묻힌 뒤 바이오해저드 백에 밀봉한 다음, 키트에 동봉된 서류에 내 개인정보를 채운 뒤 잘 포장해 선지노믹스에 택배로 보내자, 플로레 검사 서비스는 즉시 내게 염증성장질환의 바이오마커(biomarker)[70]를 찾아내는 99달러짜리 "추가" 테스트를 제안했다. 하지만 이 제안에는 함정이 있었다. 이미 보낸 샘플에 대한 추가 검사는 불가능하기 때문에 새로 샘플

---

70 정상 또는 병리적인 상태, 약물에 대한 반응 정도 등을 객관적 견지에서 측정해 주는 표지자.

을 보내야 하는데, 그러려면 129달러를 추가로 지불해야 한다는 점이었다. 그렇게까지 하고 싶지는 않았다.

처음에 나는 "아메리카 장 프로젝트(American Gut Project)"에 내 장내미생물들을 보내려고 생각했었다. 2012년에 시작된 이 프로젝트는 주로 미국, 영국, 호주에 거주하는 참여자 수천 명의 장내미생물을 "자연 상태 그대로" 비교·분석하기 위한 크라우드소싱 프로젝트다. 하지만 팬데믹의 한가운데에서 이 프로젝트의 과학자들은 코로나19 연구로 방향을 선회했고, 협력자가 될 만한 사람들에게 정기적인 채집 키트 발송을 중단했다. 이 프로젝트의 데이터베이스가 지구의 장내미생물을 대표한다고 할 수는 없다. 또한 이 데이터에는 신원을 확인할 수 있는 세부 정보가 제거되었지만, 연구자들은 참여한 시민과학자들이 거의 모두 선진국 출신이며, 평균보다 더 부유하고 건강하며, 고등교육을 받은 사람들이라고 인정한다. 이런 한계가 있지만 이 공공 데이터베이스는 다양한 박테리아종과 유전자 염기서열을 확인할 수 있을 정도로 방대하다. 데이터 발굴 전문가들은 이 데이터베이스에서 몇 가지 흥미로운 경향을 발견했다. 2018년 데이터 분석에 따르면 "비건(vegan)" "채식주의자(vegetarian)" "잡식주의자(omnivore)" 등으로 자신에 대해 기술한 참가자에게서 각각의 범주에 상응하는 장내미생물 다양성이 거의 발견되지 않았다. 오히려 매주 30가지 이상의 식물을 섭취한다고 답한 소수의 지원자 그룹이 10가지 이하의 식물을 섭취하는 비교 그룹보다 더 많은 미생물총 다양성을 보였다. 특이한 사실은 채식을 선호하는 사람들의 장에서 오실로스피라(Oscillospira), 피칼리박테리움 프로스니치(Faecalibacterium prausnitzii)처럼 섬유질을 잘 발효시키는 미생물이 많이 발견됐다는 것이었다.

데이비드의 자체 분석에 따르면 섬유질이 풍부한 음식을 먹을 때마다 다음 날 장내미생물총이 변화하며, 특히 비피도박테리움(Bifidobacterium), 로즈부리아(Roseburia), 유박테리움 렉탈레(Eubacterium rectale)처럼 섬유질을 소화하는 박테리아가 더 많이 발견됐다. 또한 그는 요구르트를 먹은 뒤에는 그의 장내미생물총에 요구르트를 만들 때 생균 배양액에 첨가되는 비피도박테리움목(Bifidobacteriales)에 속하는 박테리아 그리고 이 박테리아들과 계통적으로 매우 가까운 박테리아들이 많이 늘어나는 것을 알게 됐다. 현재 듀크대학교에서 "똥 연구"를 하고 있다고 자신에 대해 말하는 데이비드는 미국인 10명을 대상으로 5일 동안 육류, 달걀, 치즈 위주의 식단을 제공한 결과, 장내미생물 군집이 다른 방향으로 빠르게 변화하는 현상을 이미 관찰한 바 있었다. 이 경우 장내미생물은 담즙 내성(고지방 식단은 담즙산을 더 많이 분비한다)이 높은 박테리아로 전환되었지만, 복잡한 식물성 탄수화물 대사에는 덜 능숙해졌다. 이 박테리아를 추출한 똥 샘플에는 DNA 손상과 간암을 촉진하는 것으로 알려진 담즙산 부산물인 디옥시콜산(deoxycholic acid)이 더 높은 농도로 포함되어 있었다. 데이비드는 이런 연구 결과는 고지방 식단이 염증성장질환의 발병 원인 중 하나인 미생물의 성장을 촉진한다는 이론을 추가적으로 뒷받침한다고 말했다.

데이비드의 연구에 따르면 사람 10명이 동일한 식물성 음식을 먹었을 때 장내미생물총은 데이비드 자신의 경우에서처럼 덜 극적으로 변화했지만, 전체적으로 볼 때 섬유질 분해능력이 높은 미생물이 장내미생물총에서 더 높은 비율을 차지했다. 데이비드는 이런 일시적인 식단 변화에 의한 결과는 "초식 포유류와 육식 포유류의 차이를 반영한다"라고 설명했다. 데이비드와 공동연구자들은 장내미생물 군집이 두 상태 사이에서 빠르게 전환할 수 있는 것은 육류의 섭취가 불규칙했던 우리 조상들의 진화적 적응이 반영된 결과라고 본다.

오늘날 미국 사람들은 섭취해야 할 섬유질의 약 30~35퍼센트만을 섭취하고 있다. 헛킨스 같은 연구자들은 이로 인한 섬유질 부족분을 "섬유질 갭(fiber gap)"이라고 부른다. 섬유질은 똥의 무게와 부피에 큰 영향을 미치기 때문에 서양인들의 평균 똥 무게는 다른 지역 사람들에 비해 가벼울 수밖에 없다. 이는 "평균(normal)"이 "건강"의 동의어가 아니라는 사실을 잘 드러내는 예 중 하나다. 2021년, 마이크로바이옴을 연구하는 에리카 소넨버그(Erica Sonnenburg)와 저스틴 소넨버그(Justin Sonnenburg) 그리고 그들의 공동연구자들은 우리가 중요한 것을 놓치고 있을지도 모른다는 "충격적이고" 새로운 연구 결과를 발표했다. 이 연구 결과의 내용은 10주 동안 요구르트, 김치, 콤부차 등 발효식품 위주의 음식을 섭취한 건강한 지원자들은 장내미생물 다양성이 크게 개선되고 염증 징후가 감소한 반면, 고섬유질 식단을 섭취한 그룹은 미생물 다양성이 증가하지 않았고, 대변에서 탄수화물이 더 많이 검출됐다는 것이었다. 데이비드와 헛킨스의 설명 그리고 내가 섬유질 보충제를 직접 복용해 본 경험에 기초하면, 이런 현상은 선진국 사람들에게도 섬유질을 소화할 수 있는 미생물이 충분하지 않기 때문에 나타나는 것일 수 있다.

나는 매일 요구르트와 함께 12가지 종류의 박테리아와 이눌린(inulin)이라는 프리바이오틱(미생물이 좋아하는 먹이)이 들어 있는 프로바이오틱스 제품인 프로불린(Probulin)을 먹어 보기로 했다. 이 제품은 소화불량을 일으키고 트림을 더 자주 하게 만들었지만, 멕시코에서 일주일간 현지 음식을 먹는 실험을 하기 전에 병원균 감염을 예방하는 데도 효과가 있을 것 같았다. 또한 음식물 발효를 일으키는 박테리아 섭취를 늘린 상태에서는 다양한 섬유질을 먹어도 괜찮을 것 같다는 생각도 했다.

그러던 중 나는 차전자피, 알로에베라, 블랙치아 씨, 아마 씨로 만든 식이보충제인 "퓨어 포 멘(Pure for Men)"에 대해 알게 됐다. 이 제품은 차전자피로만 만들어진 메타뮤실과 달리 다양한 섬유질이 포함되어 있어 섬유질을 좋아하는 장내미생물을 늘릴 수 있을 거라는 생각이 들었다. 게다가 이 제품은 이름 자체에 "남성을 위한(for Men)"이라는 말이 포함되어 있어 더 많은 관심을 끌었고, 광고 문구인 "항상 깨끗하게 유지하세요(Stay Clean, Stay Ready)"도 마음에 들었다. 또한 제품 웹사이트에 쓰인 "엉덩이에 자신감을"이라는 문구를 보면서 나는 모든 것을 깨끗하게 비워 내는 능력이 게이 남성인 나의 성적 능력을 향상시킬 거라는 생각이 들었다. 제품 용기에는 침대 그림 밑에 "깨끗하고 걱정 없는 놀이 시간을 즐기세요"라는 문구가 표시되어 있었는데, 이 부분도 마음에 들었다. 이 제품을 보면서 변비 치료용 엉덩이 플러그를 판매하던 회사가 떠오르기도 했다.

그때까지, 그러니까 2021년까지 나는 섬유질 보충제를 성생활 보조제로 홍보하는 회사를 한 번도 본 적이 없었다. 식분증(coprophagy) 같은 성적 페티시를 가진 사람을 제외한다면, 대다수 사람들은 이 두 가지 개념을 별개로 생각하기 때문이다. 하지만 사실 장 건강과 쾌감은 밀접한 관련이 있는 것으로 보인다. 앞에서 나는 일부 사람이 배변을 할 때 느끼는 쾌감인 "푸포리아"가 항문과 항문관에 있는 음부신경이 자극되어 발생한다는 주장에 대해 다룬 적이 있다. 실제로, 내 친구 중 한 명은 섬유질을 적절하게 섭취하면 배변을 하면서 "오르가슴"을 느낄 수 있다고 진지하게 말한 적이 있다. 하지만 안타깝게도 나는 변기에 앉아 그런 쾌감을 느껴 보지 못했다. 섬유질을 많이 섭취했지만 딱히 "깨끗하고 걱정 없는 놀이 시간"을 즐기는 데 도움을 받지는 못한 것 같다. 다만, 처음에 섬유질을 다량 섭취하기 시작했을 때는 속이 불편했지만 시간이 지나면서 좀 나아진 느낌은 들었다. 그러면서 배운 것이 하나 있다. 섬유질 섭취는 서서히 늘려야 한다는 것이었다. 하지만 여전히 뭔가를 내가 놓치고 있다는 생각이 계속 들었다.

✕

식습관은 장과 장내미생물의 복잡한 조합을 형성하며, 장내미생물은 건강 유지와 질병 발병에 복잡하고 지대한 영향을 미친다. 예를 들어, 혐오감과 그 행동 면역 메커니즘은 콜레라 같은 전염성질병을 피하는 데 도움이 되지만, 똥에 포함된 박테리아를 분석하면 특정한 장내미생물들이 우리 몸을 어떻게 보호하는지 알아낼 수 있다. 데이비드의 연구실에서 현재 진행되고 있는 프로젝트 중 하나는 장내미생물 간 상호작용이 콜레라 취약성에 미치는 영향에 관한 것이다. 대변 미생물총 이식술로 환자의 몸에 옮겨진 박테리아가 환자의 장 속 제한된 성장 공간에서 클로스트리디오이데스 디피실을 제압한다. 그렇다면 콜레라에 잘 걸리지 않는 사람들은 공간과 자원을 놓고 침입종과 더 잘 싸우는 상주 박테리아종들을 장 안에 가지고 있을 수 있다. 데이비드는 이런 사람들의 장내 마이크로바이옴 패턴을 관찰하면 콜레라균으로부터 몸을 더 잘 보호하는 생물학적 메커니즘 또는 면역 메커니즘을 밝혀낼 수 있을지도 모른다고 생각한다. 어쨌든, 대변에 포함된 미생물을 조사하면 콜레라 같은 질병에 누가 더 취약하고 덜 취약한지는 알아낼 수 있다.

장내 마이크로바이옴에 대해서는 아직 해독해야 할 것이 많이 남아 있다. 데이비드에 따르면 현재 연구자들은 어떤 미생물이 박테리아 단백질이나 대사산물을 만들어 내는지에 대한 연구보다 어떤 박테리아 단백질이나 대사산물이 미생물에 의해 일상적으로 만들어지며 그것들의 역할이 무엇인지에 대한 연구에 점점 더 집중하고 있다. 데이비드와 그의 논문 지도교수였던 알름은 서로의 장내미생물총을 비교한 결과 종이 거의 겹치지 않는다는 사실에 놀랐다. 이는 직접적인 비교가 어렵다는 뜻이기도 했다. 반면, 여러 종의 박테리아가 만들어 내는 특정 기능이나 생산물은 많은 사람에게서 공통적으로 나타날 수 있다.

우리는 지금까지 생각했던 것보다 훨씬 더 많은 박테리아 산물을 섭취하고 있는지도 모른다. 2019년 스탠퍼드대학교 연구진은 인간의 입, 장, 피부, 질에 서식하는 박테리아가 미세한 단백질 수천 개를 만든다는 사실을 발견했다. 이 단백질 대부분은 그동안 과학자들이 간과했던 것이다. 데이비드는 "박테리아 자체가 사람에게 영향을 미치는 것은 아닐 것"이라며 박테리아가 분비하는 화합물이나 표면 단백질 또는 박테리아가 일으키는 화학반응이 질병과 건강에 영향을 미칠 수 있다고 본다. 과학자의 목표가 질병 바이오마커나 치료제를 개발하는 것이라면, 미생물이 만들어 내는 단백질, 탄수화물, 지방 등의 미세 대사산물에 연구의 초점을 맞추는 것은 매우 합리적인 선택이다. 예를 들어, 데이비드의 연구실에서는 비만 아동의 장내 마이크로바이옴 조사를 통해 특정 분자의 존재 또는 부존재가 체중 증가를 일으키는 대사 변화에 어떤 영향을 미치는지 연구하고 있다.

현재 마이크로바이옴 연구는 점점 더 똥에 기초한 예측에 초점이 모아지고 있다. 이런 예측은 인간과 장내미생물 간의 복잡한 관계를 상세하게 구명함으로써 가능해질 21세기 버전의 예언이라고 할 수 있다. 핀란드의 연구자들은 기저귀에 묻은 똥에서 추출한 미생물들의 DNA 염기서열을 분석해 생후 3년이면 아이가 과체중이 될지 예측할 수 있다는 연구 결과를 발표했다. 마이크로바이옴 연구자인 수전 린치(Susan Lynch)는 자신의 연구 팀도 비슷한 결과를 발견했으며, 유아의 장내미생물 분자가 장관을 감싸고 있는 세포의 생리학적 특성을 변화시켜 이미 비만인 환자의 세포와 유사한 모습을 띠게 하는 메커니즘 중 일부를 밝혀내기 시작했다고 말했다. 린치는 "이런 연구가 비만의 발달적 기원에 대한 단서를 제공할 것이라고 확신한다"라고 말했다.

미생물학자 데이비드 밀스(David Mills)와 공동연구자들은 기저귀 똥에 포함된 특정 분자를 통해 아이가 모유를 먹었는지 분유를 먹었는지 알아내는 데 성공했다. 모유를 먹는 유아는 모유에 함유된 올리고당을 섭취하게 되는데, 이 올리고당은 장내 비피도박테리아의 프리바이오틱스 공급원이 된다. 밀스의 연구 팀은 유아의 기저귀 똥에서 이 박테리아가 이용하지 않은 올리고당의 양을 측정하는 방법을 개발했다. 이 방법을 성인 대변 샘플로 확장하면 사람들이 섬유질을 얼마나 잘 소화하는지 측정할 수 있을 것으로 보인다. 또한 연구 팀은 장내 비피도박테리아 수치가 높은 어린이는 항균제 내성과 관련된 유전자 수치가 낮으며, 이는 우유를 좋아하는 장내 박테리아가 pH를 낮추고 약물에 내성이 있는 박테리아들을 억제하는 산을 생성하기 때문이라는 사실을 발견했다.

영양과학자 세라 베리와 공동연구자들은 특정 박테리아 종들을 장 통과 시간에 따라 분류했는데, 이는 특정한 미생물의 양이 파란색 염료가 대변에서 관찰되는 시점을 예측하는 데 도움이 될 수 있다는 뜻이다. 똥은 인간의 인지능력과 면역력 발달에 대한 예측도 가능하게 해 준다. 미국의 한 연구 팀과 캐나다의 한 연구 팀은 각각의 연구를 통해 1세 아동의 장내미생물에서 특정 박테리아, 특히 박테로이데스속(屬)에 속한 박테리아가 상대적으로 많을수록 그로부터 1년 후 아동의 신경이 더 잘 발달되어 있는 것을 동일하게 확인했다. 또한 캐나다 연구 팀은 장내 마이크로바이옴에 박테로이데스속에 속한 박테리아가 상대적으로 더 많은 1세 남아의 경우, 특히 인지 및 언어 능력에서 더 나은 두뇌 발달의 징후를 보였다고 보고했다. 이런 상관관계가 계속 밝혀진다면, 이 효과는 박테로이데스속의 박테리아들이 만들어 내는 스핑고지질(sphingolipid)에 의한 것일 수 있다. 스핑고지질은 신경세포의 세포막 형성 과정에서 핵심적인 역할을 하고 뇌 발달을 지원하는 조절 역할을 하기 때문이다. 그런데 왜 남자아이들에게만 이런 효과가 나타나는 것일까? 아직 명확하지는 않지만, 일부 연구자는 장과 뇌 사이의 소통이 여아보다 남아의 초기 장내미생물 군집 교란에 더 민감하기 때문이라고 생각한다.

린치와 공동연구자들은 생후 1개월 된 영아의 대변 샘플에서 장내미생물을 조사해 알레르기 위험의 징후를 발견하고, 어떤 아이가 2세까지 알레르기가, 4세까지 천식이 발생할지 예측하는 데 성공했다. 데이비드의 연구 결과에서 알 수 있듯이, 이 마커는 단순히 특정 박테리아종을 암시하는 것 이상의 의미를 지닌다. 린치의 연구 팀은 어린이에게 알레르기와 천식을 유발하는 면역기능 장애를 일으키는 것으로 보이는 박테리아가 어떤 분자들을 만들어 내는지 확인하기 시작했다.

항원(antigen), 즉 세포나 바이러스입자의 외부 표면에 붙어 있는 단백질은 우리가 살아가면서 노출되는 미생물의 식별 아이디 같은 역할을 한다. 한 가설에 따르면, 우리 몸이 초기에 이런 항원과 접하지 않는다면 아군과 적군을 구분하기 힘들어지고, 우리 몸의 면역체계는 무해한 세포들과 공격해서는 안 되는 세포들을 무차별적으로 공격할 수 있다. 이런 과잉 반응은 류머티즘성관절염이나 궤양성대장염과 같은 자가면역질환의 원인이 될 수 있다. 여러 연구에 따르면 박테리아 대사산물은 면역세포의 기능에도 영향을 미친다. 린치는 장에 서식하는 미생물과 그 미생물이 장에서 어떻게 행동하는지를 결정하는 데 식단이 큰 역할을 하기 때문에 음식이 매우 중요할 수밖에 없다고 말한다.

앞서 살펴본 바와 같이, 우리는 자궁 안에 있을 때부터 환경의 영향을 받는다. 환경은 장기적으로도 영향을 미치는데, 예를 들어, 임신 중 흡연이나 항생제 사용은 산모의 장내미생물 군집을 변화시키고 태아의 알레르기 및 천식 위험에 영향을 미치는 분자를 만들어 낸다. 실제로, 린치와 공동연구자들의 연구에 따르면, 알레르기 및 천식 위험이 높은 신생아의 태변에 있는 마이크로바이옴은 건강하고 천식이 없으며 알레르기가 없는 부모에게서 태어난 아기의 마이크로바이옴과 크게 다르다. 린치는 "고위험군 어린이와 저위험군 어린이는 처음부터 인간의 몸에 서식하면서 면역반응을 훈련시키고 인간 세포들의 생리학적 특성에 영향을 미치는 미생물들이 실제로 크게 다르다"라고 설명했다. 린치는 유아의 환경, 즉 유아가 어릴 때 노출되는 모든 것이 장내미생물의 종류를 결정한다고 생각한다.

예를 들어, 여러 연구에 따르면 자연분만 대신 제왕절개수술을 통해 태어난 아이가 모유 대신 분유를 먹는 경우 천식과 알레르기 위험을 높이는 쪽으로 장내미생물이 변화한다. 이런 아이는 환경으로부터 미생물을 흡수해 축적하는 능력이 늦게 발달하는 것으로 보인다. 린치와 공동연구자들은 이렇게 변화된 마이크로바이옴이 장내 틈새에 서식하려는 다른 미생물들을 밀어내는 과정에서 염증이 발생한다고 본다. 린치는 "장에 서식하는 미생물은 대부분 염증반응을 견딜 수 있으며, 이런 미생물들은 대체로 병원균이다"라고 말했다. 가장 먼저 장에 서식한 미생물들은 마이크로바이옴이 발달하는 과정에서 다른 미생물종들의 장내 서식을 허용하거나 억제함으로써 초기 장 생태계 환경을 결정한다. 아이의 평생에 걸친 건강상태는 이렇게 초기 미생물들과 그 미생물들이 만들어 내는 물질이 아이의 면역체계를 전반적으로 훈련시키는 이 핵심적인 기간에 결정된다. 린치는 더 다양한 미생물에 노출된 아기가 더 보호받고 위험에 덜 노출되는 것으로 보인다고 말했다.

연구를 통해 린치는 인간과 미생물의 복잡한 관계에서 진정한 주도권은 미생물이 쥐고 있다고 확신하게 됐다. 린치는

"우리는 본질적으로 미생물 환경에서 생존하는 생물학적 실체일 뿐이라고 생각한다"라고 말했다. 하지만 린치의 연구는 고위험군 유아의 장내 환경을 재설계해 장내미생물들을 조작할 가능성을 제시하기도 한다. 예를 들어, 린치는 영향력이 큰 핵심 박테리아종의 서식을 촉진하면 나머지 초기 미생물 군집을 수정하고 면역체계를 적절하게 훈련시킬 수 있을 것으로 본다.

인간의 면역기능은 특정한 미생물종들이 함께 만들어 내는 작은 분자들에 의해 형성되는지도 모른다. 린치는 "우리는 이 특정한 장내미생물들이 만들어 내는 시스템이 인간의 건강상태를 결정한다고 본다. 따라서 미생물이 숙주의 면역체계에 작용하는 방식을 알아낼 수 있다면 우리는 우리의 몸을 특정 상태로 쉽게 바꿀 수 있을 것이라고 생각한다"라고 말했다. 이는 우리가 미생물이 면역체계를 조절하는 방법을 알아낸다면 몸의 상태를 우리 의도대로 변화시킬 수도 있다는 뜻이다. 린치는 "이런 생각은 지금까지의 생각과 엄청나게 다른 생각"이라며, 이런 시각은 장에서 일어나는 어떤 일이 폐의 면역세포 반응에 어떻게 영향을 미치는지, 그리고 생애 초기에 일어나는 어떤 일이 몇 년 후 질병의 위험을 어떻게 형성하는지 알아내기 위해 장 생태계를 전체론적 관점에서 조명한다고 말했다.

린치는 자신의 연구 결과를 바탕으로 동료인 니콜 카임스

(Nikole Kimes)와 함께 생명공학 스타트업인 시올타세러퓨틱스 (Siolta Therapeutics)를 설립했다(시올타는 게일어로 "씨앗"이라는 뜻이다). 린치는 이 스타트업이 천식과 알레르기 발병 위험이 높은 유아에게 이로운 박테리아 씨앗을 뿌리는 데 도움이 되는 세 가지 박테리아종으로 구성된 경구용 치료제를 포함한 마이크로바이옴 기반 약물에 대한 임상시험을 진행하고 있다고 말했다. 유아기에 장내미생물을 건드리는 것은 위험을 수반하기 때문에 린치는 시올타의 개입이 과학적, 의학적으로 타당한지 확인하려면 엄격한 시험과 후속 조치가 필요하다는 점을 인정했다. 린치는 말했다. "우리의 개입이 단기적으로는 이익이 되지만 장기적으로는 해를 끼칠 가능성도 있다. 장기적인 영향에 대한 고려는 매우 중요하다. 장내미생물총을 조작하는 일은 쉽게 생각할 수 있는 일이 아니다."

✕

내 몸의 장내미생물 군집에 손을 대는 것은 위험 부담이 크지는 않았지만, 그 과정에서 나는 내가 장내미생물에 대한 이해가 얼마나 부족한지 깨닫게 됐다. 2021년 여름 막바지에 내 남편 제프와 나는 함께 팬데믹 다이어트를 하기로 결심하고 술, 빵, 정제 설탕을 줄이면서 매일 과일과 채소를 더 많이 먹었다. 4주 동안 규칙적으로 배변하고 거의 매일 요구르트를 마신 뒤, 나는 10가지 박테리아 균주가 함유되어 있지만 이눌린은 첨가되지 않은 프로바이오틱스 알약과 섬유질을 다시 먹었다. 아침에는 프로바이오틱스, 저녁에는 식이섬유를 복용했는데, 이번에는 확실히 다이어트에 효과가 있었다.

잎채소와 건강보조식품으로 체지방을 줄이는 데에는 성공했지만, 아침에 대장의 엔진이 돌아가는 데 시간이 조금 더 걸렸고 체지방은 덜 축적됐다. 매일 섭취하는 프로바이오틱스와 요구르트가 장내미생물 군집을 다양화하는 데에는 도움이 되었을지 몰라도 배설물 배출을 쉽게 해 주는 효과는 거의 없었다. 섬유질도 마찬가지였다. 그래서 나는 다시 스쿼티 포티를 사용했는데, 이 간단한 받침대가 배변을 시작하는 데에는 확실히 도움이 되는 것 같았다. 하지만 상당히 많은 경우 내 대변은 다이버가 입수할 때 나는 쉭 소리를 내지도 않았고, 아이스크림처럼 부드럽지도 않았으며, 깔끔하게 떨어지지도 않았다. 하지만 별로 신경이 쓰이진 않았다. 그동안 식습관이 개선되어 기분이 나아졌고, 내 대변은 여전히 합리적으로 예측 가능한 패턴을 따랐기 때문이다. 나처럼 프로바이오틱스와 섬유질 보충제에 대한 관심이 많았던 데이비드는 시중에서 판매되는 6가지 섬유질 보충제를 연구하기 위해 임상시험 지원자를 모집했다. 데이비드의 연구 팀은 섬유질 발효 박테리아가 만드는 대사산물이자 대장 내벽 세포의 주요 에너지원인 부티르산(butyrate)의 생산량을 측정해 보충제에 대한 장내미생물 군집의 반응을 평가했다. 이 연구를 마친 뒤 데이비드는 설명했다. "우리가 발견한 사실은 섬유질 보충제 선택보다 식습관이 중요하다는 것이다. 즉, 어떤 섬유질 보충제를 선택하든 장내미생물이 반응하는 방식에 더 많은 영향을 미치는 것은 이미 섬유질이 풍부한 음식을 섭취하고 있었는지 여부라고 할 수 있다."

데이비드는 마이크로바이옴 연구를 통해 얻은 정보 중 많은 부분이 "채소를 더 많이 섭취하라" 같은 기존의 직접적이고 합리적인 건강 관련 조언들과 궤를 같이한다는 것을 확인하게 됐다고 말했다. 이는 발효식품이 풍부한 식단에 대한 소넨버그 부부의 연구 결과가 김치, 케피르, 요구르트가 건강에 좋다는 오랜 통념과 일치하는 것과 비슷하다. 하지만 연구는 이런 직관적인 건강 관련 조언과 통념에 과학적 근거를 제공한다. 데이비드는 말한다. "건강한 식습관을 갖는 것이 목표라면 이런 조언들을 따르는 것이 목표를 이루기 위한 한 방법이 될 수 있다."

내 경험에 의하면 스마트폰 앱, 대변검사, 보충제는 모두 같은 역할을 한다. 그 역할은 몸에 들어가는 음식과 몸에서 나오는 배설물에 더 주의를 기울이게 해 준다는 것이다. 상식은 상품성이 없다. 병에 담아 비싼 가격으로 팔 수 없기 때문이다. 나는 개인적인 경험을 통해, 대변의 상태가 좋아지는 것으로 부분적으로 체감할 수 있는 건강 증진은 마이크로바이옴 개선과 다이어트 보조제 또는 건강보조식품 섭취보다 상식에 더 많이 의존한다는 직관적인 깨달음을 얻었다는 사실에 안도감을 느낀다.

플로레 키트를 선지노믹스에 보낸 지 2주 후, 내 마이크로바이옴 검사 결과가 나왔다는 이메일을 받았다. 그 결과는 한편으로는 흥미롭기도 하고 당혹스럽기도 했지만, 전체적으로는 매우 많은 생각을 하게 했다. 전반적인 장내 균형 점수는 74점으로 다소 자의적으로 느껴졌지만, 다른 선지노믹스 고객들의 90퍼센트보다 높은 녹색(우수) 등급을 받았다는 사실에는 자부심을 느꼈다. 하지만 이 결과가 정확하게 어떤 의미를 가지는지는 확실하지 않았다. 나의 장 안에 있는 모든 미생물 각각의 상대적인 점유율을 나열한 차트는 몇 가지 단서를 제공했지만, 이 차트는 인간의 장내미생물총이 실제로 얼마나 복잡하고 가변적인지 보여 주는 것이기도 했다. 나의 장내미생물총의 4분의 1을 차지하는 박테리아는 2종, 전체의 절반을 차지하는 박테리아는 8종이었지만, 염기서열 분석 결과 내 장 안에 살고 있는 미생물은 총 189종인 것으로 밝혀졌다. 그중 가장 큰 비중을 차지하는 미생물은 섬유질 발효균인 피칼리박테리움 프로스니치였는데, 전체 미생물의 13퍼센트를 차지했다. 다른 고객들의 경우 이 비중은 1~13퍼센트로 상당히 다양한데, 내 경우는 이 범위를 넘어섰다. 물론, 유박테리움 렉탈레를 비롯한 다른 섬유질 발효균들도 발견됐다.

또한 이 결과 보고서의 건강 및 영양에 대한 권장 사항 섹션에서는 내 장 안에 박테로이데스속에 속하는 박테리아가 상대적으로 많으며, 이는 내 식단에 포화지방이 너무 많다는 것을 뜻한다는 분석이 첨부되어 있었다. 당시 나는 지방 섭취를 최소화한 다이어트가 성공적으로 진행된 지 6주가 지났을 때였기 때문에, 이 분석 결과에 약간 회의적이었고, 선지노믹스가 개인 맞춤형 프로바이오틱스 제품을 판매한다는 점을 고려할 때 이 회사가 나의 "건강한 장 비율"을 개선하기 위해 어떤 일을 할 수 있을지 의심스러웠다. 하지만 한편으로 이 보고서는 몇 가지 프로바이오틱스종들이 이미 내 장에 자생하고 있다는 사실도 알려 주었다(이 보고서는 "앞으로도 계속 잘 관리 바람"이라고 권고했는데, 이 말은 내 배변 추적 앱에서도 본 말이다). 이 프로바이오틱스 중 한 종인 스트렙토코커스 써모필러스(Streptococcus thermophilus)는 내가 아침 식사로 자주 먹던 요구르트에서 유래한 것으로 추정된다. 더 놀라운 것은 내가 복용하던 프로바이오틱스 보충제에 들어 있는 박테리아 10종을 포함한 다른 많은 박테리아가 전혀 발견되지 않았다는 사실이다. 그 종들은 내 장에서 생존할 수 없었거나 잠시 생존하다 결국 정착하지 못하고 사라졌을 것이다.

내 장내미생물종 대부분은 마이크로바이옴에 긍정적인 영향을 미치는 것으로 생각되는 공생미생물이었지만, 이런 공생미생물종은 대부분 특성이 제대로 밝혀지지 않은 상태다. 또한 내 장 안에는 대장균도 소량 서식하고 있었는데, 나는 대장균을 오랫동안 연구해 왔기 때문에 이 잠재적 병원균의 다양한 특성에도 불구하고 이상하게도 기분이 좋았다. 또한 박테리아 발효 후 남은 찌꺼기를 소화해 메탄을 생성하는 고세균인 메타노브레비박터 스미시(Methanobrevibacter smithii)도 발견됐다. 하지만 그다음부터 보고서의 내용이 급격하게 바뀌기 시작했다. 유해 미생물 목록에 친숙하지만 위험한 클로스트리디오이데스 디피실이 있었기 때문이었다. 이 박테리아 감염증이 얼마나 끔찍한지에 대해 많은 글을 썼던 나는 이 병원균이 내 장내미생물 군집의 약 0.6퍼센트를 차지한다는 분석 결과를 보면서 충격을 받지 않을 수 없었다. 나는 이 미생물에 감염된 후에도 증상이 나타나지 않는 무증상보균자였던 것이었다. 어떻게 이 박테리아에 노출되었는지 궁금했던 나는 이 박테리아가 내 장에서 서식한 지 몇 달이나 됐다는 사실에 불안해지기 시작했다. 하지만 내가 이 내용을 마이크로바이옴 연구자 두 명에게 말했을 때 그들은 전혀 놀라지 않았고, 플로레의 한 과학자는 병원에 다양한 박테리아가 널리 퍼져 있으며, 클로스트리디오이데스 디피실이 **전혀 없는** 사람은 거의 없다고 말했다. 미생물생태학자 숀 기번스(Sean Gibbons)는 건강한 사람의 장에도 이 박테리아가 소량 포함되어 있다고 설명했다(발표된 추정치는 매우 다양하지만, 일본의 한 연구에서는 무증상 지원자 120명 중 17.5퍼센트에서 클로스트리디오이데스 디피실이 발견됐다). 기번스는 증상이 없다는 것은 공생미생물 군집 생태계에서 이 박테리아가 마치 정원에서 자라지만 억제되고 있는 잡초와 비슷한 상태에 있다고 말했다.

린치는 한 강연에서 인간의 장내 생태계를 이리(Erie)호수의 조류 생태계에 비유했다. 린치는 생태학이라는 틀을 통해 인간의 건강과 질병, 그리고 마이크로바이옴과의 관계를 조명하는 학자다. 호수든 장이든 그 안의 복잡한 생태계는 어떻게 발전하고 교란에 대응하며, 그 회복력은 어느 정도일까? 이런 시각은 건강보조식품을 판매하는 기업들이 제시하는 빠른 해결책과는 거리가 먼, 매우 미묘하고 복잡한 건강과 개발에 대한 시각이다.

워턴은 변비의 역사에 관한 논문에서 1800년대 후반과 1900년대 초반의 의사들은 변비 예방에 대한 조언을 아낌없이 제공했지만 "그럼에도 불구하고 과일, 채소, 통곡물을 더 많이 섭취하고, 신체 활동을 더 많이 하고, 아침에 발생하는 배변 욕구를 즉각적으로 해소하라는 권고는 많은 사람에게 운동보다 많은 절제와 희생을 요구하는 권고로 여겨졌다"며, "따라서 자가중독에 대한 불안감에 휩싸인 대중은 온갖 항산화 식품, 약물, 기기 마케팅 담당자의 먹잇감이 되곤 했다"라고 썼다. 그로부터 한 세기가 지난 지금, 장과 대변을 기반으로 한 검사의 확산 역시 지저분하고 복잡한 현실 속에서 무엇이 좋고 나쁜지에 대한 지나치게 쉽고 단순한 해답과 가치 판단을 제공하고 있을 수도 있다. 이와 관련해 데이비드는 마이크로바이옴에 대한 보존주의적 접근 방식을 취하고 우리 자신의 내부 생태계를 관리하는 방법에 대해 생각하는 것이 더 유용하다고 설명한다.

환경 작가인 에마 매리스(Emma Marris)는 『활기 넘치는 정원(Rambunctious Garden)』에서 지구상에서 가장 영향력 있는 생물인 인간이 가장 외딴곳의 풍경까지 근본적으로 바꿔 놓았다고 주장했다. 우리가 환경의 많은 부분을 손상하거나 파괴한 것은 사실이다. 또한 매리스는 이 책에서 우리의 운명이 이미 서로 얽혀 있다는 사실을 이해하지 못한 채 손길이 닿지 않은 야생의 남은 부분이라고 상상하는 것들로부터 거리를 두고 있다고도 말했다. 매리스는 "우리는 자연을 우리 자신으로부터 숨겨 왔다"라며 남은 자연을 지키기 위해서는 우리 주변 세계에서 우리가 변화 주체로서의 역할을 받아들이고 광활한 야생정원의 관리자로서의 책임을 받아들이는 하이브리드 전략이 필요하다고 주장했다.

그동안 사기꾼들은 이 정원이 독과 부패로 가득 찬 어둡고 위험하며 역겨운 장소라고 묘사해 왔다. 그들에게 독소로 가득 찬 하수구나 하수관은 깨끗이 씻어 내야 하는 대상이었다. 하지만 우리가 사는 환경이 반쯤이라도 야생의 정원에 가깝다면, 이제는 우리 모두가 헌신적인 정원사가 되어야 할 때다. 앱과 테스트, 보충제는 과학적 근거를 바탕으로 현명하게 사용한다면 불균형과 문제점을 지적하는 데 도움이 되지만, 우리 몸속 미생물들을 실제로 관리하는 어려운 작업을 해 주지는 못한다. 똥의 복잡한 패턴 중 일부는 문제의 징후를 해독하기 위해 더 많은 연구가 필요한 것이 분명하다. 우리는 변기에 떠다니는 신호에 귀를 기울일 수 있는 감각을 가졌다. 우리가 이미 가지고 있는 이 능력은 앞으로도 결코 쓸모없는 능력이 되지는 않을 것이다.

CHAPTER 6

모니터

7월 어느 흐린 아침, 우리는 워싱턴주 터코마(Tacoma)의 이스트 라이트 애비뉴와 이스트 T 스트리트 모퉁이 근처에서 살인범을 찾기 시작했다. 우리는 파란색과 초록색 시애틀 시호크스 풋볼 담요를 커튼처럼 쳐서 창문을 가린 캠핑카를 지나서, 터코마에서 가장 가난한 동네 중 한 곳의 대규모 집수 시설 바닥으로 내려갔다.

우리는 고속도로의 고가도로 아래의 맨홀 뚜껑 앞에서 멈췄다. 도시 주민 약 1만 5000~1만 8000명이 배출하는 오수가 이 지점을 지나 하수관으로 흘러가는데, 우리는 그 안에 살인범이 숨어 있을 것이라고 예상하고 있었다. 시 소속 환경 기술자인 스티븐 조지(Steven George)가 금속 갈고리로 덮개를 들어 올린 다음 손전등을 비추어 그 아래 어둠 속을 들여다보았다. 그의 직장 동료인 헤일리 애브러스카토(Haley Abbruscato)는 산업용 종이 타월을 미스터 롱암이라는 이름의 막대기 끝에 테이프처럼 감아 일종의 대형 면봉을 만들고 있었다.

조사 작업에 참여한 학부 연구원 케이시 스타크(Casey Starke)는 애브러스카토가 샘플을 채취할 적절한 지점을 찾기 위해 구멍을 들여다보다 하수 바로 위에 있는 작은 콘크리트 벤치를 발견했다. 스타크는 하수도시스템의 돌출부나 하수관이 90도로 꺾인 부분에는 고체 물질이 집중되는 경향이 있어 샘플링하기가 좋다고 말했다. 목표물을 확인한 후, 애브러스카토는 막대기를 하수구에 닿을 때까지 내린 다음 천천히 돌리다 다시 올려 목표물에 댔다.

스타크는 휴대용 테스트 키트를 겸한 투명 플라스틱 태클박스를 열었다. 그 박스 안에는 파란색 장갑과 멸균 면봉, 라벨이 붙은 폴리프로필렌 튜브 트레이가 들어 있었다. 튜브 트레이는 유전물질을 보존하는 버퍼로 채워져 있었다. 그가 면봉에 샘플을 묻혀 튜브로 옮기는 동안 우리는 마스크를 썼는데도 악취를 고스란히 맡아야 했다. "여긴 아주 숙성된 곳 같아요." 그가 아무렇지도 않은 듯이 말했다.

"그래 보입니다." 애브러스카토가 동의했다.

"이런 곳에서 좋은 샘플이 나오지요." 스타크가 말했다.

"그럼 숙성이 잘될수록 좋다는 건가요?" 내가 물었다.

"그렇지요. 이런 곳에서 작업해야 한다는 게 좀 찝찝하긴 하지만요." 스타크가 말했다.

애브러스카토가 이어 말했다. "보통은 기름기가 많고, 지저분하고, 역겨운 것을 찾아내야 합니다. 냄새가 **심하게** 나면 아마 그 안에 우리가 찾는 게 있을 겁니다." **우리가 찾는 것**은 하수도에 있는 살인범을 뜻했다. 이 끔찍한 살인범은 스티븐 킹 소설에 나오는 끔찍한 살인범보다 훨씬 더 사악한 살인범, 즉 당시까지 미국인 13만 8000명 이상을 죽인 훨씬 더 잔인한 살인범이다.

역학(epidemiology)에 관심이 많은 의사 지망생이었던 스타크는 당시 비영리 생명공학 스타트업 기업인 레인인큐베이터(RAIN Incubator)에서 자원봉사를 하고 있었다. 우리가 수행한 작업은 터코마 전역의 폐수처리장 2곳과 기타 전략적 지점 5곳에서 SARS-CoV-2바이러스의 유전물질을 정확하게 검출하고, 신호 추세를 카운티의 코로나19 사례 열 지도(heat map)와 연관시킬 수 있는지 여부를 결정하는 데 도움을 주기 위한 것이었다. 또한 이 작업은 테스트 결과를 사회경제적 데이터와 결합해 가장 취약한 핫스팟을 찾아내고 공중보건 담당자가 더 많은 자원을 투입할 곳을 결정하는 데 도움을 주는 것을 목표로 한 작업이기도 했다. 연구자들이 각자 역할을 제대로 수행해 이 프로젝트가 성과를 거둔다면, 터코마시 당국은 시 지역 곳곳에 있는 펌프장 30여 곳을 이용해 오수를 더 높은 곳으로 끌어올리고, 그 오수에서 폐기물을 수집할 계획이었다. 스타크는 "그렇게 된다면 역학연구가 매우 쉬워질 거예요"라고 덧붙였다.

대변을 통해 장내에서 일어나는 일에 대해 많은 것을 알 수 있는 것처럼, 지역사회의 대변 샘플은 지역사회 전체 인구에 숨어 있는 질병을 밝혀낼 수 있다. 폐수 기반 역학연구는 파괴적인 팬데믹에 더 잘 대처해야 한다는 절박한 필요성에 의해 촉진됐으며, 다른 치명적인 병원체와 중독성이 강한 아편 계열 진통제 같은 위험한 약물을 추적하는 방법과 인프라를 확립할 수 있다. 세계 곳곳의 여러 도시는 2020년 봄과 여름에 하수도에서 채취한 물질로 역학연구를 할 준비를 마친 상태였다. 수많은 연구자가 비교적 낮은 기술 수준의 감시 방법으로 중요한 조기 경고를 제공할 수 있다는 사실을 깨달았기 때문이었다.

사실 이 연구와 비슷한 예가 80여 년 전에 이미 존재했다. 1939년 여름, 소아마비가 전 세계를 휩쓸 때 예일대학교의 연구 팀은 소아마비가 크게 유행하던 사우스캐롤라이나주 찰스턴, 미시간주 디트로이트, 뉴욕주 버펄로에서 역학조사를 실시했다. 이 연구자들은 1932년에는 필라델피아에서, 1937년에는 코네티컷주 뉴헤이븐에서 소아마비가 유행할 때 하수에서 소아마비바이러스의 존재를 확인하려 했지만 실패한 적이 있었다.

하지만 이 연구자들은 소비마비로 큰 피해를 입은 지역과 그 지역 인근의 격리병원에서 배출한 오수가 모이는 찰스턴 펌프장에서 샘플을 채취하는 데 성공했다. 초기 확인 실험에서 연구진은 붉은털원숭이 두 마리에게 하수 샘플을 접종했고, 두 원숭이 모두 소아마비에 걸렸다. 연구진은 이 결과를 확인하기 위해 감염된 원숭이의 중추신경계 조직을 다른 원숭이(그리고 다른 실험동물)에게 추가로 접종했고, 그 결과 소아마비의 임상 징후가 나타났다. 인간과 마찬가지로 원숭이에게도 발열, 척수 병변, 급성이완성마비(팔, 다리, 심지어 폐까지 빠르게 진행되는 쇠약 또는 마비)가 발생했으며, 이는 소아마비바이러스가 원숭이에게도 존재한다는 뜻이었다. 전염병이 약해진 여름 후반과 가을에 다시 실시한 검사에서는 이 원숭이들에게서 소아마비바이러스 음성반응이 나왔다.

디트로이트에서 연구원들은 하수관이 격리병원을 떠나는 지하 트랩에서 하수를 샘플링해 단일 건물에서 처음으로 폐수 테스트를 성공적으로 수행했다. 8월과 9월에 세 차례에 걸쳐 원숭이를 대상으로 진행한 접종 테스트에서는 전염성 소아마비바이러스의 존재가 확인되었다. 또한 연구진은 하수 검사 양성 결과와 병원 격리병동에서 발생한 소아마비 환자의 검사 결과를 최초로 비교했다. 연구진은 소아마비가 계속 유행했던 버펄로에서는 기대하던 성과를 얻지 못했다. 하지만 그들은 처리장에서 수거한 오수 샘플을 원숭이에게 접종함으로써 오수 속 다른 독소와 병원균의 위험성, 그리고 옛날에 행해졌던 실험의 잔인함을 우연히 입증할 수 있었다. 연구자들은 "오수를 비교적 적게 접종한 두 원숭이 모두 즉시 사망했다는 점에서 이 오수는 비정상적으로 독성이 있는 것으로 판명됐다"라고 말했다. 또 다른 원숭이 10마리는 일련의 실험 과정에서 박테리아 감염으로 사망했다.

하지만 어쨌든 이 연구자들은 지역사회의 하수도를 조사해 치명적인 바이러스를 찾아낼 수 있다는 것을 입증했고, 다른 연구자들도 이 결과에 빠르게 주목했다. 같은 해 스톡홀름에서 소아마비바이러스가 발생했을 때 스톡홀름의 하수를 테스트하기 시작한 스웨덴 연구 팀은 "이 발견에 대한 정보를 받자마자 이를 검증하는 것이 중요하다고 생각했다"라고 썼다. 과학자들은 그해 10월에 채취한 샘플에서 소아마비바이러스를 검출해 초기 결과를 검증했을 뿐만 아니라 바이러스가 몇 주 동안 독성을 유지한다는 사실도 밝혀냈다. 과학자들은 하수 침전물을 약 4℃에서 두 달 동안 보관한 후 이를 사용해 원숭이를 감염시키는 데 성공했다. 연구자들은 소독되지 않은 하수가 공중보건에 확실한 위협을 가하고 있으며, 소아마비가 수인성 질병이라는 공감대가 확산되고 있다며 "소아마비가 유행한다면 우리는 **하수를 소아마비의 주요 감염원으로 간주해야 한다. 소아마비바이러스는 하수도를 통해 넓은 지역에 퍼질 수 있다**"라고 그 위험성을 경고했다.

그런데 잠깐, 한 프랑스 연구자가 응답했다. 하수구에 사는 쥐 같은 동물들이 바이러스의 매개체일 수도 있지 않나? 하지만 스웨덴 과학자들은 이 가설을 단호하게 거부하면서 "하수구의 특정 지역에 서식하는 쥐가 엄청나게 많다는 점을 고려하면 이 가설은 그럴듯해 보이지만, 스톡홀름 하수도의 폐쇄된 배수구에 쥐가 존재할 가능성은 전혀 없으며, 번식할 가능성도 낮다"라고 주장했다. 이들의 주장은 당시 "스칸디나비아반도에서 가장 쥐가 많은 도시"라고 불리던 스톡홀름의 주민들에게 안도감을 주었다. 친환경 하수도를 통해 쥐들이 집으로 들어올 수도 있다고 경고하던 〈라디오스웨덴(Radio Sweden)〉 방송을 듣고 두려움에 떨던 주민들에게도 반가운 소식이었다.

스웨덴 과학자들은 곤충이 질병의 매개체가 될 수 있다는 생각도 거부했다. 물론 잘못된 판단이었다. 이들은 "곤충이 알을 낳기 위해 하수구로 들어갈 확률은 거의 없다"라고 말했다. 마르크 베네케의 법곤충학 연구 결과에서도 알 수 있듯이, 이 생각은 완전히 잘못된 생각이었다. 하지만 이런 잘못된 주장을 하면서도 스웨덴 과학자들은 중요한 개념을 발견해 냈다. "감염된 오수가 흘러드는 지역에 바이러스를 보유하고 있지만 건강한 사람들이 상당히 많이 살고 있을 수 있다"라는 개념이었다. 단세포 원생생물이 하수도 안에서 모종의 경로를 통해 바이러스를 증식시킬 가능성보다, 사람들 사이에서 조용한 감염이 일어날 가능성이 훨씬 높다는 개념이 최초로 제기된 것이었다.

바이러스학, 환경 감시, 소아마비 백신 연구의 선구자인 조지프 멜닉(Joseph Melnick)은 1947년에 발표한 논문에서 하수가 질병 확산에 직접적인 역할을 한다는 생각에 찬물을 끼얹었다. 하지만 그는 하수구에서 악성 소아마비바이러스의 존재 유무를 판단하는 것, 즉 "예-아니요"의 이분법적 신호가 전염병이 유행할 때만 존재하는지 아니면 도시 환경에 **항상** 존재하는지에 대한 중요한 역학 정보를 제공할 수 있다는 아이디어를 지지했다. 현재 과학자들은 소아마비바이러스 감염 200건 중 약 1건만이 실제 마비로 이어진다는 것을 알고 있다. 그럼에도 바이러스는 증상이 있는 보균자와 무증상보균자 모두의 장내에서 효율적으로 복제되어 바이러스가 함유된 분변 입자를 우연히 섭취하게 되거나 오염된 음식이나 물을 통해 바이러스에 간접적으로 노출된 다른 사람에게 전파될 수 있다. 하수구에서의 바이러스 흔적은 명확한 사례가 없는 경우에도 지역사회 발병의 증가와 감소를 추적하는 도구가 된다.

2021년 현재 소아마비는 파키스탄과 아프가니스탄에서 여전히 풍토병으로 남아 있으며, 이 두 지역은 지구상에서 소아마비를 완전히 퇴치하려는 수십 년간의 노력에 완강히 저항해 온 질병의 마지막 보루다. 하지만 야생 바이러스와 약화된 버전의 살아 있는 바이러스로 만든 경구용 백신에서 간혹 빠져나가는 바이러스가 주기적으로 발생해 다른 나라들을 강타하기도 했다. 이스라엘은 1989년부터 하수를 기반으로 한 소아마비 환경 감시를 실시해 왔으며, 전국에 있는 감시 지점에서 매달 샘플을 채취하여 검사하고 있다. 2013년 5월, 폐수 모니터 요원들이 1988년 이후 이스라엘에서 처음으로 야생 소아마비바이러스 1형의 흔적을 발견했다. 조사관들은 곧 베두인족이 주로 거주하는 남부 도시 라하트에서 조용한 발병을 추적했다. 공중보건 당국은 백신 접종 캠페인을 시작했고, 2014년에 발병이 진정됐다. 하지만 그로부터 6개월이 조금 지난 후, 주로 10세 미만의 어린이를 중심으로 감염에 취약한 사람의 약 60퍼센트가 지역사회에서 감염됐다.

이스라엘을 비롯한 다양한 지역의 감시 시스템은 장내 감염을 완전히 제거할 수 없는 면역력이 약한 사람들이 소아마비바이러스 입자를 만성적으로 배출하는 것도 고려해야 했다. 2019년 말까지 세계보건기구는 약독화백신을 통해 소아마비에 감염되어 질병의 잠재적인 전파 가능성을 지닌 개인에게서 장기간 또는 만성적으로 소아마비바이러스가 배출된 사례를 150건 가까이 집계했다. 극히 드물지만 주목할 만한 사례로, 연구자들은 30년 이상 대변을 통해 악성 소아마비바이러스 입자를 지속적으로 배출해 온 한 영국 남성을 발견하기도 했다.

대변을 기반으로 식습관, 질병, 심지어 약물 습관의 윤곽까지 파악할 수 있다는 사실은 우리가 무엇을 가지고 다니는지, 누가 알 자격이 있는지, 공익이 개인의 프라이버시보다 더 중요한지에 대한 윤리적 의문을 불러일으킨다. 하지만 종합적으로 볼 때, 폐수 검사는 휴대폰 사용 및 개인 건강 데이터 모니터링에는 없는 익명성을 제공할 수 있다. 레인인큐베이터의 설립자인 데이비드 허시버그(David Hirschberg)는 똥의 가치가 매우 낮게 평가되기 때문에 사람들은 혈액 샘플보다 폐수 샘플 감시에 훨씬 더 많이 동의할 가능성이 높다고 말했다. 그가 말했듯 "사람들은 자기 똥에 '볼일'이 끝났다고 생각한다".

SARS-CoV-2바이러스에 감염된 사람의 약 40퍼센트가 대변으로 바이러스를 배출하기 때문에, 하수 샘플을 민감하게 검사하면 발견되지 않는 소수 사례도 발견할 수 있다. 샘플이 검사를 위해 실험실에 도착한 후 몇 시간이면 결과를 확인할 수 있다. 여러 연구자는 임상적으로 확진된 코로나19 사례와 비교했을 때, 매일 하수 검사를 실시하면 지역사회에서 바이러스를 탐지하는 시간을 일주일 정도 앞당길 수 있다고 생각한다. 물론 이러한 모니터링에는 공공 하수도시스템이 필요하다. 하지만 미국 가정의 5분의 1 이상이 개인 정화조 시스템을 사용하고 있다. 이와 유사한 공동 테스트는 유람선과 상업용 비행기에서 나오는 폐수 샘플에 대해서도 실시된 바있다.

예를 들어, 덴마크의 한 연구 그룹은 코펜하겐에 도착한 국제선 항공편의 화장실 18곳에서 나온 폐기물에서 여러 항생제내성 유전자를 발견했다. 연구진은 남아시아에서 출발한 항공편에서 살모넬라 엔테리카(Salmonella enterica)와 노로바이러스를 더 많이 발견했으며, 북미에서 출발한 항공편에서는 클로스트리디오이데스 디피실을 더 많이 발견했다. 이 조사는 신종 질병과 항생제내성 병원균의 확산을 모니터링하는 데 분명한 시사점을 제공할 뿐만 아니라, 과학자들이 출발 도시에서 특정 미생물의 유병률을 추정하는 데 도움이 된다. 비행기, 선박, 건물에서 나온 배설물을 검사하면 후속 검사와 감염자 식별을 촉진할 수 있다. 조용한 발병에 대한 경보를 울릴 때는 공중보건 증진과 프라이버시 권리 보호 사이의 적절한 균형을 맞추는 방법을 신중하게 고려해야 한다.

폐수 기반 역학은 본질적으로 목적을 위한 수단이다. 도구라는 뜻이다. 물론 이 도구가 강력한 도구이긴 하지만, 우리가 볼 수 있는 것보다는 우리가 하고자 하는 것에 더 의존하는 의사결정을 시작하게 해 주는 도구이기도 하다. 경고에 주의를 기울이지 않거나 예방할 수 있는 일을 예방하기 위해 현명하게 이 도구를 사용하지 않는다면 이 도구를 통해 찾아낸 신호는 무용지물이 된다. 이제 우리는 글로벌 위협을 파악하는 데 필요한 장기적인 계획과 인프라에 투자하고, 다음 대응책에 대한 대중의 신뢰를 얻는 데 필요한 윤리적 논의를 본격적으로 시작해야 한다. 또한 우리는 한 사람에 대한 위협이 지속되면 모두에게 위협이 된다는 사실을 이해하고, 가장 취약한 사람들을 보호하기 위해 불편을 감수할지에 대해서도 생각해야 한다. 다시 말하지만, 우리의 똥은 우리가 세상과 떨어져 사는 것이 아니라 세상과 **함께** 살아가는 방법을 제시한다. 그 방법을 채택할지는 우리가 결정해야 한다.

✕

2020년 1월 21일, 미국 CDC(질병통제예방센터)는 중국 우한을 여행하고 워싱턴 서부로 막 돌아온 30대 남성의 미국 내 첫 코로나19 확진 사례를 발표했다. 그날 오후, 나는《데일리 비스트(Daily Beast)》의 의뢰를 받고 시애틀을 돌아다니며 사람들이 마스크를 사재기하는 사례, 즉 코로나19에 대한 대중의 공포가 처음으로 드러난 사례를 취재하고 있었다. 몇몇 약국에서는 이미 마스크가 매진되었고, 나는 곧 청두로 돌아갈 여자 친구를 위해 약국에 마지막으로 남은 마스크 한 박스를 산 중국 출신 여성과 이야기를 나눴다. 이후 무슨 일이 일어났는지는 모두가 알고 있다. 우한과 이탈리아 북부에서 끔찍한 상황이 벌어졌고, 그와 대조적으로 미국에서는 아시아와 직접적으로 연관된 사람들에게서 발생한 소수의 감염 사례만 확인되며 사태가 잠잠해지는 듯했다.

그러던 중 2월 말, 시애틀 지역에서 감염 사례가 폭발적으로 증가하면서 미국 대중은 다시 코로나19에 대한 공포에 시달리기 시작했다. 다른 감염 사례와 전혀 연관성이 없는 한 고등학생과 한국에서 귀국한 한 여성이 확진 판정을 받았고, 커클랜드 교외에 있는 라이프케어센터라는 요양원에서는 3월 중순까지 확진자 167명과 사망자 35명이 발생했다. 이 고등학생의 사례는 시애틀독감연구소의 연구원들이 수집한 샘플에서 SARS-CoV-2바이러스를 검사하는 과정에서 우연히 발견됐고, 다른 사례들은 커클랜드 교외에 있는 에버그린헬스병원의 감염관리 팀에 의해 발견됐다.

하지만 연구자들의 추후 연구에 따르면, 이 바이러스는 3~6주 동안 워싱턴 서부에서 조용히 소용돌이치다가 바이러스에 매우 취약한 집단과 만나 다시 폭발적으로 늘어났을 가능성이 있었다. 전산생물학자 트레버 베드퍼드(Trevor Bedford)와 공동연구자들은 게놈 시퀀싱 데이터를 분석해 1월 말이나 2월 초에 바이러스가 조용히 유입되면서 유행이 시작되었을 거라는 의견을 개진했다. 베드퍼드는 3월 1일까지 시애틀 지역에 이미 확진자가 1000~2000명 발생했다고 추정했고, 주 보건당국은 그 이전에 확진자가 13명 발생했다고 추정했다.

미국의 코로나19 대응이 늦어진 데에는 여러 가지 요인이 작용했다. 대부분 증상에 따라 검사를 받고 양성 판정을 받은 사람만이 공식적으로 코로나19 확진 판정을 받았으며, 보건당국은 그 결과가 정확하다고 생각했다. CDC의 초기 실수로 광범위한 PCR 기반 진단의 출시가 지연되었고, 엄격한 사례 정의로 인해 중국 우한 지역을 방문한 적이 있는 유증상자만 고위험군으로 간주되어 바이러스 검사를 받았다. 하지만 코로나19바이러스는 이미 오래전에 전 세계에 퍼진 상태였다. 전염병학자들은 처음에는 감염된 사람이 증상이 나타나기 시작할 때까지(보통은 노출 후 며칠 이내이지만 일부에서는 최대 2주 후까지) 코로나바이러스가 전파되지 않을 것이라고 생각했다. 하지만 그 후 전염병학자들은 무증상보균자도 감염력이 있는 경우가 많으며, 바이러스에 감염된 사람의 약 35~40퍼센트는 증상이 전혀 없지만 다른 사람에게 바이러스를 전파할 수 있다는 사실을 뒤늦게 알게 됐다. 검사가 더 널리 보급되면서 처음에는 최대 2주까지 걸리던 검사 처리 시간이 약 2일로 단축됐다.

전 세계적으로 바이러스를 추적할 다른 방법을 찾기 위한 노력도 병행됐다. 네덜란드에서는 과학자들이 네덜란드에서 첫 확진자가 나온 지 일주일도 채 되지 않아 도시 3곳의 하수에서 SARS-CoV-2 유전자 조작을 발견했다고 보고했다. 아메르스포르트에서는 3월 초 확진자가 처음 발견되기 6일 전에 이 바이러스 유전자 조작이 발견됐다. 이 연구는 조기 확진 외에도 바이러스 농도와 확진자 유병률에 상관관계가 있다는 가능성을 제기했다.

수십 년 전 소아마비 발견 때와 마찬가지로 다른 국가들도 곧 그 뒤를 따랐다. 이탈리아에서는 로마 국립보건연구소의 환경바이러스학자인 주세피나 라 로사(Giuseppina La Rosa)와 엘리사베타 수프레디니(Elisabetta Suffredini)가 동료들과 함께 10년 동안 폐수에서 다양한 병원성 바이러스(A형간염바이러스, E형간염바이러스, 노로바이러스, 아데노바이러스 등)를 추적해 오고 있었다. 이런 바이러스들은 위장염을 유발할 수 있지만 잘 알려지지 않은 장 바이러스의 일종이다. 라 로사는 SARS-CoV-2가 발생하기 전까지는 의사들이 환경 감시의 유용성을 의심했다고 말했다. 라 로사와 수프레디니는 의사들이 환자에게서 노로바이러스를 발견했다고 보고하기 전에 자신과 동료들이 어떻게 보관 폐수 샘플을 사용해 이탈리아에서 노로바이러스 변종 그룹을 탐지했는지를 자세히 설명하는 논문을 발표하기도 했다. 라 로사는 말했다. "그동안 임상의들은 환경에 그다지 관심이 없었지만 SARS-CoV-2가 모든 것을 바꿔 놓았다."

다른 바이러스 연구자들처럼 이들도 이탈리아에서 첫 코로나19 확진자가 나온 지 3일 후인 2020년 2월 24일 밀라노에서 채취한 폐수에서 코로나바이러스의 첫 징후를 재빨리 발견하고 확인했다. 그로부터 얼마 지나지 않아 팬데믹이 이탈리아 북부를 휩쓸었고, 연구자들은 2019년 10월부터 밀라노, 토리노, 볼로냐에서 수집한 폐수 샘플로 눈을 돌렸다. 이 지역들에서도 SARS-CoV-2의 초기 징후가 있었을까? 라 로사와 수프레디니는 각각 별도의 실험실에서 자체 분석을 진행해 검사 결과를 독립적으로 확인했고, 그 결과 밀라노와 토리노에서는 2019년 12월 중순부터, 볼로냐에서는 2020년 1월 말부터 바이러스가 퍼졌다는 충격적인 결론에 도달했다. 이 결과는 국가 감시 시스템을 구축하고 이탈리아 전역의 다른 조용한 발병을 감지하는 데 도움이 되는 파일럿프로젝트를 가동시키는 데 기여했다.

스페인에서는 글로벌옴니엄(Global Omnium)이라는 수도 회사가 네덜란드의 성공 사례를 참조해 자체 하수도 감시 시스템을 가동했고, 이 시스템은 스페인의 20여 개 도시에 사는 인구 1000만 이상을 대상으로 확장됐다. 당시 다른 감시 시스템 대부분과는 달리, 이 감시 시스템에는 터코마의 레인인큐베이터가 수행하던 것과 종류가 동일한 세부적인 샘플링이 포함됐다. 글로벌옴니엄의 자회사 고아이구아노스아메리카(GoAigua North America)의 CEO 파블로 칼라부이그(Pablo Calabuig)는 샘플링 지점 약 800개에서 얻은 결과를 거의 실시간으로 제공하는 디지털 대시보드를 구축하기 위한 프로젝트를 주도했다. 연구원과 기술자 10명으로 구성된 팀이 2~3일마다 샘플에 바이러스 징후가 있는지 테스트했다. 가장 성공적인 개입 중 하나로, 감시 팀은 발렌시아시의 하수구 구역을 30곳으로 세분화했고, 하수 감시 결과를 바탕으로 공무원들은 특정 지역에 더 엄격한 예방조치를 시행했다.

발렌시아에서는 발렌시아 축구팀의 3분의 1 이상과 많은 팬이 2월 19일 밀라노에서 열린 베르가모의 아탈란타 클럽과의 챔피언스리그 축구 경기를 보러 갔다가 바이러스에 감염되면서 첫 확진자가 다수 발생했다. 이탈리아 언론에서 "게임 제로(Game Zero)"라고 불렸던 이 경기는 수많은 베르가모 서포터가 참석했기 때문에 이탈리아 북부에서 치명적인 코로나19 확산을 가속화한 주범이라는 비난을 받았다. 베르가모병원의 한 호흡기 전문의는 나중에 이 경기를 "생물학적 폭탄"이라고 불렀다. 이 폭탄의 파편 중 일부는 발렌시아에 떨어졌고, 발렌시아의 코로나19 발병 상황도 악화됐다.

글로벌옴니엄의 연구원들은 이전에 노로바이러스를 검출하는 데 사용했던 테스트 방법을 몇 주 동안 개선한 후, 2020년 5월 초에 스페인의 폐수에서 SARS-CoV-2바이러스를 테스트했다. 발렌시아에 있는 이 회사의 환경미생물학자인 카리나 곤살레스 타보아스(Carina González Taboas)는 모든 일이 엄청나게 빠르게 진행됐으며, 잠을 많이 자지 못해 시간 개념이 흐릿해질 정도로 정신이 없었다고 말했다. 타보아스는 이 프로젝트가 시작되면서 TV 프로그램에 출연해 계속 프로젝트에 대해 설명해야 했다.

당시 칼라부이그는 검사로 확진자 수를 파악할 수는 없었지만, 시간 경과에 따른 추세를 정확하게 추적하고 예측할 수 있었다고 말했다. 각 주와 카운티의 코로나19 위험 수준을 정량화하려고 시도한 지도는 일반적으로 확진 사례의 집중도와 증가 궤적에 의존한다. 고아이구아의 감시 플랫폼은 이 지도와 본질적으로 동일한 기능을 수행하지만 폐수 검사 결과를 인구통계 및 소득 데이터와 결합해 지역사회의 취약성을 보다 정확하게 추정했다. 한 가지 예로, 칼라부이그는 스페인에 있는 글로벌옴니엄의 검사 부서가 감염 의심 지역에 있는 요양원의 폐수를 샘플링해 양성 신호가 나타나면 타액 기반 검사를 실시해 감염자를 식별할 수 있었다고 말했다.

스페인의 많은 지역이 코로나19의 첫 번째 물결로 큰 타격을 입고 봉쇄 조치를 취했다. 칼라부이그는 발렌시아가 적극적인 감염자 추적과 의심되는 핫스팟을 기반으로 한 표적 PCR 기반 진단 검사를 결합한 사전 예방적 접근 방식을 통해 다른 많은 도시에 비해 입원환자 수를 줄이고 유병률을 낮춰 최악의 2차 파동을 피할 수 있었다고 말했다. 그는 이 경험을 통해 보건당국이 전염병의 다음 단계에 대비해 별도의 감시 전략을 채택해야 한다는 확신을 갖게 됐다. 알려진 사례가 거의 또는 전혀 없는 도시에서는 폐수처리장 수준에서 자주 검사함으로써 가장 적은 비용으로 가능한 한 빨리 발병을 감지할 수 있었다. 발병이 확인된 후에는 검사 빈도를 줄이되 도시 내 더 많은 장소에서 검사를 실시하는 것이 바이러스가 어디에 집중되거나 어디로 분산되는지 파악하는 데 더 효과적이다.

바이러스 탐지 작업은 약물 탐지 연구에 힘입은 바가 크다. 매사추세츠주 케임브리지의 마리아나 마투스(Mariana

Matus)와 뉴샤 가엘리(Newsha Ghaeli)는 처음에는 하수구에서 박테리아, 바이러스, 화학 화합물을 측정하는 데 연구를 집중했다. 매사추세츠공과대학의 연구 팀인 언더월드(Underworld)는 마리오(Mario), 루이지(Luigi), 요시(Yoshi)라는 이름의 채집 로봇을 잇달아 개발했고, 결국 바이오봇애널리틱스(Biobot Analytics)라는 회사를 설립했다. 이들은 "도시의 장(urban gut)"이라고 할 수 있는 지역에서 화합물을 조심스럽게 샘플링해 하수에서 비만이나 오피오이드(opioid, 아편 계열 약물) 중독 건강 문제로 인한 지역적 부담을 추정했다. 노스캐롤라이나주의 도시 캐리는 약물 과다 복용으로 사망자가 급증한 후, 이웃 지역 수준에서 오피오이드 중독의 확산을 추적하기 위해 바이오봇 기술을 사용한 최초의 도시 중 하나였다. 중요한 것은 약물 분해 산물 또는 대사산물을 식별하는 이 회사의 능력 덕분에 연구자들이 변기에 버려진 오피오이드와 소비된 오피오이드를 구분할 수 있었다는 점이다. 그런 다음 시 당국은 이 데이터를 사용하여 자금 및 정책 이니셔티브를 미세 조정했다.

당시 약물 연구자들은 여러 도시에서 약물 감시 전술을 연마하고 있었다. 터코마에서는 연구자들이 처리장 두 곳에서 나오는 폐수를 검사해 마리화나의 주요 분해 산물(대부분 소변을 통해 배출된다)을 확인했다. 과학자들은 워싱턴주에서 마리화나 판매가 합법화된 지 3년 만에 마리화나 소비가 두 배로 증가했다고 발표했고,《시애틀타임스(Seattle Times)》는 '세상에!(Gee whiz)'라는 기사를 대서특필했다. 2016년, 유럽마약 및약물중독모니터링센터의 연구원들은 폐수에서 추출된 약 물 대사산물을 기반으로 주요 도시의 약물 소비 성향을 밝 혀냈다. 이 센터의 유럽 마약 보고서에 따르면 "코카인은 서 유럽과 남유럽 국가에서 더 많이 사용되는 반면, 암페타민은 북유럽과 동유럽에서 더 많이 사용된다". 이 광범위한 보고 서는 예상대로, 하수구를 염탐하는 "빅브라더"에 대한 우려 를 불러일으켰고, 엑스터시(엄밀히 말하면 MDMA)가 다른 곳보 다 훨씬 많이 퍼져 있다고 추정되는 앤트워프와 암스테르담 같은 북부 유럽 도시에 거주하는 사람들의 파티 습관에 대한 비난을 불러일으켰다.

호주의 과학자들은 6개 주와 준주의 22개 폐수처리장 유 입수를 테스트해 사회적·인구학적·경제적 차이를 파악 할 수 있다는 연구 결과를 수용해 글래디스 크래비츠(Gladys Kravitz)의 지역사회 감시 전략을 한 단계 업그레이드했다. 이 연구는 호주 인구조사에서 수십 가지 요인에 의해 집계된 데 이터를 바탕으로, 비타민, 커피, 감귤류, 섬유질 소비를 나타 내는 바이오마커가 특정 지역사회의 사회경제적 이점과 상 관관계가 있다는 결론을 내렸다. 또한 이 연구 결과에 따르면 오피오이드 트라마돌(opioid tramadol), 항우울제, 항경련제, 고혈 압치료제 아테놀롤(atenolol) 등의 바이오마커는 사회경제적 불 이익과 더 많은 상관관계가 있었다. 고령자가 많이 거주하는 지역의 하수는 모르핀, 두 가지 고혈압치료제, 항우울제 농도가 더 높은 것으로 나타났다. 폐기물 연구자들은 가정에서 버리는 물건을 통해 개인정보를 수집하는 것이 얼마나 쉬운 일인지 보여 주었다. 하수도 기반 감시 프로젝트는 화장실 변기에서 소용돌이치는 "데이터 덩어리"가 이웃과 도시에 대해 놀랍도록 많은 정보를 제공할 수 있음을 보여 주었다.

코로나19의 맹공격은 진화하는 감시 기술이 실시간으로 전개되는 전 세계적 팬데믹이라는 새로운 영역에서 그 진가를 입증할 중요한 시험대가 됐다. 하지만 이 기술이 유용하게 사용되려면 폐수 신호를 신뢰할 수 있어야 하고, 전문가들은 보건당국이 조치를 취할 수 있도록 조기 경고를 제공해야 했다. 게다가 이 전략이 전 세계로 확산하면서 더 큰 의문이 생겼다. **이런 경고가 과연 효과가 있을까?**

2020년 3월 18일, 바이오봇은 보스턴 교외의 한 처리장에서 채취한 폐수 샘플에서 북미에서 처음으로 SARS-CoV-2를 발견했다고 보고했다. 마투스는 감염 과정에서 배출되는 모든 바이러스입자의 95퍼센트 이상이 평균적으로 첫 3일 이내에 방출되는 것으로 나타났다고 말했다. 샘플링된 폐수에서 분명한 징후를 발견한 것은 감시가 새로운 감염 사례의 선행지표를 제공한다는 생각을 뒷받침했다. 따라서 이 발견은 이 방법으로 하수로 방출된 **바이러스의 양**을 정량화할 수 있으며, 그리고 그 양을 통해 감염자 수를 파악할 수 있다는 생각을 확산시켰다. 당시 확진자가 446명 발생했다고 발표한 한 지역의 경우, 바이오봇에 따르면 실제 환자는 2300명에서 11만 5000명 사이였을 것으로 추정됐다.

하수처리장에서는 하수의 유속을 측정할 수 있고, 바이러스 유전자 검출을 위한 PCR 테스트는 샘플의 바이러스 농도를 추정하는 데 도움이 된다. 하지만 감염된 사람들의 똥에 포함된 평균 바이러스 농도는 팬데믹 초기에는 잘 알려지지 않았기 때문에 감염자 추정치의 불확실성이 컸다고 마투스는 말했다. 대표적인 집단에서 실험적으로 측정하면 불확실성을 줄일 수 있지만, 그러기 위해서는 감염된 사람과 그렇지 않은 사람을 포함하여 개인에 대해 상당히 많은 것을 알아야한다. 더 작은 지역에서 샘플을 수집해 신호를 정제하는 방법도 있지만 그 방법의 장단점에 대한 세심한 고려가 필요했다. 폐수처리장의 작업자들은 유입되는 오수 또는 폐수 샘플을 수집하는 방법을 알고 있었으며, 그 지식에 기초해 폐수 기반 감시 작업을 수행했다. 마투스는 하수도를 따라 특정 지점에서 샘플링하면 더 세분화된 정보를 얻을 수 있지만, 그러기 위해서는 자원과 노력이 투입되어야 한다고 말했다. 최소한 바이러스는 검출할 수 있다는 사실을 입증한 후, 바이오봇은 미국 전역에서 문의를 받기 시작했다. 이 회사는 42개 주에서 약 폐수처리공장 약 400곳을 무료 테스트 캠페인에 참여시켰으며, 이를 통해 다양한 현장에서 바이러스를 안정적으로 측정하고 각 지역사회에 유용한 데이터를 제공했다. 2020년 6월, 바이오봇은 SARS-CoV-2 검출을 위한 상업용 폐수 검사 서비스를 시작했다. 그해 7월 중순 마투스는 "반응은 놀라웠다"라며 당시 150개 커뮤니티가 참여 의사를 밝혔다고 말했다. 코로나19로 외부 세계는 침체된 상태였지만, 마투스의 회사는 그 어느 때보다 바빴고, 규모가 4배나 커졌다. 내게 이 이야기를 하던 중 갑자기 생각난 듯 마투스는 말했다. "사람들이 폐기물과 폐수의 힘에 대해 알게 됐어요. 일상적으로 배출하는 배설물이 제공하는 데이터의 가치를 이해하게 된 거지요."

×

과거에 노숙자 쉼터로 사용되다가 지금은 연구실과 업무 공간으로 사용되고 있는 레인인큐베이터 본사의 2층 회의실에서 허시버그와 그의 반려견 모비를 만났다. 허시버그는 알래스카 어선 소유주로부터 문의를 받은 뒤 해양법에 대해 읽었다고 스타크에게 말했다. 이 회사는 외국인 선원들이 배출한 오수 검사에 관심이 있었는데, 허시버그는 해양법에 따르면 개별 근로자는 해상에서 검사할 수 없지만 집단 폐기물은 검사할 수 있기 때문에 선원들이 육지에 도착했을 때 양성 신호가 나타나면 후속 검사를 실시할 수 있다고 말했다.

허시버그는 개인을 대상으로 하는 대량 검사와 비교할 때 배설물 감시는 전염 추세를 덜 편향적으로 볼 수 있다고 설명했다. 모든 사람이 똥을 배출하기 때문에 무증상이거나 의료 서비스를 이용할 수 없는 사람들 상당수로부터 데이터를 수집할 수 있기 때문이다. 허시버그는 이런 이점이 터코마의 일부 격리지역에서 핵심이 된다고 말했다. 미국 전역에서 코로나19는 아프리카계 미국인, 원주민, 라틴계 주민 들에게 특히 큰 피해를 입히고 있었다. 다국적 연구 팀의 조사에 따르면, 코로나19로 미국 남성의 기대수명이 2년 이상 감소했으며, 이는 조사 대상 29개국 중 가장 큰 감소 폭으로, 주로 노동 연령대 남성의 사망률이 높아진 데 기인한 것으로 나타났다. 허시버그는 형평성 측면에서 소외된 지역의 하수도를 검사하면 접근성 한계를 뛰어넘어 적시에 경고를 제공할 수 있다고 말했다.

반려견 모비가 쓰다듬어 달라는 듯 내게 다가왔을 때 허시버그는 아직 공무원들에게 비영리 연구소의 환경 감시가 지닌 가치를 설득하지 못했다고 말했다. 하지만 그는 적어도 샘플 수집에 대한 시의 지원을 확보했고, 파일럿프로젝트가 사람들의 생각을 바꾸는 데 도움이 될 것이라고 말했다. 다양한 분자생물학 연구소와 진단 연구소를 두루 거친 베테랑인 허시버그는 다른 바이러스 추적자들과 함께 HIV 및 기타 주요 병원체 검사를 수행한 경험이 있었다. 그는 2002년 중국에서 처음 나타난 중증급성호흡기증후군(SARS)에 대한 연구를 통해 SARS-CoV-2도 하수를 통해 배출될 가능성이 높다는 것을 알고 있었다. 당시 레인인큐베이터의 과학 개발 책임자였던 스탠리 랜저빈(Stanley Langevin)은 과학자들이 홍콩의 아모이 가든 아파트 단지에서 발생한 대규모 사스 발병의 원인을 배관 결함으로 추적한 연구에 대해 말했다. 이 연구자들은 에어로졸 형태의 배설물 조각이 바닥 배수구를 통해 거주자의 욕실로 유입된 후 인근 공기 통로로 유입되어 바이러스가 다른 집들로 퍼졌다고 판단했다. 지금까지의 연구에 따르면 똥과 하수 속 SARS-CoV-2바이러스입자는 훨씬 덜 위험하다. 바이러스 RNA가 배설물에 계속 남아 있을 수 있고, 오염된 대변을 통한 전염 가능성을 배제할 수는 없지만, 연구자들은 아직 바이러스가 폐수를 통해 사람에게 전파된다는 확실한 증거는 발견하지 못했다.

허시버그는 장비를 처음부터 새로 만들고, 중고 기계를 개조하고, 직원들에게 비슷한 수완을 발휘할 수 있도록 교육하는 레인인큐베이터의 DIY 정신을 자랑스러워하면서 "우리는 블루칼라 생명공학을 하고 있다"라고 말했다. 이 비영리 기업은 코로나19를 추적하면서 자체적으로 바이러스 RNA 및 항체 탐지 테스트를 개발했다. 전자는 중합효소연쇄반응이라고 하는 매우 민감한 기계 기반 복제 프로세스, 즉 PCR 기법에 의존한다. 이 PCR 기법은 실험실에서 사람의 코로나19 진단에 사용하는 기법과 동일한 기법이다. 연구자들은 SARS-CoV-2 같은 바이러스 유전물질의 염기서열을 분석한 뒤 대표적인 유전자 또는 유전자 영역을 선택한 다음, 벨크로처럼 달라붙는 작은 DNA 조각을 만들어 낸다. 프라이머(primer)라고 불리는 이 DNA 조각은 DNA 염기서열을 증폭시키는 틀로 기능한다. 프라이머가 충분한 수로 존재하면 DNA 복제 과정을 통해 바이러스의 존재 또는 적어도 유전물질의 존재를 확인할 수 있다. SARS-CoV-2는 유전자 코드로 이중가닥DNA 대신 단일가닥RNA를 사용하기 때문에 연구자들은 추가 단계를 통해 RNA를 DNA로 변환해 PCR 기계가 시퀀스 데이터를 제대로 읽을 수 있도록 만든다.

5월 중순에 터코마의 T 스트리트 현장에서 테스트를 시작한 이래로 레인인큐베이터 팀은 매주 양성 결과를 얻었다(10월 초까지 5개월 동안은 음성 결과는 단 한 번 얻었다). 폐수처리장에서는 작업자들이 대형 침전 탱크 바닥에 침전된 폐기물에서 분변 샘플을 채집했고, 스타크와 시 직원들은 하수구에서 흐르는 폐수를 샘플링해 도시 주변의 다른 지점에서 검사를 실시했다. 그러던 중 샘플의 지방 농도에 대한 랜저빈과의 토론에서 결정적인 깨달음의 순간이 찾아왔다. 연구원들은 지방질 외피를 가진 바이러스가 지방, 기름, 그리스 덩어리, 즉 하수구를 막는 지방 덩어리를 형성하여 일반적으로 위생 엔지니어들의 골칫거리인 악명 높은 "포그(FOG)"에 달라붙어 있을 가능성이 높다는 사실을 알게 된 것이었다. 냄새나고 혐오스러운 이 덩어리는 바이러스 조각을 포획하고 농축하는 올무처럼 작용하며, 랜저빈은 폐수 1리터보다 폐기물 채집용 면봉에서 더 강력한 신호를 얻을 수 있다고 판단했다.

다른 연구자들도 비슷한 결론에 도달했다. 토목 및 환경공학자인 크리스타 위긴턴(Krista Wigginton)은 공동연구자들과 함께 지방으로 둘러싸인 바이러스가 오수 속 폐기물에 달라붙을 수 있다는 사실을 발견한 뒤, 알렉산드리아 보엠(Alexandria Boehm)과 함께 캘리포니아주 팰로앨토(Palo Alto)와 새너제이(San Jose)의 폐수 샘플에서 SARS-CoV-2가 같은 방식으로 작동하는 것을 확인했다. 이들은 폐수처리장에서 침전된 고형물에는 액체 유입수에서 채취한 샘플보다 훨씬 더 많은 바이러스입자가 포함되어 있었다고 보고했다.

나는 레인인큐베이터 1층 회의실에서 랜저빈으로부터 이 기업의 연구에 대해 더 자세한 이야기를 들었다. 그는 바이러스학 및 질병 감시 연구소를 거친 베테랑으로 20년 동안 바이러스 신호를 추적해 왔다며, 코로나19 추적에 사용되는 주요 신호에 명백한 결함이 있다고 지적했다. 그는 입원환자 수와 사망자 수로만 질병 감시를 수행하는 방법은 **가장 안 좋은** 방법이라며, 이런 숫자들은 종착점일 뿐 사전경고를 제공하는 데 아무런 도움이 되지 않는다고 말했다. 이탈리아의 과학자 라 로사와 수프레디니도 내게 자신들의 연구를 설명할 때

랜저빈과 같은 지적을 하면서, 보고된 입원환자는 전체 사례의 극히 일부에 불과하며, 환경 탐사 작업은 광범위하게 이루어져야 한다고 강조했다. 과학 작가인 에드 용(Ed Yong)은 미국이 코로나바이러스 연구에서 계속 뒤처지는 이유를 설명하기 위해 다른 비유를 사용했다. "팬데믹 데이터는 먼 곳에 있는 별이 내는 빛과 같아서 현재가 아닌 과거의 사건을 보여 줄 뿐이다. 이런 시차는 원인과 결과에 대한 우리의 판단을 흐리며, 행동과 결과를 분리하게 만든다. 그 결과, 정책 입안자들은 결국 너무 늦었을 때만 조치를 취하게 된다. 예측이 가능한 감염 급증이 예기치 않은 돌발 상황으로 잘못 해석되는 이유가 여기에 있다."

1999년, 당시 콜로라도주 포트콜린스(Fort Collins)에 있는 CDC 연구소 연구원이었던 랜저빈은 그해 여름 뉴욕에서 발생한 모기 매개 웨스트나일바이러스를 보다 적극적으로 감시하는 방법을 찾는 데 핵심적인 역할을 담당했다. 그와 그의 동료들은 조류 25종을 바이러스에 감염된 모기에 노출시켜 파랑어치, 찌르레기, 까마귀 같은 새들이 바이러스를 순환시키는 바이러스 전파 주기에 가장 큰 영향을 미치고 있음을 보여 주었다. 물론 이 새들 자신도 모기에 물려 웨스트나일병의 희생양이 됐다. 하지만 죽기 전에 이 새들의 혈액은 더 많은 모기가 감염될 수 있는 바이러스 저장고 역할을 하고 있었다. 랜저빈은 "우리는 사람보다 모기를 먼저 추적하고 있었는데,

갑자기 이런 새들이 하늘에서 떨어지기 시작하면서 새로운 신호를 발견하게 됐다"라고 회상했다. 랜저빈의 연구 팀은 후속 발병의 선행지표로 "죽은 새" 감시를 최초로 추진한 그룹 중 하나였다. 그는 말했다. "죽은 새에 대한 감시는 놀라울 정도로 예측 효과가 좋았다."

당시 《뉴스데이(Newsday)》의 과학 담당 기자였던 나는 조류독감에 대해 광범위한 기사를 쓰고 있었다. 보건당국이 폐사한 새를 신고해 달라고 사람들에게 도움을 요청하던 일이 기억난다. 독자들의 문의도 많이 받았다. 2001년, 처음 까마귀 네 마리가 죽은 것은 롱아일랜드에서 웨스트나일 시즌이 시작되었음을 알리는 신호였다. 랜저빈은 이런 환경 신호는 비침습적이며, 쉽게 수집할 수 있고, 일반적으로 규제와 정치의 영향을 덜 받는다며 "올바른 방식으로 수집하고 해석하면 이런 환경 신호는 매우 강력하다"라고 말했다.

랜저빈을 비롯한 많은 연구자는 환경 신호를 이용해 코로나19를 추적하는 방법이 효과적이라는 확신을 점점 많이 갖게 됐지만, 하수도 조사를 기반으로 하는 전략에는 한계가 있을 수밖에 없었다. 사람의 똥을 검사하는 것은 의미가 있지만, 하수구에는 똥을 비롯해 수많은 것이 섞여 흐르기 때문에 검사가 완벽하지 않을 수 있기 때문이다. 예를 들어, 상업 시설이나 산업현장에서 흘러나오는 세제나 표백제는 바이러스 입자를 분해하여 신호를 약화할 수 있으며, 빗물, 생활하수,

산업폐수가 한데 모이는 복합 하수도시스템에는 빗물이 섞여 들어가 샘플을 희석할 수 있다. 하루 중 특정 시간대에 집중적으로 사용되는 샤워기, 세탁기, 식기세척기에서 흘러 나가는 오수 역시 환경 신호 검출에 방해가 된다. 기온이 높으면 바이러스 RNA의 부패 속도도 빨라진다. 또한 일부 환자는 다른 환자보다 훨씬 더 많은 바이러스를 배출하며, 상대적으로 전파가 제한적인 기간에 발병의 초기 출현 또는 재출현 또는 잠복을 가리키는 "예-아니요" 이진 신호들 각각은 전염병 전파가 정점에 이르는 시점에는 상대적으로 약해진다.

2020년 12월에 코로나19가 급증했을 때에도 미네소타주 전염병학자인 리처드 대닐라(Richard Danila)는 폐수 기반 역학조사의 필요성을 확신하지 않았다. 당시 대닐라는 이렇게 말했다. "폐수 기반 역학조사는 돈 낭비이자 자원 낭비입니다. 사방에서 확진자가 나오는데 굳이 폐수를 조사해야 할까요? 미네소타의 87개 카운티에서 모두 확진자가 발생한 상황에서 폐수 조사는 아무 의미가 없습니다." 대닐라에게 폐수 조사로 얻은 정보는 아무 의미가 없는 정보에 불과했다. 대신, 대닐라는 이 분야에서 가장 중요한 문제, 즉 과학자들이 바이러스를 발견한 다음 어떻게 해야 하는지에 관한 문제에 집중했다. 그는 "중요한 것은 폐수가 아니라 사람"이라며 폐수 역학조사가 학문적으로는 의미가 있을 수 있지만 그 조사 자체가 사람에게 도움이 된다는 증거가 필요하다고 말했다. 원칙적으로 하수 샘플에서 SARS-CoV-2바이러스입자의 농도는 해당 지역사회에 코로나19의 상대적 부담에 대해 알려 줄 수 있어야 한다. 하지만 여기서 바이러스를 정확하게 정량화할 수 있는지에 대한 논쟁이 발생한다. 랜저빈을 비롯한 일부 연구자는 정량화하기에는 다루어야 하는 변수가 너무 많다고 말했다. 그는 엄청난 수의 바이러스입자를 방출하는 잠재적 "슈퍼전파자"의 존재는 하수구의 바이러스 농도를 기반으로 사례 수를 추정하려는 노력이 실패할 운명이라는 것을 의미한다고 말했다. 보스턴을 비롯한 다양한 지역에서 매우 다양한 초기 추정치가 나온 것은 그의 주장을 뒷받침하는 것처럼 보였다. "우리는 모두 평등하지 않습니다. 우리는 같은 양의 바이러스를 배출하지 않으니까요."

랜저빈은 도시의 특정 지역에서 폐기물을 배출하는 소규모 하수구를 조사하면 대규모 검사를 하지 않아도 대다수 전염이 어디에서 발생하는지 알아낼 수 있다고 말했다. 일관된 코로나19 핫스팟을 가리키는 "예-아니요" 신호는 새로운 사례를 예측할 수 있게 해 주고, 지역사회 주민들이 스스로를 보호하는 데 필요한 마스크 및 기타 자원을 효율적으로 배포하는 데에도 도움을 줄 수 있다. 레인인큐베이터의 연구 팀은 여름 내내 핫스팟이었던 T 스트리트 굴치 지역을 더 작은 구역으로 나누어 최소 150가구에서 하수 샘플을 채취하여 테스트했다. 랜저빈은 "나는 하수도시스템이 우리에게 확실한 신호를 제공할 것이라고 확신합니다. 우리가 확보할 수 있는 최선의 신호는 폐수 신호입니다"라고 말했다.

같은 문제를 여러 각도에서 접근하는 놀라운 융합 연구 노력은 과학을 빠르게 발전시키고 나머지 변수를 제거해 나가고 있다. 미시간주에서는 전염병학자 케빈 베커(Kevin Bakker)가 엔지니어 크리스타 위긴턴과 함께 앤아버(Ann Arbor)와 입실랜티(Ypsilanti)의 폐수처리장에서 매일 샘플을 수집해 분석함으로써 주 차원의 코로나19 조기경보시스템 구축을 유도했다. 베커는 처음에는 호흡기세포융합바이러스(respiratory syncytial virus, RSV), 노로바이러스, 소아마비바이러스 그리고 어린이에게 소아마비와 유사한 증상을 일으키는 엔테로바이러스 D68 같은 바이러스를 추적하는 데 관심이 있었다. 위긴턴은 중증급성호흡기증후군(SARS), 중동호흡기증후군(MERS) 등의 질환을 일으키는 코로나바이러스와 장내 병원균을 연구한 경험이 있었다. 이 두 사람은 다른 연구자들과 함께 SARS-CoV-2를 추적하는 데 집중했다.

수학적 모델링 전문가인 베커는 자신과 동료 연구자들이 지역사회의 코로나19 부담을 합리적으로 추정하는 데 도움이 된다고 생각했다. 폐수처리장의 주요 임무는 유입되는 폐수를 정화하는 것이다. 따라서 폐수처리장에서는 수온 및 혼탁도와 같은 화학적 및 물리적 특성에 대한 방대한 양의 데이터를 수집한다. 베커는 "여러 위치에서 측정값을 수집하면 알려지지 않은 매개변수가 무엇인지 더 잘 파악할 수 있다"라고 말했다. 또한 베커의 연구 팀은 감염된 사람들의 대변에서 코로나바이러스의 초기 농도를 더 잘 측정하기 위해 다른 연구자들과 협력하기도 했다. 하지만 하수도에서 다른 폐수나 빗물에 의해 희석된 똥에서 바이러스 농도를 측정하는 일은 쉬운 일이 아니었다.

이 과정에서 1장에서 언급한 고추약한모틀바이러스가 훌륭한 마커가 될 수 있다는 사실이 밝혀지기도 했다. 이 바이러스는 전 세계의 고추, 피망, 파프리카를 감염시키는 식물 병원균으로 잘 알려져 있지만, 사람의 똥에 거의 항상 존재하기 때문에 매우 유용한 지표가 된다. 고추나 매운 소스가 포함된 음식에 들어 있는 이 바이러스는 음식과 함께 소화기관을 통과하며, 대변에서 쉽게 검출된다(고추가 포함된 음식을 먹은 적이 없는 사람은 이 바이러스에 감염되지 않는다. 하지만 대다수 사람들은 고추가 포함된 음식을 먹는다). 고추약한모틀바이러스는 동물의 똥에서는 비교적 드물게 관찰되지만 사람의 똥에서는 가장 많이 발견되는 RNA바이러스다. 하수도나 처리장 유입수에서 이 바이러스의 상대적인 농도는 연구자들이 전체 흐름에 대한 인간의 기여도를 추정하는 데 도움이 된다. 따라서 이 바이러스는 전 세계 수로의 분변 오염 상태를 알려 주며, 유해한 장내미생물에 의한 식품 또는 수질 오염 가능성을 경고하는 역할을 한다. 고추약한모틀바이러스가 있는 곳에는 다른 장내미생물도 존재할 가능성이 높기 때문이다.

하지만 다양한 SARS-CoV-2 감염률을 어떻게 설명할 수 있을지는 미해결 과제로 남아 있었다. 환경미생물학자 이안 페퍼(Ian Pepper)는 지난 40여 년 동안 폐수와 바이오솔리드(biosolid)에서 미세 신호를 찾는 작업을 하고 있다. 바이오솔리드란 폐수처리공장에서 재활용되는 유기물을 말한다. 애리조나대학교의 "물·에너지·지속 가능한 기술 연구소" 책임자인 페퍼는 물을 재생 및 정화하고 환경 내 바이러스, 박테리아 및 기타 병원균을 탐지하기 위한 노력을 주도해 왔다. 2020년 2월 말, 이 연구소는 공공시설로부터 폐수 샘플을 받아 SARS-CoV-2의 징후를 검사하기 시작했다. 바이오봇처럼 이 연구소도 제보 수백 건을 받았으며 뉴욕, 플로리다, 캐나다 등 연구소에서 멀리 떨어진 곳에서도 샘플을 처리하기 시작했다.

그해 여름 페퍼는 폐수 기반 역학조사 팀을 구성했다. 그의 팀이 맡은 임무는 모든 캠퍼스 기숙사를 모니터링하는 것이었다. 랜저빈처럼 페퍼도 맨홀 뚜껑 아래를 조사하기로 했다. 다행히도 애리조나대학교 기숙사의 하수도시스템은 각각의 방에 별도의 하수관이 연결되어 있었다. 페퍼의 연구 팀은 일주일에 세 번씩 아침 8시 30분에 기숙사와 학생회관을 포함한 캠퍼스 건물 20곳에서 하수 샘플을 채취했다.

페퍼는 다른 폐수처리장에서 보내온 샘플의 데이터를 해

석한 경험을 바탕으로 바이러스가 검출되지 않은 0단계부터 바이러스 농도가 "매우 높은" 4단계까지 모두 5단계로 분류해 대학 전체의 위험 수준을 경고했다. 2020년 8월 24일, 학생들이 캠퍼스로 돌아왔고 페퍼의 팀은 다시 하수 샘플을 채취했다. 하지만 특이 사항은 발견되지 않았다. 하지만 그다음 날 기숙사의 한 방에서 확진자가 나왔다. 페퍼는 "여름 내내 이 사태에 대비해 왔음에도 실제로 사태가 발생하자 모든 것이 엉망이 됐다"라고 회상했다. 폐수 속 바이러스 농도를 바탕으로 연구 팀은 기숙사 거주 학생 전원을 검사하기로 결정했다. 검사 결과, 무증상감염자가 두 명 발견되었고, 이 학생들은 다른 사람들에 대한 위험을 줄이기 위해 격리 장소로 이동했다.

연구자들은 기숙사에서 배출되는 오수를 다시 검사하기로 결정했고, 30분 동안 5분마다 오수에서 샘플을 채취했다. 바이러스 농도는 모든 시점에서 거의 동일하게 나타났다. 페퍼는 "이는 바이러스가 대변에 있다가 하수구에 들어가면 흩어진다는 생각을 뒷받침한다"라고 말했다. 다시 말해, 이는 단순히 물을 내리는 것만으로는 바이러스가 하수처리장으로 완전히 이동하지 않는다는 뜻이다. 과학자들이 이전에 SARS 감염 사례에서도 발견했던 것처럼, 바이러스입자는 하수관에서 한동안 머무르는 경향이 있었다.

애리조나대학교의 확진자 수는 9월 중순에 정점을 찍은

후 감소해 11월 말까지 비교적 평탄한 수준을 유지했다. 애리조나의 다른 지역에서는 확진자 수가 증가하고 있었다. 당시 페퍼는 이 감시 시스템의 성공으로 대학과 주변 지역사회 사이의 역학관계가 바뀌었다며 "학기 초에 지역사회에서는 학생들이 지역사회에 코로나19를 퍼뜨릴까 봐 우려했다. 하지만 지금은 그 반대인 것 같다"라고 말했다.

첫 번째 양성 판정 이후 하수 기반 테스트에서 지속적으로 양성반응이 나왔고, 페퍼는 각 신호의 위치를 기반으로 한 후속 테스트를 통해 대학이 추가 발병 80건을 방지했다고 추정했다. 그는 "애리조나대학교가 다른 많은 대학이 할 수 없었던 개방 상태를 유지할 수 있었던 것은 이 시스템에 힘입은 것"이라며, 표적 검사가 모든 학생을 지속적으로 검사하는 것보다 훨씬 경제적이라고 덧붙였다.

페퍼는 처음에 지역 전염병학자들이 그의 환경 감시 노력을 회의적인 시각으로 바라보았다고 말했다. 하지만 지금은 그렇지 않다. 페퍼는 "똥은 거짓말을 하지 않는다. 하수에 바이러스가 있다면 누군가에게서 나온 것이다"라고 말했다. 연구 팀은 거짓 양성 사례가 최소화된 상태에서, 임상검사와 달리 매주 실시하는 분변 검사를 통해 지역 내 감염자의 증가, 정체 또는 감소 여부를 예측할 수 있었다. 2020년 12월 초에 나와 대화를 나누었을 때 페퍼는 임상 사례 비율이 상당히 낮다고 말했지만, 투손(Tucson)의 아구아누에바(Agua Nueva)

폐수처리장에서 나온 수치가 역대 가장 높은 바이러스 농도 중 하나를 기록했다고 걱정했다. "메모리얼데이(Memorial Day)[71], 독립기념일, 노동절, 그리고 이번 추수감사절까지 매번 연휴가 끝나고 1주일이 지났을 때 바이러스 농도가 급상승하는 경향이 있었어요. 약 2주 후에는 확진자 수가 급증할 것으로 보여요."

폐수 분석으로 실제 감염 사례 수를 추정할 수 있는지에 대한 논란은 어떻게 됐을까? 페퍼는 기숙사가 역학 데이터의 금광을 제공한다고 말했다. 기숙사는 거주자의 수와 신원이 알려져 있고 유증상자 및 무증상자 수가 알려진 정의된 커뮤니티이기 때문이다. 그의 팀은 폐수의 바이러스 농도, 거주자 수, 평균 대변 배출량, 바이러스 배출 속도를 기반으로 감염 사례 수를 예측하는 방정식을 만들었다. 평균 대변 배출량과 바이러스 배출 속도가 여전히 우려되는 요소이긴 했지만 페퍼의 팀은 폐수에서 상당한 농도의 SARS-CoV-2가 검출된 후속 테스트를 통해 각 기숙사의 확진자 수를 이미 파악하고 있었다. 물론 감염된 학생마다 바이러스 배출량이 다를 수는 있지만, 연구자들은 300명 정도의 인구 집단 내에서 최고치와 최저치를 측정해 배출 중앙값을 계산해 냈다. 페퍼는 "바이러스 배출 비율을 역산해 본 결과 모든 기숙사에서 거의 동일한 수치를 얻을 수 있었다"라고 말했다.

---

71 5월 마지막 주 월요일.

우연히도 대학 기숙사에 잘 특성화된 인구가 존재한다는 사실을 바탕으로 조사한 결과, 연구 팀은 평균 배출 비율을 사용해 바이러스 농도와 다른 하수도구역의 전체 사례 수와의 상관관계를 파악할 수 있었다. 또한 연구 팀은 특정 구역 또는 주소에서 지리적 정보와 신중한 샘플링을 통해 예상되는 사례 수를 기반으로 향후 핫스팟을 예측하는 감염 지도를 만들어 냈고, 보고된 사례 수로부터 미보고 사례 수를 추정할 수 있었다. 미보고 사례는 대부분 무증상 환자 사례였다.

접근 방식은 달랐지만, 랜저빈과 페퍼는 자신들의 연구 결과가 공중보건 자원을 재분배하는 데 엄청난 영향을 미칠 수 있다고 생각했다. 기숙사 오수를 이용한 연구에 기반한 원칙 증명은 스톡홀름병원에서 소아마비 연구자들이 그랬던 것처럼 요양원, 교도소, 식품 가공 시설, 개별 하수관이 공급되는 기타 건물이나 단지의 고위험군을 검사하는 데에도 동일한 프로세스를 사용할 수 있음을 시사했다.

✕

애리조나대학교와 제휴 관계에 있는 농업 자금 지원 센터인 유마사막농업우수성센터(Yuma Center of Excellence for Desert Agriculture)는 점점 더 골치 아파지는 문제에 초점을 맞추고 있다. 풍부한 일조량의 축복을 받았지만 연평균 강우량이

7.62센티미터에 불과한 지역에서 어떻게 지금처럼 많은 과일과 채소를 계속 재배할 수 있을까? 애리조나 남서부 지역은 겨울철에 상추, 시금치, 케일 같은 북미 잎채소의 약 80~90퍼센트를 생산한다. 하지만 코로나19는 농업 종사자들에게 큰 타격을 주었고 수십억 달러 규모의 산업에 또 다른 큰 위협이 되고 있었다. 이 센터의 전무이사인 폴 브라이얼리(Paul Brierley)는 애리조나대학교의 성공 사례를 듣고 페퍼와 협력해 유마 카운티에서도 폐수 기반 감시 시스템을 도입했다.

처음에 브라이얼리와 그의 팀은 현장에서 작업자들이 사용하는 야외 테이블에서 폐수를 테스트하려고 했다. 하지만 열과 탈취 화학물질의 조합으로 바이러스가 빠르게 분해되어 바이러스를 정확하게 식별해 내는 테스트가 불가능했다. 이에 굴하지 않고 그들은 이 감시를 카운티의 다른 지역에서 시도하기로 했다. 페퍼의 도움으로 그들은 시와 카운티, 농업 공동체, 지역 학교, 공중보건 기관, 유마 지역 의료 센터, 해병대 유마 공군기지, 미 육군 유마 시험장 대표들이 참석한 웨비나에서 자신들의 주장을 펼쳤다. 웨비나가 끝나고 몇 분 후 카운티 고위 관리가 전화를 걸어 관심을 표명했고, 이후 카운티 당국은 테스트 랩 개발, 장비 및 인력 충원을 위해 22만 달러를 지원하기로 약속했다.

브라이얼리와 그의 팀은 2020년 11월 초에 준비를 마쳤다. 이들은 실험실의 데이터를 개별 고객이나 보건부에 넘기는 대신, 초기 프레젠테이션을 들은 여러 기관의 대표와 각 지자체를 포함하는 운영위원회를 구성했다. 브라이얼리는 이 방식을 통해 그의 팀이 예상치 못한 것을 발견하면 위원회가 즉시 모일 수 있었다고 말했다. 그들은 조기 경고는 경고를 받은 사람이 신속하게 행동할 수 있어야만 유용하다는 것을 알고 있었다.

전 세계에서 가장 많은 메드줄대추야자를 가공하는 유마의 데이트팩 가공 공장의 작업자 수는 보통 여름철 수확기에 1500명 이상으로 일시적으로 정점에 달한다. 하지만 2020년에는 코로나19로 여름철 수확기에도 작업자 수가 450명에 불과했고, 그 후에는 약 200명으로 줄어들었다. 이 공장의 운영 담당 수석부사장인 후안 구즈만(Juan Guzman)은 자신과 교대 감독관들이 주로 라틴계 여성 직원들을 보호하기 위해 최선을 다했다고 말했다. 하지만 코로나19 때문에 희망이 없어 보였다. 그러던 중 그는 폐수 기반 감시 시스템에 대해 듣게 됐다. 그는 말했다. "누군가 나에게 공장에서 발병을 피할 수 있는 정보를 제공하겠다고 말한다면, 당연히 그 정보를 받아들이지 않겠어요?"

브라이얼리의 팀은 1교대와 2교대의 휴식 시간 직후 일주일에 두 번씩 공장의 폐수를 샘플링했다. 하지만 아무것도 나오지 않았다. 그러던 중 추수감사절 다음 주에 처음으로 양성반응이 나왔다. 구즈만은 "엄청난 혼란이 발생했습니다"라고 회상했다. 유마카운티 공중보건 서비스 당국은 국경보건 지역센터의 회사 주차장에 있는 밴에 이동식 검사 유닛을 설치하도록 주선했다. 초기 검사 및 확진 검사에서 직원 4명이 양성 판정을 받았다. 모두 무증상자들이었다. 구츠만은 이 직원들에게 유급휴가를 주면서 자가 격리를 요청했다.

나머지 직원들은 이미 거리 두기를 하면서 마스크를 착용하고 있었기 때문에 보건부는 추가 격리를 권고하지 않고 증상이 있는지만 면밀히 모니터링했다. 구츠만은 말했다. "다행히도 그 뒤 양성 판정을 받은 사람은 아무도 없었습니다. 매우 기뻤지요." 직원들이 예방조치가 효과가 있다는 사실을 깨닫자 양성 판정에서 비롯된 공포의 파문은 사라졌다. 확진자 4명이 확인되지 않았다면 어떤 일이 벌어졌을지 아무도 확신할 수 없지만, 브라이얼리는 감염 확산을 막은 덕분에 많은 생명을 구할 수 있었다고 생각한다. 직원들은 더욱더 충실하게 마스크 착용 규칙을 준수했고, 청소 직원들은 비누와 손소독제 디스펜서를 더 자주 리필했다.

2021년 2월 폐수 기반 감시에서 또 다른 무증상감염 사례가 발견되었을 때, 구츠만은 직원들이 서로 앞다투어 검사를 받기 시작했다고 말했다. 그로부터 한 달 후, 공장은 새로 개발된 코로나19 백신 접종 등록을 권유했다. 등록을 거부한 사람은 직원 200명 중 단 10명뿐이었다. 두 번째 접종이 시작될 무렵에는 5명을 제외한 모든 직원이 백신 접종에 동의했다.

직원들의 건강을 유지하기 위해 노력한 것은 비즈니스에도 도움이 됐지만, 구츠만은 전국에서 실업률이 가장 높다는 불명예를 안고 있는 농업 카운티인 유마카운티가 과학을 활용해 직원들을 보호한 것이 더 자랑스럽다고 말했다. 팬데믹 기간 내내 미국은 국가 차원에서 이 공장에서 시행한 감시 시스템을 시행하기 위해 노력했다. 다음번에 더 효과적인 방어를 구축하는 것은 주정부 및 연방정부가 위험 감소 노력에 재투자하려는 의지에 따라 크게 달라질 것이다.

2020년 9월, CDC는 미국 최초의 폐수 기반 모니터링 네트워크인 국가폐수감시시스템(National Wastewater Surveillance System)을 구축해 질병 감시의 새로운 우선순위에 대한 기대를 높였다. 이 시스템의 대시보드에는 전국 수백 개 샘플링 지점에 대한 인터랙티브 지도가 포함되어 있으며, 이 지도는 각 지점의 상대적 SARS-CoV-2 RNA 수치 추이에 따라 색상으로 구분되어 있다. 이 감시 시스템 프로그램 책임자인 환경미생물학자 에이미 커비(Amy Kirby)는 바이러스 수준에서 사례 수를 계산하는 것은 여전히 어려운 작업이라고 말했다. 하지만 광범위한 감시 네트워크에서 중요한 것은 숫자가 아니라 추세다. 추세가 확인되면 신종 병원균이 출현하거나 이전에 발견됐던 병원균이 다시 출현한 경우 시골이나 도시 하수도시스템을 검사해 추가적인 바이러스를 검출할 수 있기 때문이다.

커비는 CDC가 농촌 공공시설이 네트워크에 참여하는 데 필요한 도구를 확보할 수 있도록 지원하고 있으며, 일부 협력 부족 국가도 포함하도록 시스템을 확장할 수 있기를 희망한다고 말했다. 커비는 대학, 요양원, 기업, 교도소와 같은 시설 수준에서 감시하면 바이러스 핫스팟에 대한 자세한 정보를 얻을 수 있지만, 표본 크기가 작고 잘 혼합되지 않아 신호에 잡음이 더 많을 수 있다고 말했다. 하지만 커비는 애리조나대학교를 비롯한 여러 대학교에서 성공적인 모니터링과 재빠른 수집과 검사를 통해 신속하게 조치를 취할 수 있었다는 점을 강조하기도 했다. 커비는 CDC가 전국 교도소 20곳에서 성공적인 경고를 재현할 수 있는지 확인하기 위해 현장 테스트 프로젝트를 시작했다고 말했다. 그렇다면 이 프로젝트는 특히 바이러스에 취약한 인구를 보호하는 데 도움이 될 수 있다.

2년이라는 짧은 기간에 폐수 역학이 이렇게 주류로 자리 잡았다는 사실은 코로나19 프로젝트에서 관리한 전 세계 모니터링 사이트 데이터베이스를 통해 가장 잘 설명할 수 있다. 2022년 1월까지 약 60개 국가와 270곳이 넘는 대학에서 이 방법을 사용해 SARS-CoV-2바이러스를 추적했다. 이 방법을 이용하면 장기적으로는 주요 도시의 폐수처리장을 대규모 네트워크의 주요 감시소로 활용할 수 있으며, 디트로이트나 시카고 같은 도시에서 양성반응이 나오면 지역 조사를 시작할 수 있다. 케빈 베커는 "현재는 이 지역 중 일부에서 감염자가 발견되면 미시건주나 아이오와주의 시골에 가서 샘플을 채취할 인력과 장비가 준비되어 있다"라고 말했다. 유마는 멕시코와 미국 국경을 따라 위치한 농업 중심지이기 때문에 중요한 감시 노드로서 좋은 위치를 점하고 있다. 2022년 초, 전염성이 강한 SARS-CoV-2 오미크론 변종의 신호는 기하급수적으로 증가하는 확진자 수를 면밀히 추적하는 폐수 데이터 그래프를 여러 지역에서 거의 수직으로 상승시켰다. 하지만 그런 지역에서도 폐수를 기반으로 한 감시는 언제 어디에서 파도가 밀려올지 예측하는 데 도움이 됐다.

커비와 CDC 과학자들은 코로나19 외에도 항생제내성 병원균을 감시하기 위한 리스트를 작성했으며, 가장 중요한 것은 항생제내성 병원균이라고 말한다. 이 네트워크는 대장균, 살모넬라균, 노로바이러스와 같은 식품 매개 감염원에 대한 지역사회의 부담을 추정하는 데에도 유용하다. 환자는 설사와 구토를 통해 미생물을 다량 배출하지만, 대부분 의사의 진찰 없이도 회복되는 경향이 있어 기존 감시 체계에서는 극히 일부 사례만 포착된다. 이 네트워크는 여러 항진균 치료법에 내성을 나타내면서 전 세계의 보건 위협이 되고 있는 진균인 칸디다 아우리스(Candida auris) 같은 잘 알려지지 않은 신종 병원균을 탐지하는 데에도 도움이 된다. 커비는 지금까지 심각한 사례는 주로 병원과 요양원에 국한되어 있었기 때문에 연구자들은 이런 진균이 지역사회에 어느 정도 숨어 있을지 알 수 없었다며 가장 위험한 병원균들이 향후 2년 내에 테스트 패널에 포함될 것으로 예상된다고 말했다.

앞으로는 약물 및 기타 합성 화학물질과 조류, 박쥐, 영장류, 쥐에서 인간으로 옮겨지는 파급성 질병으로부터 더 많은 위협이 등장할 것이다. 생물보안 전문가인 장 페어(Jeanne Fair)는 지구온난화로 자연 서식지가 파괴되고 감염된 야생동물이 인간과 더 가까이 접촉하게 됨으로써 전염병 파급 위험이 높아진다고 말한다. 2020년까지 프리딕트(PREDICT)라는 팬데믹 조기 경보 프로젝트는 주로 아프리카와 아시아에서 새로운 동물 매개 바이러스를 약 950개 발견했다. 하지만 전 세계가 향후 전염병 발생에 더 잘 대비하기 위해 2009년에 시작된 이 프로그램은 트럼프 행정부에 의해 중단됐다.

코로나19 팬데믹은 극심한 고통을 가져왔지만, 지속적 협력과 대비의 가치를 강화하는 데 도움이 되기도 했다. 랜저빈은 이번 사태를 계기로 전 세계가 "이런 문제는 항상 계속될 수 있는 문제라는 것을 이해할 수 있을 것"이라고 말했다. 마리아나 마투스는 코로나19에 대한 바이오봇의 연구가 오피오이드 사용에 대한 모니터링 작업 확대와 같은 응용 분야로 나아가는 디딤돌이 되기를 희망한다고 말했다. 베커는 이 방법이 소아마비바이러스 검출에도 적용되어 효과를 내기를 희망한다며 이렇게 말했다. "우리는 30년 동안 소아마비 퇴치를 위해 노력해 왔으며, 이제 마지막 노력이 필요합니다."

폐수 기반 역학은 그 효과가 증명됨으로써 과학자들이 특정 하수 샘플 내의 모든 바이러스 유전자를 식별해 새로운 바이러스를 탐지하고 미래의 팬데믹을 막기 위해 균유전체학(metagenomics) 기법 같은 정교한 방법을 사용할 수 있는 문을 열었다. 하지만 이런 환경 감시가 성공하려면 모니터링 대상 지역사회의 참여와 신뢰 구축이 필요하다. 감시가 왜 필요한지, 감시가 어떻게 사용될지, 감시를 통해 어떤 이득을 얻을 수 있는지에 대해 알지 못하는 사람들은 협조할 가능성이 훨씬 낮고 나쁜 의도를 의심하고 잘못된 정보를 믿을 가능성이 더 높다.

가장 큰 위험은 이미 명백히 드러난 교훈에 주의를 기울이지 않는 것이다. 눈에 띄지 않지만 꼭 필요한 인프라와 감시 프로젝트에 투자하지 않으면 미래의 위협에 눈감게 된다는 것을 잘 알아야 한다. 우리는 과학과 공중보건에 대한 악의적인 공격에 대응하지 못하면 사람들이 공포, 불신, 허위정보의 소용돌이에 휩싸여 확진자 수가 증가한다는 사실도 잘 알고 있다. 또한 우리는 우리 중 가장 취약한 계층에 대한 위협에 맞서고 이를 제거하지 못하면 필연적으로 모든 사람의 고통이 길어질 수밖에 없다는 것도 잘 알고 있다.

천문학자 칼 세이건(Carl Sagan)과 그의 아내인 작가 겸 프로듀서 앤 드루얀(Ann Druyan)은 『악령이 출몰하는 세상(The Demon-Haunted World)』에서 과학적 방법을 옹호하면서 "미신과 어둠 속으로 미끄러져 가는" 세상에 대해 경고했다. 이 책에서 그들은 이렇게 썼다. "미국이 멍청해지고 있다는 것은 막강한 영향력을 가진 대중매체의 콘텐츠들이 서서히 붕괴해가는 것을 보면 거의 분명하게 알 수 있다. 대중매체들은 한 건당 30초로 잘게 쪼개진 뉴스들(지금은 10초 또는 그것보다 더 짧아졌다)과 지적으로 최저 수준에 맞추어진 프로그램만 내보내며 유사과학과 미신을 경솔하게 조장하고 있다." 1995년에 쓰인 이 문장은 우리가 자초한 팬데믹의 불행을 선견지명으로 예언한 것이다. 미신과 어둠, 무지와 유사과학에서 벗어나는 길은 적어도 부분적으로는 하수구의 가장 어두운 구석에 있으며, 그 과정에서 "기름기 많고, 지저분하고, 역겨운 것들"이 새로운 위협을 제때에 발견하고 조치를 취하는 데 도움이 될 수 있다. **과연 이 방법이 정말 효과가 있을까?** 그 여부는 전적으로 우리에게 달려 있다.

CHAPTER 7

전형

말레이시아 북부의 로열벨룸국립공원(Royal Belum State Park) 안 외딴 마을의 자하이족(Jahai) 여성 약 30명은 연구자들의 요청을 듣고 웃음을 멈추지 **못했다**. 그 순간을 포착한 사진에서 두 명은 입을 가리고 있고 다른 여성들은 활짝 웃으며 즐거워하고 있다. 마틸드 포예(Mathilde Poyet)는 연구 프로젝트의 목적을 조심스럽게 설명하자 여성들의 눈빛이 달라지는 것을 목격했다며 이렇게 말했다. "어느 순간 모든 여성이 제가 원하는 것이 바로 똥이라는 것을 깨달은 거지요. 소란스러운 웃음이 계속 이어졌습니다. 한 10분 동안은 그랬던 것 같아요. 경외감이 들 정도였죠." 그는 이전에 아무도 그런 요청을 한 적이 없었지만 여성들이 똥 기부에 흔쾌히 응했다고 말했다.

르완다의 서부 끝에 있는 또 다른 작은 마을에서도 포예는 호기심 많은 남녀 어린이들에게 비슷한 제안을 했고, 그들이 원하는 만큼 어떤 질문에도 답해 줄 수 있다고 말했다. 포예는 이렇게 회상했다. "그 마을의 지도자는 여성이었는데, 그는 '아뇨, 아뇨, 답하지 않아도 됩니다. 여기서 기다리시면 다시 오겠습니다'라고 말했고, 그로부터 한 시간 후, 대변 샘플 40개를 전달받았죠."

글로벌마이크로바이옴컨서번시(Global Microbiome Conservancy)의 공동 설립자인 포예와 마티외 그루상(Mathieu Groussin)은 12개 이상의 국가에서 도시와 농촌 인구로부터 대변을 기증받아 장내세균이 도도새와 공룡의 길을 가기 전에 분리하여 보존하기 위해 노력해 왔다. 과학자들은 한때 박테리아가 멸종할 수 있다는 생각을 비웃었고, 범고래나 북극곰처럼 뚜렷한 특징이 없는 미생물 군집은 보존의 대상이 아니었다. 하지만 최근의 일부 연구는 일부 균주가 생태적 틈새에서 사라지는 미생물 "멸종 사건"이 인류에게 위험할 수 있다는 우려를 제기하고 있다.

포예와 그루상은 2020년에 발표한 논문에서 "지구온난화, 삼림 벌채, 환경오염이 지구의 생태계를 황폐화화는 것처럼 가공식품 소비와 항생제 및 살균제 남용은 인간과 관련된 박테리아의 다양성을 감소시키는 데 기여한다"라고 지적했다. 또한 이들은 "그 결과 수천 년 동안 인류와 함께 진화해 왔으며 인류의 건강과 역사에 없어서는 안 될 일부 공생미생물이 곧 멸종할 수 있다. 우리는 산업화되지 않은 고립된 인간 집단에 거의 독점적으로 존재하는 많은 장내세균종을 발견했지만, 이러한 집단은 그들의 생활 방식 및 문화와 함께 세계

화와 기후변화로 위협을 받고 있다"라고도 말했다.

전 세계의 미생물 다양성이 줄어들고 있다는 사실을 깨달은 것은, 이전에는 배양이 불가능하다고 여겼던 박테리아를 장의 까다로운 한계를 넘어 배양할 방법을 발견한 것과 거의 동시에 일어났다. 처음에 나는 글로벌마이크로바이옴컨서번시가 인간 마이크로바이옴 보존을 위한 스발바르국제종자저장고(Svalbard Global Seed Vault)[72] 같은 노력의 하나라고 생각했지만, 포예와 그루상은 자신들의 작업이 종말론적 저장고를 비축하는 것 이상의 의미를 가진다고 강조했다. 실제로 이들은 지금까지 방문한 15개국의 44개 지역사회에서 분리한 450종을 대표하는 1만 개 이상의 개별 박테리아 균주를 배양하고 있었다. 글로벌마이크로바이옴컨서번시는 멸종위기에 처한 미생물을 위한 미니 보호구역이라고 생각하면 된다.

현재 우리는 장내 생태계의 점진적인 붕괴가 상당히 위협적이라는 사실을 발견해 가고 있다. 앞에서 우리는 항생제가 공생미생물과 병원성 장내미생물을 무차별적으로 죽이면 클로스트리디오이데스 디피실 감염에 우리 몸이 얼마나 취약해지는지, 출생 시 특정 미생물이 없으면 어떤 유아가 천식과 알레르기에 더 취약해지는지 살펴본 바 있다. 여러 연구에 따르면 선진국에서 장내미생물이 사라지는 것은 자가면역질환

---

72 핵전쟁, 소행성 충돌, 지구온난화로 인한 기상이변 등 지구적 규모의 재앙 후에도 살아남은 사람들이 생존할 수 있도록 식량 씨앗을 저장하기 위한 시설.

의 유병률 증가와 관련이 있으며, 장내미생물 이상은 당뇨병 및 비만 같은 대사장애의 진행과도 관련이 있다. 그렇다면 박테리아 다양성이 높은 희귀한 마이크로바이옴이 미생물 고갈로 인한 부정적인 영향에 대응할 단서와 의약 화합물을 제공할 수 있을 것이다. 즉, 이 말은 일부 장내미생물이 특히 소중한 천연자원이 될 수 있다는 뜻이다.

잠재적인 건강 응용 분야의 확대는 새로운 부류의 가진 자와 가지지 못한 자를 만들어 내면서 점점 더 도발적인 질문과 딜레마를 제기하고 있다. 대변 이식을 제대로 하면 날씬해지거나 행복해질 수 있을까? 노화 과정을 늦출 수 있을까? 애니메이션 〈사우스 파크(South Park)〉의 "똥 도둑(Turd Burglars)"이라는 에피소드는 대변 이식이 젊음과 건강의 원천으로 여겨져 마을 어른들이 소년들에게 똥을 훔쳐 오게 시킨다는 내용을 통해 유명인들을 조롱한다. 이 에피소드에서 등장인물 중 한 명인 카일은 DIY 대변 이식이 비참하게 실패한 후, NFL 쿼터백 톰 브래디가 병과 캔에 넣어 책장 뒤 숨겨진 방에 보관하고 있던 "스파이스 멜란지", 즉 그의 똥을 훔친다(정확하게 〈듄〉을 패러디했다).

현실에서 이와 비슷한 일이 일어났다. "빅터 윈드 호기심, 미술, 자연사 박물관(Viktor Wynd Museum of Curiosities, Fine Art & Natural History)"이라는 이름의 런던의 한 가게에서는 가수 카일리 미노그와 에이미 와인하우스의 (확인되지 않은) 똥을 전시해

연일 헤드라인을 장식했다. 또한 젊거나, 운동선수이거나, 아름다운 사람의 똥으로 만든 미용 제품은 오래전부터 만들어져 왔다. 도미니크 라포르트는 『똥의 역사』에서 젊은 운동선수의 똥을 일종의 노화 방지 미용 크림으로 사용했다는 18세기 문서 두 건을 인용하기도 했다. 라포르트는 이 문서 내용을 의심하면서도 몇 가지 일화를 성실하게 전달했다. 이 책에 따르면 "일부 여성은 '갓 태어난 아기의 분비물'인 태변을 꾸준히 미용 목적으로 사용했다". 똥을 미용 크림 용도로 사용했다는 이야기는 현재 섬휘파람새(Japanese bush warbler)의 똥으로 만든 미용 크림이 일부에서 인기를 끌고 있다는 이야기를 듣는다면 믿기가 더 쉬울 것이다. "우구이스노훈(鶯の糞, Uguisu no fun)"이라는 이름의 이 화장품은 현재 세계 최대 규모의 온라인 쇼핑몰인 아마존에서 엄청난 인기를 끌고 있다.

이렇게 대중문화가 "좋은 똥"을 상품화한 것을 생각하면, 미국처럼 부유한 나라가 미생물 다양성이 크게 부족해져 가장 빈곤하고 지원이 필요한 국가 중 하나가 되었다는 것은 다소 아이러니한 일이다. 똥은 무엇이 정상이고 무엇이 가치가 있는지에 대한 우리의 관념을 다시 한번 뒤집고 있다. 한때 최후의 수단으로 조롱받았던 대변 미생물총 이식(FMT)이 똥에 대한 이런 재평가를 이끌어 내는 데 큰 영향을 미친 것은 틀림없다. 2021년 오픈바이옴의 공동 창업자인 마크 스미스와 다시 이야기를 나누었을 때 그는 매사추세츠주 서머빌에 본사를 둔 생명공학 스타트업 핀치의 CEO가 되어 있었다. FMT는 환자에게 미치는 변화의 효과를 넘어 인류의 종말과 우리 몸속 미생물의 관계에 대한 도전적인 시각을 제공한다. 스미스는 인간의 건강에 대한 보다 생태학적인 접근 방식으로의 전환은 인간이라는 존재의 의미와도 관련이 있다고 생각한다. 스미스는 어쩌면 인간은 하나의 주거지 안에 공존하는 여러 종으로 구성된 "슈퍼 유기체(super-organism)"일지도 모른다고 생각한다.

과학 작가 에드 용은 『내 속엔 미생물이 너무도 많아(I Contain Multitudes)』에서 대다수가 무해한 우리 내부의 미생물과 우리의 관계에 대해 이렇게 설명했다. "최악의 경우 장내미생물들은 우리 몸에 올라탄 승객이나 히치하이커에 불과하며, 최선의 경우 그들은 우리 몸의 귀중한 부분으로, 생명을 빼앗는 존재가 아니라 생명을 보호하는 존재다. 이 미생물들은 위나 눈처럼 중요하지만, 하나의 통일된 덩어리가 아니라 수조 개의 개별 세포로 이루어진 숨겨진 기관처럼 작동한다." 많은 미생물이 음식을 소화하고, 비타민을 합성하고, 면역체계를 조절하고, 치명적인 병원균을 막아 내는 데 도움을 주므로 "우리"와 "그들"을 단순하게 구분하는 것은 어렵다는 것이 그의 주장이다. 미생물들의 이런 역할과 관련해 다양한 마이크로바이옴이 우리 조상에게 얼마나 중요한 방식으로 도움을 주었는지에 대한 의문도 제기되고 있다. 예를 들어, 더 다양한 식품을 소화하도록 돕거나 잘못된 자가면역 공격을 예방하는 등의 기능은 특정 박테리아종의 멸종으로 현재 사라진 상태다. 이러한 관점에서 볼 때, 많은 연구자가 우리 내부의 정글에 대해 보호주의적 태도를 취하는 것은 어쩌면 놀라운 일이 아닐 수 있다.

사람의 장에는 박테리아 수천 종이 서식하기도 하지만, 미국 및 기타 선진국의 대다수 사람들에 서식하는 박테리아는 현재 약 50∼200종밖에 되지 않는다. 포예는 미생물 군집에는 이전에 알려지지 않은 종의 비율이 높기 때문에 산업화되지 않은 인구와의 정확한 비교가 까다롭다고 말했다. 하지만 포에와 그루상이 조사한 샘플에 따르면 산업화되지 않은 나라에 사는 농촌 인구는 산업화된 국가 인구보다 유전적으로 두 배 더 다양한 미생물을 가진 것으로 나타났다. 현재까지 발표된 몇몇 마이크로바이옴 연구 결과를 보면, 아직까지는 산업화되지 않는 나라들에서 미생물 다양성이 훨씬 더 높다.

의학의 새로운 목표가 단순히 개별 위협을 표적으로 삼는 단일 분자에 초점을 맞추는 것이 아니라 전체 미생물 군집의 견고함을 지원하는 것이라면, 우리의 역할은 스미스의 말처럼 "미생물 군집을 위한 공원 관리인"과 비슷할 수 있다. 우리 자신의 내부 정원을 가꾸는 것을 넘어서 모든 미생물의 수호자가 되어야 한다. 강력하지만 복잡하고 취약한 생태계를 감시하고, 보호하고, 때때로 균형을 재조정한다면 공동의 이익을 위해 계속 협력하는 능력을 보존하는 데 도움이 될 수 있다.

×

많은 사람이 놓치고 있는 것이 무엇인지 제대로 파악하려면, 우리 중 일부가 여전히 가지고 있는 힘을 이해하는 것이 도움이 될 수 있다. 미국과 같은 산업화된 사회에서는 조 팀(앞에서 언급한 대변 기증자)이 FMT를 통해 클로스트리디오이데스 디피실 감염 환자 수백, 수천 명을 치료할 수 있다는 점에서 슈퍼 기증자라고 할 수 있다. FMT는 병원에 존재하는 치명적인 위협으로 알려진 반코마이신내성장구균(VRE)을 포함한 다양한 박테리아에 의한 감염증을 치료할 가능성을 보여주고 있다. 더 많은 질환을 치료하기 위한 FMT 임상시험이 계속 확대됨에 따라 건강한 마이크로바이옴의 가치는 계속 높아지고 있다.

핀치(Finch)는 다른 대변 이식 전문 기업들처럼 장내미생물 군집에 기반한 치료제를 개발하기 위해 설립됐다. 이 스타트업은 총 5가지 적응증에 대해 제품 4개를 테스트하고 있었다. 그중 하나인 CP101은 기본적으로 재발성 클로스트리디오이데스 디피실 감염증을 치료하기 위한 단일 기증자 FMT였지만, 치료당 전달되는 총 생존 박테리아 수에 따라 용량을 표준화할 수 있는 알약 형태였다. CP101은 대규모 2상임상시험에서 대장내시경을 통해 전달되는 FMT의 완치율에 근접할 정도로 좋은 결과를 보였으며, 당시 이 회사의 주력 상품이었다. "이 제품은 온전한 미생물 군집을 경구용 캡슐로 전달하는 것이 대장내시경으로 전달하는 것과 매우 유사하게 작용할 것이며, 관련된 모든 사람에게 훨씬 더 쉬울 것이라는 우리의 가설에 기초하고 있습니다." 스미스가 내게 설명했다.

더욱 놀라운 사실은 핀치가 만성B형간염을 치료할 수 있는 잠재적 치료제로 동일한 CP101 제품을 등재했다는 점이다. 바이러스에 노출된 성인은 감염된 간세포에서 바이러스를 완전히 제거할 수 없는 면역력이 약한 사람을 제외하고는 만성질환에 거의 걸리지 않는다. 하지만 명확하게 밝혀지지 않은 이유로 출생 직전 또는 직후 바이러스에 노출된 영아의 약 90퍼센트는 평생 만성B형간염에 시달린다. 전 세계적으로 3억 명에 달하는 사람이 이 바이러스 보균자이며 이들은 일반인보다 간암 및 간경변 위험이 더 높다.

일부 약물을 지속적으로 복용하면 만성감염을 억제할 수는 있지만, B형간염을 뿌리 뽑는 일은 거의 불가능하다. 면역체계가 감염과 싸우기 위해 정상적으로 방출하는 강력한 단백질을 전달하는 인터페론 주사는 간염을 완전히 제거할 수 있는 몇 안 되는 치료법 중 하나다. 하지만 인터페론은 심각한 부작용을 일으킬 수 있다. 2015년 대만과 중국 연구진의 영향력 있는 연구에 따르면 잘 정립된 마이크로바이옴이 또 다른 치료 옵션을 제공할 수 있다. 연구자들은 인간과 마찬가지로 장내미생물이 미성숙한 어린 쥐에서는 대부분 바이러스가 제거되지 않은 반면, 나이가 많은 쥐에서는 상당히 빠르게 바이러스가 제거된다는 사실을 발견했다. 장내미생물을 고갈시키기 위해 광범위한 항생제를 투여한 성체 쥐는 마치 어린 쥐처럼 만성B형간염 감염에 다시 취약해졌다. 연구진은 면역체계가 발달 과정에서 "톨유사수용체(Toll-like receptor)"[73] 계열 단백질에 의존하는데, 이는 면역체계가 잠재적 위협에 대한 반응을 강화할지 완화할지 판단하는 데 도움을 준다는 사실을 알아냈다. 톨유사수용체 중 한 종은 장내미생물 군집이 확산되어 바이러스를 퇴치할 때까지 B형간염에 대한 면역반응을 약화시킨다.

스미스는 클로스트리디오이데스 디피실 감염에 대응하는데 다양한 마이크로바이옴이 역할을 할 수 있다며 "클로스트리디오이데스 디피실을 제압할 수 있는 다양한 박테리아가 많이 있다"라고 말했다. 이는 나의 장에 대한 자체 실험에서 발견한 것처럼 전체 미생물 커뮤니티의 건강과 다양성이 개별 박테리아보다 더 중요하다는 것을 뜻한다. 하지만 만성 B형간염에 대응하기 위한 새로운 연구는 이보다 더 구체적인 방어 메커니즘에 기초한다. 만성감염 환자는 바이러스가 면역반응의 일부를 차단하고 장내미생물총을 조절하지 못하기

---

73 선천면역에서 중요한 역할을 하는 단백질.

때문에 마이크로바이옴이 파괴된 상태라고 볼 수 있다. 중국과 인도에서 실시한 소규모 임상시험 세 건은 건강한 성인 기증자의 대변이 만성감염 환자의 바이러스를 제거하는 마이크로바이옴 면역체계 피드백 루프를 복원할 수 있다는 가설을 뒷받침한다. 스미스는 핀치가 이런 온전한 미생물 군집을 제공할 수 있는 제품을 개발했다고 생각했고, 만성B형간염에 대해서도 CP101을 테스트하기 시작했다.

연구자들은 환자의 장에서 병원성 박테리아를 제거하거나 면역체계의 잡초 제거 능력을 회복하는 것을 목표로 하는 수적 강화 접근 방식과 병행해 대장염과 같은 복잡한 질환에 대해 보다 표적화된 힘을 가진 박테리아를 찾기 위해 노력하고 있다. 예를 들어, 이는 주름살꽃이나 해면초로 만든 화합물이 암과 싸울 수 있다는 사실을 발견한 것과 다르지 않다. 하지만 이 경우에는 신약 개발의 새로운 개척지가 우리 몸 안에 존재한다. 2015년 캐나다의 의사와 연구자 들은 궤양성대장염에 대한 최초의 이중맹검 무작위 대조군 임상시험 결과를 보고했다(이 시험은 당시까지 이루어진 **모든** 질병에 대한 FMT 시험 중 가장 큰 규모였다). 캐나다 연구 팀은 기증자 6명을 모집해 환자 38명에게 6주 동안 주 1회 대변 관장을, 대조군 환자 37명에게는 같은 기간 물 관장(위약)을 실시했다. 연구자나 환자 모두 실제 FMT인지 위약인지 알지 못했다.

처음에는 이 치료법이 위약에 비해 뚜렷한 이점을 제공하지 않는 것처럼 보였다. 임상시험심사위원회는 계획된 모집 기간 도중에 임상시험의 성공 가능성을 낮게 평가하고 "효과 없음"을 이유로 임상시험을 조기에 중단시켰다. 하지만 위원회는 이미 등록된 환자 중 마지막 한 그룹에 대해서는 임상시험을 계속하도록 허용했다. 그리고 그때 FMT 기증자 중 한 명의 대변이 효과를 내기 시작했다. 처음에 이 임상시험은 건강한 지원자 두 명을 기증자로 모집했는데, "기증자 B"는 환자 두 명을 관해(완화)에 이르게 했지만 그 후 항생제를 복용해 4개월 동안 대변 기증을 중단해야 했다. 다른 기증자 4명이 참여했지만 별다른 성과를 거두지 못했고, 결국 기증자 B가 다시 참여해 심의위원회의 최종 결정 직전에 유일한 공급자로 선정됐다. 마지막 환자 배치에서 기증자 B는 5명을 추가로 관해에 이르게 하여 전체 성공률 39퍼센트를 달성했으며, 이는 다른 모든 기증자의 성공률을 합친 것보다 4배나 높은 수치였다. 이 기증자의 장내미생물 생태계는 단 한 명의 환자도 돕지 않았던 기증자 A와는 현저하게 다르고 다양했다. 항생제 처방 때문에 기증이 중단된 후에도 기증자 B는 다른 사람들에게 없는 무언가를 가지고 있는 것처럼 보였다.

이 발견은 막연하게만 상상되던 아이디어를 구체화했다. 기증자 B 같은 사람들이 얼마나 더 있을까? 다른 질환에도 대변 이식이 효과가 있을까? 연구자들이 특정 질환을 앓는 개인이나 공동체를 찾아낸다면, 그들의 똥을 증류해 맞춤형 치료제로 개발할 수 있을지도 모른다. 최근 노르웨이의 연구자들은 두 차례의 이중맹검 위약 대조 실험에서 FMT가 과민대장증후군 증상을 개선할 수 있는지에 대한 상반된 결과를 얻은 후, 건강한 36세 남성 기증자 한 명에게만 의존해 실험을 진행했다. 자신의 대변을 다시 이식한 환자 4명 중 1명 미만이 증상이 개선된 반면, 기증자의 대변 1온스를 받은 환자 4명 중 3명 이상이 증상이 개선됐다. 2온스의 똥을 투여받은 환자의 경우 거의 90퍼센트가 개선됐다.

동질성을 추구하는 현대의 추세에 가려진 의학적 경이로움을 우리 안에 있는, 어쩌면 우리 중 소수에게만 있을 수 있는 미지의 영역에서 발견할 수 있을지 알아보기 위한 새로운 탐구가 진행되고 있었다. 스미스는 궤양성대장염 임상시험 결과를 보고 핀치의 협력사인 일본 다케다제약이 슈퍼 기증자의 희귀한 "초능력 물질"을 확인하고 분리해 실험적 치료법을 개발하는 새로운 접근법을 시도했다고 말했다. 다케다제약 연구진은 효과가 있는지 확인하기 위해 대규모 분자 라이브러리를 테스트해야 하는 기존 약물과는 달리 궤양성대장염 치료에 사용한 대변은 임상시험을 통해 **일부** 효과가 있다는 사실을 이미 알고 있었다. 핀치와 다케다제약은 그 원인을 찾기 위해 연구 결과 수십 건을 샅샅이 뒤진 뒤, 기증자 B를 비롯한 다양한 기증자들의 대변 이식에 반응했던 환자와 그렇지 않았던 환자들의 장내미생물 군집이 어떻게 다른 지 조사했다. 연구자들은 특정 박테리아가 포함된 기증자의 대변 샘플을 채취해 실험실에서 배양한 후 추가 테스트를 통해 유망한 메커니즘을 가졌는지, 중재 약물로 개발할 수 있는지 확인했다. 스미스는 궤양성대장염 환자 1000명 이상을 대상으로 한 연구를 통해 유망한 박테리아 균주를 선별했다고 말했다. 그 결과 FIN-524(나중에 이 제품은 TAK-524로 이름이 변경됐다)가 탄생했고, 이 제품은 용량에 따라 포함된 박테리아 수가 달랐다. 또한 이 두 회사는 이와 동일한 접근 방식을 사용하여 크론병과 관련된 표적 치료제 FIN-525도 개발했다.

스미스는 TAK-524의 효과가 최종적으로 확인된다면 궤양성대장염에 대한 생물학적 약물의 활성은 함께 작용하는 박테리아 균주의 조합에서 나온 대사산물의 복잡한 혼합 때문일 것이라고 말했다. 스미스는 이 치료제를 분자 혼합물을 환자의 장에 바로 전달할 수 있는 이식형 장치에 비유했다. "대사물질을 전달해 원래 그것이 있어야 할 장 상피에 정확히 방출하게 하는 방법을 찾아야 하는 대신 우리는 실제로 그렇게 할 수 있는 박테리아를 가지고 있을 뿐입니다." 이 전략은 장내 박테리아가 수백만 년 동안 우리와 함께 진화해 필요한 곳에 대사산물을 방출하는 방식에 기초한 것이다. 향후 연구에서 이 과정을 주도하는 특정 대사산물 그룹이 밝혀지면 박테리아 용량을 조정해 농도를 높일 수 있을 것이라고 스미스는 말했다.

하지만 이 접근 방식은 미네소타대학교의 알렉산더 코루 츠가 3장에서 언급한 근본적인 문제, 즉 서양인 기증자 대다 수가 서양인의 생활 방식과 가장 밀접한 관련이 있는 질병을 치료할 적절한 박테리아를 가지지 않았거나 적어도 **더 이상** 가지지 않을 수 있다는 문제를 여전히 해결하지 못한다. 건 강한 사람이 드물다면, 장내미생물 생태계가 온전하게 유지 되는 진정으로 건강한 사람을 구하기도 하늘의 별 따기가 될 것이기 때문이다.

×

브라질 북부, 베네수엘라 남부에 위치한 야노마미족 (Yanomami) 마을은 현존하는 전 세계 인구 중 현재까지 가장 다양한 마이크로바이옴을 보유한 것으로 확인된다. 야노마 미 원주민은 반수렵채집 생활을 하며 아마존의 외딴 마을 에 살고 있는데, 대부분 외부 세계와 거의 교류하지 않는다. 2008년 군용 헬리콥터가 베네수엘라 아마조나스주에서 지 도에도 표시되지 않은 고립된 마을을 발견했고, 그 이듬해에 의료 팀은 이 마을 조사를 시작했다. 다른 야노마미 마을들 의 의료진을 포함한 의료 팀은 마을 주민의 3분의 2에 가까운 28명의 입과 팔뚝에서 샘플을 채취하고, 12명에게서는 분변 마이크로바이옴 샘플을 수집했다. 그 후 의료진은 어린이들에게 홍역과 인플루엔자 예방접종을 하고 감염 치료를 위해 항생제를 투여했다.

DNA 염기서열 분석 결과, 마을 주민들의 분변과 피부 미생물군은 지금까지 과학자들이 연구한 다른 어떤 집단보다 훨씬 더 다양했다. 미생물생태학자 마리아 글로리아 도밍게스 벨로(Maria Gloria Dominguez Bello)와 그의 남편인 의사이자 미생물학자인 마틴 블레이저(Martin Blaser)를 포함한 다국적 연구팀에 이 분변 샘플들은 수천 년 동안 인류와 함께 진화하며 유용한 유전자를 제공해 온 공생미생물에 대한 엄청난 양의 정보를 제공했다. 블레이저는 『인간은 왜 세균과 공존해야 하는가(Missing Microbes)』에서 "어떤 의미에서 미생물은 살아 있는 화석과도 같다. 분변 샘플은 정말 독특하고 귀중한 것이었다"라고 말하기도 했다. 특히 이 분변 샘플들에서 발견된 미생물 다양성은 미국의 비교 그룹과 엄청난 차이가 있었으며, 도시의 생활 방식으로 전환한 다른 두 그룹, 즉 말라위의 시골 마을과 베네수엘라 남부의 과히보마을에서 수집한 분변 샘플의 미생물 다양성을 크게 능가했다.

전 세계적으로 항생제, 가공식품, 도시 생활 방식이 보편화되었음에도 야노마미족은 수천 년 동안 지속해 온 생활 방식을 보존하고 있다. 이 마을 사람들은 자신들이 만든 화살을 다른 야노마미 부족의 칼·깡통·옷과 교환하며, 야생 바나나와 제철 과일·질경이·야자수·카사바를 정글에서 채집하며, 새와 개구리·작은 포유류·게·물고기를 사냥하며, 때로는 페커리(peccary)[74]·원숭이·맥을 잡아먹기도 한다.

또한 이 마을 사람들은 내장에 다른 집단에서는 점점 더 희귀해지고 있는 헬리코박터, 스피로헤타(Spirochaeta), 프레보텔라(Prevotella) 같은 미생물들을 보존하고 있었다. 이런 미생물들은 유전자를 통해 단백질에서 아미노산을 대사하고 리보플라빈(riboflavin) 같은 비타민을 합성하는 등 다양한 기능을 제공한다. 또한 놀랍게도 이 마을 사람들에게는 항생제 사용 경험이 전혀 없음에도 항생제에 내성을 가지게 만드는 유전자들이 존재했다. 이는 이런 유전자들이 이 집단에서 "항생제 내성체(resistome)"를 만들어 내고 유지시키는지에 대한 의문을 제기했다. 도밍게스 벨로와 공동연구자들은 만약 이런 유전자들이 항생제와 무관하게 생겨난 것이라면 이 집단의 항생제내성체를 분석해 기존의 항생제 효과를 뛰어넘는 새로운 항생제를 만들어 낼 수 있을지도 모른다고 생각했다.

앞에서 우리는 섬유질과 발효식품을 섭취하는 것이 어떻게 미생물 군집을 빠르게 변화시키는지 살펴봤다. 하지만 스탠퍼드대학교의 에리카 소넨버그와 저스틴 소넨버그는 2016년 논문을 통해 서양인의 장내미생물을 회복하는 데에는 한계가 있다는 견해를 밝혔다. 이들은 "수 세대에 걸친 식습관에 의한 장내미생물총의 멸종(Diet-Induced Extinction in the Gut

---

74 아메리카대륙에 분포하는, 돼지 비슷한 동물.

Microbiota Compounds over Generations)"이라는 제목의 생쥐 대상 연구에서 설치류의 장내 박테리아가 먹이로 사용하는 식물섬유질이 적은 식단이, 미생물의 다양성을 점차적으로 약화한다는 사실을 처음으로 보여 주었다. 하지만 우리는 인간이 스스로 장내 마이크로바이옴을 교란한다는 사실을 이미 알고 있기에 이 결과는 별로 놀랍다고 할 수도 없다. 소넨버그 부부와 공동연구자들은 쥐에게 다양한 식물을 포함한 섬유질이 풍부한 먹이를 다시 제공하면 한 세대에 걸친 다양성 감소를 되돌릴 수 있다고 말했다. 다시 말하지만, 이는 식물성 음식을 먹은 사람들에게서 나타나는 급격한 변화를 고려할 때 그리 놀라운 일은 아니다. 하지만 연구진은 여러 세대의 쥐에게 동일한 저섬유질 식단을 계속 제공한 결과, 쥐의 장내세균 다양성이 점점 더 감소해 다른 먹이로는 손실을 회복할 수 없는 티핑포인트에 도달한다는 사실도 발견했다. 연구진은 다양한 섬유질을 공급하는 **동시에** 분변 이식을 통해 미생물을 다시 주입하여 미생물 다양성을 높여야 했다. 연구진은 "먹이 공급원을 박탈당해 위기에 몰린 박테리아종은 다음 세대 번식이 어려워지며 고립된 개체군 내에서 멸종할 위험이 높아진다"라고 설명했다.

이 연구는 수렵채집인과 농경 인구에서 장내미생물 군집의 다양성이 높은 반면, 산업화된 인구는 여러 세대에 걸쳐 박테리아 혈통의 많은 부분을 잃은 이유를 설명하는 데 도움이 된다. 포예는 이런 현상은 나무의 다양성이 높은 숲은 동물의 다양성이 높다는 생태학적 개념과 다르지 않다고 설명했다. 이는 복잡한 음식 분자는 이를 분해하는 데 필요한 효소 메커니즘을 가진 박테리아의 장내 서식을 유발하며, 이 박테리아들에 의한 소화의 부산물은 다시 종류가 다른 박테리아들의 서식을 촉발한다는 뜻이다. 그루상은 "기본적으로 섭취하는 음식이 다양할수록 다양한 박테리아가 장내에 서식하게 된다"라고 설명했다.

이러한 관점에서 볼 때, 평균적인 서구 식단의 놀라운 다양성 상실과 오랫동안 다른 문화권 식단의 필수품이었던 전통 식품에 대한 우리의 무시가 부정적인 결과를 가져오고 있는 것은 당연한 일이다. 면역기능이 혈당, 혈압, 콜레스테롤 수치에 영향을 받는다는 점을 고려할 때, 브루클린의 영양학자인 마야 펠러는 고섬유질 콩, 렌틸콩, 카사바와 같이 가공을 최소화했지만 이전에 평가절하되었던 식품에 대한 대중의 재평가가 이루어져야 한다고 말했다. "결국 우리가 섭취하는 음식이 중요합니다. 이전에는 가치가 없다고 여겨졌던 음식들은 대부분 혈당 지수가 낮아서 혈당 관리에 더 유리하고, 콜레스테롤 대사를 관리하고 심혈관 건강을 개선하는 데 도움이 되는 식품들입니다." 따라서 섬유질이 많은 똥은 건강한 식습관을 보여 주는 지표 중 하나가 될 수 있다.

그렇다면 섬유질이 풍부한 야노마미마을 사람들의 대변

도 과학 연구에 귀중한 자원이 될 수 있을까? 영양실조와 질병으로 인한 위협, 자원을 추출하기 위한 불법 벌목, 농업, 무분별한 채굴로 인한 자원 부족 등으로 다양한 원주민 공동체가 지속적인 고통을 받는 상황에서 이는 무엇을 의미할까? 2021년 6월, 브라질 정부는 "불법" 금 채굴업자가 2만 명 이상 창궐하는 가운데 북부 로라이마주 야노마미족을 보호하기 위해 연방 국가안보군을 동원했다. 포르투갈어로 "가림페이루(garimpeiro)"라고 불리는 이 금광업자들은 원주민 부족이 사는 광활한 보호구역에서 불법으로 금을 채굴하면서 주변 퇴적물에서 금 입자를 결합하고 분리하는 데 사용되는 수은으로 강을 오염시키고 야노마미 부족 공동체에 피해를 주고 있었다. 또한 이들은 인플루엔자, 말라리아, 코로나19를 원주민 부족에 전파하기도 했다. 그 이전인 2020년에는 브라질의 한 병원에서 아기 3명이 코로나19 의심 증상으로 사망하자 의료진은 시신을 인근 공동묘지에 묻어 비극을 가중했고, 야노마미족 가족들은 시신을 화장하는 긴 장례 의식을 치를 수 없게 됐다.

원주민 집단에서 고유한 마이크로바이옴이 발견되면서 과학계에서도 골드러시가 족발했고, 이는 곧 의학계로 이어졌다. 우리가 단순한 소비자가 아닌 생산자로서 자신을 생각하기 시작한다면 이러한 사고방식의 전환은 자연에서 우리의 역할을 더 잘 이해하고 자연이 만들어 내는 결과물의 가치를 재고하는 데 도움이 된다. 하지만 외딴 지역사회의 부산물에서 생물학적 조사를 하고 미생물 군집을 잠재적인 의약품 창고로 간주하는 것은 추가적인 착취의 위협을 불러일으킬 수도 있다. 이 낯선 영역에서 우리는 과거와 현재의 식민지 억압 패턴을 되풀이하지 않고 원주민 집단에서 얻은 자원을 공평하게 평가하고 공유할 새로운 방법을 고안해야 한다.

침시안족(Tsimshian)[75] 인류학자 알리사 베이더(Alyssa Bader)는 원주민 커뮤니티와 협력해 전통 식단이 구강 미생물 군집을 형성하는 데 어떻게 도움이 되는지 연구해 왔다. 고유전체학 연구와 관련된 윤리적 문제에 깊은 관심을 가지고 있는 베이더는 과학 프로젝트의 영향을 받을 수 있는 원주민 집단의 사전 동의와 그들과의 긴밀한 협력이 중요하다고 강조했다. 베이더는 마이크로바이옴이 궁극적으로 개인의 건강이나 생활방식, 조상에 대해 무엇을 밝혀낼 수 있는지에 대해 우리가 아는 것이 아직 비교적 적으며, 알려진 것과 알려지지 않은 것에 대해 명확하게 사람들에게 전달함으로써 사회가 잠재적인 위험과 이점에 대해 생각하는 데 도움이 될 수 있다고 지적한다.

게놈 다양성과 그로 인해 제기될 수 있는 윤리적 문제와 관련된 더욱 놀라운 사례는 최근 유타주와 멕시코의 암석 보존지역에 보존된 화분석의 특성 분석을 통해 밝혀졌다. 일

---

75 북아메리카 북서부의 인디언 부족.

부 연구자는 프리스비처럼 이 화분석을 아무렇지도 않게 버리지만, 연구자 중에는 화분석을 수집해 보관한 사람도 있었다. 1929년에서 1931년 사이에 수집된 1500년 된 화분석들은 유타주 애리드동굴에서 수집된 것으로 추정되며, 다국적 연구 팀이 자세히 조사하기로 결정할 때까지 약 90년 동안 기록보관소에 방치되어 있었다. 연구자들은 이 화분석들을 다른 두 발굴지에서 발견한 화분석들과 비교·분석해 2021년에 결과를 발표했다. 이 과정에서 연구진은 유타주 남동부에 위치한 부메랑셸터 유적지에서 채취한 2000년 전 똥을 검사한 결과 동굴 거주자들이 옥수수 함량이 높은 음식을 먹었음을 밝혀냈다. 멕시코 두랑고주의 엘자페마을 근처에서는 1957년 1960년대 탐험대가 8세기에서 10세기 초에 만들어진 화분석[일부 과학자는 이를 "고배설물(paleofece)"이라고 부른다] 8개를 발견하기도 했다. 유럽 광장의 도로 포장물이 중세와 르네상스 시대의 퇴적물을 보호한 것처럼, 유타주와 멕시코의 절벽 동굴들은 선사시대 똥을 비와 기타 습기로부터 보호해 분해를 막았다. 실제로 이 화분석 등에는 공생미생물이 매우 잘 보존되어 있었기 때문에 과학자들은 충분한 DNA, 즉 개별 미생물 게놈 498개를 재구성할 수 있을 정도의 DNA를 채취할 수 있었다. 연구진은 현대의 DNA에 오염됐을 가능성이 있는 것을 배제하기 위해 시간이 지남에 따라 DNA가 분해된다는 원리를 이용해 시간과 관련된 마모의 증거를 보여 주는 게놈

209개만 보존했다. 연구자들은 이 게놈들의 서열을 알려진 미생물 게놈의 서열과 비교해 이 화분석 게놈 중 203개의 서열이 인간 장내미생물의 게놈에 속할 가능성이 높다는 결론을 내렸다. 특히 이 중 181개는 손상 정도가 심해 고대인들의 장에 살았던 미생물일 가능성이 높았다.

이 장내미생물은 매우 다양했으며, 현대인의 장내미생물과 매우 달랐다. 게놈 연구자들은 전 세계 인구를 크게 두 그룹으로 나눈다. 이 분류에 따르면 "산업화된 생활 방식"을 가진 사람들은 신체 활동이 적고, 일반적으로 항생제를 복용하며, (치즈버거, 밀크셰이크, 감자튀김처럼) 지방, 정제 설탕, 소금이 많이 함유된 가공식품을 주로 섭취하는 반면 과일과 채소의 섬유질은 적게 섭취하는 서양 사람들이다. 반면 "산업화되지 않은 생활 방식"을 가진 사람들은 더 활동적이고, 항생제 노출이 제한적이며, 직접 재배하거나 기른 가공되지 않은 식품을 더 많이 섭취하는 경향이 있다.

예상대로 고대의 장내미생물군은 미국, 덴마크, 스페인의 산업 샘플보다 피지, 페루, 마다가스카르, 탄자니아, 멕시코 시골의 "산업화되지 않은 생활 방식"을 가진 사람들의 장내미생물과 공통점이 많았다. 실제로, 고대 사람들과 현대의 "산업화되지 않은 생활 방식"을 가진 사람들의 장내미생물 군집에는 산업화된 현대인의 장에 흔히 분포하는 뮤신(mucin, 장 내벽을 감싸는 점액 내 탄수화물과 결합하는 단백질)과 알긴산(식품 첨가물)을 분해하는 유전자가 거의 없었다. 하지만 과거와 현재의 산업화되지 않은 사람들의 미생물 군집에는 전분과 글리코겐(glycogen, 포도당 분자들이 결합한 사슬 형태의 화합물)을 소화하는 데 도움이 되는 효소를 코딩하는 유전자가 더 많이 존재했다. 전분과 글리코겐은 이들이 복잡한 식물성 탄수화물이 풍부한 음식을 주로 먹었다는 뜻이다. 또한 고대와 현대의 산업화되지 않은 인구 집단에는 나무에 살면서 나무를 먹는 흰개미나 바퀴벌레 같은 곤충의 내장에 공생하며 셀룰로오스를 분해하는 데 도움을 주는 코르크 마개 모양 박테리아인 스피로헤타가 더 많이 존재했다. 사람에게서 스피로헤타는 매독, 이(louse) 매개 열병, 진드기 매개 라임병과 관련이 있다. 또한 연구진은 똥 샘플을 통해 고대 및 현대의 산업화되지 않은 인구 집단 모두에서 흰개미와 돼지를 통해 인간에게 전염되는 것으로 여겨지지만 도시 인구에는 거의 존재하지 않는 트레포네마 숙시니파시엔스(Treponema succinifaciens) 박테리아라는 해가 적은 스피로헤타가 서식하는 것도 발견했다.

고고학 유적지에서 분리된 고대 미생물 게놈 10종 중 거의 4종은 과학자들이 이전에 본 적이 없는 미생물의 게놈이다. 고대의 미생물 게놈은 현대의 미생물 게놈에 비해 항생제내성 유전자, 특히 테트라사이클린에 대한 내성을 일으키는 유전자가 훨씬 적었지만 키틴 분해 효소를 합성하는 유전자는 더 많이 포함되어 있었다. 연구진은 고대인의 똥을 현미경으로 분석한 결과, 그들이 메뚜기와 매미, 버섯, 병원성 균류인 옥수수깜부기병균(Ustilago maydis)에 감염된 옥수수인 위틀라꼬체(huitlacoche) 등 키틴이 풍부한 음식을 먹었다는 사실을 확인할 수 있었다.

식단의 다양성이 줄어들면서 말 그대로 우리 내부의 일부 미생물이 굶주리고 있다. 이 미생물들은 생명을 구하는 항생제의 반복적인 사용에 의해서도 사라지고 있다. 블레이저는 『인간은 왜 세균과 공존해야 하는가』에서 항생제의 부적절한 사용이 우리 내부 생태계에 치명적인 위협이 되었으며 천식, 궤양성대장염뿐만 아니라 비만과 소아당뇨병 같은 "현대의 재앙"을 불러일으켰다고 본다. 블레이저를 비롯한 관련 연구자들에 따르면 항생제 남용으로 인한 장기적인 건강 위험은 인지, 면역기능, 미생물 군집 및 기타 주요 시스템이 빠르게 발달하는 유아기에 가장 큰 것으로 나타났다. 그럼에도 산업화된 세계의 어린이는 평균적으로 20세 이전에 17번이나 항생제 접종을 받는다.

유타주와 멕시코의 고대 공생미생물에 대한 연구가 박테리아 혈통의 집단적 손실에 대해 시사하는 것을 당연하다고 생각했던 포예와 그루상은 전 세계의 다른 고대 샘플을 조사하면 이러한 손실에 대해 더 확실하게 파악할 수 있을 것이라고 본다. 하지만 이 새로운 연구 분야는 여러 가지 윤리적 문제도 제기한다. 예를 들어, 아메리카 남서부 원주민들은 새로 발견된 장내 박테리아종을 과거와의 확실한 연결 고리로 여긴다. "이 미생물들을 원주민들의 생물학적 유산의 일부로 간주할 수 있을까?" 포예와 그루상은 의문을 제기했다. "원주민들이 이 미생물 유전물질의 사용과 공유에 대한 통제권을 가져야 할까? 숙주와 미생물의 공동 이동 경로를 재구성하기 위해 이 고대 DNA를 사용하기 전에 원주민 집단과 상의해야 할까?"

수집된 화분석들은 아메리카 원주민 무덤 보호 및 송환법 같은 미국 규정의 적용을 받지 않지만, 포예와 그루상은 이 화분석들과 강한 문화적 유대 관계를 유지하고 있는 남서부 부족에게 자신들의 연구에 대해 설명하고 논의했다고 말했다. 하지만 이 연구자들에 따르면 그럼에도 일부 원주민은 과학자들이 더 일찍 상의하지 않은 것에 대해 화를 냈다며 다른 연구자들은 계속 발전하는 이 분야에서 더 광범위한 윤리적 지침을 고려해야 할 수도 있다고 말했다.

베이더는 "이 분야에서는 계속 기술적 혁신이 일어나고 있으며, 이를 통해 인간 마이크로바이옴과 고대 마이크로바이옴 같은 새로운 연구 영역에 접근할 수 있다"라고 말하며 "과학적 탐구와 혁신의 특성상 연구가 항상 윤리를 앞지르게 될 것"이라고 덧붙였다. 그는 빠르게 변화하는 환경에서 윤리적 고려 사항은 체크리스트의 항목을 점검하는 것을 넘어서 과학자들이 더 큰 그림을 볼 수 있도록 도움이 되어야 한다고 설명했다. "연구자들은 실험실에서 고립된 채로 일하지 않는다. 우리의 연구는 우리가 상상하는 것 이상의 실질적인 영향을 미친다. 따라서 더 큰 맥락에서 우리 연구의 역할과 우리가 던지는 질문, 우리가 사용하는 방법에 대해 생각해야 한다." 예를 들어, 대표성을 높이기 위해 다양한 집단의 샘플을 수집하는 것만으로는 공정하고 윤리적인 연구를 할 수 없다. 베이더는 연구자들이 신약 개발이나 맞춤의료 같은 샘플의 하위 응용 분야를 항상 통제할 수 있는 것은 아니라고 지적했다. 미생물이 나타나는 환경적·문화적 상황, 미생물의 변화 또는 소멸 이유 그리고 그 변화 또는 소멸이 장내미생물 기증자에게 미치는 영향에 대해 신중하게 생각하지 않으면 "사라져 가는" 미생물들을 보존하려는 노력조차 윤리적으로 문제가 될 수 있다. 베이더는 과학자들이 미생물과 인간의 연결 관계 그리고 인간 연구의 윤리가 마이크로바이옴 연구의 윤리와 밀접하게 얽혀 있다는 것을 이해해야 한다며 "인간과 미생물은 분리할 수 없다"라고 강조했다.

포예와 그루상은 역사적으로 소외된 집단을 연구에 포함시키는 것이 중요한 사회정의 문제라고 주장한다. 이들은 자신들의 미생물 보존 노력이 무분별한 항생제 사용, 원주민 토지의 고의적 파괴, 인간이 초래한 기후변화 등으로 **위협받고 있는** 지역사회 자원을 보존하기 위한 노력의 일종이라고 본다. 포예는 건강과 질병의 연관성을 조사하는 마이크로바이옴 수집과 연구는 산업화된 인구 집단의 덜 다양한 박테리아 군집에 압도적으로 집중되어 있으며, 이는 마이크로바이옴에 기반한 클로스트리디오이데스 디피실 감염증 치료법 연구를 잘 연구된 동일한 인구 집단에 맞게 조정되게 만든다고 말했다. 또한 그는 "이런 치료법이 산업화되지 않은 인구 집단의 사람들에게도 효과가 있다는 증거는 전혀 없다"라고 덧붙였다. 포예와 그루상은 생물적·의학적 치료법을 개발할 때 소외된 집단을 연구에 포함시키는 것이 미생물 특성을 고려하고 의료 불평등이 더 증폭되는 것을 방지하는 데 필수적이라고 주장한다.

글로벌마이크로바이옴컨서번시는 다양한 지역사회와 협력하고자 서로 다른 가치관을 고려하면서 원주민들과 협력해 신뢰를 구축하는 과정에서 수집 및 동의 절차를 현지 관습에 맞게 조정해 왔다. 똥에 대한 강한 문화적 금기는 적어도 지금까지는 문제가 되지 않았지만, 일부 원주민은 프라이버시 문제로 타액 샘플 공유를 거부하기도 했다. 과학 잡지《언다크(Undark)》의 저널리스트 캐서린 J. 우(Katherine J. Wu)는 원주민 대변 수집과 관련된 윤리 문제에 대한 기사를 작성하기 위해 네팔의 한 연구원과 이야기를 나누었는데, 그 연구원의 말에 따르면 라우트족(Raute)은 별도의 연구 프로젝트를 위해 대변 샘플을 기증하는 것에 "단호하게 반대했다"고 한다. 우는 라우트족은 죽으면 시신과 몸에서 나오는 모든 것, 소지품이 모두 흙으로 돌아가야 한다고 믿는다고 말했다.

그루상은 글로벌마이크로바이옴컨서번시가 동의서에 기증자가 기꺼이 기증하고자 하는 모든 것, 예를 들어, 대변에서 추출한 모든 박테리아와 대사산물을 포함한 생물학적 물질의 완전한 소유권이 기증자에게 있음을 명시한다고 말했다. 또한 이 동의서에 따라 기부자는 자신이 기부한 것들에 대한 반환 또는 파기를 요청할 수도 있다. 이와 함께 이 비영리단체는 기부를 통해 얻은 수익을 원래 소유자와 공평하게 공유할 수 있는 프레임워크를 개발했으며, 박테리아 표본을 분리해 바이오뱅크에 보관한 후, 각 국가가 미생물 다양성의 저장고를 유지할 수 있도록 현지 협력 기관에 표본의 일부를 보내고 있다.

포예와 그루상은 박테리아 샘플에 대한 연구를 통해 일부 비산업화사회, 특히 수렵채집사회 구성원들의 장내에서도 섬유질 분해 유전자가 빠른 속도로 다른 유전자로 대체되고 있으며, 가축을 항생제로 치료하는 목축업자들 사이에서도 항생제내성 유전자가 빠르게 다른 유전자로 대체되고 있다는 사실을 발견했다. 산업화되지 않은 사회에서도 항생제내성 유전자가 빠르게 다른 유전자로 대체되고 있는 이 현상은 전 세계적으로 항생제내성 문제가 얼마나 심각한지 짐작하게 만든다. 섬유질 분해 효소가 이렇게 빠르게 사라지고 있는 것은 섬유질이 아닌 다른 탄소 공급원에서 에너지를 얻는 박테리아들이 새로운 틈새를 개척하고 있기 때문일 수 있다. 박테리아가 만드는 효소들은 인간 숙주가 복잡한 식물섬유질을 소화하는 능력을 강화함으로써 인간 숙주에게 이득을 준다. 인간과 박테리아는 이런 식으로 서로에게 도움을 준다.

✕

초기의 마이크로바이옴 및 대변 분석은 부유한 국가의 연구자들이 주도했고, 연구 표본도 여성보다 남성에 더 치우쳤기 때문에 정상 또는 이상, 심지어 가치에 대한 정의도 편향적일 수밖에 없었다. 하지만 시간이 지나면서 이런 연구의 역사적·지리적 범위가 확대됨에 따라 보다 완전한 그림이 제시되면서 "정상(normal)"이라는 개념이 근본적으로 뒤집혔다. 미생물 다양성 감소는 산업화된 인구 집단 대부분에서 공통으로 일어나고 있으며, 이 인구 집단에서 동질성의 증가는 마틴 블레이저가 지적했듯이 천식, 비만, 궤양성대장염 같은 "현대적 재앙"의 잠재적 원인이 되고 있다. 과거의 기준으로 판단한다면, 똥에서 풍부한 섬유질과 기생충의 흔적이 발견되는 것은 "정상"이며 심지어는 바람직할 수도 있다. 고인류 기생충학 연구는 역사상 가장 풍요로웠던 시대의 사람들에게도 기생충이 있었다는 사실을 입증함으로써 기생충 감염이 일상적이었다는 가설을 강화한다. "이제 우리에게는 기생충이 없다는 사실이 과거 사람들에게 기생충이 있었다는 사실보다 더 이상한 일이죠." 생물인류학자 태라 세폰-로빈스가 진정한 기생충 팬 같은 목소리로 내게 말했다.

기생충은 무엇이 좋은 똥인지에 대한 질문을 더욱 복잡하게 만든다. 기생충은 생존 전략의 일부로 우리 몸에서 "Th2 면역반응(Th2 pathway)"이라는 기이한 면역체계를 활성화한다. Th1 면역반응은 기생충을 죽이기 위해 박테리아와 바이러스가 일으키는 염증반응인 데 반해, Th2 면역반응은 면역반응(염증반응)을 약화하는 점멸 스위치와 비슷하다. 기생충에 대한 전면적인 공격은 기생충을 죽일 수 있지만 그 과정에서 부수적인 손상이 발생할 수 있다. 따라서 우리 몸은 이 손상을 줄이기 위해 기생충과 공진화하는 선택을 했다. 세폰-로빈스는 Th2 면역반응은 기생충이 있다는 것을 확인한 다음 기생충에 대한 면역반응을 낮추는 메커니즘이라고 설명한다.

편충이나 거대 회충처럼 분변 오염을 통해 전파되는 일반적인 기생충의 경우, 경증 감염이나 중등도 감염은 비교적 건강한 음식을 먹는 어린이에게 심각한 영양실조를 유발할 가능성이 낮다. 하지만 잘못된 식습관은 체중감소, 성장장애 및 발달장애 같은 만성감염의 결과를 악화시킬 수 있다. 세폰-로빈스에 따르면 특히 십이지장충 성충은 소장에 들러붙어 피를 흡수함으로써 혈액 손실로 인한 심각한 빈혈의 가능성을 높이기 때문에 더 끔찍할 수 있다. 기생충이 활성화하는 점멸 스위치는 전체 면역체계에 작용하는 것으로 보이며, 이는 기생충에 감염된 사람들이 박테리아 및 바이러스 감염에 더 취약하고 백신에 대한 반응이 낮다는 것을 뜻한다. 고병리학자 피어스 미첼은 토양에 일부 기생충이 남아 있기 때문에 기생충 감염의 부담을 증가시키지 않기 위해서는 바이오솔리드를 적절히 퇴비화하는 것이 중요하다고 말했다.

한편 미첼은 "우리 장에 사는 기생충과 미생물이 우리가 진화한 목적에 맞도록 균형 잡힌 방식으로 존재하게 만들어야 한다"라고 덧붙였다. "그렇지 않으면 우리의 장내 마이크로바이옴은 과거 우리 조상들이 가지고 있던 장내 마이크로바이옴에 비해 매우 빈약한 마이크로바이옴이 될 것이다." 이는 장내 기생충이 완전히 나쁜 것은 아니라는 뜻이다. Th2 면역반응을 억제하면 알레르기, 궤양성대장염, 크론병 같은 자가면역 관련 질환을 줄일 수 있다는 이점이 있다. 하지만 장내에 기생충이 없으면 면역체계가 과잉 반응해 우리 몸의 세포를 공격할 가능성이 더 높다는 가설도 있다. 세폰-로빈스가 혐오 감수성을 연구한 에콰도르의 슈아르 지역에서는 기생충 감염이 흔한 반면 알레르기와 자가면역질환은 드물다는 점에서 이 가설은 입증된 것으로 보인다.

기생충 감염의 또 다른 잠재적 이점은 서양 사회에서 비만, 심혈관계질환 및 대사증후군과 관련이 있다는 연구 결과가 증가하고 있는 만성염증을 감소시킨다는 것이다. 세폰-

로빈스는 슈아르족 아동의 대변 샘플에서 염증 바이오마커 수치를 측정해 편충 감염이 장내 염증 수치를 낮추는 것과 관련이 있음을 발견했다.

장내에서 꿈틀거리는 작은 동물인 기생충은 놀라울 정도로 복잡한 방식으로 우리 몸의 균형을 매개하는 역할을 한다. 장내에 기생충이 없으면 인간은 키가 더 커지고 활력이 더 많아지고 성장도 더 빨라질 수 있지만, 더 비만해지고 알레르기·자가면역질환·심혈관계질환에 걸리기 쉬워질 수도 있다. 또한 인류 역사 대부분에서 기생충은 피할 수 없는 존재였다는 점도 고려해야 한다. 기생충의 면역반응 억제 방식이 기생충이 인간의 면역체계의 조절 메커니즘을 방해하는 방식인지, 인간이 기생충을 인식한 후 인간의 면역체계가 스스로 자제력을 발휘하는 방식인지는 아직 명확하지 않다. 세폰-로빈스는 "하지만 어느 쪽이든 기생충은 장에서 편안하게 살 수 있고 인간은 기생충과 싸우느라 모든 자원을 소진하지 않아도 되기 때문에 양쪽 모두에게 조금씩 원원이다"라며 "자연계에서는 기생충에 감염되는 것이 일반적이라는 사실을 아는 것이 중요하다"라고 말했다.

이러한 역사적 관점은 수천 년 동안 인류가 가지고 다녔던 병원성 공생미생물에 대한 미첼의 연구에서 핵심적인 역할을 해 왔다. 미첼은 "우리가 항생제 등으로 모든 것을 엉망으로 만들기 전에" 과학자들이 과거 사람들의 마이크로바이옴을 연구할 수 있다면, 환자의 건강한 마이크로바이옴을 완전히 회복하는 데 필요한 박테리아들을 대변 이식에 포함시켜 대변 이식의 효과를 높일 수 있다고 주장한다. 이 방법은 본질적으로 우리 내부 생태계를 다시 야생화하는 방법이라고 할 수 있다. 미쳴은 "완전한" 또는 "건강한" 마이크로바이옴이 무엇인지 실제로 알 수 있는 방법은 수백 또는 수천 년 전에 살았던 사람들의 마이크로바이옴을 재조합해 내는 방법밖에 없을 것이라고 말했다.

2020년, 미쳴과 동료들은 이스라엘의 예루살렘과 라트비아의 리가에 있는 중세 오물통 두 개에서 채취한 퇴적물에 대한 광범위한 분석 결과를 발표했다. 예상대로 샘플에는 기생충이 가득했다. 연구진은 그 이전에도 예루살렘의 같은 오물통에서 6종, 리가의 같은 오물통에서 기생충 4종을 발견한 바 있다. 하지만 연구진은 2020년 연구에서는 오물통 퇴적물을 통해 산업화 이전 두 집단의 장내미생물 군집을 재구성할 수 있었다. 연구진은 오물통에 퇴적된 토양에서 발견한 모든 미생물 흔적에서 DNA를 분리한 다음, 알려진 토양미생물과 비교해 어떤 미생물이 분변에서 유래했을 가능성이 높은지 확인하는 과정을 거쳤다.

당시까지 과거의 미생물에 대한 연구는 대부분 개인의 마이크로바이옴, 예를 들어, 페루 쿠스코에서 발견된 여성 미라의 것으로 추정되는 거의 1000년 된 배설물과 대장 생태계 같은 것을 재구성하는 수준이었다. 하지만 미첼은 최초로 오물통에서 추출한 미생물의 흔적을 이용해 개인 차원을 넘어서 지역사회 전체(또는 적어도 과거에 동일한 오물통을 사용한 사람들)의 대표적인 마이크로바이옴을 재구할 수 있다는 원리 증명에 성공했다. 미첼은 "만약 선사시대로 거슬러 올라갈 수 있다면 이상적인 마이크로바이옴이 무엇인지 실제로 알아낼 수 있을 것"이라고 말했다.

예루살렘의 15세기 오물통은 여러 가구가 같이 사용했을 가능성이 높지만, 14세기 리가의 오물통은 처음부터 공공 용도로 만들어졌을 가능성이 있다. 연구진은 시간이 지남에 따라 미생물 DNA의 상당 부분이 분해되긴 했지만, 당시 주민들의 장내미생물 군집이 현대의 산업화된 인구 집단과 수렵채집 인구 집단 **모두**와 유사성을 보이는 일종의 하이브리드 군집이라는 사실을 발견했다. 예를 들어, 이 두 오물통에서 공통으로 많이 발견된 비피도박테리아는 현대의 산업화된 인구 집단에서는 주로 발견되지만 수렵채집 인구 집단에서는 적게 발견되거나 전혀 발견되지 않는다. 반면, 이 두 오물통의 퇴적층에서 발견되는 트레포네마 숙시니파시엔스는 앞서 살펴본 바와 같이 수렵채집 집단에서는 풍부하지만, 산업화된 집단에서는 사라진 상태다. 전반적으로 중세의 마이크로바이옴은 현대의 모든 마이크로바이옴과는 구성이 달랐다. 물론 한 시대와 장소에서 이상적이거나 건강하거나 완전한 것이 다른 시대와 장소에서는 그렇지 않을 수도 있다. 하지만 미첼의 연구는 석기시대, 청동기시대, 철기시대 선조들의 다양한 생활 방식과 박테리아 및 기생충 질환과의 연관성을 확실하게 밝혀냈다는 데 의미가 있다. 1000년 전 멕시코에서 수렵과 채집을 하거나 중세 리가에서 농사를 지었던 사람의 장내미생물 군집이 현재 시애틀에서 사는 중년 남성인 나의 장내미생물 군집과 같을 수는 없다. 어쩌면 과거에 북미 태평양 북서부에 살았던 두와미시족(Duwamish)이나 푸얄럽족(Puyallup)의 장내미생물 군집이 나의 장내미생물 군집과 비슷할 수도 있다. 하지만 이런 과거 사람들의 식단과 현재의 내 식단은 매우 다르며, 현재의 내 식단이 다양성이 현저히 떨어진다는 점을 고려할 때, 과거 조상들에게 있던 이러한 미생물 효소 중 상당수는 현재 내가 일상적으로 먹는 음식과 거의 관련이 없을 수도 있다. 미래의 건강 보충제는 과거에 존재했던 미생물들을 그대로 복원해 만드는 방식보다는, 잡다한 미생물이 장을 가득 채우는 데 도움이 되는 소수의 멸종 위기 또는 멸종된 박테리아종을 다시 추가하는 방식으로 만들어질 가능성이 높다.

"이로운" 기생충을 몸 안에 주입하는 일은 매우 어려운 문제다. 미첼은 "사람들은 건강에 좋은 박테리아까지는 받아들이지만, 건강에 좋은 기생충을 자신에게 이식하는 것에는 거부감을 보인다"라고 말하며, "이로운 박테리아가 들어 있는 요구르트는 거부감 없이 마시지만 기생충은 눈에 보이기 때문에 혐오스럽다고 생각하는 경향이 있다"라고 덧붙였다. 자신 역시 기생충 이식은 망설이게 될 것 같다고 인정했다.

하지만 이런 기생충 이식은 실제로 이루어지고 있다. DIY 대변 이식 기술이 널리 보급되기 이전부터 자가면역질환 환자들은 십이지장충 같은 기생충으로 자가 치료를 해 왔지만, 세폰-로빈스는 알려지지 않은 피해 가능성을 고려하여 가정에서의 시술에 대해서는 경고의 메시지를 보낸다. "이론적으로 기생충은 면역체계를 어느 정도 무력화할 수 있다. 따라서 면역체계가 과도하게 활성화된 문제가 있는 경우 기생충을 이식하면 도움이 **될 수 있다**. 하지만 여기서 가장 중요한 것은 어떤 기생충이 도움이 되는지 알아내는 것이다." 그는 지금까지 이 아이디어를 테스트하기 위한 몇몇 연구에서 매우 엇갈린 결과가 나왔다고 경고했다. 세폰-로빈스 같은 연구자가 실제 감염과 관련된 부정적인 부작용을 유발하지 않으면서 과민한 면역체계를 약화하는 특정 기생충 단백질을 분리해 낼 수 있다면 가장 이상적일 것이다. 이 연구가 성공하면 궤양성대장염이나 크론병에 대한 향후 치료법에는 박테리아와 기생충 성분이 모두 포함될 가능성이 높다.

우리의 장 안에 있는 미생물과 기생충은 지구상에서 가장 다양하고 풍부하며, 우리는 이 생명체들로 다양한 질병을 치료할 치료제를 만들어 낼 수 있다. 역학자이자 HIV 전문가인 스테파니 스트라스디(Steffanie Strathdee)는 『완벽한 포식자(The Perfect Predator)』에서 2015년 이집트에서 다양한 항생제에 내성을 가진 슈퍼박테리아로부터 남편인 심리학자 토머스 패터슨(Thomas Patterson)을 구한 놀라운 이야기를 자세히 다루었다. 항생제 치료가 실패한 후, 스트라스디는 아시네토박터 바우마니(Acinetobacter baumannii) 감염증 치료법을 미친 듯이 찾다 적절한 바이러스 포식자가 모든 종류의 박테리아를 죽일 수 있다는 파지 이론(phage theory)을 생각해 냈다. 1장에서 나는 박테리오파지가 긴 뿔을 가진 들소를 공격하는 무시무시한 늑대 무리처럼 박테리아를 공격한다는 이야기를 한 적이 있다. 박테리오파지 바이러스는 인체에 해를 끼치지는 않지만, 종류에 따라 특정 박테리아종이나 특정 균주를 감염시키도록 진화해 왔다. 다른 약물과 달리 파지는 체내에 다량으로 존재하며, 표적에 도달한 후 면역체계에 의해 빠르게 제거된다. 그리고 이러한 바이러스를 발견하기 가장 좋은 장소 중 하나는 잠재적 먹이가 풍부한 하수구다.

파지 치료 연구는 시작된 지 한 세기가 넘었으며 특히 동유럽에서 잘 확립되어 있다. 하지만 미국에서는 항생제가 전면에 부상하면서 파지 연구는 인기가 떨어지고 변두리 연구 분야로 밀려났다. 항생제내성 슈퍼버그의 끊임없는 진화로 위협이 증가함에 따라 박테리아를 죽이는 바이러스는 독립적 또는 복합적 전략으로 다시 주목받고 있다. 스트라스디는 혼수상태에 빠진 남편이 죽음을 향해 치닫는 동안 미국 내 몇 안 되는 파지 컬렉션을 보유한 텍사스A&M대학교와 메릴랜드주 프레더릭에 있는 미 해군 의학연구센터-생물방어연구국 연구원들을 설득해 연구에 동참시켰다.

효과적인 파지 칵테일을 만들기 위한 노력의 일환으로 텍사스A&M 연구 팀은 폐수처리장에서 샘플을 수집하고 폐수 침전물에서 두 가지 유망한 박테리오파지를 분리했다. 텍사스대학교 과학자들은 샌디에이고에 본사를 둔 생명공학 회사 앰플리파이(AmpliPhi)의 파지를 포함해 후보 풀을 테스트한 후 슈퍼버그 균주에 대해 가장 유망한 활성을 보이는 파지 4개를 선별해 캘리포니아대학교 샌디에이고의과대학 연구 팀으로 보내 정제를 의뢰했고, 이 연구 팀은 패터슨의 복강에 연결된 카테터 세 개를 통해 정제된 바이러스를 패터슨에게 주입했다.

한때 파지 프로그램을 중단할 위기에 처했던 해군 연구소는 하수에서 분리한 네 가지 유망한 박테리오파지로 구성된 혼합물을 패터슨에게 보냈다. 첫 번째 혼합물을 주입한 지 36시간 후, 샌디에이고 의료진은 두 번째 혼합물을 정맥으로 투여했다. 패터슨은 얼마 지나지 않아 상태가 호전되었지만, 박테리아들이 파지에 대한 내성을 나타내기 시작했다. 해군 연구소는 하수에서 분리한 또 다른 파지를 추가해 돌연변이 박테리아에 대응할 수 있도록 혼합물을 수정했다. 새로운 제형으로 치료를 받은 패터슨은 마침내 감염에서 완치됐고, 병에 걸린 지 8개월 반 만에 퇴원할 수 있을 만큼 건강해졌다.

박테리아를 파괴하는 파지가 그의 생명을 구했다고 단언할 수는 없다. 다른 약물도 도움이 되었을 가능성이 높기 때문이다. 하지만 이 사건은 전 세계적으로 증가하는 슈퍼버그 무리를 죽일 수 있는 작은 바이러스의 잠재력을 공식적으로 테스트하기 위한 임상시험을 추진하는 데 활력을 불어넣었다. 파지 요법이 효과가 입증되더라도 항균 접근 방식이 주류가 되려면 규제당국이 바이러스를 바라보는 시각을 근본적으로 바꿔야 한다. 각 파지 혼합물은 감염원에 따라 개별 환자를 위해 만들어져야 하는데, 이는 맞춤의학의 전형이지만 기존 기준에서는 또 다른 규제의 악몽이 될 수도 있다. 하지만 분변 이식과 마찬가지로, 이 성공 사례는 표준적이거나 일반적인 고려 사항을 넘어서는 것이 얼마나 놀라운 일인지 적시에 상기시켜 주는 사례이기도 하다.

무엇이 가치가 있을까? 무엇이 정상이고 무엇이 바람직한지에 대한 우리의 감각은 오랫동안 서구적 관점에 의해 지배되어 왔다. 하지만 최근 들어 똥은 우리가 이상적이라고 생각하는 것들에 대한 생각을 바꾸고 있다. 역사적으로도 사람들은 고섬유질 음식 섭취, 다양한 미생물의 장내 서식, 즉 기생충과 박테리아와 바이러스가 조화롭게까지는 아니더라도 함께 장 안에 서식함으로써 굵은 대변을 자주 보는 것을 가장 이상적으로 생각했다. 인간의 마이크로바이옴을 근본적으로 변화시키는 항생제와 가공식품이 지배하는 현재는 일종의 예외적인 시기이며, 인류는 항생제와 가공식품을 이용한 대가를 뼈아프게 치르고 있다.

확보하는 데 수반되는 저항감과 윤리적 문제의 발생 가능성에도 불구하고 가장 유망한 의학적 연구를 가능하게 하는 것은 유명 인사나 운동선수의 미화된 똥이 아니라 익명의 기증자와 시골 마을 주민이 배출하는 똥이다. 똥은 해로운 미생물을 경고하기도 하지만 그와 동시에 이로운 미생물의 감소에 의한 피해를 복구하는 데 필요한 열쇠가 될 수도 있다.

CHAPTER 8

자원

하와이 라하이나의 바닷가에서 자란 다이앤 다니구치-데니스(Diane Taniguchi-Dennis)는 폭우가 내린 뒤 마우이섬의 화산토에 의해 바닷물이 빨갛게 변하는 것을 본 적이 있다고 회상했다. 그가 10대였을 때 가족은 때때로 물이 부족해 바닷물을 끓여서 증기를 모아 물을 얻거나 물을 마시지 못하고 버텨야 했다. 그는 "우리가 살던 지역에는 식물이 자랄 수 있을 만큼 물이 충분하지 않았어요"라며, 당시 그 지역 주민들은 빗물 속 오염물질 때문에 산호초 지대가 사라질지도 모른다고 이야기하곤 했다고 회상했다. 그는 교외에 있는 집의 하수구가 고장 났을 때와 1975년 마을에 첫 하수처리장이 문을 열었을 때 발생한 폐수로 인한 오염의 위협도 기억하고 있었다. 다니구치-데니스는 물과 땅, 공기와 사람의 운명이 어떻게 얽혀 있는지, 식수 접근성과 폐수처리를 개선하기 위한 개발이 이런 상호 관계를 어떻게 강화하는지 직접 경험한 사람이다. 좋은 기억이든 나쁜 기억이든 물에 대한 기억은 그의 미래를 형성하는 데 도움이 됐다. 그는 "이 모든 것, 환경과 환경문제는 어린 시절의 내 정체성과 꿈에 큰 영향을 미쳤습니다"라며 "1970년대 후반의 어린 시절부터 나는 세계의 환경문제를 해결하고 싶었습니다"라고 말했다.

토목 및 환경공학을 전공한 다니구치-데니스는 현재 클린워터서비스(Clean Water Service)의 CEO로서 건강한 네트워크를 만들고 자원의 순환적 사용을 강조하는 데 몰두하고 있다. 오리건주에서 두 번째로 큰 수자원 관리 기업인 이 회사는 폐수처리장 네 곳을 운영하며 포틀랜드 서쪽의 워싱턴카운티에서 주민 60만 명 이상에게 서비스를 제공한다. 이 기업의 리더로서 그는 환경 윤리와 철학을 바탕으로 과학과 기술, 대자연의 힘을 더 잘 조화시키기 위해 노력해 왔다. 따라서 이 지역의 수자원을 보호하기 위해 고안된 시스템이 또 다른 천연자원인 똥의 변형을 통해 재생 가능한 전력을 생산하는 것은 당연한 일로 보였다.

이제 우리는 버리는 문화에 대해 다시 생각해 보아야 한다. 이제 우리는 오래 쓸 수 있는 물건을 만드는 데 더 신중하고, 사용 가능한 재료를 재사용하는 데 더 창의적이어야 한다. 오랫동안 우리는 더 이상 필요 없는 물건을 어떻게 처리할 것인가에만 신경을 써 왔다. 다니구치-데니스는 이제 "업사이클링(upcycling) 정신이 필요합니다"라면서 지구온난화로 그 시급성이 한층 더 높아지고 있다고 말했다. 현재 기후변화에 대한 경각심이 커지면서 재생 가능한 풍력, 태양열, 지열 발전이 그 어느 때보다 관심을 끌고 있다. 하지만 화석연료를 대체할 수 있는 재생가능에너지와 업사이클링의 대표적인 사례는 우리 주변에 매우 가깝게 존재한다. 예를 들어, 인간의 위장 시스템은 음식물을 소화할 때 발생하는 부산물로 바이오매스와 가스의 형태로 이용 가능한 에너지를 생산할 수 있다(인간은 공기를 삼키기도 하지만 트림으로 대부분 다시 내뱉는다).

1949년에 발표된 논문 「인간의 대장에서 방출되는 방귀의 양과 구성(The Quantity and Composition of Human Colonic Flatus)」에 따르면 양배추를 먹지 않는 덴마크 지원자 20명의 방귀는 주로 질소, 수소, 이산화탄소, 산소 같은 기체로 구성되어 있었다. 일부 사람은 썩은 달걀 냄새를 풍기며 실내를 탁하게 하는 미량의 황화수소를 배출하기도 한다. 사람들 중 약 30~60퍼센트는 산소 없는 대장의 깊은 곳에 메탄가스를 만들어 내는 고세균들이 서식한다. 다른 미생물이 탄수화물을 발효시킬 때 이 고세균들은 수소나 이산화탄소와 같은 구성 요소를 이용해 무색무취의 메탄을 만들어 낸다. 바이오가스를 생성하는 사람 중 일부는 전체 가스 배출량의 거의 3분의 1을 바이오메탄이 차지하기도 한다. 유튜브에는 자신의 방귀에 메탄가스가 풍부하게 함유되어 있다며 방귀에 불을 붙이는 사람들의 영상이 넘쳐 난다(맞다. 방귀에는 실제로 불이 붙을 수 있다. 방귀에 포함된 인화성 수소 때문이다. 그리고 맞다. 물론 소방관들은 이런 장난이 매우 위험하다고 경고한다).

모든 사람이 천연가스를 만들어 내지는 않는다. 하지만 인간의 장 속 깊은 곳처럼 산소가 없는 거대한 통 안에 인간의 장에서 소화된 물질과 메탄 생성 미생물을 집어넣으면 상당히 많은 양의 천연가스를 만들어 낼 수 있다. 기록에 따르면 아시리아인들은 기원전 10세기경에 이미 우리 안에 있는 에너지의 잠재력을 알고 있었으며, 사람이 방출하는 인화성 바이오가스를 이용해 목욕물을 데웠다. 다른 문헌에 따르면 고대 중국에서도 똥의 혐기성 소화과정[76]을 이용해 에너지를 생산했다. 확실하게 기록된 최초의 바이오매스 소화조는 19세기 중반에 인도와 뉴질랜드에 등장했다. 1890년대 영국 엑서터에서는 하수 침전물 소화조가 가로등에 전력을 공급했다. 그로부터 80년 후, 1970년대 유가 상승으로 인한 에너지 위기가 닥치자 실행 가능한 대안을 찾게 되면서 바이오가스 생산은 전 세계적으로 탄력을 받게 됐다.

우리 내부의 바이오매스에너지와 풍력은 다른 에너지원만큼 화려하지는 않다. 하지만 2015년 유엔 물·환경 및 보건연구소(United Nations University Institute for Water, Environment and Health)는 전 세계가 총생산량을 포집하고 용도를 변경하면 인간 유래 바이오가스의 가치가 이론적으로 연간 최대 95억 달러에 달할 것으로 추정했다. 메탄은 지구온난화를 초래하는 가장

---

76   무산소 상태에서 미생물에 의해 생분해성 유기물이 분해되는 과정.

강력한 온실가스 중 하나이지만, 남은 음식물이나 똥 같은 유기성폐기물에서 포집 및 정제된 식물 유래 바이오메탄(재생 천연가스라고도 함)은 탄소중립 에너지 또는 그 이상의 에너지를 생산할 수 있는 것으로 널리 알려져 있다. 메탄은 연소 시에도 탄소를 대기로 방출하지만, 식물이 죽거나 부패하기 전에 대기 중의 그 탄소를 흡수하기 때문에 대략적으로 상쇄된다. 메탄이 풍부한 바이오가스는 재생 가능한 전기나 열 공급원으로 화석연료를 대체하거나, 요리, 산업 또는 운송 연료로 사용할 수 있다는 추가적인 이점도 있다.

남은 분뇨 슬러지(sludge)[77]는 액화해 바이오연료로 만들거나 건조해 바이오숯(biochar)[78]이라는 놀랍도록 훌륭한 조리 및 난방용 연료로 전환할 수 있으며, 이렇게 하면 숯이나 장작을 만들기 위해 이루어지는 삼림 벌채를 늦출 수도 있다. 유엔 보고서에 따르면 바이오가스 생산 후 남은 총고형물은 약 4만 5000톤 이상의 바이오숯을 생산할 수 있다. 바이오숯은 산소가 전혀 없거나 거의 없는 상태에서 유기물을 가열해 만들 수 있으며, 활성탄 정수필터에서 볼 수 있는 탄소가 풍부한 물질과 본질적으로 동일하다. 똥은 우리를 기후변화의 치명적인 위협으로부터 보호하는 잠재력으로도 우리의 생명을 구할 수 있다. 또한 세계 곳곳에서 똥의 용도를 변경하려는

---

77 하수 또는 폐수를 처리하는 과정에서 부유 물질이 가라앉아 생긴 침전물.

78 산소가 제한된 조건에서 바이오매스를 열분해할 때 발생하는 고형의 탄화 물질.

공동의 노력은 약 17억 명이 화장실이 부족해 겪고 있는 최악의 위생 위기를 해결하는 데 도움을 줄 수도 있다.

하지만 이런 놀라운 이야기들도 똥을 에너지원으로 전환하는 기술을 음식물 찌꺼기, 농업 폐기물, 거름 같은 물질에도 그대로 적용할 수 있다는 이야기를 듣는다면 별로 놀랍게 느껴지지 않을 것이다. 세계바이오가스협회(World Biogas Association)의 2019년 보고서에 따르면 지구는 이 엄청난 잠재력의 2퍼센트만 활용하고 있는 것으로 추정된다. 이 보고서는 재생에너지를 생산하고 삼림 벌채, 농작물 태우기, 매립, 가축 폐기물로 인한 탄소 배출을 피하면서 혐기성 소화과정을 이용해 바이오가스를 생산하면 전 세계 온실가스배출량을 10~13퍼센트까지 줄일 수 있다고 추정했다.

클린워터서비스의 업사이클링 전략 중 하나는 폐수처리장의 천적, 즉 하수도관을 막는 지방 덩어리(예를 들어, SARS-CoV-2바이러스입자를 끌어당길 수 있는 지방 덩어리)가 될 수 있는 포그(FOG)를 재활용해 바이오가스 생산을 가속화하는 방법에 초점을 맞추고 있다. 버터, 마요네즈, 식용유, 베이컨 찌꺼기, 식당에서 배출된 음식물 쓰레기가 섞여 있는 이 악명 높은 포그는 하수도관 막힘을 방지하기 위해 정기적으로 꺼내져 매립지로 보내진다. 하지만 가스를 생성하는 미생물은 에너지로 가득 찬 이 쓰레기 더미, 즉 포그에서 번성하는 것으로 밝혀졌다.

포틀랜드 남동쪽 지평선을 가로지르는 화산재와 먼지가 마치 영화 〈듄〉 같은 느낌을 주었던 2020년 9월의 어느 주말에 포그의 재활용 과정을 직접 보러 간 적이 있다. 폭염과 매서운 강풍, 건조한 날씨로 서해안 곳곳에서 화재가 발생했고, 하늘은 시커먼 구름이 덮고 있던 때였다. 서쪽으로는 저녁 해가 섬뜩한 주황빛을 띠고 있었고 멀리 있는 숲에서 연기가 피어나고 있었다. 내가 머물던 오두막 근처에서 사진을 찍고 있는데 지나가는 사람이 내게 말을 걸었다. "아름답지 않아요?" 그가 말했다. 나는 고개를 끄덕이며 연기와 먼지, 공해가 어떻게 그렇게 아름다운 일몰 광경을 만들어 낼 수 있는지 생각했다. 다음 날 밤, 나는 친구 집 뒷마당에서 맥주를 마시면서 불안한 한 해에 또 다른 재난이 닥칠까 걱정했다.

하지만 맥주를 마시면서 본 풍경은 우리가 에너지를 어디에서 얻는지에 관심을 가져야 하는 이유를 완벽하게 알려 주는 것이기도 했다. 당시 캘리포니아 북부 일부에서는 특히 화재가 발생하기 쉬운 지역의 전력선 부하를 줄이기 위한 선제적 정전 조치로 전기가 차단되기도 했다. 오리건주에서는 그 이전 몇 년 동안 가뭄과 홍수가 반복됐고, 산불로 투알라틴강(Tualatin River) 유역의 일부가 불타고 워싱턴카운티에서는 대피령이 내려졌다(동쪽과 남쪽으로 산불이 확산됐다면 주 전체에서 100만 에이커 이상이 불탈 수도 있었다). 다니구치–데니스는 기후변화와 관련된 극한 현상이 증가함에 따라 엄청난 변동성을 처리할 수 있는 보다 탄력적인 시스템을 설계해야 할 필요성이 강조되고 있다고 말했다. 그는 공익사업체 경영진과의 대화에서 "인간도 생물계의 일부이기 때문에 이제 생물계가 변화하고 있다는 사실을 근본적으로 인식해야 한다"라고 주장하기도 했다. 이 말은 우리가 우리 주변의 불안정성을 증가시키는 조건을 만드는 데 일조하고 있다는 뜻이기도 하다.

우리가 더 이상 원치 않는 물질의 불안정성을 줄이고 더 나아가 그 불안정성을 역전시킬 수 있는 친환경 에너지원과 연료로 전환하려면 상당한 수준의 동의가 구축되어야 한다. 현대의 똥에서 동력을 얻는 전략은 수 세기에 걸친 역사적 선례를 바탕으로 구축됐으며, 점점 속도를 내고 있다. 2015년 현재 중국에서만 가정용 소화조 수천만 대가 바이오가스를 생산하고 있으며, 대형 시스템도 11만 개 이상 설치됐다. 유럽에서 가장 크면서 세계에서 두 번째로 큰 바이오가스 플랜트 설치국인 독일은 2017년 현재 바이오가스 플랜트 약 1만 1000기를 설립한 상태다. 내게 단골 관광지가 된 폐수처리장(롤러코스터를 좋아하는 사람도 있고 폐수 웅덩이를 좋아하는 사람도 있는 거다!)은 이러한 변화의 좋은 예를 보여 준다. 이런 시설에서는 한때 소비자로서 피해를 최소화하는 방법으로만 여겨졌던 폐기 프로세스가 유용성을 확대하는 수단으로 재탄생하고 있다. 일부 옹호자는 이런 시설들을 "자원회수복(resource recovery)" 시설이라고 부르기 시작했다. 열이나 전기 또는 바이오메탄이 될 수 있는 기체, 난방용 연탄이나 퇴비 또는 비료가 될 수 있는 고체, 바이오연료나 깨끗한 물이 될 수 있는 액체 등이 이런 자원의 원천이다.

오리건주 서부의 온대림, 농장, 주거지역이 뒤섞여 있는 곳에서 클린워터서비스는 약 135킬로미터 길이의 투알라틴강을 안전하게 보호하는 일을 담당하고 있다. "투알라틴"은 이 강 유역에 살면서 상류의 사암에 암각화를 새긴 칼라푸야(Kalapuya) 원주민 부족인 앗팔라티족(Atfalati)의 언어로 "게으른 강"이라는 뜻이다. 이 강은 코스트레인지(Coast Range)의 샘에서 동쪽 포틀랜드 교외로 흘러들어 상류 근처 오리건주 사람 약 20만 명에게 식수를 공급하고, 워싱턴카운티의 폐수처리장 네 곳에서는 폐수를 받아 더 큰 윌래밋강(Willamette River)으로 흘려보낸다. 이 폐수처리장 네 곳은 모두 합쳐 매일 평균 처리수 약 6600만 갤런을 배출한다. 이 처리수 대부분은 상류 댐의 물과 함께 투알라틴강으로 다시 흘러들어 강 유량의 약 3분의 2를 차지하며, 이는 건조한 여름철에 매우 중요한 역할을 한다. 또한 이렇게 처리된 물은 강을 계속 흐르게도 만든다. 이 강은 생명을 유지시키는 역할을 한다.

나는 이 과정을 직접 보기 위해 대도시에 위치한 몇 안 되는 투알라틴강국립야생동물보호구역(Tualatin River National Wildlife Refuge)으로 갔다. 바람과 먼 곳에서 보이는 연기를 제외하고는 다른 날로 착각할 수 있는 쾌적한 늦여름 날, 그곳은 인적이 드물었고, 새들조차 숨을 죽이고 있는 듯이 조용했다. 나는 숲과 햇볕이 잘 드는 탁 트인 초원을 지나 1.5킬로미터 정도 걸어서 매우 건조해 보이는 복원된 습지가 내려다보이는 전망대까지 걸어갔다. 겨울과 봄에 이 습지는 강에 도달하기 전에 많은 오염물질을 걸러 내고 고인 물을 분해하는 자연의 수질정화 시스템 역할을 한다. 하지만 메마른 여름이 지나고 나니 그 광활한 대지는 초원으로 변해 있었다. 나는 천천히 흐르는 투알라틴강을 쳐다보면서 여기저기를 거닐었다. "강은 우리의 삶을 유지시키는 피입니다(The River Is the Lifeblood of the Refuge)"라고 쓰인 표지판이 눈에 들어왔다.

최첨단 폐수처리장은 대부분 습지, 강 및 기타 자연의 일부에서 수질정화 단계의 일부를 모방해 만들어진다. 이런 처리장에서는 갈대의 효과를 모방한 대형 필터가 큰 부스러기를 제거하고, 중력이 자갈과 돌을 제거한 후 침전조는 자연 웅덩이처럼 작용해 무거운 유기물 일부를 바닥으로 가라앉힌다. 필터는 일반적으로 조류, 화학물질 및 유해 미생물을 줄이는 효과적인 방법으로 미세한 모래와 거친 모래를 분류한다. 버블러(bubbler)는 필요할 때 물에 산소를 추가해 물이 돌과 바위 위로 흐를 때 발생하는 거센 물결을 재현한다. 또한 폐수처리장의 중심에는 유기 폐기물과 영양분을 씹어 분해하는 유익한 미생물이 위치한다. 일부 탱크는 호기성 박테리아의 성장을 촉진하기 위해 산소가 가득 채워져 있고, 다른 탱크는 산소 없이 생존하는 혐기성 박테리아의 성장을 촉진하기 위해 산소가 제거되어 있다.

타이거드(Tigard)의 더럼수자원회수공장(Durham Water Resource Recovery Facility)은 대피소에서 약 8킬로미터 떨어진 곳에 있으며, 이곳의 바이오가스 발전 시스템에서는 메탄 60퍼센트와 이산화탄소 40퍼센트의 혼합물을 생산한다. 열과 전력 생산량을 늘리기 위해 이 공장은 일반적으로 매립되는 포그 폐기물을 잘 활용하고 있다. 이 공장은 식당에서 나오는 폐기물을 수집해 두 개의 소화조로 바로 연결해 미생물의 먹이가 되도록 만든다. 이 공장의 수석 엔지니어 피터 샤워(Peter Schauer)는 "음식물 찌꺼기를 소화조에 직접 넣으면 생산되는 가스의 양을 두 배 또는 세 배로 늘릴 수 있다"라고 말했다. 이 과정은 미생물에게 칼로리가 높은 캔디 바를 제공해 미생물의 영양을 보충해 주는 과정으로 볼 수 있다. "미생물에게 마약을 주는 거죠"라고 공장의 선임 엔지니어 팻 오르(Pat Orr)가 농담을 덧붙였다.

오르는 포그처리시설로 나와 걸어가면서 새로운 후각적 경험을 하게 될 것이라고 말했다.

"그럴까요?" 내가 말했다.

"가 보면 알게 될 겁니다." 오르가 웃으면서 말했다.

처리시설 내부에는 액체가 굳어 소화기로 가는 공급 라인을 막지 않도록 가열·분쇄·재순환 장치가 큰 탱크에 담긴 재료를 따뜻하게 유지하여 잘 섞고 있었고, 식기들이 공급 라인에 들어가지 않도록 필터가 작동하고 있었다. 썩은 기름 냄새가 났다. 압도적이지는 않았지만 뭔가 끈적끈적한 냄새였다. 오르는 초기에 가장 큰 도전 과제 중 하나는 평일에는 지나치게 "뜨거운" 상태로 유입되는 포그와 주말에는 적게 유입되는 포그의 처리 균형을 맞추는 것이었다고 말했다. 그는 미생물이 점점 더 기름진 음식 찌꺼기에 적응하게 되면 효과가 떨어질 수 있다고 말했다. 이 공장은 코로나19 팬데믹 기간에 많은 식당이 문을 닫으면서 음식 찌꺼기가 부족했지만, 공급자에게 인센티브를 제공하는 방식으로 이 문제를 극복했다.

시스템이 정상적으로 작동하는 경우, 공장에 있는 엔진 두 개에 모두 바이오가스가 채워지고, 공장에 필요한 전력의 약 3분의 2를 이 엔진에서 얻을 수 있으며, 전력의 일부는 현장의 태양열 패널에서 공급되기도 한다고 오르는 설명했다. 엔진에서 회수된 열은 미생물 소화조, 작업자 샤워실, 기타 난방 시스템에 필요한 열의 약 90퍼센트를 공급한다. 저장되지도 않고 엔진에서도 사용할 수 없는 바이오가스는 다른 처리장에서 정기적으로 태워 없애야 한다.

더럼공장에서는 혼합물에 포그를 추가하면서 가스의 가변성이 증가했지만, 오르가 저장 버블(storage bubble)이라고 부르는 인근의 돔형 건물이 시스템을 동기화하는 가속페달과 같은 역할을 하고 있었다. 가스 생산량이 증가해 저장 버블 내부의 라이너가 부풀어 오르면 엔진은 발전기에 동력을 공급하기 위해 최대로 가동된다. 가스 부피가 감소하고 라이너가 수축하면 엔진 작동 속도가 느려진다. 오르는 이 방식이 "우리의 사용량과 생산량을 일치시키는 매우 우아한 방법"이라고 말했다. 그는 근처에 있는 플레어스택(flare stack)[79]을 가리가리켰다. "저기서 아무것도 안 나오는 거 보이죠? 여기서 만든 가스는 하나도 빠짐없이 사용하기 때문에 그런 겁니다." "잉여 가스는 전혀 없나요?" 내가 묻자 그는 쥐 방귀만큼도 없다고 웃으며 말했다.

×

이와 유사한 업사이클링 혁신은 지난 수십 년 동안 거의 변하지 않은 쓰레기 처리 관행을 근본적으로 바꿀 잠재력을 가지고 있다. 미국에서는 여전히 똥의 약 22퍼센트를 땅에 묻고 있으며, 그렇게 하려면 트럭이나 기차를 이용해 똥을 광활한 매립지로 운반해야 한다. 2018년, 뉴욕에서 앨라배마까지 처리된 폐기물 약 4500톤을 실어 나르던 "똥 열차"의 악취로 인한 소동은 수백 킬로미터 떨어진 시골 매립지에서 도시의 폐기물을 처리해야 하는 불편한 현실을 잘 드러낸 사례다. 관

79 연기 배출용 기둥.

런 법령에 의해 폐기물을 바다에 방출할 수 없게 된 해안 지역 지자체들은 내륙 매립지에도 폐기물을 묻기 힘든 상황을 맞이하고 있다.

지금도 폐기물이 매립되고 있는 매립지에서는 빗물이 스며들면서 고농도 유기화합물과 무기화합물이 하수와 기타 부패 물질에서 침출되고 있으며, 이런 물질들은 제대로 포집되어 처리되지 않아 매립지 주변의 토양과 물을 오염시키고 있다. 썩어 가는 쓰레기 자체에서도 인간의 장에서 바이오가스를 생성하는 과정과 동일한 혐기성 소화작용이 매립가스를 만들어 내 지표면 밖으로 방출하고 있다. 2019년, 고형폐기물매립지에서 방출된 메탄가스의 양은 미국에서 인간과 관련된 모든 메탄가스 배출량의 15퍼센트를 차지했으며, 이는 자동차 2000만 대 이상이 1년 동안 운행할 때 배출하는 온실가스와 맞먹는 양이다. 생산된 바이오가스를 모두 사용하는 더럼시설과 달리 매립지에서는 전 세계 석유 생산 현장 수천 곳에서 여분의 천연가스를 태우는 것과 유사한 방식으로 배출되는 메탄을 태우는 경우가 많다. 나는 이렇게 메탄을 태우는 일이 온실가스 수억 톤을 대기 중으로 불필요하게 내보내는 거대한 화염 폭발과 같다고 본다. 2020년, 코로나19 팬데믹으로 인한 경기침체에도 전 세계 이산화탄소와 메탄 배출량은 계속 급증했으며, 그해 메탄 배출 증가치는 연구자들이 기록을 남기기 시작한 1983년 이래 최대치였다.

매일 폐기물 약 5500톤을 처리하는 워싱턴주 클리키탯
(Klickitat)카운티의 대규모 쓰레기매립장에서는 1만 9000가구
의 난로, 주방 스토브, 온수기의 일일 수요를 충족할 수 있는
충분한 재생 천연가스를 생산하고 있다. 거의 모든 사람이 쓰
레기를 가스로 전환하는 것이 좋은 일이라는 데 동의하는 것
같다. 하지만 이 루스벨트 지역 매립지의 쓰레기 중 메탄을
생산할 수 있는 유기물은 약 25~30퍼센트에 불과하다. 이는
메탄을 더 생산하기 위해서는 퇴비화 및 재활용 과정을 개선
하려는 노력이 더 많이 이루어져야 한다는 뜻이다.

우리는 똥의 16퍼센트를 태워서 처리한다. 똥을 완전히 소
각하기 위해 건조하는 데 드는 에너지는 똥이 만들어 낼 수
있는 에너지보다 많은 경우가 대부분이다. 똥은 소각하면 원
래 부피 10분의 1 정도의 재가 된다. 이 재에는 병원균은 없지
만 폐기하거나 재사용하려면 다시 소각해야 하는데, 이 소각
과정에서도 이산화탄소가 대기 중으로 방출된다. 일부 엔지
니어는 열분해라는 고온·무산소 공정을 통해 똥을 유엔 보
고서에서 언급한 바이오숯으로 바꿀 가능성을 입증하기도
했다.

케냐 정부는 취사 및 난방용 숯 생산을 위한 삼림 벌채를
억제하기 위해 2018년에 모든 공공 및 공동체 산림에서 벌목
과 목재 수확을 금지했다. 하지만 단속 권한이 제한적이고
대안이 거의 없었기 때문에 숯 생산은 여전히 계속됐다. 케

나에 본사를 둔 위생 전문 기업 새너지(Sanergy)와 새니베이션(Sanivation)은 똥을 숯으로 바꾸는 친환경적인 방법을 모색하고 있다. 새너지는 도시 화장실에서 수거한 바이오매스를 대규모 농장에서 사육하는 아메리카동애등에(black soldier fly) 유충의 먹이로 사용한다. 이 유충이 만들어 내는 프래스(frass), 즉 유충의 똥을 탄화한 후 압축하면 조개탄을 만들 수 있다. 새니베이션은 파라볼라안테나(parabola antenna)처럼 생긴 대형 거울로 모은 태양광으로 사람의 배설물과 화훼 농장에서 나온 장미 폐기물을 건조하여 다른 형태의 조개탄을 만들어 낸다. 이 과정은 비용은 적게 들지만 한 번에 처리할 수 있는 똥의 양에 제한이 있다. 하지만 이렇게 만들어진 조개탄 1톤은 장작이나 숯을 만들기 위해 벌목해야 하는 나무 22그루를 대체할 수 있다고 이 회사는 추정한다.

이런 노력은 가시적인 제품 외에도 다양한 파급효과를 창출하고 있다. 새너지의 직원인 쉴라 키부투(Sheila Kibuthu)는 이런 노력을 통해 사람들이 폐기물에 대해 더 잘 인식하게 됐으며, 어떻게 하면 폐기물을 더 많이 재활용하거나 덜 발생시킬 수 있을지 고민하게 됐다고 말했다. 이 방법의 잠재력을 극대화하기 위해서는 여러 가지 전략의 조합이 필요하지만, 여기서 한 가지 분명한 것은 더 이상 이전처럼 폐기물을 다루어서는 안 된다는 사실이다.

　2017년 기준 세계 최대 산유국이자 최대 원유 수출국 중 하나인 미국의 연간 온실가스배출량은 중국에 이어 세계에서 두 번째로 많다. 하지만 미국은 노르웨이로부터 원유를 수입해야 하는 상황에 이르렀고, 이는 미국에서 자체적으로 바이오가스를 생산해야 할 필요성을 높였다. 워싱턴DC에 위치한 DC워터(DC Water)가 운영하는 블루플레인스(Blue Plains)공장은 세계에서 가장 큰 첨단 폐수처리시설로, 주민 약 230만 명에게 서비스를 제공하고 있다. 이 회사의 하수도시스템은 워싱턴DC와 주변 지역을 가로지르는 약 3000킬로미터에 달하는 하수관을 통해 폐수를 수집해 워싱턴DC 남서부에 있는 공장으로 보내며, 이 시스템의 큰 부분인 포토맥인터셉터(Potomac Interceptor)는 메릴랜드주와 버지니아주의 두 카운티에서 방출하는 폐수를 수송한다. 춥고 흐린 겨울 아침에 만난 이 회사의 자원회수 책임자인 크리스 피어트(Chris Peot)는 블루플레인스공장보다 더 넓은 지역의 폐수를 처리하는 공장이 있긴 하지만, 블루플레인스공장만큼 엄격한 처리를 하는 곳은 없다고 말했다. 153에이커 규모의 이 시설은 매일 평균 폐수 약 3억 갤런을 처리하며, 최대 10억 갤런까지 처리할 수 있는 용량을 갖추고 있다.

　세상을 구하고 싶어 하는 자칭 "괴짜 엔지니어"인 피어트는 내게 이 공장의 폐수처리시설에 대해 자세하게 설명했다. 미국 내 여느 폐수처리공장 기술 팀과는 달리 DC워터의 기술 팀은 폐수의 유기물을 정화하고 줄이는 동시에 바이오가스를 생성할 수 있는 바이오소화조(biodigester)를 해외에서 찾기 시작했다. 이 공장의 기술 팀은 아일랜드 더블린에 위치한 최첨단 폐수처리시설 등 다양한 해외 시설을 검토한 뒤 결국 노르웨이 아스케르에 위치한 한 기업이 개발한 캄비(Cambi)라는 이름의 폐수처리시설에서 답을 찾아냈다. 캄비는 고열과 급격한 압력 차이를 이용해 폐수 속 박테리아 세포를 파괴하고 죽이는 열 가수분해 장치다. 2015년에 기술 팀은 당시 세계 최대 규모였던 블루플레인스공장에 이 장치 4대를 설치했다.

폐수처리공장의 설계 방식은 매우 다양하다. 블루플레인스공장의 경우 각각의 캄비 유닛에 포함된 스테인리스스틸 탱크 8개에 수많은 관이 연결되어 있어 장관을 이룬다. 첫 번째 탱크인 펄퍼 탱크(pulper tank)는 탱크로 유입되는 액체 약 85퍼센트와 고체 15퍼센트로 구성된 폐기물을 완벽하게 혼합하고 가열해 물의 끓는점보다 약간 낮은 온도로 맞춘다. 그 뒤 이 혼합물은 6개의 반응 탱크로 보내진다. 혼합물이 이 반응 탱크 6개에 가득 차게 되면 이 탱크들은 밀봉 상태에서 최소 20분 동안 1제곱인치당 99파운드의 압력(해수면 기준 대기압의 약 6배), 170℃ 온도에서 끓여진다.

피어트는 이 반응 탱크들이 컴퓨터로 제어되는 대형 압력 냄비와 비슷하다고 설명했다. 완전히 끓여진 폐기물 혼합물은 더 짧고 뚱뚱한 플래시탱크로 옮겨진다. 밸브가 열리면 강한 압력이 갑자기 일반 대기압으로 떨어지고 극적인 압력 차이로 미생물 세포가 터진다. 이 과정은 열을 견디고 살아남은 병원균을 완전히 죽이는 추가 과정으로, 이때 미생물 세포에서 방출된 영양분은 굶주린 다른 미생물들이 바로 섭취할 수 있는 상태가 된다. 피어트는 이 현상이 말린 강낭콩 한 봉지를 먹으면 위에서 소화가 잘 안되지만, 압력 냄비에서 콩을 찌면 열과 압력 때문에 강낭콩이 약해져 포크로 쉽게 으깰 수 있게 되는 것과 비슷하다고 설명했다.

또한 압력이 방출될 때 많은 증기가 발생하는데, 이 증기는 펄퍼 탱크로 다시 공급되어 다음번에 들어오는 폐기물 혼합물을 가열하는 데 사용된다. 이 과정이 끝나 냉각되고 멸균된 미생물들은 거대한 콘크리트 소화조 4개에 보관된 다른 박테리아와 메탄을 생성하는 고세균의 이상적인 먹이가 된다. 높이가 약 25미터인 소화조는 뚱뚱하고 평평한 사일로(silo)처럼 생겼다. 이 소화조는 총 1520만 갤런의 폐기물 혼합물을 담을 수 있으며, 이는 올림픽경기용 수영장 23개를 채울 수 있는 양이다. 피어트는 블루플레인스공장이 처음에는 버지니아주 알렉산드리아에 있는 자매 공장에서 고세균 균주를 공급받았는데, 이는 검증된 출처에서 사워도우 반죽을 공급받는 것과 비슷한 과정이었다고 말했다. 이 모든 과정이 끝난 뒤 3주 동안 산소가 없는 탱크 내에서 박테리아와 고세균은 파괴된 미생물 세포에서 방출되는 유기물을 먹고 대사 부산물인 바이오가스를 효율적으로 생산해 낸다.

포집된 바이오가스는 인근의 가스처리시설에서 수분과 일부 화학적 오염물질이 제거된 후 압축된다. 발전소에서 연소될 때 가스는 제트엔진 크기의 터빈 세 개를 돌리는데, 이때 터빈은 메탄을 전기와 열로 전환한다. 처음 몇 년 만에 이 공정은 발전소 전력 수요의 약 4분의 1을 생산했으며, 전력 생산량을 소비량의 약 3분의 1까지 늘릴 수 있는 잠재력을 가지게 됐다.

고세균들의 미친 듯한 먹이 소비가 끝나면 초콜릿 우유처럼 생긴 액체가 소화조에서 나와, 벨트필터프레스가 물의 대부분을 짜내는 탈수 시설로 흘러 들어간다. 벨트필터프레스는 회전하는 컨베이어벨트를 누르는 일련의 거대한 롤링 핀이라고 생각하면 된다. 다른 쪽 끝에서 나오는 잘 압축된 유기물, 즉 업계에서 바이오솔리드라고 부르는 촉촉하고 병원균이 없는 물질을 만드는 이 과정의 산물로 이상적인 토양개량제를 만들 수 있다. 피어트는 "쓰레기는 없다. 낭비되는 자원이 있을 뿐이다"라는 업계에서 흔히 하는 말을 내게 들려주었다. 따라서 이 공장은 더 이상 병원균을 줄이고 유기물을 안정화하기 위해 석회를 첨가한 뒤 농장이나 간척지에 보낼 필요가 없어졌다. 바이오매스를 줄이고 질병을 유발하는 미생물을 제거함으로써 이 시스템은 수백만 달러인 화학물질 생산 비용과 운송 비용을 절감할 수 있었다. 트럭들이 바이오솔리드를 싣고 있는 구역을 나와 같이 걸으면서 이 회사의 홍보 담당 매니저인 패멀라 무어링(Pamela Mooring)은 탈수 시설에서 나는 악취 때문에 코를 막아야 했던 경험을 이야기했다. "예전에는 이곳에서 정말 끔찍한 냄새가 났지요." 하지만 내가 그날 그곳에서 맡은 냄새는 약간의 암모니아 냄새, 농장에서 나는 정도의 냄새였다.

가스 생산에 성공한 이후, 블루플레인스는 혐기성 암모늄 산화 과정, 줄여서 애너목스(anammox, anaerobic ammonium oxidation)라고 하는 새로운 질소 제거 공정을 추가했다. 이 공정은 네덜란드 델프트공과대학교의 연구원들이 1990년대에 폐수 침전물에서 발견한 박테리아를 이용해 개발한 것이다. 이 박테리아들은 문제가 되는 암모늄을 질산염 또는 아질산염 화합물과 결합해 산소가 전혀 없는 상태에서 질소가스를 만들어내는 특이한 능력을 가지고 있다. 피어트는 파일럿테스트를 통해 빠르게 질소를 제거하는 방법이 개발된다면 블루플레인스에서 더 많은 에너지를 절약할 수 있을 것이라고 말했다.

질소와 인, 병원균과 미세입자를 제거하는 처리 공정의 가장 큰 효과는 조류(algae) 번성을 막고, 물을 탁하게 만들지 않고, 물고기들이 덜 죽게 만드는 것이기 때문에 일상생활에서 우리 눈에는 잘 띄지 않을 수도 있다. 하지만 매초 깨끗한 물이 약 3500갤런 포토맥강으로 흘러 들어오게 된 것과 함께 몇 가지 변화가 사람들의 주목을 받기 시작했다. 피어트는 "이곳 발전소에서 나오는 물은 강물보다 훨씬 깨끗하다"라고 말했다. 그는 이를 잘 아는 낚시꾼들은 특히 낚시 토너먼트 기간에 방류수가 포토맥강으로 유입되는 지점 근처에 보트를 배치한다고 했다. 물이 맑으면 배스가 미끼를 더 쉽게 볼 수 있어 더 큰 물고기를 낚을 수 있다. 그다지 비밀스러운 팁은 아니라고 피어트는 웃으며 말했다. 그곳에서는 가끔 독수리들이 날아와 먹이를 찾기도 했고, 직원들은 처리장 근처에서 붉은여우와 딱따구리를 더 많이 목격하고 있었다.

×

나쁜 것을 좋은 것으로, 또는 그 반대로 바꾸는 변신 행위는 전 세계의 민담과 신화에 흔하게 등장한다. 개구리나 짐승이 왕자가 되기도 한다. 하와이 전설에 등장하는 쿠푸아(kupua)는 모습을 바꾸는 반신인데[폴리네시아 전설에 등장하는 신 마우이(Māui)와 비슷하다], "기이하게 아름답거나 추하고 끔찍한" 인간의 모습으로 묘사되곤 한다. 일본 민담에서는 친절한 노파가 여행자들을 도와주는 척하다 야마우바(山姥)로 변신해 그들을 잡아먹곤 한다. 노르웨이 민담에는 오슬로 외곽의 산

밑에 산다는 "붉은 눈의 못생긴 노인"이 등장한다. 페테르 크리스텐 아스비에른센은 「에케베르그의 왕(The King of Ekeberg)」에서 이 노인이 트롤 왕이며, 매력적인 아내와 하인 들과 공모해 근처의 집들에서 고결하고 아름다운 아이들을 훔쳐서 자신처럼 비열하고 끔찍한 모습으로 바꾸어 놓았다고 묘사했다. 사이먼 로이 휴즈(Simon Roy Hughes)의 영어 번역본에 따르면 이 트롤 왕과 여왕은 특히 "큰 머리와 빨간 눈, 그리고 끝없는 욕심을 가진, 끊임없이 소리를 지르는 아이들"을 데려오는 데 열심이었다고 한다.

현지에서는 에케베로그(Ekebergåsen)라는 이름으로 알려진 언덕 아래 자리 잡은 지하 베켈라게(Bekkelaget)폐수처리장에 들어갔을 때 나는 이 19세기 민담의 반전된 모습을 보게 됐다. 현재 이 지하 폐수처리장은 오슬로의 불필요한 배설물을 모아 별로 아름답지는 않지만 도움이 되는 가스로 만들어 내고 있다. 오슬로 가정에서 변기 물을 내릴 때마다 포집된 배설물 중 일부는 바이오가스로 전환되는데, 내가 방문했을 당시 이 폐수처리장에서 만들어진 가스는 오슬로의 모든 쓰레기 트럭, 반짝이는 빨간색과 초록색 대중교통 버스의 약 15퍼센트에 동력을 공급하고 있었다.

똥에서 전력으로의 이런 전환은 바이오가스의 이점을 일반 대중에게 더 분명하게 알리는 방법을 묻는 질문에 답하는 데 도움이 된다. 또한, 엔지니어들이 폐기물을 에너지로 전환하는 방법을 다양하게 개발함에 따라 트롤과 이케아(IKEA), 아바(ABBA), 휘게(hygge)[80]로 유명한 스칸디나비아 나라들은 이제 바이오가스의 잠재력을 가장 잘 보여 주는 예가 됐다. 제프와 나는 노르웨이 중부를 일주일 동안 여행한 뒤 2016년 〈유로비전 송 콘테스트〉를 보기 위해 스톡홀름으로 가는 길에 오슬로에 들렀다. 우리는 렌터카 창문을 내려 계절에 맞지 않게 따뜻한 날씨(5월인데도 20℃나 됐다)를 만끽했고, 웃통을 벗은 농부들이 거름을 뿌리는 봄날의 익숙한 농촌 냄새를 맡았다. 오슬로는 튤립과 일광욕을 즐기는 사람들로 가득했다. 우리는 오슬로와 북해를 연결하는 긴 통로인 오슬로피오르에서 새하얀 오페라하우스를 둘러본 뒤, 조각가 구스타브 비겔란(Gustav Vigeland)의 기발한 누드 조각상들을 감상하면서 프로그네르공원 여기저기를 돌아다녔다. 그때 기온은 7월 평균기온과 비슷한 21℃였고, 트롤의 동굴처럼 생긴 베켈라게폐수처리장을 방문한 것은 그다음 날 아침이었다.

오슬로에서 베켈라게폐수처리장을 운영하는 회사 베바스(BEVAS)의 프로젝트 매니저 카트리네 쿄스 피베(Kathrine Kjos Five)가 환한 미소로 나를 반갑게 맞이했다. 그는 거의 흠잡을 데 없는 영어로 이곳을 찾는 관광객이 많지 않다며, 가끔 학생들이나 유치원생들이 견학을 오기는 하지만 12~13세 어린이들은 대부분 혐오감을 드러낸다고 말했다. 그는 짧은 사전

---

80 편안함, 따뜻함, 아늑함, 안락함을 뜻하는 덴마크어 및 노르웨이어 명사.

프레젠테이션을 위해 나를 2층의 작은 회의실로 안내했다. 회의실에는 노란색과 검은색의 형광 안전 재킷이 문 옆 못에 걸려 있었고, 회의 테이블 위에는 덴마크식 쿠키가 파란색 금속 용기 안에 담겨 있었다. 내 맞은편 벽에는 다양한 색깔이 칠해진 구체 모양 처리장치들과 대형 침전 탱크 중 하나가 있는 지하동굴을 찍은 사진들이 걸려 있었다. 보통은 이런 처리시설들을 찍어 풍경 사진처럼 걸어 놓지는 않지만, 이 사진들은 폐수처리가 실제로 예술의 경지로 올라갈 수 있다는 것을 이상하게도 설득력 있게 표현하는 것 같았다.

하지만 오슬로의 폐수처리가 이 정도 수준까지 쉽게 올라온 것은 아니었다. 1900년대 초까지만 해도 크리스티아니아라고 불렸던 이 도시의 가정에는 대부분 뒷마당에 화장실이 있었다. 현재도 노르웨이의 일부 지역에는 하수도나 정화시설은 갖추어져 있지만, 여전히 종합적인 폐수처리시설은 부족한 상태다. 따라서 현재도 노르웨이의 일부 소규모 지역에서는 큰 쓰레기만 걸러 내고 나머지는 피오르에 방출한다. 하지만 오슬로피오르는 지리적 특성 때문에 처리되지 않은 폐기물에 특히 민감하다. 북해에서 오슬로피오르로 흘러든 물은 북쪽 내륙 쪽으로 흐르다 두 개의 내 피오르(inner fjord)로 각각 갈라지는데, 이 두 내 피오르 중 서쪽 피오르로 흐르는 물은 가장 얕은 곳의 수심이 20미터가 채 안 되는 드뢰바크(Drøbak) 앞바다에서 걸러진다.

지도에서 보면, 이곳을 통과하는 내 피오르는 북동쪽의 오슬로로 이어지는 것을 알 수 있다. 쿄스 피베는 1963년에 첫 번째 폐수처리장이 가동되기 전에 "오슬로피오르는 정말 끔찍한 곳"이었다고 말했다. 질소와 인의 수치가 치솟으면서 조류가 급증했고[부영양화(eutrophication)라는 현상이다], 이 과정에서 용존산소가 고갈되고 다른 해양생물들이 질식하면서 거대한 데드존이 형성됐기 때문이었다. 이런 현상은 우리 집에서 멀지 않은 워싱턴호수를 비롯해 이리호수와 멕시코만, 포토맥강과 체서피크만, 코펜하겐의 푸레쇠호수와 발트해 등 전 세계 곳곳에서 나타나고 있다.

1960년대에서 1970년대 초, 결국 과학자들은 조류 번식이 농업과 양식업에 의해 발생하는 폐기물과 오수(거름, 인공 비료, 물고기 사료 등), 산업폐수, 처리되지 않은 하수에 들어 있는 영양분이 대량으로 강과 바다에 버려지는 것과 관련이 있다는 사실을 밝혀냈다. 1970년경 오슬로피오르 내륙의 질소 및 인 수치가 최고조에 달한 후에야 폐수처리에 대한 정부의 엄격한 규제가 시작됐고, 점차 오염이 줄어들게 된 것이었다.

그 후 노르웨이에서 이루어진 추가적인 환경규제는 지속 가능한 솔루션을 만들어 내는 데 도움이 됐다. 2009년 노르웨이 정부는 생분해성 폐기물의 매립을 금지해 똥을 처리할 다른 방법을 없앴고, 쓰레기를 태워 가정용 열, 전력, 산업용 증기를 공급할 물을 끓이는 폐기물 에너지화 공장에 투자하기 시작했다. 하지만 소각에는 단점도 있었다. 아이러니하게도 노르웨이는 연료를 많이 사용하는 소각로를 보유한 이웃 스웨덴과 쓰레기처리 경쟁을 시작하면서 쓰레기 부족에 직면했고, 노르웨이의 일부 발전소는 영국과 다른 곳에서 쓰레기를 수입해야 했다. 오슬로 교외에 위치한 포르툼오슬로바르메(Fortum Oslo Varme)소각장은 대도시지역에서 가장 큰 온실가스배출시설 중 하나였지만, 성공적인 시범 프로젝트의 일환으로 화학 용매를 사용해 연도 가스(flue gas)[81]에 포함된 탄소 중 일부를 포집할 수 있음을 입증했다. 본격적인 프로젝트에서는 시멘트 공장에서 배출되는 이산화탄소의 약 절반에서 최대 90퍼센트까지 탄소를 포집해 석유 및 가스전 아래 사암 지층에 저장할 예정이다. 하지만 롱십(Longship) 프로젝트라는 이름의 이 야심 찬 프로젝트는 예상 비용이 30억 달러에 육박하는 초고가 프로젝트다.

따라서 환경을 고려한 폐기물처리에 드는 상당한 비용은 똥의 용도를 변경하는 데 동기부여를 할 수 있다. 물론 노르웨이는 지난 50년 동안 석유와 가스 수출을 통해 많은 부를 축적해 왔으며, 이는 비평가들도 부인하지 않는 아이러니다. 2021년《복스(Vox)》와의 인터뷰에서 오슬로에 있는 노르웨이 국제기후연구센터(Norway's International Climate Research)의 석유 정

---

81 벽난로, 오븐, 용광로, 보일러 및 증기발생기에서 파이프나 통로인 "연도"를 통해 배출되는 가스.

책 전문가인 보르드 란(Bård Lahn)은 "기후변화가 중요해진 이후 노르웨이에서는 이 문제를 해결해야 한다는 광범위한 정치적 합의가 이루어졌다. 하지만 동시에 우리는 여전히 세계 최대의 화석연료 수출국 중 하나이며, 우리가 해결하고자 하는 문제를 악화시키고 있다"라고 말했다. 노르웨이는 화석연료 수출국이지만, 실제로 전력 대부분은 수력발전에서 얻고 있다.

에케베로그언덕 아래의 동굴들로 이루어진 폐수처리장은 기후변화 완화의 조력자이자 선도자로서 노르웨이의 복잡한 위치를 잘 드러낸다. 오슬로항구의 석유 터미널 근처에 있는 별도의 공간에서는 노르웨이의 5대 석유 회사와 공공 용도를 위한 휘발유, 경유, 등유를 저장하고 있는 반면, 그 바로 남쪽에 있는 베켈라게의 동굴에서는 바로 그 화석연료 연소가 기후변화에 미치는 영향을 줄이기 위한 첨단기술을 선보이고 있기 때문이다.

동굴 투어를 위해 쿄스 피베와 나는 주황색 헬멧을 쓰고 계단을 내려가 바위 터널을 따라 동굴 내부로 들어갔다. 왼쪽에는 지름이 140센티미터인 회갈색 파이프가 정화수를 오슬로피오르로 내보내고 있었다. 터널의 맨 끝에 있는 또 다른 문을 통해 그는 파이프를 통해 하수가 공장으로 유입되면 필터가 큰 이물질과 작은 모래를 걸러 내는 취수구를 보여 주었다. "필터에 걸린 것 중 가장 이상한 것이 뭐였나요?"

라고 내가 물었더니, 바로 대답이 돌아왔다. 그는 동료 한 명이 틀니 한 쌍을 발견한 적이 있었는데, 공장 관리자가 재미삼아 신문에 공고를 냈고, 한 남자가 틀니를 찾으러 왔다고 했다. 그는 싱크대 배수구로 흘러내린 탐폰, 콘돔, 면봉, 수세미 같은 것들이 자주 발견된다며, 때로는 폭우로 익사한 쥐나 (노르웨이에서는 "벌레"라고 부르는) 작은 뱀이 발견되기도 한다고 말했다.

쿄스 피베와 함께 주요 침전 탱크 세 개 중 하나인 길고 좁은 탱크로 몇 발짝 걸어가는데, 난간에 빨간 띠가 달린 흰색 구명조끼가 걸려 있는 것이 보였다. 그는 "한 번도 사용해 본 적은 없지만 사람들을 진정시키는 효과가 있죠"라고 웃으며 말했다. 영화 〈찰리와 초콜릿 공장(Willy Wonka and the Chocolate Factory)〉에서 초콜릿 강에 빠지는 주인공 어거스터스 글루프의 모습이 떠올랐다. 금속 강판으로 된 산책로를 통해 접근 가능한 세 개의 풀로 이루어진 또 다른 탱크 앞에도 구명조끼가 걸려 있었다. 폐수가 이 탱크에서 섞이면서 슬러지는 바닥으로 가라앉고 기름기 많은 포그는 위로 떠오르기 때문에 포그를 주기적으로 걷어 내면 파이프가 막히는 것을 방지할 수 있다. 미생물을 이용한 폐기물 소화를 위해 베켈라게폐수처리장은 바이오 풀이라고 불리는 활성화된 슬러지 탱크를 사용한다. 탱크 윗부분에서 폭기(aeration)[82]를 하면 폐수가 액체

---

82 물속에 공기를 불어 넣거나 공중에 물을 살포해 물과 공기를 충분히 접촉시키는 조작.

상태의 다크초콜릿 같은 모양과 농도로 변한다(또 한 번 윌리 웡카가 떠오른다!). 하지만 그날 오전에는 일시적인 정전으로 인해 슬러지가 위로 떠오르면서 탱크 안 내용물이 완전히 다른 모양으로 변했다. 쿄스 피베는 내게 "꼭 초콜릿케이크처럼 생겼지요?"라고 물었다. 일관성 문제가 있기는 하지만, 이곳의 탱크는 지구 질소순환의 원리를 자연에서 빌려 와 적용한 결과였다. 탄소나 인처럼 질소도 한 형태에서 다른 형태로 지속적으로 변화하면서 끊임없이 순환한다. 이 과정에서 질소는 대기를 지배하는 기체에서 식물과 동물이 엽록소, DNA, 아미노산 같은 구조를 만드는 데 사용하는 유기물 형태로 순환한다. 그런 다음 질소는 부패하는 물질에 주로 존재하는 형태로 전환되고, 그 이후 다시 대기의 기체로 전환되는 연속적인 변환 과정을 거친다.

질화-탈질화(nitrification-denitrification)라고 부르는 이 2단계 과정은 폐수처리장으로 유입되는 소변, 대변, 비료, 식품 가공 폐기물, 산업 용제 등에서 질소를 제거해 폐수 방출 시 조류의 과다 증식을 방지하는 데 도움이 된다. 쿄스 피베는 "우리가 여기서 하지 않으면 피오르에서 일어날 일입니다"라고 설명했다. 놀랍게도 전문가들은 질산화 박테리아와 탈질산화 박테리아로 알려진 미생물을 사용해 동일한 탱크 내에서 전체 제거 과정을 수행하는 방법을 알아냈다. 워싱턴DC의 블루플레인스공장에서 사용하는 애너목스 공정 같은 방법은 질소 제거의 효율성을 더욱 향상시켰다.

베켈라게폐수처리장에서 남은 슬러지는 1차 침전 및 활성 슬러지 탱크의 파이프를 통해 농축기로 운반되며, 벨트필터가 일부 물을 빼내고 원심분리기가 세탁기의 회전 사이클처럼 작동해 슬러지를 더 짜낸다. 그런 다음 걸쭉해진 슬러지는 대형 소화 탱크 두 개로 이동되고, 그곳에서 혐기성 박테리아와 메탄 생성 고세균이 이 슬러지를 2주 동안 소화해 바이오가스를 생산한다.

또한 가스 업그레이드 시스템은 이산화탄소, (지독한 냄새가 나는) 황화수소 및 기타 오염물질을 제거한다. 열차 크기의 탱크 안에 보관된 금속 병에는 거의 순수한 바이오메탄이 저장된다. 각 탱크에는 녹색 글씨로 "바이오가스"라고 적혀 있고, 그 위에 붉은 꽃이 점선으로 그려져 있다. 이 연료는 오슬로의 일부 시영 차량에 동력을 공급한다. 가스를 생산하는 소화과정에는 또 다른 중요한 이점이 있다. 슬러지에 있는 병원균 대부분을 죽인다는 점이다. 결승선에 도달하면 더 깨끗하고 두껍고 영양분이 가득한 물질이 슈트를 통해 대기 중인 트럭으로 미끄러져 내려간다. 노르웨이 중부 들판에서 본 농부들은 비료로서의 분뇨가 가진 이점을 더 잘 이해하고 있으며, 폐기물을 재사용한다는 생각에 익숙해져 있다고 쇼스 피베는 말했다. 노르웨이 농부들에게는 분뇨가 별로 역겹게 느껴지지 않는 모양이다.

개보수 작업을 거쳐 2000년에 새로 문을 연 베켈라게폐수처리장은 도시 동쪽 절반과 여러 소규모 지역사회를 위해 매일 하수 약 2600만 갤런을 처리한다. 베아스(VEAS)라는 더 큰 폐수처리장은 도시의 서쪽 절반과 아자센 코뮌의 하수를 처리한다. 노르웨이 정부와 유럽연합의 지침에 따라 이 두 시설은 오슬로피오르로 물을 보내기 전에 인의 90퍼센트, 질소의 70퍼센트, 분해 가능한 유기물의 70퍼센트를 제거해야 한다. 오슬로 지역의 인구 증가에 발맞추기 위해 시 당국은 이미 에케베르그언덕을 더 폭파하여 베켈라게공장을 확장하기 시작했다. 쿄스 피베는 이 폐수처리장의 용량을 거의 두 배로 늘리려는 계획에 따라 화강편마암 암반을 파헤치는 통제된 폭발로 굉음이 들리곤 했다고 회상했다.

하지만 장기적인 투자는 결실을 맺고 있었다. 2012년에는 베켈라게처리장과 베아스처리장의 성공 덕분에 오페라하우스 근처 매우 인기 있는 쇠렌가쇠바드수영장을 비롯해 내 피오르를 따라 수영장들을 개장할 수 있게 됐다. 폐수처리장은 깨끗한 물과 바이오가스 외에도 매년 건조 슬러지 비료 수천 톤을 생산하고 필요량을 줄이기 위해 용도를 변경할 수 있는 잉여에너지를 생산하고 있었다. 실제로 베켈라게공장의 에너지 생산량은 매년 소비량보다 더 많았다. 이런 에너지 잉여는 2030년까지 2009년 온실가스배출량의 95퍼센트까지 줄이겠다는 오슬로의 공약에서 핵심적인 자산이 됐다.

오슬로에서 일을 마치고 제프와 나는 〈유로비전 송 콘테스트〉를 보러 가기 위해 스톡홀름행 기차를 탔다. 6년 전 그때 우리가 스웨덴 동부 해안의 베스테르비크에서 출발했다면 "바이오가스 열차 아만다"라는 별명을 가진 54인승 열차를 타고 스톡홀름 바로 남쪽의 린셰핑까지 갈 수 있었을 것이다. 이 열차의 연료는 하수처리장과 지역 도축장에서 나온 소의 지방, 혈액, 장기, 내장을 발효시키는 혐기성소화조에서 만든 바이오가스다. 그로부터 6년 후 같은 오슬로-스톡홀름 여행을 했다면 초저온 액화 바이오메탄을 연료로 사용하는 세계 최초의 국가 간 바이오가스 동력 버스를 타고, 2018년 세계 최초로 **모든** 육상 대중교통시스템에서 화석연료를 사용하지 않는 수도가 된 스톡홀름의 버스로 환승할 수 있었을 것이다. 스웨덴의 모든 기차와 트램은 재생 가능한 전기로 구동되며, 버스는 바이오디젤, 바이오가스 또는 에탄올로 구동된다. 노르웨이가 바이오가스 생산을 개선하고 전기자동차 보급의 선두 주자가 된 것처럼, 이웃 스웨덴도 자국 교통 부문을 정비하기 위해 바이오가스 및 기타 바이오연료를 적용하는 데 세계 최고 수준의 노력을 하고 있다. 스웨덴은 2030년까지 모든 도로 차량을 화석연료로부터 독립시키고, 폐수처리장의 혐기성소화조에서 필요한 바이오가스의 상당 부분을 공급받겠다고 공언했다. 급증하는 수요를 충족하기 위해 연구자들은 주방과 마당의 쓰레기를 하수 슬러지와 함께 소화하면 스웨덴의 바이오가스 생산량을 4배로 늘릴 수 있다고 제안했다.

세계의 다른 곳들에서도 수요가 증가하고 있다. 지금 영국을 여행한다면 브리스톨, 레딩, 노팅엄 같은 도시에서 점점 늘어나는 바이오연료 버스 중 하나를 탈 수 있을 것이다. 이런 노력이 환경에 미치는 영향은 아직 대략적으로밖에 추정이 안 되지만, 바이오 버스는 디젤 버스에 비해 온실가스 배출량을 최대 84퍼센트까지 줄일 것으로 추정된다. 최근 개발된 새로운 버전의 바이오 버스는 위험한 대기 미립자의 배출, 즉 도시의 대기오염을 크게 줄일 수 있다. 덴마크가 〈유로비전 송 콘테스트〉를 다시 개최하게 된다면, 덴마크 방문객들은 더욱 놀라운 교통수단을 경험하게 될 것이다. 덴마크공과대학교의 연구원들은 폐수 및 기타 자원에서 나오는 바이오가스를 제트연료로 전환하는 전기화학적 방법을 개발했다. 일부 계산에 따르면 덴마크는 현재 비용보다 25퍼센트만 더 사용하면 덴마크 공항의 모든 비행기 탱크를 채울 수 있는 충분한 양의 바이오가스를 생산할 수 있다고 한다. 바이오가스를 연료로 사용하는 비행기가 아침 일찍 출발한다면, 이를 "모닝똥 비행기"라고 부르면 어떨까?

수열 액화(hydrothermal liquefaction)라는 기술은 폐수와 남은 음식물을 사용하여 석유 기반 원유의 대안을 만드는 데 상당한 가능성을 보여 주고 있다. 퍼시픽노스웨스트국립연구소

(Pacific Northwest National Laboratory)의 화학 엔지니어인 저스틴 빌링(Justin Billing)은 자신을 포함한 엔지니어들과 과학자들이 이 바이오원유를 정제해 컨테이너선이나 비행기처럼 가까운 미래에 전기화될 가능성이 가장 낮은 운송수단용 연료로 만드는 데 주력하고 있다고 말했다. 빌링과 동료들은 처음에는 바이오연료의 원료로 양식 미세조류를 실험했지만, 폐수처리장에서 나오는 1차 슬러지도 거의 같은 효과를 낸다는 사실을 발견했다. 많은 처리장에서 비용을 들여 처리하는 원료를 이용해 연료를 만든다면 그 연료는 화석연료를 대체할 수 있을지도 모른다.

수열 액화 과정은 DC워터의 블루플레인스공장의 압력탱크에서 일어나는 과정과 비슷하다. 이 경우 열수 반응기 내의 엄청난 열과 압력을 이용하는 압축 과정은 자연계에서 일어나는 해양 동식물의 퇴적물 압축 과정에 의한 석유 생성 과정을 모방한 것이며, 압축 시간은 놀랍게도 15분 정도밖에 걸리지 않는다. 응축이라고 하는 두 번째 단계에서는 용해된 분자가 바이오원유의 중추를 형성하는 탄소 사슬로 다시 연결된다. 빌링은 "실험실에서 배설물 탱크를 이용해 하루 동안의 반응 끝에 바이오원유가 만들어진다는 것은 마법 같은 일"이라고 말했다. 빌링은 생산 규모를 확대하면 바이오원유를 갤런당 3달러 미만의 비용으로 휘발유와 동등한 수준으로 정제할 수 있을 것으로 예상했다.

빌링은 기차와 버스에 사용되는 바이오디젤은 표준 디젤에 비해 온실가스배출량을 60~70퍼센트 줄일 수 있다고 말했다. 이 계산의 일부에는 열수 반응기를 가열하는 것이 포함되며, 퍼시픽노스웨스트국립연구소에서 개발한 별도의 기술인 전기촉매 산화연료 회수시스템은 오염물질을 효율적으로 제거하고 수소를 생성해 자체 작동을 위한 연료를 공급할 수 있다. 또한 이 프로세스는 바이오원유 정제를 탄소중립적으로 만들 수 있다. 현재 캐나다의 밴쿠버 지역 일대에서는 열수 액화 기술을 사용해 애너시스아일랜드폐수처리장에 연결된 시설에서 바이오원유를 생산하고 있다. 이 바이오원유는 정유소에서 바이오연료로 전환되어 모든 유형의 바이오매스를 원자로에 공급하고 대체 운송 연료로 전환할 기반을 마련하고 있다.

이런 기술은 우주공간에서도 적용되고 있다. 우주과학자들은 인간의 똥과 그 파생물을 로켓연료처럼 우주비행에 필수적인 물질로 전환하는 실험을 해 왔다. 바이오원유를 로켓연료로 정제할 수 있다는 것은 우주비행사의 똥이 언젠가는 우주선 추진에 도움이 될 수 있다는 뜻이다. 농업생물공학자인 프라탑 풀람마나팔릴(Pratap Pullammanappallil)의 연구실은 이미 우주비행사의 배설물을 하루에 바이오메탄 최대 77갤런으로 변환할 수 있는 시스템을 개발해 냈다. 폐수처리장에서 사용하는 것과는 다른 혐기성 소화과정을 통해 생산된 메탄가스는 우주선을 지구로 되돌리는 데 도움이 될 수 있으며, 물 부산물은 재사용하거나 산소와 수소로 분리할 수 있다. 혐오의 대상이었던 똥이 우주선의 엔진을 가동하는 연료로 재탄생할 수 있다는 가능성에 놀라지 않을 수 없다.

×

앞서 언급한 노르웨이 민담은 1814년 스웨덴-노르웨이 전쟁 직전에 "총성과 포효"를 견딜 수 없게 된 에케베르그 왕이 떠나면서 고결한 아이들을 훔치는 사건이 멈추는 것으로 끝난다. 북소리와 대포 소리, 우레와 같은 마차 소리가 집 안을 뒤흔들고 벽에 걸린 식기가 덜컹거리는 소리를 참지 못했던 에케베르그 왕은 소 떼와 함께 가족 전체를 서쪽 콩스베르크에 있는 형의 집으로 옮겼다. 그가 아이들을 데려가지 않게 되자 오슬로 인근 지역 주민들은 "말썽을 피우는 아이들이 아직 많이 있다"라며 불만을 토로했지만, 아이들이 말썽을 피우는 것을 에케베르그 왕의 탓으로 돌릴 수는 없었다. 언덕 깊숙한 곳에서 발파가 이루어지고, 폐기물 에너지화 이니셔티브에 대한 선의의 글로벌 경쟁에 불이 붙고 있는 지금, 화려하고 붉은 눈의 트롤은 다시는 돌아오지 못할 것이다.

현재 자원회수공장들은 에너지전환의 엔진이 되고 있다. 내가 그들의 작업에 관심을 표명하자 오리건주 더럼공장의 엔지니어들은 바이오가스 생산 외에도 여러 가지 것에 대해 기꺼이 내게 말해 주었다. 이 공장 근처에는 돌과 모래로 이루어진 필터에 천연 탈취제 역할을 하는 미생물이 서식한다. 이 미생물들은 이 공장에서 발생하는 악취가 근처의 고등학교로 퍼지지 못하도록 흡수하는 역할을 한다. 오르는 산업용 악취제거 필터는 악취를 중화하기 위해 "엄청난 양의 화학물질"이 필요하다고 말했고, 샤워는 "그럼에도 여전히 가장 지저분한 것들을 제거하지 못한다"라고 덧붙였다. 현장의 이 바이오필터 4개 중 하나는 커다란 상자처럼 보였다. 이 상자 모양의 필터는 다공성 자갈밭 위에 젖은 모래가 약 2미터 두께로 깔려 있고, 이 모래에서 미생물들이 돌을 뚫고 올라온 황화수소 및 기타 가스를 먹고 번식하게 만드는 구조였다. 마침 거센 바람이 불었지만 나는 아무 냄새도 맡지 못했다. "아무것도 하지 않는 게 요령이지요. 미생물들이 **모든** 일을 하도록 내버려 두는 겁니다." 오르가 말했다.

그 후 나는 모든 바이오가스, 바이오연료, 바이오필터 응용 방법이 이미 1780년에 벤저민 프랭클린(Benjamin Franklin)에 의해 시작됐을 수도 있다는 생각을 하게 됐다. 그해 브뤼셀왕립학술원에 보낸 편지에서 프랭클린은 학술원이 지적 경연 대회에서 출제한 수학 문제가 실용적 가치가 없다고 일축하면서 다음번에는 자신이 만든 문제를 출제해 달라고 겸손하게 제안했다. 그 문제는 다음과 같았다. "몸에 좋지만 역겹지 않은 이 약은 무엇인가? 우리가 먹은 음식과 몸속에서 섞인 뒤 자연스럽게 방출되는 불쾌하지 않으면서 향수처럼 기분을 좋게 하는 이 기체 형태의 약은 무엇인가?"

물론, 바이오가스 소화기로 만든 가스는 향수처럼 좋은 향을 내지는 않는다. 또한 탈취 과정이 공정의 뒷부분에서 이루어지기는 한다. 하지만 프랭클린이 돌과 모래로 만든 이 거대한 상자가 악취를 걸러 내는 것을 보았다면 큰 감명을 받았을 것이라고 생각하고 싶다. 피뢰침, 쌍안경, 난로의 발명가라면 대형 터빈을 돌리고, 버스와 로켓에 연료를 공급하고, 거대한 기포로 엔진을 조절하는 것이 우리 몸에서 "자연스럽게 방출되는" 것들의 탁월한 응용의 예라고 생각했을 것이다.

다니구치-데니스는 클린워터서비스가 어떻게 더 많은 바이오가스를 엔진 발전기를 통해 에너지로 전환할 수 있는지, 산업용 또는 수송용 천연가스 대체제로서 바이오메탄을 만들어 낼 수 있는지 연구하고 있다고 말했다. 그는 "파이프라인에 사용할 수 있도록" 바이오가스에서 이산화탄소와 기타 불순물을 제거해야 하지만 "전기를 생산하는 데 그치지 않고 천연가스인 바이오가스를 실제로 만들어 낼 수 있다면 정말 아름다운 일"이라고 말했다. 아름다움의 표준적인 정의에 어긋날지는 모르지만, 나는 사람들이 원하지 않는 인분을 유용하고 재생 가능한 다양한 제품으로 대체하려는 노력이야말로 아름다운 노력이라고 생각한다.

CHAPTER 9

촉매

약 1만 7000년 전, 두께가 약 900미터인 거대한 빙상이 북미 일부를 뒤덮었다. 이 빙상은 현재 내가 살고 있는 곳 근처의 산등성이에서 워싱턴호수 서쪽 기슭까지 모두 덮었으며, 시애틀과 퓨젓사운드 전역, 그리고 올림픽산맥에서 캐스케이드산맥에 이르는 약 100킬로미터 너비의 광활한 지역도 모두 매몰시켰다.

그 후 코르디예라빙상(Cordilleran ice sheet)이라는 이 거대한 빙상은 퓨젓사운드 쪽에서부터 녹기 시작했다. 이 사건은 지난 250만 년 동안 워싱턴주 서부에 빙하가 최소 7번 침입한 것 중 가장 최근의 일이다. 빙상이 전진하고 후퇴하면서 우리 집 근처에서는 큰 호수들과 산등성이, 계곡이 형성되기 시작했다. 이곳의 빙하 퇴적물은 자갈이 많은 사질 양토에 **매우** 자갈이 많은 사질 양토 위에 축적되도록 만들었다. 빙상이 물러나자 곰과 늑대, 살쾡이가 돌아왔다. 덩굴단풍나무와 붉은삼나무, 에버그린허클베리, 검은고사리 등으로 가득 찬 숲이 형성됐고, 산비탈에 서식하는 식물과 나무도 계속 늘어났다.

이 지역은 두와미시 원주민이 오래전부터 살던 땅으로, 코스트세일리시(Coast Salish) 원주민 언어인 루슈트시드어(Lushootseed)로는 "두크흐두아브시"라고 부른다. 이 지역에 대한 고고학적 기록은 1만 년 전으로 거슬러 올라가는데, 이 시기는 "북풍 남풍 이야기"와 같은 고대의 이야기에 묘사된 빙하기가 끝나면서 온화하고 비가 많이 내리는 겨울과 시원하고 건조한 여름이 이어지는 온화한 해안기후로 바뀌던 시기다. 두와미시 원주민들은 태평양청어와 새먼베리, 연어, 카마스 구근 등을 먹고 살았으며, 고고학 연구와 원로들의 기억을 바탕으로 작성된 전통 식품 공급원 목록에는 거의 300여 종의 식물과 동물이 포함되어 있다.

2021년 초에 그 목록을 처음 읽었을 때, 나는 우리 집 마당에만 적어도 15가지 이상의 식용식물과 나무가 자라고 있다는 사실을 깨닫고 충격을 받았다. 우리가 선사시대 잡초처럼 보여 무시했던 쇠뜨기(horsetail), 정원 장식용 식물로만 생각했던 키니커닉(kinnikinnick) 같은 철쭉과 식물들이 모두 그 목록에 있었다. 더글러스전나무 잎으로는 레몬 향이 나는 차를 끓일 수 있다는 것도 알게 됐다.

제프와 나는 2020년 3월에 조경사들이 노란빛이 도는 회색 블록으로 옹벽 두 개를 설치하고 오랫동안 방치되어 있던 앞마당을 평평하게 만들었을 때만 해도 이런 토종 식물에 대해서는 전혀 신경을 쓰지 않았다. 당시 우리 집에는 뒷마당을 만들 때 사용하고 남은 자갈이 많은 사질 양토가 많이 있었고, 우리는 이 흙을 앞마당에 깔고 짙은 갈색 퇴비를 10센티미터 두께로 그 위에 덮었다. 새로 만든 두 옹벽은 길에서 우리 집 앞마당으로 올라가는 계단 한쪽에 있던 낡고 오래된 콘크리트 옹벽을 대체하기 위한 것이었다. 우리는 이 계단과 옹벽을 보면서 뉴욕 브루클린의 오래된 집들을 떠올렸다.

새로 옹벽 두 개를 설치하고 나니 동쪽으로 향한 멋진 테라스 정원이 위아래로 두 개가 생겨났다. 우리는 아래층 정원에는 나비와 벌이 좋아하는 허브와 관상용식물을 심고, 위층 정원에는 채소를 재배하기로 결정했고, 이웃 한 명과 함께 오후 햇볕 아래에서, 오래된 건물들이 내려다보이는 우리 집 뒷마당도 가꾸기 시작했다. 당시 우리는 정원 가꾸기 작업이 코로나19가 시애틀 지역을 휩쓸어 도시가 봉쇄된 상황에서 불안한 마음을 진정시키는 가장 좋은 방법이라고 생각했다. 게다가 정원 가꾸기를 하면 직접 식량을 재배할 수도 있어 좋았다.

정원 가꾸기 작업을 마친 뒤 가장 먼저 우리 눈에 들어온 것은 울새들이었다. 울새들은 앞마당에 새로 쌓아 둔 퇴비 더미에 서식하는 벌레들을 잡아먹기 위해 오는 것 같았다. 4월에는 세 정원에 수십 가지 채소 및 관상용 품종 중 첫 번째로 슈거스냅완두콩, 빨간샬럿(red shallot), 프렌치브랙퍼스트래디시(French breakfast radish), 로지레드로메인(Rosie red romaine) 등 수십 종류의 식용 채소와 관상용 채소 씨앗을 심기 시작했다. 이렇게 다양한 식물의 씨앗을 심는 것의 장점은 그중 뭐든 자라게 된다는 것이다(도시에서 정원을 처음 가꾸는 사람들에게는 별로 바람직하지 않은 방법일 수도 있다). 그러던 중 우리는 까마귀 두 마리가 집 앞 전선에 앉아 우리가 일하는 모습을 지켜보고 있는 것을 발견했다. 제프는 이 두 까마귀에게 스팟(Spot)과 치킨(Chicken)이라는 이름을 붙였다.

당시 이런 작업들을 하면서 나는 멀치(mulch)[83]를 적절하게 사용하면 식물이 더 잘 자란다는 것을 알게 됐다. 당시 바크(bark)[84]와 정원 관리용품을 판매하는 소더스트서플라이(Sawdust Supply)라는 업체는 1976년부터 킹카운티(King County)의 폐수처리장 세 곳에서 유기 바이오솔리드를 구매하고 있었다. 앞에서 언급한 폐수처리 공정의 부산물인 바이오솔리드는 대부분 미생물이 소화한 똥과 박테리아 및 모래가 섞인 기타 유기 파편들로 구성된다. 킹카운티의 폐수처리공장 세 곳에서는 매년 영양분이 풍부하게 포함된 바이오솔리드를 13만 톤 정도 배출한다.

이 폐수처리공장들에서는 인체의 체온과 비슷한 온도로

---

83 잡초가 자라거나 땅의 수분이 감소하는 것을 막기 위하여 식물 주위에 뿌리는 짚단, 낙엽, 나무 부스러기 따위.

84 나무줄기의 바깥 나무껍질을 고온에 쪄서 병해충을 제거하고 발효제를 넣어 발효시킨 토양.

가열된 거대한 통에서 고형폐기물을 처리한다. 이 통 안에서 20~30일 동안 혐기성미생물은 유기물을 먹어 치우며, 인간의 장이 음식물을 소화하는 것과 비슷한 방식으로 대부분의 병원균을 죽인다. 킹카운티의 퇴비 프로젝트 매니저인 애슐리 밀레(Ashley Mihle)는 이 과정을 "우리 몸에서 나온 미생물이 실제로 물질을 분해하는 완전히 생물학적인 과정"이라고 말했다. 밀레에 따르면, 미생물의 불균형으로 한 소화조가 "병에 걸리면" 엔지니어는 건강하고 균형 잡힌 소화조의 미생물을 그 소화조에 주입해 미생물 개체수를 재설정할 수 있다. 이는 본질적으로 분변 미생물 이식의 원리와 동일하다. 그 후 폐기물을 원심분리기에 넣어 물을 걸러 내면 밀레가 "장난감 클레이 케이크"라고 부르는 물질이 남는다.

킹카운티의 폐수처리공장들은 이 고형폐기물 전량을 토양 개선 제품으로 만들고 있다. 또한 방문한 노르웨이, 워싱턴DC, 오리건주의 폐수처리장과 마찬가지로 킹카운티의 폐수처리공장들도 폐수 일부를 바이오가스로 전환해 열과 전기, 바이오메탄, 액체 바이오연료를 생산하고 있다. 매립지나 소각장에서 배출되는 수천 트럭 분량의 유기물을 전환해 지역 토양에 재투입함으로써 폐수처리 부서를 포함한 카운티 당국은 2016년에 탄소중립을 달성할 수 있었다.

거의 40년 동안 조용히 토양 개선 제품을 만들어 온 킹카운티는 2012년에 이 유기물에 "루프(Loop)"라는 이름을 붙인 뒤 "토양을 개선하자"라는 슬로건을 내걸고 본격적인 홍보를 하기 시작했다. 루프는 미국환경보호청(United States Environmental Protection Agency, EPA)에서 B등급 바이오솔리드 제품으로 지정했는데, 이는 이 제품에 질병을 유발하는 병원균이 매우 적지만 완전히 제거된 것은 아니므로 도시 잔디밭이나 정원 같은 공공 구역에서는 사용할 수 없다는 것을 뜻한다. 이 제품은 토양에 살포한 후 남은 병원균 대부분이 햇빛, 열, 경쟁 미생물에 자연적으로 노출되어 사멸하도록 최소 30일 동안 사람과 가축의 접근을 차단해야 한다. 이 과정은 보통 몇 주가 걸린다. 루프는 어두운 색깔의 스펀지처럼 생겼으며 유황과 암모니아 냄새가 약간 난다. 밀레는 "저는 사실 그 냄새가 꽤 좋다고 생각해요. 모든 사람에게 그렇지는 않겠지만, 내게는 일종의 흙냄새가 나는 것 같아요." 밀레가 덧붙였다. 루프에는 처리 과정에서 폐수에서 침전되는 광물인 인산마그네슘암모늄이 포함되어 있는데, 이 반짝이는 물질은 스트루바이트(struvite)라고 부르기도 한다. 매년 킹카운티에서 생산되는 루프는 약 4000 트럭 분량이다. 그중 거의 80퍼센트는 워싱턴주 동부 지역의 건조지 밀밭과 기타 농업 현장에 사용되며, 나머지 20퍼센트 정도는 숲의 토양을 개량하는 데 사용된다.

소더스트서플라이는 지역 제재소에서 나오는 톱밥과 루프를 3 대 1 비율로 섞은 뒤 호기성소화 과정을 이용해 퇴비로 만든다. 내가 정원을 가꿀 때 구하려고 했던 것이 바로 이

것이었다. 고세균이 부산물로 메탄 함유 바이오가스를 방출하는 혐기성 유기물 소화와 달리, 박테리아와 곰팡이에 의한 호기성소화는 퇴비화 과정에서 열, 물 그리고 약간의 이산화탄소를 방출한다. 이 퇴비화 과정은 몇 주 동안 가열을 통해 이루어지는데, 너무 많은 열을 가하면 유익한 미생물을 죽여 퇴비화 과정이 실패로 돌아갈 수 있다. 소더스트서플라이는 톱밥과 루프의 적절한 혼합 비율을 찾아내 만든 제품으로 정원과 조경용으로도 안전한 A등급 바이오솔리드 제품 인증을 받았다.

1년 동안 양생 작업을 마친 뒤 소더스트서플라이는 영양분이 풍부한 이 토양개량제에 그로코(GroCo)라는 이름을 붙여 출시했고, 이 제품의 열성적인 팬들이 생겨나기 시작했다. 만약 일찍 알았다면 나도 그 팬 중 한 명이 되었을 것이다. 하지만 정원을 가꿀 때가 되어서야 이 제품에 대해서 알게 된 나는 서둘러야 했다. 그즈음 이 회사의 소유주가 사망했고, 그의 가족은 "지금 바크를 뿌리지 않으면 영원히 잡초를 뽑게 됩니다"라는 슬로건을 내걸고 108년 동안 영업을 유지해 온 이 회사의 문을 닫고 있었기 때문이다. 당시에 내가 구할 수 있었던 그로코는 무게가 약 27킬로그램인 포대 몇 개뿐이었다(그때 나는 그로코가 약간 매운맛이 나지만 강력한 식물성식품일 것이라고 상상했었다). 결국 나는 차를 몰고 재활용 똥을 찾아다녔다.

×

내가 17세기 초 일본에 살았다면 농부들이 똥을 구하려고 우리 집 문을 두드렸을지도 모른다. 더 정확히 말하면, 당시 일본의 농부들은 상당한 가격을 받을 수 있는 귀중한 것을 구하기 위해 지금의 도쿄인 에도(江戶)의 집집이 대리인을 보냈을 것이다. 당시 그들은 이 귀한 재료를 "시모고에(しもごえ, 下肥)", 즉 "인분 비료"라고 불렀다. 당시 일본의 집주인들은 시모고에가 비싸게 팔렸기 때문에 세입자들이 배출하는 분뇨에 대한 권리를 주장하기도 했다. 경제학자 가요 다지마(Kayo Tajima)는 시모고에가 도시 주변에 산재한 농촌 마을의 주요 비료 공급원 중 하나였다고 썼다.

과학저널리스트 지야 통(Ziya Tong)은 『리얼리티 버블(The Reality Bubble)』에서 시모고에가 당시 일본의 일부 사업가에게 어떻게 많은 수익을 가져다주었는지에 관해 다음과 같이 설명했다. "집주인은 건물에 세입자 수가 줄어들면 임대료를 인상했는데, 이는 배변을 하는 사람이 줄어들면 건물 운영 수익이 줄어들기 때문이었다. 주택 임대는 정부가 아닌 민간사업자에 의해 이루어졌기 때문에 시모고에의 가격은 건물주가 정했고, 건물주들은 농부들에게 터무니없는 가격에 시모고에를 팔아 그들과 갈등을 빚기도 했다." 지야 통은 이 책에서 당시 일본의 농부들은 모든 분뇨가 똑같지 않다는 것, 즉 좋은 똥과 나쁜 똥이 있다는 것을 알고 있었다며 이렇게 말했다. "부유한 사람이 싼 똥은 분명 악취가 심했지만 더 높은 가격에 팔렸다. 부자들은 더 다양한 음식을 섭취했기 때문에 그들이 눈 똥에는 더 좋은 영양소가 들어 있었다." 1800년대에 이르러 최고급 똥은 훔치면 감옥에 갈 수 있을 정도로까지 그 가치가 치솟았다.

다지마는 시모고에에 관한 논문에서 도시 거주자들이 주변 마을에서 재배한 신선한 농산물의 주요 소비자이자 비료의 주요 생산자였기 때문에 농부들에게 두 가지 측면에서 이득을 가져다주었다고 말했다. 또한 다지마는 "사람의 배설물을 도시 밖으로 내보냄으로써 전염병 예방에도 큰 도움이 된 것으로 보인다"라며 "사람의 배설물로 식품을 재배하면 구강 감염이나 수인성 질병의 위험이 있긴 했지만, 음식을 철저히 익히고 끓인 물(또는 차)을 마시는 관습은 이러한 위험을 최소화했다"라고도 말했다.

이와 비슷한 관행은 세계 곳곳에 존재했다. 중국의 지앙난(江南) 지역에서도 과거에 인분 거래가 활발했다는 기록이 있으며, 남아메리카의 아마존 지역에서는 "인디언의 검은 토양(Terra Preta de Índio)"이라는 이름의 검은 땅이 곳곳에서 발견된다. 일부 연구자는 비정상적으로 비옥하며 주변 토양보다 훨씬 더 많은 탄소를 함유한 이 땅이 2500~500년 전에 닭 배설물이나 물고기 사체 같은 기타 유기 폐기물을 식물에서 추출한 바이오숯과 섞어 삼림 정원(woodland garden)에 영양분을 공급하기 위해 원주민들에 의해 인공적으로 조성됐다고 생각한다. 버려진 오물의 냄새를 없애기 위해 원주민들이 사용한 숯 때문에 유기화합물들이 이 땅에 남게 됐다고 생각하는 연구자들도 있다.

어느 쪽이든, 바이오숯 전문가 한스-페터 슈미트(Hans-Peter Schmidt)는 썩어 가는 유기물과 구멍이 많이 뚫려 있고 표면적이 넓은 천연 숯이 섞이면 스펀지처럼 물과 용해된 영양분을 흡수하는 독특한 능력이 활성화되어 토양미생물에게 무수한 틈새를 제공한다고 설명한다. 바이오숯은 놀라울 정도로 안정적인 비료가 될 수 있다는 사실이 밝혀진 상태다. 또한 바이오숯은 암모니아나 암모늄처럼 양전하를 띤 이온과 결합하는 능력이 뛰어나 식물과 토양미생물이 더 많이 이용할 수 있고, 토양으로부터 침출되는 경향이 적다.

크리스 도티와 공동연구자들에 따르면 플라이스토세의 거대 동물 대량멸종은 남아메리카에서 가장 큰 영향을 미쳤다. 거대 동물의 영양분 분배 능력이 감소했으며, 육상 거대 동물들은 가축이나 짐을 나르는 동물로 인간에게 거의 이용되지 못하게 됐다. 슈미트에 따르면, 이런 상황에서 원주민들은 "야생 과일을 채집하거나, 작은 동물이나 물고기를 잡거나, 삼림 정원에서 식물을 재배해 식량 수요를 충당했다". 또한 당시에는 가축이 거의 없었기 때문에 퇴비로 사용할 수 있는 가축 분뇨도 거의 없었고, 원주민들은 유기비료 대부분을 "사람들의 소화계"에서 방출되는 분변에 의존할 수밖에 없었다. 지구공학의 초기 형태라고 할 수 있는 이 방법은 지속성이 높은 부식토(腐植土, humus) 층이 풍성하게 형성되도록 만들었다. 부식토는 토양을 검게 보이게 만드는 안정적인 유기물질로, 영양분을 많이 포함하기 때문에 토양미생물 서식에 매우 유리하다. 또한 이 방법은 토양의 비옥도를 크게 높여 수확량을 꾸준히 증가시키기도 했다. 슈미트를 비롯한 연구자들은 영양분 순환과 다양한 작물 재배가 결합된 이 정교하고 노동집약적인 시스템이 놀라울 정도로 많은 사람을 먹여 살리는 데 도움이 됐다고 본다. 당시 아마존 사람들은 이 시스템을 이용해 거대 동물의 도움 없이도 비료를 생산해 낼 수 있는 정원 도시를 곳곳에서 만들어 낸 것이었다.

그로부터 수많은 시간이 지난 지금, 인류는 농업과 관련된 여러 가지 문제에 직면해 있다. 예를 들어, 표토가 손실되고 있고, 가뭄과 홍수가 빈번해지고, 메뚜기 떼가 농작물을 먹어 치우고 있다. 최근의 예측에 따르면 전 세계는 지구온난화로 심각한 식량 부족 사태로 향하고 있다. 지구상의 모든 사람을 먹여 살리기 위해서는 식량안보 시스템을 대대적으로 개편하는 것은 말할 것도 없고, 전 세계적인 노력이 필요하다. 유전자조작과 농업 효율성 개선은 작물 수확량을 늘리는 데 도움이 되지만, 우리는 필요 없다고 생각되는 것들을 버리는 문화에 익숙해져 있어 매년 식량을 10억 톤 이상 낭비하고 있으며, 수많은 세월 농작물 재배에 사용되어 오면서 효과가 입증된 인분 비료를 거부하고 있다. 방향을 바로잡기 위해서는 우리와 자연, 우리 몸과 우리가 착취하는 천연자원이 결코 분리될 수 없다는 사실을 서로에게 그리고 우리 자신에게 확신시켜야 한다. 우리는 우리의 배설물을 신중하고 안전하게 사용해 다른 생명체에 영양을 공급함으로써 우리 자신이 우리가 먹는 것들의 먹이가 되는 순환경제를 구축할 수 있다. 이 생각이 급진적으로 느껴진다면, 그 이유는 우리가 우리의 역사를 망각하거나 무시하고 있다는 사실에 있을 것이다.

모든 대륙에서 우리 조상들은 좋은 똥이 만물을 성장시킨다는 평범한 진리를 알고 있었다. 하지만 유럽과 북미의 많은 지역에서 인간의 똥을 비료로 사용한다는 생각은 도미니크 라포르트가 『똥의 역사』에서 지적했듯이 수용과 혐오, 문화적 기억상실증으로 점철된 갈등의 과거를 가지고 있다. 19세기 런던과 뉴욕에서 야간 분뇨처리를 하기 위해서는 도시의 원치 않는 오물이 눈에 띄지 않도록 밤에 일하는 사람들에게 상당한 비용을 지불해야 했다. "변소 농부(gong farmer)" "인분 수거인(raker)"이라는 이름으로 불리던 이들이 수거한 인분 중 일부는 수레에 실려 중세 유럽 도시들을 지탱해 주던 농장들로 운반되어 땅을 비옥하게 만드는 비료로 사용되기도 했지만, 대부분은 강이나 바다, 호수 등에 버려졌다.

사람들이 인분을 농장에서 사용하지 않고 개울, 강, 만 등에 버리게 만든 것은 공중보건에 대한 잘못된 지식이었다. 스티븐 존슨은 『감염지도』에서 콜레라를 악취가 나는 유독한 증기 탓으로 돌리는 미아즈마 이론이 어떻게 런던에서 재앙적인 공중보건 캠페인을 촉발해 템스강의 오염을 가속화했는지 설명했다. 이 설명에 따르면, 1848년에 제정된 "불쾌감 제거 및 전염병예방법"은 아이러니하게도 위생을 개선한다는 명목으로 수천 개 오물통의 내용물을 강으로 방류하도록 명령했다. 이 책에서 존슨은 "당시 사람들은 모든 냄새가 질병을 뜻하며, 런던의 건강 위기가 전적으로 오염된 공기 때문이라고 믿었기 때문에 집과 거리에서 악취를 제거하려는 노력으로 템스강이 폐수로 가득 찬 강이 된다고 해도, 그 노력은 가치가 있다고 생각했다"라고 말했다. 1858년에는 여름의 더운 날씨로 콜레라가 유행한 후, 강에 버려진 쓰레기와 산업 폐기물 악취가 도시를 가득 채운 적이 있었다. "대악취 사건(The Great Stink)"이라고 불리는 이 사건으로 영국 의회는 결국 종합적인 하수도시스템에 투자하기로 결정했다.

역사 전체에 걸쳐 똥은 혐오감을 불러일으키는 대상이었다. 따라서 똥을 비료로 사용해야 한다는 생각에도 반대와 지지가 엇갈려 왔다. 빅토리아시대 영국의 저널리스트이자 개혁 옹호자인 헨리 메이휴(Henry Mayhew)는 똥을 재활용해 얻을 수 있는 경제적 이득과 생명의 선순환에 대한 글을 썼고, 프

랑스에서는 위생 전문가들과 중농주의자들(physiocrat) 즉 농업
이 국부의 유일한 원천이라고 주장하는 학자들의 인분 재활
용 운동이 확산하면서 피에르 르루(Pierre Leroux) 같은 학자들
은 국가가 지원하는 인분 재활용 노력이 빈곤퇴치에 도움이
된다는 주장을 펼치기도 했다. 실제로 르루는 런던에 머무는
동안 직접 인분을 흙에 섞어 강낭콩을 재배하는 데 사용했다.
그가 사용한 재료 목록은 다음과 같다.

　　템스강의 모래를 곱게 빻아 만든 가루
　　숯을 빻아 만든 가루
　　난로에서 나온 석탄재
　　벽돌을 빻아 만든 가루
　　오줌
　　똥

　라포르트는 『똥의 역사』에서 인분 재활용에 대한 르루의
장황한 설명과 주장에 대해 회의적인 생각을 드러냈지만, 그
가 적어도 순환 경제의 본질은 제대로 이해했다면서 "자연의
법칙에 따라 모든 사람은 생산자이자 동시에 소비자다. 즉, 소
비하는 사람은 생산하는 사람이다"라는 그의 말을 인용했다.
　나는 직접 정원을 가꾸는 데 그렇게까지 하고 싶지는 않았
지만, 소더스트서플라이에서 만든 축축한 갈색 덩어리는 꼭

사용해 보고 싶어졌다. 그 갈색 덩어리들이 담긴 포대에 코를 갖다 대니 은은한 나무 향과 뭔지는 잘 모르겠지만 그윽하면서도 풍부한 냄새가 느껴졌다. 나는 너무 놀라서 심호흡을 몇 번이나 했다. 내가 무엇을 기대했는지는 모르겠지만 이 퇴비 덩어리는 유황이나 암모니아 없이 제 역할을 다했고, 정원용품점에서 구입한 그로코 네 포대에서 나는 냄새는 그 뒤에 내가 구입한 멀치의 강한 냄새에 묻혀 버렸다.

나는 이웃 중 한 명에게 그로코 한 포대를 주면서 장대콩과 토마토, 라즈베리에 어떤 효과가 있는지 관찰해 보라고 말했다. 그리고 남은 것은 우리 정원에 몇 주 동안 나눠서 일부는 퇴비로, 일부는 잡초를 방제하고 수분을 유지하기 위해 토양 위에 멀치 대용으로 썼다. 5월 중순에는 완두콩 재배를 위해 격자 두 개를 설치했고, 앞쪽 정원에는 상추와 아루굴라(arugula), 케일, 노란양파, 마늘 같은 식물들을 28줄이나 심었다. 우리 집 앞을 지나가다 호기심을 느낀 사람들은 우리가 하는 일에 대해 질문을 던지면서 즐거워했다. 산책로가 훤히 보이는 우리 집 정원 텃밭은 그전에는 이 동네에서 볼 수 없었던 것이었다.

뒷마당에는 햇볕을 좋아하는 할라피뇨고추와 블러디부처(Bloody Butcher), 블랙프린스, 아마나오렌지, 핑크버클리타이다이 같은 토마토 품종을 심었다. 그전에도 토마토를 재배해 본 적이 있었는데, 이웃집 여자들은 시애틀에서는 토마토가 잘 자라지 않는다며 고개를 절레절레 흔들곤 했었다. 하지만 우리는 촉촉한 흙과 씨름하면서, 팬데믹을 헤쳐 나가면서, 아찔하게 유혹적인 운명을 맞이하고 있었다. 5월의 마지막 날, 우리는 상추, 로메인, 와일드 가든 믹스의 녹색과 보라색 잎 몇 장에 분홍색 부추꽃 몇 송이로 장식한 첫 번째 가든 샐러드를 즐겼다. 6월의 첫날에는 빛나는 작은 보석 같은 루비레드래디시를 처음으로 뽑았다.

✕

나이로비에 본사를 둔 새너지는 케냐의 정원과 농장에서 주민들의 똥을 식물의 먹이로 재사용하는 간접적인 전략을 채택했다. 삼림 벌채 문제를 해결하기 위해 똥을 먹은 파리 유충으로 연료 연탄을 만드는 이 회사는 하수도에서 오물을 안전하게 수집하고 운반해 기존 하수도시스템이 없는 도시지역에 위생 서비스를 제공하는 데에도 특화되어 있다. 2011년에 이 회사는 나이로비 주변의 비공식 거주지에 "프레시 라이프 화장실(Fresh Life Toilet)"을 설치하기 시작했다. 밝은 파란색 구조물인 이 화장실은 물이 없는 스쿼트형 변기가 설치되어 있어 소변과 대변을 별도의 정화조로 배출한다. 2021년 말까지 새너지는 케냐 기업들에 프랜차이즈 방식으로 이 화장실을 3600개 이상 판매했다. 이 회사의 다른 사업

부인 오물수거 서비스부서 직원들은 소형 트럭을 타고 좁은 길을 이동하면서 화장실을 비우고 오물을 중앙 처리 공장으로 옮긴다. 새너지는 구덩이 형태의 화장실과 가정 내 스쿼트형 화장실에서 배출된 오물을 모두 수거한다. 이 컨테이너 기반 위생 서비스는 손길이 닿기 어려운 지역사회에 도움이 되고 있다.

새너지의 대표인 쉴라 키부투는 이 회사의 처리 공장이 이렇게 수거한 오물로 다양한 농업용 제품을 생산함으로써 나이로비의 저비용 컨테이너 기반 위생 서비스를 경제적으로 더 매력적으로 만들었다고 말했다. 이 회사가 사용하는 방법 중 하나는 음식물 쓰레기와 농장 폐기물을 화장실과 변기에서 추출한 배설물과 혼합해 농장에서 아메리카동애등에의 먹이로 사용하는 것이다. 보통 가축과 썩은 물질 주위를 맴도는 이 파리는 몇 주의 짧은 성충기에는 거의 아무것도 먹지 않지만, 유충은 자신이 먹은 바이오매스를 지방과 단백질로 전환하는 독특한 능력을 가지고 있다. 꿈틀거리며 먹이를 먹는 유충은 몸무게의 40퍼센트 이상을 단백질이 차지한다. 키부투는 "우리가 키우는 파리 떼는 엄청나게 방대한 규모"라며 "우리가 수거하는 배설물은 이 파리들에게 먹이를 주기에는 매우 부족하다"라고 말했다.

똥을 좋아하는 유충은 동물 사료 보충제 같은 제품의 원료가 된다. 새너지는 유충을 수확해 저온살균한 후 제분업체에 판매한다. 또한 새너지는 양식 어류, 가금류, 돼지는 물론 개나 새 같은 반려동물을 위한 단백질이 함유된 사료를 만들어 판매하기도 한다.

이 단백질 보충제, 유충은 아프리카의 오대호 중 하나인 빅토리아호수의 오메나(omena)라는 작은 물고기에서 지속 불가능한 방식으로 채취해 온 어분(魚粉, 물고기를 찌거나 말려서 빻은 가루)을 대체할 수 있다. 그동안 계절에 따른 어분 부족으로 제분업체들은 대두와 같은 더 비싼 단백질 공급원을 수입할 수밖에 없었다. 또한 용도변경된 오물로 만든 국내산 사료는 심각한 농업 문제를 해결하고 식량 생산량을 늘리는 데도 도움이 될 수 있다. 일부 연구자는 유충에서 추출한 단백질이 기존 사료와 비교했을 때 달걀 생산과 양식 틸라피아와 메기의 체중 증가를 촉진한다는 사실을 발견했다.

아메리카동애등에 유충은 먹이를 먹으면서 복잡한 바이오매스를 더 단순한 형태로 변환하는 과정에서 부산물로 프래스를 만들어 낸다. 키부투는 "프래스는 이미 분해된 물질이지요"라고 말했다. 새너지가 연료 연탄을 만드는 데 사용하는 이 프래스를 칼슘과 마그네슘이 풍부한 석회, 음식물 및 농장 폐기물과 혼합하면 또 다른 종류의 비료를 만들어 낼 수 있다. 키부투는 이 유기 혼합물이 식물 기반 합성비료가 할 수 없는 방식으로 토양(특히 토양미생물)에 영양을 공급함으로써 토양 비옥도를 높이고 작물 수확량 감소 문제를 근본적으로 해결할 수 있다고 말했다. 케냐에서 옥수수처럼 중요하지만 위협을 받고 있는 작물의 수확량을 늘리는 데 파리가 예상치 못한 도움이 되고 있었다. 나이로비에 있는 국제곤충생리생태센터(International Centre of Insect Physiology and Ecology)의 연구에 따르면 곤충 28종 중 아메리카동애등에 유충이 빈곤과 식량 불안을 완화하기 위한 지속 가능한 개발에 가장 적합한 솔루션이라는 사실이 밝혀졌다.

최근 들어 점점 더 많은 미국 도시가 바이오솔리드를 토양 개량제로 만들기 위해 직접적인 접근 방식을 채택하고 있다. 하지만 수십 년 전만 해도 인분은 거의 은밀하게 지하에서 거래되는 상품이었다. "인분은 숨겨야 하는 존재였고, 사람들은 인분에 대해 말하지 않았습니다." 밀레는 말했다. 실제로, 과거에는 처리된 바이오솔리드가 트럭에 실려 공짜로 농부들에게 은밀히 제공되기도 했다. "하지만 지금은 이 귀중한 자원과 상품에 대해 정말 자랑스러워하고, 가격을 책정하고, 그것이 무엇인지 표시된 트럭에 싣는 방향으로 전환하고 있어요." "재활용 똥"이라는 말은 지금도 여전히 약간 불쾌감을 줄 수는 있지만, 루프라는 이름으로 브랜딩한 제품은 시각적으로 더 매력적이고 부드럽게 그리고 유머러스한 접근 방식으로 사람들에게 다가가고 있다.

현재 워싱턴주 터코마에서는 바이오솔리드 기반 제품인 터그로(TAGRO, "Tacoma Grow"의 약자)가 큰 인기를 끌고 있다. 이

제품은 고온건조 과정을 통해 모든 병원균을 죽이기 때문에 A등급 제품으로 지정됐고, 가정에서도 그대로 사용할 수 있다. 밀워키에서는 1926년부터 바이오솔리드 고형물 기반 펠릿 비료인 밀로개나이트(Milorganite)를 판매하고 있다. DC워터의 크리스 피어트는 병원균이 전혀 없는 이 제품은 터그로처럼 광범위한 용도로 사용되며, 이 회사의 자체 브랜드인 블룸(Bloom)은 루프에 경의를 표하기 위해 명명됐다고 말했다. 블룸의 슬로건은 "좋은 토양, 더 나은 지구(Good soil, better Earth)"다. 피어트의 사무실에서 봉지 냄새를 맡아 보니 톡 쏘는 것 같지만 불쾌하지는 않은 진한 흙냄새가 났다. 이 회사는 워싱턴DC에 있다는 장점을 잘 활용하고 있었다. 미국 조폐인쇄국과 협력해 파쇄된 여권과 오래된 20달러짜리 지폐 같은 것들을 바이오솔리드와 섞는 실험을 할 수 있었기 때문이다. 피어트는 토양미생물의 좋은 탄소 공급원인 파쇄 종이는 잉크가 식물성이기 때문에 효과가 좋다며 덧붙였다. "우리가 여기서 하는 일은 자연이 하는 일을 가속화하는 것뿐입니다." 이 회사가 실제 지폐로 퇴비를 만드는 것은 퇴비화가 돈을 품고 있음을 증명하는 사례로 생각할 수도 있겠다.

우리의 배설물에는 매우 다양한 물질이 포함되어 있다. 우리는 아연, 니켈, 몰리브덴, 셀레늄 같은 다양한 미네랄을 식단, 약물, 환경으로부터 섭취해 똥으로 배출하기 때문이다. 이런 미네랄들은 소량이긴 하지만, 식물에는 유익한 영양소다. 하지만 하수, 빗물, 산업폐기물 같은 것들이 똥과 함께 운반되는 하수도시스템을 사용하는 지역사회의 경우, 폐수 미네랄은 주로 고도로 농축된 토양 퇴적물이나 화학물질에서 나온다. 예를 들어, 비소는 토양뿐만 아니라 살충제에도 들어 있다. 수은은 배터리와 치과용 충전물에서, 카드뮴은 안료와 태양전지에서 흘러나올 수 있다. 납은 오래된 파이프에서, 구리는 새 파이프에서 침출될 수 있다. 의약품과 퍼스널 케어 제품에 포함된 화학물질에서도 이런 미네랄이 나올 수 있다. 처리를 기다리는 폐수의 출처에 따라 그 성분은 지역 인구, 인프라 및 오염에 대해 많은 것을 말해 준다. 일부 화학물질이나 미네랄 농도가 너무 높으면 고형폐기물을 재생하고자 하는 지자체에도 문제가 될 수 있다.

바이오솔리드와 퇴비화의 안전성을 연구하는 샐리 브라운(Sally Brown)은 시애틀의 자기 집 주방에서 나와 처음 이야기를 나누면서 귀리, 캐슈, 해바라기씨, 호박씨, 황설탕, 메이플시럽, 버터, 땅콩오일로 그래놀라를 만들고 있었다. 수십 년 동안 요리가 삶의 중심이었다는 브라운은 1981년 뉴욕 소호의 한 레스토랑에서 셰프로 일할 때 배우 워런 비티(Warren Beatty)를 위해 프렌치토스트를 만든 것이 자신의 가장 큰 업적 중 하나라고 말하기도 했다.

브라운은 뉴욕시에서 가까운 외곽의 농장에서 재배된 농산물을 들여오는 방법으로 뉴욕시를 더 농업 친화적으로 만들고자 했다. 하지만 16세기 일본의 에도에서와는 달리 브라운이 이런 노력을 할 당시 미국의 농장에서는 바이오솔리드는커녕 음식물 찌꺼기도 비료로 사용하지 않았다. 하지만 선례가 전혀 없었던 것은 아니다. 1800년대 중반, 뉴욕의 한 회사가 오물통의 내용물을 말리는 방법으로 일종의 "똥 벽돌" 비료를 만들어 미국 북동부의 휴경 농장을 재생하는 데 도움을 주었다. 하지만 1800년대 후반, 뉴욕시는 하수도시스템을 구축하고 확장한 후 하수 슬러지 대부분을 대서양에 버리기 시작했다(이 관행은 1992년에 미국 의회에 의해 중지될 때까지 지속됐다). 하지만 브라운은 《바이오사이클(BioCycle)》이라는 어려운 이름의 잡지를 뒤적이다 많은 사람이 친환경적인 가능성에 대해 이야기하고 있다는 사실을 알게 됐다. 이때 브라운은 자신의 소명을 발견했고, 1990년 메릴랜드대학교 대학원에 입학해 미국 농무부를 위한 최초의 바이오고체 안전 및 품질 규정을 고안하는 데 도움을 주기도 했다.

브라운은 납과 카드뮴 같은 오염 금속이 인분으로 만든 퇴비가 포함된 토양과 어떻게 상호작용하는지 연구했다. "사람들, 특히 식단이 좋지 않은 사람들이 카드뮴이 너무 많이 함유된 식품을 섭취하면 병에 걸리거나 사망할 수 있기 때문에 당시에는 카드뮴에 대한 관심이 매우 높았어요." 그가 말했다. 브라운의 연구에 따르면 바이오솔리드는 카드뮴이나 납 같은 금속이 식물에 **덜** 흡수되게 만든다. "따라서 바이오솔리드는 실제로 금속으로부터 사람을 보호하는 역할을 합니다." 하지만 어떻게 그럴 수 있을까? 관련 연구들에 따르면 이는 바이오솔리드 안의 미네랄 성분이 다른 금속과 물리적으로 결합할 수 있기 때문에 가능하다. 예를 들어, 폐수처리 과정에서 철, 알루미늄, 망간 미네랄은 구석구석에서 표면적이 넓은 점토 같은 구조를 형성해 다른 금속을 붙잡는 벨크로 같은 역할을 한다. 또한 바이오솔리드에는 식물의 필수 영양소이자 독성 카드뮴과 사촌인 아연이 다량 함유되어 있다. 선택의 여지가 주어지면 식물은 압도적으로 아연을 선호한다. "그래서 아연이 충분하면 식물의 카드뮴 흡수를 줄일 수 있습니다." 브라운이 설명했다. "바이오솔리드를 금속이 먹이사슬로 진입하는 입구로만 보고 있었는데, 세상에, 이걸 오염된 지역의 먹이사슬을 보호하는 데 사용할 수 있겠구나 하고 깨닫게 된 거예요."

납에도 같은 원리가 적용된다. 바이오솔리드는 납과 결합하는 분자들을 안정적으로 공급함으로써 금속을 토양에 "고정"하기 때문에 식물이 납을 흡수하지 못하게 만든다. 브라운을 비롯한 연구자들은 이 기술이 납으로 오염된 토양을 파내 없애지 않고도 땅의 오염을 제거하는 데 도움이 된다는 사실을 발견했다. 브라운은 이 메커니즘을 아이스크림 통에 접근하지 못하도록 냉동실에 자물쇠를 채우는 것과 비교하면서 "냉동실에 있는 아이스크림을 먹지 않으면 살이 찌지 않겠지요"라고 말했다.

　브라운은 안전성에 대한 연구 외에도 루프 같은 바이오솔리드가 실제로 일부 식품의 영양 성분을 개선하는 데 어떻게 도움이 되는지에 초점을 맞추고 있다. 브라운의 연구실과 킹 카운티가 계획 중인 연구 중 하나는 토양 건강과 그로코, 터그로 같은 바이오솔리드 제품, 워싱턴주 먼로교도소 수감자들이 음식물 찌꺼기로 만든 퇴비로 개선한 토양에서 재배한 케일, 근대, 당근, 브로콜리의 수확량 및 영양소 함량 간의 연관성을 조사하는 것이다. 밀레는 아메리카 원주민 커뮤니티에서 재배하는 많은 토종 식물에는 오늘날 우리가 먹는 음식에 비해 훨씬 많은 영양소가 포함되어 있다고 말했다. 이 차이의 원인 중 하나는 토양 건강에 있는 것으로 보이며, 브라운과 카운티의 공동연구 프로젝트는 우리가 배출한 유기물을 지구로 되돌려주는 방법과 그 유기물이 작물 재배에 어느 정도 도움을 줄 수 있는지에 대해 연구할 예정이다.

　연구가 성공한다면, 식품 재배 방식을 탈식민지화하는 데 도움이 될 수 있다. 브루클린의 영양사 마야 펠러는 이것이 최소한의 가공만을 거친 온전한 토종 식물의 효과를 다시 한번 확인시켜 줄 것이라고 설명했다. 펠러는 "토종 채소는 영양소가 풍부하고 본질적으로 슬로푸드 범주에 속하며, 우리와 오랜 세월 같이 살아온 식물"이라고 말한 바 있다. 콜라드 그린(collard green)이나 아보카도 같은 식물이 이런 토종 식물에 속한다. 지금은 힙스터 카페와 건강 요리책에서 흔히 볼 수 있는 아보카도는 한때 미국 주류사회가 라틴계, 흑인, 원주민 커뮤니티에서 오랫동안 역사와 문화의 일부로 소중히 여겨온 과일의 장점을 "발견"하기 전에는 지방이 많고 건강에 해롭다는 이유로 폄하됐었다.

현대의 무기질비료는 식물이 필요로 하는 모든 다량영양소와 미량영양소 대신 질소, 인, 칼륨 등 몇 가지 필수 요소로만 구성되어 있다. 무기질비료는 농도가 높기 때문에 농부나 정원사가 너무 많이 사용하면 식물은 빠르게 성장하지만 수분이 부족해져 말라 비틀어질 수 있다. 또한 최적의 비율은 지역 토양 조건과 식물 선호도에 따라 달라져야 한다. 워싱턴주 서부의 잔디밭의 경우 전문가들은 질소 3, 인 1, 칼륨 2의 비율을 권장한다. 채소와 일년생 식물의 경우 1 : 1 : 1의 균형 잡힌 비율이 더 좋다. 그리고 이 지역의 나무와 관목의 경우에는 일반적으로 질소만으로도 충분하다.

×

자연에서 질소를 처음 추출한 고대 농부들에게 구아노(guano)[85]는 기적처럼 보였을 것이다. 고고학자 프란시스카 산타나-사그레도(Francisca Santana-Sagredo)와 동료들은 과학자들이

---

85 강우량이 적은 건조지대에서 새들의 배설물이 퇴적, 응고되어 화석화된 것.

화성 환경과 비슷하다고 생각하는 칠레 북부의 건조하기로 유명한 아타카마사막에서 1000년 전 구아노 비료로 작물을 재배했다는 증거를 발견했다. 질소가 풍부한 물고기를 잡아먹는 이곳의 펠리컨, 부비새, 가마우지가 해안 서식지에서 배출한 배설물이 변해 생성된 이 "하얀색 금(white gold)", 즉 구아노는 극한의 사막 환경을 풍요롭게 해 아마란스(amaranth), 퀴노아, 고추, 옥수수, 호박, 콩이 자라게 만들었다.

이후 아타카마사막에서는 다른 형태의 천연비료도 발견됐다. 이 천연비료는 구아노를 대체할 수 있을 정도로 영양분이 풍부한 질산나트륨[칼리체(caliche) 또는 칠레초석(saltpeter)으로도 알려진 희끄무레한 광물] 퇴적물이다. 하지만 그즈음에 새로운 질소 공급 방법이 갑자기 출현했다. 1900년대 초 독일의 화학자 프리츠 하버(Fritz Haber)와 카를 보슈(Carl Bosch)가 개발한 하버-보슈 프로세스라는 이 합성법은 기술적 승리로 널리 칭송받았다. 하버는 고압과 열 그리고 촉매가 갖추어지면 지구 대기 중의 질소가스가 수소와 결합해 암모니아를 형성한다는 사실을 발견한 뒤 이 합성법을 개발해 냈다.

자연의 질소순환을 빠른 인공 합성 순환으로 대체함으로써 질산암모늄 같은 암모니아 기반 비료의 새로운 시대가 열렸고, 질소가 풍부한 광물과 구아노를 빠르게 대체할 수 있었다. 환경 저널리스트 엘리자베스 콜버트(Elizabeth Kolbert)는 "하버는 공기를 빵으로 만드는 방법을 알아냈다"라고 평가하기도 했다. 이 화학자는 독창성을 인정받아 노벨상을 수상했지만, 제1차세계대전 중 벨기에 최전선에서 독일군이 독성 염소가스를 개발하고 이를 배치하는 것을 감독한 별도의 프로젝트 때문에 그의 명성은 영원히 얼룩지고 말았다.

하버-보슈 프로세스는 전 세계 농업을 변화시켰지만, 몇 가지 오점으로 그 명성이 더럽혀지기도 했다. 일부 화학 공장은 여전히 가스화된 석탄이나 석유코크스에서 수소를 추출하지만, 질소비료 공장 대부분은 이제 공정에 필요한 수소를 천연가스에서 공급받는다. 대기 중에서는 암모니아 기반 비료 생산이 다른 어떤 단일 화학물질 생산 반응보다 더 많은 온실가스를 배출한다는 비난을 받아 왔다. 토양 표면에서 무기질비료는 껍질을 형성해 하층으로의 수분 흡수를 방해한다. 또한 토양 내에서 질산암모늄 기반 비료의 음전하를 띤 질산염 이온은 진흙이나 부식토 입자에 잘 달라붙지 않고 수용성이 높아 토양을 통해 쉽게 이동한다.

이 두 가지 특성은 비나 관개로 인해 추가된 영양분이 침출되고 과도한 비료가 근처의 빗물받이, 하천 및 기타 수역으로 씻겨 내려가는 이유를 설명하는 데 도움이 된다. 질소가 너무 많으면 토양이 산성화되어 지하수가 오염된다. 인 과잉은 폭발적인 조류 번식을 촉발한다. 번식한 조류는 햇빛을 차단하고 가용 산소를 고갈시켜 다른 수생 동식물을 죽인다. 그 결과 워싱턴호수에서 멕시코만, 오슬로피오르에 이르기까지 데드존이 생겨 환경이 파괴되고 있다.

일반적으로 제조업체는 천연 광물 매장지에서 무기질비료 생산에 필요한 인과 칼륨을 공급받지만, 크리스 도티 같은 연구자들이 경고했듯이 이런 인 매장지들은 점점 고갈되기 시작했고, 토양침식은 이런 고갈 상황을 더 악화시키고 있다. 도티를 비롯한 여러 연구자는 "인 피크(peak phosphorus)" 즉 전 세계적으로 식량 불안을 극적으로 악화시킬 수 있는 인 부족 시대가 다가오고 있다는 우려를 제기하고 있다. 플라이스토세 동안 거대 동물을 비롯한 장거리 이동 동물이 어떻게 세계의 주요 인 공급원 역할을 했는지에 대한 후속 연구에서 도티는 동료 두 명과 함께 인 손실을 완화하는 데 도움이 되는 새로운 전략을 제안했다. 이들은 글로벌 거래 및 재활용 체계를 구축하면 각국이 야생동물 서식지를 보존하는 "자연인 펌프"를 다시 가동해 재활용 목표를 부분적으로 달성할 수 있을 것이라고 제안했다. 이들은 논문에서 "고래, 바닷새, 소하어(anadromous fish)[86], 초식동물, 청소동물, 여과 섭식자(filter feeder)[87]의 야생 개체군을 복원함으로써 생태계 전반에 걸쳐 인의 양을 늘릴 수 있다"라고 말했다.

또 다른 전략은 우리가 버리는 것에서 더 많은 인을 회

[86] 해양에서 생장하고 산란을 위해 하천이나 호수로 회유하는 물고기.

[87] 특화된 여과 구조를 가지고 물을 통과시켜 물속의 음식 입자나 부유물질을 걸러 먹는 포식자. 조개, 크릴, 해면동물, 수염고래 등 많은 생물이 여과 섭식자에 속한다.

수하는 것이다. 여기에서도 폐수처리장이 앞장서고 있다. 2008년, 오리건주 클린워터서비스는 브리티시컬럼비아대학교에서 분사한 오스타라(Ostara)라는 회사와 협력해 북미 최초의 상업용 영양소회수시설을 설립했다["오스타라"는 독일 민속학자 야코프 그림(Jacob Grimm)이 1835년에 발표한 책『독일 신화(Deutsche Mythologie)』에서 처음 등장하며, 다산, 재생, 농업 주기의 시작인 봄과 관련이 있는 여신이다]. 이 시설은 폐수에서 추출한 인을 비료 펠릿으로 전환해 농장과 양식장에 판매하고 있다. "우리는 일반적으로 바다로 방출되어 낭비되는 귀중한 자원을 추출하고 있습니다." 프로젝트의 분석 담당 관리자인 브렛 레이니(Brett Laney)가 설명했다. 우연히도, 레이니가 인 추출 과정에 대해 내게 설명해 주던 날 나는 더럼수자원회수시설의 바이오가스 생산에 대해 알게 됐다. 예상하지 못했던 방식으로 두 가지 자원 추출은 밀접하게 연결되어 있었다.

대다수 폐수처리장에서는 하수도 파이프를 막는 포그(FOG) 팻버그(fatberg)[88]와 스트루바이트 때문에 골머리를 앓고 있다. 스트루바이트는 폐수에서 침전되어 파이프 내부에 스케일이라고 하는 콘크리트 비슷한 물질을 형성한다. 레이니는 설명을 위해 커다랗고 밝은 회색 도자기 조각처럼 보이는 것을 집어 들었다. 이 조각은 두께가 약 1센티미터인 스트루

---

88 물에 녹지 않는 생활용품(물티슈, 식용유 등)이 변기, 싱크대 등을 통해 하수도에 들어가 딱딱하게 굳은 것.

바이트 덩어리로, 이 스트루바이트의 수소이온농도지수(pH)를 낮추고 용해하는 구연산이라는 식물성 화합물을 이용해 파이프에서 제거해야 한다. 이 작업으로도 제거에 실패하면 작업자들이 끌로 일일이 스트루바이트를 파이프에서 제거해야 한다.

레이니는 그 옆에 놓여 있던 플라스틱 용기를 가리켰다. 용기에는 모래가 들어 있었고, 모래를 조금 집어 들어 자세히 살펴보니 반짝이는 스트루바이트가 섞여 있었다. 현미경으로 보니 스트루바이트 입자는 삼각형 모양의 결정이었다. 레이니는 이 입자가 바이오솔리드를 바이오가스로 전환하는 생물소화조(biodigester)의 구석에 붙을 수 있다고 말했다. 스트루바이트는 생물소화조의 작동 속도를 늦추고 바이오솔리드에 필요 이상의 부피를 추가한다. 생물소화조에서 낭비되고 공정의 효율을 떨어뜨리는 스트루바이트를 최소화함으로써 이 공장은 비료의 양을 최대화하고 있었다.

"그러니까 반짝이는 똥을 덜 만들고 싶다는 거군요." 내가 말했다.

"맞습니다."

그때 우리 대화를 듣고 있던 홍보 담당자 엘리 오코너(Ely O'Connor)가 말했다. "스트루바이트는 '바보의 금(fool's gold)'[89]인 거지요."

89 겉으로는 금처럼 보이지만 실제로는 금이 아닌 광물.

문제가 발생하기 전에 스트루바이트를 추출해 그 스트루바이트를 귀중한 비료로 탈바꿈시키는 과정은 생물소화조의 효율을 높이기 위해 포그를 박테리아 먹이로 사용하는 과정과 비슷하다. 더럼시설에서는 스트루바이트를 유용한 물질로 바꾸기 위해 다인산염 축적 유기체라는 미생물들의 능력을 이용한다. 레이니는 호기성 조건에서 성장하는 이 박테리아는 스트루바이트를 먹으면서 다량의 인과 마그네슘을 흡수해 세포 내에 저장하지만, 혐기성 성장 조건으로 전환되면 박테리아는 이 인과 마그네슘을 다시 폐수로 방출한다고 설명했다. 이렇게 미네랄을 세포 밖으로 방출한 박테리아는 바이오가스를 생산하는 소화 탱크로 보내지고, 인과 마그네슘이 들어 있는 폐수는 바로 옆 비료 공장으로 보내진다.

하지만 이 과정은 일반적으로 비료를 만드는 과정과는 다르다. 인과 마그네슘이 들어 있는 폐수는 파이프를 통해 깔때기 모양의 큰 통에서 걸러진 뒤, 원심분리기에 주입되고, 원심분리기는 이 폐수에서 인과 마그네슘, 암모늄 등을 분리해 낸다. 이때 폐수의 pH를 높이기 위해 부식성 화합물이 첨가된다. 이 과정에서 파이프를 통해 계속 폐수가 추가된다. pH가 높을수록 폐수 용액에서 성분이 더 잘 분리된다. 이렇게 분리된 미네랄 성분들은 다시 합쳐져 미세한 씨앗 모양 물질로 만들어진다. 하수관 스케일의 원인인 미네랄들로 만들어진 이 물질은 프릴(prill)이라고 부르는데, 이 프릴은 주변에서 생성되는 미네랄을 끌어당기면서 계속 커진다. 프릴이 적당히 커져서 적절한 크기에 도달하면 수확해서 건조 과정을 거친 뒤 진주를 닮은 제품으로 만들 수 있다. 클린워터서비스는 이 중 일부를 꽃, 채소, 잔디를 키우기 위한 자체 펠릿 비료 라인에 섞어 사용하고 있다.

레이니는 완성된 제품이 담긴 플라스틱병 두 개를 살펴볼 수 있게 해 주었는데, 그중 가장 작은 병은 지름이 핀 대가리보다 작았다. 이 공장에서는 이 제품을 네 가지 크기로 만드는데, 비료 효율을 극대화하려면 크기가 작을수록 좋다. 각각의 제품에는 인산염 28퍼센트, 마그네슘 10퍼센트, 질소 5퍼센트가 함유되어 있다. 인산염이 **많이** 들어 있는 것처럼 보일 수 있지만(많이 들어 있다), 이 비료에는 또 다른 장점이 있다. 제품은 물에 잘 녹지 않기 때문에 비를 맞아도 미네랄이 쉽게 씻겨 나가지 않는다. 이런 물리적 특성은 하천과 강으로 침출 또는 유출되는 무기질비료의 단점과 대조된다. 대신 이 제품은 시간이 지남에 따라 천천히 영양분을 방출한다. 이 제품은 기본적으로 스트루바이트이기 때문에 용액의 pH가 높을수록 침전이 잘된다. 따라서 pH가 낮으면 미네랄이 다시 물에 용해될 수 있다. 식물 뿌리는 인과 같은 영양분이 더 많이 필요할 때 주변의 토양 pH를 낮추는 화합물을 방출하는데, 이 화합물은 폐수처리장에서 석회질 제거제로 사용하는 구연산이다. 즉, 이 제품은 식물의 자연적인 먹이 신호에 반응해 뿌리의 토양 pH 감소에 따라 더 많은 미네랄을 방출한다.

보다 완전한 식물성비료로서 구아노 같은 유기비료는 일반적으로 더 다양한 영양소를 공급하긴 하지만, 더 적은 양을 더 오랜 기간에 걸쳐 공급한다. 토양 박테리아와 곰팡이가 유기물을 더 분해하고 영양분을 식물이 이용할 수 있는 무기물 형태로 전환하는 데 시간이 필요하기 때문이다. 이런 비료는 "서방성(slow release)" 비료라고도 부르며, 토양 입자에 더 단단히 달라붙어 쉽게 씻겨 나가지 않는다.

루프는 유기비료와 매우 유사하게 작용하지만, 엄밀하게는 토양개량제로 분류된다. 미네랄 영양소가 식물에 영양을 공급하는 동안 유기물질은 미생물을 먹이고 토양의 질을 조절한다. 탄소가 풍부한 물질인 루프는 토양에 더 많은 탄소가 남게 만들어 탄소 배출을 효과적으로 줄일 수 있다고 밀레는 설명한다. 영양분의 도움을 받아 더 크게 자라는 식물은 대기에서 더 많은 탄소를 빨아들이고, 대기에서 더 많은 이산화탄소를 끌어들여 저장함으로써 대기 중 탄소를 줄일 수 있다. 또한 루프는 비료를 대체할 수 있는 천연비료로서 합성 암모니아를 만드는 데 사용되는 화석연료 집약적인 공정을 대체할 수도 있다.

톱밥과 혼합해 그로코를 만들면, 루프는 덜 농축되지만 더 다재다능한 비료 및 토양개량 퇴비가 된다. 미생물은 질소와 기타 영양분을 처리하는 동시에, 흙을 파고드는 유익한 곤충과 벌레의 먹이가 되며, 흙의 통기성을 유지시킨다. 퇴비가 썩으면서 형성된 유기 부식질은 입자를 더 큰 클러스터로 묶어 토양 구조를 느슨하게 하고 물, 공기, 영양분을 보유하는 더 많은 통로와 주머니, 기공을 만들어 토양을 물리적·화학적으로 변화시킨다. "따라서 비가 오면 물이 땅 위를 가로지르는 대신 토양 속으로 들어가게 됩니다." 밀레가 설명했다. 이렇게 토양이 물을 보유하는 능력이 좋아지면 유해 물질 유출을 줄이는 데 도움이 된다.

유기물과 미네랄이 혼합된 루프, 블룸, 터그로 같은 제품은 표토가 고갈된 손상된 땅을 재생하는 데에도 도움을 준다. 토양침식을 막기 때문이다. 삼림이 우거진 땅에 이런 제품들을 뿌리면 나무 성장 속도가 빨라져 수확이 빨라진다. 킹카운티에서는 대학 세 곳이 두 세대에 걸쳐 농가와 협력해 25년 이상 워싱턴 동부 지역에서 농업 연구를 수행해 왔다. 밀레는 봄 눈보라가 몰아친 뒤의 실험용 땅을 걸으며 그 차이에 감탄했던 기억을 떠올렸다. 그는 합성비료를 뿌린 땅은 딱딱하고 바삭바삭한 반면, 루프를 뿌린 땅은 스펀지 같은 느낌이었다며 "너무나 신기했어요"라고 회상했다. 밀레는 눈이 내리자 세 실험 구획의 차이가 더욱 분명해졌다고 말했다. 카메라를 통해 바이오솔리드가 있는 곳에서 눈이 가장 빨리 녹는 것을 볼 수 있었는데, 아마도 미생물 활동 증가로 토양이 따뜻해졌기 때문일 것이라고 밀레는 설명했다. 이 결과를 바탕으로 카운티 당국과 협력 연구자들은 루프가 토양의 미생물 군집을 어떻게 변화시키는지에 대한 새로운 연구를 진행하게 됐다.

2020년 6월 말, 우리 집 정원에서는 식물들이 풍성하게 자라고 있었다. 우리는 덩굴에서 달콤한 슈거스냅완두콩을 수확했고, 이와 혀를 얼룩지게 하는 보라색꼬투리껍질완두콩도 수확했다. 완두콩이 너무 많아서 우리는 덩굴이 마치 광대 대신 야채들이 끝없이 내리는 광대 자동차 같다는 농담을 하기도 했다. 래디시도 놀라울 정도로 맛있었고, 상추와 로메인의 겉잎을 한 번에 몇 개씩만 잘라 내면 식물의 키가 자라면서 가운데부터 새잎이 계속 돋아난다는 것도 알게 됐다.

동부코튼테일토끼 몇 마리가 시금치와 파슬리는 먹어 치웠지만, 상추는 그대로 두었고, 나는 이웃과 지역 푸드뱅크에 상추 몇 봉지를 가져다주었다. 케일이 자라기 시작했고 토마토 덩굴은 거의 1.2미터 높이까지 자랐다. 고추, 셀러리, 회향도 잘 자랐고 이웃들은 자기네 정원 식물도 잘 자라고 있다고 내게 말했다. 동네 아이들은 골파꽃과 초콜릿페퍼민트를 뜯어 먹으려 들렀고, 대담한 아이들은 완두콩꽃을 먹어 보기도 했다.

우리 주변에서 동식물들이 변화를 보이기 시작했다. 토끼가 먹어 치운 파슬리는 다시 자라났다. 파슬리는 내가 예상하지 못했던 보상성장의 우아한 예가 됐다. 루콜라와 꽃상추가

꽃을 피웠고, 꿀벌과 땅벌이 이 식물들의 연보라색, 노란색, 흰색 꽃에 몰려들었다. 뿌리를 뽑아 버릴 뻔했던 채소들이 꿀벌을 위해 특별히 심어 놓은 라벤더와 에키네시아만큼이나 꿀벌을 끌어들였다.

우리는 거의 매일 샐러드를 먹었고, 블랙프린스토마토가 지금까지 맛본 토마토 중 최고라는 것을 알게 됐다. 우리는 음식이 어디에서 오는지, 우리가 무엇을 좋아하고 무엇을 다르게 할 수 있는지에 대해 이야기했다. 이웃들은 달리아 구근과 칼고사리를 우리 집에 가져왔고, 우리 정원 앞 계단에 모여 이야기를 나누거나 음료를 마시며 긴장을 풀곤 했다. 팬데믹의 한가운데에서 우리 집 마당은 거실이자 주방이 되었고, 주변 이웃과 소통할 수 있는 고마운 연결 고리가 되었다.

×

루프와 터그로의 장점을 직접 경험한 농부와 정원사 들은 이 제품에 대한 열렬한 지지자가 됐다. 밀레와 그의 동료들은 이들을 "똥의 수호자"라고 부르기도 한다. "대중의 인식에 큰 변화가 있었다고 생각해요. 제가 가장 낙관적으로 생각하는 부분 중 하나지요." 밀레가 말했다. 마찬가지로 브라운도 자신과 대화하는 사람들이 배설물이 자원이 될 수 있다는 사실을 점점 더 이해하는 것 같다고 말했다. 물론 여전히 이 이야기를 듣거나 이야기하고 싶어 하지 않는 사람들도 있다. 브라운은 "'웩, 정말?'이라고 말하는 사람이 세 배는 더 많아요"라고 말했다.

모두가 똥의 수호자가 될 수는 없다. 예를 들어, 2019년에 영국 일간지 《가디언(The Guardian)》은 한 폐기물관리업체가 "독성 하수 슬러지를 비료로 재포장해 사람들의 먹이사슬에 주입하고 있으며, 공중보건을 위협하고 돈을 벌기 위한 계획으로 독성 하수 슬러지를 사용한다"라는 내용의 기사를 싣기도 했다. 오염이 너무 심해서 이제 우리 몸에서 나오는 것을 재사용하는 대신 태우거나 묻어야 한다는 것은 우울한 생각이긴 하다. 하지만 적절하게 처리된 바이오솔리드가 오염된 토지를 해독하는 데 도움이 된다는 연구 결과 외에도 우리가 만든 화학물질이 거의 모든 곳에 존재한다는 현실은 이 기사에서 빠져 있었다. 우리 몸과 토양은 물론이고 물, 공기, 치약, 제초제, 방부제, 붙지 않는 프라이팬, 냄새를 줄여 주는 양말 등 우리가 매일 사용하는 제품에도 화학물질이 들어 있다.

최근 들어서 가정용 소화기의 거품, 프라이팬, 치실과 같은 제품에 포함된 과불화화합물(poly-and perfluoroalkyl substances, PFASs)이 대수층[90], 우물, 비료로 사용되는 바이오솔리드에 침투하고 있다는 연구 결과가 발표되고 있다. 과불화화합물은 생체에 축적될 뿐만 아니라 독성이 있고, 분해되지 않기 때문

90 지하수를 품고 있는 지층.

에 "영원히 사라지지 않는 화학물질"이라고도 불린다. 일부 바이오솔리드에서 이 화합물의 수치가 높은 것은 하수시스템을 통해 폐기물을 오염시킨 산업 오염원과 관련이 있을 가능성이 높다. 따라서 당국은 바이오솔리드를 비료로 사용하는 것을 제한하기 위해 면밀하게 조사를 수행하고 있다. 또한 식품 포장재로 만든 일부 퇴비에서도 이 화학물질이 발견되면서 일부 퇴비화 가능한 종이 제품 공급원을 금지해야 한다는 목소리도 높아지고 있다.

장기적인 위험을 최소화하기 위해서는 독성물질의 사용에서 벗어날 수 있는지 여부와 그 방법에 대한 신중한 논의가 필요하며, 그 결과를 이해하기 위해 더 많은 물질을 테스트해야 한다. 단기적인 효율성의 문제로 산업폐기물을 똥과 함께 버리는 대신 장기적인 안전을 위해 분리 처리하는 것을 고려해야 할 수도 있다. 우리의 토양과 바이오솔리드 중 일부는 위험한 화합물을 생성하는 산업현장과 가깝기 때문에 오염된다. 이런 화학물질의 공급원을 차단하고 주요 오염원을 청소하는 것은 쉬운 일이 아니지만, 지속적인 확산을 최소화하는 데에는 도움이 될 것이다. 잠재적인 위험성 때문에 바이오솔리드는 다른 퇴비나 비료보다 금속과 화학물질의 존재 여부를 더 자주 검사하며, 이는 바이오솔리드가 사실상 환경 지표가 되었기 때문에 우리가 바이오솔리드에 대해 더 많이 접할 수 있다는 것을 뜻한다. 밀레는 "우리는 수십 년에 걸친 데이터를 보유하고 있습니다"라고 말했다. 실험, 계산, 위험 평가 중 일부는 음식물 쓰레기 퇴비 및 소 분뇨와 같은 다른 대안에 대한 품질 및 안전 임곗값을 설정하는 데 사용되기도 한다.

비료나 퇴비로 사용되는 바이오솔리드의 경우, 미국환경보호청(EPA)은 9가지 금속에 대한 안전 한도를 설정한 반면, 유럽연합은 6가지 금속을 규제하고 있다(유럽 기준은 납에 대한 높은 임곗값을 제외하고는 더 엄격하게 적용된다). 다른 바이오솔리드와 마찬가지로 루프도 금속 농도가 기준을 통과하는지 매달 테스트를 거치는데, 지금까지는 무난하게 통과했다. 킹카운티는 9가지 추가 금속과 일부 분변 관련 세균, 기생충, 바이러스에 대해서도 루프를 테스트한다.

카운티에서 의뢰한 별도의 위험 분석에서는 이 지역의 농부, 정원사, 등산객 또는 어린이가 바이오솔리드 또는 퇴비를 사용하여 만든 비료를 직접 손으로 몇 년 동안 만져야 비누와 같은 개인 위생용품에 포함된 11가지 의약품 및 기타 화학물질에 일상적으로 노출됐을 때와 같은 효과가 나타나는지 조사했다. 이 결과에 따르면, 바이오솔리드를 사용하는 농부는 2만 3309년을 바이오솔리드를 일상적으로 만져야 항생제 아지트로마이신 한 알에 들어 있는 화학물질에 노출되며, 바이오솔리드를 사용하는 정원사는 96만 5819년 후에야 이 수치에 도달한다. 또한 이 분석은 바이오솔리드를 비료로 사용해 재배한 밀이 11가지 유해 화합물 중 어느 하나도 흡수했다는 증거가 발견되지 않았다는 것도 밝혀냈다. 하지만 환경 내 미세플라스틱의 편재성에 대한 우려가 커지면서 킹카운티 폐수처리장 운영자와 다른 처리장 운영자들도 이에 대한 테스트를 시작했다.

브라운을 비롯한 연구자들의 연구 결과는 터코마 같은 지역사회의 토양오염에 대한 우려를 완화하는 데 도움이 되기도 했다. 거의 한 세기 동안 터코마의 한 제련소는 광물 퇴적물에서 구리를 분리해 주변 토양을 납과 비소로 오염시켜 왔다. 제련 폐기물 때문에 산성으로 변한 환경에서는 납이 토양 입자에서 더 쉽게 방출되어 식물이 납을 더 많이 흡수하게 된다. 바이오솔리드는 토양 pH를 높이고 금속 결합 분자를 공급해 납을 토양에 가두는 데 도움을 줄 수 있다. 또한 바이오솔리드는 식물이 독성 비소 대신 인을 우선적으로 흡수하게 만들 수도 있다. 연구에 따르면 루프와 마찬가지로 터코마의 터그로도 중금속 함량이 낮아 도시 토양의 중금속 농도를 낮춘다. 박사학위 연구의 일환으로 터코마와 시애틀 두 지역에서 비소와 납으로 오염된 토양을 조사한 캔자스주립대 농학과 학생은 바이오솔리드로 토양을 처리하면 재배의 안전성을 **높일 수 있다**는 결론을 내리기도 했다.

이제 폐수처리업체들은 선택적인 대응을 해야 한다는 것을 알게 됐다. 명백한 증거에도 흔들리지 않는 사람들이 있다는 것을 알게 됐기 때문이다. 하지만 초기에 회의적이었던 사람들도 직접 결과를 확인하면서 점점 태도를 바꾸고 있는 것것 또한 사실이다. 2020년 10월 초의 따뜻한 오후, 먼 곳에서 발생한 산불 연기와 뒤섞인 안개가 막 걷혀 가던 터코마의 한 커뮤니티 가든에서 나는 크리스틴 매카이버(Kristen McIvor)를 만났다. 매카이버는 벌들이 들러붙어 있는 노란색 마스크를 쓰고 있었는데, 그 모습은 1에이커에 달하는 정원에 흩어져 있는 수십 송이의 해바라기 군락과 잘 어울렸다. 그 정원에는 짙은 보라색 포도와 달리아, 분홍색 기생초(tickseed), 진한 빨간색 토마토, 선명한 파 잎, 그리고 내가 모르는 다양한 채소가 가득했다. 도시의 스완크리크공원(Swan Creek Park)과 소득 수준이 다양한 가정이 밀집한 살리샨(Salishan) 지역에 인접한 이 정원을 가꾸는 주민들의 구성은 매우 다양하다. 매카이버는 이들이 주로 동남아시아, 동유럽, 북아프리카 출신이며, 이들이 쓰는 언어만 해도 7가지나 된다고 말했다. 하지만 이들은 이 정원에서 땅을 가꾸면서 공통의 관심사로 뭉쳐 있는 것 같았다. 정원 가꾸기와 농사에 사용되는 터그로는 여러 가지 형태로 출시되는데, 그중 가장 인기 있는 제품 중 하나는 바이오솔리드, 톱밥, 숙성된 나무껍질이 포함된 화분용 흙 혼합물이다. 브라운대학교 연구실에서 대학원생으로 공부하던 매카이버는 도시 식량 생산과 음식 공유에 관심이 많았고, 터코마에서 커뮤니티 원예 프로그램을 만들기 위해 이 토양 제품을 사용하기 위한 연구를 했다. 유기물을 이용한 작업을 시작하고 나서 그는 깨달음을 얻었다며 이렇게 말했다. "세상에, 터그로는 토양이 열악한 지역은 물론 어디에서나 정원을 가꾸는 데 정말 최고의 제품이에요. 특히 초보자들이 정원을 가꿀 때 도움이 되는 것 같아요." 이 화분용 흙은 매우 효과가 좋아서 매카이버와 그의 동료들은 자갈이 많이 깔린 주차장에서도 정원을 만들 수 있었다고 말했다. 터그로 제품 중에는 녹색 지붕을 가꾸는 용도로 사용되는 제품, 주정부가 지원하는 마리화나 재배 산업에 사용되는 배양토도 있다.

학문적 연구와 함께 매카이버는 터그로 제조 공장에서 일하면서 지역사회 건강을 개선하기 위한 정책 변화를 지지하는 조직을 만들기 시작했다. 2010년, 정부 지원을 받는 피어스컨서베이션디스트릭트(Pierce Conservation District)는 하비스트 피어스카운티(Harvest Pierce County)라는 새로운 프로그램을 시작했고, 매카이버는 이 프로그램의 디렉터로 임명됐다. 그로부터 10년 후, 그는 80개가 넘는 커뮤니티 가든과 먹거리 숲(food forest)[91] 개장을 감독했다. 모든 정원은 정원을 가꾸는 사람이 직접 운영하며, 이들은 자체적인 규칙과 헌장을 준수한다. 이 단체는 무료로 땅을 제공하면서 사용자들에게 터그로나 마당 쓰레기로 만든 전통적인 퇴비 중 하나를 선택할 수 있도록 했다. 매카이버는 후자를 선택한 사람은 소수에 불과

---

91   수목과 화초, 농작물이 조화롭게 다층 구조를 이루어 다양한 먹거리를 생산하는 숲.

하며, 주저하던 많은 사람도 결국 방치된 도시 부지가 얼마나 빨리 풍성한 텃밭이 될 수 있는지 보여 주는 시연을 통해 금세 마음을 바꿨다고 말했다.

2012년, 하비스트피어스카운티의 수확 공유 프로젝트는 60톤이 넘는 텃밭 농산물을 푸드뱅크에 제공했다. 미군의 루이스-매코드 합동 기지와 이전 인텔 캠퍼스에서 많은 도움을 받은 정원 가꾸기 그룹을 포함해 더 야심 찬 정원 중 일부는 온실, 태양열 온수, 스마트폰 앱 및 기타 방법을 실험해 재배 시즌을 앞당기고 기부를 극대화했다. "커뮤니티 가든에 참여해서 뭐가 좋은지 사람들이 제게 이야기할 때, 대부분은 토마토 같은 채소를 더 많이 먹을 수 있다는 것을 최고의 장점으로 꼽지는 않아요." 매카이버가 설명했다. 일부는 실제로 가족을 위해 더 많은 식량을 확보하고 싶어 하지만, 대부분은 재미있고 흥미로운 일을 하면서 식단을 보충하고 이웃을 알아 가기를 원한다. 다시 말해, 건강한 토양은 땅속에서뿐만 아니라 그 위에서도 커뮤니티를 구축할 수 있다. 다양한 그룹이 함께 일할 때 약간의 마찰은 있을 수 있지만, 텃밭 가꾸기는 익숙하지 않은 그룹에 지저분하더라도 민주적인 의사결정에 대한 귀중한 교훈을 제공한다. 또한 밀레는 야외에서 신체 활동을 하며 음식과 자연을 모두 접하는 것은 엄청난 치유 효과를 가져다준다고도 말했다.

커뮤니티 가든을 가꾸는 사람들 중 일부에게는 자신이 사랑하는 텃밭이 삶의 필수적인 부분이 됐다. 2015년 터코마커뮤니티칼리지의 커뮤니티 가든이 건설 프로젝트로 위협을 받았을 때, 《터코마뉴스트리뷴(Tacoma News Tribune)》의 한 기자는 매일 정원을 가꾸던 로자 니치포룩(Roza Nichiporuk)의 모습을 동영상에 담았다. 건설 프로젝트를 비판하는 기사를 첨부하기 위해서였다. 기자가 건설 프로젝트에 대한 니치포룩의 생각을 묻자, 통역사이자 동료 정원사가 그를 대신해 대답했다. "심장마비에 걸린 줄 알았대요. 너무 화가 났고, 사흘 밤을 제대로 못 잤대요."

"정원이 없어진다면 어떻게 할 거예요?"

"그러면 죽어 버릴 거라고 했어요."

인터뷰하던 기자는 믿을 수 없다는 듯 웃으면서도 외쳤다. "아니, 아니, 그러면 안 돼요!"

기자와 니치포룩은 둘 다 웃으면서 말했지만, 통역사는 니치포룩이 얼마나 정원에 애착을 가졌는지를 추가로 설명했다. "니치포룩은 하루에 두세 번씩 이곳에 와요. 아침, 저녁, 때로는 낮에도 옵니다. 정말 열심히 일하지요. 정원을 너무 사랑하고, 정원이 자신의 삶이라고 생각합니다." 그 뒤 결국 매카이버와 하비스트피어스카운티는 정원이 온전하게 유지되도록 만드는 데 성공했다. 이 프로그램은 주로 라틴계 주민을 대상으로 하는 터코마피어스카운티 보건국의 이스트사이드가족지원센터(Eastside Family Support Center) 등과 파트너십을 형성하는 데 탁월한 효과를 냈다. 매카이버와 나는 근처의 다른 소규모 커뮤니티 가든에도 들렀다. 작물 대부분은 수확이 끝난 상태였지만 옥수수, 토마티요, 호박 몇 개가 눈에 띄었다. 매카이버는 사용하지 않은 터그로 더미를 가리켰고, 우리는 둘 다 손을 그 안에 집어넣었다. 약간 따뜻하고 느슨한 흙 같았다. 희미한 암모니아 냄새가 났지만 시간이 지나면서 대부분 사라졌다.

매카이버는 나에게 다른 것들도 보여 주었다. 작은 커뮤니티 가든의 성공을 바탕으로 센터의 디렉터와 핵심 정원사 그룹은 언덕 아래 길고 좁은 공터, 울타리가 쳐져 있는 1에이커 반의 공터, 그리고 외래종 히말라야블랙베리와 거미줄이 무성한 공원을 되살리기 위한 브레인스토밍을 시작했다. 한때 푸얄럽 부족의 땅이었으나 지금은 터코마공립학교 소유가 된 이곳에서 푸얄럽 부족민들은 멕시코에서 온 푸레페차 (Purépecha) 부족과 협력했다. 이들은 서양인들이 아메리카에 오기 이전의 음식과 전통적인 약초에 대해 사람들이 배울 공간을 원했다. 푸얄럽 부족의 그랜드뷰조기학습센터(Grandview Early Learning Center)에 있는 아이들을 포함한 아이들에게 푸레페차어와 루슈트시드어를 가르칠 장소를 원하기도 했다. 그들은 처음부터 그들의 말과 지혜, 가치와 문화를 다시 심고 있었다. 매카이버는 "이 정원은 지난 10년 동안 우리가 배운 모든 것의 정점이라고 생각해요"라고 말했다.

각 원주민 그룹의 정원사 6명이 전통 의학 과정에 등록하고 첫 수업을 막 마쳤을 때 팬데믹이 닥쳐 프로젝트의 추진력이 둔화됐다. 그럼에도 우리는 푸레페차 부족민 정원사 중 한 명이 재배한 두 가지 종류의 호박을 볼 수 있었다. 푸레페차어로 푸르후(Purhu)라고 불리는 호박이었다. "망자의 날(Día de Muertos)" 축제 때 사용하기 위해 재배되던 주황색 금잔화[원주민어로 "아파트시쿠아(apátsicua)]도 정원에서 눈에 띄었다. 멕시코의 이 명절에는 가족들이 고인을 기억하고 추모하는데, 멕시코인들은 금잔화의 밝은 꽃잎과 향기가 영혼을 유혹하여 친척을 방문하게 한다고 생각한다. 푸레페차 부족민들은 이 정원이 가꾸어지기 전에도 이미 축복을 받았지만, 수십 년 동안 정원 부지에 쌓인 부정적인 에너지를 제거하기 위해 또 다른 정화 의식이 필요하다고 말했다.

다른 프로젝트들도 급박하게 진행되고 있었다. 코로나19 팬데믹으로 인한 예산 위기에도 밀레는 킹카운티가 악취 제어 및 기타 대기질 기준을 충족할 때까지 처리장 세 곳 중한 곳에서 소규모 퇴비화 프로젝트를 시작하기를 희망한다고 말했다. 이 시범 사업이 성공하면 밀레는 향후 다른 소규모 처리시설과 파트너십을 맺어 자체 바이오솔리드를 제작해, 바이오솔리드를 다른 지역에서 가져오지 않고도 지역 커뮤니티 가든에서 퇴비로 사용할 수 있게 할 예정이라고 말했다. 밀레는 이 지역에서 생산된 퇴비는 도시의 식량 사막(food desert)[92]을 채우고 녹지공간을 확장하는 데 도움을 주어 형평성과 사회정의를 더 잘 구현할 수 있다고 생각한다.

사람들은 폐기물 재활용이 모든 문제를 해결할 수는 없지만 많은 사람을 하나로 모으는 촉매제 역할을 했다는 사실에 감탄한다. 우리 집 마당에서 제프와 나는 양치류를 어떻게 다듬을지, 고추를 더 심을지 말지, **"세상에, 그걸 왜 거기에 놓는 거야?"** 하는 등 하찮은 일로 다투기도 했고, 정원 가꾸기 실패에 겸손해지기도 했고, 정신적으로 지친 한 해의 고단함에 같이 울기도 했다. 2020년 대통령 선거일에는 무슨 일을 할까 고민하다 튤립 100그루를 심기도 했다.

하지만 그 와중에도 나는 좋은 똥이 식물을 잘 자라게 한다는 것을 새삼 깨닫고 있었다. 봄이 되자 튤립들은 핑크와 라벤더, 딥 퍼플, 더블 핑크 앤 화이트 등 다양한 색깔로 꽃무, 마취목꽃, 진달래를 압도하면서 멋진 모습을 선보였다. 채소밭을 뒤덮은 잡초를 포함해 거의 모든 것이 무성하게 자라고 있었다.

우리는 붉은 삼나무와 두 그루의 더글러스전나무 아래쪽 마당의 경사진 부분에 새 프로젝트를 진행하기로 했기 때문에 식량 작물을 조금 줄여야 할지도 모른다는 생각을 했다. 시간이 지남에 따라 토양이 심하게 침식되어 우리가 키우려고

---

92 걸어서 400미터 이내에 신선한 제품을 판매하는 상점이 없어 저렴하고 영양가 있는 음식을 구하기 어려운 지역.

노력했던 몇 가지 토종 식물과 지속적으로 퇴치하고 있는 외래종 식물들이 자라는 척박한 토양이 생겨났다. 우리는 경사면 일부를 평평하게 하고 더 좋은 흙과 퇴비를 가져온 후, 그 공간을 채울 더 많은 토종 식물을 골랐다. 우리의 선택은 에버그린허클베리, 캐스케이드오리건포도, 레드플라워링커런트(Red Flowering Currant), 꽃산부추(nodding onion), 오리건아이리스, 웨스턴조팝나무, 폴스솔로몬스실(false Solomon's seal)이었다.

이번에는 이 새로운 식물들을 건강하게 키울 완벽한 퇴비가 무엇인지 알고 있었다. 하지만 그것, 터그로를 구하려면 서둘러야 했다. 곧 점심시간이라 터그로를 파는 상점이 문을 닫기 직전이었고, 나는 주말에 정원을 가꾸는 데 쓸 약간 매운맛이 나지만 강력한 식물성비료를 한 포대 가득 집으로 가져오고 싶었다. 누군가의 재활용된 배설물을 찾아, 나는 서둘러 차를 몰아 상점으로 향했다.

CHAPTER 10

서가

서울대 가지 않아도 들을 수 있는 명강의

명강

30

인문

개인에서 타인까지,
'진짜 나'를 찾기 위한 여행

다시 태어난다면,
한국에서 살겠습니까

사회과학 이재열 교수 | 18,000원

**"한강의 기적에서 헬조선까지
잃어버린 사회의 품격을 찾아서"**

한국사회의 어제와 오늘을 살펴
문제점을 진단하고 해결책을 제안한 대중교양서

우리는 왜 타인의
욕망을 욕망하는가

인류학과 이현정 교수 | 17,000원

**"타인 지향적 삶과 이별하는
자기 돌봄의 인류학 수업사"**

한국 사회의 욕망과
개인의 삶의 관계를 분석하다!

내 삶에 예술을 들일 때,
니체

철학과 박찬국 교수 | 16,000원

**"허무의 늪에서 삶의 자극제를
찾는 니체의 철학 수업"**

니체의 예술철학을 흥미롭게, 또 알기 쉽게
풀어내면서 우리의 인생을 바꾸는 삶의
태도에 관한 니체의 가르침을 전달한다.

지금, 서가명강 시리즈로 각 분(

서가명강 BEST 3

서가명강에서 오랜 시간 사랑받고 있는
대표 도서 세 권을 소개합니다.

나는 매주 시체를 보러 간다

의과대학 법의학교실 유성호 교수 | 18,000원

"서울대학교 최고의 '죽음' 강의"

법의학자의 시선을 통해 바라보는 '죽음'의 다양한
사례와 경험들을 소개하며, 모호하고 두렵기만
했던 죽음에 대한 새로운 인식을 제시하다

왜 칸트인가

철학과 김상환 교수 | 18,000원

"인류 정신사를 완전히 뒤바꾼 코페르니쿠스적 전회"

칸트의 위대한 업적을 통해 인간에게 생각한다는
의미와 시대의 고민을 다루는 철학의 의미를
세밀하게 되짚어보는 대중교양서

세상을 읽는 새로운 언어, 빅데이터

산업공학과 조성준 교수 | 17,000원

"미래를 혁신하는 빅데이터의 모든 것"

모두에게 영향력을 끼치는 '데이터'의 힘
일상의 모든 것이 데이터가 되는 세상에서
우리는 빅데이터를 어떻게 바라봐야 할까?

인생명강

내 인생에 지혜를 더하는 시간

* 인생명강 시리즈는 계속 출간됩니다.

9월의 어느 더웠던 저녁에 이웃집 정원에서 작은 맥주 품평회가 열렸다. 사람들은 그린올리브, 만체고치즈, 리버파테(liver pâté)를 가져왔고, 나는 시원한 맥주 4캔과 점수를 적을 종이, 입가심용 프레첼을 준비했다. 이날 행사를 위해 내가 가져온 하늘색 맥주 캔에는 "퓨어워터브루(Pure Water Brew)"라는 문구가 크게 새겨져 있었다. 캔마다 수제 에일 맥주 470밀리리터가 담겨 있었는데, 겉면에는 "역사보다 중요한 건 질(Quality not History)"이라는 문구와 함께 비버 그림이 담겼다. 비버 옆에는 "진짜 맛있어요"라는 글씨도 적혀 있었다. 맥주 맛은 정말 좋았고, 아마추어들이 평가한 결과, 라이트 하이브리드 맥주를 제치고 이 아메리칸 페일 에일 맥주가 우승했다.

이 작은 행사는 참가자들이 모두 물 보존 운동에 동참하고 있었기 때문에 더욱 의미가 있었다. 우승을 차지한 아메리칸 페일 에일 맥주 캔에는 "100퍼센트 재활용 H_2O"로 양조됐다는 문구와 함께 작은 글씨로 설명이 적혀 있었다. "(1) 모든 물은 이전에 소비되었으며 다시 소비될 것입니다. (2) 지구상에서 가장 순수한 물로 만들어졌습니다. (3) 깨끗한 물은 생각보다 가까이에 있습니다."

이 맥주를 만들 때 사용한 깨끗한 물은 오리건주의 클린워터서비스 공장에서 폐수를 3단계 정화 처리해 만들어 낸 것이었다. 이렇게 정화된 물은 매우 깨끗하기 때문에 양조공장에서는 이 물에 미네랄을 다시 첨가해 맥주 양조로 유명한 도시들에서 사용하는 물과 똑같은 물을 만들어 낼 수 있다. 예를 들어, 버턴온트렌트(Burton-on-Trent, 영국 중부의 도시)의 다크버턴에일, 뮌헨의 브라운둔켈라거, 체코 플젠(Plzeň)의 페일필스너를 만드는 데 사용하는 물도 이 과정을 통해 정화해 낼 수 있다. 그러나 클린워터서비스의 홍보 담당자 마크 조커스(Mark Jockers)는 어려움을 전했다. "양조 전문가들은 수질에 대한 전문적인 지식을 가지고 있는데도, 폐수가 이렇게 깨끗한 상태의 물로 정화될 수 있다는 사실을 믿기 힘들어합니다." 처음에는 수자원 규제당국도 이 사실을 믿지 못했다. 조커스의 설명에 따르면 실제로 2014년 이 양조 프로젝트가 시작됐을 때 오리건주 환경 당국은 정화된 폐수를 맥주 원료로 사용하는 것을 허가하지 않았다. 그러자 프로젝트 팀은 폐수처리장의 폐수 배출 지점에서 약간 떨어져 있는 투알라틴강에 흐르는 물을 정화해 사용하는 것을 허가해 달라고 요청했고, 당국은 그 요청을 흔쾌히 받아들였다. "우리는 이 물을 '망각의 물(waters of amnesia)'이라고 부릅니다. 폐수를 정화해 수역(body of water)[93]에 흘려보내면 마술처럼 깨끗한 물이 되기 때문이지요. 하지만 폐수를 정화한 물을 수역에 흘려보내지 않고 그대로 두면 다들 그 물을 핵폐기물처럼 생각합니다. 사람들은 물에 아주 민감해요." 조커스가 말했다.

유명한 애니메이션에 나오는 순록도 물에 아주 민감한 것 같다. 우리 가족이 가장 좋아하는 디즈니 영화 중 하나인 〈겨울왕국 2(Frozen 2)〉에서 스벤이라는 순록이 개울물을 마실 때 옆에 있던 눈사람 올라프가 여러 가지 상식 중 하나를 알려 주는데, 그중 하나는 과학적으로 잘못된 믿음이었고, 다른 하나는 진실이었다. 올라프는 "물은 기억을 해"라고 말하는데, 사실 **그렇지 않다**. 물은 이전에 물 안에 무엇이 들어 있었는지, 또는 이전에 어디에 들어 있었는지 전혀 알 수가 없다. 하지만 올라프가 그 뒤를 이어 한 "너와 나를 이루는 물은 우리 이전에 적어도 네 사람이나 그 정도의 동물을 거친 거야"라는 말은 진실이다. 그러나 스벤은 이 말을 듣자마자 마셨던 물을 뱉어 버린다.

물 분자가 얼마나 많은 생명체를 통과했는지 추정하는 것은 쉬운 일이 아니지만, 여러 연구 결과에 따르면 우리 몸속의 물은 과거에 여러 다른 생명체에 존재했던 것이다. 하지만 물에는 기억이 없으며, 우리가 재사용하는 물은 그냥 수소 원자 2개에 산소 원자 1개로 이루어진 깨끗한 물일 뿐이다. 과

---

93   고체 표면을 가진 천체의 지각 등에 존재하는 물이나 얼음으로 덮인 지역의 물.

학자들은 지구상의 모든 물이 원래 수십억 년 전에 우주가스 구름, 우주먼지 또는 운석에 있었으며, 이 물이 지구 생명체에 필수적인 수소와 산소를 지구로 가져왔다고 추정한다. 그 이후로 지구의 물순환은 사용과 재사용의 연속적인 폐쇄 루프를 유지하고 있다.

『거대한 갈증(The Big Thirst)』의 저자 찰스 피시먼(Charles Fishman)은 NPR(미국의 공영 라디오방송)과의 인터뷰에서 다음과 같이 말했다.

> 따라서 에비앙생수병에 담긴 물, 물컵에 담긴 물, 스파게티를 끓일 때 사용하는 물 등 지구상의 모든 물은 43억 년, 44억 년 전의 물입니다. 지구에서는 물이 만들어지지도 없어지지도 않습니다. 현재 우리가 가지고 있는 모든 물은 반복해서 사용되어 왔기 때문에 폐수를 재사용하는 것에 대한 모든 논쟁은 어리석은 일입니다. 우리가 마시는 물 한 잔, 커피 한 잔은 모두 티라노사우루스나 아파토사우루스(Apatosaurus)의 신장을 거쳐 나온 공룡의 오줌입니다.

비교적 짧은 시간대에서 본다면, 강 하류에 있는 도시 사람들은 강 상류에 있는 도시 사람들의 신장을 거쳐 방출된 물을 재처리한 물을 마시고 있다고 할 수 있다. 깨끗한 수돗물을 마시는 운이 좋은 사람들은 수돗물이 어디에서 왔는지 생각하거나 혐오감과 싸울 필요가 없다. 우리는 음식과 음료를 발효시키는 데 사용하는 박테리아와 효모 균주 중 얼마나 많은 수가 조상이나 다른 동물의 장관을 통과했는지 생각하지 않는다. 그렇다면 물에 대해서도 그런 생각을 할 필요가 없다. 우리가 배출하는 다른 것들과 마찬가지로 물도 재사용할 수 있다. 실제로 과학자들과 공학자들은 자연에서 힌트를 얻어 생수와 발효식품, 프로바이오틱스 식품을 만드는 재료들을 안전하게 재활용할 방법을 연구하고 있다. 우리가 마시고 먹은 뒤 배출하는 물과 음식을 정화해 재활용하면 지구 온난화와 오염으로 인한 식수 부족 문제를 완화하고, 열악한 위생과 식량 불안정으로 인한 영양결핍 문제를 해결하는 데 도움이 된다. 하지만 이런 작업을 수행하는 데 가장 큰 걸림돌은 기술적인 문제가 아니라 심리적인 문제다.

스페인 지로나에 있는 농식품기술연구소에서 개발한 푸엣(fuet)[94]을 예로 들어 보자. 전문 시식 평가단은 이 새로운 푸엣이 매우 맛있다고 공통적으로 말했지만, 이 새로운 푸엣을 상품화하는 데 관심을 보인 기업은 단 한 곳도 없었다. 문제는 이 푸엣의 재료인 돼지고기를 발효시켜 감칠맛을 내는 데 사용하는 박테리아의 출처가 아기 똥이라는 사실에 있었다. 하지만 이 소시지 제조 과정이 설명된 "발효소시지 제조를 위한 프로바이오틱 스타터 배양물 용도로 유아 대변에서 추

---

94 소금에 절여 저장한 돼지고기와 지방으로 만든 지중해식 소시지.

출된 유산균의 특성 분석"이라는 논문은 확실히 주목을 끌긴 했다.

스페인 연구진이 발효과정에서 이렇게 특이한 유산균 공급원을 사용한 이유는 무엇일까? 아기 똥에는 생물학적 마커가 풍부할 뿐만 아니라 요구르트에 일반적으로 포함되어 있는 프로바이오틱스인 락토바실러스와 비피도박테리움이 매우 많이 포함되어 있다. 연구자들은 건강한 유아 43명의 기저귀 똥에서 박테리아를 분리해 배양한 다음, 어떤 종이 가장 효과적인지 알아보기 위해 다양한 실험을 진행했다. 이 박테리아들은 돼지고기에 포함된 탄수화물을 먹고 부산물로 젖산을 생성했다. 연구자들은 이 발효과정을 통해 소시지가 또다른 프로바이오틱스 식품으로 변할 수 있을 것이라고 생각했다. 하지만 미생물이 사람의 장에서 살아남아 활동하려면 산을 견뎌 내야 한다. 따라서 이 연구자들은 이미 장에 존재하며, 비교적 쉽게 구할 수 있는 박테리아종에 초점을 맞췄다 (아기 똥은 쉽게 구할 수 있다). 결과물이 상품으로 만들어져 팔리지는 못했지만, 이 과정을 통해 우리 장내 발효균의 본질적인 가치를 확인할 수 있다.

이 연구 결과를 바탕으로 노스캐롤라이나주 웨이크포레스트대학교의 연구원들은 유아의 더러운 기저귀에서 수집한 10종의 락토바실러스와 엔테로코쿠스 박테리아로 프로바이오틱스 "칵테일"을 개발했다. 이 칵테일을 쥐에게 먹였더니 설치류의 장 건강에 중요한 단쇄지방산(short-chain fatty acids, SCFAs)[95] 생성량이 늘어났다. 프로바이오틱스 연구는 아직 초기 단계에 있으며, 이와 관련된 많은 건강 효능 주장은 면밀한 조사를 통해 시들해지긴 했다. 하지만 최근의 일부 연구 결과에 따르면 건강한 유아에게서 추출한 박테리아가 성인에게 도움이 되는 프로바이오틱스로 사용될 수 있으며, 이는 완전히 새로운 특수 식품 라인의 문을 열 가능성을 시사한다.

하지만 똥에서 물과 미생물 배양액을 얻을 수 있다는 이야기를 들으면, 오랫동안 질병을 연상시키던 물질을 의약품이나 토양개량제로 활용할 가능성을 상상할 때 부딪치는 인지적 장애에 직면하게 된다. 음식과 마찬가지로, 우리가 어떤 형태의 재생수를 받아들일 수 있는지에 대한 질문은 혐오감과 관련된 질문이라고 조커스는 말한다. 그는 과학자들조차도 같은 물이라는 것을 알고 있음에도 재생수를 마시는 것은 꺼린다고 말했다. 밀러브루잉컴퍼니(Miller Brewing Company)를 비롯한 물 재사용 프로젝트에 반대하는 사람들이 아이러니하게도 혐오와 낙인의 힘을 이용해 재생수의 안전성과 이점을 폄하하고 있기 때문에 여러 지자체에서도 선뜻 재생수 이용에 동의하지 않고 있다. 호주의 반대자들은 재생수를 마시는 것이 "하수를 마시는 것"이라고 주장하기도 했다.

물 재활용 지지자들 일부는 이런 역풍에 굴복했고, 1990년

95 장내미생물의 주요 대사산물로, 탄소 수가 6개 이하로 적은 지방산.

대와 2000년대에는 여러 물 재활용 프로젝트가 무산되기에 이르렀다. 캘리포니아의 샌게이브리얼밸리(San Gabriel Valley)에서는 밀러브루잉컴퍼니의 주장 때문에 양조공장에서 배출한 폐수가 방류된 강 하류 부근의 지하수를 정화해 활용하고자 하는 계획이 실패했다. "그들은 맥주를 화장실 물로 만든다는 오명을 뒤집어쓰는 것을 원치 않았습니다." 오렌지카운티 수도국의 총책임자인 마이크 마커스(Mike Markus)가 내게 말했다. 그 뒤 양조장에서 더 멀리 떨어진 **하류** 부근의 지하수를 재활용하자는 아이디어가 제기됐지만, 역시 현실화되지는 못했다.

로스앤젤레스에서는 2001년 시장 선거에서 이스트밸리 물 재활용 프로젝트가 정치적 쟁점이 됐다. 당시 샌퍼낸도밸리(San Fernando Valley)의 재충전 유역에 처리된 물을 식수로 보내기 위한 파이프라인과 공장이 이미 건설된 상태였지만, 가동 며칠 만에 정치적인 문제로 5500만 달러 규모의 이 프로젝트가 갑작스럽게 중단됐다. 샌디에이고에서는 일부 반대자가 의심스러운 물이 주로 소외된 지역으로 보내질 것이라고 거짓 주장을 하면서 재활용 프로젝트가 중단되는 데 일조하기도 했다.

클린워터서비스는 "이 물로 맥주를 만든다면 마시겠습니까?"라는 질문에 집중했다. 밀러브루잉컴퍼니와 달리 이 회사는 사람들이 "예"라고 대답할 것이라고 확신했다. 회사의 예상대로 사람들은 긍정적인 반응을 보였지만, 조커스는 이 프로젝트의 성공에는 신중한 홍보 전략이 중요한 역할을 했다고 지적했다. 맥주 제조에 재활용수를 사용한다는 생각은 처음부터 매우 긍정적인 반응을 끌어냈고, 클린워터서비스는 재활용수로 만든 맥주에 대한 명명권을 주장했다. 이 맥주의 이름으로는 루스스툴페일에일(Loose Stool Pale Ale), 아이피 IPA(I Pee IPA), 브라운트라우트에일(Brown Trout Ale) 같은 다양한 이름이 거론됐지만 결국 퓨어워터브루(Pure Water Brew)라는 이름이 최종적으로 붙여졌다.

나는 이 성인용 음료의 인기가 정신적 봉쇄를 깨는 비밀 병기일 수 있다고 본다. 맥주 등 주류에 재활용수를 사용한다는 것은 아이들이 마시지 않는다는 것을 뜻하며, 양조 및 증류 과정에서 병원균이 죽는다는 것을 뜻하기도 한다. 스톡홀름에서는 양조업자들이 대중의 이목을 끄는 참신한 신제품으로 퓨레스트필스너(PU:REST Pilsner), 베를린에서는 리유즈비어(Reuse Beer), 샌디에이고에서는 한 양조장에서 풀서클페일에일(Full Circle Pale Ale)을 만들어 냈다. 2015년 초, 오리건주의 클린워터서비스는 고도로 정제된 폐수를 오리건브루크루(Oregon Brew Crew)라는 홈브루잉(home-brewing) 협회 회원들에게 제공할 수 있는 허가를 주정부로부터 얻었다. 이 프로그램은 큰 성공을 거두었고, 클린워터서비스와 협력 업체들은 2020년에는 재활용수를 양조업체 12곳에 제공해 이 업체들이 매년 열리는 오리건주 맥주 축제에 소규모로 생산한 맥주 브랜드를 선보일 수 있게 만들 계획이었다. 하지만 코로나19로 이 행사는 취소됐고, 오리건브루크루는 대신 홈브루어 대회를 열었다. 나와 이웃 사람들이 시음한 맥주 4캔은 이 대회장에서 가져온 것이었다.

앞서 언급한 소규모 맥주 품평회에서 우승한 아메리칸 페일 에일 맥주를 만든 젠 맥폴랜드(Jenn McPoland)는 2006년 오리건브루크루 모임에서 만난 남자와 결혼했다. 그 후 그 부부는 포틀랜드의 차고에 10갤런 규모의 양조 시스템, 대형 냉각기, 맥주 디스펜서 11개를 갖추게 됐다. 맥폴랜드는 "이웃들이 우리를 정말 좋아해요"라고 웃으며 말했다. 맥폴랜드는 홈브루잉 클럽을 통해 퓨어워터브루 프로젝트에 대해 알게 되었고, 프로젝트가 시작된 이래로 거의 매년 대회에 참가하고 있다. "결국, 한때 모든 물은 공룡의 오줌이었잖아요?" 맥폴랜드가 말했다. 이 사실은 분명 사람들에게 깊은 인상을 남긴 듯하다.

아마도 비슷한 생각을 가진 사람들과 어울리기 때문이겠지만, 맥폴랜드 부부는 자신들이 재생수로 만든 맥주에 대해 혐오감을 나타낸 사람을 한 번도 만난 적이 없다고 말했다. "우리가 이 이야기를 하면 사람들은 대부분 재미있어해요. 사람들은 맥주를 좋아하거든요." "비어바나(Beerrvana)"[96]라는

---

96 '맥주의 천국'이라는 뜻.

별명으로 불리는 도시에서 이런 반응은 어찌 보면 당연해 보인다. 맥폴랜드 부부는 루바브(rhubarb) 베를리너바이세(Berliner Weisse), 멕시칸초콜릿포터(Mexican chocolate porter)라는 이름의 재활용수 수제 맥주를 대회에서 선보여 친구들과 심사위원들을 놀라게 하기도 했다. 2020년 대회에서 이들은 뮌헨식 물 배합 비율을 바탕으로 소금과 홉(hop)을 첨가해 만든 솔티비치페일(Salty Bitch Pale)이라는 재활용수 맥주를 출품해 우승을 거머쥐기도 했다.

맥폴랜드는 가정에서 재활용한 물로 맥주를 만들면 서로 대화를 나눌 수 있다는 것도 홈브루잉의 장점이라고 말했다. "사람들이 홈브루잉에 호기심이 많아요." 그가 내게 설명했다. 그는 이런 호기심을 충족시켜 주고, 끝맛이 좋은 페일 에일을 맛보게 하면 사람들에게 더 큰 그림에 대해 이야기할 기회가 생긴다고 말했다. 클린워터서비스의 CEO 다이앤 다니구치-데니스도 동의했다. "경험이 중요해요. 사람들과 대화를 하거나 사람들을 교육하는 것도 효과가 있지만, 실제로 재활용수, 재활용수로 만든 맥주를 마시며 대화하게 되면 사람들은 신뢰감을 가지게 되지요. 사실, 수질이 걱정되는 나라에 갔을 때 우리가 어떻게 하는지 생각해 봐요. 식수 대신 맥주를 마실 때가 있지 않나요?" 발효로 음식을 보존하듯이 우리는 수천 년 동안 맥주나 와인의 형태로 물을 보존해 왔다.

서기 7세기, 현재의 에콰도르 지역에서는 인분으로 맥주를 만들었던 것으로 보인다. 고고학자들은 키토국제공항 부근의 무덤에서 여러 가지 부장품과 함께 옥수수를 발효시켜 만든 치차(chicha)가 담겨 있던 토기를 발견했는데, 놀랍게도 생물학자 하비에르 카르바할 바리가(Javier Carvajal Barriga)는 이 토기의 내부를 긁어 내어 효모 세포를 다시 살려 냈다. 이렇게 부활한 1350년 된 세포는 맥주 효모의 세포는 아니었다. 하지만 그는 이 효모 세포가 사람의 타액과 대변에서 발견되며 감염과 관련이 있는 칸디다(Candida) 효모 균주와 매우 밀접한 관련이 있다는 사실을 발견했다. 이는 사람에게 유해한 효모가 알코올 농도 상승으로 죽기 전에 치차의 발효과정을 시작하는 데 도움을 주었을 수 있다는 뜻이다. 더 놀라운 사실은 에콰도르의 이 효모 균주는 대만에서 발견된 균주와 동일하다는 것이었다. 전 세계 고고학 유적지에서 발견된 인간과 관련된 효모는 인류 이동의 또 다른 지표가 될 수 있으며, 이 경우 효모는 폴리네시아와 남미 사이의 태평양 횡단 경로에 대한 더 많은 증거를 제공할 수 있다.

하지만 발효 미생물과의 공진화 또는 순수한 물의 순환적 재탄생에 대해 배우는 것과 음식이나 물을 직접 경험하는 것은 다른 문제다. 다니구치-데니스는 물산업 회의에서 재사용 시연을 통해 수제 보드카와 연어가 뛰어오르는 모양의 얼음 조각을 선보였는데, 이 두 가지 모두 재생수로 만든 것이었다. 조커스는 클린워터서비스가 정화 장비가 안전기준을 일관되게 충족하는 능력을 입증해 규제당국의 마음을 사로잡는다면 이 시범 프로젝트가 커피나 콤부차 같은 다른 특수음료로 확대될 것이라고 말했다.

폐수 정화 시스템은 이동이 가능하기 때문에 이 프로젝트의 지리적 범위도 넓혔다. 오리건주 포레스트그로브(Forest Grove)에 있는 폐수 정화 공장의 운영 분석가 AJ 존스(AJ Johns)는 소형 버스 형태의 퓨어워터웨건(Pure Water Wagon)이라는 장치를 내게 보여 준 적이 있다. 2019년 첫선을 보인 이 "가장 깨끗한 물 버스"는 여러 도시를 순회하는데, 정차할 때마다 버스 한쪽 문과 대형 창문이 열리면서 3단계 정수 시스템이 가동된다. 버스 뒷면에는 "물은 한 번만 사용하기에는 너무 소중합니다"라고 말하는 비버 한 마리가 그려져 있다.

파란색 퓨어워터브루 티셔츠와 초록색 야구 모자를 쓴 존스가 펌프와 모터가 요란한 소리를 내는 이 장치에 대해 내게 설명했다. 8장에서 살펴보았듯이, 처리된 폐수 중 일부는 투알라틴강으로 방류되지 않고 모래 필터를 통과한다. 남은 입자를 제거하기 위해서다. 그런 다음 폐수는 퓨어워터웨건의 원통형 플렉시글라스(Plexiglas) 저장탱크로 보내진다. 펌프는 연못에서 볼 수 있는 갈색 물을 굵은 머리카락처럼 생긴 속이 빈 섬유로 채워진 좁은 측면 실린더를 통해 밀어낸다. 각 섬유의 작은 구멍은 미생물과 더 큰 분자를 가두는 동시에 물 분자가 빨대를 통해 탄산음료처럼 빨려 들어갈 수 있도록 만든다. 존스가 설명했다. "모공 크기보다 큰 것을 차단하는 과정을 크기배제(size exclusion) 과정이라고 합니다. 크기배제 과정을 통하면 미립자, 박테리아, 원충, 바이러스를 제거할 수 있어요. 이 장치는 캠핑용 정수필터와 동일한 기술을 사용합니다. 크기가 훨씬 클 뿐이지요."

이제 칙칙한 노란색이 된 여과된 물은 역삼투막으로 채워진 흰색 기둥의 작은 클러스터를 따라 다음 정화 단계로 흘러간다. 삼투 과정에서 물 분자는 부분적으로 투과성이 있는 막을 통과해 양쪽 용액의 농도를 균일화한다. 과학 수업에서는 대부분 식용색소를 사용해 이 개념을 설명한다. 처음에는 염료가 막의 한쪽에 집중되어 있지만 삼투작용을 통해 결국 양쪽의 색이 균형을 이루게 된다. 역삼투압은 고압 펌프가 물 분자를 막의 반대편으로 밀어내게 하고, 원생동물, 박테리아, 바이러스, 큰 염분, 의약품과 같은 유기화합물은 점점 더 농축된 용액에 가까운 쪽에 갇히게 만듦으로써 의도적으로 불균형 상태를 **유도한다**. 또한 역삼투압은 지하수, 우물물, 우리 몸속 체액에 침투한 "영원히 사라지지 않는 화학물질"인 PFAS 계열을 효과적으로 제거한다(다른 식수 재사용 프로젝트에서는 오존과 활성탄을 사용해 더 큰 PFAS 화합물 및 기타 오염물질을 제거하기도 한다).

해수담수화에도 동일한 원리가 적용될 수 있지만, 해수는 염분 함량이 높기 때문에 역삼투압 공정에서는 막의 한쪽에는 소금물을, 다른 한쪽에는 염분이 없는 물을 유지하기 위해 강한 압력과 상당한 에너지가 필요하다. 해양생물이 흡입관으로 빨려 들어가는 것을 방지하고 농축된 염수를 적절히 처리해야 하는 문제 외에도 기존 해수담수화 시설은 같은 양의 물을 회수하는 데 폐수 정화 시스템보다 최대 3배 더 많은 에너지를 사용한다.

퓨어워터웨건의 최종 처리 단계에서는 거의 투명한 물이 시너지 효과가 있는 정화제 두 개로 채워진 수평 튜브를 통과한다. 첫 번째 정화제인 자외선은 박테리아 막과 바이러스 캡시드(capsid)[97]를 투과해 내부 DNA를 파괴하는 방식으로 병원균의 복제를 막는다. 자외선은 화학결합을 분해하며, 산업용 용제에서 발견되는 발암물질인 1,4-다이옥세인, 그리고 구운 고기나 볶은 커피 등 탄 음식에서 발견되며 한때 액체로켓연료에 사용되었던 발암물질인 NDMA와 같은 작은 유기 분자를 효과적으로 제거한다. 그리고 자외선은 두 번째 정화제인 과산화수소를 폭격해 다른 유기화합물을 공격하고 분해하는 하이드록실라디칼이라는 반응성이 높은 분자를 생성하는 쿠데타를 일으킨다. "최종 결과물은 모든 유기물, 중금속, 병원균이 제거된 상태가 됩니다." 존스가 설명했다.

이때 호스를 통해 흰색 통의 가장자리로 분당 약 5갤런, 청소 및 유지보수를 위한 주기적인 가동 중단 시간을 제외하면

---

97 바이러스 게놈을 둘러싸고 있는 단백질 껍질.

매일 최대 7200갤런의 물이 배출된다. 조커스는 "우리가 흔히 말하는 지구상에서 가장 순수한 물이 바로 저기 있습니다"라고 말했다. 사실 이 물은 너무 순수해서 그 자체로는 이상적인 식수 공급원이라고 할 수는 없다. 삼투압에 의해 모든 불순물이 제거된 물은 세포 내의 약간 짠 물보다 염도가 더 낮다. 세포 외 농도와 세포 내 농도 사이의 균형을 회복하기 위해 물은 세포로 흘러들어 전해질을 희석시켜 증류수처럼 몸에서 일부 미네랄을 효과적으로 끌어낸다. 재활용된 물이 이렇게까지 순수해야 할까? 조커스는 이 과정이 과도할 수도 있지만, 규제 기관과 대중이 물재생에 대한 신뢰를 가지게 만들려면 안전 문제와 심리적인 문제를 모두 해결해야 한다고 말했다.

2016년 애리조나대학교의 미생물학자 이안 페퍼와 공동 연구자들은 여러 공공기관 및 민간단체와 협력해 휴대용 물 처리 시스템을 개발한 뒤, 이 시스템으로 비영리단체인 애리조나커뮤니티재단이 후원하는 물 혁신 대회에서 우승을 차지했다. 이 팀은 이 시스템을 트럭에 싣고 애리조나주 전역을 순회했다. 오리건주의 퓨어워터브루 프로젝트처럼 연구원들은 재활용한 물을 지역 소규모 양조업체에 제공하고 미국 곳곳에서 맥주 시음 대회를 열었다. 애리조나 환경국의 인증을 통해 이 시스템으로 만들어 내는 물이 병원균 및 기타 오염물질이 없는 물이라는 것을 증명한 연구 팀은 생수 샘플도 제공했다. 맥주는 훨씬 더 인기가 많았다. 페퍼가 말했다. "물을 처리해 정화할 수는 있지만, 누군가에게 그 물을 마시겠냐고 물어본다면 안 마신다고 대답할 겁니다. 하지만 그 물로 맥주를 만들고 누군가에게 '공짜 맥주 마실래요?'라고 묻는다면 그러겠다고 할 거예요."

최종적인 수용 여부는 세 가지 주요 요인, 즉 물이 어떻게 설명되는지, 사람들이 물의 처리에 대해 얼마나 알고 있는지, 정수 공급업체를 얼마나 신뢰하는지에 따라 달라질 수 있다. 예를 들어, 호주의 연구자들은 담수화 또는 물처리 과정에 대한 정보를 제공받은 사람들이 재생수를 먹을 의향이 훨씬 더 높다는 사실을 발견했다. 올바른 단어 선택에 대한 초기 조언은 폐수처리업체들이 컨설턴트 린다 맥퍼슨(Linda Macpherson)과 폴 슬로빅(Paul Slovic)에게 의뢰한 연구에서 나왔다. 슬로빅은 다른 연구자들과 함께 노골적인 혐오감 외에도 미묘한 감정, 즉 "희미한 감정의 속삭임"이 사람들의 생각을 지배할 수 있다는 사실을 밝혀낸 바 있다. 맥퍼슨과 슬로빅은 폐수나 하수 같은 낙인을 찍는 단어가 물 재사용 수용을 억제하는 경향이 있는 반면, "순수" 같은 용어는 이를 강화하는 경향이 있다는 사실을 발견했다. 연구 결과를 발표하면서 맥퍼슨은 "보험증권에 쓰인 글씨처럼 작은 글씨로" 교육자료를 사용하는 업체들을 질책하기도 했다. 인터랙티브 투어와 재미있는 학습 경험은 결정하지 못한 사람들의 마음을 돌리는 데 도움이 될 수 있지만, 물 재사용에 정말 신경이 쓰이는 소수는 더 많은 정보를 제공해도 마음을 바꾸지 않는 경향이 있다고 맥퍼슨은 덧붙였다. 퇴비와 비료로 바이오솔리드를 재사용하는 것에 반대하는 사람들처럼, 일부 물 재사용 반대자는 **결코** 설득되지 않을 것 같다.

유아를 대상으로 "개똥" 실험을 실시한 혐오 전문가 폴 로진은 물 재사용에 대한 미국 성인들의 생각도 조사했다. 그는 미국 주요 5개 도시의 기차역이나 기타 공공장소에서 대기 중인 성인 약 2700명에게 "인증된 안전한 재활용 물을 마실 의향이 있습니까?"라는 질문을 던졌다. 응답자 13퍼센트는 마시지 않겠다고 답했고, 49퍼센트는 마시겠다고 답했으며, 38퍼센트는 잘 모르겠다고 답했다(이 38퍼센트는 설득이 가능한 사람들로 보인다). 그런 다음 그는 설문조사 참가자들에게 폐수부터 생수병에 담긴 샘물까지 14가지 물을 마셔 볼 의향이 있는지 물었다. 당연히 응답자들은 폐수는 마시지 않겠지만 생수병에 담긴 샘물은 마실 의향이 있다고 대답했다. 이는 인지된 위험을 피하는 데 초점을 맞추는 행동 면역체계를 고려할 때 놀랄 일이 아니었다. 하지만 인증된 안전한 재활용 수돗물을 거부한 13퍼센트는 "모든 미생물을 파괴할 만큼 충분히 끓인 후 증발시킨 다음 응축해 순수한 물로 모은 하수"라고 해도 대부분 마음을 바꾸지 않았다.

서로 접촉한 적 있는 것들이, 더 이상 접촉하지 않는 상태에서도 상호작용을 지속할 것이라는 생각을 설명하는 "감염의 법칙(law of contagion)"이라는 심리학 개념이 있다. 로진과 공동연구자들은 이 법칙에 따라 "역겨운 것에 닿는 것은 무엇이든 역겨운 것이 된다"라고 설명한다. "물질적 전염 물질"로 간주되는 오염물질은 씻거나 정화하면 중화되지만, "정신적 전염 물질"은 아무리 열심히 문질러도 지워지지 않는 얼룩을 남긴다. 로진과 공동연구자들은 소수 사람들에게 폐수는 정신적 전염 물질로 작용하며, 폐수를 아무리 깨끗하게 정화했다고 말해도 설득이 불가능하다는 결론을 내렸다.

아무리 강경한 반대자라도 어떤 시점이 되면 어쩔 수 없이 돌아설 수도 있을 것이다. 지구상의 모든 물 중 담수는 3퍼센트 미만이며, 그 대부분은 빙하와 극지방의 만년설에 갇혀 있다. 사하라사막 이남 아프리카, 중동, 호주, 미국 남서부 등의 지역에서는 최근 지구온난화로 가뭄 주기가 악화되면서 담수 감소에 대한 우려가 커지고 있다. 기후변화에 따른 강우량 감소로 다음 세기 내에 전 세계 대수층의 44퍼센트가 고갈될 것이라는 연구 결과가 나온 상태다. 다른 지역에서 물을 수입해야 하는 도시가 점점 늘어나고 있다. 미국의 콜로라도강과 리오그란데강처럼 과도하게 개발된 강은 공평한 물 자원 분배 문제를 둘러싸고 긴박감을 불러일으키고 있다.

이제 폐수 재사용은 친환경적인 성장과 지역 자치의 문제가 되고 있다. 도시는 강과 저수지에 내리는 비나 녹아내리는 눈의 양을 통제할 수는 없지만, 폐수는 항상 발생시킬 수 있다. 과거의 물재생 프로젝트가 비방과 반발 때문에 중단되었다면, 물의 필요성은 이 프로젝트를 되살리는 데 도움이 될 것이다. "물이 부족한 상황이야말로 혐오 요소를 가장 잘 극복하게 해 줄 거예요." 페퍼가 말했다.

✕

물은 생명에 필수적이다. 발효식품과 프로바이오틱스 식품은 도움이 될 수 있지만, 얼마나 필요할까? 발효 전문가 로버트 헛킨스는 영양과학 분야의 중요한 질문 중 하나는 프로바이오틱스 박테리아가 유아기 이후에도 마이크로바이옴의 중요한 구성 요소인지 아니면 요구르트나 김치, 콤부차를 먹은 후 일시적으로만 장에 머무는지에 관한 것이라고 말했다. 그는 "나이가 들어 감에 따라 비피도박테리아의 일부가 손실되기 시작해 장내미생물총에서 매우 적은 부분만을 차지하게 된다"라고 말했다.

그 이유에 대해서는 나이가 들면 비피도박테리아가 필요 없어지기 때문이라는 주장도 있고, 서구식 식단과 생활 방식 때문에 이 박테리아가 장에서 사라진다는 주장도 있다. 유산균이 풍부한 발효식품을 정기적으로 섭취하는 성인은 똥에서도 유산균이 발견된다. 이는 유산균이 장에서 성장하고 번식한다는 뜻이다. 하지만 발효식품 섭취를 중단하고 3~4일 정도가 지나면 유산균은 장에서 거의 완전히 사라진다. "유산균은 장에서 꽤 빨리 사라집니다. 끈질기게 장에서 버티면서 계속 서식하는 것이 아닙니다." 헛킨스가 설명했다. 하지만 그는 이런 유산균은 장기 투숙자와 비슷해서 "거의 공생미생물처럼" 대사산물과 단백질을 만들어 내고 다른 미생물에 영향을 미쳐 사람에게 이득을 준다고 말했다. 내 경우에는 매일 먹는 요구르트에 들어 있는 유산균인 스트렙토코커스 써모필러스는 대변에서 발견됐지만, 매일 먹는 프로바이오틱스 보충제에 들어 있는 비피도박테리움 락티스(Bifidobacterium lactis) 등의 박테리아는 대변에서 전혀 발견되지 않았다.

헛킨스와 공동연구자들은 전통 발효식품에 사용되는 여러 미생물의 계보를 추적한 결과, 많은 미생물이 우리 조상이나 동물의 장에서 유래했을 가능성이 높다는 결론을 내렸다. 아마도 어떤 동물이 양배추 근처에서 똥을 쌌고, 그 똥에 있던 미생물 중 일부가 새로운 양배추에 들어가 틈새에 적응해 양배추를 사우어크라우트로 변화시켰을 것이다. 더 구체적으로 예를 들면, 스트렙토코커스 써모필러스는 연쇄상구균 인두염을 일으키는 스트렙토코커스 피오제네스화농성연쇄상구균(Streptococcus pyogenes)과 폐렴을 일으키는 폐렴연쇄구균(Streptococcus pneumoniae)의 가까운 친척이지만 우유 안에서 서서히 적응하면서 독성 유전자를 잃은 것으로 보인다.

특정 장내미생물이 신체적 또는 정신적 질병을 예방하는데 도움이 된다는 과학 논문은 이미 한 세기 전에 처음 발표됐지만, 당시 연구자들은 자가중독이라는 모호한 용어가 장중독의 주범으로 변비를 지목하고 5장에서 살펴본 사이비 만병통치약의 난립을 낳았다는 사실에 안타까움을 느꼈다. 하지만 파스퇴르의 세균 이론이 중독에 대한 더 나은 설명을 제공한 후, 연구자들은 장내미생물이 신체의 다른 부분에 다른 방식으로 어떻게 영향을 미치는지 연구하기 시작했다. 1900년대 초 프랑스의 소아과의사 앙리 티시에(Henry Tissier)는 모유 수유 중인 건강한 영아의 똥에서 "좋은 박테리아"를 채취해 정제한 다음 설사하는 영아에게 한 숟가락씩 먹이는 치료법이 효과가 있다는 연구 결과를 발표했다. 티시에는 이 영아들의 회복이 정상적인 장내세균총의 회복과 연관이 있다고 보았다. 그가 모유를 먹고 있는 영아의 똥에서 분리한 "좋은" 미생물 중 하나가 바로 인간의 장에서 가장 흔하게 발견되는 (하지만 성인의 장에서는 상대적으로 적게 발견되는) 박테리아 중 하나인 비피도박테리움 비피둠(Bifidobacterium bifidum)이었다.

러시아의 미생물학자 엘리 메치니코프(Élie Metchnikoff)도 장내미생물에 대해 깊게 연구한 학자 중 한 명이다. 메치니코프는 장내 면역세포가 박테리아와 이물질을 잡아먹는 면역 방어 시스템인 식세포작용(phagocytosis)을 발견한 공로로

1908년 노벨생리의학상을 받았다. 또한 그는 자가중독 개념을 현대적으로 변형해 특정 장내미생물에 의한 중독으로 노화와 관련된 기능저하가 발생할 수 있다는 가설을 제시하기도 했다. 이 가설은 감염이나 중독이 장내 식세포를 자극해 생체 조직의 악화를 가속화한다는 것이다. 과학저널리스트 루바 비칸스키(Luba Vikhanski)는 자신이 집필한 메치니코프 전기에서 이렇게 썼다. "면역이론을 통해 메치니코프는 자신이 발견한 식세포(phagocyte)에 스타의 지위를 부여했다. 하지만 놀랍게도 식세포는 영웅이 아니라 악당이었다. 그는 노화란 강한 세포와 약한 세포 사이에서 벌어지는 일종의 적자생존 투쟁이라고 생각했기 때문이다." 메치니코프는 사람들에게 날음식을 피할 것을 권고하고 세균을 없애는 방법을 가르치면서 세균의 위험성을 널리 알리기 위해 노력하던 중 불가리아산 사워밀크(sour milk)를 정기적으로 마시는 사람 중에 100세 이상 사는 사람이 많다는 사실을 알게 됐고, 새로운 아이디어를 떠올렸다. 그는 락토바실러스 불가리쿠스(Lactobacillus bulgaricus, 불가리아 젖산간균)에 의해 만들어지는 이 발효 우유를 먹는 방법으로 장내에서 "미생물과 미생물의 싸움"을 일으켜 노화의 원인이라고 생각되는 유해한 장내 박테리아를 억제할 수 있을 것이라고 생각했다. 메치니코프는 매일 산유를 마신 것으로 알려졌으며, 그의 식단은 적어도 한동안은 대중의 관심을 끌었지만, 장내미생물이 건강에 유익하다는 그의 생각이 확실한 증거에 기초해 주목을 받는 데에는 그로부터 수십 년이 걸렸다.

헛킨스는 지난 10년 동안 발효식품의 인기가 높아지긴 했지만, 요구르트와 배양 유제품 이외의 발효식품에 대한 무작위 대조실험은 거의 실시되지 않았다고 말했다. 다른 발효식품에도 프로바이오틱스 미생물이 함유되어 있을 수 있지만, 프로바이오틱스 미생물 제품은 임상적 이점이 명확하게 입증된 살아 있는 미생물이 함유된 식품으로 제한된다고 그는 말했다. 실제로 관련 연구 대부분은 요구르트가 제공하는 건강상 이점에 초점을 맞춘다. 그 가장 큰 이유는 요구르트를 이용했을 때 첨가하거나 제거하는 박테리아의 양을 쉽게 조절할 수 있다는 사실에 있다. 지금까지의 연구 결과에 따르면 요구르트는 심장병, 고혈압, 제2형당뇨병, 대장암 예방에 도움이 되며, 헛킨스는 이런 연구 결과가 상당히 설득력이 있다고 말했다. 그럼에도 이런 연구 결과들은 인과관계와 상관관계를 확실하게 구분하지 못하고 있다. 이는 발효 미생물이 건강에 주도적으로 영향을 미칠 수도 있지만, 건강에 좋은 영향을 미치는 다른 요인들을 보조하는 역할에 머무를 수도 있다는 뜻이다.

하지만 요구르트를 정기적으로 섭취할 경우, 티시에의 연구에서 밝혀졌듯이, 어린이의 설사질환 발생률과 중증도(severity)를 낮추는 데 도움이 될 가능성이 높다. 전 세계적으로 설사는 5세 미만 어린이 사망의 두 번째 주요 원인이며, 주로 심한 탈수 및 체액 손실 또는 심한 박테리아 감염으로 발생한다. 네덜란드의 연구자들은 락토바실러스 람노서스 요바 2012(Lactobacillus rhamnosus yoba 2012)라는 박테리아의 설사 완화 기능에 대해 연구하기 시작했다. 이 박테리아는 1985년에 건강한 성인의 대변에서 처음 추출된 락토바실러스 람노서스 GG 박테리아의 일종이다. 한 비영리단체의 공동 창립자인 렘코 코트(Remco Kort)와 그의 고등학교 동창 월버트 시베스마(Wilbert Sybesma)는 맥주를 마시다 개발도상국을 위한 프로바이오틱스 음료를 만들자는 아이디어를 떠올렸고, 그 결과 락토바실러스 람노서스가 가장 적합한 후보라는 결론에 도달했다. 그 후 이들은 다른 과학자들과 협력해, 아일랜드 수제 치즈에서 추출한 스트렙토코커스 써모필러스 C106과 락토바실러스 람노서스로 우유를 발효시키는 방법으로 프로바이오틱스 요구르트를 만들어 내기로 했다. 이들은 이 두 가지 균주를 섞어 스타터 배양액을 만듦으로써 락토바실러스 람노서스가 더 효율적으로 성장하게 만들었고, 이렇게 만들어 낸 발효음료에 요바(Yoba)라는 이름을 붙였다. 현재 이들은 이 스타터 배양액을 이용해 콩, 밀, 수수, 기장, 옥수수, 심지어 바오바브나무 열매로도 발효음료를 만들어 유제품 협동조합이나 유통업체에서 판매하고 있다.

이들이 설립한 비영리단체인 요바포라이프(Yoba for Life)는 요바가 감기 같은 소아 호흡기감염질환을 예방하고 장내미생물 군집의 균형을 유지하며, 로타바이러스(rotavirus)가 일으키는 설사의 강도와 지속 기간을 줄이는 데 도움이 되는 저렴하고 효과적인 방법이라고 홍보하고 있다. 하지만 모든 분석에서 락토바실러스 람노서스 균주의 건강상 이점에 대해 동일한 결론이 도출되고 있지는 않다. 일부 실험에서는 이 박테리아가 효과가 없는 것으로 드러났기 때문이다. 예를 들어, 락토바실러스 람노서스 균주는 클로스트리디오이데스 디피실 감염증에 대해서는 위약보다 더 나은 효과를 보이지 못했다. 하지만 또 다른 연구들에서는 락토바실러스 람노서스 균주가 로타바이러스에 의한 설사, 과민대장증후군, 요로 감염, 아토피 피부염 등 다양한 질환에 대한 효과가 있음을 입증했다. 2009년 설립 이래, 요바포라이프는 아프리카와 아시아 10개국 이상에 스타터 배양액을 보급해 왔다. 헛킨스는 자신이 요바포라이프 소속 연구자들과 공동연구를 진행한 적이 있기 때문에 편견이 없을 수는 없지만, 이 유산균은 살모넬라 엔테리티디스(Salmonella enteritidis), 리스테리아 모노사이토제네스(Listeria monocytogenes), 대장균 등 다양한 병원균의 발판을 줄이는 능력을 입증했다고 말했다. 또한 그는 다양한 지역에서 만들어진 발효식품을 이용해 사람의 건강을 개선하려는 노력이 훌륭한 접근 방식이라고도 말했다.

프로바이오틱스 박테리아 한 종이 모든 병을 치료할 수

는 없다. 하지만 요바포라이프의 프로바이오틱스 제품이 치료할 수 없는 클로스트리디오이데스 디피실 감염증 등 다양한 질환을 치료할 가능성이 있는 다른 박테리아에 대한 연구들이 계속 진행되고 있다. 무작위 임상시험 30건 이상을 체계적으로 검토한 결과, 연구 대상자들에게 항생제와 함께 프로바이오틱스를 투여하면 클로스트리디오이데스 디피실 관련 설사 위험이 평균 60퍼센트 감소하는 것으로 나타났다. 또한, 효모의 일종인 사카로미세스 보울라디(Saccharomyces boulardii)와 락토바실러스 카제이(Lactobacillus casei) 박테리아를 혼합해 복용하면 건강 보호 효과가 나타난다는 사실도 밝혀졌다. 내 경우는 대변에서 요구르트와 캡슐을 통해 섭취한 박테리아의 일부만 발견됐지만[캡슐에는 락토바실러스 아시도필루스(Lactobacillus acidophilus)와 락토바실러스 카제이가 포함되어 있다], 이 박테리아들이 내 장에서 클로스트리디오이데스 디피실 번식을 억제하는 데 도움이 됐을 거라고 생각한다.

캐나다의 바이오케이플러스(Bio-K+)는 자체 개발 발효유 음료를 포함한 프로바이오틱스 제품에 특허받은 세 가지 박테리아 균주를 사용한다. 이 세 가지 균주는 프랑스의 미생물학자 프랑수아-마리 뤼케(François-Marie Luquet)가 1960년에 인간의 장내미생물총에서 처음 분리해 낸 유산균이다. 이 회사는 블로그에서 "우리는 그들에게 살 곳을 제공하고 그들은 우리에게 건강상의 이점을 제공합니다"라고 설명한다. 이 블로그에는 혐오감을 느끼는 사람들을 달래기 위해 이 박테리아들이 처음에 인간에게서 분리되기는 했지만 "우리는 인간에게서 박테리아를 채취하지 않으며, 우리 제품에는 인간에게서 나온 어떤 부산물도 포함되어 있지 않다"라는 문구가 명시되어 있다. 다른 현대의 생산업체와 마찬가지로 바이오케이플러스도 박테리아 균주를 이전 환경(장내 환경)과 유사한 인공환경에서 배양한다. 그렇다면 이 박테리아들을 사람이 다시 섭취하면 어떤 효과가 있을까? 이 회사 과학자들과 퀘벡 국립과학연구소 연구원들이 수행한 실험실 실험에 따르면 세 가지 균주로 만든 바이오케이플러스 제품이 별도의 젖산 의존적 메커니즘과 독립적 메커니즘을 통해 클로스트리디오이데스 디피실을 특히 잘 억제하는 것으로 나타났다. 이 결과는 중국 상하이에 입원한 환자를 대상으로 한 무작위 이중맹검 위약 대조시험에서 항생제 관련 설사와 클로스트리디오이데스 디피실 관련 설사를 모두 예방하는 프로바이오틱스의 명백한 효과 중 일부를 설명한다.

연구자들은 잘 알려진 유산균 외에도 장내 점액에 있는 뮤신을 소화하고 장 내벽을 강화하는 아커만시아 뮤시니필라(Akkermansia muciniphila) 같은 "차세대" 프로바이오틱스의 잠재력을 연구하고 있다. 또 다른 후보인 피칼리박테리움 프로스니치(Faecalibacterium prausnitzii)는 장내세균총의 13퍼센트 이상을 차지하지만 크론병 환자에게는 없는 박테리아다. 또한, 장내세균총의 각각 2퍼센트 미만을 차지하는 박테로이데스 프라길리스(Bacteroides fragilis)와 파라박테로이데스 디스타소니스(Parabacteroides distasonis)는 좀 더 복잡한 메커니즘을 통해 장 건강에 기여할 것으로 생각되고 있다. 일부 균주는 기회주의 병원균으로 분류되지만, 다른 균주는 식품에 첨가할 수 있는 잠재적인 프로바이오틱스로 부상하고 있다.

발효식품이 풍부한 식단이 장내미생물 군집을 리모델링해 미생물 다양성을 크게 높인다는 스탠퍼드대학교의 에리카 소넨버그와 저스틴 소넨버그가 주도한 놀라운 연구를 다시 떠올려 보자. 앞서 살펴본 바와 같이 미생물 다양성이 증가한다고 해서 반드시 건강에 도움이 되는 것은 아니다. 하지만 소넨버그 부부의 연구에 따르면 발효식품은 다양한 면역세포들의 활성을 낮추고 여러 염증 마커를 감소시키는 등 신체에 일종의 진정 효과가 있는 것으로 나타났다. 소넨버그 부부는 "발효식품은 산업화사회에 만연한 미생물 군집의 다양성 감소와 염증 증가에 대응하는 데 유용하다"라는 결론을 내렸다. 이 연구에서 주목할 만한 생각 중 하나는 미생물이 포함된 음식을 통해 적절한 조절을 한다면 우리의 장이 스스로 구원의 약물을 생산할 수 있다는 것이다.

실제로 헛킨스는 대변 샘플에서 박테리아를 채취했다. 그는 지원자에게 지원자의 장에 원래부터 존재하는 프로바이오틱스 박테리아 군집에 영양을 공급할 수 있는 프리바이오틱스 식품을 먹인 다음, "다른 쪽에서 나오는 것을 채취하는 방법"을 시도했다. 그는 건강을 증진하는 장내미생물에게 그 미생물이 선호하는 먹이를 공급하는 방식으로 몸에 미치는 효과를 극대화하는 개인 맞춤형 프로바이오틱스를 만들어 낼 수 있다고 생각한다. 이 맞춤형 프로바이오틱스가 바로 "신바이오틱(synbiotic)"[98]이라는 혼합물이다. "프로바이오틱스나 프리바이오틱스를 섭취하는 사람들 중 상당수는 장내미생물에 아무 변화가 없어요." 헛킨스가 설명했다. "반응이 없는 건 그들의 장에 이로운 미생물이 없기 때문일 수도 있어요. 그래서 우리가 그런 미생물을 집어넣는 방법을 시도하는 거예요."

그렇다면 사람들은 프로바이오틱스를 푸엣 소시지나 요구르트, 발효음료 형태로 섭취하려고 할까? 프로바이오틱스는 "생명을 위한(probio)"이라는 이름 덕분에 사람들에게 쉽게 받아들여지며, 박테리아 발효제로서의 역사는 시간이 흐르면서 희미해졌다. 사람들이 재활용 물보다 여러 박테리아종의 이름이 표시된 프로바이오틱스 제품을 훨씬 더 잘 집어 드는 이유가 여기에 있다.

---

98   프로바이오틱스(인체에 유익한 미생물)과 프리바이오틱스(인체 유익균의 증식과 활성을 돕는 식품 성분)의 혼합체.

일부 물 재활용업체는 재활용 물의 출처를 숨기기도 한다. 반면, 일부 업체는 그와는 정반대의 접근 방식을 선택해 모든 물은 "화장실에서 나온 물", 즉 모든 물은 공룡의 오줌이라는 점을 적극적으로 홍보한다. 로진과 공동연구자들은 "아돌프 히틀러의 몸을 통과한 물 분자를 최소한 몇 개 섭취하지 않고는 유럽에서 물 한 잔을 마실 수 없다"라는 일부 지질학자의 연구 결과를 인용하기도 했다. 이들은 모든 물이 오염된 물이라고 사람들을 설득하는 것은 "처음에는 혐오감을 불러일으킬 수 있지만 결국 그런 혐오감은 생존 욕구에 의해 제압될 것"이라고 생각한다.

지구 순환 경제의 연장선상에서 일상적으로 물을 재사용해야 한다고 주장하면 물 재사용에 반대하는 사람들의 마음을 어느 정도 돌릴 수 있을 것이다. 로진과 공동연구자들은 "참신함에서 일상적인 친숙함"으로의 인식 전환 노력이 물 재사용에 대한 사람의 부정적인 인식을 감소시킬 수 있다고 본다. 가령 고도로 처리되어 정화된 물을 대수층에 다시 주입하거나 저수지에 스며들게 할 수는 있지만, 이미 대수층이나 저수지의 물보다 더 깨끗한 물을 자연 수원에 재투입한다고 해서 추가적인 물리적 정화가 이루어지지는 않는다. 그러나 로진과 공동연구자들은 "처리된 폐수를 자연계에 재투입하는 것은 오염되었던 물의 기원을 '정신적으로 정화'하는 역할을 함으로써 소비자들의 인식에서 폐수와의 역사적 연관성을 제거"할 수 있다고 주장한다. 다시 말해, "자연"의 순수성을 강조하면 적어도 일부 낙인은 제거할 수 있다는 주장이다.

2003년에 싱가포르 수자원공사가 시작한 "뉴워터(NEWater)" 프로젝트는 물 재사용과 관련된 역사상 가장 공격적인 홍보 캠페인이라고 할 수 있다. 싱가포르 정부는 인구밀도와 토지 부족으로 자체적으로 빗물을 모아 저장하는 능력이 제한되어 있기 때문에 물 재사용 노력을 국가안보 문제로 간주했다. 부족한 물을 보충하기 위해 싱가포르는 1965년 말레이시아로부터 독립하면서 체결한 일련의 물 협정을 통해 2061년까지 말레이시아 조호르(Johor)주에서 물을 수입하기로 했다. 하지만 2000년 이후 이 협정은 가격 분쟁과 조호르주의 수자원 매장량 변동으로 두 이웃 국가 간 마찰의 원인이 됐다. 뉴워터 프로젝트는 싱가포르의 "포 내셔널 탭스(Four National Taps)"99 물 안보 전략에서 점점 더 중요한 부분이 되었으며, 2018년에는 전체 물 수요의 약 40퍼센트를 충족하기에 이르렀다. 이 프로젝트로 처리된 폐수는 퓨어워터웨건과 동일한 기본 정화 단계를 거치지만 그 규모는 훨씬 더 크다.

정화 후 식수 용도로 할당된 뉴워터 물은 저수지로 이동되어 포집된 빗물과 혼합된다. 그런 다음 이 혼합된 물은 싱가

---

99 지역 집수, 수입수, 뉴워터 프로젝트로 생산한 물, 담수화 물.

포르의 상수도로 이동해 다시 한번 처리된 후 도시 전역의 수도꼭지로 분배된다. 싱가포르 정부는 뉴워터방문자센터 건립 등을 포함한 대대적인 홍보 캠페인을 벌였고, 이 물에 "재활용수"라는 이름을 붙이고, 물 재처리 공장에는 "물 재활용 공장"이라는 이름을 붙여 국민들의 저항감을 최소화하기 위해 노력했다. 미국이나 호주 정부와는 달리 싱가포르 정부는 이런 물 재사용에 대한 심각한 정치적 반대에 부딪히지 않았다. 전미연구평의회(National Research Council)는 2012년 폐수 재사용의 잠재력에 관한 책자에서 "뉴워터 프로그램에 대한 싱가포르 국민들의 반대가 없는 것이 방문자센터, 긍정적인 언론보도, 문화적 차이, 시민들의 토론을 제한하는 국가 정책 중 하나 때문인지 또는 이 모든 요인이 함께 작용했기 때문인지 확실하지는 않다"라고 지적했다.

미국에서도 싱가포르와 비슷한 일이 일어날 수 있을까? 사실, 미국에서도 이런 일이 이미 일어나고 있다. 캘리포니아의 한 물재생 프로젝트는 광범위한 홍보 및 교육 노력과 간접적인 재사용을 결합해 반대를 약화하는 정상화 및 정신적 정화 효과가 발생할 수 있음을 확인했다. 2008년부터 캘리포니아 파운틴밸리에 있는 오렌지카운티 수도국의 지하수 보충 시스템은 싱가포르의 뉴워터 프로그램보다 더 큰 규모의 물 재사용 프로젝트를 시행해 성공을 거두었다. 이 수자원 지구에서는 지역 내 폐수처리장에서 처리된 2차 폐수를 정화해 길이가 약 23킬로미터인 파이프를 통해 재생수를 재충전 유역으로 운반하고 있다. 이 유역에서 한 달 정도에 걸쳐 물은 지하 대수층으로 스며들어 지하수와 섞이게 된다. 해안과 더 가까운 곳에서는 재생된 물을 땅에 직접 주입해 오염된 바닷물의 유입을 막는 장벽 역할을 하는 담수 능선을 만들고 있다. 2018년에는 이 오렌지카운티 시설에서 하루에 1억 갤런이 넘는 폐수를 재활용해 세계신기록을 세웠다. 현재 이 지하수 보충 시스템은 최대 약 85만 명이 사용할 수 있는 충분한 물을 다시 땅속으로 흘려보낼 수 있다.

이 처리 시스템은 퓨어워터웨건과 동일한 일반적인 미세여과, 역삼투압 및 자외선 고급 산화 공정을 따른다. 별도의 건물에는 연속적인 정화를 위한 장비들이 있으며, 이 장비들은 모두 커다란 파란색 파이프로 연결되어 있다. 2021년 10월에 내가 오렌지카운티 공장을 둘러보았을 때는 새로운 추가 시설이 건설 중이었다. 이 추가 시설이 2023년에 완공되면 매일 약 1억 3000만 갤런의 재생수를 생산할 수 있으며, 이는 약 100만 명이 사용할 수 있는 양이라고 카운티 수도국은 예상했다. 방대한 규모는 효율성 향상에도 도움이 된다. 처리장으로 유입되는 폐수 중 약 80퍼센트를 바로 옆의 물 보충 공장에서 재생할 수 있다. 이 수자원 지구의 운영 담당 이사 메홀 파텔(Mehul Patel)은 내게 설명했다. "장소와 시간, 돈, 노력, 기술만 있다면 모든 것이 자원이 될 수 있습니다. 나는 우리가 아주 혁신적인 일을 하고 있다고 생각하지는 않습니다." 그는 폐기물을 자원으로 전환하는 방법을 생각해 내는 것은 결코 쉬운 일이 아니지만 "확실하게 가능한 일"이라고 말했다.

이 수자원 지구의 총책임자 마이크 마커스는 오렌지카운티의 재처리 공장은 본질적으로 지하수 도매업체이며 샌터애너(Santa Ana)강을 보호하는 임무도 맡고 있다고 말했다. 이 말은 이 공장이 카운티의 19개 소매 수도업체(총 250만 명에게 서비스를 제공한다)와 도시 우물, 강, 기타 수입 수원을 통해 지하 유역에서 얼마나 많은 물을 끌어올 수 있는지에 대해 협상해야 한다는 뜻이다. 가뭄으로 계산이 복잡해졌으며, 비가 대부분 폭우이기 때문에 빗물을 효과적으로 포집하고 저장하는 카운티의 능력이 방해받을 수 있다고 마커스는 말했다. 1년 내내 건조한 다른 지역 강과 달리 샌터애너강에는 상류 도시에서 처리된 폐수를 방류하기 때문에 항상 물이 차 있다. 하류의 오렌지카운티 지역사회는 자체 상수도의 일부로 이 강물을 다시 회수해 처리한다. 하지만 소매업체에 공급되는 물 75퍼센트 이상은 지하수다. 마커스는 지하수 유역을 보충하는 재활용된 물은 공급에 대한 높은 신뢰성을 제공한다며 "재활용 물은 가뭄에 강하다고 할 수 있습니다"라고 말했다.

이 자원을 확보하기 위해 구축된 인프라는 비용이 많이 들기는 했지만, 이 수자원 지구의 이웃인 오렌지카운티 위생 구역이 직면한 또 다른 문제를 해결하기도 했다. 모델링 결과,

폭풍우가 심해져 유입되는 폐수의 양이 급증할 때 안전하게 바다로 물을 배출하려면 두 번째 유출 파이프가 필요할 것으로 예상됐다. 하지만 인구밀도가 높은 오렌지카운티에서 이를 건설하는 것은 비용이 많이 들고 물류 측면에서도 어려운 일이었다. 결국 카운티는 폐수처리 비용을 줄여 아낀 돈을 처리된 폐수를 처리할 물재생 공장을 확장하는 데 투자했다. 이 협력 계약은 지하수 보충 시스템의 시초가 됐으며, 프로젝트 자본 비용의 절반을 충당했다.

다른 장애물도 있었다. 1997년에 수자원 및 위생 구역이 공동 프로젝트의 밑그림을 그리기 시작했을 때, 첫 번째 단계 중 하나는 홍보 컨설턴트를 고용하는 것이었다. 이 프로젝트는 회의를 거듭하면서 지방정부, 환경단체, 의료계, 그리고 물을 사용할 물 소매 기관 19개 모두의 지지를 확보했다. 프로젝트 기획자들은 카운티를 구성하는 상당 규모의 베트남 및 라틴계 구성원들을 만나기도 했다. 프로젝트 사무국은 엔지니어와 기타 직원을 모집했으며, 이들은 10년 동안 총 1200회가 넘는 프레젠테이션을 진행했다. 마커스는 다른 지역과 달리 오렌지카운티의 지하수 보충 시스템에 대해서는 주민들의 조직적인 반대가 없었다고 말했다.

재생수의 안전성을 보장하기 위해 이 시설은 화합물 400개 이상(이 중 116개는 지역 수질관리위원회에 의해 지정됐다)의 존재 여부를 테스트한다. 마커스는 지금까지 이 시설에서 방류한 정수는 단 한 번도 허용한도를 초과한 적이 없다고 말했다. 반면에 시립 우물은 오렌지카운티의 동일한 지하 대수층 일부에서 끌어오는 우물을 포함해 일상적으로 화학물질 오염으로 어려움을 겪어 왔다. 과도한 수준의 PFAS 화합물만으로도 카운티의 200개 우물 중 거의 1/3이 폐쇄될 수밖에 없었다. 마커스는 "사람들은 집에 물을 공급하는 데 실제로 어떤 인프라가 필요한지 잘 모릅니다"라고 말했다. 하지만 카운티 수도국이 의뢰한 여론조사에서 응답자들은 수도국이 카운티 감독위원회보다 물 문제에 대해 더 나은 일을 하고 있고, 더 믿을 만하다고 평가했다. 마커스는 사람들이 물을 당연하게 여기는 경향이 있지만, 수도국에 대한 신뢰는 지역 상수도의 장기적인 신뢰성을 보장하는 방법으로 매립 노력에 대한 지지를 구축하는 데 도움이 될 수 있다고 말했다.

오렌지카운티의 재처리 시설은 개장 이래로 정기적인 투어 그룹을 초대해 사람들이 정화 작업의 과학적 원리와 규모를 직접 관찰할 수 있게 했다. 지하수 보충 시스템의 프로그램 매니저인 샌디 스콧-로버츠(Sandy Scott-Roberts)는 내게 기존 공장과 부분적으로 완공된 추가 시설을 안내해 주었다. 넓은 역삼투압 시설 건물과 선탠베드에서 볼 수 있는 종류의 램프로 채워진 강철 탱크로 이루어진 자외선 정화기 시설을 지나 스콧-로버츠는 수도꼭지가 달린 스테인리스 통 세 개가 있는 곳으로 나를 안내했다. 가운데 통에는 미세여과 과정을 거친 옆은 노란색 물이 가득 차 있었다. "퍼플 파이프" 또는 3차 처리수라고도 불리는 이 물은 병원균과 오염물질 대부분이 제거됐지만 아직 역삼투압 단계를 거치지 않은 물이었다. 그 오른쪽에는 커피색 물로 가득 찬 통이 뚜렷한 대조를 이루고 있었다. 그 농축수는 역삼투막에 의해 제거된 오염물질로 가득 차 있었다. 그 왼쪽에 있는 세 번째 통에는 역삼투막을 통과한 후 자외선 정수기를 통과한 깨끗하고 맑은 물이 가득 차 있었다. 스콧-로버츠는 즉석에서 맛 테스트를 위해 컵 두 개를 꺼냈다.

마커스는 "사람들 95퍼센트는 우리가 재처리한 물을 마실 수 있을 겁니다"라고 말한 적이 있었다. 이 투어를 통해 나는 그의 말을 확인할 수 있었다. 마커스는 이 물을 한 모금이라도 마시지 않는 사람들에게 공개적으로 수치심을 주는 것으로도 유명하다. 하지만 스콧-로버츠는 나를 자극할 필요가 없었다. 시각적 효과 때문이었을 수도 있지만, 착색된 물에 비해 맑은 물이 더 매력적으로 보였기 때문이었다. "건배!" 우리는 물을 마시기 전에 웃으며 말했다. "맛이 어때요?"라고 그가 물었고 나는 "물맛이네요"라고 대답했다. 컵에는 "물맛입니다. 물이니까요!"라는 문구가 새겨져 있었다. 그 말은 사실이었다. 소금이나 미네랄 맛이 전혀 느껴지지 않는 그냥 깨끗한 물의 맛이었다.

스콧-로버츠는 이 물은 증류수와 거의 같으며, 이 물에 포함된 용존 미네랄의 양은 대다수 수돗물에 포함된 양의 10분의 1에 불과하기 때문에 이 물은 다른 미네랄이 포함된 물체의 표면을 부식시킬 수 없다고 설명했다. 그는 "증류수를 콘크리트 위에 부으면 콘크리트의 칼슘이 물로 스며들기 시작합니다"라고 말하면서 증류수를 많이 마시면 세포에서 칼슘과 다른 미네랄이 제거된다고 설명했다. 이 공장은 장비를 보호하기 위해 산성화 이산화탄소를 일부 제거하고 석회를 다시 첨가해 pH와 용존고형물 수준을 높이는데, 이는 맥폴랜드 같은 홈브루어들이 도시의 물 프로필에 맞추기 위해 하는 작업과는 약간 다르다.

오렌지카운티의 재처리 공장은 처리된 폐수를 공급하는 인접한 폐수처리장, 다른 파이프라인을 통해 매립지의 출력을 수용하는 여러 재충전 유역 등 기존 인프라 및 추가 인프라를 통해 막대한 이점을 누리고 있다. 게다가 이 지역은 여과수를 수용할 거대한 지하수 유역이 있는 축복받은 지역이기도 하다. 기술적 장벽 **그리고** 심리적 장벽을 모두 극복한 이 프로젝트의 성공은 지역 전체에 파장을 일으켰고, 다른 재처리 공장들이 계획을 세우거나, 반대에 부딪혀 보류했던 다른 프로젝트를 추진할 때 참고할 수 있는 선례가 됐다. 산타클라라, 몬터레이, 로스앤젤레스, 샌디에이고 등 여러 도시에서 새로운 물재생 시스템이 계획되거나 건설되고 있다. 샌디에이고의 시스템은 매립된 폐수를 파이프를 통해 지표면 저수지로 보내게 될 것이다. 로스앤젤레스는 오렌지카운티의 시스템보다 작은 시스템을 구축할 계획을 세우고 있다.

하지만 구축에 막대한 비용이 드는 인프라가 없는 지역에서는 물재생 및 위생 솔루션 구축이 쉽지 않다. 인분을 직접 재활용하는 가장 유망한 시스템 중 하나는 17세기 증기 엔진 기술을 21세기에 맞게 재구성한 재니키옴니프로세서(Janicki Omni Processor)라는 장치다. 증기 엔진은 1698년 토머스 세이버리(Thomas Savery)의 증기펌프 이후 어떤 형태로든 존재해 왔으며, 처음에는 광산에서 물을 제거하기 위해 설계된 장치다. 이후 효율성이 개선되면서 증기 엔진은 우물에서 물을 끌어올리는 데 사용되다가 말을 대체하여 제재소에 동력을 공급하는 등 그 활용 범위가 넓어졌고, 그 후에는 면화, 양모, 밀가루를 만드는 공장과 기관차와 농기계에 동력을 공급했다. 빌&멀린다게이츠재단(Bill & Melinda Gates Foundation)의 의뢰를 받은 워싱턴주 소재 재니키바이오에너지[지금은 세드론테크놀로지스(Sedron Technologies)로 이름이 바뀌었다]라는 회사는 재니키옴니프로세서를 폐기물 소각로, 증기발전소, 정수 시스템 등에 적용하기 시작했다. 18개월에 걸쳐 제작한 재니키옴니프로세서는 바이오솔리드에서 세균을 제거하고, 재생 가능한 전기를 만들어 내고, 깨끗한 물로 변환하는 자급자족 루프시스템이다. 이 회사의 엔지니어 저스틴 브라운(Justin Brown)은 "우리가 실제로 발명한 건 없습니다. 이미 입증된 기존 기술을 모두 모아 패키지로 만든 것뿐입니다"라고 말했다.

2014년부터 옴니프로세서를 개발해 온 브라운은 초기 계획은 회사 공장에서 프로토타입을 파일럿테스트하는 것이었지만, 테스트 결과가 너무 좋았기 때문에 게이츠재단은 파일럿테스트를 현장에서 실시하는 것이 더 의미가 있을 것이라고 판단했다고 말했다. 세드론테크놀로지스는 2015년 세네갈 다카르(Dakar)로 이 장치를 가져가 이 전략이 실행 가능한 위생 솔루션을 제공할 수 있는지 테스트하면서 도시 고형 폐기물의 약 3분의 1을 처리하기에 이르렀다. 정화조나 재래식 화장실에서 처리장으로 운반된 젖은 슬러지는 먼저 햇볕에 말려서 고형물 함량을 약 50퍼센트까지 낮춘다. 소규모 폐수처리장에서는 이런 고형물이 건조되면서 침출되는 검은 물을 처리한다. 슬러지를 유용한 연료로 전환하기 위해 컨베이어벨트는 슬러지를 옴니프로세서의 건조 튜브로 운반하고, 이 튜브는 바이오매스를 끓여 남은 물의 대부분을 제거한다. 바이오매스에서 증발된 증기는 필터링 시스템을 통과해 증기를 생성하고, 이 증기는 다시 순수한 증류수로 응축된다. 그런 다음 정화 장치를 통해 식수에 대한 국제 안전기준을 초과할 때까지 추가 처리 단계를 거친다.

건조된 바이오매스는 연소실에서 연소되어 연료를 멸균된 재로 변환시킨다. 인접한 보일러에서는 강렬한 열이 바이오솔리드에서 증발한 물을 증기 엔진을 작동시키는 고압 및 고온 증기로 전환한다. 이 엔진은 배기 증기를 다시 내보내 초기 슬러지 건조기를 가열하고 발전기를 돌려 전체 프로세서에 전력을 공급할 충분한 전기를 생산한다. 브라운은 "이 기술의 전체 비전은 전력망 독립성을 확보하는 것입니다"라고 말했다. "설치 초기에는 현장 발전기 같은 시동 전기장치가 필요하지만 정상 상태에 도달하는 순간 발전소에서 자체적으로 전력을 생산하기에 충분한 전력이 생산됩니다. 그리고 대부분은 재료가 얼마나 젖었는지에 따라 사용 가능한 초과분이 결정됩니다." 그가 덧붙였다.

2021년 브라운과 이야기를 나누기 직전, 마지막 선적 컨테이너가 다카르 북동쪽에 있는 해안 마을 티바우안퓰(Tivaouane Peulh)로 떠났다. 도착하자마자 작업자들은 해변 근처에 두 번째 옴니프로세서를 설치하기 시작할 것이며, 옴니프로세서가 본격적으로 가동이 시작되면 농구장 정도의 공간을 차지할 것이다. 이 소형 발전소는 매일 배설물 슬러지 6만 6000파운드 이상을 처리하고 깨끗한 물 약 1850갤런을 생산할 수 있을 것으로 예상된다. 하지만 워싱턴주에서는 이와 비슷한 슬러지를 찾기 어렵기 때문에 모델링 작업 자체는 쉽지 않았다. 브라운은 개발도상국에서는 화장실이나 정화조에서 폐수를 수거해 처리장으로 운반할 때 모래, 먼지 및 기타 입자에 의한 오염으로 폐수에 무기성분이 훨씬 더 많이 함유되는 경향이 있다고 말했다. 무기물 함량이 높을수록 바이오솔리드의 에너지 효율이 떨어지는데, "그 안에는 연소할 수 없는 물질이 많기 때문"이다. 똥에 섬유질이 많으면 더 많은 물을 흡수하고 바이오솔리드의 전체 부피를 증가시키기 때문에 연소 효율에도 영향을 미칠 수 있지만, 브라운과 동료 엔지니어들은 식단에 따른 차이는 고려하지 않고, 다른 모델링을 통해 전체 장치의 규모를 추정했다.

25만 명이 배출하는 쓰레기를 처리하는 장치는 용량이 너무 작을 것이라는 연구 결과도 있었다. 하지만 브라운은 실제 용량이 50만 명 이상일 것이라고 말했다. 실제로 새로운 장비의 처리 용량은 세네갈의 현지 운영 기업인 델빅위생이니셔티브(Delvic Sanitation Initiatives)의 운영에 따라 달라질 것으로 보인다. 실제 수치가 예측 수치와 다르게 나타난다면 델빅위생이니셔티브는 음식 및 농업 폐기물 같은 것으로 바이오매스를 만들어 내야 한다. 브라운은 예상보다 뛰어난 처리 능력이 고형폐기물을 더 많이 수거할 수 있도록 동기부여를 해 지역의 위생을 개선할 수 있기를 바랐다. 남은 재의 경우, 델빅위생이니셔티브의 초기 연구와 시장분석에 따르면, 퇴비와 혼합하면 토양개량 효과를 높일 수 있는 것으로 나타났다. 이 재는 모르타르, 콘크리트 혼합물과 섞어 건설사업에 이용할 수도 있다.

여기서도 혐오감은 장애물이었다. 2015년 옴니프로세서의 잠재력을 선전하는 홍보 동영상에서 빌 게이츠는 오른손에 통조림 병을 들고 있었고, 이 회사의 최고경영자인 피터 재니키(Peter Janicki)가 기계의 수도꼭지에서 물을 채웠다. 불과 5분 전까지만 해도 이 물은 배설물 슬러지였다. 게이츠는 관중이 손뼉을 치는 가운데 한 모금을 마시고는 "물입니다"라고 말하며 웃었다.

게이츠는 이후 블로그에 이렇게 썼다. "이 처리기는 단순히 식수에서 인분을 제거하는 데 그치지 않고, 폐기물을 해양에서 실질적인 가치를 지닌 상품으로 바꾸어 놓을 것입니다. 한 사람의 쓰레기는 다른 사람의 보물이라는 오래된 속담을 여기서 확인할 수 있군요." 게이츠는 기계공학적 측면에서 재생된 물이 안전하고 가치가 높을 것이라고 스스로 확신했을지 모르지만, 대중을 설득하는 것은 훨씬 더 어려운 일이었다. 여러 매체는 이 동영상을 다루며 기술의 화려한 공개에 주목하는 대신 "화장실에서 수도로"라는 경멸적인 표현으로 비아냥거렸다. "빌 게이츠, 몇 분 전에 사람의 배설물이었던 물을 마시다"라는 제목의 기사, "빌 게이츠, 인간 똥으로 만든 물을 마시다"라는 목의 기사들이 줄을 이었다. 빌 게이츠는 〈지미 팰런의 투나잇 쇼(The Tonight Show Starring Jimmy Fallon)〉에 출연해 진행자가 이 "똥물"을 마시도록 속였고, 사실을 알게 된 진행자는 쓰러지는 시늉을 했지만 "정말 맛있군요"라고 말했다. 하지만 팰런은 게이츠에게 이 물의 이름은 바꾸는 것이 좋겠다고 말했다.

브라운은 가족과 친구들에게 자신이 하는 일에 대해 이야기했을 때 약간의 저항에 부딪히기도 했다. 그는 "그들 중 일부는 '역겨워. 똥이 섞인 물을 마시고 싶지는 않아'라고 했습니다"라고 회상했다. 하지만 눈사람 올라프가 우리에게 상기시켜 주었듯이, 물은 이미 지구의 지속적인 재활용 순환의 일부로 존재하고 있었다. 브라운은 "결국 우리가 하는 일은 그 과정의 속도를 높이는 것뿐입니다"라고 말했다. 화학 및 안전 측면에서 테스트한 결과, 옴니프로세서의 재생수가 자연의 깨끗한 물과 다르지 않거나 오히려 그보다 더 나은 것으로 확인됐다. 하지만 이 5분의 변화가 기술적 쾌거이기는 하지만, 물이 여전히 오염되어 있다는 비이성적이고 뿌리 깊게 박힌 믿음을 없애기에는 5분이 너무 짧은 시간일 수 있다. 분변 이식과 마찬가지로, 과거를 흐리게 하기 위해 몇 단계의 분리와 추상화가 필요할 수도 있다. "어쩌면 이러한 추가 단계가 근본적으로 그 심리적 변화를 일으키는 데 필수적일 수도 있습니다." 브라운이 말했다.

브라운은 아프리카 지역사회가 재생 식수를 잘 받아들일 거라고 생각했지만, 아프리카 사람들에게도 여전히 심리적인 장벽이 존재했다. 브라운은 세네갈 국민들이 옴니프로세서 자체에는 열광적으로 반응했지만, 폐수처리장을 완전히 대체할 "마법의 기계"라는 이미지를 떠올리게 하는 초기 마케팅 홍보에서 일부 기능이 과대 포장된 것은 아닌지 의문을 제기했다고 전하면서 "옴니프로세서의 한계가 제대로 전달되지 않은 것 같습니다"라고 말했다. 그리고 이 기술이 인분으로 깨끗한 식수를 만드는 효율적인 방법이라고 대대적으로 홍보되었음에도 시범 프로젝트의 재사용 계획은 거센 저항에 부딪혔다. 미국에서와 마찬가지로 많은 다카르 주민에게 혐오감 요소는 너무 높은 장애물이었고, 빌 게이츠가 세네갈 사람들을 "실험용 쥐"로 이용한다는 잘못된 정보까지 더해져 반발이 더욱 거세졌다. 브라운은 "기술적으로는 충분히 식수를 생산할 수 있음에도 본격적인 식수 생산은 이루어지지 않을 것"이라고 말했다. 적어도 초기에는 이 깨끗한 물은 상업 및 산업용으로만 사용될 것으로 보인다.

✕

보다 자연스럽고 순환적인 경제를 추구하는 일의 필요성과 안정성을 대중에게 설득하려면, 아마도 우주라는 적대적인 환경이 폐쇄 루프에서 무엇을 할 수 있고 해야 하는지를 이해하는 데 도움을 줄 수 있을 것이다. 국제우주정거장에 상주하는 우주비행사들은 〈듄〉에 등장한 주인공처럼은 아니지만, 이미 소변, 땀 등의 수분을 식수로 재활용하는 바이오리액터 시스템을 사용하고 있다. 8장에서 살펴본 바와 같이 우주를 질주하는 깡통 모양의 폐쇄형 시스템이나 미래의 화성 식민지를 위해 연구자들은 이제 우주인의 똥을 유용한 제품으로 재활용하는 방법에 초점을 맞추고 있다.

우주선용 바이오연료도 중요하겠지만, 우주비행사 자신을 위한 연료도 중요할 것이다. 환경공학자 리사 스타인버그(Lisa Steinberg)와 펜실베이니아주립대학의 우주생물학연구센터(Astrobiology Research Center) 소장인 크리스토퍼 하우스(Christopher House)는 우주인의 똥과 오줌을 메탄가스와 아세테이트 염으로 분해하는 인공 위장 역할을 하는 소형 미생물 반응기로 재사용의 난제를 해결하고자 했다. 수족관 필터에서 부분적으로 영감을 얻은 폐기물처리-식량 생산 복합 시스템의 프로토타입에서 메탄가스는 식용 박테리아의 성장을 촉진해 맥주 효모로 만든 마마이트(Marmite)나 베지마이트(Vegemite) 스프레드와 비슷한 갈색 "미생물 똥"을 만들어 낼 수 있다. 단백질이 풍부한 이 미생물 똥은 그 자체로는 훌륭한 음식이 아니지만, 적어도 이론적으로는 우주에서 폐기물 처리와 식품 생산을 깨끗하고 안전하게 분리하는 문제를 해결할 수 있다. 2단계 과정을 통해 고세균 미생물이 생성한 메탄은 박테리아의 먹이가 되고, 박테리아는 다시 인간의 먹이가 되는 것이다. 이 간접 재사용 전략이 성공한다면 우주비행사가 깊은 우주에서 장기간 임무를 수행하는 동안 생존을 유지하는 동시에 지구에 있는 엔지니어들에게 단백질이 풍부한 식품을 재배하고 유기 폐기물을 더 효율적으로 처리하는 방법을 보여 줄 수도 있을 것이다.

연구자들은 혐기성 소화 방식의 잠재력을 테스트하기 위해 반응기에 우주비행사의 똥과 같은 성분으로 구성된 합성 폐수 슬러리를 주입했다(스타인버그는 개 사료, 셀룰로오스, 글리세롤, 소금을 섞어 이 똥을 만들었다고 했다). 혐기성 반응기는 본질적으로 폐수처리장에 있는 메탄 생산 탱크의 축소판이다. 하지만 이 연구에서 하우스와 스타인버그는 수족관 필터에 일반적으로 사용되는 것과 동일한 1인치 크기의 플라스틱 공으로 미니 반응기를 채웠다. 공의 표면에는 두 가지 박테리아 균주가 바이오필름을 형성하도록 만들었다. 한 균주는 폐기물을 지방산과 아세테이트로 발효시켰고, 다른 균주는 지방을 바이오메탄으로 전환시켰다. 연구자들은 이 미니 반응기로 폐기물 재순환 시뮬레이션을 한 결과, 결과물에서 유기물의 약 97퍼센트가 제거된 것을 확인했다고 말했다.

하지만 메탄 부산물을 어떻게 식량을 재배하는 데 사용할 것인지에 대한 의문이 남았다. 스타인버그는 "메탄을 소화하는 미생물인 메틸로코커스 캡슐라투스(Methylococcus capsulatus)를 천연가스로 키워 단백질 함량이 매우 높은 동물 사료로 사용한 1980년대 연구를 우연히 발견하게 됐다"라고 말했다. 그에게 영국 바스의 고대 로마 온천에서 처음 분리된 이 특이한 메탄 소화 박테리아종은 원자로의 두 번째 부분에 이상적인 후보처럼 보였다. 이 박테리아는 식용으로 승인되지 않았지만 캘리포니아에 본사를 둔 칼리스타에너지(Calysta Energy)는 이 기술에 대한 권리를 구입해 메탄으로 채워진 발효 탱크에서 자라는 메틸로코커스 박테리아로 만든 단백질 식품을 대량 생산하고 있다. 이 회사는 말린 박테리아 펠릿을 가축, 생선, 반려동물의 사료로 판매하고 있으며, 이 박테리아 펠릿을 케냐의 새너지처럼 어분이나 대두 농축액 같은 자원 집약적인 단백질 공급원을 대체할 지속 가능한 대안으로 생각하고 있다. 칼리스타는 자사의 제조 공정이 농경지와 물을 거의 사용하지 않는다고 주장하지만, 미생물 공급 원료와 같은 자체 천연가스를 위한 새로운 시장을 찾고 있는 석유화학 기업 BP 벤처와 파트너십을 맺은 바 있다. 물론 메탄이 바이오가스로 만들어지면 더 지속 가능한 연료가 될 수 있다. 또한 메틸로코커스만이 우주에서 자랄 수 있는 식량 후보는 아니다. 하우스와 스타인버그는 별도의 실험을 통해 pH가 높은 용액에서 자랄 수 있는 박테리아종과 70℃의 온도를 견딜 수 있는 박테리아종 등 다른 경쟁자를 지목했다. 공학자 마크 블레너(Mark Blenner)는 비슷한 방식으로 우주비행사의 똥, 오줌, 내뿜는 이산화탄소를 유전자 조작 효모의 시작 원료로 사용하는 실험을 진행했다. 이 실험이 성공하면 이 효모를 식품, 비타민 또는 플라스틱 재료로 만들 수 있을 것이다.

청정에너지 기술 전문가인 마이클 웨버(Michael Webber)는 미세조류 바이오 정제 장치에서 남는 천연가스로 조류 기반 단백질을 만드는 실험을 진행했다. 우주선의 좁은 공간에서 상상력을 발휘할 솔루션이 필요하다는 점을 고려할 때, 폐기물을 음식으로 전환하는 두 부분으로 구성된 반응기는 매우 합리적이라고 웨버는 말했다. 그는 "폐기물을 귀중한 자원으로 전환하는 데 가장 필요한 것은 폐기물관리의 폐쇄 순환 고리를 끊는 일"이라며 "자원 낭비는 아이디어가 부족해 발생하는 현상일 뿐이지요"라고 덧붙였다.

다시 한번 말하지만, 이러한 우주인 대상 연구 프로젝트에서 얻은 교훈과 기술은 우리 세계가 직면한 과제에 대한 중요한 해결책을 제시할 수 있다. NASA의 환경과학자 존 호건(John Hogan)은 "우리가 사용하는 재료 중 일부는 다른 재료보다 재활용을 상상하기 더 쉽습니다"라고 말했다. 인간의 생명을 유지한다는 것은 필수적인 물과 영양분을 재사용한다는 것을 의미하며, 하류에서 상류로 빠르게 이동할 수 있는 소형 우주선의 폐쇄 루프는 이러한 필요성을 매우 명확하게 보여준다. 호건은 인간이 생성한 폐기물에서 귀중한 분자를 안전하고 효율적으로 추출해 재사용하거나 심지어 먹을 수 있는 형태로 변환하는 방법을 알아내는 것은 멀리 떨어진 곳과 가까운 곳에서 모두 "좋은 결실을 맺을 수 있다"라고 말했다.

어려움에도 불구하고 브라운은 옴니프로세서에 대한 전반적인 경험을 통해 위생을 개선하고 폐기물을 가치로 전환하는 옴니프로세서의 능력을 "믿을 수 없을 정도로 낙관적"

이라고 믿게 되었다고 말했다. 디지털 시대에 우리는 거의 하룻밤 사이에 기술을 개발하고 인기 있는 제품을 판매해 엄청난 가치를 빠르게 창출하는 스타트업에 익숙해져 있다. 하지만 브라운은 인프라는 전혀 다른 차원에서 작동한다고 설명했다. "하드웨어 집약적인 산업용 기술을 확장하려면 많은 시간과 비용이 필요합니다. 소비재와는 다르지요."

개발도상국은 문화적 가치에 부합하는 한 유선전화 대신 휴대폰, 기존 전력망 대신 태양광 패널 같은 "도약" 기술에 더 개방적이다. 하지만 선행 비용을 고려할 때, 어떤 지자체도 검증되지 않은 새로운 애플리케이션에 공공자금을 투입하고 싶어 하지 않는다고 그는 말했다. 시간이 지남에 따라 기술이 입증될 때까지 해당 기술은 연방 인프라 보조금, 개발은행 또는 게이츠재단과 같은 비정부기관의 지원이 필요할 수 있다. 하지만 제대로만 설치한다면 옴니프로세서 같은 설비를 통해 전기, 물, 재를 생산해 장기적인 매출을 창출할 수 있다. 브라운은 폐수처리의 에너지 집약적인 수요를 고려할 때 단순히 손익분기점을 넘기는 것만으로도 흥미로운 진전이 될 거라고 말했다.

브라운은 세드론테크놀로지스가 세네갈과 서아프리카의 다른 지역에 또 다른 옴니프로세서를 설치하기를 희망하고 있다고 말했다. 이 회사는 게이츠재단과 계약을 맺고 이 기술을 개발했으며, 다른 라이선스 보유자들과 협력해 인도와 중국에서도 이 기술을 상용화하기 위해 노력하고 있다. 한편, 세드론은 노천 슬러지 건조기를 대체할 또 다른 장치인 바코 (Varcor)를 개발하기도 했다. 이 기계는 외부 전원이 필요하지만 증발과 수증기 압축을 통해 깨끗한 물, 연료 또는 토양개량제로 사용할 수 있는 건조 고형물, 그리고 비료로 재사용할 수 있는 액체암모니아를 생산할 수 있다.

인프라가 부족한 지역에 구축할 만한 인프라에 대해 생각하는 것을 넘어, 이미 가지고 있는 인프라를 어떻게 사용할지 다시 생각해야 할 수도 있다. 환경공학자 데이비드 세들락(David Sedlak)은 하수처리 산업에 점점 더 많은 관심을 기울이고 있다. 2020년 한 신문에 기고한 "하수구 보호(Protecting the sewershed)"라는 글에서 세들락과 그의 동료 사샤 해리스-러벳(Sasha Harris-Lovett)은 폐수를 식수의 잠재적 공급원으로 생각하려면 수역과 그 수역에 공급되는 물에 대해 생각하는 것과 같은 방식으로 하수도에 대해 생각해야 한다고 주장했다. 사람들이 하수도를 통해 나오는 것을 받아들이게 하려면 정당화가 필요하다고 그는 말했다. 그는 이 과정이 증기기관이나 상업용 항공 여행 등 과거에는 생소했던 신기술에 대한 대중의 초기 의심을 극복했던 것과 같은 과정이며, 캘리포니아주는 이 과정의 힘을 입증해 낸 좋은 예라고 말했다. 세들락은 이런 정당화가 제대로 이루어지려면 대중이 신기술 규제를 담당하는 기관을 신뢰하고, 신기술이 제공하는 혜택을 인식해야 하며, 그 기술의 실현 절차에 익숙해져야 한다고 말한다.

　건강을 증진하는 물과 음식을 만들어 내려는 노력들은 상호 보완적이다. 프로바이오틱스 분야는 건강 효능을 강조하는 데 필요한 엄격한 과학을 통해 효과적인 마케팅을 뒷받침하기 시작했으며, 오랫동안 건전한 과학에 기반을 둔 물재생 노력은 마케팅에 집중하면서 더욱 힘을 얻고 있다. 홈브루어인 젠 맥폴랜드는 "더 많은 사람이 이야기할수록 더 많은 사람이 받아들입니다"라고 말했다. 결국 우리의 심리적·논리적 장벽을 넘어서는 비결은 우리 모두와 다른 모든 생명체 안에 존재하는 자연적인 재활용 과정을 이해하고, 때로는 말 그대로 안전하게 활용하는 방법을 보여 주는 것일 수 있다.

CHAPTER 11

석회암 계단이 있는 수영장에서 나는 스노클을 착용한 채 물속으로 뛰어들었다. 수영장은 피그스만(Bay of Pigs)이라는 이름과는 전혀 어울리지 않는 맑고 푸른 만안에 위치해 있었다. 그전에 나는 피그스만 풍경이 칙칙할 거라고 상상했었는데, 의외였다. 그곳이 과거에 전투가 벌어졌던 곳이었기 때문에 그런 생각을 했던 것 같다. 실제로 그곳은 1961년에 미국의 지원을 받은 쿠바 망명자들이 피델 카스트로의 공산 정부를 전복시키려다 실패한 역사를 간직한 곳이다. 하지만 내가 갔을 때 그곳은 지평선을 향해 뻗은 예술가의 팔레트처럼 보였다. 석회암 계단 앞에는 짙은 푸른색 바다가 펼쳐져 있었고, 물은 깊어질수록 청록색에서 감청색으로 변해 갔다.

해안에서 10미터도 채 떨어지지 않은 곳에서 산호가 보이기 시작했다. 산호초들은 바다 밑 모래에서 솟아오른 작은 숲처럼 보였고, 모두 저마다 고유한 색깔을 가지고 있었다. 뇌산호(brain coral), 스톱라이트앵무고기(stoplight parrot fish), 노란색 해면동물, 남양쥐돔(blue tang)도 눈에 들어왔다. 플라야라르가(Playa Larga)라는 해변 마을에서 1954년형 쉐보레 벨에어를 타고 조금만 달리면 도착하는 이곳의 산호초 부근에서는 피그스만 바깥쪽에서 이루어진 남획으로 주요 포식자의 일부가 사라진 상태였다. 산호초들 안에는 크고 작은 물고기들이 가득했다. 이 물고기들은 내가 물속에서 몇 번 오리발을 퍼덕이자 이내 깊고 짙푸른 물속 어딘가로 사라졌다. 하선장 근처의 물속에서는 큰 물고기인 옐로잭(yellow jack)이 무리 지어 헤엄치고 있었다.

해변에서 좀 떨어진 도로를 따라가다 보면 쿠에바데로스 페세스(Cueva de los Peces)라는 세노테(cenote)[100]를 볼 수 있는데, 이 세노테는 좁지만 놀랍도록 깊은 수중 협곡을 품은 천연 수영장처럼 보인다. 이곳의 석회암동굴과 산호초는 맹그로브[101] 습지에서 깊은 바다로 이어지는 긴 해안 서식지를 형성하고 있다. 서쪽으로는 카리브해에서 가장 크고 생물 다양성이 풍부한 습지인 광활한 사파타 습지가 위치한다. 제프와 나는 이곳에서 두 번의 탐조 여행을 하면서 세상에서 가장 작은 새인 꼬마벌새(bee hummingbird), 멸종위기에 처한 사파타굴뚝새(Zapata wren) 같은 희귀조들을 볼 수 있었다. 동쪽으로

---

100 지하수를 노출하는 석회암 암반의 붕괴로 생긴 자연적인 구덩이로, 낮고 편평한 석회암 지역에서 볼 수 있는 함몰 구멍에 지하수가 모인 천연 우물을 뜻한다.

101 아열대나 열대의 해변 또는 하구 기수역의 염성 습지에서 자라는 관목 또는 교목.

더 멀리 떨어진 여왕의정원국립공원(Gardens of the Queen National Park) 내 강에는 상어, 바다거북을 한입에 잡아먹는 회색곰 크기만 한 거대 물고기인 골리앗그루퍼(Goliath Grouper)가 엄청나게 많이 서식한다. 산호초, 맹그로브가 무성한 섬들로 이루어진 이 군도는 때 묻지 않은 자연 그대로의 모습을 간직하고 있어 일부 방문객은 이곳을 "카리브해의 왕관 보석"이라고 부르기도 한다.

여왕의정원국립공원을 단순히 본토와 멀리 떨어져 있어 생태계가 더 온전하게 보존될 수 있었던, 수많은 자연생태 국립공원 중 하나라고 생각하기 쉽다. 하지만 연구자들은 이 해안 습지뿐만 아니라 피그스만과 쿠바 남부 해안의 산호초 등 많은 근해 산호초가 놀라울 정도로 좋은 상태를 유지하고 있다는 사실에 주목한다. 산호 전문가인 다리아 시칠리아노(Daria Siciliano)는 쿠바에 광범위하게 분포하는 산호초가 산호 유충 등 다양한 해양생물을 보호하고, 해류에 떠밀려 다른 곳으로 이동한 생물들이 다시 이곳으로 오게 만든다고 말했다. 이곳 산호초의 회복력은 플로리다키스(Florida Keys)에서 호주의 그레이트배리어리프(Great Barrier Reef)에 이르기까지 전 세계적으로 병들고 죽어 가는 산호에 대한 나쁜 소식이 연이어 들려오는 가운데 드물게 밝은 빛이 되고 있다.

다른 곳의 산호와 이곳의 산호는 도대체 무엇이 다른 것일까? 쿠바에 대한 미국의 금수조치는 해양환경에 해를 끼치는 대규모 개발과 그에 따른 오염을 억제하기도 했지만, 쿠바의 환경 연구 및 관리 역량에 도움이 되는 해외 대출과 기술에 대한 접근도 차단했다. 또한 쿠바 정부는 수심이 얕은 해양 지역의 거의 4분의 1을 자연보호 공원과 보호구역으로 지정했지만, 실제로는 꾸준하게 환경보존 정책을 시행하지 못했다는 지적이 많다. 하지만 가장 지배적인 요인으로는 쿠바의 토양으로 유입되는 것들이 갑자기 변화함에 따라 토양에서 바다로 흘러드는 것들도 변화했다는 사실이 꼽힌다.

과학자들은 피그스만과 같은 곳에서 환경이 회복된 이유가 쿠바가 겪은 경제적 재앙에 있다고 분석한다. 1990년대 초소련의 붕괴로 쿠바는 합성비료, 살충제, 휘발유, 농기구, 식량을 수입할 통로가 막혔다. 게다가 미국의 금수조치로 다른 공산품 공급 경로도 차단되면서 쿠바의 어업과 사탕수수 산업은 붕괴하기에 이르렀다. 당시 들판에는 버려진 트랙터가 녹슨 채 방치되고 있었다. 이에 따라 해산물 어획량, 무기질 비료 사용량, 농업 생산량이 모두 급감했다. 쿠바인들이 "특별한 시기"라고 부르는 이 고통스러운 시기에 농장들 대부분은 자본과 화학물질 부족으로 선택이 아니라 필요에 의해 유기농으로 전환했고, 이는 환경에 미치는 영향이 적은 농법 시행으로 이어졌다. 1961년부터 (소련 붕괴 직전인) 1989년에 정점을 찍을 때까지 쿠바의 무기질비료 사용량은 900퍼센트 가까이 증가했다. 당시 쿠바는 질소비료 사용 비율이 세계에서 가장 높은 나라였다. 하지만 이러한 증가세는 점차 둔화했고, 2000년에는 쿠바의 무기질비료 사용량이 정점의 5분의 1 수준으로 떨어졌다. 당시 무기질비료는 대부분 사탕수수 생산에 사용됐다.

지난 30년 동안 쿠바는 자연이 스스로를 치유하게 놓아두었을때 어떤 일이 일어나는지 확실하게 보여 주었다. 비가 내리면 비료가 배수로로 씻겨 내려가 강을 거쳐 바다로 유입될 수 있다는 사실을 앞에서 다룬 적이 있다. 이 과정을 통해 영양분이 바다로 흘러들면 식물성플랑크톤과 조류가 폭발적으로 성장한다. 하지만 조류가 과도하게 번성하면 산호초를 점령하게 되고, 조류가 죽거나 부패할 때 바다의 산소를 빼앗아 데드존(dead zone)[102]이 생겨난다. 카리브해 산호초의 상태와 동향에 관한 한 보고서에 따르면 1970년 이후 육지와 바다에서 발생한 이런 현상 때문에 카리브해 산호의 절반 이상이 사라졌다. 하지만 쿠바에서는 1990년대 중반부터 산호의 감소세가 반전되어 개체수가 다시 회복되기 시작했다. 인과 질소가 풍부한 유출수가 급격히 감소하면서 쿠바의 산호초와 연안 습지는 점차 회복세를 보이기 시작했다. 이에 대한 기록이 많지는 않지만, 이런 회복은 산호의 주요 경쟁 종인 조류를 잡아먹음으로써 조류의 과도한 성장을 막는 앵무고기(parrot fish)의 건강지표 상승과 시기적으로 거의 일치한다.

102 물속 산소가 완전히 고갈되어 생명체가 살 수 없는 환경으로 변한 바다.

물론, 경제적 재앙 때문에 환경이 복원되는 것이 좋은 일이라고 할 수는 없다. 쿠바의 해양생물학자 호르헤 앙굴로-발데스(Jorge Angulo-Valdés)는 쿠바 정부의 환경보존 노력이 실패하면 쿠바 전역에 경제적 파장이 일어날 수 있다고 본다. 그는 "어쨌든 우리는 계속 생계를 유지해야 하고, 계속 식량이 필요합니다"라고 말했다. 우연에 의해 쿠바의 환경이 복원된 사례를 보면서 우리는 환경보호에 신중하게 접근해야 한다는 교훈을 얻어야 한다. 환경보호가 경쟁적인 이해관계가 아니라 우리의 웰빙과 필연적으로 연결되어 있다고 생각함으로써 환경과 우리의 웰빙 모두를 개선할 수 있을까? 우리 자신의 부산물을 더 잘 활용하면 식량안보를 강화하고, 자연재해를 완화하고, 오염을 개선하는 복원적 실천을 통해 이 목표를 달성하는 데 도움이 되지 않을까?

이 과정에서 똥이 다시 귀중한 자산이 될 수 있다. 우리는 똥이 부주의하게 처리될 경우 어떻게 우리를 병들게 하고 환경을 오염시키는지 잘 알고 있다. 하지만 우리는 똥을 현명하게 이용하면 불균형한 장내 생태계를 치유할 수 있다는 사실 역시 잘 알고 있다. 문제가 있는 땅과 바다에도 똥이 똑같이 도움이 되지 않을 이유가 있을까? 피그스만에서 수영하면서 보았던 화려한 산호초는 또 다른 희망적인 질문을 내게 불러일으켰다. "자연에 스스로를 치유할 공간과 시간을 주는 것만으로 이런 변화가 가능하다면, 우리가 적극적으로 복원에

나서 도움을 줄 때 어떤 일이 가능해질까?"

캐나다의 시셸트(Sechelt)광산은 손상으로 황폐화한 공간이 어떻게 다시 건강하게 회복되는지 보여 주는 확실한 사례다. 브리티시컬럼비아주 남부 해안에 있는 이 광산은 시셸트퍼스트네이션(시샬 원주민) 지역에 위치하며, 북미에서 가장 큰 모래 및 자갈 광산 중 하나로 주로 시멘트 제조용 모래가 채취된다. 모래를 채취하여 가공하면 "파인(fine)"이라는 이름의 미세한 모래 가루가 남게 된다. 캐나다의 컨설팅 회사 실비스인바이런멘틀(SYLVIS Environmental)의 선임 환경과학자인 존 레이버리(John Lavery)에 따르면 이 파인에서는 민들레 한 송이도 자라지 않는다. 20년 이상 산업 및 도시 잔류물 처리 분야에서 일해 온 레이버리는 이 광산이 "일종의 쓸모없는 장난감만 남은 곳"이라면서, 실비스인바이런멘틀은 재, 목재, 음식물 쓰레기, 펄프 및 제지 가공, 광업, 폐수처리 과정에서 남은 찌꺼기 등의 새로운 용도를 찾는 데 특화되어 있다고 말했다.

실비스인바이런멘틀은 이 광산을 소유하고 있는 리하이핸슨 머티리얼스(Lehigh Hanson Materials)와의 계약을 통해 일종의 "원 플러스 원" 재활용 프로젝트, 즉 파인과 인분을 섞어 만든 혼합물을 새로운 용도로 사용하는 프로젝트를 시행했다. 이 프로젝트는 중장비로 바위를 부수는 소리를 줄이고, 광산 아래 지역의 경관을 보호하고, 빠르게 자라는 포플러나 무로 수익을 창출하는 기능성 토양 시스템을 구축하기 위한 것이기도 했다. 시셸트를 비롯한 인근 두 마을에 폐수처리공장이 세워졌고, 이 공장에서는 바이오솔리드를 공급했다. 이 바이오솔리드 중 일부는 언덕 높이로 높게 쌓여 광산에서 나는 소음을 막고, 광산 자체가 마을에서 보이지 않게 만들었다. 바이오솔리드가 쌓여 만들어진 언덕에는 토종 식물을 비롯한 다양한 식물이 심어졌다. 실비스인바이런멘틀은 폐수처리공장에서 만들어진 바이오솔리드와 펄프, 종이 찌꺼기를 섞어 포플러 농장 두 곳의 토양 기반을 조성하고, 바이오솔리드로 만든 비료를 정기적으로 이 토양에 주입했다. "그 다음부터는 생태계가 알아서 하도록 내버려두었습니다." 레이버리가 말했다. 그는 프로젝트가 절정에 달했을 때는 약 100에이커 넓이의 땅에서 이 방법이 적용됐다고 덧붙였다.

그 후 이 토양들에는 식물 뿌리와 공생관계를 형성하는 균근(mycorrhizae), 즉 숙주식물에 영양물질과 물을 제공하고 숙주식물로부터 탄수화물을 공급받는 균류가 풍성해졌다. 크고 작은 무척추동물과 토양을 통해 탄소와 영양분을 뿌리로 이동시키는 데 도움을 주는 토양 박테리아들도 유입됐다. 레이버리는 "우리는 아무것도 자랄 수 없는, 모래 가루와 자갈로 뒤덮인 척박한 상태의 땅을 비옥한 땅으로 만들었습니다"라며 이 프로젝트가 수백 년 또는 수천 년이 걸렸을 수도 있는 과정이 20년이 안 되는 짧은 시간 안에 일어나게 만들었다고 말했다. 또한 그 후 시셸트퍼스트네이션 부족민들은 포플러 농장의 소유권을 인수해 수익을 내기 시작했다.

프로젝트가 끝난 후, 이 지역 기업가들은 다른 잔여물의 장기적인 용도를 찾기 시작했다. 2010년, 시셀트퍼스트네이션 부족민인 애런 조(Aaron Joe)는 광산 경계 근처에서 세일리시소일즈(Salish Soils)라는 회사를 설립했다. 이 회사는 가정과 상업용 시설에서 나오는 음식 쓰레기, 이 지역의 연어 양식장과 강치 양식장에서 나오는 피와 내장 같은 찌꺼기, 광산 회복 프로젝트에 참여했던 폐수처리장 두 곳에서 나오는 인체 유래 바이오솔리드를 이용해 세 가지 형태의 비료를 만들어 폐기물 재활용에 앞장서고 있다. 회사의 웹사이트에 게재된 소개 글은 다음과 같다. "세일리시소일즈는 자연의 재생능력을 믿습니다. 우리는 사람들에게 힘을 실어 줌으로써 지구를 존중하는 동시에 폐자원을 수집, 수거, 퇴비화해 고품질의 유기물로 만들어 땅을 치유합니다. 우리의 부산물이 자연을 치유하는 데 도움이 될 수 있다는 교훈은 원주민 커뮤니티에서 수 세기 동안 전해 내려온 것입니다."

실비스인바이런멘틀도 사업 범위를 확장하기 시작했다. 이 회사는 앨버타(Alberta)에서 진행된 두 가지 프로젝트에서 바이오솔리드를 이용해 버려진 농지와 폐쇄된 탄광을 살려냈다. 하지만 이 환경기업은 간척지를 전통적인 농업용지로 만들지 않고, 집약적인 방식을 이용해 고밀도 버드나무 농장으로 만들었다. "왜 그렇게 했냐고요? 이 방식보다 환경이나 사회에 더 많은 자원을 환원하는 시스템을 생각할 수 없기 때문입니다." 레이버리가 말했다. 이 전략은 바이오솔리드를 사용해 광물화 가능한 영양분을 토양으로 돌려보내 토양의 품질, 식물 재배 적합성 및 궁극적인 생산성을 개선하기 위한 것이다. 작업자들은 1에이커당 버드나무 묘목을 약 6000~8000그루 심는다(일반적인 경우는 1에이커당 묘목을 80~160그루 심는다). 땅속에서는 나무가 뿌리 시스템으로 탄소를 격리하고, 지상에서는 나무가 새, 설치류, 작은 포유류에게 집을 제공해 더 많은 동물종이 서식할 수 있게 한다. "그러자 맹금류 같은 포식자들이 나타나기 시작했습니다. 또한 버드나무 자체가 유제류의 먹이이기 때문에 아메리카영양(pronghorn), 사슴, 무스(moose) 같은 동물들도 눈에 띄기 시작했습니다." 레이버리가 설명했다. 이 지역의 초원지대에 섬생물지리학(island biogeography)에서 말하는 생태계 섬(ecosystem island)이 조성된 것이었다.

이 상태로 3년이 지나면 교대로 나무를 수확하는 방식으로 일부 서식지를 보존할 수 있다. 레이버리가 이어 말했다. "나무를 수확해도 나무는 밑둥에서부터 다시 무성하게 자라납니다. 지상에서 재료를 수확해도 지하의 뿌리 시스템은 그대로 살아 있기 때문에 많은 줄기를 밀어 올리는 거지요. 예초기로 잔디를 깎는 것과 비슷합니다." 가공 후에 남은 목재 부스러기도 재활용이 가능하다. 갈아서 바이오솔리드와 혼합해 퇴비를 만들거나 대체 연료로 사용할 수 있기 때문이다. 우리의 똥이 이번에는 버드나무 바이오매스를 환경에 도움이 되는 재생 가능한 상품으로 전환하는 데 신뢰할 수 있는 파트너가 된 것이었다. 특히 레이버리는 화석연료의 점진적인 퇴출이 진행되고 있는 가운데 석유와 가스 생산의 본고장인 캐나다에서 탄소 격리를 달성할 수 있게 되어 매우 기쁘게 생각하고 있다. "우리는 향후 20~30년 동안 재생 가능한 바이오연료와 바이오소재를 가장 필요로 하는 곳에 제공하기 위해 노력하고 있습니다."

×

쿠바는 경제적인 재앙이 환경친화적인 농업의 형태로 극적인 변화를 일으키는 원동력이 된 나라다. 이 사례에서 영감을 얻어 수많은 과학자, 농부, 활동가 들이 농업생태학에 기반한 대안을 지지하고 적용하기 시작했다. 버몬트 소재 카리브해연구소의 부소장 마르가리타 페르난데스(Margarita Fernandez)는 "쿠바는 이런 유형의 농업 확산을 지지하는 정치적 분위기를 선도하는 나라"라고 말했다. 여기서 이런 유형의 농업이란 작물 순환과 다양성, 유기 퇴비, 멀치, 생물학적 해충방제법을 사용하는 농업을 말한다.

하지만 쿠바가 지금도 식량을 상당 부분 수입해야 하는 현실은 쿠바의 유기농 및 농업 생태 실험을 지지하는 사람들과 반대하는 사람들 사이에서 격렬한 논쟁거리가 되고 있다. 쿠바 전역에서 식량 부족은 흔한 일이며, 코로나19 팬데믹 기간에 상황은 더욱 악화됐다. 하지만 2016년 쿠바 서부 비날레스에서 만난 농부 라울 레예스 포사다(Raúl Reyes Posada)는 정부 인증 유기농 농장의 지속 가능하고 환경친화적인 접근 방식에 자부심을 갖고 있었다. 그는 전 세계 관광객들이 남긴 메모로 가득 찬 농장의 키오스크에서 판매 중인 몇 가지 상품을 소개했다. 신선한 망고, 바나나, 파인애플, 재활용 물병에 담긴 원두커피, 홈메이드 핫소스, 수제 시가 같은 것들이었다. 그는 쿠바의 농업 방식 덕분에 농부들이 미국의 금수 조치와 수년간의 경제 침체 속에서도 매우 적은 비용으로 농사를 지을 수 있었다고 말했다. 또한 쿠바에서는 신뢰할 수 없는 물류시스템을 피하기 위해 도시 주변에 오가노포니코(organopónico)[103]라는 도시 농장이 생겨나기 시작했다.

워싱턴주 터코마 외곽에 위치한 멀리사 마이어(Melissa Meyer)의 로즈아일랜드 농장도 오가노포니코로 생각할 수 있다. 이 농장은 과거에 말 농장이었다. 나는 2021년 6월 말에 마이어를 처음 만났는데, 그때 그는 태평양 북서부에 닥칠 혹독한 폭염에 대비해 1에이커 규모의 채소밭에 물을 주고 있

---

103 오가노포니코는 쿠바만의 독특한 농업 형태로 벽돌·돌·판자 등의 자재로 틀을 만들고 그곳에 지렁이 분변토와 유기물 퇴비를 혼합한 밭을 말한다.

었다. 우리는 그의 집 뒤편에 있는 피크닉 테이블에서 시원한 물을 마시면서 대화했다. 그로부터 며칠 후 시애틀-터코마 국제공항의 기상관측소는 이 지역의 기온이 역대 최고치인 42℃를 기록했다고 발표했다.

마이어는 자신이 자란 브리티시컬럼비아 북부의 침시안 족 마을인 락스콸라람스(Lax kw'alaams, "야생 장미의 섬"이라는 뜻)의 이름을 따서 농장의 이름을 지었다. 내가 방문했던 날, 그는 가족과 함께 그 땅에 정착한 지 1년이 되어 가고 있었다. 마이 어는 농장에서 살기 시작하면서 정신적으로 완전히 변화했 다고 말했다. 그는 이전에는 스키나강에서 가족과 함께 종종 연어를 잡으면서 비타민D를 보충하고, 잡은 연어를 먹으면 서 불포화지방을 섭취하곤 했다. 하지만 그는 퓨젓사운드 지 역으로 이사하면서 연어를 쉽게 접할 수 없게 됐다. 마이어는 내게 "그렇다면 연어 같은 음식과 지속 가능한 관계를 제가 지금 어떻게 유지하고 있을까요?"라고 물었다.

마이어는 식물 종류에 따라 각각 다른 파트너십을 구축하 고 있었다. 그는 연어가 산란을 위해 상류로 거슬러 올라가는 강 주변에서 자라는 새먼베리, 남편이 좋아하는 심블베리 같 은 식물을 새 정원으로 가져왔다. 그의 새 농장 주변 강에도 과거에는 연어가 헤엄치고, 강 주변에는 그늘을 제공하는 삼 나무 같은 나무들이 풍부해 토종 식물과 약용식물을 보호해 주었을 것이다. 하지만 그가 이 지역으로 이주했을 때는 더글러스전나무 같은 나무들은 모두 벌목되어 그루터기만 남아 있거나, 다 자라지 못한 어린 전나무들만 남아 있었다. 마이어는 마당 일부를 가리고 있던 토종 가문비나무와 마당 뒤쪽의 침입성 월계수 울타리 옆에서 고군분투하는 삼나무를 가리켰다. 마이어는 삼나무는 일반적으로 오리나무와 함께 자라는데, 그 이유는 오리나무가 삼나무 묘목이 햇볕에 그을리는 것을 막아 주기 때문이라고 말했다. 비정상적으로 혹독한 더위 속에서 어린 삼나무가 살아남으려면 그의 도움이 필요했다. 그는 이웃들 집에서 사람들의 도움으로 삼나무가 잘 자라고 있다고 말했다.

새로 이사한 곳의 풍경은 그가 이전에 상상했던 풍경과는 달랐다. 그럼에도 그는 자신이 약간만 도움을 주면 예전의 건강한 풍경이 다시 나타날 수 있을 거라고 생각했다. 그는 우선 토착 수종 중에서 단풍나무를 선택해 심었다. 마이어는 땅을 잘 관찰하면 과거에 땅에 어떤 일이 일어났는지 알 수 있다며 "누가 살고 싶어 했는지도 알 수 있어요"라고 말했다. 그는 나무를 여러 그루 심고 물과 멀치를 흙 위에 뿌리면 나무들이 스스로 잘 자라난다며, 나무들이 다 자라면 동네의 열기를 식히고 동식물에게 좋은 서식지를 제공하게 될 거라고 말했다. 그러면서 그는 덧붙였다. "너무 더워요. 우리 집도 너무 더운데 열기를 식히려고 돈을 낭비하고 있어요. 하지만 우리에게는 열기를 식힐 수 있는 자연스러운 방법이 있고, 나무들도 여기서 자라고 **싶어 합니다.**"

나무들이 음식과 약을 다시 제공하도록 만들고 새들이 나무로 돌아오도록 만들기 위해 마이어는 몇 가지 새로운 정원 가꾸기 방법을 이용했다. 그 방법 중 하나가 동반 심기(companion planting)였다. 이 방법은 서로에게 좋은 영향을 주는 식물들을 같이 심는 방법이다. 예를 들어, 이 방법을 사용하면 나무는 열에 민감한 식물과 허브를 보호하는 그늘을 제공할 수 있고, 강낭콩은 토양의 질소를 고정하고 옥수수 줄기의 성장을 도울 수 있으며, 옥수수 줄기는 강낭콩을 위한 지지대를 제공할 수 있다. 특히 여름철에 도시의 콘크리트가 뜨거워져 기온이 더 올라가면 식물들은 어울려 있어야 살아남을 수 있다. "사람은 고립되어서는 잘 살지 못하지요. 식물도 마찬가지예요. 여기서는 고립된 채로 자라는 식물은 없어요. 모두가 커뮤니티를 형성하고 있으니까요. 이 방법을 한번 써 보세요." 마이어가 말했다.

마이어는 2011년 다큐멘터리 〈백 투 에덴(Back to Eden)〉에 의해 대중화된 또 다른 원예 전략인 무경운농업(no-till farming)은 아메리카 원주민들의 전통 농법에 뿌리를 두고 있다고 설명했다. 이 방식은 멀치를 이용해 토양을 재건하고, 토양의 수분을 유지시키며 잡초를 억제할 수 있다. 마이어는 새 농장의 토양 대부분이 황폐화했기 때문에 멀치를 뿌리기 전에 터코마의 바이오솔리드 기반 토양개량제인 터그로를 이용해 토양에 영양분을 주입했다. 마이어는 이 방식이 숲이 하는 일을 모방한 것이기 때문에 "백 투 에덴"이라고 불린다고 설명했다. "숲은 세계에서 가장 많은 토양을 생성하는 곳이며, 황폐화한 땅이 다시 비옥한 숲의 땅으로 바뀌는 데에는 약 35년이 걸립니다. 숲은 자연스럽게 그렇게 되기를 원할 거예요. 그 치유력은 이미 토양에 내재되어 있습니다." 마이어는 숲이 스스로 토양을 생산하고 생물다양성을 높이는 과정을 모방하고 있었다. 이와 같은 재생 농업을 통해 그는 현대적 농법을 뛰어넘어 환경을 치유할 수 있는 방법을 보여 주고 있었다.

마이어는 나와 천천히 농장을 둘러보면서 자신이 재배하는 식물과 그 용도를 설명해 주기도 했다. "저는 라벤더, 보리지(borage), 피버퓨(feverfew) 같은 식물을 재배해 약도 얻고, 식량도 얻고, 수분 매개자에 먹이를 주기도 합니다." 마이어는 그로부터 몇 달 후에는 허브 전문가로 새로운 인생을 시작할 예정이라며 연구에 사용할 많은 약초를 이 정원에서 얻을 수 있을 거라고 말했다. 그는 월계수가 양배추흰나비의 번식지가 되어 벌레가 채소를 공격하는 모습도 관찰했다고 말했다. 그의 농장은 오랫동안 말 농장이었기 때문에 뿌리 깊은 잡초들이 자라고 있었는데, 그는 방수포로 체계적으로 잡초를 죽이고 있었다. 그런 다음 땅에 숲을 모방해 퇴비를 두껍게 뿌렸다. 이 퇴비는 그 후 1년 동안 방수포 아래에서 흙을 먹여 살리며 제 역할을 다했다. 흙이 쉬면서 재생되도록 내버려두는 방법이었다.

마이어는 우리가 아직 어떤 것의 유용성을 발견하지 못했거나 가치를 잊어버렸을 때 언어가 중요하다고 말한다. "우리가 어떤 것을 쓰레기라고 부르는 순간 그것과의 관계가 달라지지요." 그는 터코마의 한구석에서 농장을 되살리는 일은 어려웠지만 흥미로웠으며, 특히 "사람들의 지혜를 일깨우는 일"이었다는 점에서 더욱 그랬다고 말했다. 내가 그의 작업에 대해 땅과 지식을 모두 되찾는 일이라고 말했더니 마이어가 부드럽게 내 말을 바로잡았다. 그는 원주민의 지혜가 계속 존재했지만 단지 지워졌을 뿐인데 때때로 백인들은 자신들이 생산적인 땅을 되찾고 있다고 말하곤 한다며, 그 지혜에 대한 소유권을 **재확인**한다고 표현하는 것이 그 지혜를 설명하는 더 좋은 방법이라고 강조했다.

중미 지역에서는 수 세기 동안 원주민 농부들이 옥수수, 콩, 호박을 함께 심어 서로 번성하도록 돕는 지속 가능한 퍼머컬처(permaculture)[104] 시스템(마야식 정원이라고도 함)인 밀파(Milpa) 시스템을 구현해 왔다. 이 시스템은 각 구획마다 휴경기 8번과 식재기 2번을 거쳐 합성 살충제나 비료 없이도 토양과 숲이 재생되도록 만든다. 이로써 다년생 관목, 그늘나무와 함께 작동하며, 결국 숲이 이전 식재지에 다시 자생하도록 만

---

104 연속적이라는 뜻의 "permanent"와 농업이라는 뜻의 "agriculture"의 합성어로 지속 가능한 농업이라는 뜻.

든다. 중미연구센터(MesoAmerican Research Center)에 따르면 이 시스템은 "휴경기간이 줄어들지 않은 상태에서 영구적으로 지속될 수 있다". 마이어는 이 시스템이 북쪽으로 퍼져 나갔고, 북미 원주민 부족들이 옥수수, 콩, 호박("북미의 식물 세 자매"라고 부르기도 한다)을 같이 키워 이 식물들이 서로 도움을 주게 만드는 방식을 만들어 내게 했다고 설명했다.

마이어는 하비스트피어스카운티의 커뮤니티 원예 프로그램을 통해 육성된 푸얄럽 부족과 푸레페차 이민자 간의 파트너십을 지원하기 위해 자신의 토지 일부를 사용하고 있었다. 푸레페차 부족의 농부 중 한 명은 이 농장 한구석에 밀파 시스템을 적용해 옥수수, 콩, 호박을 비롯한 다양한 식물을 심었다. 마이어는 이 지역에서 문화적 의미가 깊은 다른 토종 채소들도 재배하고 있었다. 마카(makah) 또는 오제트감자(Ozette potato)라고 불리는 식물은 전분 함량이 낮고 다른 감자 품종보다 건강에 좋다. 꽃산부추는 더글러스전나무 옆에서 자라는 경우가 많으며, 수 세기 동안 원주민의 주식이었다. 마이어는 흑인과 아메리카 원주민에게 자신의 농장에서 일할 기회를 주는 것이 그들이 조상으로부터 전수받은 지식을 기억하고 그에 대한 권리를 다시 주장할 수 있도록 돕는 것이라고 말했다. 이런 지혜는 기록으로 남지 않은 경우가 많다. 구전되었기 때문에 기록할 필요가 없었던 것이다. "그래서 알게 된 정보를 정리하고 그게 당신의 것임을 기억하는 일이 중요해요." 마이어가 덧붙였다.

마이어는 세일리시소일즈에서도 같은 역학관계를 발견했다. 마이어는 자신이 세일리시소일즈를 좋아하는 이유는 "그 기업이 자연스러운 문화, 자연스러운 삶의 방식에서 벗어난 일을 하지 않는다는 사실 때문"이라고 설명했다. 그는 "우리가 자연 순환의 많은 부분을 방해하지 않았다면 강에서 연어가 사라지지도 않았을 것"이라며 "하지만 이제 연어가 다시 돌아오고" 있다고 덧붙였다. 자신의 이런 작업을 너무 사랑한다고 말하기도 했다. 연어와 같은 회유성 어류는 오랜 세월 동안 인, 질소 및 기타 영양분을 강과 하천으로 운반해 왔으며, 곰과 독수리 외에도 다양한 어류 포식자들이 이러한 영양분 중 일부를 숲과 초원으로 전달해 왔다. 한 연구에 따르면 연어는 오리건주와 워싱턴주에서만 동물 약 140종을 직간접적으로 지원하며, 그중 상당수는 육상동물이다. 이제 우리는 연어가 계속해서 토양을 먹여 살릴지 여부를 결정하는 주요 결정권자가 됐다.

마이어는 자신의 농장을 방문한 흑인 및 원주민 농부들이 자연을 거스르는 대신 자연과 **함께** 일한다는 생각을 받아들이고 있다고 느꼈다. "왜 더 많은 기계와 비료가 필요한 방식으로 그렇게 열심히 일해서 식량을 재배해야 하죠?" 그가 말했다. "저는 자연이 정말 아름다운 모델을 가지고 있다고 생각해요. 자연과 함께 일하고, 또 함께 일하세요. 자연의 역할

중 하나는 사람들이 '아, 그래요'라고 말하며 잠시 멈추고, 느려지고, 조용해지고, 풍경을 읽고, 자연의 리듬으로 돌아갈 수 있도록 지혜를 깨우는 거라고 생각해요."

우리 집 정원에서 제니 오델의 『아무것도 하지 않는 법』을 읽고 있을 때였다. 저자가 자신의 친구가 된 동네 까마귀 두 마리와의 교감을 묘사하는 대목에서 우리 집 정원 가꾸기 작업을 지켜보던 까마귀 스팟과 치킨이 떠올랐다. 고개를 들어 보니 집 앞 전선 위에 스팟과 치킨이 앉아 있었다. 이 까마귀들은 우리 집 마당을 배경으로 하는 자연 다큐멘터리의 주인공이었고, 우리 집 마당은 우리가 아무것도 모르고 만든 경계 안에 있기를 거부하는, 가공된 형태의 자연이었다. 이 책에서 오델은 우리가 전통적으로 가치가 있거나 생산적인 것으로 여겨온 것들이 무엇인지 논하면서, 정원을 비롯한 열린 공간이 항상 위협받는 것처럼 보이는 이유에 대해 숙고한다. 정원이 만들어 내는 것들이 가진 엄청난 가치를 그 이웃 주민들은 쉽게 이해하는 반면, 정작 그 공간의 주인은 "제대로 인식하고, 평가하고, 활용하지 못하기 때문"이다. 즉, 오델은 생태계 안에서 우리는 유용해 보이지 않거나 당장 이용할 수 없는 요소들을 없애는 공격적인 모노컬처(monoculture)에 치우쳐 있다고 본다.

또한 오델은 "유용성에만 치중하는 관점은 생명을 원자화하고 최적화 가능한 것으로 잘못 이해한 데서 비롯된 것이며, 실제로 우리는 모든 부분이 기능하기 위해 필요한 살아 있는 전체로서의 생태계를 인식하지 못한다"라고도 지적했다. 동물의 사체나 똥 더미조차도 우리가 부여하는 가치와는 별개로 고유의 가치를 가진다. 자연은 우리가 호기심을 갖든, 혐오감을 느끼든, 무시하든 상관하지 않는다. 이런 유기물은 미생물과 곰팡이, 파리와 딱정벌레, 까마귀 같은 청소 동물에게 계속 먹이가 될 것이며, 우리가 노력한다면 식물들은 비옥한 땅에서 자랄 것이고, 이런 순환은 앞으로도 계속 반복될 것이다.

바이오솔리드로 영양을 공급받은 우리 정원은 전체에 관심을 기울이고 모든 것이 기능할 수 있도록 만들어야 한다는 교훈을 내게 제공했다. 나는 우리 집 정원에 생명체가 안정적으로 자리 잡을 수 있게 함으로써 새로운 생태계의 시작을 도운 것이었다. 물론 이 생태계가 내가 기대했던 방식으로 시작됐다고 할 수는 없지만 말이다. 반쯤 죽어 있던 잔디밭과 침식된 텃밭을 꽃, 채소, 토종 및 비토종 장식용 식물이 어우러진 복합 공간으로 바꾸기 위해 풍부한 영양분을 제공하자 그 뒤에는 자연이 스스로 이야기를 만들어 내기 시작했다. 예쁘장한 빨간색 되새(house finch) 한 무리가 1미터 높이까지 자라도록 방치된 케일 줄기 위에 내려앉아 씨앗 꼬투리에 든 씨앗을 먹기도 했다. 케일은 더 이상 가치가 없다고 생각하고 그냥 두었는데, 되새들은 내 생각이 틀렸다는 것을 증명해 주었다. 우리가 별로 좋아하지 않는 루콜라와 꽃상추에도 꽃 주변으로 벌들이 윙윙거리며 모여드는 모습도 볼 수 있었다.

우리 동네에서는 동부솜꼬리토끼들의 개체수도 폭발적으로 늘어나기 시작했고, 그 토끼들은 우리가 두 번째로 수확한 완두콩을 먹어 치웠다. 또한 이 토끼들은 산비탈에 굴을 파고 살고 있었을 코요테들을 7년 만에 다시 우리 동네에 나타나도록 유도하는 것 같았다. 한번은 두더지 한 마리가 우리 집 잔디밭 안팎에서 굴을 파고 있었는데, 그때 까마귀 스팟은 화단의 흙을 맹렬히 쪼아 대고 있었다. 그 순간 우리 집 마당의 흙이 진동하기 시작했다. 스팟이 두더지를 쫓고 있었다. 까마귀가 정말 두더지를 사냥한다고? 다음 날 전선 위에서 발톱으로 두더지를 찢고 있는 까마귀를 보고 답을 알 수 있었다. 찢긴 두더지는 내장 일부가 밖으로 나와 있었다. 하지만 두더지들은 통통한 쥐가 되새들의 모이통을 습격했을 때 쥐를 잡을 수 있었으니 별로 억울하지는 않을 것 같았다.

마당, 즉 흙에서 더 많은 시간을 보내면서 우리는 주변에서 펼쳐지는 미니 드라마를 더 많이 볼 수 있었다. 오델은 우리를 둘러싼 생명체들을 관찰하고 식별하는 능력이 그들과 우리 모두가 어떻게 서로 연결되어 있는지 인식하는 데 도움이 된다고 말한다. 우리는 이 미니 드라마에서 확실한 역할을 할 수 있는 존재다. 하지만 우리가 이런 장면을 연출하는 데에 관여했다고 해도 결국 모든 장면의 연출자는 자연이다.

×

넓은 범위에서 볼 때, 자연의 재생을 돕는 과학 연구는 농학자들과 토양과학자들에게 우리가 재활용한 부산물이 어떻게 농지와 목초지를 개선하고 보완하는지 더 잘 이해하게 해준다고 할 수 있다. 예를 들어 보자. 콜로라도주의 도시들에는 수천 에이커에 이르는 농지가 있는 곳이 많다. 1982년부터 덴버 교외의 리틀턴과 잉글우드에 위치한 사우스플랫리뉴(South Platte Renew)폐수처리장은 콜로라도주립대학의 과학자들과 협력해 토양에 뿌릴 수 있는 처리된 바이오솔리드의 이상적인 양을 계산했다. 연구자들은 시험용 토지 약 160에이커에 대한 장기적인 연구를 통해 바이오솔리드에 토양이 물리적, 화학적, 생물학적으로 어떻게 반응하는지 조사했다.

수년간의 연구를 통해 토양 건강 전문가인 짐 이폴리토(Jim Ippolito)와 공동연구자들은 토지 소유주들이 식물의 질소와 인 요구량을 초과하는 바이오솔리드 비료를 사용해 피해를 입지 않도록 권장량을 제시했다. 밀밭은 2년마다 에이커당 바이오솔리드 비료 2~3톤을 뿌리는 것이 가장 좋다. 포트콜린스(Fort Collins)시에서 소유한 목초지의 경우, 10년마다 에이커당 바이오솔리드 비료 5톤을 뿌리는 것이 가장 효과적이라고 제시했다. 바이오솔리드 비료를 너무 적게 투입하면 소, 양, 기타 방목 동물로 인한 식물 파괴를 막을 수 없다. 이 동물들은 과거의 매머드 같은 거대 동물보다 모여 사는 경향이 훨씬 더 크다. 인을 너무 많이 추가하면 식물의 생산성은 증가하지만 종의 다양성은 감소할 수 있다. 과도한 인은 곰팡이 군집과 식물 뿌리 사이의 상호작용을 방해하고, 토양 내에서 박테리아가 지배하는 군집이 더 많아지도록 만들 수 있다고 이폴리토는 설명했다.

포트콜린스는 목초지에 보수적인 접근 방식을 취해 왔으며, 10년마다 에이커당 바이오솔리드 비료 1~2톤을 살포하고 있다고 이폴리토는 말했다. 하지만 그는 그럼에도 바이오솔리드 비료는 토지에 활력을 불어넣었으며, 가시배선인장(prickly pear)이나 볼선인장(ball cactus)처럼 소화가 힘든 종보다 개밀(western wheatgrass)이나 인디언라이스그래스(Indian rice grass)처럼 먹기 좋은 식용식물의 성장을 촉진했다고 말했다. 플라이스토세의 초원 같은 곳에서 이 접근법은 본질적으로 부적절하게 분산된 초식동물의 똥을 우리 똥으로 보충하는 것이었다.

내가 이폴리토를 만났을 때는 10월 중순이었는데, 그 이틀 전에 기온이 거의 29°C도까지 올라간 뒤에 "천둥, 눈"을 동반한 폭풍이 몰아쳐서 도시 소유의 목초지를 방문하지는 못했다. 대신 이폴리토와 나는 그의 사무실에서 바이오솔리드의 안전성과 효과에 대한 수십 년간의 연구 결과와 바이오숯의 잠재력에 대한 그의 연구에 대해 이야기를 나누었다. 토양처럼 복잡한 물질에 대한 바이오솔리드의 영향을 일반인이 측정하는 것은 쉬운 일이 아니다. 이폴리토의 협력 파트너인 노스캐롤라이나의 토양건강연구소(Soil Health Institute)에서는 8가지 주요 지표와 12가지 보조 지표를 제시한다.

이 지표들을 이용하는 한 테스트는 베타글루코시다아제(beta-glucosidase)라는 미생물 효소가 셀룰로오스를 얼마나 잘 분해하는지를 측정한다. 복합 탄수화물이자 유기탄소 공급원인 셀룰로오스는 식물섬유와 세포벽에 구조적 무결성을 제공하는 물질로, 포도당 사슬들이 길게 연결된 구조를 가진다. 여러 테스트 토양에서 확인된 초기 결과는 토양에 유기탄소가 축적되게 만드는 셀룰로오스 분해 효소의 활성이 개선된 것으로 나타났다고 이폴리토는 말했다. 수많은 세월 동안 인간이 토양에서 영양분을 빼앗아 간 후, 그중 일부를 인간이 다시 돌려주면서 토양의 건강이 개선되기 시작한 것이었다.

음식물 찌꺼기를 환경 개선제로 전환하는 다른 방법도 부채를 자산으로 전환하는 데 도움이 될 수 있다. 지속 가능성에 관심이 많은 화학 및 환경 엔지니어인 캔디스 레슬리 압둘-아지즈(Kandis Leslie Abdul-Aziz)는 옥수수 수확 후 남은 잎, 속대, 줄기를 일컫는 옥수숫대(corn stover)를 업사이클링하는 실험을 진행했다. 미국에서 생산되는 에탄올은 대부분 이 옥수숫대로 만들어 낸 것이며, 이렇게 만든 에탄올은 미국 내에서 생산되는 휘발유의 약 10퍼센트에 포함되어 있다. 하지만 바이오연료로 사용하기 위해 심은 옥수수의 양이 너무 많아 수질오염과 온실가스배출량이 **모두** 증가했다는 연구 결과가 최근에 발표되면서 환경적 이점이 정말 비용보다 더 큰지에 대한 논란이 일고 있다. 매년 미국에서 버려지는 옥수숫대의 양은 약 2억 5천만 톤에 이른다. 압둘-아지즈는 "미국에서 발생하는 고형폐기물의 약 3분의 1은 실제로 옥수수 수확에서 발생합니다"라고 말했다. 이 옥수숫대는 더 많은 온실가스를 대기로 배출한다. 그의 연구실에서는 찌꺼기 바이오매스를 활성탄(activated carbon)으로 전환하는 방법을 연구하고 있다. 활성탄은 오염물질을 걸러 내는 능력을 극대화하기 위해 만들어진 바이오숯을 말한다. 활성탄은 일반적으로 거친 검은색 분말 형태를 띠며 고온의 무산소 열분해 과정을 통해 만든다. 활성탄은 열수탄화법(hydrothermal carbonization)이라고 하는 방법으로도 만들 수 있는데, 이 방법은 찌꺼기를 뜨거운 가압수와 혼합하는 방식으로 바이오매스를 분해해 탄소 입자로 변환하는 방식이다.

압둘-아지즈는 탄소를 활성화하려면 강산, 부식성 염기 또는 증기와 혼합해 표면에 작은 구멍을 뚫어야 한다고 말했다. 이렇게 구석구석에 구멍을 내면 표면적이 크게 증가해 각 탄소 조각이 오염물질을 흡수하는 미니 스펀지 형태로 변한다. 압둘-아지즈와 공동연구자들은 열수탄화법을 이용해 옥수숫대로 만든 활성탄이 바닐린(vanillin)이라는 화합물을 흡수하는 데 특히 효과적이라는 사실을 발견했다. 바닐린은 바닐라콩에서 추출한 추출물로 알려져 있지만, 다른 환경 오염물질을 대체할 수 있는 산업 부산물이기도 하다. 압둘-아지즈와 공동연구자들은 바닐린을 첨가한 물을 옥수숫대로 만든 활성탄에 부으면 물에서 오염물질의 98퍼센트가 제거된다는 사실을 발견했다.

탄소가 풍부한 옥수숫대로 활성탄을 만드는 것처럼 탄소가 풍부한 스위치그래스(switchgrass)[105]나 톱밥 또는 똥으로도 활성탄을 만들 수 있다. 즉, 활성탄 조각으로 변형된 똥은 산업용 브리타 정수기 필터처럼 다른 오염물질을 제거하는 데 사용될 수 있다. 환경 엔지니어인 조시 컨스(Josh Kearns)는 (사람이나 동물의 배설물을 포함한) 유기물로 바이오숯을 만드는 간단한 장치를 개발함으로써 DIY 바이오숯이 농촌 지역사회의 물에서 오염물질을 걸러 내는 데 어떻게 도움이 되는지 보여 주었다. 이 장치는 처리된 똥으로 다른 똥을 처리하는 재활용의 극치를 보여 준다.

이런 연구는 계속해서 진보하고 있다. 압둘-아지즈는 "활성탄을 만들고 나면 활성탄 표면에 더 효과적인 물질을 부착할 수 있습니다"라며 아미노기라는 질소 함유 분자를 추가하면 활성탄이 공기 중의 이산화탄소를 포집할 수 있다고 설명했다. 표면에 철 나노입자를 첨가하면 활성탄이 자성을 띠게 되어 바닐린 같은 오염물질을 흡수한다. 자석을 사용해 철을

---

105 북아메리카에 자생하는 다년생 식물.

낚아채듯 물에서 바닐린을 끄집어내는 것이다.

활성탄의 또 다른 잠재적 응용 분야인 환경 정화용 세정장치의 기원은 수천 년 전으로 거슬러 올라간다. 기원전 2세기에 로마의 군인이자 역사가인 마르쿠스 카토[Marcus Cato, 흔히 대카토(Cato the Elder)로 불린다]는 농사에 대한 축적된 지혜를 『농업론(De Agricultura)』이라는 책으로 집대성했다. 라틴어로 쓰인 이 책은 농업에 관한 최초의 전문서로 알려져 있다. 이 책에서 카토는 비둘기, 염소, 양, 소의 똥으로 농작물을 비옥하게 만들 것을 권장했다. 또한 그는 숯을 토양 개선제로 사용할 것을 권하기도 했다. 그는 pH를 높이는 토양 첨가제인 생석회를 생산하기 위해 석회 가마를 만드는 방법도 설명했다. 하지만 그의 가장 흥미로운 레시피 중 하나는 "질병을 두려워할 만한 이유가 있는 경우"에 소에게 사용한 방법이었다. 그가 추천한 예방제는 다음과 같은 재료로 구성된다.

소금 알갱이 3개

월계수 잎 3장

부추 잎 3장

부추 이삭 3개

마늘 3개

향 알갱이 3개

사비나향나무 잎 3장

운향(芸香, 운향과의 상록 작은떨기나무) 잎 3장

브리오니아(박과의 덩굴풀) 줄기 3개

흰콩 3알

뜨거운 석탄 조각 3개

와인 약 1.5리터

"3의 법칙"은 미신을 신봉했던 로마인들에게 특별한 마법을 지닌 것처럼 보였고, 카토는 이 혼합물을 만들고 투여할 때는 반드시 금식을 해야 하고 선 채로 작업을 해야 한다고 말했다. 와인은 산성을 띠기 때문에(일반적으로 와인의 pH는 3~4 정도다) 분쇄된 뜨거운 석탄 조각에 구멍을 내 활성탄을 만들어 냈을 수도 있다.

허브, 채소, 와인과 달리 활성탄은 소와 사람 모두의 소화관을 비교적 형태가 변하지 않은 채로 이동한다. 활성탄의 작은 기공은 음전하를 띠기 때문에 활성탄은 양전하를 띠는 가스, 독소 및 기타 화합물을 흡착할 수 있다. 즉, 이런 물질들을 흡수한 활성탄은 똥을 통해 배출됨으로써 몸에서 해로운 물질을 제거한다. 이런 이유로 활성탄은 약물 과다 복용으로 인한 증상을 치료하는 데 사용되기도 한다. 활성탄은 대부분 양전하를 띠는 중금속 같은 물질을 흡수할 수 있으며, 토양과 물에서도 같은 작용을 한다. 또한 활성탄은 소의 트림과 방귀도 줄일 수 있다. 가축이 트림과 방귀로 방출하는 가스는 전 세계 온실가스배출량의 14퍼센트 이상을 차지한다. 이 중 60퍼센트 이상이 소의 반추위와 대장에서 생성된 메탄가스가 소의 트림과 방귀를 통해 대기 중으로 빠져나가는 것을 포함해 쇠고기와 유제품 생산에서만 발생한다. 아일랜드나 덴마크 같은 나라에서는 가축의 가스 배출량을 줄이기 위해 "소 헛배부름(cow flatulence)"에 대해 세금을 부과하고 있으며, 아일랜드의 농장주들은 소에게 먹이면 트림과 방귀를 줄이는 해초를 찾기 위해 해안선을 샅샅이 뒤지고 있다.

이런 상황에서 활성탄이 대안이 될 수도 있다. 호주 퀸즐랜드(Queensland)의 한 상업용 낙농장에서 젖소 180마리에게 분말 형태의 활성탄을 먹인 결과, 연구자들은 활성탄이 젖소의 메탄 배출량을 30~40퍼센트, 이산화탄소 배출량을 10퍼센트나 줄였다고 밝혔다. 장내 마이크로바이옴 염기서열 분석 결과에서는 젖소의 장내 메탄 생성 고세균 개체수가 현저히 감소한 반면 다른 미생물종이 증가해 그 자리를 대신한 것으로 나타났다. 또한 활성탄을 먹인 결과, 젖소의 일일 우유 생산량이 약간 증가하기도 했다.

이 결과는 다른 연구자들이 소 사료에 바이오숯을 첨가하고 소에서 채취한 반추위액에서 혼합물을 배양한 별도의 실험연구에 의해 뒷받침되기도 했다. 이 실험연구에 따르면 식이보충제가 메탄 배출량을 10퍼센트 이상 줄이는 것으로 나타났으며, 소 6마리를 대상으로 한 소규모 현장실험에서는 메탄 배출량이 10~18퍼센트 감소한 것으로 나타났다(일부 연구에서는 붉은색 해초와 오레가노 같은 보충제가 더 좋은 효과를 나타내기도 했다). 바이오숯이 메탄을 줄이는 정확한 메커니즘은 알려져 있지 않다. 아마도 바이오숯이 가스를 흡착하거나 장내 메탄 생산 미생물의 감소를 촉진함으로써 그렇게 기능하는 것으로 추측된다. 하지만 이 연구 결과가 흔히 폐기물로 치부되는 바이오매스가 강력한 환경보호 수단이 될 수 있음을 시사하는 것만은 확실하다.

×

일부 연구자는 폐수처리장에서 생산되는 재생수나 바이오솔리드를 이용해 원치 않는 오염물질을 제거하는 **동시에** 귀금속을 회수하는 방법이 있을 거라는 생각을 해 왔다. 미국 지질조사국(US Geological Survey)의 지질학자로 일하다 현재는 은퇴한 캐슬린 스미스(Kathleen Smith)는 2015년 콘퍼런스 발표에서 똥에서 금, 은, 백금 등 귀금속을 발견했다고 발표해 헤드라인을 장식했다. 이 발견은 빠르게 입소문을 탔고, 사람들은 똥에서 추출한 금으로 반지를 만들면 되겠다는 농담을 하기도 했다. 어떤 사람들은 스미스가 "똥으로 유명해진 사람"이라고 비아냥거리기도 했다. 스미스는 지금도 당시의 기억을 떠올리면서 치를 떨곤 한다. 지금은 웃을 수 있지만, 수년간의 과학적 작업이 단 한 줄로 축소되는 것은 그에게 모욕적인 일이 아닐 수 없었다.

스미스는 동료들과 함께 팔라듐, 구리, 아연, 주석, 비스무트, 납 등 다양한 금속을 똥에서 찾아냈다. 폐수처리장에서는 가정과 사업장의 하수구, 공장의 우수관으로 내려가는 모든 폐수를 처리하기 때문에 이런 금속들이 반드시 인간의 똥에서 나왔다고 할 수는 없다. 오염원을 정확히 찾아내는 것은 불가능한 경우가 많지만, 도시 인프라는 일반적으로 특정 금속이 상대적으로 더 많이 함유된 형태로 흔적을 남긴다. 스미스는 주사전자현미경으로 비스무트 조각을 발견했는데, 소화제인 펩토-비스몰에서 나온 것으로 추정된다고 말했다. 짐 이폴리토는 주택에서 사용되는 구리 배관도 폐수에 흔적을 남긴다고 말했다. "구리 배관은 다른 모든 것과 마찬가지로 시간이 지남에 따라 부식되며 바이오솔리드에도 그 흔적을 남깁니다. 또한 구리 배관은 땜납으로 연결되는데, 땜납에는 일반적으로 아연이 포함되어 있기 때문에 그 흔적도 폐수에 남을 수 있습니다." 납 파이프는 폐수에 흔적을 남기고 수질오염을 경고할 수 있으며, 이는 특히 저소득층 유색인종 커뮤니티에 영향을 미치는 환경정의 문제가 될 수도 있다.

금은 치과 충전재, 음식 장식을 위한 재료에 포함될 수 있으며, 심지어는 영양보충제나 의약품에도 포함될 수 있다. 똥에 포함된 금의 농도를 측정하기 위해 스미스와 공동연구자들은 콜로라도광물벨트(Colorado's Mineral Belt)에 있는 작은 마을의 폐수처리장을 비롯한 여러 폐수처리장에서 바이오솔리드를 수집해 건조한 후 방사선을 조사해 살균했다. 연구진은 이 샘플을 혼합하고 갈아서 분말로 만든 후 두 가지 분석을 했다. 두 번의 측정 결과, 스미스는 금의 농도를 100만분의 1로 추정했는데, 이는 땅속에 매장된 저급 금과 비슷한 수준이었다.

스미스는 은퇴할 때까지 동료 과학자들로부터 계속 의심의 눈초리를 받았지만 다른 연구를 통해서도 뭔가를 발견해냈다. 2015년 환경공학자 폴 웨스터호프(Paul Westerhoff)와 공동연구자들은 하수 슬러지에서 발견된 원소의 목록을 발표했다. 이 연구에서는 미국환경보호청(EPA)의 국가 하수 슬러지 조사를 위해 폐수처리장 94곳에서 국립바이오솔리드저장소(National Biosolids Repository)가 수집한 샘플을 사용했다. 내가 스미스에게 "국가에서 똥을 수집한다고요?"라고 묻자 "네, 물론이죠"라는 답이 돌아왔다. 이 대답을 들으면서 나는 영화〈레이더스: 잃어버린 성궤를 찾아서(Raiders of the Lost Ark)〉에 나오는 보물 창고를 상상했다. 어쨌든 인구 100만 도시에서 매년 폐수에서 1300만 달러 상당의 금속을 뽑아낼 수 있을 것으로 웨스터호프와 공동연구자들은 추정했다. 똥은 보물이 확실하다.

스미스의 연구 팀은 원리 증명을 위해 시안화물을 사용해 바이오솔리드 샘플에 포함된 금 중 80퍼센트 이상을 추출해 냈다. 물론 금속 추출에 독극물을 사용하는 것은 별로 좋은 방법이 아니다. 티오황산염이라는 일반적인 비료 성분(흥미롭게도 이 물질은 시안화 중독 해독제이기도 하다)을 사용하는 더 일반적인 금속 침출 방법으로도 바이오솔리드에서 금의 절반 이상을 추출해 낼 수 있다. 황산을 사용했을 때도 은, 구리, 아연 같은 금속의 회수율이 비슷하게 나타났다. 스미스는 금속 추출을 전문으로 하는 연구자들이 더 나은 방법을 고안해 낼 수 있을 것이라고 말했다. 스미스는 자신이 이런 방법을 개발하는 연구자들에게 도움을 주고 싶었지만, 이제 그 일은 다른 사람에게 맡겨야 할 것 같다고 웃으면서 말했다.

금속 도금 공장과 정밀기계 공장이 들어서 있는 일본 나가노현의 온천 도시 스와시(諏訪市)는 폐수에서 평균 농도 이상의 금이 발견될 확률이 매우 높은 곳이다. 실제로 2009년 스와시의 한 폐수처리장에서는 1톤의 재에서 1.8킬로그램 정도의 금을 추출해 냈다. 이는 1858년 콜로라도 골드러시 때 광부들이 채굴한 금이나 현대의 최고급 광산들에서 채굴된 금의 농도보다 훨씬 높은 것이다.

그렇다면 폐수에서 "영원히 사라지지 않는 화학물질"로 악명이 높은 PFAS 계열 화합물을 추출해 낼 수도 있을까? 거의 어디에나 존재하는 이 화학물질은 수용성이기 때문에 지하수나 폐수와 함께 이동할 수 있다. 또한 이 화합물은 단백질과 결합해 우리 몸에 축적되고, 똥에도 축적될 수 있다. 환경 및 생태 엔지니어인 린다 리(Linda Lee)는 바이오솔리드를 비료로 재사용하는 것을 적극적으로 지지하지만 오염에 대한 우려도 잘 알고 있다. 그는 PFAS 화합물이 폐수처리장으로 유입되는 것을 막을 수 있다면 비료화된 바이오솔리드나 폐수에 이 화합물이 침투하지 못하게 만들 수 있다며 "더 이상 이 화합물을 제품에 포함시키지 말고 제품에서 제거해야 하며, 지금 당장 처리장으로의 유입을 막아야 한다"라고 말했다.

환경과학자 존 레이버리는 거의 어디에나 존재하는 이 화학물질이 폐수보다 화장품, 의류 및 기타 소비재에서 훨씬 더 높은 농도로 발견되는 경우가 많다고 지적했다. "화장품과 퍼스널 케어 제품에 미량 포함되어 있는 PFAS 계열 화합물은 인류가 수십 년 동안 화학을 통해 삶을 개선하는 과정에서 남게 된 흔적입니다. 이 화합물은 바이오솔리드에서도 그대로 발견됩니다." 그는 이제 인류가 이 흔적이 의미하는 바를 다시 생각해야 한다고 말했다.

이런 화합물을 사용하지 않는 방법을 찾아내려면 많은 시간과 자원이 필요하다. 리와 동료들은 이미 환경으로 흘러들고 있는 이런 화학물질 중 일부를 활성탄을 이용해 걸러 내는 방법을 연구하고 있다. 이 연구자들은 표면 일부를 긁어 낸 바이오숯에 니켈과 철 나노입자를 부착하면 24시간 이내에 바이오숯이 일부 PFAS 화합물에 결합하며, 심지어는 일부 PFAS 화합물을 파괴할 수 있음을 보여 주었다. 또한 연구자들은 적당한 열을 가한 상태에서 니켈과 철 입자를 같이 사용하면 폐수, 바이오솔리드 및 더 넓은 환경에서 PFAS 화학물질을 잔류하게 만드는 탄소-불소 결합을 효과적으로 끊을 수 있다는 사실도 밝혀냈다.

한 번의 처리 공정을 통해 크기가 크고 종류가 매우 다양한 PFAS 계열 화합물을 모두 분해할 수는 없지만, 니켈과 철을 사용한 이 실험을 통해 다양한 화학반응의 조합이 많은 화합물을 분해할 수 있을 거라는 기대가 높아졌다. 리는 "우리는 이 금속 입자들이 매우 효과적이라는 사실에 많은 기대를 걸고 있습니다"라고 말했다. 현재 리는 EPA의 자금을 지원받아 폐수처리장 내에서 두 부분으로 구성된 PFAS 오염 제거 전략을 실행할 가능성을 탐색하기 시작했다. 이 방법은 나노 필터의 작은 구멍을 통해 폐수를 통과시킨 다음, 필터에 갇힌 농축 용액에 있는 오염물질을 공격하는 고반응성 화학물질을 만들어 내는 반응인 전기화학적 산화반응을 이용한다. 이 방법이 성공하면 바이오솔리드와 폐수에서 PFAS 수치를 크게 낮춤으로써 바이오솔리드와 폐수의 재사용에 걸림돌이 되는 또 다른 장애물을 제거할 수 있다.

이폴리토는 바이오숯 연구를 진행하기도 했다. 그는 토양의 물리적 상태를 개선하는 데 바이오숯이 유용하다는 점에 집중하지 않고, 광산 부지의 중금속으로 오염된 토양을 정화하고 다른 오염 지점을 깨끗하게 만드는 데 얼마나 효과적인지에 초점을 맞췄다고 말했다. 이폴리토는 오리건주와 미주리주에 있는 두 곳의 EPA 슈퍼펀드 현장에서 바이오숯을 이용해 금속 오염물질을 성공적으로 흡착해 가두는 작업을 했다고 말했다. 새로운 식물이 성장해 광산 부지를 덮으면 오염물질이 그 자리에서 격리되어 인접한 토지나 물로 이동하지 못한다. 또한 이 작은 탄소 스펀지가 용액에서 금속을 끌어내어 묶어 두었기 때문에 식물도 금속을 흡수하지 않는다.

이폴리토는 또 다른 연구를 위해 경작지의 약 7퍼센트가 카드뮴에 오염된 것으로 추정되는 중국의 과학자들과 협력하기도 했다. 은빛을 띤 푸른 금속인 카드뮴에 만성적으로 노출되면 암이 발생할 수 있으며, 카드뮴에 오염된 음식과 물을 섭취하면 시간이 지남에 따라 뼈가 약해지고 신장과 기타 장기가 손상될 수 있다. 기존의 매립 방법으로는 이 문제를 해결할 수가 없다. 카드뮴은 물에 잘 녹는 부드러운 금속이라 침전이 되지 않기 때문이다. 하지만 탄소가 풍부한 바이오숯을 이용하면 카드뮴을 걸러 낼 수 있을 것으로 추정됐다. 바이오숯 약 60종을 선별한 결과, 카드뮴을 걸러 낼 수 있는 유망한 후보 4가지가 나왔지만, 이폴리토는 아직 사람의 똥에서 추출한 바이오숯을 테스트할 기회는 얻지 못했다.

이플리토는 바이오숯이 오염된 토양에서 카드뮴 같은 금속을 격리하는 **동시에** 영양분을 다시 추가할 수 있는지 알아

보기 위해 온실 연구를 진행하는 것이 정말 하고 싶은 일이라고 말했다. 그는 두 곳의 슈퍼펀드 현장에서 그와 그의 팀이 바이오숯이 환경에서 중금속을 격리하는 데 효과적이라는 것을 입증했다며 "그 결과만 해도 고무적이긴 하지만, 우리가 작업한 토양에는 영양분이 거의 없고 미생물 활동도 없었습니다"라고 말했다. 현장에서 그의 팀은 일반적으로 금속을 침전시키는 바이오숯, pH를 높이기 위한 석회, 영양분을 보충하고 미생물 성장을 촉진하는 거름 또는 바이오솔리드를 토양에 주입했다. "그런데 만약 이 세 가지 물질 중에서 두 가지를 없애고 바이오솔리드에서 추출한 바이오숯만 사용하는 방법이 있다면 어떨까요?" 그가 생각에 잠겨 말했다.

그의 가설은 똥으로 만든 바이오숯이 중금속을 격리하고 토양을 개량하는 데 필요한 영양분을 공급할 수 있다는 것이다. 그 근거는 처음에 바이오매스에 들어 있던 영양분이 열분해를 거쳐 바이오숯으로 변한 후에도 대부분 그대로 남아 있다는 사실에 있다. "나무가 많은 기본 재료에는 영양분이 거의 없습니다. 대부분 탄소로 이루어져 있기 때문이지요." 이폴리토가 설명했다. 하지만 앞서 살펴본 것처럼 사람의 똥에는 영양분이 가득하다. 성공할 수 있을까? 이폴리토는 낙관적으로 말했다. 소똥으로 만든 바이오숯에 대한 많은 연구가 이미 진행되고 있기 때문이었다. 그는 열분해 전후 소똥의 영양 성분은 매우 비슷하며, 이는 사람의 배설물도 마찬가지일 거라고 말했다.

그는 사무실과 연구실에 있는 다양한 출처의 탄소 재료가 담긴 많은 상자와 봉지, 병 사이에서 똥에서 추출한 바이오숯이 담긴 지퍼락 봉지 두 개를 꺼내 들었다. 숯을 잘게 부순 것처럼 보였다. 나는 냄새를 몇 번 들이마셨다. 하지만 아무 냄새도 나지 않았다. 모든 휘발성 유기화합물이 처리 과정 중 260~310℃에서 이미 기화했기 때문이었다.

×

오리건주 포레스트그로브의 펀힐습지에서는 산불이 너무 멀리 떨어져 있어서 연기 냄새가 전혀 나지 않았다. 산불로 인한 연기는 마치 남쪽 지평선 위에 떠 있는 구름처럼 보였고, 그 연기는 주변에 있는 수생식물의 선명한 초록색으로 인해 더욱 돋보였다. 오후의 더위 속에서 그늘진 산책로를 따라 구불구불 걸어가는데, 작은 폭포의 조용한 물줄기 소리와 사초(sedge)[106]를 스치는 바람 소리가 들렸다. 돌계단을 올라갈 때는 가터뱀으로 보이는 작고 검은 뱀 두 마리가 미끄러지듯 지나가는 모습이 보였다. 어떤 부분은 정돈되어 있고, 어떤 부분은 야생적인 이 우아한 공간은 늪이 있는 일본식 힐링 가든처럼 느껴졌다. 한편에는 조경 건축가 호이치 구리스(Hoichi

106 습지에서 자라는 거친 풀.

Kurisu)가 바위, 소나무, 푸른 가문비나무로 꾸민 공간이 있었고, 물 위에는 멋진 아치형 나무다리 두 개가 걸쳐 있었다. 다른 한쪽에는 백로 한 마리가 얕은 물 위에서 포즈를 취하고 있었고, 어린 왜가리 한 마리가 물에 잠긴 나무 뒤에 숨어 움직이지 않고 앉아 있었다. 이곳은 새와 사람 모두에게 안식처이자 오아시스로 보였다.

클린워터서비스 CEO 다이앤 다니구치-데니스는 조류 관찰의 명소이자 결혼식 장소로 인기 있는 이곳이 폐수처리장에서 자연정화를 하는 과정의 일부라는 사실을 방문객들 대부분이 알지 못한다며 이곳에 건설된 처리 습지는 포레스트 그로브 공장과 투알라틴강 사이의 "생태 통로(ecological bridge)"라고 말했다. 자연은 폐수처리시설 옆 석호를 물과 부들(cattail)로 가득 찬 아름다운 공간으로 변화시켰고, 사람들은 이곳을 산책하며 새들을 관찰했다. 하지만 부들은 이곳의 단일품종이었고, 겨울철에 물이 불어나면서 생존이 힘들어졌다. 다니구치-데니스는 훼손된 서식지를 복원하고, 사람들이 자신의 선택(하수구에 무엇을 흘려보낼 것인지, 어떤 유의 인프라를 지원할 것인지)이 얼마나 중요한지 이해할 수 있는 하이브리드 공간을 만들고 싶었다. 그는 가족과 친족관계, 상호 연결성을 의미하는 하와이의 오하나(ohana) 개념을 이곳에서 구현하고 싶었다. 그 결과, 치유 정원은 자연과 우리를 다시 연결하는 데 도움을 주었고, 습지는 그 치유를 자연으로까지 확장할 수 있었다.

내가 방문한 날에는 클린워터서비스에서 운영하는 자원
회수시설 두 곳으로부터 물 약 190만 톤이 자연 처리 시스템
으로 유입되고 있었다. 이 자연 처리 시스템에서 폐수는 먼저
자갈이 깔린 깊이가 1.8미터인 대형 직사각형 풀로 들어간다.
이 풀은 폐수에 남아 있는 암모니아를 분해하는 박테리아들
의 집중적인 서식지 역할을 한다. 그런 다음 이 물은 여러 단
계로 구성된 폭포를 거치는데, 이 과정에서 이 물에 산소가
다시 공급된다. 처리 습지에서는 토종 식물들이 질소, 인 등
의 영양분을 흡수한다. 이 식물들은 물이 강으로 5일 동안 흘
러드는 과정에서 물의 온도를 2℃ 정도 낮추어 연어 같은 야
생생물을 보호한다.

극단적인 개조 작업의 일환으로, 이 처리시설은 얕은 물을
선호하는 생물종에게 더 나은 서식지를 만들어 주기 위해 오
래된 늪지 바닥의 윤곽과 높이를 변화시켰다. 작업자들은 통
나무와 나무 그루터기 180개를 연못에 추가함으로써 야생동
물에게 또 다른 공간을 제공했고, 100만 개가 넘는 토종 식물
을 심어 늪지의 생태계를 다시 만들어 냈다. 다니구치-데니
스는 그런 다음에는 "자연이 빈구석을 채우도록" 내버려두었
다고 말했다. 그는 인간이 자연 복원을 시작할 수는 있지만
자연을 완전히 통제할 수는 없다고 말했다. 내가 우리 집 정
원을 가꾸면서 알게 된 사실도 시작은 인간이 하지만 그 뒤

를 이어 새로운 길을 개척하는 것은 자연이라는 사실이었다.

인위적인 냉각과정을 통해 물에서 더 많은 질소와 인을 추출하려 했다면 훨씬 더 많은 비용이 들었을 것이다. 다니구치-데니스는 "자연이 하는 일을 흉내 내려면 콘크리트와 강철, 에너지가 엄청나게 필요해요"라고 말했다. 습지가 없었다면 이 처리시설은 물을 식히는 능력이 부족한 폐수처리시설을 확장하는 데 약 두 배의 비용을 지출해야 했을 것이다. 자연에서 영감을 얻어 만든 반응장치로 물을 처리한 다음 자연이 나머지를 마무리하게 만드는 이 하이브리드 접근 방식은 도시 시스템과 자연 시스템이 상호작용을 통해 서로를 보완하는 효과를 냈다. "우리는 대자연의 힘과 과학기술을 조화시키고 있는 거지요." 그가 말했다. 가능성을 확인한 다니구치-데니스는 펀힐에 더 큰 꿈을 품게 됐다며 설명을 이어갔다. "이 습지 안에서 생물다양성을 높여 강이 건강과 수질을 회복하는 데 필요한 것들을 만들어 낸다면 어떨까요? 강이 필요로 하는 조류를 우리가 만들어 낸다면 어떨까요?" 예를 들어, 습지에 유익한 조류종을 심으면 강에서 용존산소의 양을 늘릴 수 있다. 폐수처리 부산물은 오염을 줄일 뿐만 아니라 습지, 강 등 전체 생태계를 적극적으로 복원할 도구로 재탄생하고 있다.

데이비드 세들락과 처음 이야기를 나누었을 때 그는 캘리포니아베이 지역의 또 다른 특이한 습지를 방문하고 있었다.

샌로렌조의 오로 로마(Oro Loma) 위생 구역은 그의 팀 도움을
받아 수직 경사면 대신 나무를 심은 수평 경사면 형태의 홍수
조절 제방을 건설하는 야심 찬 실험에 착수한 상태였다. 수
평 제방은 해수면 상승에 따른 폭풍해일로 인한 홍수 위험을
완화하고, 위생 구역에서 처리된 폐수를 여과해 샌프란시스
코만의 수질을 개선하고, 이 지역의 동식물을 위한 주요 습지
서식지를 되살리는 등 여러 가지 기능을 한 번에 수행할 수
있을 것으로 기대된다. 게다가 식물이 심어진 수평 경사면은
기존의 홍수조절 수단에 비해 비용이 훨씬 적게 든다.

폭풍이 몰아칠 때 밀려오는 파도를 막고 해일을 줄이는 데
에는 바닷속 산호초가 도움이 된다. 건강한 습지도 같은 역
할을 할 수 있다. 오로 로마 프로젝트는 지구온난화의 영향
을 점점 더 많이 받는 해안 지역사회의 회복력을 높이기 위
해 습지 고유의 힘을 활용하고 있다. 오리건주 포레스트그로
브의 복원된 습지처럼 오로 로마 경사면도 물이 바다로 흘러
가기 전에 여과하는 해안 식물의 자연적인 능력을 활용하고
있었다. 이곳에서는 만에서는 갯벌 습지가, 내륙에서는 길이
60미터 높이 1.5미터의 염수 습지 수평 경사면이 물의 흐름을
약화하는 역할을 하고 있다. 경사면이 끝나는 곳에서 물은 위
생 구역의 처리장에서 처리된 폐수와 빗물을 받는 낮은 담수
분지로 흘러 내려간다. 그 후 저습지(swale)라고 불리는 이 분
지의 물은 다시 습지로 스며들어 토양의 미생물이 물이 만으

로 이동하는 동안 더 많은 질소를 걸러 내고, 더 많은 금속을 격리하며, 더 많은 유기화학 물질을 분해하는 데 도움을 준다. 세들락은 이 과정에 대해 "폐수를 마지막으로 정화하는 과정이라고 생각할 수도 있습니다"라고 말했다.

이 프로젝트의 일환으로 연구자들은 토양 유형, 식물의 종류, 물 공급량에 기초해 폐수를 정화하고 지속 가능한 서식지를 조성하는 데 가장 적합한 조합을 찾아냈다. 세들락은 버드나무가 사초나 다른 초원 식물보다 물을 더 잘 걸러 내는 것 같았고, 나무의 공격적인 뿌리가 토양을 휘저어 투수성을 개선하고 물의 흐름을 돕는 거대 기공을 만들기 때문이라고 추측했다. 하지만 놀랍게도 그와 동료들은 식물의 종류보다 중요한 것은 폐수가 습지를 통해 얼마나 빨리, 어디로 흘러가는지임을 발견했다. "물이 지하로 계속 흐르게 하면 경사면을 가로질러 이동하는 데 시간이 더 오래 걸리고 미생물이 마법을 부릴 기회가 더 많아집니다." 실제로 이 시스템은 연안 해역에서 흔히 우려되는 약품과 항생제를 제거하는 데 놀라운 효과를 발휘했다.

지하에서의 물의 흐름을 위해 연구원들은 처리된 폐수를 저습지에 유입하는 속도를 조절했다. 그 결과, 평균적으로 폐수는 제방을 통해 3~7일 이내에 만으로 스며들었다. 연구자들은 자연여과를 극대화하기 위한 핵심은 미생물의 먹이 역할을 하는 나뭇조각, 다공성 모래와 자갈을 섞어 사용하는 것이었다고 말했다. 습지 중앙을 관통하는 식물이 우거진 개울과 같은 여울은 매력적인 기능을 제공했지만 대부분 물의 흐름이 더 빠르고 흐름 자체가 표면에 국한되어 상대적으로 여과 기능이 떨어졌다. 세들락은 버드나무는 덜 매력적일 수 있지만, 빠르게 자라는 나무는 더 많은 영양분을 흡수할 뿐만 아니라 폭풍우로부터 더 많은 에너지를 흡수한다고 말했다. 그는 이 모든 목표를 달성하기 위해서는 제방의 강도와 여과 능력을 최적화하는 동시에 미적으로 보기 좋은 서식지를 제공하는 엄선된 습지에 다른 식물과 함께 나무를 심는 방법이 최선이라고 생각했다.

한편, 세들락의 연구 팀은 여과 습지를 통해 더 많은 폐수를 처리하는 것보다는 오렌지카운티 지하수 보충 시스템의 강철 탱크에서 처리되는 커피색 염수처럼 더 농축된 폐수를 처리하는 데 **초점을 맞춘** 또 다른 전략도 테스트했다. 역삼투압 정화 단계를 거친 후 남은 농축액(시작량의 15퍼센트 정도)에는 염분과 영양분, 화학물질이 가득하다. 이 모든 것은 어딘가로 가야 한다. 오렌지카운티에서는 이 물질들을 인근 폐수처리장으로 다시 보내 한 번 더 처리한다. 세들락은 농축된 용액을 식물이 우거진 수평 제방을 통해 여과할 수 있다고 생각했다. 이 용액은 일반 폐수보다 염분 농도가 높지만, 그럼에도 이 염분 농도는 바닷물 염분 농도의 일부분에 불과하며, 해안 생활에 잘 적응한 습지식물에 의해 쉽게 처리되기 때문이다.

세틀락은 수평 제방을 해안 처리장에 연결한다는 아이디어가 베이 지역 다른 도시들에서 주목받고 있다고 말했다. 그는 벨기에에서도 비슷한 아이디어를 발견했다. 한 엔지니어가 식수 재활용 공장에서 역삼투압 단계 후에 남은 농축된 영양분을 여과하기 위해 버드나무를 사용한 사례였다. 세틀락은 "개인적으로 나는 수질개선을 위해 이러한 종류의 자연 관리형 시스템, 즉 자연 기반 시스템을 사용하는 것에 대해 낙관적입니다"라고 말했다. 일반적으로 폐수처리는 주로 콘크리트 박스나 처리 공장 같은 회색 인프라에 의해 이루어진다. 하지만 세틀락은 친환경 인프라 구조에서 엄청난 잠재력을 보았다. 더 저렴한 **동시에** 대중에게 더 매력적일 것이라고 생각한 것이다.

이런 자연 기반 시스템은 브루클린처럼 고도로 산업화된 지역에 있는 영화·TV 프로그램 제작 스튜디오의 옥상처럼 예상치 못한 곳에서 구현될 수도 있다. 한때 폴란드계가 주를 이루며 내가 8년 동안 살았던 그린포인트(Greenpoint)는 미국에서 가장 오염이 심한 수로 중 하나라는 불명예를 안고 있는 뉴타운크리크(Newtown Creek)와 북쪽과 동쪽 측면이 맞닿아 있다. 과거에 개울과 염습지였던 이 뉴타운크리크 유역을 따라 정유소들이 들어서면서 미국 최대 규모의 지하 기름유출사고가 발생하기도 했다. 현재까지 이 기름은 약 1300만 갤런이 제거된 것으로 추정된다. 또한 19세기 중반부터 접착제와 비료부터 구리와 황산에 이르기까지 모든 것을 생산하는 정제소 수십 곳이 산업 운하가 된 이곳에 엄청난 양의 독소와 용매를 버려 오기도 했다. 2010년에 EPA는 뉴타운크리크를 슈퍼펀드 지역으로 지정해 축적된 폐기물 일부를 정화했다. 하지만 화학물질 오염은 뉴타운크리크의 문제 중 일부에 불과했다. 뉴욕시의 통합 하수도시스템에 강우수[107]가 넘쳐 날 때마다 우수 방출 파이프(outfall pipe)는 처리되지 않은 폐수와 강우수가 섞인 물을 도시의 수로로 방출한다. 물이 도시의 거리로 역류하는 것을 막기 위해서다. 하지만 1913년 7월 폭풍우로 하수도가 넘쳐 미드타운 호텔 8곳과 타임스스퀘어 지하철역이 물에 잠긴 예에서 알 수 있듯이, 이 시스템만으로는 충분하지 않다. 이와 비슷한 재난은 그로부터 한 세기가 지난 2018년에도 발생했다. 당시 한 신문은 '비가 오니 변기 물을 내리지 마세요'라는 비현실적으로 보이는 제목의 기사를 싣기도 했다. 강력한 폭풍이 정기적으로 도시를 강타하면서 낡은 시스템으로 인한 하수 배출과 그로 인한 개울과 기타 수로의 박테리아 오염 급증은 피할 수 없는 일이 됐다.

뉴타운크리크얼라이언스(Newtown Creek Alliance)의 상무이사 윌리스 엘킨스(Willis Elkins)는 4층 사무실에서 내게 뉴욕시의 모든 하수 배출구를 색상으로 구분한 지도를 보여 주며 뉴

---

107 비가 내릴 때 땅 위에 떨어지는 물.

타운크리크로 연결되는 하수 배출구 일부가 시에서 가장 규모가 큰 하수 배출구들이라고 설명했다. "다행히도 이 하수 배출구들은 뉴타운크리크에서 물의 흐름이 가장 많이 정체된 지점, 즉 물의 흐름이 이스트강으로 직접 이어지지 않는 지류에 배치되어 있습니다." 다른 하수 배출구들에서 배출된 폐수는 이스트강으로 흘러나간다. 하지만 뉴타운크리크는 뉴욕시의 산업 수요를 충족시키기 위해 인위적으로 재구성됐기 때문에 폐수를 여과해 흘려보내는 능력을 상실했고, 뉴욕시의 위생 상태 개선에 도움을 주지 못하게 됐다. 즉, 이는 뉴타운크리크의 이런 구조 때문에 폭풍우가 발생하면 뉴욕의 똥이 뉴타운크리크에 떠다니게 됐다는 뜻이다.

뉴타운크리크얼라이언스는 오염 유발 기업과 정부에 뉴타운크리크 정화 노력을 촉구하기 위해 2002년에 결성된 단체다. 엘킨스는 이 비영리단체가 환경정의와 수질개선 및 인프라에 대한 투자를 연결하려 노력한다고 말했다. 연방 슈퍼펀드 절차는 복잡하고 논쟁의 여지가 있었지만, 구리 오염을 완전히 해결하고 다른 프로젝트를 진행하는 등 어느 정도 성과를 내고 있었다. 하지만 생물학적 오염을 해결하기 위해 시와 주정부가 제안한 부분적인 해결책은 훨씬 더 많은 논란을 불러일으켰다. 이 계획은 그린포인트의 뉴타운크리크폐수처리장에서 정화할 수 있을 때까지, 처리되지 않은 빗물과 하수 혼합물을 임시 저장할 거대한 콘크리트 터널을 건설하는 것이었다. 제안된 대로 터널이 2042년에 완공되면 범람을 60퍼센트 정도 줄일 수 있을 것으로 추정된다. 하지만 뉴타운크리크얼라이언스와 협력 단체들은 이런 계획이 허용 가능한 박테리아 수준에 대한 오래된 기준과 2000년 JFK국제공항의 연간 강우량에 기초한 것이라고 주장했다. 실제로 이 평균 강우량은 당시로부터 30년 후의 예상 평균 강우량에 크게 밑도는 것이었다. 당시 뉴욕시는 점점 더 강해지는 폭풍우를 경험하고 있는 상태였다. 또한 뉴타운크리크얼라이언스와 협력 단체들은 회색 인프라 구조가 필요하긴 했지만, 그 자체만으로는 수십 년 동안의 환경 남용과 방치로 인한 문제를 해결할 수 없다고 주장했다.

한편 다른 해결책도 시도되고 있었다. 오염된 빗물이 하수도로 유입되는 것을 막기 위해 시는 빗물을 흡수하는 데 도움이 되는 투수성포장(pervious pavement)[108], 도로변 빗물 정원, 바이오저습지(bioswale)를 도입하라는 주정부의 지시 사항에 주목했다. 하지만 "콘크리트 정글"이라고도 불리는 뉴욕시에 투수성포장을 도입하려면 매우 많은 비용이 든다. 엘킨스는 시 당국이 남은 주차장을 투수성 주차장으로 만들고 수 에이커에 달하는 옥상을 녹색 요새로 재탄생시키는 데 더 적극적으로 나서야 한다고 주장했다. 이렇게 재구성된 지붕과 방수막 위에 조성된 정원은 도시 하수도 인프라의 강력하고 지속 가능한

108 포장재를 통해 빗물을 노상에 침투시켜 흙속으로 환원시키는 기능을 갖는 포장.

일부, 즉 구축하는 데 20년이라는 시간을 쓸 필요가 없는 녹색 인프라가 될 수 있다. 엘킨스는 "이 녹색 인프라에는 다른 부수적인 이점들도 있으며, 그 이점 대부분은 기후변화 대처와도 밀접한 관련이 있습니다"라고 말했다. 녹색 지붕은 야생동물 서식지를 늘리는 동시에 폭염 시 건물을 냉방하는 데 필요한 에너지 소비를 줄일 수 있다. 또한 콘크리트가 많고 그늘이 부족한 일부 지역에서 무더위를 유발하는 도시 열섬효과를 줄이면서 대기질도 개선할 수 있다.

기존의 인종차별을 더 적극적으로 심화시킨 레드라이닝 (redlining)[109] 같은 인종차별정책은 더위를 줄여 주는 녹지를 없애고 그 자리에 열을 흡수하는 아스팔트와 콘크리트를 덮게 만들어 도시열섬현상을 심화했다. 그 결과는 오늘날 미국 전역의 도시 열지도에서 진한 붉은 얼룩으로 선명하게 드러난다. 볼티모어, 워싱턴DC, 버지니아주 리치먼드의 도시 열섬 효과에 대한 2019년 연구에 따르면 세 도시 모두에서 가장 더운 지역과 가장 시원한 지역 간에 여름철 기온 차이가 약 8℃ 이상 나는 것으로 나타났다. 연구자들은 이런 이상 현상이 땅을 덮는 소재 때문에 나타난다는 결론을 내렸다. 이 결론은 건물들이 밀집해 있는 곳, 즉 열 흡수 표면이 많은 곳에서는 열이 증폭하지만 공원 같은 열린 공간은 열을 완화한다는 뜻

---

109 미국에서 주로 흑인이 사는 빈곤층 거주지역에만 대출·보험 등 금융서비스를 받는 데 제한을 둔 차별행위. 지도상에서 특정 지역을 붉은색으로 표시한 것에서 유래했다.

이다. 108개 도시지역을 대상으로 한 또 다른 최근 연구는 과거에 레드라인 지역에 속했던 지역의 94퍼센트에서 표면온도가 다른 지역에 비해 더 높다는 사실을 밝혀내기도 했다. 이런 추세를 역전시키려면 적극적인 관심과 지속적인 개선 노력이 필요하다. 더 많은 녹색 지붕에 투자하는 것이 그 노력의 시작이 될 수 있을 것이다.

뉴타운크리크얼라이언스에 소속되어 브로드웨이스테이지에 위치한 5개 건물의 녹색 지붕을 관리하는 브렌다 수칠트(Brenda Suchilt)는 내게 그 녹색 지붕들 중 가장 큰 정원인 "위쪽 초원"을 보여 준 뒤 훨씬 더 운치 있는 "앞마당"으로 나를 안내했다. 앞마당에서는 야생화들이 빼곡하게 피어 있는 돌길과 중앙의 유리 구가 오후의 햇살을 반사하고 있었다. 미역취(goldenrod), 야생딸기, 제왕나비 유충이 좋아하는 밀크위드(milkweed), 벌이 좋아하는 에키네시아(echinacea)도 눈에 띄었다. 이 앞마당에는 매가 가끔 들르기도 하는데, 엘킨스는 매가 이 건물 바로 남서쪽에 있는 거대한 폐수처리장에서 음식물 찌꺼기와 고형폐기물을 바이오가스로 바꾸는 거대한 혐기성소화조인 "에그(egg)" 위에 둥지를 틀지도 모른다고 생각했다. 실제로 앞마당에서는 그 폐수처리장에서 나는 암모니아 냄새가 약하게 났고, 재활용 공장에서 고철 더미를 옮기는 트럭과 굴삭기 소리가 들리기도 했다. 이 작은 녹색 섬에서 자연이 꽃을 피우는 것이 기적처럼 느껴졌다.

그린포인트커뮤니티환경기금(Greenpoint Community Environmental Fund)에 지급된 합의금은 시범 녹색 지붕 구축에 필요한 비용을 지불하는 데 도움이 됐으며, 유사한 노력의 선례가 되기도 했다. 조경 건축가 마르니 마조렐레(Marni Majorelle)는 뉴타운크리크얼라이언스와 협력해 가뭄에 강하고 5인치 깊이 토양 기질에서 건조함을 견디면서 생존해 귀중한 서식지를 제공할 수 있는 토종 식물종을 선택했다. 이 비영리단체는 뉴타운크리크 주변의 다른 녹색 통로에도 토종 식물을 심었다. 수칠트는 이 통로들이 녹슨 금속과 콘크리트 사이에서 신생 생태계를 하나로 엮는 데 도움이 될 거라고 말했다. 그는 옥상 정원은 성숙한 후에는 지상 정원에 비해 관리가 덜 필요하지만, 미역취 같은 공격적인 식물이 다른 식물을 밀어내지 않도록 지켜보고 있다고 말했다. 수칠트는 최근 곤충이 감소하는 것을 눈치챘고, 지난여름에는 제왕나비가 더 많았다며 걱정했다. 그는 2018년에 옥상 앞마당에서 제왕나비 15마리가 날아다니는 것을 보고 아찔함을 느꼈다며 "제가 지금까지 경험한 것 중 가장 마법 같은 경험이었어요"라고 말했다. 나도 돌길을 따라 걸으며 순간적인 전율을 느꼈다. 꽃들 위로 제왕나비 한 마리가 날개를 펄럭이며 날고 있는 모습 때문이었다. 결국 수분 매개자 몇 마리가 다시 돌아온 것이었다.

뉴타운크리크에서도 이와 비슷한 일이 서서히 일어나고 있었다. 엘킨스는 뉴타운크리크에서 카누와 카약을 타고 다니면서 그 변화를 직접 목격했다며 "뉴타운크리크가 100년 만에 가장 깨끗해졌습니다"라고 말했다. 실제로 뉴타운크리크의 물은 산소 농도가 높아져 야생동물이 살기 좋은 물이 됐다. 박테리아 오염 수치는 여전히 높았지만, 일부 생명체는 다시 생겨난 완충지대와 자연적인 틈새, 조성된 공간으로 돌아오고 있었다. 작은 갯벌 구멍을 모방해서 판 삼각형 모양의 구멍에서는 구멍장어와 투구게, 조개와 홍합이 발견됐다. 몇몇 곳에서는 굴도 발견됐다. 자연은 스스로 방법을 찾고 있었다.

나는 옥상 오아시스에 더 오래 머물고 싶었지만, 엘킨스는 뉴타운크리크가 썰물 때라며 최근에 완공된 동네 자연 산책로를 즐기면 좋을 것 같다고 말했다. 나는 눈에 잘 띄지 않는 입구를 거의 놓칠 뻔했지만, 중공업 지역을 가로지르는 식물 통로를 지나 뉴타운크리크와 평행하게 조성된 산책로에 들어섰다. 그곳은 거의 보이지 않을 정도로 작은 녹색 완충지임에도 완충지 역할을 하고 있었다. 어느 지점에서는 긴 콘크리트 계단이 물 밖으로 솟아 있고, 가장 아래쪽에는 갯벌 구멍과 비슷한 삼각형 구멍이 뚫려 있었다. 당연히 많은 곳에서 홍합을 볼 수 있었다. 한 곳에서는 죽은 게가, 다른 곳에서는 살아 있는 게가 보였다. 약간의 파래를 비롯한 해조류도 보였다. 나는 언젠가 더 자연스러운 환경에서 홍합을 볼 수 있기를 기대하며 걸었다. 자연의 일부는 씨를 뿌리고 일부는 저절로 돌아오는 생명체들에게 발판을 마련해 주고 있었다.

　옥상정원과 뉴타운크리크를 둘러본 지 3일 후, 허리케인 헨리의 잔해는 자연의 힘에 대해 더욱 냉철한 교훈을 주었다. 36시간 동안 센트럴파크와 브루클린 일부 지역에 20센티미터 이상 비가 내렸다. 도시 전체에는 42억 갤런이 넘는 물이 쏟아졌을 것이다. 앞에서도 뉴욕 대홍수에 대해 말했지만, 뉴욕시의 통합 하수도시스템은 하루에 40억 갤런 미만의 물을 처리하도록 설계되었으며, 폭풍이 지속되는 동안에는 60억 갤런의 물을 처리할 수 있다. 그 이상의 하수는 모두 항구로 보내야 한다. 허리케인 헨리가 뉴욕을 휩쓴 지 2주도 채 지나지 않아 더 파괴적인 허리케인 아이다가 닥쳤다. 당시 하늘은 회색 하수도 인프라의 부적절함에 대한 엘킨스의 불만에 느낌표를 추가하는 것 같았다.

　이런 악조건 속에서도 뉴타운크리크에 생명체가 지속되는 모습을 보면서 쿠바의 산호초가 회복되는 모습이 떠올랐다. 2015년, 쿠바와 미국의 공동연구진이 쿠바의 산호에서 처음으로 긴 코어를 채취했다. 나무의 나이테처럼 성장하는 산호는 탄산칼슘 골격의 연속적인 층에 자신이 성장하는 공간의 상태를 기록한다. 이 연구에 참여한 다리아 시칠리아노는 산호가 기후변동을 포함한 수백 년 동안의 환경조건을 기록할 수 있다고 말했다. 과학자들은 스쿠버 탱크에 휴대용 공압 드릴을 부착해 쿠바 해안과 여왕의정원국립공원 사이에 위치한 아나마리아만의 산호초 지대에 있는 거대한 별산호에서 긴 코어를 추출했다. 커피잔 지름과 빗자루 길이 정도인 이 타임캡슐에는 1700년대 후반으로 거슬러 올라가는 성장층이 포함되어 있다.

시칠리아노의 연구 팀은 처음에는 수온과 염분에 대한 정보를 추출해 과거의 기후를 재구성했다. 그 후속 단계로, 연구 팀은 분자 질량을 측정할 수 있는 민감한 저울 같은 최첨단 질량분석기를 사용해 탄산칼슘에 갇혀 있는 질소 극소량을 분석하고, 만으로 스며드는 질소의 양과 질을 측정하기 시작했다. 이 기술은 두 가지 동위원소의 비율 또는 원소의 안정적인 변형을 기반으로 하수, 유기비료, 합성 물질 같은 질소 공급원을 구분할 수 있다. 이 연구는 비료 농도의 변동과 해양 조건 및 산호의 연간 성장대를 비교함으로써 다른 과학자들이 전 세계 샘플에서 기록한 오염 수준과 산호초 상태 사이의 상관관계를 확실히 입증하는 데에도 도움을 주고 있다.

쿠바의 저영향 농법이 해양환경으로 유입되는 화학비료의 양을 줄이고 생태계의 건강을 개선한 과정을 명확히 밝히기 위해서는 다른 전략적 위치인 시칠리아노섬의 산호에 대한 더 많은 분석이 필요하다. 미국과 쿠바의 관계가 강화된다면 육지와 해상에서 후속 협력의 필요성을 해결하고 카리브해와 그 일대의 산호초를 관리하고 복원할 수 있을 것이다.

미국국립해양대기청(US National Oceanic and Atmospheric

Administration)의 행정관이었던 환경과학자 제인 루브첸코(Jane Lubchenco)는 바다가 하나의 독립된 실체라고 말했다. 그는 2020년 온라인 콘퍼런스에서 "모든 바다는 연결되어 있다"라며 "바다는 우리를 분열시키는 것이 아니라 연결해 줍니다"라고 말하기도 했다. "처음에 우리는 바다가 너무 거대해 망가질 수 없다고 생각했습니다. 하지만 산호초의 황폐화, 어업의 붕괴, 데드존의 확산과 오염 증가 등 문제가 쌓이며 바다는 절망적으로 고갈되고 파괴되고 있어요. 그러자 또 다른 잘못된 인식이 생겨났죠. 바다는 너무 거대해 이런 문제가 개선될 수 없다는 생각 말이에요." 루브첸코는 "바다는 희생되고 있습니다. 정말 우울한 이야기지요"라고 덧붙였다.

하지만 그러면서도 루브첸코는 우리가 발상을 전환하면 바다를 해결책으로 생각할 수도 있다고 말했다. 실제로 루브첸코는 각국 지도자 14명으로 구성된 그룹인 해양패널(Ocean Panel)에 이를 달성할 방법에 대해 조언했다. 패널 보고서에 따르면 탄소 배출을 줄이고 식량 불안을 개선하는 한 가지 방법은 바다에서 더 많은 단백질을 추출하는 것이다. 이 보고서의 놀라운 발견은 바다에서 홍합이나 굴 같은 쌍각류 조개를 채취해 현재보다 6배 더 많은 식량을 얻을 수 있다는 것이었다. 루브첸코는 코로나19 경기부양책에 할당된 막대한 자금이 지상에서의 활동과 인프라에 집중되어 있지만, 해양에도 관심을 기울이면 세계경제의 주요 문제들을 해결할 수 있다고 주장한다. 해안 지역사회를 돕고, 조개 양식업을 보호하고, 수인성 질병의 부담을 줄이고, 산호초 생태계의 건강을 개선하는 한 가지 방법은 더 나은 폐수처리 인프라에 투자하고 "바다를 쓰레기 투기장으로 생각하는 것"을 중단하는 것이라고 그는 말했다.

바다가 우리의 건강과 웰빙, 번영에 매우 중요하기 때문에 "무시하기에는 너무 크다"라는 루브첸코의 새로운 이야기에 대해 생각한다면, 바다를 옹호하는 사람들과 공익사업자들이 바다로 흘러가는 물을 정화할 새로운 방법을 찾는 것은 당연한 일로 느껴질 것이다. 산호 전문가들이 쿠바로 관광객을 끌어들이면서 해양생물을 다시 심어 쿠바의 이 경이로운 지역의 건강을 보존하는 방법을 고려하고 있다는 사실 역시 당연하게 생각될 것이다. 지구온난화, 농업 유출수 문제, 정화조에서 연안해역으로 유출되는 오염물질에 대한 우려가 커지고 있는 가운데 미국의 조개 양식업자들이 퇴비화 화장실과 같은 대안을 추진하고 있다는 사실도 주목할 만하다. 워싱턴주에서는 멀리사 마이어의 터코마 농장을 말라 비틀어지게 만든 2021년의 기록적인 폭염이, 극심한 썰물에 노출된 조개류를 말 그대로 익혀 수억 마리의 쌍각류를 죽이기도 했다. 한 목격자는 당시에 조개 굽는 냄새가 났다고 증언했다.

우리는 조개 양식장과 채소 양식장에 종자를 뿌려 지구에 식량을 공급할 수 있다. 산호초와 식물 제방은 폭풍우를 막아 주고 자연과 우리를 다시 연결해 준다. 숲을 복원하고 광산에 식물을 심으면 경관을 개선할 수 있다. 빗물을 흡수하고 하수구가 범람하는 것을 방지하면서 공기를 식히는 녹색 지붕도 자연과 우리를 연결할 수 있다. 자연을 경쟁자가 아닌 동맹으로 본다면, 우리가 이용할 수 있는 다양한 도구를 현명하게 이용해 동맹을 돕는 것이 합리적인 선택이 될 것이다.

혹독한 폭염이 지나간 지 10주 후, 우리는 긴 노동절 주말을 즐기기 위해 워싱턴주의 키반도(Key Peninsula)에서 조개 굽기 행사를 열었다. 그다음 날, 나는 썰물 때 제프 그리고 친구들과 함께 해변을 걷다 부서질 정도로 말라 죽어 있는 태평양연잎성게들(pacific sand dollar)을 보게 됐다. 하지만 케이스인렛(Case Inlet)의 따뜻한 갯벌 속에서는 건강한 검은색 연잎성게 수천 마리 역시 볼 수 있었다. 근처에서는 한 지역 주민이 종자를 뿌린 굴 가두리를 살펴보고 있었다. 그는 더위 때문에 굴의 4분의 1이 죽었다고 말했다. 하지만 모래 깊숙이 파묻힌 말조개들과 코끼리조개들은 우리가 지나갈 때마다 작은 물줄기를 뿜어냈다. 마치 자신들이 거기 있다고 알리는 것 같았다. 인간이 꾸준하게 조금씩만이라도 도와준다면 이 동물들도 언젠가 우리에게 보답할 것이다.

CHAPTER 12

모멘텀

우리가 인류세의 다른 버전에 살고 있는 도시 노동자라고 상상해 보자. 그곳의 집과 사무실 건물은 높이가 거의 90미터에 이르고, 대부분 공학목재(engineered wood, 일반 목재의 구조적 성질을 개량해 만든 목재)로 만들어졌으며, 태양열, 바람, 지열을 이용해 자체적으로 에너지를 생산한다. 옥상에 흘러내리는 빗물을 모아 자체적으로 물을 정화하고, 그 물로 잎이 무성한 채소를 재배한다. 하지만 그런 건물 안에서 우리가 싸는 똥은 어떻게 처리될까? 여기서부터 흥미로운 상상이 이어진다.

자연의 빛과 태양열, 신선한 공기, 지속 가능한 목재와 빗물의 잠재력을 극대화하는 살아 있는 건물은 얼마 전까지만 해도 과학소설에서나 등장한다고 생각했다. 하지만 현재 집성재(laminated timber)[110] 같은 재생가능한 자원으로 만든 고층 빌딩이 실제로 세계 곳곳에서 세워지고 있다. 예를 들어,

---

110 제재판(挽板)·소각재·단판 등 통칭 라미나(lamina)라고 불리는 요소를 섬유 방향이 일치하도록 길이·폭·두께 방향으로 집성·접착해 제조한 목질 재료.

2019년에 노르웨이에서는 세계에서 가장 높은 목조건물이 완공됐다. 미에스토르네(Mjøstårnet)타워라는 이름의 이 18층짜리 건물에는 사무실, 주거 공간, 호텔 객실, 레스토랑 등이 들어서 있다. 일부 언론에서는 이 건물을 "플라이스크레이퍼(plyscraper)"[111]라고 부르기도 했다. 2022년까지 건물 약 30동이 "리빙 빌딩 챌린지"에 의해 리빙 빌딩 인증을 받았다. 리빙 빌딩 챌린지는 건설업계가 환경에 도움이 되는 동시에 거주자의 건강을 증진하는 완전히 지속 가능한 공간을 만들기 위해 어느 정도로까지 노력할 수 있는지 시험하기 위해 추진되고 있는 캠페인이다. 이 인증을 받은 건물들은 수명이 나무의 수명과 같으며, 대부분 태양열을 이용하며, 수은·폴리염화비닐·포름알데히드·호르몬 유사체 같은 독성물질이 건축에 사용되지 않았다. 시애틀에 위치한 6층짜리 실험 건물인 불릿센터(Bullitt Center)는 2013년에 문을 열었을 때 세계에서 가장 자급자족적인 오피스 빌딩으로 주목을 받았다. 이후 여러 차례의 공개 투어가 진행되는 동안 방문객들은 이 건물의 화장실을 보여 달라고 요청했다.

시애틀 사람들은 이 건물의 화장실에 압도적인 관심을 나타냈다. 특히 사람들은 퇴비화 화장실(composting toilet) 24곳에서 악취가 나는지 알고 싶어 했다. 놀랍게도 퇴비화 화장실을 사용한 거의 모두는 냄새가 나지 않는다고 말했다(나는 아

---

111 '합판(plywood)'과 '마천루(skyscraper)'를 합쳐 만든 말이다.

버지가 퇴비화 화장실을 짓는 일을 도운 경험이 있기 때문에 퇴비화 화장실에서 가장 중요한 것은 냄새 제어라는 것을 알고 있었다). 총공사비가 3250만 달러에 이르는 이 살아 있는 빌딩의 다양한 시설 중 하나인 거품 화장실들과 연결된 호기성 퇴비화 탱크 10개는 건물 내 사무실 근무자들의 배설물을 미생물과 벌레의 먹이로 사용하게 해 주었다. 이 아이디어는 오래전부터 전해 내려오던 아이디어를 21세기에 맞게 업데이트한 것이다. 이렇게 만들어진 퇴비는 적어도 본질적으로는 정원과 환경 재생 프로젝트를 위해 토양을 풍부하게 하는 퇴비다. 또한 불릿센터는 대도시 한복판의 현대식 건물에서는 거의 생각할 수 없는 부러운 자산인 자립성까지 갖추고 있었다.

발전소에서 송전 및 배전 선로까지 복잡한 네트워크를 따라 전기가 흐르고, 길이가 수 킬로미터에 이르는 파이프를 통해 원치 않는 배출물을 보내는 서구 세계 대다수 도시에서 광범위한 전력망과 하수도시스템은 도시 생활의 일상적인 부분 중 하나다. 폐수처리장은 앞으로도 필수적인 자원회수시설로 남을 것이다. 하지만 이와 동시에, 점점 심해지는 자연재해로 위협받는 노후 인프라의 부담을 덜어 줄 정교한 시스템을 만들 수 있다면 어떨까? 각 건물이 자체적으로 에너지를 생산하고 부산물을 재활용할 수 있는 시스템을 갖춘 클러스터를 마련할 수 있는 시스템 말이다.

"퇴비화 화장실? 진지하게?"라고 말하는 사람들도 있을 것이다. 하지만 퇴비화 화장실은 실제로 진지한 노력의 산물이다. 똥을 연료로 사용하는 로켓 우주선이나 금광 개발처럼 눈에 보이는 가치를 창출하는 놀라운 혁신 외에도, 어쩌면 진정한 진보는 믿을 수 없을 정도로 단순한 퇴비화 화장실이 어느 정도까지 발전하는지로 측정할 수 있을지도 모른다. 나는 퇴비화 화장실이 『필경사 바틀비(Bartleby, the Scrivener)』나 『제인 에어(Jane Eyre)』(샬럿 브론테의 1847년 작 소설)에서 아이디어를 얻은 것이라고 생각하기를 좋아한다. 이 소설들에서처럼 퇴비화 화장실도 산업화사회의 자본주의가 기대하는 것을 "하지 않겠다"라고 선언한 후 스스로 독립을 이루어 내고 가치를 공유하기 위한 노력이기 때문이다. 똥의 가치를 재인식하기 위한 완벽한 수단이 퇴비화 화장실이 아닐 수는 있다. 하지만 현대의 똥은 우리 행동에 급진적인 변화를 요구하지 않는다. 무엇이 정상이고, 무엇이 가치가 있으며, 무엇이 가능한지 재고하려는 의지만 있으면 된다.

불릿센터를 건립한 불릿재단의 사장 겸 최고경영자인 데니스 헤이즈(Denis Hayes)는 모든 사람이 이 건물의 자급자족을 위해 어떤 행동적 변화가 필요한지 알고 싶어 했다고 말했다. 하지만 당시 그는 "사실 특별한 변화는 필요하지 않습니다"라고 말했다. 물론, 이 건물에는 엘리베이터를 타지 않고 계단을 오르는 사람들에게 보답하기 위해 탁 트인 전망을 제공하는 아름다운 유리로 둘러싸인 계단이 있다(헤이즈는 한때 이 계단을 "거부할 수 없는 계단"이라고 불렀다). 입주자들은 에너지를 절약하기 위해 밤에는 전등과 컴퓨터를 꺼야 한다는 것을 잘 알고 있다. 하지만 무엇보다도 건축가, 엔지니어, 건축업자가 가장 효율적인 조명과 컴퓨터를 구입하고 주변에 지속 가능한 환경을 조성하는 것이 중요했다. "사람들이 행동을 바꿀 필요는 없습니다. 이 건물은 사람들이 다른 환경에서 활동하게 만들 뿐이지요." 헤이즈가 말했다.

워싱턴대학교 통합디자인센터의 교육 및 홍보 담당자 데버라 시글러(Deborah Sigler)는 디자인 연구실이 2층 일부를 차지하고 있는 불릿센터의 투어를 수없이 이끌었다. 투어에서 그는 손님들에게 화장실에 가서 평범해 보이는 화장실을 살펴보고 냄새를 맡아 보라고 권하곤 했다. 시글러가 설명했다. "사람들은 항상 놀라움을 금치 못했고, 변기의 내용물이 어디로 가는지 궁금해했어요. 모두 지하실로 내려가 직접 눈으로 확인했지요." 사람들은 지하실로 내려간 고형물이 작은 창고 크기의 밝은 파란색 피닉스퇴비화탱크 10개를 채우고 있으며, 퇴비에서 흘러나온 소변과 물, 즉 침출수가 각각 400갤런을 담을 수 있는 용기 4개를 가득 채우고 있는 것을 확인했다.

퇴비화 탱크에는 햄스터가 침구로 사용하는 소나무 부스러기가 3분의 2 정도 차 있었다. 하지만 이 탱크는 안의 내용물이 서로 뭉치지 않을 정도로 충분히 큰 크기다. 탄소가 풍부한 증량제(bulking agent)[112]는 세 부분으로 구성된 퇴비 더미에 구조를 부여한다. 탱크 각각은 체임버 3개로 나뉘어 있었으며, 각 체임버에는 내용물을 저어 아래로 향하게 하는 핸드 크랭크가 부착되어 있었다. 유기물은 이 탱크 안에서 쌓이고 분해되면서 위에서 중간, 아래로 서서히 이동했다. 불릿센터의 퇴비화 탱크에는 내용물 분해를 위해 줄지렁이들(red worm)이 첨가되어 있었다(분뇨 벌레라고 불리기도 하는 줄지렁이는 매일 자기 몸무게의 절반에 해당하는 양을 먹을 수 있다). 충분한 시간이 지나면 이 탱크에서 나무 부스러기와 똥, 화장지는 안정화된 흙 퇴비로 분해되어 바닥에 있는 도어를 통해 배출됐다.

시글러는 퇴비화된 바이오솔리드 탱크가 가득 차면 맥넬셉틱서비스(McNel Septic Service)라는 회사가 수거하지만, 평균적으로 2년에 한 번만 수거하면 됐다고 말했다. 똥의 대략 4분의 3이 물이라는 점을 감안하면 그리 놀라운 일이 아닐 수도 있다. 수분을 제거하고 남은 덩어리는 부피가 매우 작아진다. 처음으로 똥을 수거할 때 맥넬셉틱서비스 직원들은 시글러의 표현을 빌리자면 "전투에 대비한" 방호복을 입었다. 하지만 작업자들은 바닥 해치를 열고 축축하게 부패한 나무 부스러기들을 삽으로 퍼내기 시작하면서 방호복을 벗었고, 결국 그들은 그 상태로 흙냄새가 나는 짙은 유기물을 퍼내기 시작했다.

112 유액을 걸쭉하게 만드는 용액.

주기적인 수거 작업이 언제나 즐거운 것은 아니었다. 하지만 삽과 수레 그리고 픽업트럭만 있으면 할 수 있는 간단한 일이었다. 작업자들이 수거한 내용물을 트럭에 실어 소더스트서플라이로 옮기면 직원들은 기존 퇴비와 내용물을 섞는 작업을 한다. 소더스트서플라이는 내가 우리 집 채소밭에서 사용했던 토양개량제 그로코를 만든 킹카운티의 바크 및 조경 재료 제조업체다. 불릿센터는 본질적으로 동일한 시작 물질을 더 작은 규모로 더 오랜 기간 생산하고 있었다.

맥닐셉틱서비스는 약 4개월 간격으로 액체 침출수를 탱크로리에 실어 킹카운티에서 운영하는 호기성 퇴비화 처리 시설로 가져갔다. 영양분이 풍부한 물을 걸러 내고 자외선 처리를 통해 병원균을 죽인 후, 카운티 직원들은 스노콸미(Snoqualmie)강 가에 자리 잡은 59에이커 규모의 숲, 습지, 옛 목초지로 이루어진 치누크벤드(Chinook Bend)라는 자연지역 복원 프로젝트에 이 침출수를 사용했다. 이 야생동물 서식지에는 치누크 연어의 주요 산란지가 포함되어 있다. 시글러는 폐수 처리장에서 처리했다면 퓨젓사운드로 흘러들었을 액체가 퓨젓사운드로 흘러들지 않아서 좋다고 말했다.

퇴비화 화장실의 안전성, 비용 및 유지관리를 우려하는 사람도 있었다. 하지만 거의 모든 사람이 수세식 화장실이 효율적이지 않다는 데 동의하고 있다. 우리가 일반적으로 화장실에서 변기 레버를 눌러 흘려보내는 물이 식수로도 재사용될 수 있다고 생각하면 그 정도 양의 물을 매번 화장실에서 흘려보내 오염을 유발하는 것은 시글러의 표현으로 "범죄행위"에 가깝다. 불릿센터는 일반 사무실 건물에서 사용하는 식수의 약 15분의 1에서 20분의 1만을 사용하고 있었는데, 시글러는 화장실에서 물을 흘려보내지 않아서 그렇다고 말했다.

벌레와 똥으로 가득 찬 탱크를 미래 비전을 상징하는 건물에 도입하는 것에 반대하는 움직임이 조용하게 일어나고는 있다. 하지만 우리의 미래, 지구, 경제적 생존은 모두 우리가 스스로 똥을 책임감 있게 처리하려는 의지에 달려 있다. 우리는 분산자가 아니라 집중자 역할을 해 왔으며, 어떤 곳에서는 자원을 고갈시키고 어떤 곳에서는 너무 많이 축적해 문제를 일으켜 왔다. 헤이즈는 우리가 가축을 너무 집중적으로 키워 파괴적인 "소들의 도시(cattle cities)"를 만들어 냈고, 이는 한때 대초원 생태계 전체에 영양분을 공급했던 가축의 똥이 곳곳의 폐수 늪지에 쌓이게 했다고 말했다.

현재 인류 인구는 거대도시에 집중되어 있다. 따라서 모든 분뇨를 안전하게 처리하기 위해 컨테이너 기반 위생 시설과 재발명된 화장실 같은 창의적이고 유연한 접근 방식이 필요하다. 하지만 이 교훈은 멀리 떨어진 곳에 버려지는 똥에는 적용되지 않고 있다. 시애틀에서도 박스카로 구성된 긴 열차가 쓰레기를 500킬로미터 이상 떨어진 오리건주 북부의 매립지로 운반한다. 헤이즈가 설명했다. "이 기차는 매일 똥을 매립지로 운반하는데, 정말 미친 짓이에요. 똥의 가치를 제대로 몰라서 이런 일이 벌어지는 겁니다." 우리는 부를 분배하지 않고 새로운 장소에 문제를 쌓아 두고 있다.

퇴비화 화장실의 개념을 받아들인다는 것은 자연과 함께 일하면서 화려하거나 섹시하지는 않지만 튼튼하고 실용적인 것을 소중히 여길 때 발전이 이루어진다는 사실을 인정하는 것을 뜻한다. 우리는 영구적이지 않은 행성에 살고 있다. 또한 우리 행성에서는 항상 어떤 것들이 부패하고 재결합하면서 행성 자체를 새로 만들어 내고 있다. 인체를 포함한 모든 생명체는 빌려 쓰는 것이며, 수명이 다하면 다시 사용할 수 있도록 시스템으로 돌아간다. 아름다움이 꽃피기 위해서는 죽음과 부패, 심지어 추함도 필요하다. 퇴비화 화장실은 여러분의 취향이 아닐 수도 있다. 하지만 우리가 살기로 선택한 경관에서 퇴비화 화장실은 위생을 개선하고, 물을 공급하고, 가치를 창출하고, 환경을 복원하고, 우리에게 자립성을 부여할 수 있다. 게다가 세계 많은 지역에서 사용되는 전통적인 하수도시스템에 기반한 규제와 도시계획은 더 이상 의미가 없을 수도 있다.

다른 많은 서방국가와 마찬가지로 미국도 부적절하고 무너져 가는 인프라 때문에 많은 부채를 축적해 왔다. 2021년 미국토목학회는 미국의 폐수 인프라에 D+ 등급을 부여했다. 수명이 다해 가는 노후 파이프와 처리시설의 감소 문제는 더 많은 인구가 대도시지역으로 몰리면서 악화되고 있다. 대도시는 국가의 폐수처리 수요의 더 많은 부분을 감당해야 할 것이다. 미국 학교의 인프라 성적표는 그다지 좋지 않은데, 이는 부분적으로는 과밀학급이 많은 학교의 운동장 한편에 설치된 이동식 교실 때문이기도 하다. 미국 전체 공립학교의 3분의 1 이상이 이동식 교실에 의존하고 있다. 미국토목학회는 이러한 "임시" 건물 중 무려 45퍼센트에 달하는 건물이 하위 40퍼센트 수준에 속한다고 추산했다. 시애틀의 건축가 스테이시 스메들리(Stacy Smedley)는 아이들이 가득 찬 "비닐로 포장된 박스"가 실내 공기질을 악화시키는 최악의 원인 중 하나라고 말했다. 또한 건물에는 신선한 공기와 햇빛이 부족하고, 배관이 없는 경우도 많아 아이들이 화장실을 이용하려면 다른 건물이나 이동식 화장실까지 걸어가야 한다.

스테이시 스메들리는 어렸을 때 살던 오리건주 클랙커머스(Clackamas)에서 할아버지가 좋아한 숲과 자신이 사랑한 "푸른 하늘"과 나무들이 사라지는 일을 겪었고, 그 일에서 영감을 받아 학생들의 의견을 충분히 수렴해 더 건강하고 환경친화적인 학교와 학습환경을 설계하는 데 도움을 주고 있다. 스메들리가 설계한 공간 중 하나인 시애틀의 사립학교 버츠키스쿨(Bertschi School)의 과학실에서 아이 세 명이 나를 기다리다가 자신들이 가장 좋아하는 것에 대해 한꺼번에 신나게 이야기하기 시작했다. 5학년인 이사벨 두 명과 잭은 10~11세 아이들 특유의 활기차고 솔직한 방식으로 서로의 말을 완성하거나 교정했다. 과학실에서 이야기를 마친 뒤 나와 아이들은 재활용수를 이용해 식물을 기르는 야외 정원으로 나갔다. 아이들은 페인트와 팬케이크를 만드는 데 사용하기 위해 허클베리를 비롯한 다양한 식물을 이 야외 정원에서 기르고 있었다. 그런 다음 우리는 실내로 이동했고, 아이들은 교실의 공기를 정화하고 사용한 물을 처리하는 데 도움이 되는 네 종류의 식물로 덮인 높이가 약 5미터인 벽을 가리켰다. 그곳에서 나는 지붕에 모아진 빗물이 건물 밖으로 노출된 파이프를 통해 흘러내려 자갈이 깔린 콘크리트 수로를 지나 저수조 두 개로 흘러내리는 모습도 볼 수 있었다.

"퇴비화 화장실에 대해 누가 설명해 줄래?"라고 아이들에게 묻자 이사벨 두 명이 모두 손을 번쩍 들었다. "저요, 저요! 제가 제일 좋아하는 거예요. 그 화장실이 좋아서 동영상도 찍었어요." 이사벨 1이 말했다. 우리는 화장실로 향했고, 두 아이는 퇴비 저장 탱크 두 개가 숨겨져 있는 벽장 문을 열었다. 이사벨 1은 발표 모드로 전환해 "용무를 보는 곳"인 변기를 가리킨 뒤, 벽에 있는 버튼을 누르면 모든 것이 변기 안으로 빨려 들어간다고 몸짓을 섞어 말했다(버튼을 한 번 누를 때마다 빗물 약 0.5리터가 사용된다). 두 이사벨은 벽장 문을 활짝 열어 탱크를 보여 주었다. 이사벨 1은 똥이 퇴비가 되는 데 6개월밖에 걸리지 않는다고 살짝 귀띔해 주었다. 그렇다면 이 아이들의 가족들은 퇴비화 화장실에 대해 어떤 반응을 보였을까? 잭과 이사벨 2는 부모님이 멋지다고 말했다고 했다. 하지만 이사벨 1은 좀 더 설득이 필요했던 것 같다. "처음 할머니께 말씀 드렸는데, 할머니는 역겨워하시며 퇴비로 기른 식물은 먹으면 안 된다고 하셨어요. 어깨를 으쓱하시면서 '토끼 똥은 냄새가 지독하단다'라고 말씀하셨어요."

아이들의 과학 교사 줄리 블라이스태드(Julie Blystad)는 살아 있는 건물에서 얻은 교훈을 아이들이 생활에 접목하는 모습에 놀랐다고 말했다. 실제로 아이들은 재활용에 열심이었다. 잭은 교실에서 작년보다 에너지를 더 많이 사용했다고 알려주었는데, 에너지 사용량을 모니터링하던 5학년 학생들은 그 차이를 발견한 뒤 교직원들을 설득해 두 건물에 태양열 패널을 추가로 설치하게 만들기도 했다.

2012년, 스메들리는 앨버타주 재스퍼의 한 공립학교에서 자신들만의 살아 있는 교실을 갖고 싶어 하는 다른 학생들에게서 영감을 얻었다. 스메들리와 동료 교사 2명은 버츠키스쿨의 과학실을 설계하면서 얻은 교훈을 바탕으로 동일한 원리를 이동식 교실에도 적용하기 위해 비영리단체인 시드컬래버러티브(SEED Collaborative, SEED는 "Sustainable Education Every Day"의 약자다)를 설립하고 직접 살아 있는 교실 제작에 착수했다. 직접 가서 보니, 이들이 만든 살아 있는 교실 시제품에는 아이들이 작동 과정을 볼 수 있도록 전기회로와 배관이 외부로 노출되어 있었다. 저수조에서 핸드 펌프로 작동하는 싱크대로, 그리고 토마토와 허브가 자라는 "살아 있는 벽"까지 물이 흐르고 있었다. 스메들리가 우리 머리 위쪽에 설치된 수로를 가리키더니 말했다. "그냥 여기 앉아서 아이들에게 이야기를 들려주기만 하면 됩니다."

이 비영리단체는 시애틀의 사립 퍼킨스스쿨에 이 시제품을 과학실용으로 판매했다. 스메들리와 공동 설립자들은 이 시제품이 "작고 푸른 수백 개 새싹" 중 첫 번째 새싹이 되기를 바랐다. 이 학교 어린이들은 이 시제품 교실에 포함된 퇴비화 변기가 똥을 정원용 흙으로 바꾸는 것을 보고 이 변기를 "마법의 변기"라고 부르기 시작했다. 학교의 과학 교사 조에 대시(Zoë Dash)는 아이들이 얼마나 퇴비화 화장실을 좋아했는지에 대해 나중에 이렇게 썼다. "학생들은 퇴비화 화장실에서 배설물 처리와 분해에 대해 배울 뿐만 아니라 직접 사용해 볼 수 있다는 사실에 신기해했으며, 놀랍게도 많은 학생이 배설물을 영양분이 풍부한 토양으로 변화시키는 화장실을 사용해 보기 위해 내 수업을 기다리곤 했다." 이 사례는 혐오 요소보다 쿨한 요소가 먼저 작동한 예라고 할 수 있을 것이다.

×

몬태나주 화이트피시에 있는 어드밴스트컴포스팅시스템

스(Advanced Composting Systems)의 소유주인 글렌 넬슨(Glenn Nelson)은 친환경 화장실에 대한 자신의 관심이 스웨덴의 물 없는 화장실 모델인 "클리부스물투룸(Clivus Multrum)"으로 거슬러 올라간다고 말했다. 1939년 발명가 리카르드 린드스트룀(Rikard Lindström)이 처음 만든 이 비교적 간단한 시설은 발트해에 위치한 가족의 해변가 집에서 린드스트룀이 슈트(chute)[113]두 개를 이용해 똥과 음식 쓰레기를 퇴비화하는 과정에서 만들게 된 것이다. 처음에 린드스트룀은 집 지하실에서 만든 이 장치 이름으로 경사면을 뜻하는 라틴어 단어 "클리부스"를 붙였다. 이 장치가 바닥이 경사진 콘크리트 수거 통을 이용한 것이었기 때문이었다[나중에 이 수거 통은 유리섬유(fiberglass)로 다시 만들어졌다]. 이 장치는 피트모스(peat moss)[114], 풀, 흙으로 이루어진 층이 호기성 퇴비화 과정을 진행시키는 동안 자연 환기 시스템이 변기를 통해 공기를 분뇨 수거 통으로 불어넣어 악취가 환기 파이프를 통해 배출되게 만드는 시스템이다. 나중에 린드스트룀은 친구의 권유로 이 장치의 이름에 "퇴비 방(composting room)" 또는 "썩는 곳(place of decay)"을 뜻하는 스웨덴어 단어 "물트룸"을 추가했다.

넬슨은 스웨덴에서 미국으로 이민 온 자신의 어머니가 스웨덴 잡지에서 이 발명품에 관한 기사를 읽었다고 말했다. 그

---

113 활송 장치, 즉 사람이나 물건을 미끄러뜨리듯 이동시키는 장치.
114 이끼가 오랫동안 쌓이고 부숙되어 흙처럼 변한 물질.

기사를 재미있게 읽은 그의 어머니는 자신도 클리부스물투룸을 가지고 싶다고 생각해 린드스트룀과 편지를 주고받기 시작했다. 그러면서 이 두 사람은 친구가 됐고, 1970년대 초 넬슨 부부가 유럽 배낭여행을 떠났을 때 그의 어머니는 스웨덴으로 가 린드스트룀 부부를 꼭 만나 보라고 권유했다. 그들은 그렇게 했고, 린드스트룀 부부는 해변가에 있는 그들의 집에 넬슨 부부가 일주일 동안 머물게 해 주었다. 그곳에서 넬슨은 이 스웨덴식 변기의 매력에 푹 빠졌고, 집으로 돌아온 후 이 변기의 딜러가 됐고, 그 후에는 퇴비화 변기 설계제조 업체를 설립했다. 물론, 넬슨의 어머니도 넬슨의 회사가 만든 퇴비화 변기를 사용했고, 현재 이 변기는 전 세계에 걸쳐 2만 대가 넘게 설치된 상태다.

하지만 그것만으로는 충분하지 않았다. 넬슨은 퇴비의 이동과 침전을 방해하고 유기물 제거를 번거롭게 만드는 탱크 설계의 결함을 해결하고 싶었다. 그 고민 끝에 만들어 낸 것이 바로 피닉스퇴비화변기(Phoenix Composting Toilet)였다. 그는 이 모델을 3가지 크기로 제작했다. 시애틀의 불릿센터에 설치된 퇴비화 변기 10대는 그중 가장 큰 모델이다. 그는 자신의 집에도 가장 큰 모델을 한 대 설치했다. 인터뷰 당시 넬슨은 집에 딸린 2층짜리 온실에서 몬태나 북부 정원에서는 보기 드문 토마토와 고추를 재배하고 있었다. 이 변기는 이 식물들이 잘 자라는 데에도 도움을 주고 있다. 넬슨은 나뭇조

각들을 깐 길이가 약 12미터인 식재상(planting bed)에 물을 최소한으로 사용하는 변기에서 나온 퇴비를 계속 쌓아 두고, 퇴비가 분해되어 영양분이 풍부한 토양이 될 때까지 기다렸다. 넬슨은 가정용 퇴비의 경우, 직접 만든 토양에 병원균이 없다고 생각해서는 안 된다고 말했다. 이는 이 토양이 뿌리작물을 재배하는 데 적합하지 않다는 뜻이다. 본질적으로 이 퇴비는 불릿센터와 일부 폐수처리장에서 생산하는 B급 바이오솔리드와 동일하다.

넬슨의 고객 중 약 4분의 1은 주택 소유자다. 인터뷰 당시 그의 회사는 유타주 모앱(Moab)에 있는 저렴한 주택 두 채에 화장실 설치를 막 마친 상태였고, 그는 제대로 설계하면 6300달러짜리 그의 시스템이 정화조 시스템보다 훨씬 경제적일 수 있다고 말했다. 그럼에도 넬슨의 회사가 만든 변기의 판매량은 연간 50~100대 수준에 계속 머물렀다. 나는 그 이유가 뭐라고 생각하는지 물었다. 인식 부족? 규제 장벽? 혹은 혐오감 때문일까? 그는 모두 아니라며, 부분적으로는 퇴비화 화장실 설치를 뒷받침하는 문화적 모멘텀이 아직 없기 때문인 것 같다고 말했다. "퇴비화 화장실을 설치하려면 집의 규모가 상당히 커야 합니다."

적어도 미국에서는 대다수 건축가와 주택 건설업자가 퇴비화 화장실을 고려하지 않고 있으며, 주택 소유자들은 퇴비화 화장실을 아직 너무 새로운 어떤 것이라고만 생각해 적극적으로 설치하려고 하지 않는다. 하지만 퇴비화 화장실의 기본 개념은 적어도 남아메리카 아마존 지역의 비옥한 "인디언의 검은 토양"까지 거슬러 올라간다.

1860년, 헨리 모울(Henry Moule) 목사는 "흙 변기(earth closet)"를 발명해 특허를 받은 뒤 이 개념을 실내로 옮겼는데, 이는 클리부스물투룸, 피닉스퇴비화변기 등의 초기 모델이라고 할 수 있다. 이 변기는 앉는 부분 가운데가 원형으로 뚫린 나무 의자 밑에 키가 큰 금속 양동이를 받친 뒤 의자 등받이 쪽에 마른 흙이나 이탄을 채운 호퍼(hopper)[115]를 올려놓은 간단한 구조로, 손잡이를 잡아당기면 호퍼에서 흙이나 이탄이 조금씩 양동이로 쏟아져 내려와 배출되어 양동이에 떨어진 분뇨를 덮는다. 영국 퍼딩턴(Fordington)의 교구 목사였던 모울은 자연에서 얻은 재료로 똥을 덮으면 악취를 줄일 수 있고 똥이 잘 분해된다는 사실에 착안해 이 변기를 만든 것이었다. 모울은 양동이에 가득 찬 분뇨는 정원으로 옮겨 계속 분해 과정이 진행되도록 했다.

1860년대 후반에 이 시스템이 미국에 소개된 후, 한 열성적인 지지자는 이 시스템이 "아주 적은" 양의 흙이나 석탄재만을 필요로 한다는 내용의 글을 남기기도 했다. "나는 3년 동안 이 변기 4대(실내에 3대, 실외에 1대)를 계속 사용해 왔으며, 그

---

115 석탄·모래·자갈 따위를 저장하는 큰 통. 밑에 달린 깔때기 모양의 출구를 열어 내용물을 내보내는 장치가 되어 있다.

동안 이 변기들에 흙을 채워 넣을 일이 거의 없었다. 이 변기에 벽난로에서 나온 재를 사용했기 때문에 비용이 들지도 않았다. 게다가 재는 소독 기능이 매우 좋기도 하다." 모울은 공중보건 문제 **그리고** 환경문제 모두에서 동기를 부여받은 것으로 알려진다. 1849년과 1854년 런던 소호 지역에서 콜레라가 창궐해 의사 존 스노가 의학적 조사를 하게 됐고, 1858년 대악취 사건 때문에 영국 의회가 도시 하수도시스템을 통합하라고 촉구했듯이 모울도 화장실 오물통이 건강을 위협했기 때문에 흙 변기를 발명하게 된 것이었다. 또한 모울은 부유층이 사용하는 수세식 변기에 대해서도 부정적인 생각을 가지고 있었다. 기록에 따르면 그는 "수세식 변기가 신이 창조한 강과 바다를 오염시키고 있으며, 수세식 변기 사용은 배설물에 들어 있는, 마땅히 흙으로 돌아가야 하는 신의 영양분을 낭비하는 것"이라고 생각했다.

이 점에서 모울은 프랑스 소설가 빅토르 위고(Victor Hugo)와 생각이 같았던 것으로 보인다. 넬슨은 위고의 소설『레 미제라블(Les Misérables)』이 복잡한 문장으로 쓰였음에도 그 책을 세 번이나 읽고 연극도 두 번이나 봤다고 말했다. 그는 특히 그 소설의 한 부분이 마음에 남았다고 한다. 모울이 흙 변기를 발명하고 몇 년이 지난 1862년에 위고는 이 소설을 통해, 중국의 농부들은 인분 비료의 가치가 상당히 크다는 것을 알고 있는 데 반해 안타깝게도 파리 사람들은 자신의 배설물을 바다에 버리고 있다면서 다음과 같이 개탄했다.

어떤 구아노도 한 도시에서 나오는 인분이 만들어 내는 생산량을 따라오지 못한다. 대도시는 도둑갈매기[116] 중에서도 가장 강력한 것이다. 들판을 비옥하게 하는 데 도시를 이용하면 틀림없이 성공할 것이다. 만일 우리의 황금이 배설물이라고 한다면, 반대로 우리의 배설물은 황금일 것이다. 사람들은 그 황금 비료를 어찌하고 있는가? 바다로 흘려 버리고 있다. 바다제비나 펭귄의 똥을 남극까지 구하러 가기 위해서 어머어마한 돈을 들여 많은 선박을 남극지방으로 보낸다. 그런데 사람들은 바로 곁에 있는 막대한 자원을 바다에 버리고 있다. 세계가 소용없게 만들고 있는 인간이나 동물의 비료를 전부 바다에 버리지 말고 땅에 준다면 그것은 세계를 충분히 먹여 살릴 수 있을 것이다. 경계석 주변에 쌓여 있는 쓰레기들, 밤거리를 덜컹덜컹 지나가는 흙이 잔뜩 묻은 짐수레, 지저분한 쓰레기통, 포석 아래 감추어져 있는, 지하의 악취 나는 시궁창의 흐름, 그것의 의미를 사람들은 알 것인가? 그것이야말로 꽃이 만개한 목장이고, 초록색 초원이고, 사향초이고, 샐비어이고, 짐승이고, 가축이고, 저녁 무렵 흡족한 소리를 내는 큰 소이고, 향긋한 사료이며 황금빛 밀이며, 식

---

116 갈매기의 일종. 여기서는 비료를 만든다는 뜻으로 쓰였다.

탁 위의 빵이며, 사람의 혈관을 지나는 뜨듯한 피이고, 건
강이고, 기쁨이다. 땅 위에서는 다양한 형태로 변하고, 하
늘에서는 다양한 모습으로 변하는 저 신비로운 창조의 힘
이다.

하늘과 비구름에 더 가까이 다가가기 위해 건설된 스카이
시티에 사는 뉴멕시코주의 아코마푸에블로(Acoma Pueblo) 부족
에게 지상에서의 변화는 알팔파(alfalfa)와 환경 복원, 문화 보
존의 문제다. 앨버커키에서 서쪽으로 약 100킬로미터 거리에
있는 스카이시티는 약 110미터 높이의 사암 메사(mesa)[117] 위에
자리 잡고 있으며, 북아메리카에서 사람이 가장 오랫동안 지
속적으로 거주하고 있는 정착지다. 아코마푸에블로 부족의
4개 마을 중 하나인 스카이시티는 흙벽돌집들이 들어선 작은
마을로, 아코마 부족의 부족 의식이 이루어지는 중심지이자
유명한 관광지이기도 하다. 스페인 정복자들과 사제들의 잔
인한 점령 속에서 아코마 남성, 여성, 어린이 들이 지은 17세
기 요새 같은 스카이시티의 산에스테반델레이선교교회에서
는 현재에도 가톨릭과 원주민 종교의 영향을 모두 담은 종교
의식이 열린다.

이 마을은 전기가 들어온 적이 없으며, 상수도시스템도 없
어 식수도 빗물을 모으는 몇몇 자연 저수조에 의존한다. 또한

117 꼭대기가 평평하고 주위가 급경사를 이룬 탁자 모양의 지형.

마을 주민과 방문객은 메사 꼭대기에 모여 있는 수십 개의 오래된 옥외 화장실이나 교회 앞에 설치된 이동식 화장실을 이용한다. 아코마푸에블로 폐수처리시설의 물 없는 퇴비화 시스템 운영자 호세 안토니오(Jose Antonio)는 수 세기에 걸쳐 교회 옆에만 개인 화장실이 82개 지어져 부족의 문화유산 보존 노력에 환경적·미적 문제를 야기했다고 말했다. 그는 화장실에서 방출된 내용물 중 일부가 수 세기 동안 사암 속으로 스며들고 있었다고 설명했다. 사암은 포화 상태가 되면 벗겨지기 시작하고 강도가 낮아지기 때문에 부족민들은 메사가 무너지지 않을까 걱정해야 했다.

이에 대한 해결책으로 부족의 환경 담당자들은 퇴비화 변기를 갖춘 공중화장실을 짓기로 결정했다. 안토니오는 콘퍼런스에서 넬슨을 만나 피닉스퇴비화변기에 대해 이야기를 나누었고, 그 결과 어드밴스트컴포스팅시스템스는 주 및 연방 보조금을 지원받아 300만 달러 규모 벤처사업의 일환으로 마을의 치장 벽토 외관과 어울리는 태양열 화장실 12개를 메사 곳곳에 건설했다. 2층 구조의 이 건물에는 퇴비화 변기가 총 62개 설치되어 있으며, 건물 지하에는 처리 탱크 31개가 있다. 경사진 지붕에는 태양열 패널이 설치되어 있으며, 이 지붕은 빗물을 다른 탱크로 보내 세면대에서 재사용할 수 있도록 만든다.

이 멋진 솔루션에도 불구하고 모든 사람이 이 시설을 이용하게 만들기 위해서는 홍보와 교육이 필요했다. 처음에는 일부 주민이 개인 화장실 사용을 고집했기 때문이다. 안토니오는 "우리 커뮤니티가 새로운 것에 익숙해지는 데에는 시간이 걸렸습니다"라며 변화를 일으키기 위해서는 물 재사용에 대해 사람들을 설득할 때 드는 만큼의 노력이 필요했다고 말했다. 이런 노력을 통해 결국 안토니오와 동료들은 부족 사람들을 설득하는 데 성공했다. 주민들은 새 화장실을 직접 관리할 필요가 없으며, 통풍이 잘되는 구조라 밀폐된 옥외 화장실이나 이동식 화장실에 비해 덥지 않다는 점을 마음에 들어 하게 됐다. 안토니오는 말했다. "우리가 이곳에 화장실을 짓는 이유는 우리의 미래, 우리 아이들, 손자들을 생각하기 때문입니다. 우리는 메사를 포화 상태로 만들어서 아코마가 무너지는 것을 원하지 않습니다." 새 화장실이 들어선 지 7년 후, 그는 옥외 화장실이 있던 사암 토양 일부에서 식물이 다시 자라나고 밑에 깔려 있던 바위가 마르는 등의 변화를 발견했다. 그는 메사의 색이 더 친숙한 사암 갈색으로 돌아오고 있다고 말했다.

매년 4~5월경에 안토니오는 최대 450갤런 정도의 퇴비화된 분뇨를 수거했다. 처음에는 그 대부분이 인근 폐수처리장으로 보내졌지만, 몇 년 전 그는 부족민들과 협력해 알팔파 농장의 풀이 죽은 부분들에 이 분뇨의 일부를 뿌리기 시작했다. 농장 주인은 이 방법이 완벽하게 효과가 있었다고 말했다. 그 후 그는 이 방법의 신봉자가 되어 다음에는 옥수수밭에 이 방법을 적용했다. 안토니오는 다른 과일과 채소 농장에서도 더 많은 현장실험을 할 수 있을 거라고 생각했다. 이 과정을 통해 퇴비가 지역사회에 남아 있어야 할 귀중한 자원이라는 사실이 분명해졌다. 아코마푸에블로 마을의 성공을 바탕으로 그는 남서부의 다른 부족 공동체를 찾아가 퇴비화 화장실을 관리하는 방법을 가르쳤다. 그는 이 방법을 터득하는데 3년이 걸렸다고 말하며, 여전히 계속 배우고 있지만, 적어도 자신의 부족이 사는 지역에서는 전문가로서 자신이 축적한 지식을 전수하고 있다고 말했다. 하지만 그는 자신이 은퇴하면 누가 이 일을 이어받을지 걱정하기도 했다.

×

퇴비화 변기는 아직 주류가 되지는 않았지만 오랫동안 강력한 지지층을 형성해 왔다. 퇴비화 화장실의 선구자인 조지프 젱킨스(Joseph Jenkins)가 1994년에 출간한 『똥 살리기 땅 살리기(The Humanure Handbook)』는 약 20개 언어로 번역되기도 했다. 젱킨스는 자신이 직접 만든 "러버블 루(Loveable Loo)"라는 변기를 직접 판매하기도 한다. 이 변기의 환경친화적인 특성에 매력을 느끼는 사람도 있지만, 배설물 처리가 편리하다는 점과 전기를 사용하지 않아도 된다는 점이 매력이라고 생각하는 사람도 있다. 현재 퇴비화 변기는 정치 성향과 상관 없이 많은 사랑을 받고 있다. 그 이유는 의도치 않게 퇴비화 변기가 독립적인 삶을 살고자 하는 사람들을 집결시킨다는 사실에 있다. 퇴비화 변기는 국제 화장실 박람회에서 일부 모델이 전시되기도 했으며, 생존주의 박람회나 종말론 박람회에서 주요 관심사가 되기도 했다. HappyPreppers.com 웹사이트의 B&M 통조림 빵 12팩 광고 아래에서는 퇴비화 변기의 장단점에 대한 치열한 토론이 이루어졌고, 결국 이 토론은 다음과 같은 낙관적인 결론을 내리면서 끝났다. "퇴비화 변기는 해피엔딩입니다! 이 변기를 사용하면 환경에 대해 더 나은 기분을 느낄 수 있고, 문제가 발생했을 때를 대비해 더 잘 준비할 수 있을 것입니다."

흥미롭게도, 퇴비화 변기는 쿨한 개인주의자들 사이에서도 화제가 됐다. 5일간 열리는 영국의 글래스톤베리페스티벌에서는 2014년부터 야외 행사장에서도 퇴비화 변기가 사용되었다. 2021년까지 이 인기 음악 페스티벌은 퇴비화 변기를 1300개 이상 사용하면서 악명 높았던 휴대용 플라스틱 변기를 퇴출시켰다. 용변을 본 직후 톱밥이 뿌려지는 이 변기의 내용물은 한데 모아져 근처 농장으로 옮겨지고, 그곳에서 퇴비화되어 농부들에게 분배된다. 런던에서는 하수도시설을 이용할 수 없는 보트 거주자 약 5000명 중 약 10퍼센트가 퇴비화 변기를 사용한다. 수 세기에 걸쳐 템스강이 오염되어 온 사실을 고려할 때, 퇴비화 변기는 모든 똥을 적절히 처리하는 방법에 대한 현명한 해답을 제공했다고 할 수 있다.

암스테르담 북부의 임시 거주지역인 드커블(de Ceuvel)은 한 걸음 더 나아갔다. 한 공동 작업 팀이 심하게 오염된 옛 조선소를, 지붕에 태양열 패널이 설치되고 건식 퇴비화 변기를 갖춘 하우스보트로 구성된 주거, 상업, 예술 커뮤니티로 공들여 개조했다. 건축가들이 "순환 도시(circular city)를 위한 놀이터"라고 이름 붙인 이곳은 도시의 생산과 소비 사이를 잇는 새로운 아이디어의 테스트 베드가 됐다. 이렇게 개조된 하우스보트는 도시 하수도시스템에 연결될 필요가 없기 때문에 토양을 오염시키지 않으면서 동시에 토양을 치유할 기회를 제공한다.

2014년 여름에 첫선을 보인 이 커뮤니티는 2024년 1월 1일까지 운영된 후 철거될 예정이다. 부두에 위치한 이 커뮤니티의 하우스보트들은 서로 대나무로 연결되어 방문객들은 물이 빠진 부두에 식물이 무성하게 자란다는 느낌을 받는다. 이 커뮤니티에서는 식물도 변화의 한 축을 담당했다. 암스테르담에 본사를 둔 델바랜드스케이프아키텍처&어바니즘(DELVA Landscape Architecture & Urbanism)과 벨기에 겐트대학교의 연구자들은 식물 기반 해독법, 즉 식물 정화법을 이용해 토양에서 중금속과 다환방향족탄화수소 같은 오염물질을 제거해 냈다. 하우스보트에서 수거한 퇴비는 안전성을 보장하기 위해 휴대용 퇴비 정화 장치로 처리되며, 처리된 후에는 식물에 영양을 공급하는 데 도움이 되고 있다. 이 프로젝트의 또 다른 협력자인 암스테르담의 스페이스&매터(Space&Matter) 디자인 스튜디오의 한 관계자는 이 프로젝트가 황폐한 공간을 변화시켰기 때문에 이 공간이 프로젝트가 끝난 후에도 오랫동안 가치 창출의 원천이 될 거라고 말했다. 이 회사의 건축가 중한 명은 하우스보트는 대부분 자급자족이 가능하기 때문에 이곳에서 떠날 때도 흔적을 거의 남기지 않고, 오히려 "더 가치 있고, 생물다양성이 풍부하며, 오염물질이 적어진 깨끗한 땅을 남길 것"이라고 말했다.

✕

전 세계 위생 위기를 해결하기 위해 화장실을 더 잘 활용하려는 시도에서도 지속 가능한 가치라는 동일한 개념이 두드러지게 나타나고 있다. 2020년 유니세프와 세계보건기구의 공동 보고서에 따르면 전 세계 인구의 절반 가까이가 위생시설을 안전하게 이용할 수 없는 것으로 나타났다. 하수도시설이 제대로 갖춰지지 않은 일부 지역에서는 특히 전기나 물공급이 제한된 재래식 화장실이나 구덩이 변기에서 안전하게 오수를 배출하는 것이 큰 문제다(케냐의 새너지와 새니베이션은 이 문제를 해결하기 위해 두 가지 전략을 개발했다). 같은 보고서에 따르면 전 세계 인구의 5퍼센트는 여전히 기본적인 화장실조차 없어 들판, 덤불, 물가 같은 야외 공간에서 용변을 보는 것으로 나타났다. 하지만 이 비율은 2020년 이전 20년 동안 절반 이상 감소하긴 했다.

2011년 빌&멀린다게이츠재단이 시작한 화장실 재창조 챌린지는 전기나 수돗물 없이도 오수를 안전하게 처리할 수 있는 독립형 변기를 설계하는 엔지니어링 경진 대회를 통해 위생 문제에 접근했다. 이렇게 공모된 모델 대부분은 재생 가능한 자원(예를 들어, 비료, 깨끗한 물 또는 전력 공급원)을 제공해 기본적인 화장실이 없는 지역사회에서 더 널리 채택되도록 하기 위한 것이었다. **또한** 이 모델들 대부분은 태양열이나 마이크로파 에너지를 활용하거나, 압력솥처럼 작동하거나, 물재생 공장에서 사용하는 여과막의 소형 버전을 이용한 것이었다. 한 진취적인 엔지니어 그룹은 상업용 고기 분쇄기를 사용해 똥을 펠릿으로 만들어 태우는 방법을 고안해 냈다. 게이츠가 자금을 지원한 이 프로토타입은 펠릿 연소 스토브의 작동 방식과 유사한 세미가스화(semi-gasifier) 연소 과정을 특징으로 한다. 개발 팀은 이 시제품에 애시파이어(Assifier)라는 별명을 붙였다.

환경 엔지니어 칼 린든(Karl Linden)과 동료들은 솔-차(Sol-Char)라는 프로토타입으로 화장실 재창조 챌린지에 참여했다. 이 프로토타입은 고열, 저산소 열분해 기술을 이용해 폐기물처리장에서 만들어지는 것과 동일한 종류의 바이오숯 연료를 만들어 낸다. 이 바이오숯 연료는 매번 용변을 볼 때마다 만들어진다. 솔-차는 태양전지판과 집광기를 사용해 햇빛을 모아 고강도 에너지로 집중시킨 다음 광섬유케이블을 통해 이 에너지를 변기에 전달한다. 이 과정을 통해 뜨거워진 변기는 분뇨를 끓여 고체 상태로 만든다. "분뇨에 열을 가해 수분을 빼내고 나면 태워서 '똥 연탄'을 만들 수 있습니다." 린든이 말했다. 그 뒤 열분해 단계가 끝나면 바이오숯 조각에 당밀과 같은 끈적끈적한 결합 물질을 추가해 연료를 만들 수 있다.

린든은 바이오숯의 에너지를 테스트하기 위해 과학과 빈곤의 교차점에서 일하는 기계공학자이자 대기질 전문가인 루피타 몬토야(Lupita Montoya)와 협력했다. 몬토야는 바이오숯의 에너지 잠재력에 흥분했고, 질병과 연관되어 있다고 널리 생각되는 분뇨로 만든 바이오숯을 안전하게 사용할 수 있다는 사실에 놀랐다. 하지만 몬토야는 바이오숯이 대기를 오염시킬 가능성에 대해 우려했다. 몬토야의 연구 팀은 먼저 익명의 지원자 25명의 대변을 282℃, 449℃, 730℃에서 열분해하여 각 샘플의 에너지 함량을 비교했다. 그중 282℃에서 열분해한 샘플이 나무나 유연탄으로 만든 숯과 비슷한 에너지 함량을 보이며 확실한 승자가 됐다.

하지만 이 과정을 도시와 작은 마을 모두에서 복제할 수 있는지에 대한 현실적인 문제가 제기됐다. 몬토야가 내게 설명했다. "이 작업을 생활 현장에서 수행하려면 현장에서 자원을 살펴봐야 합니다. 멀리 떨어진 곳에서 자원을 가져와야 한다면 별 이득이 없겠지요. 추가적인 에너지 비용도 발생하니까요." 연구자들은 바이오숯에 끈적끈적한 식물 전분, 당밀, 석회를 다양한 비율로 첨가해 에너지 함량을 테스트했다. 전분이 전체의 5퍼센트 비율로 첨가된 똥 연탄은 가장 높은 에너지를 나타냈지만, 너무 부서지기 쉬웠고 몇 미터 높이에서 떨어뜨리자 아주 잘게 부서졌다. 당밀 20퍼센트와 석회 7퍼센트로 만든 똥 연탄은 가장 견고했지만 에너지 함량 면에서는 가장 낮은 점수를 받았다. 전분이 10퍼센트 함유된 연탄은 내충격성과 에너지의 조합이 가장 좋았으며, 조개탄과 비슷한 수준의 에너지 함량을 나타냈다.

몬토야는 아직 연구가 더 이루어져야 하겠지만 이 연구가 잠재적 사용자에게 연료 공급원이 완전히 다른 제품에 적응할 필요가 없다는 것을 보여 주기 위해 필요한 단계라고 말했다. "우리가 개발한 기술은 훌륭하지만, 문제는 그 기술이 사람들이 익숙한 것과는 너무 동떨어진다는 데 있습니다." 그는 수많은 기술적 시도가 실패한 이유는 전체론적인 접근 방식이 아닌 기술적인 접근 방식을 취했기 때문이며, 새로운 자원이 채택되려면 그 자원이 지역사회의 수요를 충족하는 **동시에** 문화적 배경에 부응해야 한다고 말했다. 아직까지 몬토야는 바이오숯과 대기오염의 관계를 직접적으로 연구할 기회가 없었다. 하지만 그는 사람들이 자신의 이전 연구 결과에 주목해 주기를 바랐다. 유엔 물·환경·건강연구소는 이미 몬토야의 연구 결과를 바탕으로 천연가스와 기존 숯의 대안으로 전 세계 폐수를 바이오가스와 바이오숯으로 만들어 낼 경우 발생할 가치를 계산해 낸 바 있다. 이런 잠재적 가치를 일부만이라도 현실화할 수 있다면 전 세계의 위생 문제와 에너지 문제를 동시에 해결하는 데 도움이 될 것이다.

결국 린든의 연구 팀은 솔-차 변기가 효과가 있음을 입증했다(2014년 인도 뉴델리에서 열린 화장실 박람회에서 연구원들은 똥 연탄을 땅콩을 구울 때 사용함으로써 그 잠재력을 입증했다). 하지만 이 변기 프로젝트는 인구밀도가 높은 도시 환경에서 태양열 패널과 태양열집열기를 유지·관리하고 사용하는 것에 대한 우려 때문에 대량생산이라는 최종 목표를 달성하는 데 필요한 자금을 지원받지는 못했다. 그럼에도 린든은 고강도 태양에너지를 포집, 농축, 전송하는 혁신적인 기술이 물 소독 및 담수화와 관련된 에너지 비용을 줄이는 것과 같은 별도의 응용 분야에서 유용하다고 말했다.

대부분의 퇴비화 변기는 같은 목적을 위해 훨씬 더 간단한 수단을 사용한다. 하지만 퇴비화 변기가 목적과 수단 면에서 모두 만족스러운 수준에 이를 수 있을까? 결국 관건은 지역사회가 퇴비화 변기를 원하고, 비용을 감당할 수 있으며, 장기적으로 계속 사용할지 여부일 것이다. 다양한 기업이 세계 곳곳에서 현장실험을 통해 자신들이 개발한 첨단기술의 효과를 입증하긴 했지만, 실제로 일상생활에서의 유용성을 검증하는 데에는 시간이 걸릴 것이다. 이런 기술 일부에 대한 투자가 실제로 이루어지고 있긴 하다. 하지만 비판적인 시각을 가진 많은 사람은 전기를 사용하지 않는 퇴비화 변기의 가격이 구매하기에는 너무 높다는 점을 지적한다. 최고의 혁신 기술과 낮은 가격을 결합할 수 있다면 이상적일 것이다. 게이츠재단은 이런 모델을 "재창조 변기 2세대"라고 부르고 있다. 빌 게이츠는 이 모델의 화열, 에너지, 압력 기반 메커니즘이 대형 에스프레소 메이커의 메커니즘과 비슷하지만 약간 덜 복잡하다고 말했다. 실제로 그 메커니즘의 핵심은 매우 단순하다. 며칠에 한 번씩 똥을 저온살균해 말린 다음 케이크 형태의 퇴비로 만들고, 변기에서 나온 오수를 재활용해 식수를 만드는 것이다.

게이츠재단이 자금을 지원한 또 다른 모델은 런던위생&열대의학대학원(London School of Hygiene & Tropical Medicine)에서 개발해 인도의 TBF환경솔루션스에서 상용화한 퇴비화 시스템이다. 이 시스템은 자연과 더 직접적으로 작동하는 보다 친숙한 방식으로 다시 돌아간 시스템이다. 350달러짜리 이 타이거토일렛(Tiger Toilet)은 위생 상태를 "비약적으로" 개선할 수 있도록 설계됐다. "내림 버튼을 누르고 잊어버리세요(flush and forget)"라는 슬로건을 내건 이 제품은 스쿼트형 화장실이다. 변기 아래에는 통이 붙어 있는데, 이 통 안에는 불릿센터의 퇴비화 변기에 있던, 분뇨를 좋아하는 줄지렁이들이 나뭇조 각들이나 코코넛 껍질들 위에 가득 차 있고, 그 밑에는 흙과 자갈로 구성된 배수층들이 있다. 사람이 배출한 오줌은 이 천 연재료로 만든 배수층들을 통과하면서 정화되고, 줄지렁이 들은 먹은 똥을 분석(糞石) 형태로 만든 다음 다시 지렁이 퇴 비(vermicompost)로 만들어 낸다. 이 화장실은 2021년 말까지 인 도 전역에 4500개 이상 설치됐다.

연구 결과, 값싸고 실용적이고 널리 사용될 수 있는 퇴비 화 화장실을 만드는 데에는 농촌지역이 핵심적인 역할을 하 는 것으로 밝혀졌다. 2021년 6월, 나는 미네소타주 북부의 파 인리버(Pine River)마을에 있는 70에이커 규모의 지속 가능한 생 활 연구소인 헌트유틸리티그룹(Hunt Utilities Group)을 방문했다. 그때 이 연구소의 공동 소유주인 폴 헌트(Paul Hunt)는 채소샐 러드와 매리너스파이(mariner's pie)[118]를 먹으면서 가정용 퇴비화 변기는 설치와 유지·관리가 쉬우면서 친환경적이고 비싸지 않아야 한다고 말했다. 헌트는『똥 살리기 땅 살리기』를 열심 히 읽었고, 그의 연구소는 처음에 이 책에 나온 간단한 방법 을 테스트했다. "의심되는 모든 것을 테스트해 본 결과, 저자 의 말이 맞았습니다." 그가 말했다.

118 해산물 파이의 일종.

나는 실제로 그의 연구소에서 유지보수가 거의 필요 없이 서민 주택에서도 사용할 수 있는 사용자 친화적인 버전을 설계했는지 궁금해져 그에게 물었다. 헌트는 약 6년 전, 이 연구소의 연구원인 사이먼 고블(Simon Goble)이 주도해 주요 작업 공간인 매니페스팅 숍(Manifesting Shop) 중앙에 있는 합판 방에서 프로토타입을 설계했다고 말했다. 그는 "다양한 방식으로 테스트를 실시했습니다"라며 그 프로토타입이 모든 테스트를 통과했다고 말했다. 그에 따르면 몇 년 전, 야외 파티가 끝난 후 이 연구소 직원들이 채소 45킬로그램 정도를 이 프로토타입, 즉 회전식 퇴비화 통(내 눈에는 용도변경된 공기 주입식 아동용 미니 수영장처럼 보였다)에 넣었다. 그 후 2주 동안 냄새가 나긴 했지만, 퇴비화 통을 감싸고 있는 합판 상자의 뚜껑을 열었을 때만 냄새가 심했다고 말했다. 이 퇴비화 통에는 타이거토일렛과 불릿센터의 퇴비화 탱크에서와 마찬가지로 나뭇조각과 줄지렁이 들이 뿌려져 있었고, 고블이 설명을 위해 뚜껑을 열었을 때 희미하게 나무 냄새와 흙냄새만 났다. 고블은 이 시스템이 너무 마르면 나방이 꼬이지만, 정기적으로 물을 뿌려주면 줄지렁이들이 수면으로 올라와 나방 알을 먹는다고 했다. 헌트는 "대개 줄지렁이들은 통 안의 것들을 실컷 먹으며 행복해하는 것 같았습니다"라고 설명했다. 하지만 코로나19 팬데믹 기간에는 연구소에 출근하는 직원이 거의 없었고, 따라서 화장실 이용도 없어 이 줄지렁이들은 굶주림에 시달려 거의 움직이지 못했다고 덧붙였다.

고블은 퇴비화 통 안에서 내용물이 잘 섞이도록 30분마다 통이 회전하고, 통 안의 스프레더가 내용물을 고루 펴도록 시스템을 자동화했다. 헌트와 고블은 6년 동안 이 시스템을 사용했지만 아직 한 번도 비울 필요가 없었고, 유지·관리도 거의 할 필요가 없었다고 말했다. 하지만 헌트는 이 시스템을 가정에 도입하려면 지역사회 차원의 노력이 필요하며, 특히 시스템이 제대로 작동하지 않을 경우 이웃이 서로의 시스템을 살펴 주거나 누군가를 고용해 시스템을 손볼 수 있게 해야 할 것이라고 말했다.

✕

환경에도 도움이 되는 방식으로 지역사회 자원의 공평한 분배를 정상화하는 것은 싱크 탱크에서나 연구되는 고상한 주제로 느껴질 수 있다. 하지만 시간이 지나면서 널리 채택되고 지속 가능한 시스템을 설계하는 일은 변기에 앉아 있는 사람들 각각의 특성과 차이점을 고려해야 하는 현실적인 일이다. 불릿센터 화장실에서 배출되는 똥은 중력을 받아 쉽게 지하실의 퇴비화 탱크로 운반된다. 하지만 천장이 낮은 지하실에 있는 시스템으로는 위에서 내려오는 똥을 적절하게 각 탱크로 분배할 방법이 없었다. 즉, 사람들이 많이 사용하는 화장실(대부분 남자 화장실이다)에서는 사람들이 적게 사용하는 화장실에서보다 똥이 많이 내려왔기 때문에 연결된 탱크도 더 빨리 채워졌고, 그 때문에 그 탱크 안에서는 유기물질이 완전히 분해되지 못하는 경우가 많았다는 뜻이다. 공중화장실에서 배변을 하겠다고 결정하는 데에는 심리적인 요인이 큰 역할을 한다. 시글러는 사무용 건물 내에서 여성이 남성보다 화장실을 훨씬 적게 사용하는 경향이 있다고 말했다. 이는 남성 근무자가 많은 건물 화장실은 그렇지 않은 건물 화장실에 비해 훨씬 더 자주 이용된다는 뜻이다.

불릿센터에 직원이 가득 찼던 시기에 시글러는 건물 2층이 일종의 로비 역할을 해서 방문객들이 친구나 동료를 기다리는 동안 2층에서 화장실을 자주 이용했으며, 다른 층에 근무하는 직원들도 마찬가지였다고 말했다. 2층 화장실은 특히 붐볐다는 얘기다. 하지만 화장실 이용자들은 아무 화장실이나 이용하지 않는다. 화장실 이용자들은 사방이 완전히 밀폐된 장애인용 화장실을 선호한다. 왜 그럴까? 일반 화장실과 달리 장애인용 화장실은 칸막이가 바닥까지 내려와 있어 아무도 화장실에 앉은 사람의 발을 볼 수 없기 때문이다. 즉 똥을 싼다는 행위가 주는 수치심 때문에 특정 층 특정 화장실에서 엄청난 양의 똥이 배출된다고 볼 수 있다.

이 현상에 대해 내게 이야기한 사람만 해도 4명이 넘을 정도로 이것은 흥미로운 현상이다. 불릿센터의 엔지니어인 마크 로저스(Mark Rogers)는 남자들이 사방이 밀폐된 화장실 칸을 선호한다며 "남자들은 변기에 **오래, 그것도 아주 오래** 앉아 있는 경향이 있습니다"라고 말했다. 넬슨은 일부 직장인이 장시간 화장실에서 쉬는 동안 휴대폰으로 게임을 한다는 얘기를 들었다고 말하기도 했다.

　문제는 불릿센터의 퇴비화 화장실이 사람이 변기에 앉아 있는 동안 광센서로 사람을 감지해 거품을 낸다는 데 있었다. 한 직원은 이를 "라테 효과(latte effect)"라고 불렀는데, 시글러는 그에게 자세한 설명을 들었던 일을 회상했다. 직원이 "변기에 오래 앉아 있으면 거품이 점점 올라와 엉덩이에 닿는다"라고 말하자 시글러는 속으로 '대체 얼마나 오래 앉아 있는 거야? 볼일 보는 데 얼마나 걸리는 거지?' 하고 생각했다. 그 사람이 분명 **아주, 그것도 아주 오래** 앉아 있었을 거라고 시글러는 말했다. 헤이즈는 거품이 엉덩이에 닿을 때는 화장지로 막아야 할 정도라고 말하기도 했다. 결국 넬슨의 팀은 개선책으로 센서를 조정해 사람이 변기에 앉은 다음 5분이 경과하면 거품이 발생하지 않도록 만들었지만, 그렇게 조절하고 보니 똥을 제대로 내려보내는 데 문제가 발생했다.

　다른 문제들도 있었다. 질소가 충분한 오줌은 퇴비화 과정을 빠르게 진행한다. 일부 사람은 퇴비를 빨리 만들기 위해 정원에 "소변용 짚더미(pee bale)"을 놓아두기도 한다. 하지만 오줌도 너무 많으면 문제가 된다. 불릿빌딩의 남자 화장실은 사람들이 많이 이용했기 때문에 퇴비화 탱크에 요소와 암모니아가 너무 많이 쌓여 미생물 성장을 방해했다. 또한 이 건물 화장실 모두에 걸레 빠는 싱크대가 설치되지는 않았기 때문에 일부 청소부는 바닥을 닦는 데 사용한 물을 화장실에 버린 것으로 추정된다. 특히 퇴비 저장조를 가득 채운 물을 비우는 과정에서 악취가 심하게 발생하는 현상은 건물 내부를 효과적으로 청소하지 못한 것과 관련이 있을 수 있었다. 오줌 때문에 혹등파리, 벼룩파리, 나방파리, 관파리 등으로 불리는 작은 파리들이 퇴비화 탱크에 서식하고 있었다. 로저스는 "정말 끔찍했어요"라며 당시의 충격을 떠올렸다. 시글러는 퇴비화 탱크에 파리들의 생태계가 형성됐고, 이 생태계는 다른 생태계들처럼 침입종에 의해 와해되기도 했다고 말했다.

지금까지 살펴보았듯이, 불릿센터의 퇴비화 화장실 실험은 순조롭지만은 않았다. 하지만 시글러는 불릿센터가 이 실험을 통해 공중보건 관계자들에게 퇴비화 화장실이 안전하고 책임감 있게 관리될 수 있다는 것을 보여 주었다고 주장했다. 아이러니하게도 이 실험의 마지막 걸림돌은 단일 건물 규모에서 발생하는 처리의 비효율성이었다. 인근의 다른 오피스 빌딩들에는 퇴비화 화장실이 없었기 때문에 불릿센터는 거의 50킬로미터나 떨어진 곳에 있는 정화업체에 상당한 비용을 지불하면서 수거와 운반 작업을 의뢰해야 했다. 시애틀의 소더스트서플라이가 폐업한 이후에는 110킬로미터나 떨어진 업체로 퇴비화된 고형물을 운반해야 했다. 결국 헤이즈와 동료들은 환경적, 정신적 비용이 이득보다 크다고 계산했고, 마지못해 퇴비화 화장실을 없애기로 결정했다. "이 건물은 약 100개의 서로 다른 과학 박람회장 실험들이 한 곳에서 이루어지고 겹쳐지는 건물입니다. 대체로 다른 실험들은 성공했지만, 이 실험은 성공하지 못했습니다. 이 실험이 성공했다면, 즉 모든 실험이 성공했다면, 이사회를 설득할 수 있었겠지만 결국 그러지 못했습니다." 헤이즈가 내게 말했다.

하지만 불릿센터가 완전히 실패한 것은 아니었다. 예를 들어, 불릿센터의 사례는 진보적인 정책이 스마트한 설계와 잘 맞물릴 수 있음을 시사한다. 시글러는 건물 화장실 사용 패턴과 사용 방법을 바로잡는 방법 중 하나가 성 중립적인 화장실을 만드는 것이라고 말했다. 또한 규모가 큰 다른 "살아 있는 건물"의 설계자들은 불릿센터의 실수로부터 교훈을 얻어 퇴비화 화장실 시스템을 재설계하여 효율성을 높이고 골칫거리를 최소화했다. 캘리포니아 새크라멘토에 있는 1층짜리 아치넥서스SAC(Arch Nexus SAC) 건물의 경우 노르웨이에서 제작한 시스템이 변기에서 수거한 똥을 물에서 불린 뒤 형태가 다양한 파이프를 통해 8개의 피닉스퇴비화탱크로 고르게 분배한다. 넬슨은 각 탱크마다 밸브가 순차적으로 열리므로 변기가 물을 내릴 때마다 다음 탱크에 물을 공급한다고 설명했다. 포틀랜드의 PAE리빙빌딩(PAE Living Building)은 5년 동안 사용할 예정인데, 진공 수세식 화장실 18개가 5층 건물 내부에 있는 20개의 피닉스퇴비화탱크에 물을 고르게 분배하는 방식을 채택했다. 애틀랜타에 있는 조지아공과대학교 캠퍼스의 생활관 설계 팀은 넬슨의 영감을 바탕으로 업데이트된 클리부스물투룸을 채택했다.

여러 건물에서 발생하는 임계질량이라는 더 큰 문제를 해결하려면 더 지속적인 노력이 필요하다. 도시지역에서는 조정된 접근 방식을 허용하는 업데이트된 규정과 인센티브를 통해 영양이 풍부한 퇴비를 안정적으로 공급하는 가정과 기업의 협력적인 생태 지구를 효과적으로 만들 수 있다. 몇 개의 도시 블록으로 구성될 이런 생태 지구는 필요한 규모를 제공할 수 있다. 맥넬셉틱서비스 같은 정화·운송업체는 각 건물에서 만들어진 B급 퇴비를 시애틀의 소더스트서플라이 같은 지역 처리 센터로 운반할 수 있다. 그런 곳에서는 목재 칩을 이용해 추가적으로 퇴비화를 진행하고 태양열 저온살균기로 가열해 병원균이 없는 토양을 만들 수 있으며, 이런 토양은 지역 당국으로부터 안전한 A급 퇴비로 인증받아 다양한 지역으로 재분배될 수 있다. 앞서 살펴본 바와 같이, 미국의 대다수 주요 도시에서는 집 근처를 재녹화하고 복원해야 할 필요성이 매우 높다.

시글러는 불릿센터 인근의 다른 건물들도 퇴비화 화장실

을 도입해 도시의 도로변 재활용 및 정원 퇴비 수거와는 다른 또 다른 처리 서비스가 될 수 있는 비용 효율적인 경로를 만들면 좋겠다는 상상을 하고 있다고 말했다. 나는 넬슨에게 이것이 가능할지 물었고, 그는 낙관적인 반응을 보였다. 1970년대에 북유럽을 여행하면서 그는 고층아파트 건물에 인접한 커뮤니티 가든이 있는 경우가 많다는 점에 주목했고, 미국에서도 이와 유사한 정원을 위한 퇴비 공급 전용 시설을 포함한 공간을 마련하는 것이 도시 디자인을 개선하는 데 도움이 될 것이라고 제안했다.

환경공학자 데이비드 세들락에 따르면 이런 생태 지구가 제대로 작동하려면 처리 및 재사용을 위해 재활용수(grey water)와 오수를 효율적으로 분리할 적절한 방법을 찾는 것이 관건이며, 미니 하수처리장인 자동화된 미세여과막 생물반응기와 같은 더 콤팩트한 시스템에서 이 모든 것을 함께 처리할 수도 있다고 말했다. 세들락은 물 재사용 시스템이 주거지역에서 사용할 수 있을 만큼 사용자 친화적이 되려면 더 많은 연구와 개발이 필요할 것이라고 말했다. 하지만 신규 개발 지역에 기존 인프라가 부족한 경우에는 위생 시스템을 처음부터 다시 생각하는 유연성을 확보할 수도 있다. 세들락은 이렇게 설명했다. "기존의 도시들은 개조 문제가 상당히 심각합니다. 하지만 이 도시들은 하수도시스템에 투입한 자원을 포기하기가 정말 어렵습니다. 따라서 진정한 기회는 이러한 종류의 생태 지구 또는 생태 블록을 처음부터 다시 생각할 가장자리 도시와 새로운 개발에 있습니다."

하나의 제품이 모든 곳에서 필요하지는 않은 것처럼 하나의 솔루션이 모든 곳에서 효과를 낼 수는 없다. 하지만 지구상에서 가장 많은 똥을 배출하는 국가 중 하나인 미국은 아직 잠재력을 다 발휘하지 못하고 있다. 가능한 솔루션이 점점 다양해짐에 따라 마을과 도시는 컨테이너 기반 위생 서비스와 옴니프로세서, 즉 미세여과막 생물반응기를 사용해 인구 밀도가 높은 일부 지역에 집중적으로 버려지는 막대한 양의 똥을 처리하고, 서로 연결된 주거 또는 상업 지역 들의 화장실에서 퇴비화를 통해 생성된 바이오매스를 효율적으로 수집하고 처리해 인근 공원, 농장 또는 숲에 재분배하는 하이브리드 접근 방식을 채택할 수 있다.

세들락을 비롯한 일부 엔지니어는 폐수를 정화해 재사용한 후 남은 불순물을 기존의 도로변 재활용 프로그램에 통합하는 훨씬 더 효율적인 순환 경제를 상상하고 있다. 2018년에 세들락은 "값비싼 하수도망을 사용하는 대신 처리 과정에서 이산화탄소와 물로 전환할 수 없는 폐수의 염분과 영양분을 건조한 뒤 재활용하는 방법도 생각해 볼 수 있다"라는 내용의 글을 쓴 바 있다. 본질적으로 이 과정은 비료로 재사용하기 위해 폐수에서 인을 회수하는 과정을 축소한 버전이다. 암스테르담의 드커블 지역에 위치한 커뮤니티에서는 이미 스트루바이트 반응 탱크를 사용해 소변에서 영양분을 회수하는 실험을 하고 있다.

✕

불릿센터의 퇴비화 화장실 실험은 2020년 말 두 단계 마무리 작업으로 결국 끝났다. 첫 번째 작업일인 토요일 이른 아침, 맥넬셉틱서비스 직원들이 지하 탱크 6개를 청소하기 위해 도착했다. 이 업체의 소유주인 켄 칼턴(Ken Carlton)은 불릿센터에서 퇴비화 화장실이 일반 화장실로 전환되는 것이 매우 싫었다고 말했다. 상당한 손실이 발생했기 때문이었다. 하지만 그의 회사는 이미 킹카운티에서만 정화조 약 8만 5000개를 관리하면서 번창하고 있었다. 그는 너무 바빠서 잠재 고객을 수없이 거절하고 있다고 말했다. 철거 현장에 있던 시글러는 나를 지하실로 안내했는데, 그곳에서 칼턴의 직원들은 더러운 햄스터 케이지 냄새가 나는 막힌 퇴비화 탱크 때문에 안간힘을 쓰고 있었다. 우리가 도착하자마자 커크라는 직원이 시글러에게 다른 퇴비화 탱크에도 줄지렁이들이 가득 차 있다고 소리쳤다.

시글러는 "와우!"라고 흥분한 목소리로 외쳤고, 우리는 서둘러 가서 그 퇴비화 탱크를 살펴봤다. 커크의 말이 맞았다. 퇴비 속에서 꿈틀거리는 줄지렁이들이 너무 많았고, 몇 마리는 아래쪽 문으로 떨어지기도 했다. 지렁이는 탱크 위쪽에 가장 많았고, 아래쪽으로 갈수록 적어졌다. 줄지렁이는 똥이 있는 곳으로 가는 경향이 있기 때문이다. 그 탱크 안에서 줄지렁이들은 여전히 먹이를 잘 먹고 있었다. 시글러는 "줄지렁이는 미친 듯이 번식해요"라며 경외감이 느껴질 정도라고 말했다. 점점 더 많은 개체가 똥 퇴비와 함께 계속 나왔고, 시글러는 그 과정이 완전히 끝나지 않았더라도 제대로 진행되고 있다는 것을 뜻한다고 말했다. 시글러는 이 상황이 기쁘기도 하지만 슬프기도 하다고 내게 털어놨다. 이 방은 그가 건물 투어에서 매우 좋아하는 곳 중 하나였기 때문이다.

작업자들은 소화조 한가운데에 쌓인 부스러기와 똥 덩어리 때문에 계속 어려움을 겪고 있었다. 코로나19는 건물의 정상적인 리듬과 퇴비화 탱크로의 규칙적인 똥 투입을 방해했고, 그로 인해 작업자들이 혼합물을 자주 젓지 못했기 때문이었다. 나중에 시글러는 코로나19로 건물에 사람이 거의 없어지자 퇴비화 공정이 어려움을 겪으며 불균형 상태가 됐다고 말했다. 칼턴은 "탱크 안의 똥이 콘크리트 같았다"라고 말하기도 했다. 그는 줄지렁이가 번성하는 탱크로 다가가 호스를 이용해 탱크 안에 물을 뿌려 뭉친 혼합물을 풀었다. 그는 호스를 손에 쥔 채 시글러를 향해 미소를 지으면서 "대장내시경검사 같네요!"라고 말했다. 시글러는 웃었다.

칼턴이 뿌린 물 때문에 냄새가 아주 심해졌다. 더 날카롭고, 더 매운 냄새였다. 커크는 칼턴을 돕기 위해 손전등을 집어 들면서 "여기가 바로 모든 마법이 일어나는 곳입니다"라고 외쳤다. "뭐, 그냥 똥이기도 하지요." 그는 이어서 조그맣게 덧붙였다. 다른 작업자 한 명은 여전히 퇴비화 탱크와 씨름하면서 "섬유질을 더 많이 먹어야겠어요"라고 말했고, 그 말을 들은 칼턴은 웃으면서 나를 쳐다봤다. 그러던 중 마침내 탱크 문제가 해결되기 시작했다. 작업자들은 파란 손수레에 똥을 실어 날랐다. 또 다른 작업자는 사다리를 타고 올라가 위에서 퇴비화 탱크 안으로 물을 뿌리면서 "아이스크림 기계 청소 중입니다"라고 농담을 건넸다. 그 말을 듣고 다시 칼턴이 웃었다. 칼턴은 내게 "이런 일을 직업으로 삼게 될 줄은 꿈에도 몰랐어요"라고 말했다. 지하실에서 올라온 작업자들이 건물 밖에서 트레일러 짐칸 바닥에 방수포를 덮고 있을 때 칼턴은 "이 일은 정말 역겨운 일이에요"라고 말했다. 하지만 이 일은 수익성이 매우 높다. 칼턴은 그의 회사 직원들에게 시간당 50달러나 지불하고 있었다. "아침에도 샤워하고, 밤에도 샤워해야 하지만 돈을 많이 벌어 좋기는 합니다." 칼턴이 덧붙였다.

그로부터 6주 후, 직원 4명이 마지막 퇴비화 탱크를 비우기 위해 불릿센터로 다시 왔다. 이번에는 모든 것이 순조롭게 진행되었고 커크는 흰색 포드 F-350에 연결된 트레일러의 짐칸에 탱크의 내용물을 꽉 채웠다. 건물에 도착한 지 3시간도 채 지나지 않아 모든 짐이 사라졌고, 시글러와 나는 커크의 차가 우회전해 고속도로로 향하는 모습을 지켜보았다.

이 모든 일이 자유로운 분위기의 도시에서 선행을 베푸는 재단의 일회성 호기심 때문에 일어났다 끝났다고 생각할 수도 있을 것이다. 하지만 사실 이 일은 아직 끝난 것이 아니다. 불릿센터 직원들은 다른 도시 다른 주거용 건물의 퇴비화 시스템을 수정하고 개선하는 데 도움을 줄 것이고, 이 센터를 방문해 퇴비화 화장실을 본 사람들은 다시 이 센터에 와서 대체된 화장실들이 얼마나 평범한지 보며 의아해할 것이기 때문이다. 모든 것이 완벽하게 진행되지는 않겠지만, 다른 정화 업체들은 다른 건물 화장실에서 시작 물질과는 전혀 다른, 벌레로 가득 찬 물질 더미를 수거하는 데 불릿센터의 똥을 수거했던 맥넬셉틱서비스의 노하우를 배울 수 있을 것이다.

2018년, 퍼킨스스쿨의 과학실은 이동식 교실로는 최초로 살아 있는 건물로 정식 지정을 받았다. SEED컬래버러티브는 유명세를 치렀다. 미국 양쪽 해안에 이런 교실이 4개 생겨난 후, 스테이시 스메들리와 그의 동료들은 프로젝트를 무기한 중단하기로 어렵게 결정을 내렸다고 밝혔다. 그들 자력으로 프로젝트를 계속할 능력은 없었지만, 그들의 계획을 모두 공개해 비슷한 교실들이 생겨났기 때문이었다. 나무 한 그루의 수명을 가진 이런 교실들에서는 아이들이 정원에 먹이를 주는 "마법의 화장실"을 사용하기 위해 아우성을 쳤다.

아코마푸에블로에서는 호세 안토니오가 공직에서 은퇴했지만, 그와 그의 동료들은 여전히 그들의 지식을 다음 세대에 전수하고 있으며, 그중 한 명은 호기심 많은 방문객들의 질문에 답할 것이다.

흙벽돌집들이 들어선 작은 마을, 현대식 플라이스크레이퍼, 개조된 하우스보트와 살아 있는 학교에서 우리는 집단의 힘이 가치를 가진다는 것을 배웠다. 더 많은 마을과 도시, 농촌 커뮤니티가 간과된 이 놀라운 에너지 원천을 활용해 지역성, 독립성, 건강, 환경을 되찾을 수 있다면 얼마나 아름다운 일일까? 똥을 활용하는 미래는 즐거운 미래이며, 다른 미래들보다 더 단순하고 더 소박하긴 하지만 훨씬 더 의미 있고 혁신적이며 낙관적인 미래다.

지구를 지배하는 거대 동물로서 우리는 자연을 대체하거나 억압하는 대신 자연의 순환과 일치하는 가치의 순환을 복원하고 확장할 능력과 책임을 가진다. 똥이 우리에게 필요한 모든 것은 아니지만, 똥은 변화의 시작이 되기에 충분하다. 시모고에, 인분, 인디언의 검은 토양, 검은 황금을 다시 떠올려 보자. 때때로 희망은 예상치 못한 선물처럼 우리에게 다가온다. 우리는 우리의 미래를 정의할 풍경 곳곳에 그 선물을 전달해야 한다.

감사의 말

　이 책은 여러 사람의 협력으로 만들어진 책입니다. 먼저 사랑하는 가족들과 친구들에게 감사의 마음을 전합니다. 그들의 지원과 격려가 없었다면 이 책은 내 생각 속에서만 머물렀을 것입니다. 그들은 여러 해 동안 내가 책의 주제에 대해 지루하게 이야기하는 것을 기꺼이 들어 주었으며, 내 연구를 위해 돼지 분뇨를 기부해 주었고, 자신들이 키우는 아기들 그리고 강아지의 똥에 대한 이야기를 들려주었고, 내게 격려 메일을 보내면서 똥에 관한 낯선 이야기들의 링크를 첨부해 준 고마운 사람들입니다. 그들은 내게 무엇이 필요한지 잘 알고 있는 사람들입니다. 다시 한번 감사드립니다.

　내 남편 제프는 이 책을 쓰는 동안 내게 동의어 사전 역할을 하면서 원고를 교정해 주었고, 함께 정원을 가꾸었으며, 맛있는 음식을 해 주고, 같이 여행을 다니면서 폐수처리공장, 물 재활용시설을 둘러보는 것에 기꺼이 동의했으며, 저녁 식사를 하면서 내가 바이오솔리드에 대해 구체적으로 이야기하는 것을 인내심을 가지고 들어 주었습니다. 또한 제프는 내가 조류 관찰에 관심을 가지게 해 주었으며, 우리 집 정원에 놀러 온 까마귀들과 친구가 되어 주기도 했습니다. 불안하고 불확실했던 시기에 내가 이 책을 쓰는 동안 제프는 모든 단계에서 내 옆을 지키며 나를 지원해 준 사람입니다. 이 책을 구상하기 시작했을 때부터 열렬한 지지를 보내 준 친구이자 이웃 러스와 수전 궤데 부부에게도 무한한 감사의 마음을 전합니다. 두 사람은 이 책의 초고를 기꺼이 읽어 주었고, 재활용물로 만든 맥주의 시음 테스트를 도와주었으며, 내 부탁으로 자신들의 집 정원에서 바이오솔리드 퇴비를 시험해 주기도 했습니다.

학교를 다니면서 만났던 여러 교수님도 내가 이 책을 쓰는 데 필요한 자양분을 제공해 주셨습니다. 그들은 나의 강렬한 호기심을 결점이 아닌 장점으로 봐 주셨고, 내가 자연계와 글쓰기에 대해 계속 관심을 가지도록 격려해 주셨습니다. 워싱턴대학교에서 내 논문 작성을 지도한 베스 트랙슬러 교수님은 내가 다른 사람들과는 다른 대학원생이 될 수 있도록 자유를 주셨고, 내가 연구자가 아닌 작가가 되고 싶다고 말했을 때 나의 그런 전환이 경력을 망치는 것이 아니라고 격려해 주셨습니다. 《뉴스데이》에서 일할 때 편집자와 동료 들은 내 멘토가 되어 나를 키워 주었습니다. 그들은 내가 친환경저널리스트로서 꿈에 그리던 직장에서 내 능력을 개발할 수 있는 놀라운 기회를 제공했습니다. 《모자이크》에서 일하면서 만난 친구이자 편집자인 크리시 자일스는 대변 이식에 대한 내 첫 번째 기사를 편집하면서 내가 똥의 세계에 깊게 뛰어들 수 있도록 힘을 실어 주었습니다.

과학 저널리즘 커뮤니티는 캘리포니아대학교 산타크루즈 캠퍼스 시절부터 나를 격려해 준 또 다른 훌륭한 원천이었습니다. 나는 이렇게 관대하고, 재능 있고, 영감을 주는 동료들에게 둘러싸여 있는 것이 엄청난 행운이라고 생각합니다. 사이랜스(SciLance) 같은 커뮤니티는 내가 실의에 빠져 정체성 위기를 겪을 때마다 나를 지탱해 주는 힘이 됐습니다. 주요 장에 대해 섬세한 제안과 조언을 해 준 친구이자 재능 있는 작가인 버지니아 게원과 리자 그로스에게도 특별한 감사를 표합니다. 또한 나는 시애틀에 사는 친구이자 동료인 과학 작가 마이클 브래드버리에게도 마음의 빚을 지고 있습니다. 3년이 넘는 기간 동안 우리는 친구로서 정기적으로 만나 에이전트와 출판사를 찾는 일부터 장의 윤곽을 잡고 까다로운 구절을 다듬는 일까지 모든 단계를 함께했습니다.

다른 사람들이 보지 못한 것을 발견하고, 반쯤 완성된 아이디어를 일관성 있는 하나의 온전한 아이디어로 만들어 준 유쾌하고 똑똑한 에이전트인 네온리터러리(Neon Literary)의 애나 스프라울 래티머가 아니었다면 이 책은 나오지 못했을 것입니다. 통찰력 있고 섬세한 편집을 통해 이 책의 모든 부분을 개선해 준 그랜드센트럴퍼블리싱(Grand Central Publishing)의 뛰어난 편집자 매디 콜드웰에게도 감사드립니다. 재클린 영은 이 책의 출판 과정에서 겪은 많은 어려움을 헤쳐 나가는 데 도움을 주었고, 세라 콩돈은 희망과 변화의 소용돌이의 아름다움을 완벽하게 포착하는 멋진 원서 표지를 디자인했습니다. 최고의 팩트 체커인 로리 대니얼스, 해나 퍼파로, 이본 맥그리비는 모든 사실과 주장에 대해 철저하게 의문을 제기하고 최대한 정확성을 기하도록 독려해 주었습니다(하지만 오류에 대한 책임은 전적으로 내게 있습니다).

마지막으로, 수많은 이야기를 세상에 알리는 데 도움을 준 작가들과 자신의 이야기를 아낌없이 공유해 준 과학자, 의사, 엔지니어, 환자, 옹호자 및 기타 모든 분께 감사의 말씀을 전하고 싶습니다. 이 책에 이 모든 분의 이야기를 다 담을 수는 없었지만, 그분들의 말씀과 지혜는 내가 일관된 이야기를 엮어 내는 데 결정적인 역할을 했습니다. 우리 안에 있는 소중한 보물에 대한 수많은 놀라운 이야기들을 책으로 엮어 내는 일은, 남들이 보지 않거나 의문을 가지지 않을 때에도, 혹은 징그럽거나 무의미하거나 쓸모없다고 생각할 때에도 호기심 많고 결단력 있는 사람들이 질문을 멈추지 않은 덕분에 가능했습니다. 이 책은 그들 모두에게 바치는 헌사입니다.

크레디트

2장과 3장의 일부 내용은 웰컴(Wellcome)재단 웹사이트 www.mosaicscience.com에 2014년 4월 28일에 게재된 글 「의학의 더러운 비밀(Medicine's Dirty Secret)」에서 발췌해 재가공한 것이다[크리에이티브 코먼스 라이선스(Creative Commons license) 규약을 준수함].

2장의 일부 내용은 웰컴재단 웹사이트에 2014년 4월 28일에 게재된 글 「콜레라 시대의 절실한 사랑 (Desperate Love in a Time of Cholera)」에서 발췌해 재가공한 것이다[크리에이티브 코먼스라이선스 규약을 준수함].

11장의 일부 내용은 바이오그래픽(bioGraphic, biographic.com)에 2018년 5월 8일에 게재된 글 「농장에서 산호초까지(Farm to Reef)」 일부를 재구성한 것이다.

12장의 일부 내용은 웰컴재단 웹사이트에 2014년 11월 4일에 게재된 글 「그린 스쿨혁명을 들여다보다(Inside the Green Schools Revolution)」에서 발췌해 재가공한 것이다[크리에이티브 코먼스라이선스 규약을 준수함].

심화 읽기

이 책은 배설물에 대한 방대한 연구 중 일부를 요약한 것에 불과하다. 더 자세한 내용을 알고 싶다면 위생, 지속가능성, 수치심 없는 배설 등을 다룬 다음과 같은 책들을 참고하기 바란다.

로즈 조지(Rose George), 『똥에 대해 이야기해봅시다, 진지하게: 화장실과 하수도로 떠나는 인문 탐사 여행 (The Big Necessity: The Unmentionable World of Human Waste and Why It Matters)』, New York: Picador, 2008.
숀 섀프너(Shawn Shafner), 『똥이 우리에게 말해 주는 것들(Know Your Shit: What Your Crap Is Telling You)』, New York: Cider Mill Press, 2022.
첼시 월드(Chelsea Wald), 『화장실을 변화시키기 위한 전 세계 차원의 절박한 탐색, 몽상일까(Pipe Dreams: The Urgent Global Quest to Transform the Toilet)』, New York: Avid Reader, 2021.
리나 젤도비치(Lina Zeldovich), 『또 다른 암흑물질: 폐기물을 부와 건강의 원천으로 만드는 과학과 사업 (The Other Dark Matter: The Science and Business of Turning Waste into Wealth and Health)』, Chicago: University of Chicago Press, 2021.

참고 문헌

서론

Balkawade, Nilesh Unmesh, and Mangala Ashok Shinde. "Study of Length of Umbilical Cord and Fetal Outcome: A Study of 1,000 Deliveries." *The Journal of Obstetrics and Gynecology of India* 62, no. 5 (2012): 520-525.

Berendes, David M., Patricia J. Yang, Amanda Lai, David Hu, and Joe Brown. "Estimation of Global Recoverable Human and Animal Faecal Biomass." *Nature Sustainability* 1, no. 11 (2018): 679-685.

Chaisson, Clara. "When It Rains, It Pours Raw Sewage into New York City's Waterways." *National Resources Defense Council*. December 12, 2017.

Daisley, Hubert, Arlene Rampersad, and Dawn Lisa Meyers. "Pulmonary Embolism Associated with the Act of Defecation. 'The Bed Pan Syndrome.'" *Journal of Lung, Pulmonary, & Respiratory Research* 5, no. 2 (2018): 74-75.

Doughty, Caitlin. *From Here to Eternity: Traveling the World to Find the Good Death*. New York: W.W. Norton, 2017.

FBI. "Unearthing Stories for 20 Years at the 'Body Farm.'" March 20, 2019.

Gomi, Taro. *Everyone Poops*. Translated by Amanda Mayer Stinchecum. Brooklyn, New York: Kane/Miller, 1993.

Gupta, Ashish O., and John E. Wagner. "Umbilical Cord Blood Transplants: Current Status and Evolving Therapies." *Frontiers in Pediatrics* (2020): 629.

Hu, Winnie. "Please Don't Flush the Toilet. It's Raining." *New York Times*. March 2, 2018.

Ishiyama, Yusuke, Satoshi Hoshide, Hiroyuki Mizuno, and Kazuomi Kario. "Constipation- Induced Pressor Effects as Triggers for Cardiovascular Events." *The Journal of Clinical Hypertension* 21, no. 3 (2019): 421-425.

Laporte, Dominique. *History of Shit*. Translated by Nadia Benadbid and Rodolphe el-Khoury. Cambridge, Massachusetts: MIT Press, 2002.

Markel, Howard. "Elvis' Addiction Was the Perfect Prescription for an Early Death." *PBS News Hour*. August 16, 2018.

Meissner, Dirk. "Victoria No Longer Flushes Raw Sewage into Ocean After Area Opens Treatment Plant." *The Canadian Press*. January 9, 2021.

Mufson, Steven, and Brady Dennis. "In Irma's Wake, Millions of Gallons of Sewage and Wastewater Are Bubbling up across Florida." *The Washington Post*. September 15, 2017.

Nelson, Bryn. "Cord Blood Banking: What You Need to Know." *Mosaic*. March 27, 2017.

Nelson, Bryn. "Death Down to a Science/Experiments at 'Body Farm,'" *Newsday*, November 24, 2003.

Nelson, Bryn. "The Life-Saving Treatment That's Being Thrown in the Trash." *Mosaic*. March 27, 2017.

Niziolomski, J., J. Rickson, N. Marquez-Grant, and M. Pawlett. "Soil Science Related to Human Body After Death." School of Energy, Environment and Agrifood, Cranfield University [ebook], available at: http://www.thecorpseproject. net/wp-content/uploads/2016/06/Corpseand-Soils-literature-review-March-2016.pdf (2016).

Odell, Jenny. *How to Do Nothing: Resisting the Attention Economy*. Brooklyn: Melville House, 2020.

Roach, Mary. *Gulp: Adventures on the Alimentary Canal*. New York: W.W. Norton, 2013.

Rose, C., Alison Parker, Bruce Jefferson, and Elise Cartmell. "The Characterization of Feces and Urine: A Review of the Literature to Inform Advanced Treatment Technology." *Critical Reviews in Environmental Science and Technology* 45, no. 17 (2015): 1827-1879.

Rytkheu, Yuri. *The Chukchi Bible*. Translated by Ilona Yazhbin Chavasse. Brooklyn, New York: Archipelago, 2011.

Smallwood, Karl. "Do People Really Defecate Directly after Death and, If So, How Often Does It Occur?" *Today!FoundOut.com*. June 3, 2019.

Stuckey, Alex. "Harvey Caused Sewage Spills." *Houston Chronicle*. September 19, 2017.

Zeng, Qing, Lishan Lv, and Xifu Zheng. "Is Acquired Disgust More Difficult to Extinguish Than Acquired Fear? An Event-Related Potential Study." *Frontiers in Psychology* 12 (2021): 687779.

CHAPTER 1 물질

Achour, L., S. Nancey, D. Moussata, I. Graber, B. Messing, and B. Flourie. "Faecal Bacterial Mass and Energetic Losses in Healthy Humans and Patients with a Short Bowel Syndrome." *European Journal of Clinical Nutrition* 61, no. 2 (2007): 233-238.

Almeida, Alexandre, Alex L. Mitchell, Miguel Boland, Samuel C. Forster, Gregory B. Gloor, Aleksandra Tarkowska, Trevor D. Lawley, and Robert D. Finn. "A New Genomic Blueprint of the Human Gut Microbiota." *Nature* 568, no. 7753 (2019): 499-504.

Anderson, James W., Pat Baird, Richard H. Davis, Stefanie Ferreri, Mary Knudtson, Ashraf Koraym, Valerie Waters, and Christine L. Williams. "Health Benefits of Dietary Fiber." *Nutrition Reviews* 67, no. 4 (2009): 188-205.

ARTIS Micropia. "Sustainability with Microbes." Accessed April 20, 2022, https:// www.micropia.nl/en/discover/ stories/blog-lab-technician/sustainability-microbes/.

Bandaletova, Tatiana, Nina Bailey, Sheila A. Bingham, and Alexandre Loktionov. "Isolation of Exfoliated Colonocytes from Human Stool as a New Technique for Colonic Cytology." *Apmis* 110, no. 3 (2002): 239-246.

Banskota, Suhrid, Jean-Eric Ghia, and Waliul I. Khan. "Serotonin in the Gut: Blessing or a Curse." *Biochimie* 161 (2019): 56-64.

Barr, Wendy, and Andrew Smith. "Acute Diarrhea in Adults." *American Family Physician* 89, no. 3 (2014): 180-189.

Beaumont, William. *Experiments and Observations on the Gastric Juice, and the Physiology of Digestion.* Plattsburgh: F.P. Allen, 1833.

Ben-Amor, Kaouther, Hans Heilig, Hauke Smidt, Elaine E. Vaughan, Tjakko Abee, and Willem M. de Vos. "Genetic Diversity of Viable, Injured, and Dead Fecal Bacteria Assessed by Fluorescence-Activated Cell Sorting and 16S rRNA Gene Analysis." *Applied and Environmental Microbiology* 71, no. 8 (2005): 4679-4689.

Berendes, David M., Patricia J. Yang, Amanda Lai, David Hu, and Joe Brown. "Estimation of Global Recoverable Human and Animal Faecal Biomass." *Nature Sustainability* 1, no. 11 (2018): 679-685.

Berstad, Arnold, Jan Raa, and Jørgen Valeur. "Indole-the Scent of a Healthy 'Inner Soil.'" *Microbial Ecology in Health and Disease* 26, no. 1 (2015): 27997.

Berstad, Arnold, Jan Raa, Tore Midtvedt, and Jørgen Valeur. "Probiotic Lactic Acid Bacteria-the Fledgling Cuckoos of the Gut?" *Microbial Ecology in Health and Disease* 27, no. 1 (2016): 31557.

Betts, J. Gordon, Kelly A. Young, James A. Wise, Eddie Johnson, Brandon Poe, Dean H. Kruse, Oksana Korol, Jody E. Johnson, Mark Womble, and Peter DeSaix. "Chemical Digestion and Absorption: A Closer Look" In *Anatomy and Physiology.* OpenStax, 2013.

Bhattacharya, Sudip, Vijay Kumar Chattu, and Amarjeet Singh. "Health Promotion and Prevention of Bowel Disorders through Toilet Designs: A Myth or Reality?" *Journal of Education and Health Promotion* 8 (2019).

Boback, Scott M., Christian L. Cox, Brian D. Ott, Rachel Carmody, Richard W. Wrangham, and Stephen M. Secor. "Cooking and Grinding Reduces the Cost of Meat Digestion." *Comparative Biochemistry and Physiology Part A: Molecular & Integrative Physiology* 148, no. 3 (2007): 651-656.

Bohlin, Johan, Erik Dahlin, Julia Dreja, Bodil Roth, Olle Ekberg, and Bodil Ohlsson. "Longer Colonic Transit Time Is Associated with Laxative and Drug Use, Lifestyle Factors, and Symptoms of Constipation." *Acta Radiologica Open* 7, no. 10 (2018): 2058460118807232.

Breidt, Fred, Roger F. McFeeters, Ilenys Perez-Diaz, and Cherl-Ho Lee. "Fermented Vegetables." In *Food Microbiology: Fundamentals and Frontiers*. 841-855. ASM Press, 2012.

Carding, Simon R., Nadine Davis, and L. J. A. P. Hoyles. "The Human Intestinal Virome in Health and Disease." *Alimentary Pharmacology & Therapeutics* 46, no. 9 (2017): 800-815.

Carpenter, Siri. "That Gut Feeling." *Monitor on Psychology*, 43, no. 8 (2012): 50.

Chandel, Dinesh S., Gheorghe T. Braileanu, June-Home J. Chen, Hegang H. Chen, and Pinaki Panigrahi. "Live Colonocytes in Newborn Stool: Surrogates for Evaluation of Gut Physiology and Disease Pathogenesis." *Pediatric Research* 70, no. 2 (2011): 153-158.

Chapkin, Robert S., Chen Zhao, Ivan Ivanov, Laurie A. Davidson, Jennifer S. Goldsby, Joanne R. Lupton, Rose Ann Mathai et al. "Noninvasive Stool-Based Detection of Infant Gastrointestinal Development Using Gene Expression Profiles from Exfoliated Epithelial Cells." *American Journal of Physiology-Gastrointestinal and Liver Physiology* 298, no. 5 (2010): G582-G589.

Chen, Tingting, Wenmin Long, Chenhong Zhang, Shuang Liu, Liping Zhao, and Bruce R. Hamaker. "Fiber-Utilizing Capacity Varies in Prevotella-vVersus Bacteroides-Dominated Gut Microbiota." *Scientific Reports* 7, no. 1 (2017): 1-7.

Compound Chemistry. "The Chemistry of the Odour of Decomposition." October 30, 2014. https://www.compoundchem.com/2014/10/30/decompositionodour/.

Cummings, J. H., W. Branch, D. J. A. Jenkins, D. A. T. Southgate, Helen Houston, and W. P. T. James. "Colonic Response to Dietary Fibre from Carrot, Cabbage, Apple, Bran, and Guar Gum." *The Lancet* 311, no. 8054 (1978): 5-9.

Dalrymple, George H., and Oron L. Bass. "The Diet of the Florida Panther in Everglades National Park, Florida." *Bulletin—Florida Museum of Natural History*. 39, No. 5 (1996): 173-193.

DeGruttola, Arianna K., Daren Low, Atsushi Mizoguchi, and Emiko Mizoguchi. "Current Understanding of Dysbiosis in Disease in Human and Animal Models." *Inflammatory Bowel Diseases* 22, no. 5 (2016): 1137-1150.

Degen, L. P., and S. F. Phillips. "Variability of Gastrointestinal Transit in Healthy Women and Men." *Gut* 39, no. 2 (1996): 299-305.

Doughty, Christopher E., Joe Roman, Søren Faurby, Adam Wolf, Alifa Haque, Elisabeth S. Bakker, Yadvinder Malhi, John B. Dunning, and Jens-Christian Svenning. "Global Nutrient Transport in a World of Giants." Proceedings of the National Academy of Sciences 113, no. 4 (2016): 868-873.

Elias-Oliveira, Jefferson, Jefferson Antônio Leite, Ítalo Sousa Pereira, Jhefferson Barbosa Guimarães, Gabriel Martins da Costa Manso, João Santana Silva, Rita Cássia Tostes, and Daniela Carlos. "NLR and Intestinal Dysbiosis-Associated Inflammatory Illness: Drivers or Dampers?" *Frontiers in Immunology* 11 (2020): 1810.

Enders, Giulia. *Gut: The Inside Story of Our Body's Most Underrated Organ (Revised Edition)*. Vancouver: Greystone Books Ltd, 2018.

Eschner, Kat. "This Man's Gunshot Wound Gave Scientists a Window into Digestion." *Smithsonian*. June 6, 2017.

Faith, J. Tyler, and Todd A. Surovell. "Synchronous Extinction of North America's Pleistocene Mammals." *Proceedings of the National Academy of Sciences* 106, no. 49 (2009): 20641-20645.

Ferreira, Becky. "Another Thing a Triceratops Shares with an Elephant." *New York Times*. January 8, 2021.

Figueirido, Borja, Juan A. Pérez-Claros, Vanessa Torregrosa, Alberto Martín-Serra, and Paul Palmqvist. "Demythologizing Arctodus Simus, the 'Short-Faced' Long-Legged and Predaceous Bear That Never Was." *Journal of Vertebrate Paleontology* 30, no. 1 (2010): 262-75.

Flint, Harry J., Karen P. Scott, Sylvia H. Duncan, Petra Louis, and Evelyne Forano. "Microbial Degradation of Complex Carbohydrates in the Gut." *Gut Microbes* 3, no. 4 (2012): 289-306.

Forget, Ph, Maarten Sinaasappel, Jan Bouquet, N. E. P. Deutz, and C. Smeets. "Fecal Polyamine Concentration in Children with and without Nutrient Malabsorption." *Journal of Pediatric Gastroenterology and Nutrition* 24, no. 3 (1997): 285-288.

Garner, Catherine E., Stephen Smith, Ben de Lacy Costello, Paul White, Robert Spencer, Chris SJ Probert, and Norman M. Ratcliffem. "Volatile Organic Compounds from Feces and Their Potential for Diagnosis of

Gastrointestinal Disease." *The FASEB Journal* 21, no. 8 (2007): 1675-1688.

Gensollen, Thomas, Shankar S. Iyer, Dennis L. Kasper, and Richard S. Blumberg. "How Colonization by Microbiota in Early Life Shapes the Immune System." *Science* 352, no. 6285 (2016): 539-544.

Giridharadas, Anand. "The American Dream is Now in Denmark." *The.Ink*. February 23, 2021.

Gonzalez, Liara M., Adam J. Moeser, and Anthony T. Blikslager. "Porcine Models of Digestive Disease: The Future of Large Animal Translational Research." *Translational Research* 166, no. 1 (2015): 12-27.

Grant, Bethan. "How Fast Are Your Bowels? Take the Sweetcorn Test to Find out!" *ERIC*, 2012. Accessed April 20, 2022, https://www.eric.org.uk/blog/how-fast-are-your-bowels-take-the-sweetcorn-test-to-find-out.

Guinane, Caitriona M., and Paul D. Cotter. "Role of the Gut Microbiota in Health and Chronic Gastrointestinal Disease: Understanding a Hidden Metabolic Organ." *Therapeutic Advances in Gastroenterology* 6, no. 4 (2013): 295-308.

Hartley, Louise, Michael D. May, Emma Loveman, Jill L. Colquitt, and Karen Rees. "Dietary Fibre for the Primary Prevention of Cardiovascular Disease." *Cochrane Database of Systematic Reviews* 1 (2016).

Hu, Xiu, Xiangying Wei, Jie Ling, and Jianjun Chen. "Cobalt: An Essential Micronutrient for Plant Growth?" *Frontiers in Plant Science*. 12 (2021): 768523.

Hylla, Silke, Andrea Gostner, Gerda Dusel, Horst Anger, Hans-P. Bartram, Stefan U. Christl, Heinrich Kasper, and Wolfgang Scheppach. "Effects of Resistant Starch on the Colon in Healthy Volunteers: Possible Implications for Cancer Prevention." *The American Journal of Clinical Nutrition* 67, no. 1 (1998): 136-142.

Iqbal, Jahangir, and M. Mahmood Hussain. "Intestinal Lipid Absorption." *American Journal of Physiology_Endocrinology and Metabolism* 296, no. 6 (2009): E1183-E1194.

Iyengar, Vasantha, George P. Albaugh, Althaf Lohani, and Padmanabhan P. Nair. "Human Stools as a Source of Viable Colonic Epithelial Cells." *The FASEB Journal* 5, no. 13 (1991): 2856-2859.

Johnson, Jon. "Why is Pooping so Pleasurable?" *Medical News Today*. February 26, 2021.

Khan, Shahnawaz Umer, Mohammad Ashraf Pal, Sarfaraz Ahmad Wani, and Mir Salahuddin. "Effect of Different Coagulants at Varying Strengths on the Quality of Paneer Made from Reconstituted Milk." *Journal of Food Science and Technology* 51, no. 3 (2014): 565-570.

Kiela, Pawel R., and Fayez K. Ghishan. "Physiology of Intestinal Absorption and Secretion." *Best Practice & Research Clinical Gastroenterology* 30, no. 2 (2016): 145-159.

Kim, Young Sun, and Nayoung Kim. "Sex-Gender Differences in Irritable Bowel Syndrome." *Journal of Neurogastroenterology and Motility* 24, no. 4 (2018): 544.

Kimmerer, Robin Wall. *Braiding Sweetgrass: Indigenous Wisdom, Scientific Knowledge and the Teachings of Plants*. Minneapolis: Milkweed Editions, 2013.

Kwon, Diana. "Scientists Question Discovery of New Human Salivary Gland." *The Scientist*. January 12, 2021.

Lamont, Richard J., and Howard F. Jenkinson. *Oral Microbiology at a Glance*. Vol. 38. John Wiley & Sons, 2010.

Lee, Jae Soung, Seok-Young Kim, Yoon Shik Chun, Young-Jin Chun, Seung Yong Shin, Chang Hwan Choi, and Hyung-Kyoon Choi. "Characteristics of Fecal Metabolic Profiles in Patients with Irritable Bowel Syndrome with Predominant Diarrhea Investigated Using 1H-NMR Coupled with Multivariate Statistical Analysis." *Neurogastroenterology & Motility* 32, no. 6 (2020): e13830.

Leffingwell, John C. "Olfaction—Update No. 5." *Leffingwell Reports* 2, No. 1 (2002): 1-34.

Levitt, Michael D., and William C. Duane. "Floating Stools—Flatus Versus Fat." *New England Journal of Medicine* 286, no. 18 (1972): 973-975.

Liang, Guanxiang, and Frederic D. Bushman. "The Human Virome: Assembly, Composition and Host Interactions." *Nature Reviews Microbiology* 19, no. 8 (2021): 514-527.

Lineback, Paul E. "The Development of the Spiral Coil in the Large Intestine of the Pig." *American Journal of Anatomy* 20, no. 3 (1916): 483-503.

Lurie-Weinberger, Mor N., and Uri Gophna. "Archaea in and on the Human Body: Health Implications and Future Directions." *PLoS Pathogens* 11, no. 6 (2015): e1004833.

Magnúsdóttir, Stefanía, Dmitry Ravcheev, Valérie de Crécy-Lagard, and Ines Thiele. "Systematic Genome Assessment of B-Vitamin Biosynthesis Suggests CoOperation Among Gut Microbes." *Frontiers in Genetics*

6 (2015): 148.

Malhi, Yadvinder, Christopher E. Doughty, Mauro Galetti, Felisa A. Smith, JensChristian Svenning, and John W. Terborgh. "Megafauna and Ecosystem Function from the Pleistocene to the Anthropocene." *Proceedings of the National Academy of Sciences* 113, no. 4 (2016): 838-846.

Marco, Maria L., Dustin Heeney, Sylvie Binda, Christopher J. Cifelli, Paul D. Cotter, Benoit Foligné, Michael Gänzle et al. "Health Benefits of Fermented Foods: Microbiota and Beyond." *Current Opinion in Biotechnology* 44 (2017): 94-102.

Matheus, Paul Edward. *Paleoecology and Ecomorphology of the Giant Short_ Faced Bear in Eastern Beringia.* Doctoral thesis, University of Alaska Fairbanks, 1997.

Mayo Clinic. "Stool DNA Test." Accessed April 20, 2022, https://www.mayoclinic.org/tests-procedures/stool-dna-test/about/pac-20385153.

Meek, Walter. "The Beginnings of American Physiology." *Annals of Medical History* 10, no. 2 (1928): 111-125.

Moore, J. G., L. D. Jessop, and D. N. Osborne. "Gas-Chromatographic and Mass-Spectrometric Analysis of the Odor of Human Feces." *Gastroenterology* 93, no. 6 (1987): 1321-1329.

Mukhopadhya, Indrani, Jonathan P. Segal, Simon R. Carding, Ailsa L. Hart, and Georgina L. Hold. "The Gut Virome: the 'Missing Link' between Gut Bacteria and Host Immunity?" *Therapeutic Advances in Gastroenterology* 12 (2019): 1756284819836620.

Muñoz-Esparza, Nelly C., M. Luz Latorre-Moratalla, Oriol Comas-Basté, Natalia Toro-Funes, M. Teresa Veciana-Nogués, and M. Carmen Vidal-Carou. "Polyamines in Food." *Frontiers in Nutrition* 6 (2019): 108.

Mushegian, A. R. "Are There 1031 Virus Particles on Earth, or More, or Fewer?" *Journal of Bacteriology* 202, no. 9 (2020): e00052-20.

Nakamura, Atsuo, Takushi Ooga, and Mitsuharu Matsumoto. "Intestinal Luminal Putrescine is Produced by Collective Biosynthetic Pathways of the Commensal Microbiome." *Gut Microbes* 10, no. 2 (2019): 159-171.

Nelson, Bryn. "Life System That Relies on Guano." *Newsday.* November 27, 2001.

Nightingale, J., and Jeremy M. Woodward. "Guidelines for Management of Patients with a Short Bowel." *Gut* 55, no. suppl 4 (2006): iv1-iv12.

Nijhuis, Michelle. *Beloved Beasts: Fighting for Life in an Age of Extinction.* New York: W.W. Norton, 2021.

Niziolomski, J., J. Rickson, N. Marquez-Grant, and M. Pawlett. "Soil Science Related to Human Body after Death." The Corpse Project, 2016.

Nkamga, Vanessa Demonfort, Bernard Henrissat, and Michel Drancourt. "Archaea: Essential Inhabitants of the Human Digestive Microbiota." *Human Microbiome Journal* 3 (2017): 1-8.

Oliphant, Kaitlyn, and Emma Allen-Vercoe. "Macronutrient metabolism by the human gut microbiome: major fermentation by-products and their impact on host health." *Microbiome* 7, no. 1 (2019): 1-15.

Parvez, S., Karim A. Malik, S. Ah Kang, and H-Y. Kim. "Probiotics and their Fermented Food Products Are Beneficial for Health." Journal of Applied Microbiology 100, no. 6 (2006): 1171-1185.

Paytan, Adina, and Karen McLaughlin. "The Oceanic Phosphorus Cycle." *Chemical Reviews* 107, no. 2 (2007): 563-576.

Peñuelas, Josep, and Jordi Sardans. "The Global Nitrogen-Phosphorus Imbalance." $Science$ 375, no. 6578 (2022): 266-267.

Phillips, Jodi, Jane G. Muir, Anne Birkett, Zhong X. Lu, Gwyn P. Jones, Kerin O'Dea, and Graeme P. Young. "Effect of Resistant Starch on Fecal Bulk and FermentationDependent Events in Humans." *The American Journal of Clinical Nutrition* 62, no. 1 (1995): 121-130.

Pokusaeva, Karina, Gerald F. Fitzgerald, and Douwe van Sinderen. "Carbohydrate Metabolism in Bifidobacteria." *Genes & Nutrition* 6, no. 3 (2011): 285-306.

Prasad, Kedar N., and Stephen C. Bondy. "Dietary Fibers and their Fermented Short-Chain Fatty Acids in Prevention of Human Diseases." *Bioactive Carbohydrates and Dietary Fibre* 17 (2019): 100170.

Price, Catherine. "Probing the Mysteries of Human Digestion." *Distillations.* August 13, 2018.

Prout, William. "III. On the Nature of the Acid and Saline Matters Usually Existing in the Stomachs of Animals." *Philosophical Transactions of the Royal Society of London* 114 (1824): 45-49.

Purwantini, Endang, Trudy Torto-Alalibo, Jane Lomax, João C. Setubal, Brett M. Tyler, and Biswarup Mukhopadhyay. "Genetic Resources for Methane Production from Biomass Described with the Gene Ontology." *Frontiers in Microbiology* 5 (2014): 634.

Raimondi, Stefano, Alberto Amaretti, Caterina Gozzoli, Marta Simone, Lucia Righini, Francesco Candeliere, Paola Brun et al. "Longitudinal Survey of Fungi in the Human Gut: ITS Profiling, Phenotyping, and Colonization." *Frontiers in Microbiology* (2019): 1575.

Rao, S. S., Kimberley Welcher, Bridget Zimmerman, and Phyllis Stumbo. "Is Coffee a Colonic Stimulant?" *European Journal of Gastroenterology & Hepatology* 10, no. 2 (1998): 113-118.

Ratnarajah, Lavenia, Andrew Bowie, and Indi Hodgson-Johnston. "Bottoms up: How Whale Poop Helps Feed the Ocean." *The Conversation*. August 4, 2014.

Ray, C. Claiborne. "The Toughest Seed." *New York Times*, Dec. 26, 2011.

Reynolds, Andrew, Jim Mann, John Cummings, Nicola Winter, Evelyn Mete, and Lisa Te Morenga. "Carbohydrate Quality and Human Health: A Series of Systematic Reviews and Meta-Analyses." *The Lancet* 393, no. 10170 (2019): 434-445.

Richman, Josh, and Anish Sheth. *What's Your Poo Telling You?* San Francisco: Chronicle Books, 2007.

Roager, Henrik M., and Tine R. Licht. "Microbial Tryptophan Catabolites in Health and Disease." *Nature Communications* 9, no. 1 (2018): 1-10.

Roman, Joe, and James J. McCarthy. "The Whale Pump: Marine Mammals Enhance Primary Productivity in a Coastal Basin." *PloS One* 5, no. 10 (2010): e13255.

Rosario, Karyna, Erin M. Symonds, Christopher Sinigalliano, Jill Stewart, and Mya Breitbart. "Pepper Mild Mottle Virus as an Indicator of Fecal Pollution." *Applied and Environmental Microbiology* 75, no. 22 (2009): 7261-7267.

Rose, C., Alison Parker, Bruce Jefferson, and Elise Cartmell. "The Characterization of Feces and Urine: A Review of the Literature to Inform Advanced Treatment Technology." *Critical Reviews in Environmental Science and Technology* 45, no. 17 (2015): 1827-1879.

Rosenfeld, Louis. "William Prout: Early 19th Century Physician-Chemist." *Clinical Chemistry* 49, no. 4 (2003): 699-705.

Sandom, Christopher, Søren Faurby, Brody Sandel, and Jens-Christian Svenning. "Global Late Quaternary Megafauna Extinctions Linked to Humans, not Climate Change." *Proceedings of the Royal Society B: Biological Sciences* 281, no. 1787 (2014): 20133254.

Sanford, Kiki. "Spermine and Spermidine." *Chemistry World*. March 15, 2017.

Savoca, Matthew S., Max F. Czapanskiy, Shirel R. Kahane-Rapport, William T. Gough, James A. Fahlbusch, K. C. Bierlich, Paolo S. Segre et al. "Baleen Whale Prey Consumption Based on High-Resolution Foraging Measurements." *Nature* 599, no. 7883 (2021): 85-90.

Schubert, Blaine W., Richard C. Hulbert, Bruce J. MacFadden, Michael Searle, and Seina Searle. "Giant Short-Faced Bears (*Arctodus simus*) in Pleistocene Florida USA, a Substantial Range Extension." *Journal of Paleontology* 84, no. 1 (2010): 79-87.

Sender, Ron, Shai Fuchs, and Ron Milo. "Revised Estimates for the Number of Human and Bacteria Cells in the Body." *PLoS Biology* 14, no. 8 (2016): e1002533.

Soto, Ana, Virginia Martín, Esther Jiménez, Isabelle Mader, Juan M. Rodríguez, and Leonides Fernández. "Lactobacilli and bifidobacteria in Human Breast Milk: Influence of Antibiotherapy and Other Host and Clinical Factors." *Journal of Pediatric Gastroenterology and Nutrition* 59, no. 1 (2014): 78.

Stephen, Alison M., and J. H. Cummings. "The Microbial Contribution to Human Faecal Mass." *Journal of Medical Microbiology* 13, no. 1 (1980): 45-56.

Stevenson, L. E. O., Frankie Phillips, Kathryn O'Sullivan, and Jenny Walton. "Wheat Bran: Its Composition and Benefits to Health, a European Perspective." *International Journal of Food Sciences and Nutrition* 63, no. 8 (2012): 1001-1013.

Stewart, Mathew, W. Christopher Carleton, and Huw S. Groucutt. "Climate Change, not Human Population Growth, Correlates with Late Quaternary Megafauna Declines in North America." *Nature Communications*

12, no. 1 (2021): 1-15.

Stokstad, Erik. "Rootin', Poopin' African Elephants Help Keep Soil Fertile." *Science*. April 1, 2020.

Suau, Antonia, Régis Bonnet, Malène Sutren, Jean-Jacques Godon, Glenn R. Gibson, Matthew D. Collins, and Joel Doré. "Direct Analysis of Genes Encoding 16S rRNA from Complex Communities Reveals Many Novel Molecular Species within the Human Gut." *Applied and Environmental Microbiology* 65, no. 11 (1999): 4799-4807.

Symonds, Erin M., Karyna Rosario, and Mya Breitbart. "Pepper Mild Mottle Virus: Agricultural Menace Turned Effective Tool for Microbial Water Quality Monitoring and Assessing (Waste) Water Treatment Technologies." *PLoS Pathogens* 15, no. 4 (2019): e1007639.

Szarka, Lawrence A., and Michael Camilleri. "Methods for the Assessment of SmallBowel and Colonic Transit." In *Seminars in Nuclear Medicine*, vol. 42, no. 2, pp. 113-123. WB Saunders, 2012.

Tamime, A. Y. "Fermented Milks: A Historical Food with Modern Applications-a Review." *European Journal of Clinical Nutrition* 56, no. 4 (2002): S2-S15.

Terry, Natalie, and Kara Gross Margolis. "Serotonergic Mechanisms Regulating the GI Tract: Experimental Evidence and Therapeutic Relevance." *Gastrointestinal Pharmacology* (2016): 319-342.

Tesfaye, W., J. A. Suarez-Lepe, I. Loira, F. Palomero, and A. Morata. "Dairy and Nondairy-Based Beverages as a Vehicle for Probiotics, Prebiotics, and Symbiotics: Alternatives to Health Versus Disease Binomial Approach through Food." In *Milk-Based Beverages*, pp. 473-520. Cambridge, United Kingdom: Woodhead Publishing, 2019.

Valstar, Matthijs H., Bernadette S. de Bakker, Roel JHM Steenbakkers, Kees H. de Jong, Laura A. Smit, Thomas JW Klein Nulent, Robert JJ van Es et al. "The Tubarial Salivary Glands: A Potential New Organ at Risk for Radiotherapy." *Radiotherapy and Oncology* 154 (2021): 292-298.

Van Valkenburgh, Blaire, Matthew W. Hayward, William J. Ripple, Carlo Meloro, and V. Louise Roth. "The Impact of Large Terrestrial Carnivores on Pleistocene Ecosystems." *Proceedings of the National Academy of Sciences* 113, no. 4 (2016): 862-867.

Vodusek, David B., and François Boller, eds. *Neurology of Sexual and Bladder Disorders*. Amsterdam: Elsevier, 2015.

Wastyk, Hannah C., Gabriela K. Fragiadakis, Dalia Perelman, Dylan Dahan, Bryan D. Merrill, B. Yu Feiqiao, Madeline Topf et al. "Gut-Microbiota-Targeted Diets Modulate Human Immune Status." *Cell* 184, no. 16 (2021): 4137-4153.

Wexler, Hannah M. "Bacteroides: The Good, the Bad, and the Nitty-Gritty." *Clinical Microbiology Reviews* 20, no. 4 (2007): 593-621.

Wolf, Adam, Christopher E. Doughty, and Yadvinder Malhi. "Lateral Diffusion of Nutrients by Mammalian Herbivores in Terrestrial Ecosystems." *PloS One* 8, no. 8 (2013): e71352.

Yu, Siegfried W. B., and Satish SC Rao. "Anorectal Physiology and Pathophysiology in the Elderly." *Clinics in Geriatric Medicine* 30, no. 1 (2014): 95-106.

Zafar, Hassan, and Milton H. Saier Jr. "Gut Bacteroides Species in Health and Disease." *Gut Microbes* 13, no. 1 (2021): 1848158.

Ziegler, Amanda, Liara Gonzalez, and Anthony Blikslager. "Large Animal Models: The Key to Translational Discovery in Digestive Disease Research." *Cellular and Molecular Gastroenterology and Hepatology* 2, no. 6 (2016): 716-724.

Zylberberg, Nadine. "Fermenting Your Compost." *Medium*. Aug. 2, 2020.

CHAPTER 2 공포

Allen, David J., and Terry Oleson. "Shame and Internalized Homophobia in Gay Men." *Journal of Homosexuality* 37, no. 3 (1999): 33-43.

Al-Shawaf, Laith, David MG Lewis, and David M. Buss. "Disgust and Mating Strategy." *Evolution and Human*

Behavior 36, no. 3 (2015): 199-205.

Applebaum, Anne. "Trump is Turning America into the 'Shithole Country' He Fears." *The Atlantic*. July 3, 2020.

Bennett, Brian, and Tessa Berenson. "How Donald Trump Lost the Election." *Time*. November 7, 2020.

Campanile, Carl, and Yaron Steinbuch. "Rioters Left Feces, Urine in Hallways and Offices during Mobbing of US Capitol." *New York Post*. January 8, 2021.

Case, Trevor I., Betty M. Repacholi, and Richard J. Stevenson. "My Baby Doesn't Smell as Bad as Yours: The Plasticity of Disgust." *Evolution and Human Behavior* 27, no. 5 (2006): 357-365.

Cepon-Robins, Tara J., Aaron D. Blackwell, Theresa E. Gildner, Melissa A. Liebert, Samuel S. Urlacher, Felicia C. Madimenos, Geeta N. Eick, J. Josh Snodgrass, and Lawrence S. Sugiyama. "Pathogen Disgust Sensitivity Protects against Infection in a High Pathogen Environment." *Proceedings of the National Academy of Sciences* 118, no. 8 (2021): e2018552118.

Clifford, Scott, Cengiz Erisen, Dane Wendell, and Francisco Cantu. "Disgust Sensitivity and Support for Immigration across Five Nations." *Politics and the Life Sciences*. Published online March 4, 2022.

Costello, Kimberly, and Gordon Hodson. "Explaining Dehumanization among Children: The Interspecies Model of Prejudice." *British Journal of Social Psychology* 53, no. 1 (2014): 175-197.

Curtis, Val. *Don't Look, Don't Touch, Don't Eat: The Science Behind Revulsion*. University of Chicago Press, 2013.

Darling-Hammond, Sean, Eli K. Michaels, Amani M. Allen, David H. Chae, Marilyn D. Thomas, Thu T. Nguyen, Mahasin M. Mujahid, and Rucker C. Johnson. "After 'The China Virus' Went Viral: Racially Charged Coronavirus Coverage and Trends in Bias against Asian Americans." *Health Education & Behavior* 47, no. 6 (2020): 870-879.

Davey, Graham CL. "Disgust: The Disease-Avoidance Emotion and its Dysfunctions." *Philosophical Transactions of the Royal Society B: Biological Sciences* 366, no. 1583 (2011): 3453-3465.

Doughty, Caitlin. *From Here to Eternity: Traveling the World to Find the Good Death*. New York: W.W. Norton, 2017.

Dozo, Nerisa. "Gender Differences in Prejudice: A Biological and Social Psychological Analysis." Doctoral thesis, University of Queensland, 2015.

"Elephants Get a Big Thank You." *New York Times*. February 27, 2002.

Fessler, Daniel, and Kevin Haley. "Guarding the Perimeter: The Outside-Inside Dichotomy in Disgust and Bodily Experience." *Cognition & Emotion* 20, no. 1 (2006): 3-19.

Foggatt, Tyler. "Giuliani Vs. the Virgin." *The New Yorker*. May 21, 2018.

Gabriel, Trip. "In Statehouse Races, Suburban Voters' Disgust with Trump Didn't Translate into a Rebuke of Other Republicans." *New York Times*. November 29, 2020.

Gerba, Charles P. "Environmentally Transmitted Pathogens." In *Environmental Microbiology*, pp. 445-484. Oxford: Academic Press, 2009.

Goff, Phillip Atiba, Jennifer L. Eberhardt, Melissa J. Williams, and Matthew Christian Jackson. "Not Yet Human: Implicit Knowledge, Historical Dehumanization, and Contemporary Consequences." *Journal of Personality and Social Psychology* 94, no. 2 (2008): 292.

Gomi, Taro. *Everyone Poops*. Translated by Amanda Mayer Stinchecum. Brooklyn, New York: Kane/Miller, 1993.

Hodson, Gordon, Becky L. Choma, Jacqueline Boisvert, Carolyn L. Hafer, Cara C. MacInnis, and Kimberly Costello. "The Role of Intergroup Disgust in Predicting Negative Outgroup Evaluations." *Journal of Experimental Social Psychology* 49, no. 2 (2013): 195-205.

Hodson, Gordon, Blaire Dube, and Becky L. Choma. "Can (Elaborated) Imagined Contact Interventions Reduce Prejudice among Those Higher in Intergroup Disgust Sensitivity (ITG-DS)?" *Journal of Applied Social Psychology* 45, no. 3 (2015): 123-131.

Hodson, Gordon, Nour Kteily, and Mark Hoffarth. "Of Filthy Pigs and Subhuman Mongrels: Dehumanization, Disgust, and Intergroup Prejudice." TPM: Testing, Psychometrics, Methodology in Applied Psychology 21, no. 3 (2014).

Hu, Jane C. "The Panic over Chinese People Doesn't Come from the Coronavirus." *Slate*. February 4, 2020.

Igielnik, Ruth. "Men and Women in the U.S. Continue to Differ in Voter Turnout Rate, Party Identification." *Pew Research Center.* August 18, 2020.

Jack, Rachael E., Oliver GB Garrod, Hui Yu, Roberto Caldara, and Philippe G. Schyns. "Facial Expressions of Emotion Are Not Culturally Universal." *Proceedings of the National Academy of Sciences* 109, no. 19 (2012): 7241–7244.

Jacobson, Gary C. "Extreme Referendum: Donald Trump and the 2018 Midterm Elections." *Political Science Quarterly* 134, no. 1 (2019): 9–38.

Johnson, Steven. *The Ghost Map: The Story of London's Most Terrifying Epidemic—and How it Changed Science, Cities, and the Modern World.* New York: Penguin, 2006.

Kiss, Mark J., Melanie A. Morrison, and Todd G. Morrison. "A Meta-Analytic Review of the Association between Disgust and Prejudice toward Gay Men." *Journal of Homosexuality* 67, no. 5 (2020): 674–696.

Klein, Charlotte. "Watch Giuliani Demand 'Trial by Combat' to Settle the Election." *New York.* January 6, 2021.

Laporte, Dominique. *History of Shit.* Translated by Nadia Benabid and Rodolphe el-Khoury. Cambridge, Massachusetts: The MIT Press, 2002.

Levin, Brian. "Report to the Nation: Anti-Asian Prejudice & Hate Crime. New 2020-21 First Quarter Comparison Data." California State University-San Bernardino, 2021. "Louis Pasteur." Science History Institute, accessed April 20, 2022, https://www.sciencehistory.org/historical-profile/louis-pasteur.

Lowrey, Annie. "The One Issue That's Really Driving the Midterm Elections." *The Atlantic.* November 2, 2018.

Martin, Jonathan. "Despite Big House Losses, G.O.P. Shows No Signs of Course Correction." *New York Times.* December 2, 2018.

Mayor, Adrienne. *Greek Fire, Poison Arrows, & Scorpion Bombs: Biological and Chemical Warfare in the Ancient World.* New York: Abrams Press, 2003.

McCarrick, Christopher, and Tim Ziaukas. "Still Scary After All These Years: Mr. Yuk Nears 40." *Western Pennsylvania History: 1918_2018* (2009): 18-31.

McCrystal, Laura, and Erin McCarthy. " 'Disgusted' Voters in the Philly Suburbs Could Help Biden Offset Trump's Gains in Pennsylvania." *The Philadelphia Inquirer.* September 20, 2020.

Michalak, Nicholas M., Oliver Sng, Iris M. Wang, and Joshua Ackerman. "Sounds of Sickness: Can People Identify Infectious Disease Using Sounds of Coughs and Sneezes?" *Proceedings of the Royal Society B: Biological Sciences,* 2020: 287 (1928): 20200944.

Migdon, Brooke. "Gov. DeSantis Spokesperson Says 'Don't Say Gay' Opponents Are 'Groomers.'" *The Hill.* March 7, 2022.

Milligan, Susan. "Bipartisan Disgust Could Save the Republic." *U.S. News & World Report.* January 8, 2021.

Morris Jr, J. Glenn. "Cholera—Modern Pandemic Disease of Ancient Lineage." *Emerging Infectious Diseases* 17, no. 11 (2011): 2099–2104.

Morrison, Todd G., Mark J. Kiss, C. J. Bishop, and Melanie A. Morrison. " 'We're Disgusted with Queers, Not Fearful of Them': The Interrelationships among Disgust, Gay Men's Sexual Behavior, and Homonegativity." *Journal of Homosexuality* 66, no. 7 (2019): 1014-1033.

Newcomb, Steven. "On Historical Narratives and Dehumanization." *Indian Country Today.* June 20, 2012.

Nilsen, Ella. "Suburban Women Have Had Their Lives Upended by Covid-19. Trump Might Pay the Price." *Vox.* October 27, 2020.

O'Shea, Brian A., Derrick G. Watson, Gordon DA Brown, and Corey L. Fincher. "Infectious Disease Prevalence, Not Race Exposure, Predicts Both Implicit and Explicit Racial Prejudice across the United States." *Social Psychological and Personality Science* 11, no. 3 (2020): 345-355.

Pajak, Rosanna, Christine Langhoff, Sue Watson, and Sunjeev K. Kamboj. "Phenomenology and Thematic Content of Intrusive Imagery in Bowel and Bladder Obsession." *Journal of Obsessive-Compulsive and Related Disorders* 2, no. 3 (2013): 233-240.

Pollitzer, Robert. "Cholera Studies. 1. History of the Disease." *Bulletin of the World Health Organization* 10, no. 3 (1954): 421-461.

Richardson, Michael. "The Disgust of Donald Trump." *Continuum* 31, no. 6 (2017): 747-756.

참고 문헌

Rose-Stockwell, Tobias. "This is How Your Fear and Outrage Are Being Sold for Profit." *Quartz*. July 28, 2017.

Rottman, Joshua. "Evolution, Development, and the Emergence of Disgust." *Evolutionary Psychology* 12, no. 2 (2014): 147470491401200209.

Rozin, Paul. "Disgust, Psychology of." In *International Encyclopedia of the Social & Behavioral Sciences, 2nd edition* Vol 6. 546-549. Oxford: Elsevier, 2015.

Rozin, Paul, Larry Hammer, Harriet Oster, Talia Horowitz, and Veronica Marmora. "The Child's Conception of Food: Differentiation of Categories of Rejected Substances in the 16 Months to 5 Year Age Range." *Appetite* 7, no. 2 (1986): 141-151.

Rubenking, Bridget, and Annie Lang. "Captivated and Grossed out: An Examination of Processing Core and Sociomoral Disgusts in Entertainment Media." *Journal of Communication* 64, no. 3 (2014): 543-565.

Santucci, John. "Trump Makes Sexually Derogatory Remark about Hillary Clinton, Calls Bathroom Break 'Disgusting.'" *ABCNews.com*. December 21, 2015.

Schaller, Mark, and L. A. Duncan. "The Behavioral Immune System." In *The Handbook of Evolutionary Psychology, Second Edition, Vol. 1*. 206-224. New York: Wiley, 2015.

Schlatter, Evelyn, and Robert Steinback. "10 Anti-Gay Myths Debunked." *Intelligence Report*. February 27, 2011.

Shear, Michael D., Katie Benner, and Michael S. Schmidt. " 'We Need to Take away Children,' No Matter How Young, Justice Dept. Officials Said." *New York Times*. October 6, 2020.

Shorrocks, Rosalind. "Gender Gaps in the 2019 General Election." *UK in a Changing Europe*. March 8, 2021.

Skinner, Allison L., and Caitlin M. Hudac. " 'Yuck, You Disgust Me!' Affective Bias Against Interracial Couples." *Journal of Experimental Social Psychology* 68 (2017): 68-77.

Spinelli, Marcelo. "Decorative Beauty Was a Taboo Thing." *Brilliant! New Art from London*, exhibit catalogue, 67. Minneapolis, Walker Art Center, 1995.

Terrizzi Jr, John A., Natalie J. Shook, and Michael A. McDaniel. "The Behavioral Immune System and Social Conservatism: A Meta-Analysis." *Evolution and Human Behavior* 34, no. 2 (2013): 99-108.

Thompson, Derek. "Why Men Vote for Republicans, and Women Vote for Democrats." *The Atlantic*. February 10, 2020.

"#ToiletPaperApocalypse: Australia's Toilet Paper Problem and the Subsequent Explosion." *Asiaville*. March 4, 2020.

Tuite, Ashleigh R., Christina H. Chan, and David N. Fisman. "Cholera, Canals, and Contagion: Rediscovering Dr Beck's Report." *Journal of Public Health Policy* 32, no. 3 (2011): 320-333.

Tulchinsky, Theodore H., and Elena A. Varavikova. "A History of Public Health." In *The New Public Health* 1-42. Cambridge, Massachusetts: Academic Press, 2014.

Turnbull, Stephen. *Siege Weapons of the Far East (1): AD 612–1300*. Oxford: Osprey Publishing, 2012.

Tybur, Joshua M., Debra Lieberman, and Vladas Griskevicius. "Microbes, Mating, and Morality: Individual Differences in Three Functional Domains of Disgust." *Journal of Personality and Social Psychology* 97, no. 1 (2009): 103-122.

Vitali, Ali, Kasie Hunt, and Frank Thorp V. "Trump Referred to Haiti and African Nations as 'Shithole' Countries." *NBCNews.com*. January 11, 2018.

Vogel, Carol. "An Artist Who's Grateful for Elephants." *New York Times*. February 21, 2002.

Young, Allison. "Chris Ofili, The Holy Virgin Mary." *Smarthistory*, August 9, 2015.

Zakrzewska, Marta, Jonas K. Olofsson, Torun Lindholm, Anna Blomkvist, and Marco Tullio Liuzza. "Body Odor Disgust Sensitivity Is Associated with Prejudice Towards a Fictive Group of Immigrants." *Physiology & Behavior* 201 (2019): 221-227.

Zint, Bradley. "Costa Mesa Restaurant's Special: Spend *20 on Takeout, Get a Free Roll of Toilet Paper.*" The Los Angeles Times. March 18, 2020.

Allen-Vercoe, Emma, and Elaine O. Petrof. "Artificial Stool Transplantation: Progress Towards a Safer, More Effective and Acceptable Alternative." *Expert Review of Gastroenterology & Hepatology* 7, no. 4 (2013): 291-293.

Aroniadis, Olga C., and Lawrence J. Brandt. "Fecal Microbiota Transplantation: Past, Present and Future." *Current Opinion in Gastroenterology* 29, no. 1 (2013): 79-84.

Bassler, Anthony. "A New Method of Treatment for Chronic Intestinal Putrefactions by Means of Rectal Instillations of Autogenous Bacteria and Strains of Human Bacillus coli communis." *Medical Record (1866-1922)* 78, no. 13 (1910): 519.

Baunwall, Simon Mark Dahl, Mads Ming Lee, Marcel Kjærsgaard Eriksen, Benjamin H. Mullish, Julian R. Marchesi, Jens Frederik Dahlerup, and Christian Lodberg Hvas. "Faecal Microbiota Transplantation for Recurrent Clostridioides difficile Infection: An Updated Systematic Review and Meta-Analysis." *EClinicalMedicine* 29 (2020): 100642.

Boneca, Ivo G., and Gabriela Chiosis. "Vancomycin Resistance: Occurrence, Mechanisms and Strategies to Combat It." *Expert Opinion on Therapeutic Targets* 7, no. 3 (2003): 311-328.

Borody, Thomas J., Eloise F. Warren, Sharyn Leis, Rosa Surace, and Ori Ashman. "Treatment of Ulcerative Colitis Using Fecal Bacteriotherapy." *Journal of Clinical Gastro-enterology* 37, no. 1 (2003): 42-47.

Borody, Thomas J., Eloise F. Warren, Sharyn M. Leis, Rosa Surace, Ori Ashman, and Steven Siarakas. "Bacteriotherapy Using Fecal Flora: Toying with Human Motions." *Journal of Clinical Gastroenterology* 38, no. 6 (2004): 475-483.

Bourke, John Gregory. *Scatalogic Rites of All Nations*. Washington, DC: Lowdermilk & Company, 1891.

Brandt, Lawrence J. "Editorial Commentary: Fecal Microbiota Transplantation: Patient and Physician Attitudes." *Clinical Infectious Diseases* 55, no. 12 (2012): 1659-1660.

Bryce, E., T. Zurberg, M. Zurberg, S. Shajari, and D. Roscoe. "Identifying Environmental Reservoirs of Clostridium difficile with a Scent Detection Dog: Preliminary Evaluation." *Journal of Hospital Infection* 97, no. 2 (2017): 140-145.

Cammarota, Giovanni, Gianluca Ianiro, Colleen R. Kelly, Benjamin H. Mullish, Jessica R. Allegretti, Zain Kassam, Lorenza Putignani et al. "International Consensus Conference on Stool Banking for Faecal Microbiota Transplantation in Clinical Practice." *Gut* 68, no. 12 (2019): 2111-2121.

Craven, Laura J., Seema Nair Parvathy, Justin Tat-Ko, Jeremy P. Burton, and Michael S. Silverman. "Extended Screening Costs Associated with Selecting Donors for Fecal Microbiota Transplantation for Treatment of Metabolic SyndromeAssociated Diseases." *Open Forum Infectious Diseases* 4, no. 4 (2017): ofx243.

Dahlhamer, James M., Emily P. Zammitti, Brian W. Ward, Anne G. Wheaton, and Janet B. Croft. "Prevalence of Inflammatory Bowel Disease among Adults Aged ≥ 18 Years—United States, 2015." *Morbidity and Mortality Weekly Report* 65, no. 42 (2016): 1166-1169.

DeFilipp, Zachariah, Patricia P. Bloom, Mariam Torres Soto, Michael K. Mansour, Mohamad RA Sater, Miriam H. Huntley, Sarah Turbett, Raymond T. Chung, Yi-Bin Chen, and Elizabeth L. Hohmann. "Drug-Resistant E. coli Bacteremia Transmitted by Fecal Microbiota Transplant." *New England Journal of Medicine* 381, no. 21 (2019): 2043-2050.

DePeters, E. J., and L. W. George. "Rumen Transfaunation." *Immunology Letters* 162, no. 2 (2014): 69-76.

Du, Huan, Ting-ting Kuang, Shuang Qiu, Tong Xu, Chen-Lei Gang Huan, Gang Fan, and Yi Zhang. "Fecal Medicines Used in Traditional Medical System of China: A Systematic Review of Their Names, Original Species, Traditional Uses, and Modern Investigations." *Chinese Medicine* 14, no. 1 (2019): 1-16.

Eiseman, Ben, W. Silen, G. S. Bascom, and A. J. Kauvar. "Fecal Enema as an Adjunct in the Treatment of Pseudomembranous Enterocolitis." *Surgery* 44, no. 5 (1958): 854-859.

Falkow, Stanley. "Fecal Transplants in the 'Good Old Days.'" *Small Things Considered*. May 13, 2013.

Freeman, J., M. P. Bauer, Simon D. Baines, J. Corver, W. N. Fawley, B. Goorhuis, E. J. Kuijper and M. H. Wilcox. "The Changing Epidemiology of Clostridium difficile Infections." *Clinical Microbiology Reviews* 23, no. 3

(2010): 529-549.

Grady, Denise. "Fecal Transplant Is Linked to a Patient's Death, the F.D.A. Warns." *New York Times.* June 13, 2019.

Guh, Alice Y., Yi Mu, Lisa G. Winston, Helen Johnston, Danyel Olson, Monica M. Farley, Lucy E. Wilson et al. "Trends in US Burden of Clostridioides difficile Infection and Outcomes." *New England Journal of Medicine* 382, no. 14 (2020): 1320-1330.

HomeFMT. "Fecal Transplant (FMT)." *YouTube.* May 13, 2013.

Hopkins, Roy J., and Robert B. Wilson. "Treatment of Recurrent *Clostridium difficile* Colitis: A Narrative Review." Gastroenterology Report 6, no. 1 (2018): 21-28.

Jacobs, Andrew. "Drug Companies and Doctors Battle over the Future of Fecal Transplants." *New York Times.* March 3, 2019.

Jacobs, Andrew. "How Contaminated Stool Stored in a Freezer Left a Fecal Transplant Patient Dead." *New York Times.* October 30, 2019.

Kao, Dina, Karen Wong, Rose Franz, Kyla Cochrane, Keith Sherriff, Linda Chui, Colin Lloyd et al. "The Effect of a Microbial Ecosystem Therapeutic (MET-2) on Recurrent Clostridioides difficile Infection: A Phase 1, Open-Label, Single-Group Trial." *The Lancet Gastroenterology & Hepatology* 6, no. 4 (2021): 282-291.

Katz, Kevin C., George R. Golding, Kelly Baekyung Choi, Linda Pelude, Kanchana R. Amaratunga, Monica Taljaard, Stephanie Alexandre et al. "The Evolving Epidemiology of Clostridium difficile Infection in Canadian Hospitals during a Postepidemic Period (2009-2015)." *CMAJ* 190, no. 25 (2018): E758-E765.

Kelly, Colleen R., Sachin S. Kunde, and Alexander Khoruts. "Guidance on Preparing an Investigational New Drug Application for Fecal Microbiota Transplantation Studies." *Clinical Gastroenterology and Hepatology* 12, no. 2 (2014): 283-288.

Khoruts, Alexander, Johan Dicksved, Janet K. Jansson, and Michael J. Sadowsky. "Changes in the Composition of the Human Fecal Microbiome after Bacteriotherapy for Recurrent Clostridium difficile-Associated Diarrhea." *Journal of Clinical Gastroenterology* 44, no. 5 (2010): 354-360.

Li, Cheng, Teresa Zurberg, Jaime Kinna, Kushal Acharya, Jack Warren, Salomeh Shajari, Leslie Forrester, and Elizabeth Bryce. "Using Scent Detection Dogs to Identify Environmental Reservoirs of Clostridium difficile: Lessons from the Field." *Canadian Journal of Infection Control* 34, no. 2 (2019): 93-95.

Li, Simone S., Ana Zhu, Vladimir Benes, Paul I. Costea, Rajna Hercog, Falk Hildebrand, Jaime Huerta-Cepas et al. "Durable Coexistence of Donor and Recipient Strains after Fecal Microbiota Transplantation." *Science* 352, no. 6285 (2016): 586-589.

Marchione, Marilyn. "Pills Made from Poop Cure Serious Gut Infections." *Associated Press.* October 3, 2013.

"OpenBiome Announces New Collaboration with the University of Minnesota to Treat Patients with Recurrent C. difficile Infections." News release, OpenBiome, January 20, 2022.

"OpenBiome Announces New Direct Testing for SARS-CoV-2 in Fecal Microbiota Transplantation (FMT) Preparations and Release of New Inventory." News release, OpenBiome, February 23, 2021.

Ratner, Mark. "Microbial Cocktails Raise Bar for *C. diff.* Treatments." *Nature Biotechnology.* December 3, 2020.

Sachs, Rachel E., and Carolyn A. Edelstein. "Ensuring the Safe and Effective FDA Regulation of Fecal Microbiota Transplantation." *Journal of Law and the Biosciences* 2, no. 2 (2015): 396-415.

Scudellari, Megan. "News Feature: Cleaning up the Hygiene Hypothesis." *Proceedings of the National Academy of Sciences* 114, no.7 (2017): 1433-1436.

Sheridan, Kate. "Months of Limbo at OpenBiome Put Fecal Matter Transplants on Hold Across the Country." *STAT+.* December 8, 2020.

Sholeh, Mohammad, Marcela Krutova, Mehdi Forouzesh, Sergey Mironov, Nourkhoda Sadeghifard, Leila Molaeipour, Abbas Maleki, and Ebrahim Kouhsari. "Antimicrobial Resistance in Clostridioides (Clostridium) difficile Derived from Humans: A Systematic Review and Meta-Analysis." *Antimicrobial Resistance & Infection Control* 9, no. 1 (2020): 1-11.

Smith, Sean B., Veronica Macchi, Anna Parenti, and Raffaele De Caro. "Hieronymous Fabricius Ab Acquapendente (1533-1619)." *Clinical Anatomy* 17, no. 7 (2004): 540-543.

Stein, Rob. "FDA Backs off on Regulation of Fecal Transplants." *NPR*. June 18, 2013.

Turner, Nicholas A., Steven C. Grambow, Christopher W. Woods, Vance G. Fowler, Rebekah W. Moehring, Deverick J. Anderson, and Sarah S. Lewis. "Epidemiologic Trends in Clostridioides difficile Infections in a Regional Community Hospital Network." *JAMA Network Open* 2, no. 10 (2019): e1914149–e1914149.

U.S. Food and Drug Administration. "Important Safety Alert Regarding Use of Fecal Microbiota for Transplantation and Risk of Serious Adverse Reactions Due to Transmission of Multi-Drug Resistant Organisms." Press release, June 13, 2019.

U.S. Food and Drug Administration. "Update to March 12, 2020 Safety Alert Regarding Use of Fecal Microbiota for Transplantation and Risk of Serious Adverse Events Likely Due to Transmission of Pathogenic Organisms." Press release, March 13, 2020.

Van Nood, Els, Anne Vrieze, Max Nieuwdorp, Susana Fuentes, Erwin G. Zoetendal, Willem M. de Vos, Caroline E. Visser et al. "Duodenal Infusion of Donor Feces for Recurrent Clostridium difficile." *New England Journal of Medicine* 368, no. 5 (2013): 407–415.

Williams, Shawna. "Fecal Microbiota Transplantation Is Poised for a Makeover." *The Scientist*. June 1, 2021.

Woodworth, Michael H., Cynthia Carpentieri, Kaitlin L. Sitchenko, and Colleen S. Kraft. "Challenges in Fecal Donor Selection and Screening for Fecal Microbiota Transplantation: A Review." *Gut Microbes* 8, no. 3 (2017): 225–237.

Worcester, Sharon. "FDA Eases Some Fecal Transplant Restrictions." *MDedge News*. June 19, 2013.

Yatsunenko, Tanya, Federico E. Rey, Mark J. Manary, Indi Trehan, Maria Gloria Dominguez-Bello, Monica Contreras, Magda Magris et al. "Human Gut Microbiome Viewed across Age and Geography." *Nature* 486, no. 7402 (2012): 222–227.

Yong, Ed. "Sham Poo Washes Out." *The Atlantic*. Aug. 1, 2016.

Zhang, Faming, Wensheng Luo, Yan Shi, Zhining Fan, and Guozhong Ji. "Should We Standardize the 1,700-Year-Old Fecal Microbiota Transplantation?" *The American Journal of Gastroenterology* 107, no. 11 (2012): 1755.

CHAPTER 4 기억

Amann, Anton, Ben de Lacy Costello, Wolfram Miekisch, Jochen Schubert, Bogusław Buszewski, Joachim Pleil, Norman Ratcliffe, and Terence Risby. "The Human Volatilome: Volatile Organic Compounds (VOCs) In Exhaled Breath, Skin Emanations, Urine, Feces and Saliva." *Journal of Breath Research* 8, no. 3 (2014): 034001.

Angle, Craig, Lowell Paul Waggoner, Arny Ferrando, Pamela Haney, and Thomas Passler. "Canine Detection of the Volatilome: A Review of Implications for Pathogen and Disease Detection." *Frontiers in Veterinary Science* 3 (2016): 47.

Appelt, Sandra, Fabrice Armougom, Matthieu Le Bailly, Catherine Robert, and Michel Drancourt. "Polyphasic Analysis of a Middle Ages Coprolite Microbiota, Belgium." *PloS One* 9, no. 2 (2014): e88376.

Appelt, Sandra, Laura Fancello, Matthieu Le Bailly, Didier Raoult, Michel Drancourt, and Christelle Desnues. "Viruses in a 14th-Century Coprolite." *Applied and Environmental Microbiology* 80, no. 9 (2014): 2648–2655.

Benecke, Mark. "Arthropods and Corpses." In *Forensic Pathology Reviews*. 207–240. Totowa, New Jersey: Humana Press, 2005.

Benecke, Mark, Eberhard Josephi, and Ralf Zweihoff. "Neglect of the Elderly: Forensic Entomology Cases and Considerations." *Forensic Science International* 146 (2004): S195–S199.

Benecke, Mark, and Rüdiger Lessig. "Child Neglect and Forensic Entomology." *Forensic Science International* 120, no. 1-2 (2001): 155–159.

Bennett, Matthew R., David Bustos, Jeffrey S. Pigati, Kathleen B. Springer, Thomas M. Urban, Vance T. Holliday, Sally C. Reynolds et al. "Evidence of Humans in North America during the Last Glacial Maximum." *Science* 373, no. 6562 (2021): 1528–1531.

Berstad, Arnold, Jan Raa, and Jørgen Valeur. "Indole-the Scent of a Healthy 'Inner Soil.'" *Microbial Ecology in*

Health and Disease 26, no. 1 (2015): 27997.

Bol, Peter Kees. "The Washing Away of Wrongs [Hsi yuan chi lu, by Sung Tz'u (1186- 1249)]: Forensic Medicine in Thirteenth-Century China. Translated and introduced by Brian E. McKnight. Ann Arbor: University of Michigan Center for Chinese Studies, Science, Medicine, and Technology in East Asia no. 1, 1981. xv, 181 pp. Illustrations, Bibliography, Index. 6." *The Journal of Asian Studies* 42, no. 3 (1983): 643-644.

Bonacci, Teresa, Vannio Vercillo, and Mark Benecke. "Flies and Ants: A Forensic Entomological Neglect Case of an Elderly Man in Calabria, Southern Italy." *Romanian Journal of Legal Medicine* 25 (2017): 283-286.

Bowers, C. Michael. "Review of a Forensic Pseudoscience: Identification of Criminals from Bitemark Patterns." *Journal of Forensic and Legal Medicine* 61 (2019): 34-39.

Brewer, Kirstie. "Paleoscatologists Dig up Stools 'as Precious as the Crown Jewels.'" *The Guardian*. May 12, 2016.

Bryant, Vaughn M. "The Eric O. Callen Collection." *American Antiquity* 39, no. 3 (1974): 497-498.

Bryant, Vaughn M., and Glenna W. Dean. "Archaeological Coprolite Science: the Legacy of Eric O. Callen (1912-1970)." *Palaeogeography, Palaeoclimatology, Palaeoecology* 237, no. 1 (2006): 51-66.

Catts, E. Paul, and M. Lee Goff. "Forensic Entomology in Criminal Investigations." *Annual Review of Entomology* 37, no. 1 (1992): 253-272.

Curran, Allison M., Scott I. Rabin, Paola A. Prada, and Kenneth G. Furton. "Comparison of the Volatile Organic Compounds Present in Human Odor Using SPME-GC/MS." *Journal of Chemical Ecology* 31, no. 7 (2005): 1607-1619.

D'Anjou, Robert M., Raymond S. Bradley, Nicholas L. Balascio, and David B. Finkelstein. "Climate Impacts on Human Settlement and Agricultural Activities in Northern Norway Revealed through Sediment Biogeochemistry." *Proceedings of the National Academy of Sciences* 109, no. 50 (2012): 20332-20337.

Daswick, Tyler. "How the Ultimate Men's Health Dog Tracks down Missing Persons." *Men's Health*. June 27, 2017.

Drabinska, Natalia, Cheryl Flynn, Norman Ratcliffe, Ilaria Belluomo, Antonis Myridakis, Oliver Gould, Matteo Fois, Amy Smart, Terry Devine, and Ben PJ de Lacy Costello. "A Literature Survey of Volatiles from the Healthy Human Breath and Bodily Fluids: The Human Volatilome." *Journal of Breath Research* (2021).

Duggan, W. Dennis. "A History of the Bench and Bar of Albany County." Historical Society of the New York Courts, 2021.

Ensminger, John J., and Tadeusz Jezierski. "Scent Lineups in Criminal Investigations and Prosecutions." In *Police and Military Dogs*. 101-116. Boca Raton, Florida: CRC Press, 2011.

Ferry, Barbara, John J. Ensminger, Adee Schoon, Zbignev Bobrovskij, David Cant, Maciej Gawkowski, Illkka Hormila et al. "Scent Lineups Compared across Eleven Countries: Looking for the Future of a Controversial Forensic Technique." *Forensic Science International* 302 (2019): 109895.

Foley, Denis. *Lemuel Smith and the Compulsion to Kill: The Forensic Story of a Multiple Personality Serial Killer*. Delmar, New York: New Leitrim House, 2003.

Friedmaan, Albert B. "The Scatological Rites of Burglars." *Western Folklore*. 27, No. 3 (1968): 171-179.

Gerritsen, Resi, and Ruud Haak. "History of the Police Dog." In *K9 Working Breeds: Characteristics and Capabilities*. Calgary: Detselig, 2007.

Gilbert, M. Thomas P., Dennis L. Jenkins, Anders Gotherstrom, Nuria Naveran, Juan J. Sanchez, Michael Hofreiter, Philip Francis Thomsen et al. "DNA from Pre-Clovis Human Coprolites in Oregon, North America." *Science* 320, no. 5877 (2008): 786-789.

Gopalakrishnan, S., VM Anantha Eashwar, M. Muthulakshmi, and A. Geetha. "Intestinal Parasitic Infestations and Anemia among Urban Female School Children in Kancheepuram District, Tamil Nadu." *Journal of Family Medicine and Primary Care* 7, no. 6 (2018): 1395-1400.

Hald, Mette Marie, Betina Magnussen, Liv Appel, Jakob Tue Christensen, Camilla Haarby Hansen, Peter Steen Henriksen, Jesper Langkilde, Kristoffer Buck Pedersen, Allan Dørup Knudsen, and Morten Fischer Mortensen. "Fragments of Meals in Eastern Denmark from the Viking Age to the Renaissance: New Evidence from Organic Remains in Latrines." *Journal of Archaeological Science: Reports* 31 (2020): 102361.

Hald, Mette Marie, Jacob Mosekilde, Betina Magnussen, Martin Jensen Søe, Camilla Haarby Hansen, and Morten Fischer Mortensen. "Tales from the Barrels: Results from a Multi-Proxy Analysis of a Latrine from Renaissance Copenhagen, Denmark." *Journal of Archaeological Science: Reports* 20 (2018): 602-610.

Hald, Mette Marie, Morten Fischer Mortensen, and Andreas Tolstrup. "Lortemorgen! Forskning og Formidling af Latriner." *Nationalmuseets Arbejdsmark* (2019): 124-133.

Harrault, Loïc, Karen Milek, Emilie Jardé, Laurent Jeanneau, Morgane Derrien, and David G. Anderson. "Faecal Biomarkers Can Distinguish Specific Mammalian Species in Modern and Past Environments." *PLoS One* 14, no. 2 (2019): e0211119.

Horowitz, Alexandra, and Becca Franks. "What Smells? Gauging Attention to Olfaction in Canine Cognition Research." *Animal Cognition* 23, no. 1 (2020): 11-18.

Hunter, Andrea A., James Munkres, and Barker Fariss. "Osage Nation NAGPRA Claim for Human Remains Removed from the Clarksville Mound Group (23PI6), Pike County, Missouri," Osage Nation Historic Preservation Office (2013): 1-60.

Jeffrey, Simon. "Museum's Broken Treasure Not Just Any Old Shit." *The Guardian*. June 6, 2003.

Jensen, Peter Mose, Christian Vrængmose Jensen, Jette Linaa, and Jakob Ørnbjerg. "Biskoppernes Latrin. En Tværvidenskabelig Undersøgelse af 1700-Tals Latrin fra Aalborg." *Kulturstudier* 7, no. 2 (2016): 41-76.

Krichbaum, Sarah, Bart Rogers, Emma Cox, L. Paul Waggoner, and Jeffrey S. Katz. "Odor Span Task in Dogs (*Canis familiaris*)." *Animal Cognition* 23, no. 3 (2020): 571-580.

Kudo, Keiko, Chiaki Miyazaki, Ryo Kadoya, Tohru Imamura, Narumi Jitsufuchi, and Noriaki Ikeda. "Laxative Poisoning: Toxicological Analysis of Bisacodyl and its Metabolite in Urine, Serum, and Stool." *Journal of Analytical Toxicology* 22, no. 4 (1998): 274-278.

Landry, Alyssa. "Native history: Osage Forced to Abandon Lands in Missouri and Arkansas." *Indian Country Today*. November 10, 2013.

Lanska, Douglas J. "Optograms and Criminology: Science, News Reporting, and Fanciful Novels." *Progress in Brain Research*. 205 (2013): 55-84.

Levenson, Eric. "How Cadaver Dogs Found a Missing Pennsylvania Man Deep Underground." *CNN*. July 13, 2017.

"Lloyds Bank Coprolite." *Atlas Obscura*. December 26, 2018.

Long, Robert A., Therese M. Donovan, Paula Mackay, William J. Zielinski, and Jeffrey S. Buzas. "Effectiveness of Scat Detection Dogs for Detecting Forest Carnivores." *The Journal of Wildlife Management* 71, no. 6 (2007): 2007-2017.

Lozano, Alicia Victoria. "In Their Own Words: Admitted Killer Cosmo DiNardo, Accused Accomplice Sean Kratz Detail Bucks County Farm Murders in Confession Recordings." *NBCPhiladelphia.com*. May 15, 2018.

Marchal, Sophie, Olivier Bregeras, Didier Puaux, Rémi Gervais, and Barbara Ferry. "Rigorous Training of Dogs Leads to High Accuracy in Human Scent MatchingTo-Sample Performance." *Plos One* 11, no. 2 (2016): e0146963.

Meier, Allison C. "Finding a Murderer in a Victim's Eye." *JSTOR Daily*. October 31, 2018. Mitchell, Piers D. "Human Parasites in Medieval Europe: Lifestyle, Sanitation and Medical Treatment." In *Advances in Parasitology*, Vol. 90. 389-420. Oxford: Academic Press, 2015.

Mitchell, Piers D. "Human Parasites in the Roman World: Health Consequences of Conquering an Empire." *Parasitology* 144, no. 1 (2017): 48-58.

Mitchell, Piers D. "The Origins of Human Parasites: Exploring the evidence for Endoparasitism throughout Human Evolution." *International Journal of Paleopathology* 3, no. 3 (2013): 191-198.

Mitchell, Piers D., Hui-Yuan Yeh, Jo Appleby, and Richard Buckley. "The Intestinal Parasites of King Richard III." *The Lancet* 382, no. 9895 (2013): 888.

Nicholson, Rebecca, Jennifer Robinson, Mark Robinson, and Erica Rowan. "From the Waters to the Plate to the Latrine: Fish and Seafood from the Cardo V Sewer, Herculaneum." *Journal of Maritime Archaeology* 13, no. 3 (2018): 263-284.

Norris, David O., and Jane H. Bock. "Use of Fecal Material to Associate a sSuspect with a Crime Scene: Report of Two Cases." *Journal of Forensic Science* 45, no. 1 (2000): 184-187.

Pearce, Jemah. "Copenhagen Burnt Down 3 Times in 80 Years. It Was Not All Bad." *Uniavisen*. May 14, 2019.

"Peoria Tribe of Indians of Oklahoma." Accessed April 20, 2022, https://peoriatribe.com/culture/.

Pinc, Ludvík, Ludeˇk Bartoš, Alice Reslova, and Radim Kotrba. "Dogs Discriminate Identical Twins." *PLoS One* 6, no. 6 (2011): e20704.

Rampelli, Simone, Silvia Turroni, Carolina Mallol, Cristo Hernandez, Bertila Galván, Ainara Sistiaga, Elena Biagi et al. "Components of a Neanderthal gut microbiome recovered from fecal sediments from El Salt." *Communications Biology* 4, no. 1 (2021): 1-10.

Rankin, Caitlin G., Casey R. Barrier, and Timothy J. Horsley. "Evaluating Narratives of Ecocide with the Stratigraphic Record at Cahokia Mounds State Historic Site, Illinois, USA." *Geoarchaeology* 36, no. 3 (2021): 369-387.

Robinson, Mark, and Erica Rowan. "Roman Food Remains in Archaeology and the Contents of a Roman Sewer at Herculaneum." In *A Companion to Food in the Ancient World*, First Edition. 105-115. Hoboken, New Jersey: Wiley, 2015.

Robinson, Nathan J. "Forensic Pseudoscience." *Boston Review*. November 16, 2015.

Sakr, Rania, Cedra Ghsoub, Celine Rbeiz, Vanessa Lattouf, Rachelle Riachy, Chadia Haddad, and Marouan Zoghbi. "COVID-19 Detection by Dogs: From Physiology to Field Application—a Review Article." *Postgraduate Medical Journal* 98, no. 1157 (2022): 212-218.

Saks, Michael J., Thomas Albright, Thomas L. Bohan, Barbara E. Bierer, C. Michael Bowers, Mary A. Bush, Peter J. Bush et al. "Forensic Bitemark Identification: Weak Foundations, Exaggerated Claims." *Journal of Law and the Biosciences* 3, no. 3 (2016): 538-575.

Schneider, Judith, Eduard Mas-Carrió, Catherine Jan, Christian Miquel, Pierre Taberlet, Katarzyna Michaud, and Luca Fumagalli. "Comprehensive Coverage of Human Last Meal Components Revealed by a Forensic DNA Metabarcoding Approach." *Scientific Reports* 11, no. 1 (2021): 1-8.

Sistiaga, Ainara, Carolina Mallol, Bertila Galván, and Roger Everett Summons. "The Neanderthal Meal: A New Perspective Using Faecal Biomarkers." *PloS One* 9, no. 6 (2014): e101045.

Sistiaga, Ainara, Francesco Berna, Richard Laursen, and Paul Goldberg. "Steroidal Biomarker Analysis of a 14,000 Years Old Putative Human Coprolite from Paisley Cave, Oregon." *Journal of Archaeological Science* 41 (2014): 813-817.

Verheggen, François, Katelynn A. Perrault, Rudy Caparros Megido, Lena M. Dubois, Frédéric Francis, Eric Haubruge, Shari L. Forbes, Jean-François Focant, and Pierre-Hugues Stefanuto. "The Odor of Death: An Overview of Current Knowledge on Characterization and Applications." *Bioscience* 67, no. 7 (2017): 600-613.

Vynne, Carly, John R. Skalski, Ricardo B. Machado, Martha J. Groom, Anah TA Jácomo, J.A.D.E.R. Marinho-Filho, Mario B. Ramos Neto et al. "Effectiveness of Scat-Detection Dogs in Determining Species Presence in a Tropical Savanna Landscape." *Conservation Biology* 25, no. 1 (2011): 154-162.

White, A. J., Lora R. Stevens, Varenka Lorenzi, Samuel E. Munoz, Carl P. Lipo, and Sissel Schroeder. "An Evaluation of Fecal Stanols as Indicators of Population Change at Cahokia, Illinois." *Journal of Archaeological Science* 93 (2018): 129-134.

White, A. J., Lora R. Stevens, Varenka Lorenzi, Samuel E. Munoz, Sissel Schroeder, Angelica Cao, and Taylor Bogdanovich. "Fecal Stanols Show Simultaneous Flooding and Seasonal Precipitation Change Correlate with Cahokia's Population Decline." *Proceedings of the National Academy of Sciences* 116, no. 12 (2019): 5461-5466.

White, A. J., Samuel E. Munoz, Sissel Schroeder, and Lora R. Stevens. "After Cahokia: Indigenous Repopulation and Depopulation of the Horseshoe Lake Watershed AD 1400-1900." *American Antiquity* 85, no. 2 (2020): 263-278.

Wilke, Philip J., and Henry Johnson Hall. *Analysis of Ancient Feces: A Discussion and Annotated Bibliography*. Berkeley: Archaeological Research Facility, Department of Anthropology, University of California, 1975.

Yeh, Hui-Yuan, and Piers D. Mitchell. "Ancient Human Parasites in Ethnic Chinese Populations." *The Korean Journal of Parasitology* 54, no. 5 (2016): 565.

Ahmed, Iftikhar, Rosemary Greenwood, Ben de Lacy Costello, Norman M. Ratcliffe, and Chris S. Probert. "An Investigation of Fecal Volatile Organic Metabolites in Irritable Bowel Syndrome." *PloS One* 8, no. 3 (2013): e58204.

Ahmed, Imtiaz, Muhammad Najmuddin Shabbir, Mohammad Ali Iqbal, and Muhammad Shahzeb. "Role of Defecation Postures on the Outcome of Chronic Anal Fissure." *Pakistan Journal of Surgery* 29, no. 4 (2013): 269-271.

Allen, Thomas. *Plain Directions for the Prevention and Treatment of Cholera*. Oxford: J. Vincent, 1848.

Amann, Anton, Ben de Lacy Costello, Wolfram Miekisch, Jochen Schubert, Bogusław Buszewski, Joachim Pleil, Norman Ratcliffe, and Terence Risby. "The Human Volatilome: Volatile Organic Compounds (VOCs) In Exhaled Breath, Skin Emanations, Urine, Feces and Saliva." *Journal of Breath Research* 8, no. 3 (2014): 034001.

Antoniou, Georgios P., Giovanni De Feo, Franz Fardin, Aldo Tamburrino, Saifullah Khan, Fang Tie, Ieva Reklaityte et al. "Evolution of Toilets Worldwide through the Millennia." *Sustainability* 8, no. 8 (2016): 779.

Asbjørnsen, Peter Christen & Jørgen Engebretsen Moe. *The Complete Norwegian Folktales and Legends of Asbjørnsen & Moe*. Translated by Simon Roy Hughes. 2020.

Asnicar, Francesco, Emily R. Leeming, Eirini Dimidi, Mohsen Mazidi, Paul W. Franks, Haya Al Khatib, Ana M. Valdes et al. "Blue Poo: Impact of Gut Transit Time on the Gut Microbiome Using a Novel Marker." *Gut* 70, no. 9 (2021): 1665-1674.

Bala, Manju, Asha Sharma, and Gaurav Sharma. "Assessment of Heavy Metals in Faecal Pellets of Blue Rock Pigeon from Rural and Industrial Environment in India." *Environmental Science and Pollution Research* 27, no. 35 (2020): 43646-43655.

Barbieri, Annalisa. "The Truth about Poo: We're Doing It Wrong." *The Guardian*. May 18, 2015.

Barclay, Eliza. "For Best Toilet Health: Squat or Sit?" *NPR*. September 28, 2012. Baron, Ruth, Meron Taye, Isolde Besseling-van der Vaart, Joanne Ujcˇicˇ-Voortman, Hania Szajewska, Jacob C. Seidell, and Arnoud Verhoeff. "The Relationship of Prenatal Antibiotic Exposure and Infant Antibiotic Administration with Childhood Allergies: A Systematic Review." *BMC Pediatrics* 20, no. 1 (2020): 1-14.

Bekkali, Noor, Sofie L. Hamers, Johannes B. Reitsma, Letty Van Toledo, and Marc A. Benninga. "Infant Stool form Scale: Development and Results." *The Journal of Pediatrics* 154, no. 4 (2009): 521-526.

Bharucha, Adil E., John H. Pemberton, and G. Richard Locke. "American Gastroenterological Association Technical Review on Constipation." *Gastroenterology* 144, no. 1 (2013): 218-238.

Blasdel, Alex. "Bowel Movement: The Push to Change the Way You Poo." *The Guardian*. November 30, 2018.

BMJ. "Cliff and C. diff—Smelling the Diagnosis" *YouTube*. December 14, 2012. Bomers, Marije K., Michiel A. Van Agtmael, Hotsche Luik, Merk C. Van Veen, Christina MJE Vandenbroucke-Grauls, and Yvo M. Smulders. "Using a Dog's Superior Olfactory Sensitivity to Identify Clostridium difficile in Stools and Patients: Proof of Principle Study." *BMJ* 345 (2012): e7396.

Bond, Allison. "A 'Shark Tank'-Funded Test for Food Sensitivity Is Medically Dubious, Experts Say." *STAT*. January 23, 2018.

Branswell, Helen. "The Dogs Were Supposed to Be Experts at Sniffing out C. diff. Then They Smelled Breakfast." *STAT*. Aug. 22, 2018.

Brown, S. R., P. A. Cann, and N. W. Read. "Effect of Coffee on Distal Colon Function." *Gut* 31, no. 4 (1990): 450-453.

Bryce, E., T. Zurberg, M. Zurberg, S. Shajari, and D. Roscoe. "Identifying Environmental Reservoirs of Clostridium difficile with a Scent Detection Dog: Preliminary Evaluation." *Journal of Hospital Infection* 97, no. 2 (2017): 140-145.

Carlson, Alexander L., Kai Xia, M. Andrea Azcarate-Peril, Barbara D. Goldman, Mihye Ahn, Martin A. Styner, Amanda L. Thompson, Xiujuan Geng, John H. Gilmore, and Rebecca C. Knickmeyer. "Infant Gut Microbiome Associated with Cognitive Development." *Biological Psychiatry* 83, no. 2 (2018): 148-159.

Chakrabarti, S. D., R. Ganguly, S. K. Chatterjee, and A. Chakravarty. "Is Squatting a Triggering Factor for Stroke in Indians?" *Acta Neurologica Scandinavica* 105, no. 2 (2002): 124-127.

Czepiel, Jacek, Mirosław Dróżdż, Hanna Pituch, Ed J. Kuijper, William Perucki, Aleksandra Mielimonka, Sarah Goldman, Dorota Wultańska, Aleksander Garlicki, and Grażyna Biesiada. "Clostridium difficile Infection." *European Journal of Clinical Microbiology & Infectious Diseases* 38, no. 7 (2019): 1211-1221.

David, Lawrence A., Arne C. Materna, Jonathan Friedman, Maria I. CamposBaptista, Matthew C. Blackburn, Allison Perrotta, Susan E. Erdman, and Eric J. Alm. "Host Lifestyle Affects Human Microbiota on Daily Timescales." *Genome Biology* 15, no. 7 (2014): 1-15.

David, Lawrence A., Corinne F. Maurice, Rachel N. Carmody, David B. Gootenberg, Julie E. Button, Benjamin E. Wolfe, Alisha V. Ling et al. "Diet Rapidly and Reproducibly Alters the Human Gut Microbiome." *Nature* 505, no. 7484 (2014): 559-563.

Davis, Jasmine CC, Sarah M. Totten, Julie O. Huang, Sadaf Nagshbandi, Nina Kirmiz, Daniel A. Garrido, Zachery T. Lewis et al. "Identification of Oligosaccharides in Feces of Breast-Fed Infants and their Correlation with the Gut Microbial Community." *Molecular & Cellular Proteomics* 15, no. 9 (2016): 2987-3002.

De Leoz, Maria Lorna A., Shuai Wu, John S. Strum, Milady R. Niñonuevo, Stephanie C. Gaerlan, Majid Mirmiran, J. Bruce German, David A. Mills, Carlito B. Lebrilla, and Mark A. Underwood. "A Quantitative and Comprehensive Method to Analyze Human Milk Oligosaccharide Structures in the Urine and Feces of Infants." *Analytical and Bioanalytical Chemistry* 405, no. 12 (2013): 4089-4105.

Deweerdt, Sarah. "Estimate of Autism's Sex Ratio Reaches New Low." *Spectrum*. April 27, 2017.

Douglas, Bruce R., J. B. Jansen, R. T. Tham, and C. B. Lamers. "Coffee Stimulation of Cholecystokinin Release and Gallbladder Contraction in Humans." *The American Journal of Clinical Nutrition* 52, no. 3 (1990): 553-556.

Ebert, Vince. "Deutsche Thoroughness." *Journal*. July 7, 2020.

Enders, Giulia. *Gut: The Inside Story of Our Body's Most Underrated Organ (Revised Edition)*. Vancouver: Greystone Books Ltd, 2018.

Essler, Jennifer L., Sarah A. Kane, Pat Nolan, Elikplim H. Akaho, Amalia Z. Berna, Annemarie DeAngelo, Richard A. Berk et al. "Discrimination of SARS-CoV-2 Infected Patient Samples by Detection Dogs: A Proof of Concept Study." *PLoS One* 16, no. 4 (2021): e0250158.

"Fact Check-No Evidence that 'Urine Therapy' Cures COVID-19." *Reuters*. January 12, 2022.

Foreman, Judy. "Beware of Colon Cleansing Claims." *Los Angeles Times*. June 30, 2008.

Frew, John W. "The Hygiene Hypothesis, Old Friends, and New Genes." *Frontiers in Immunology* 10 (2019): 388.

Frias, Bárbara, and Adalberto Merighi. "Capsaicin, Nociception and Pain." *Molecules* 21, no. 6 (2016): 797.

Fujimura, Kei E., Alexandra R. Sitarik, Suzanne Havstad, Din L. Lin, Sophia Levan, Douglas Fadrosh, Ariane R. Panzer et al. "Neonatal Gut Microbiota Associates with Childhood Multisensitized Atopy and T Cell Differentiation." *Nature Medicine* 22, no. 10 (2016): 1187-1191.

Gil-Riaño, Sebastián, and Sarah E. Tracy. "Developing Constipation: Dietary Fiber, Western Disease, and Industrial Carbohydrates." *Global Food History* 2, no. 2 (2016): 179-209.

Hecht, Jen, Travis Sanchez, Patrick S. Sullivan, Elizabeth A. DiNenno, Natalie Cramer, and Kevin P. Delaney. "Increasing Access to HIV Testing Through Direct-to-Consumer HIV Self-Test Distribution—United States, March 31, 2020-March 30, 2021." *Morbidity and Mortality Weekly Report* 70, no. 38 (2021): 1322-1325.

Ho, Vincent. "What's the Best Way to Go to the Toilet—Squatting or Sitting?" *The Conversation*. August 16, 2016.

Huang, Pien. "How Ivermectin Became the New Focus of the Anti-Vaccine Movement." *NPR*. September 19, 2021.

Hussain, Ghulam, Jing Wang, Azhar Rasul, Haseeb Anwar, Ali Imran, Muhammad Qasim, Shamaila Zafar et al. "Role of Cholesterol and sSphingolipids in Brain Development and Neurological Diseases." *Lipids in Health and Disease* 18, no. 1 (2019): 1-12.

Huysentruyt, Koen, Ilan Koppen, Marc Benninga, Tom Cattaert, Jiqiu Cheng, Charlotte De Geyter, Christophe Faure et al. "The Brussels Infant and Toddler Stool Scale: A Study on Interobserver Reliability." Journal of Pediatric *Gastroenterology and Nutrition* 68, no. 2 (2019): 207-213.

Ishihara, Nobuo, and Takashi Matsushiro. "Biliary and Urinary Excretion of Metals in Humans." Archives of Environmental Health: An International Journal 41, no. 5 (1986): 324-330.

Jairoun, Ammar A., Sabaa Saleh Al-Hemyari, Moyad Shahwan, and Sa'ed H. Zyoud. "Adulteration of Weight Loss Supplements by the Illegal Addition of Synthetic Pharmaceuticals." Molecules 26, no. 22 (2021): 6903.

Johnson, Steven. The Ghost Map: The Story of London's Most Terrifying Epidemic—and How it Changed Science, Cities, and the Modern World. New York: Penguin, 2006.

Jun-yong, Ahn, and Lee Kil-seong. "Kim Jong-un's Flight to Singapore a Precision Maneuver." The Chosun Ilbo. June 11, 2018.

Kim, Byoung-Ju, So-Yeon Lee, Hyo-Bin Kim, Eun Lee, and Soo-Jong Hong. "Environmental Changes, Microbiota, and Allergic Diseases." Allergy, Asthma & Immunology Research 6, no. 5 (2014): 389-400.

Knapp, Alex. "SEC Charges Microbiome Startup uBiome's Cofounders with Defrauding Investors for 60 Million." Forbes. March 18, 2021.

Kobayashi, T. "Studies on Clostridium difficile and Antimicrobial Associated Diarrhea or Colitis." The Japanese Journal of Antibiotics 36, no. 2 (1983): 464-476.

Korownyk, Christina, Michael R. Kolber, James McCormack, Vanessa Lam, Kate Overbo, Candra Cotton, Caitlin Finley et al. "Televised Medical Talk Shows—What They Recommend and the Evidence to Support Their Recommendations: A Prospective Observational Study." BMJ 349 (2014): g7346.

Korpela, Katja, Marjo Renko, Petri Vänni, Niko Paalanne, Jarmo Salo, Mysore V. Tejesvi, Pirjo Koivusaari et al. "Microbiome of the First Stool and Overweight at Age 3 Years: A Prospective Cohort Study." Pediatric Obesity 15, no. 11 (2020): e12680.

Krisberg, Kim. "Is Everlywell for Real?" Austin Monthly. February 2021.

Kybert, Nicholas, Katharine Prokop-Prigge, Cynthia M. Otto, Lorenzo Ramirez, EmmaRose Joffe, Janos Tanyi, Jody Piltz-Seymour, AT Charlie Johnson, and George Preti. "Exploring Ovarian Cancer Screening Using a Combined Sensor Approach: A Pilot Study." AIP Advances 10, no. 3 (2020): 035213.

Levin, Albert M., Alexandra R. Sitarik, Suzanne L. Havstad, Kei E. Fujimura, Ganesa Wegienka, Andrea E. Cassidy-Bushrow, Haejin Kim et al. "Joint Effects of Pregnancy, Sociocultural, and Environmental Factors on Early Life Gut Microbiome Structure and Diversity." Scientific Reports 6, no. 1 (2016): 1-16.

Li, Cheng, Teresa Zurberg, Jaime Kinna, Kushal Acharya, Jack Warren, Salomeh Shajari, Leslie Forrester, and Elizabeth Bryce. "Using Scent Detection Dogs to Identify Environmental Reservoirs of Clostridium difficile: Lessons from the Field." Canadian Journal of Infection Control 34, no. 2 (2019): 93-95.

Marris, Emma. Rambunctious Garden: Saving Nature in a Post-Wild World. New York: Bloomsbury, 2011.

Masood, R., and M. Miraftab. "Psyllium: Current and Future Applications." In Medical and Healthcare Textiles. 244-253, New Delhi: Woodhead Publishing, 2010.

Mayo Clinic. "Dietary Fiber: Essential for a Healthy Diet." January 6, 2021, https:// www.mayoclinic.org/healthy-lifestyle/nutrition-and-healthy-eating/in-depth/fiber/art-20043983.

Mayo Clinic. "Over-the-Counter Laxatives for Constipation: Use with Caution." March 3, 2022, https://www.mayoclinic.org/diseases-conditions/constipation/in-depth/laxatives/art-20045906.

McDonald, Daniel, Embriette Hyde, Justine W. Debelius, James T. Morton, Antonio Gonzalez, Gail Ackermann, Alexander A. Aksenov et al. "American Gut: An Open Platform for Citizen Science Microbiome Research." Msystems 3, no. 3 (2018): e00031-18.

Melendez, Johan H., Matthew M. Hamill, Gretchen S. Armington, Charlotte A. Gaydos, and Yukari C. Manabe. "Home-Based Testing for Sexually Transmitted Infections: Leveraging Online Resources during the COVID-19 Pandemic." Sexually Transmitted Diseases 48, no. 1 (2021): e8-e10.

Mitchell, Piers D. "Human Parasites in the Roman World: Health Consequences of Conquering an Empire." Parasitology 144, no. 1 (2017): 48-58.

Modi, Rohan M., Alice Hinton, Daniel Pinkhas, Royce Groce, Marty M. Meyer, Gokulakrishnan Balasubramanian, Edward Levine, and Peter P. Stanich. "Implementation of a Defecation Posture Modification Device: Impact on Bowel Movement Patterns in Healthy Subjects." Journal of Clinical Gastroenterology 53, no. 3 (2019): 216.

참고 문헌

National Library of Medicine. "Stools—Foul Smelling." *MedlinePlus.* July 16, 2020, https://medlineplus.gov/ency/article/003132.html.

National Library of Medicine. "White Blood Cell (WBC) in Stool." *MedlinePlus.* Accessed April 20, 2022, https://medlineplus.gov/lab-tests/white-blood-cell-wbc-in-stool/.

Ng, Siew C., Michael A. Kamm, Yun Kit Yeoh, Paul KS Chan, Tao Zuo, Whitney Tang, Ajit Sood et al. "Scientific Frontiers in Faecal Microbiota Transplantation: Joint Document of Asia-Pacific Association of Gastroenterology (APAGE) and Asia-Pacific Society for Digestive Endoscopy (APSDE)." *Gut* 69, no. 1 (2020): 83-91.

Oz, Mehmet. "Everybody Poops." *Oprah.com.* January 1, 2006.

Ozaki, Eijiro, Haru Kato, Hiroyuki Kita, Tadahiro Karasawa, Tsuneo Maegawa, Youko Koino, Kazumasa Matsumoto et al. "Clostridium difficile Colonization in Healthy Adults: Transient Colonization and Correlation with Enterococcal Colonization." *Journal of Medical Microbiology* 53, no. 2 (2004): 167-172.

Palm, Noah W., Rachel K. Rosenstein, and Ruslan Medzhitov. "Allergic Host Defences." *Nature* 484, no. 7395 (2012): 465-472.

Park, Seung-min, Daeyoun D. Won, Brian J. Lee, Diego Escobedo, Andre Esteva, Amin Aalipour, T. Jessie Ge et al. "A Mountable Toilet System for Personalized Health Monitoring via the Analysis of Excreta." *Nature Biomedical Engineering* 4, no. 6 (2020): 624-635.

Philpott, Hamish L., Sanjay Nandurkar, John Lubel, and Peter Raymond Gibson. "Drug-Induced Gastrointestinal Disorders." *Frontline Gastroenterology* 5, no. 1(2014): 49-57.

Picco, Michael F. "Stool Color: When to Worry." Mayo Clinic, October 10, 2020, https:// www.mayoclinic.org/stool-color/expert-answers/faq-20058080.

Prinsenberg, Tamara, Sjoerd Rebers, Anders Boyd, Freke Zuure, Maria Prins, Marc van der Valk, and Janke Schinkel. "Dried Blood Spot Self-Sampling at Home Is a Feasible Technique for Hepatitis C RNA detection." *PLoS One* 15, no. 4 (2020): e0231385.

Rao, Satish S.C., Kimberly Welcher, Bridget Zimmerman, and Phyllis Stumbo. "Is Coffee a Colonic Stimulant?" *European Journal of Gastroenterology & Hepatology* 10, no. 2 (1998): 113-118.

Rosenberg, Steven. "Stalin 'Used Secret Laboratory to Analyse Mao's Excrement.'" *BBC News.* January 28, 2016.

Saeidnia, Soodabeh and Azadeh Manayi. "Phenolphthalein." In *Encyclopedia of Toxicology* (Third Edition). 877-880. Cambridge, Massachusetts: Academic Press, 2014.

Sakakibara, Ryuji, Kuniko Tsunoyama, Hiroyasu Hosoi, Osamu Takahashi, Megumi Sugiyama, Masahiko Kishi, Emina Ogawa, Hitoshi Terada, Tomoyuki Uchiyama, and Tomonori Yamanishi. "Influence of Body Position on Defecation in Humans." *LUTS: Lower Urinary Tract Symptoms* 2, no. 1 (2010): 16-21.

Sberro, Hila, Brayon J. Fremin, Soumaya Zlitni, Fredrik Edfors, Nicholas Greenfield, Michael P. Snyder, Georgios A. Pavlopoulos, Nikos C. Kyrpides, and Ami S. Bhatt. "Large-Scale Analyses of Human Microbiomes Reveal Thousands of Small, Novel Genes." *Cell* 178, no. 5 (2019): 1245-1259.

Scudellari, Megan. "Cleaning up the Hygiene Hypothesis." *Proceedings of the National Academy of Sciences of the United States of America.* 114, no. 7 (2017): 1433-1436.

Sethi, Saurabh. "Squatting: A Forgotten Natural Instinct to Prevent Hemorrhoids!" *American Journal of Gastroenterology* 105 (2010): S142.

Sheth, Anish, and Josh Richman. *What's Your Baby's Poo Telling You?: A Bottoms-Up Guide to Your Baby's Health.* New York: Avery, 2014.

Shirasu, Mika, and Kazushige Touhara. "The Scent of Disease: Volatile Organic Compounds of the Human Body Related to Disease and Disorder." T*he Journal of Biochemistry* 150, no. 3 (2011): 257-266.

Sikirov, Berko A. "Etiology and Pathogenesis of Diverticulosis Coli: A New Approach." *Medical Hypotheses* 26, no. 1 (1988): 17-20.

Sikirov, Dov. "Comparison of Straining During Defecation in Three Positions: Results and Implications for Human Health." *Digestive Diseases and Sciences* 48, no. 7 (2003): 1201-1205.

Specter, Michael. "The Operator." *The New Yorker.* January 27, 2013.

Squatty Potty. "This Unicorn Changed the Way I Pooped." *YouTube.* October 6, 2015. Stanford Medicine.

"Bristol Stool Form Scale." Accessed April 20, 2022, https:// pediatricsurgery.stanford.edu/Conditions/ BowelManagement/bristol-stool-form-scale.html.

Stempel, Jonathan. "Co-Founders of San Francisco Biotech Startup uBiome Charged with Fraud." *Reuters*. March 18, 2021.

Taft, Diana H., Jinxin Liu, Maria X. Maldonado-Gomez, Samir Akre, M. Nazmul Huda, S. M. Ahmad, Charles B. Stephensen, and David A. Mills. "Bifidobacterial Dominance of the Gut in Early Life and Acquisition of Antimicrobial Resistance." *MSphere* 3, no. 5 (2018): e00441-18.

Tamana, Sukhpreet K., Hein M. Tun, Theodore Konya, Radha S. Chari, Catherine J. Field, David S. Guttman, Allan B. Becker et al. "Bacteroides-Dominant Gut Microbiome of Late Infancy Is Associated with Enhanced Neurodevelopment." *Gut Microbes* 13, no. 1 (2021): 1930875.

Taylor, Maureen T., Janine McCready, George Broukhanski, Sakshi Kirpalaney, Haydon Lutz, and Jeff Powis. "Using Dog Scent Detection as a Point-of-Care Tool to Identify Toxigenic Clostridium difficile in Stool." *Open Forum Infectious Diseases* 5, no. 8 (2018): ofy179.

"The Myth of IgG Food Panel Testing." American Academy of Allergy, Asthma & Immunology, September 28, 2020, https://www.aaaai.org/tools-for-the-public/conditions-library/allergies/igg-food-test.

Thompson, Henry J., and Mark A. Brick. "Perspective: Closing the Dietary Fiber Gap: An Ancient Solution for a 21st Century Problem." *Advances in Nutrition* 7, no. 4 (2016): 623-626.

Tsai, Pei-Yun, Bingkun Zhang, Wei-Qi He, Juan-Min Zha, Matthew A. Odenwald, Gurminder Singh, Atsushi Tamura et al. "IL-22 Upregulates Epithelial Claudin-2 to Drive Diarrhea and Enteric Pathogen Clearance." *Cell Host & Microbe* 21, no. 6 (2017): 671-681.

Tucker, Jenna, Tessa Fischer, Laurence Upjohn, David Mazzera, and Madhur Kumar. "Unapproved Pharmaceutical Ingredients Included in Dietary Supplements Associated with US Food and Drug Administration Warnings." JAMA *Network Open* 1, no. 6 (2018): e183337-e183337.

U.S. Food and Drug Administration. "Direct-to-Consumer Tests." Accessed April 20, 2022, https://www.fda.gov/ medical-devices/in-vitro-diagnostics/direct-consumer-tests.

U.S. Food and Drug Administration. "Questions and Answers about FDA's Initiative against Contaminated Weight Loss Products." Accessed April 20, 2022, https:// www.fda.gov/drugs/questions-answers/questions-and-answers-about-fdas-initiative-against-contaminated-weight-loss-products.

U.S. Preventive Services Task Force. "Final Recommendation Statement. Thyroid Dysfunction: Screening." Last modified March 24, 2015, https://www.uspreventive servicestaskforce.org/uspstf/recommendation/thyroid-dysfunction-screening.

U.S. Preventive Services Task Force. "Final Recommendation Statement. Vitamin D Deficiency in Adults: Screening." Last modified April 13, 2021, https:// www.uspreventiveservicestaskforce.org/uspstf/ recommendation/vitamin-d-deficiency-screening.

Vandenplas, Yvan, Hania Szajewska, Marc Benninga, Carlo Di Lorenzo, Christophe Dupont, Christophe Faure, Mohamed Miqdadi et al. "Development of the Brussels Infant and Toddler Stool Scale ('BITSS'): Protocol of the Study." *BMJ Open* 7, no. 3 (2017): e014620.

Wastyk, Hannah C., Gabriela K. Fragiadakis, Dalia Perelman, Dylan Dahan, Bryan D. Merrill, B. Yu Feiqiao, Madeline Topf et al. "Gut-Microbiota-Targeted Diets Modulate Human Immune Status." *Cell* 184, no. 16 (2021): 4137-4153.

Whorton, James. "Civilisation and the Colon: Constipation as the 'Disease of Diseases.'" *BMJ* 321, no. 7276 (2000): 1586-1589.

World Health Organization. "Coronavirus Disease (COVID-19) Advice for the Public: Mythbusters." January 19, 2022, https://www.who.int/emergencies/diseases/novel-coronavirus-2019/advice-for-public/myth-busters.

Wypych, Tomasz P., Céline Pattaroni, Olaf Perdijk, Carmen Yap, Aurélien Trompette, Dovile Anderson, Darren J. Creek, Nicola L. Harris, and Benjamin J. Marsland. "Microbial Metabolism of L-Tyrosine Protects against Allergic Airway Inflammation." *Nature Immunology* 22, no. 3 (2021): 279-286.

Yabe, John, Shouta MM Nakayama, Yoshinori Ikenaka, Yared B. Yohannes, Nesta Bortey-Sam, Abel Nketani Kabalo, John Ntapisha, Hazuki Mizukawa, Takashi Umemura, and Mayumi Ishizuka. "Lead and Cadmium

Excretion in Feces and Urine of Children from Polluted Townships near a Lead-Zinc Mine in Kabwe, Zambia." *Chemosphere* 202 (2018): 48-55.

Zarrell, Rachel. "People Who Ate Burger King's Black Whopper Said It Turned Their Poop Green." *BuzzFeed*. October 5, 2015.

CHAPTER 6 모니터

Aburto, José Manuel, Jonas Schöley, Ilya Kashnitsky, Luyin Zhang, Charles Rahal, Trifon I. Missov, Melinda C. Mills, Jennifer B. Dowd, and Ridhi Kashyap. "Quantifying Impacts of the COVID-19 Pandemic Through Life-Expectancy Losses: A Population-Level Study of 29 Countries." *International Journal of Epidemiology* 51, no. 1 (2022): 63-74.

Albert, Sandra, Alba Ruíz, Javier Pemán, Miguel Salavert, and Pilar Domingo-Calap. "Lack of Evidence for Infectious SARS-CoV-2 in Feces and Sewage." *European Journal of Clinical Microbiology & Infectious Diseases* 40, no. 12 (2021): 2665-2667. Aghamohammadi, Asghar, Hassan Abolhassani, Necil Kutukculer, Steve G. Wassilak, Mark A. Pallansch, Samantha Kluglein, Jessica Quinn et al. "Patients with Primary Immunodeficiencies Are a Reservoir of Poliovirus and a Risk to Polio Eradication." *Frontiers in Immunology* 8 (2017): 685.

Ahmed, Warish, Nicola Angel, Janette Edson, Kyle Bibby, Aaron Bivins, Jake W. O'Brien, Phil M. Choi et al. "First Confirmed Detection of SARS-CoV-2 in Untreated Wastewater in Australia: a Proof of Concept for the Wastewater Surveillance of COVID-19 in the Community." *Science of the Total Environment* 728 (2020): 138764.

Ahmed, Warish, Paul M. Bertsch, Nicola Angel, Kyle Bibby, Aaron Bivins, Leanne Dierens, Janette Edson et al. "Detection of SARS-CoV-2 RNA in Commercial Passenger Aircraft and Cruise Ship Wastewater: A Surveillance Tool for Assessing the Presence of COVID-19 Infected Travellers." *Journal of Travel Medicine* 27, no. 5 (2020): taaa116.

Avadhanula, Vasanthi, Erin G. Nicholson, Laura Ferlic-Stark, Felipe-Andres Piedra, Brittani N. Blunck, Sonia Fragoso, Nanette L. Bond et al. "Viral Load of Severe Acute Respiratory Syndrome Coronavirus 2 in Adults during the First and Second Wave of Coronavirus Disease 2019 Pandemic in Houston, Texas: The Potential of the Superspreader." *The Journal of Infectious Diseases* 223, no. 9 (2021): 1528-1537.

Azzoni, Tales, and Andrew Dampf. "Game Zero: Spread of Virus Linked to Champions League Match." *Associated Press*. March 25, 2020.

Bedford, Trevor, Alexander L. Greninger, Pavitra Roychoudhury, Lea M. Starita, Michael Famulare, Meei-Li Huang, Arun Nalla et al. "Cryptic Transmission of SARS-CoV-2 in Washington State." *Science* 370, no. 6516 (2020): 571-575.

Betancourt, Walter Q., Bradley W. Schmitz, Gabriel K. Innes, Sarah M. Prasek, Kristen M. Pogreba Brown, Erika R. Stark, Aidan R. Foster et al. "COVID-19 Containment on a College Campus via Wastewater-Based Epidemiology, Targeted Clinical Testing and an Intervention." *Science of The Total Environment* 779 (2021): 146408.

Bibby, Kyle, Katherine Crank, Justin Greaves, Xiang Li, Zhenyu Wu, Ibrahim A. Hamza, and Elyse Stachler. "Metagenomics and the Development of Viral Water Quality Tools." *NPJ Clean Water* 2, no. 1 (2019): 1-13.

Bieler, Des. " 'A Biological Bomb': Soccer Match in Italy Linked to Epicenter of Deadly Outbreak." *The Washington Post*. March 25, 2020.

Biobot Analytics. "How Many People Are Infected with COVID-19? Sewage Suggests That Number Is Much Higher than Officially Confirmed." *Medium*. April 8, 2020.

Brouwer, Andrew F., Joseph NS Eisenberg, Connor D. Pomeroy, Lester M. Shulman, Musa Hindiyeh, Yossi Manor, Itamar Grotto, James S. Koopman, and Marisa C. Eisenberg. "Epidemiology of the Silent Polio Outbreak in Rahat, Israel, Based on Modeling of Environmental Surveillance Data." *Proceedings of the National Academy of Sciences* 115, no. 45 (2018): E10625-E10633.

Brueck, Hilary. "COVID-19 Experts Say Omicron is Peaking in the US, Citing Data from Poop Samples." *Business Insider*. January 12, 2022.

Burgard, Daniel A., Jason Williams, Danielle Westerman, Rosie Rushing, Riley Carpenter, Addison LaRock, Jane Sadetsky et al. "Using Wastewater–Based Analysis to Monitor the Effects of Legalized Retail Sales on Cannabis Consumption in Washington State, USA." *Addiction* 114, no. 9 (2019): 1582–1590.

Choi, Phil M., Benjamin Tscharke, Saer Samanipour, Wayne D. Hall, Coral E. Gartner, Jochen F. Mueller, Kevin V. Thomas, and Jake W. O'Brien. "Social, Demographic, and Economic Correlates of Food and Chemical Consumption Measured by Wastewater–Based Epidemiology." *Proceedings of the National Academy of Sciences* 116, no. 43 (2019): 21864–21873.

Cima, Greg. "Pandemic Prevention Program Ending after 10 Years." *JAVMA News*. January 2, 2020.

Cohen, Elizabeth. "China Says Coronavirus Can Spread Before Symptoms Show— Calling into Question US Containment Strategy." *CNN*. January 26, 2020.

Crank, K., W. Chen, A. Bivins, S. Lowry, and K. Bibby. "Contribution of SARS-CoV-2 RNA Shedding Routes to RNA Loads in Wastewater." *Science of The Total Environment* 806 (2022): 150376.

Devoid, Alex. "Pima County Braces for Rise in COVID-19 Cases As Arizona Continues to See Increase." *Tucson. com*. October 27, 2020.

Endo, Norkio, Newsha Ghaeli, Claire Duvallet, Katelyn Foppe, Timothy B. Erickson, Mariana Matus, and Peter R. Chai. "Rapid Assessment of Opioid Exposure and Treatment in Cities Through Robotic Collection and Chemical Analysis of Wastewater." *Journal of Medical Toxicology* 16, no. 2 (2020): 195–203.

Engelhart, Katie. "What Happened in Room 10?" *California Sunday*. August 23, 2020.

European Monitoring Centre for Drugs and Drug Addition. *European Drug Report 2016: Trends and Developments*. Luxembourg: Publications Office of the European Union, 2016.

Fink, Sheri, and Mike Baker. " 'It's Just Everywhere Already': How Delays in Testing Set Back the U.S. Coronavirus Response." *New York Times*. March 10, 2020.

Giacobbo, Alexandre, Marco Antônio Siqueira Rodrigues, Jane Zoppas Ferreira, Andréa Moura Bernardes, and Maria Norberta de Pinho. "A Critical Review on SARS-CoV-2 Infectivity in Water and Wastewater. What Do We Know?" *Science of The Total Environment* 774 (2021): 145721.

Graham, Katherine E., Stephanie K. Loeb, Marlene K. Wolfe, David Catoe, Nasa Sinnott-Armstrong, Sooyeol Kim, Kevan M. Yamahara et al. "SARS-CoV-2 RNA in Wastewater Settled Solids is Associated with COVID-19 Cases in a Large Urban Sewershed." *Environmental Science & Technology* 55, no. 1 (2020): 488–498.

Grange, Zoë L., Tracey Goldstein, Christine K. Johnson, Simon Anthony, Kirsten Gilardi, Peter Daszak, Kevin J. Olival et al. "Ranking the Risk of Animal-to-Human Spillover for Newly Discovered Viruses." *Proceedings of the National Academy of Sciences* 118, no. 15 (2021).

Gundy, Patricia M., Charles P. Gerba, and Ian L. Pepper. "Survival of Coronaviruses in Water and Wastewater." *Food and Environmental Virology* 1, no. 1 (2009): 10–14.

Hess, Peter. "Scientists Can Tell How Wealthy You Are by Examining Your Sewage." *Inverse*. October 9, 2019.

Hjelmsø, Mathis Hjort, Sarah Mollerup, Randi Holm Jensen, Carlotta Pietroni, Oksana Lukjancenko, Anna Charlotte Schultz, Frank M. Aarestrup, and Anders Johannes Hansen. "Metagenomic Analysis of Viruses in Toilet Waste from Long Distance Flights—A New Procedure for Global Infectious Disease Surveillance." *PLoS One* 14, no. 1 (2019): e0210368.

Johnson, Gene. "Gee Whiz: Testing of Tacoma Sewage Confirms Rise in Marijuana Use." *The Seattle Times*. June 24, 2019.

Karimi, Faith, Mallika Kallingal, and Theresa Waldrop. "Second Coronavirus Death in Washington State as Number of Cases Rises to 13." *CNN*. March 1, 2020.

Kaufman, Rachel. "Sewage May Hold the Key to Tracking Opioid Abuse." *Smithsonian Magazine*. August 22, 2018.

Kim, Sooyeol, Lauren C. Kennedy, Marlene K. Wolfe, Craig S. Criddle, Dorothea H. Duong, Aaron Topol, Bradley J. White et al. "SARS-CoV-2 RNA Is Enriched by Orders of Magnitude in Primary Settled Solids Relative to Liquid Wastewater at Publicly Owned Treatment Works." *Environmental Science: Water Research &*

Technology (2022).

Kirby, Amy E., Maroya Spalding Walters, Wiley C. Jennings, Rebecca Fugitt, Nathan LaCross, Mia Mattioli, Zachary A. Marsh et al. "Using Wastewater Surveillance Data to Support the COVID-19 Response—United States, 2020-2021." *Morbidity and Mortality Weekly Report* 70, no. 36 (2021): 1242.

Kitajima, Masaaki, Hannah P. Sassi, and Jason R. Torrey. "Pepper Mild Mottle Virus as a Water Quality Indicator." *NPJ Clean Water* 1, no. 1 (2018): 1-9.

Kling, C., G. Olin, J. Fåhraeus, and G. Norlin. "Sewage as a Carrier and Disseminator of Poliomyelitis Virus. Part I. Searching for Poliomyelitis Virus in Stockholm Sewage." *Acta Medica Scandinavica* 112, no. 3-4 (1942): 217-49.

Kling, C., G. Olin, J. Fåhraeus, and G. Norlin. "Sewage as a Carrier and Disseminator of Poliomyelitis Virus. Part II. Studies on the Conditions of Life of Poliomyelitis Virus outside the Human Organism." *Acta Medica Scandinavica* 112, no. 3-4 (1942): 250-63.

Komar, Nicholas, Stanley Langevin, Steven Hinten, Nicole Nemeth, Eric Edwards, Danielle Hettler, Brent Davis, Richard Bowen, and Michel Bunning. "Experimental Infection of North American Birds with the New York 1999 Strain of West Nile Virus." *Emerging Infectious Diseases* 9, no. 3 (2003): 311.

La Rosa, Giuseppina, Marcello Iaconelli, Pamela Mancini, Giusy Bonanno Ferraro, Carolina Veneri, Lucia Bonadonna, Luca Lucentini, and Elisabetta Suffredini. "First Detection of SARS-CoV-2 in Untreated Wastewaters in Italy." *Science of The Total Environment* 736 (2020): 139652.

La Rosa, Giuseppina, Pamela Mancini, Giusy Bonanno Ferraro, Carolina Veneri, Marcello Iaconelli, Lucia Bonadonna, Luca Lucentini, and Elisabetta Suffredini. "SARS-CoV-2 Has Been Circulating in Northern Italy Since December 2019: Evidence from Environmental Monitoring." *Science of the Total Environment* 750 (2021): 141711.

Larsen, David A., and Krista R. Wigginton. "Tracking COVID-19 with Wastewater." *Nature Biotechnology* 38, no. 10 (2020): 1151-1153.

Lusk, Jayson L., and Ranveer Chandra. "Farmer and Farm Worker Illnesses and Deaths from COVID-19 and Impacts on Agricultural Output." *Plos One* 16, no. 4 (2021): e0250621.

Ma, Qiuyue, Jue Liu, Qiao Liu, Liangyu Kang, Runqing Liu, Wenzhan Jing, Yu Wu, and Min Liu. "Global Percentage of Asymptomatic SARS-CoV-2 Infections among the Tested Population and Individuals with Confirmed COVID-19 Diagnosis: A Systematic Review and Meta-Analysis." *JAMA Network Open* 4, no. 12 (2021): e2137257.

Macklin, Grace, Ousmane M. Diop, Asghar Humayun, Shohreh Shahmahmoodi, Zeinab A. El-Sayed, Henda Triki, Gloria Rey et al. "Update on Immunodeficiency-Associated Vaccine-Derived Polioviruses—Worldwide, July 2018-December 2019." *Morbidity and Mortality Weekly Report* 69, no. 28 (2020): 913.

Macklin, G. R., K. M. O'Reilly, N. C. Grassly, W. J. Edmunds, O. Mach, R. Santhana Gopala Krishnan, A. Voorman et al. "Evolving Epidemiology of Poliovirus Serotype 2 Following Withdrawal of the Serotype 2 Oral Poliovirus Vaccine." *Science* 368, no. 6489 (2020): 401-405.

Mancini, Pamela, Giusy Bonanno Ferraro, Elisabetta Suffredini, Carolina Veneri, Marcello Iaconelli, Teresa Vicenza, and Giuseppina La Rosa. "Molecular Detection of Human Salivirus in Italy Through Monitoring of Urban Sewages." *Food and Environmental Virology* 12, no. 1 (2020): 68-74.

McKinney, Kelly R., Yu Yang Gong, and Thomas G. Lewis. "Environmental Transmission of SARS at Amoy Gardens." *Journal of Environmental Health* 68, no. 9 (2006): 26.

McMichael, Temet M., Dustin W. Currie, Shauna Clark, Sargis Pogosjans, Meagan Kay, Noah G. Schwartz, James Lewis et al. "Epidemiology of Covid-19 in a LongTerm Care Facility in King County, Washington." *New England Journal of Medicine* 382, no. 21 (2020): 2005-2011.

McNeil, Megan. "Wastewater Epidemiology Used to Stave off Lettuce Shortage." *KOLD News 13*. January 21, 2021.

Medema, Gertjan, Leo Heijnen, Goffe Elsinga, Ronald Italiaander, and Anke Brouwer. "Presence of SARS-Coronavirus-2 RNA in Sewage and Correlation with Reported COVID-19 Prevalence in the Early Stage of the Epidemic in The Netherlands." *Environmental Science & Technology Letters* 7, no. 7 (2020): 511-516.

Medrano, Kastalia. "Huge European Poop Study Shows Amsterdam's MDMA Is Strong and Spain Likes Cocaine." *Inverse*. May 31, 2016.

Melnick, Joseph L. "Poliomyelitis Virus in Urban Sewage in Epidemic and in Nonepidemic Times." *American Journal of Hygiene* 45, no. 2 (1947): 240-253.

Nelson, Bryn. "America Botched Coronavirus Testing. We're About to Find Out Just How Badly." *Daily Beast*. March 18, 2020.

Nelson, Bryn. "Coronavirus Patient Had Close Contact With 16 in Washington State." *Daily Beast*. January 22, 2020.

Nelson, Bryn. "Seattle's Covid-19 Lessons Are Yielding Hope." *BMJ* 369 (2020): m1389.

Nelson, Bryn. "The Next Coronavirus Nightmare Is Closer Than You Think." *Daily Beast*. January 29, 2020.

Nordahl Petersen, Thomas, Simon Rasmussen, Henrik Hasman, Christian Carøe, Jacob Bælum, Anna Charlotte Schultz, Lasse Bergmark et al. "Meta-Genomic Analysis of Toilet Waste from Long Distance Flights; A Step Towards Global Surveillance of Infectious Diseases and Antimicrobial Resistance." *Scientific Reports* 5, no. 1 (2015): 1-9.

O'Reilly, Kathleen M., David J. Allen, Paul Fine, and Humayun Asghar. "The Challenges of Informative Wastewater Sampling for SARS-CoV-2 Must Be Met: Lessons from Polio Eradication." *The Lancet Microbe* 1, no. 5 (2020): e189-e190.

Parasa, Sravanthi, Madhav Desai, Viveksandeep Thoguluva Chandrasekar, Harsh K. Patel, Kevin F. Kennedy, Thomas Roesch, Marco Spadaccini et al. "Prevalence of Gastrointestinal Symptoms and Fecal Viral Shedding in Patients with Coronavirus Disease 2019: A Systematic Review and Meta-Analysis." *JAMA Network Open* 3, no. 6 (2020): e2011335-e2011335.

Paul, John R., James D. Trask, and Sven Gard. "II. Poliomyelitic Virus in Urban Sewage." *The Journal of Experimental Medicine* 71, no. 6 (1940): 765-777.

Peccia, Jordan, Alessandro Zulli, Doug E. Brackney, Nathan D. Grubaugh, Edward H. Kaplan, Arnau Casanovas-Massana, Albert I. Ko et al. "Measurement of SARS-CoV-2 RNA in Wastewater Tracks Community Infection Dynamics." *Nature Biotechnology* 38, no. 10 (2020): 1164-1167.

Pineda, Paulina, and Rachel Leingang. "University of Arizona Wastewater Testing Finds Virus at Dorm, Prevents Outbreak." *Arizona Republic*. August 27, 2020.

"Record Rat Invasion in Stockholm." *Radio Sweden*. November 27, 2014.

Sagan, Carl, and Ann Druyan. *The Demon-Haunted World: Science as a Candle in the Dark*. New York: Random House, 1996.

Sah, Pratha, Meagan C. Fitzpatrick, Charlotte F. Zimmer, Elaheh Abdollahi, Lyndon Juden-Kelly, Seyed M. Moghadas, Burton H. Singer, and Alison P. Galvani. "Asymptomatic SARS-CoV-2 infection: A Systematic Review and Meta-Analysis." *Proceedings of the National Academy of Sciences* 118, no. 34 (2021): e2109229118.

Seymour, Christopher. "Stockholm—The Rat Capital of Scandinavia?" *The Local*. October 8, 2008.

Shumaker, Lisa. "U.S. Shatters Coronavirus Record with over 77,000 Cases in a Day." *Reuters*. July 16, 2020.

"Sifting Through Garbage For Clues on American Life." *New York Times*. March 6, 1976.

Strubbia, Sofia, My VT Phan, Julien Schaeffer, Marion Koopmans, Matthew Cotten, and Françoise S. Le Guyader. "Characterization of Norovirus and other Human Enteric Viruses in Sewage and Stool Samples Through Next-Generation Sequencing." *Food and Environmental Virology* 11, no. 4 (2019): 400-409.

Suffredini, E., M. Iaconelli, M. Equestre, B. Valdazo-González, A. R. Ciccaglione, C. Marcantonio, S. Della Libera, F. Bignami, and G. La Rosa. "Genetic Diversity among Genogroup II Noroviruses and Progressive Emergence of GII. 17 in Wastewaters in Italy (2011-2016) Revealed by Next-Generation and Sanger Sequencing." *Food and Environmental Virology* 10, no. 2 (2018): 141-150.

Symonds, E. M., Karena H. Nguyen, V. J. Harwood, and Mya Breitbart. "Pepper Mild Mottle Virus: A Plant Pathogen with a Greater Purpose in (Waste) Water Treatment Development and Public Health Management." *Water Research* 144 (2018): 1-12.

Tai, Don Bambino Geno, Aditya Shah, Chyke A. Doubeni, Irene G. Sia, and Mark L. Wieland. "The

Disproportionate Impact of COVID-19 on Racial and Ethnic Minorities in the United States." *Clinical Infectious Diseases* 72, no. 4 (2021): 703-706.

Vere Hodge, R. Anthony. "Meeting Report: 30th International Conference on Antiviral Research, in Atlanta, GA, USA." *Antiviral Chemistry & Chemotherapy 26* (2018): 2040206618783924.

Wu, Fuqing, Jianbo Zhang, Amy Xiao, Xiaoqiong Gu, Wei Lin Lee, Federica Armas, Kathryn Kauffman et al. "SARS-CoV-2 Titers in Wastewater are Higher Than Expected from Clinically Confirmed Cases." *Msystems* 5, no. 4 (2020): e00614-20.

Ye, Yinyin, Robert M. Ellenberg, Katherine E. Graham, and Krista R. Wigginton. "Survivability, Partitioning, and Recovery of Enveloped Viruses in Untreated Municipal Wastewater." *Environmental Science & Technology* 50, no. 10 (2016): 5077-5085.

Yong, Ed. "America Is Trapped in a Pandemic Spiral." *The Atlantic*. September 9, 2020.

Yu, Ignatius TS, Yuguo Li, Tze Wai Wong, Wilson Tam, Andy T. Chan, Joseph HW Lee, Dennis YC Leung, and Tommy Ho. "Evidence of Airborne Transmission of the Severe Acute Respiratory Syndrome Virus." *New England Journal of Medicine* 350, no. 17 (2004): 1731-1739.

Zhang, Tao, Mya Breitbart, Wah Heng Lee, Jin-Quan Run, Chia Lin Wei, Shirlena Wee Ling Soh, Martin L. Hibberd, Edison T. Liu, Forest Rohwer, and Yijun Ruan. "RNA Viral Community in Human Feces: Prevalence of Plant Pathogenic Viruses." *PLoS Biology* 4, no. 1 (2006): e3.

Zhang, Yawen, Mengsha Cen, Mengjia Hu, Lijun Du, Weiling Hu, John J. Kim, and Ning Dai. "Prevalence and Persistent Shedding of Fecal SARS-CoV-2 RNA in Patients with COVID-19 Infection: A Systematic Review and Meta-Analysis." *Clinical and Translational Gastroenterology* 12, no. 4 (2021): e00343.

CHAPTER 7 전형

Angelakis, E., D. Bachar, M. Yasir, D. Musso, Félix Djossou, B. Gaborit, S. Brah et al. "Treponema Species Enrich the Gut Microbiota of Traditional Rural Populations but Are Absent from Urban Individuals." *New Microbes and New Infections* 27 (2019): 14-21.

Aversa, Zaira, Elizabeth J. Atkinson, Marissa J. Schafer, Regan N. Theiler, Walter A. Rocca, Martin J. Blaser, and Nathan K. LeBrasseur. "Association of Infant Antibiotic Exposure with Childhood Health Outcomes." *Mayo Clinic Proceedings* 96, no. 1 (2021): 66-77.

Blaser, Martin J. "Antibiotic Use and its Consequences for the Normal Microbiome." *Science* 352, no. 6285 (2016): 544-545.

Blaser, Martin J. *Missing Microbes: How the Overuse of Antibiotics Is Fueling Our Modern Plagues*. New York: Henry Holt, 2014.

Cepon-Robins, Tara J., Theresa E. Gildner, Joshua Schrock, Geeta Eick, Ali Bedbury, Melissa A. Liebert, Samuel S. Urlacher et al. "Soil-Transmitted Helminth Infection and Intestinal Inflammation Among the Shuar of Amazonian Ecuador." *American Journal of Physical Anthropology* 170, no. 1 (2019): 65-74.

Chauhan, Ashish, Ramesh Kumar, Sanchit Sharma, Mousumi Mahanta, Sudheer K. Vayuuru, Baibaswata Nayak, and Sonu Kumar. "Fecal Microbiota Transplantation in Hepatitis B E Antigen-Positive Chronic Hepatitis B Patients: A Pilot Study." *Digestive Diseases and Sciences* 66, no. 3 (2021): 873-880.

Chou, Han-Hsuan, Wei-Hung Chien, Li-Ling Wu, Chi-Hung Cheng, Chen-Han Chung, Jau-Haw Horng, Yen-Hsuan Ni et al. "Age-Related Immune Clearance of Hepatitis B Virus Infection Requires the Establishment of Gut Microbiota." ProW_ ceedings of the National Academy of Sciences 112, no. 7 (2015): 2175-2180.

Clemente, Jose C., Erica C. Pehrsson, Martin J. Blaser, Kuldip Sandhu, Zhan Gao, Bin Wang, Magda Magris et al. "The Microbiome of Uncontacted Amerindians." *Science Advances* 1, no. 3 (2015): e1500183.

Cummings, J. H., W. Branch, D. J. A. Jenkins, D. A. T. Southgate, Helen Houston, and W. P. T. James. "Colonic Response to Dietary Fibre from Carrot, Cabbage, Apple, Bran, and Guar Gum." *The Lancet* 311, no. 8054 (1978): 5-9.

Curry, Andrew. "Piles of Ancient Poop Reveal 'Extinction Event' in Human Gut Bacteria." *Science*. May 12, 2021.

Davido, B., R. Batista, H. Fessi, H. Michelon, L. Escaut, C. Lawrence, M. Denis, C. Perronne, J. Salomon, and A. Dinh. "Fecal Microbiota Transplantation to Eradicate Vancomycin-Resistant Enterococci Colonization in Case of an Outbreak." *Médecine Et Maladies Infectieuses* 49, no. 3 (2019): 214-218.

El-Salhy, Magdy, Jan Gunnar Hatlebakk, Odd Helge Gilja, Anja Bråthen Kristoffersen, and Trygve Hausken. "Efficacy of Faecal Microbiota Transplantation for Patients with Irritable Bowel Syndrome in a Randomised, Double-Blind, Placebo-Controlled Study." *Gut* 69, no. 5 (2020): 859-867.

Fauconnier, Alan. "Phage Therapy Regulation: From Night to Dawn." *Viruses* 11, no.4 (2019): 352.

Furfaro, Lucy L., Matthew S. Payne, and Barbara J. Chang. "Bacteriophage Therapy: Clinical Trials and Regulatory Hurdles." *Frontiers in Cellular and Infection Microbiology* (2018): 376.

Gerson, Jacqueline, Austin Wadle, and Jasmine Parham. "Gold Rush, Mercury Legacy: Small-Scale Mining for Gold Has Produced Long-Lasting Toxic Pollution, from 1860s California to Modern Peru." *The Conversation.* May 28, 2020.

Ghorayshi, Azeen. "Her Husband Was Dying From A Superbug. She Turned To Sewer Viruses Collected By The Navy." *BuzzFeed News.* May 6, 2017.

Groussin, Mathieu, Mathilde Poyet, Ainara Sistiaga, Sean M. Kearney, Katya Moniz, Mary Noel, Jeff Hooker et al. "Elevated Rates of Horizontal Gene Transfer in the Industrialized Human Microbiome." *Cell* 184, no. 8 (2021): 2053-2067.

Iida, Toshiya, Moriya Ohkuma, Kuniyo Ohtoko, and Toshiaki Kudo. "Symbiotic Spirochetes in the Termite Hindgut: Phylogenetic Identification of Ectosymbiotic Spirochetes of Oxymonad Protists." *FEMS Microbiology Ecology* 34, no. 1 (2000): 17-26.

Lam, Nguyet-Cam, Patricia B. Gotsch, and Robert C. Langan. "Caring for Pregnant Women and Newborns with Hepatitis B or C." *American Family Physician* 82, no.10 (2010): 1225-1229.

Laporte, Dominique. *History of Shit.* Translated by Nadia Benadbid and Rodolphe el-Khoury. Cambridge, Massachusetts: MIT Press, 2002.

Linden, S. K., P. Sutton, N. G. Karlsson, V. Korolik, and M. A. McGuckin. "Mucins in the Mucosal Barrier to Infection." *Mucosal Immunology* 1, no. 3 (2008): 183-197.

Louca, Stilianos, Patrick M. Shih, Matthew W. Pennell, Woodward W. Fischer, Laura Wegener Parfrey, and Michael Doebeli. "Bacterial Diversification Through Geological Time." *Nature Ecology & Evolution* 2, no. 9 (2018): 1458-1467.

Maizels, Rick M. "Parasitic Helminth Infections and the Control of Human Allergic and Autoimmune Disorders." *Clinical Microbiology and Infection* 22, no. 6 (2016): 481-486.

Matson, Richard G., and Brian Chisholm. "Basketmaker II Subsistence: Carbon Isotopes and Other Dietary Indicators from Cedar Mesa, Utah." *American Antiquity* 56, no. 3 (1991): 444-459.

Milhorance, Flávia. "Yanomami Beset by Violent Land-Grabs, Hunger and Disease in Brazil." *The Guardian.* May 17, 2021.

Mitchell, Piers D. "Human Parasites in the Roman World: Health Consequences of Conquering an Empire." *Parasitology* 144, no. 1 (2017): 48-58.

Moayyedi, Paul, Michael G. Surette, Peter T. Kim, Josie Libertucci, Melanie Wolfe, Catherine Onischi, David Armstrong et al. "Fecal Microbiota Transplantation Induces Remission in Patients with Active Ulcerative Colitis in a Randomized Controlled Trial." *Gastroenterology* 149, no. 1 (2015): 102-109.

Nagpal, Ravinder, Tiffany M. Newman, Shaohua Wang, Shalini Jain, James F. Lovato, and Hariom Yadav. "Obesity-Linked Gut Microbiome Dysbiosis Associated with Derangements in Gut Permeability and Intestinal Cellular Homeostasis Independent of Diet." *Journal of Diabetes Research* 2018 (2018): 3462092.

Paraguassu, Lisandra, and Anthony Boadle. "Brazil to Deploy Special Force to Protect the Yanomami from Wildcat Gold Miners." *Reuters.* June 14, 2021.

Park, Young Jun, Jooyoung Chang, Gyeongsil Lee, Joung Sik Son, and Sang Min Park. "Association of Class Number, Cumulative Exposure, and Earlier Initiation of Antibiotics during the First Two-Years of Life with Subsequent Childhood Obesity." *Metabolism* 112 (2020): 154348.

Philips, Dom. " 'Like a Bomb Going Off': Why Brazil's Largest Reserve is Facing Destruction." *The Guardian.*

January 13, 2020.

Popescu, Medeea, Jonas D. Van Belleghem, Arya Khosravi, and Paul L. Bollyky. "Bacteriophages and the Immune System." *Annual Review of Virology* 8 (2021): 415-435.

Poyet, Mathilde, and Mathieu Groussin. "The 'Global Microbiome Conservancy'— Extending Species Conservation to Microbial Biodiversity." *Science for Society*. May 9, 2020.

Ren, Yan-Dan, Zhen-Shi Ye, Liu-Zhu Yang, Li-Xin Jin, Wen-Jun Wei, Yong-Yue Deng, Xiao-Xiao Chen et al. "Fecal Microbiota Transplantation Induces Hepatitis B Virus E-Antigen (HBeAg) Clearance in Patients with Positive HBeAg After Long-Term Antiviral Therapy." *Hepatology* 65, no. 5 (2017): 1765-1768.

Sabin, Susanna, Hui-Yuan Yeh, Aleks Pluskowski, Christa Clamer, Piers D. Mitchell, and Kirsten I. Bos. "Estimating Molecular Preservation of the Intestinal Microbiome via Metagenomic Analyses of Latrine Sediments from Two Medieval Cities." *Philosophical Transactions of the Royal Society B* 375, no. 1812 (2020): 20190576.

Santiago-Rodriguez, Tasha M., Gino Fornaciari, Stefania Luciani, Scot E. Dowd, Gary A. Toranzos, Isolina Marota, and Raul J. Cano. "Gut Microbiome of an 11th century AD Pre-Columbian Andean Mummy." *PloS One* 10, no. 9 (2015): e0138135.

Schooley, Robert T., Biswajit Biswas, Jason J. Gill, Adriana Hernandez-Morales, Jacob Lancaster, Lauren Lessor, Jeremy J. Barr et al. "Development and Use of Personalized Bacteriophage-Based Therapeutic Cocktails to Treat a Patient with a Disseminated Resistant Acinetobacter baumannii Infection." *Antimicrobial Agents and Chemotherapy* 61, no. 10 (2017): e00954-17.

Shaffer, Leah. "Old Friends: The Promise of Parasitic Worms." *Undark*. December 20, 2016.

Sharma, Sapna, and Prabhanshu Tripathi. "Gut Microbiome and Type 2 Diabetes: Where We Are and Where To Go?" *The Journal of Nutritional Biochemistry* 63 (2019): 101-108.

Shillito, Lisa-Marie, John C. Blong, Eleanor J. Green, and Eline N. van Asperen. "The What, How and Why of Archaeological Coprolite Analysis." *Earth-Science Reviews* 207 (2020): 103196.

Singh, Madhu V., Mark W. Chapleau, Sailesh C. Harwani, and Francois M. Abboud. "The Immune System and Hypertension." *Immunologic Research* 59, no. 1 (2014): 243-253.

Skoulding, Lucy. "We Visited a London Curiosity Shop and Found Vintage McDonald's Toys, a Mermaid, and Kylie Minogue's Poo." *MyLondon*. November 30, 2019.

Sonnenburg, Erica D., Samuel A. Smits, Mikhail Tikhonov, Steven K. Higginbottom, Ned S. Wingreen, and Justin L. Sonnenburg. "Diet-Induced Extinctions in the Gut Microbiota Compound over Generations." *Nature* 529, no. 7585 (2016): 212-215.

South Park. 2019. Season 23, Episode 8 "Turd Burglars." Directed by Trey Parker. Aired November 27, 2019 on Comedy Central.

Statovci, Donjete, Mònica Aguilera, John MacSharry, and Silvia Melgar. "The impact of Western Diet and Nutrients on the Microbiota and Immune Response at Mucosal Interfaces." *Frontiers in Immunology* 8 (2017): 838.

Stephen, Alison M., and J. H. Cummings. "The Microbial Contribution to Human Faecal Mass." *Journal of Medical Microbiology* 13, no. 1 (1980): 45-56.

Strathdee, Steffanie, Thomas Patterson, and Teresa Barker. *The Perfect Predator: A Scientist's Race to Save Her Husband from a Deadly Superbug*. New York: Hachette, 2019.

Tall, Alan R., and Laurent Yvan-Charvet. "Cholesterol, Inflammation and Innate Immunity." *Nature Reviews Immunology* 15, no. 2 (2015): 104-116.

Urlacher, Samuel S., Peter T. Ellison, Lawrence S. Sugiyama, Herman Pontzer, Geeta Eick, Melissa A. Liebert, Tara J. Cepon-Robins, Theresa E. Gildner, and J. Josh Snodgrass. "Tradeoffs Between Immune Function and Childhood Growth Among Amazonian Forager-Horticulturalists." *Proceedings of the National Academy of Sciences* 115, no. 17 (2018): E3914-E3921.

Verhagen, Lilly M., Renzo N. Incani, Carolina R. Franco, Alejandra Ugarte, Yeneska Cadenas, Carmen I. Sierra Ruiz, Peter WM Hermans et al. "High Malnutrition Rate in Venezuelan Yanomami Compared to Warao Amerindians and Creoles: Significant Associations with Intestinal Parasites and Anemia." *PLoS One* 8, no. 10

(2013): e77581.

Wibowo, Marsha C., Zhen Yang, Maxime Borry, Alexander Hübner, Kun D. Huang, Braden T. Tierney, Samuel Zimmerman et al. "Reconstruction of Ancient Microbial Genomes from the Human Gut." *Nature* 594, no. 7862 (2021): 234-239.

Wu, Katherine J. "In Collecting Indigenous Feces, A Slew of Sticky Ethics." *Undark*. April 6, 2020.

"Xawara: Tracing the Deadly Path of Covid-19 and Government Negligence in the Yanomami Territory." Yanomami and Ye'kwana Leadership Forum and the Pro-Yanomami and Ye'kwana Network, November 2020.

Xie, Yurou, Zhangran Chen, Fei Zhou, Ligang Chen, Jianquan He, Chuanxing Xiao, Hongzhi Xu, Jianlin Ren, and Xiang Zhang. "IDDF2018-ABS-0201 Faecal Microbiota Transplantation Induced HBSAG Decline in HBEAG Negative Chronic Hepatitis B Patients After Long-Term Antiviral Therapy." (2018): A110-A111.

Yatsunenko, Tanya, Federico E. Rey, Mark J. Manary, Indi Trehan, Maria Gloria Dominguez-Bello, Monica Contreras, Magda Magris et al. "Human Gut Microbiome Viewed Across Age and Geography." *Nature* 486, no. 7402 (2012): 222-227.

Ye, Jianyu, and Jieliang Chen. "Interferon and Hepatitis B: Current and Future Perspectives." *Frontiers in Immunology* 12 (2021): 733364.

Yeh, Hui-Yuan, Aleks Pluskowski, Uldis Kal⁻ejs, and Piers D. Mitchell. "Intestinal Parasites in a Mid-14th Century Latrine from Riga, Latvia: Fish Tapeworm and the Consumption of Uncooked Fish in the Medieval Eastern Baltic Region." *Journal of Archaeological Science* 49 (2014): 83-89.

Yeh, Hui-Yuan, Kay Prag, Christa Clamer, Jean-Baptiste Humbert, and Piers D. Mitchell. "Human Intestinal Parasites from a Mamluk Period Cesspool in the Christian Quarter of Jerusalem: Potential Indicators of Long Distance Travel in the 15th Century AD." *International Journal of Paleopathology* 9 (2015): 69-75.

Yong, Ed. *I Contain Multitudes: The Microbes Within Us and a Grander View of Life.* New York: Ecco, 2016.

CHAPTER 8 자원

Arvin, Jariel. "Norway Wants to Lead on Climate Change. But First It Must Face Its Legacy of Oil and Gas." *Vox*. January 15, 2021.

Asbjørnsen, Peter Christen & Jørgen Engebretsen Moe. *The Complete Norwegian Folktales and Legends of Asbjørnsen & Moe.* Translated by Simon Roy Hughes. 2020.

Baalsrud, Kjell. "Pollution of the Outer Oslofjord." *Water Science and Technology* 24, no. 10 (1991): 321-322.

Beckwith, Martha. *Hawaiian Mythology.* Honolulu: University of Hawai'i Press, 1970.

Bergmo, Per E. S., Erik Lindeberg, Fridtjof Riis, and Wenche T. Johansen. "Exploring Geological Storage Sites for CO2 from Norwegian Gas Power Plants: Johansen Formation." *Physics Procedia* 1, no. 1 (2009): 2945-2952.

Bernton, Hal. "Giant Landfill in Tiny Washington Hamlet Turns Trash to Natural Gas, as Utilities Fight for a Future." *The Seattle Times*. March 4, 2021.

Bevanger, Lars. "First-World Problem? Norway and Sweden Battle over Who Gets to Burn Waste." *DW*. November 23, 2015.

Björn, Annika, Sepehr Shakeri Yekta, Ryan M. Ziels, Karl Gustafsson, Bo H. Svensson, and Anna Karlsson. "Feasibility of OFMSW Co-Digestion with Sewage Sludge for Increasing Biogas Production at Wastewater Treatment Plants." *Euro-Mediterranean Journal for Environmental Integration* 2, no. 1 (2017): 1-10.

Bond, Tom, and Michael R. Templeton. "History and Future of Domestic Biogas Plants in the Developing World." *Energy for Sustainable Development* 15, no. 4 (2011): 347-354.

Cambi. "How Does Thermal Hydrolysis Work?" Accessed April 20, 2022, https://www.cambi.com/what-we-do/thermal-hydrolysis/how-does-thermal-hydrolysis-work/.

Campbell, Kristina. "The Science on Gut Microbiota and Intestinal Gas: Everything You Wanted to Know but Didn't Want to Ask." *ISAPP Science Blog*. March 2, 2020.

Chaudhary, Prem Prashant, Patricia Lynne Conway, and Jørgen Schlundt. "Methanogens in Humans:

Potentially Beneficial or Harmful for Health." *Applied Microbiology and Biotechnology* 102, no. 7 (2018): 3095-3104.

Day, Adrienne. "Waste Not: Addressing the Sanitation and Fuel Need" *DEMAND*. April 3, 2016.

Defenders of Wildlife. "Take Refuge: Tualatin River National Wildlife Refuge." August 2, 2011.

de Souza, Sandro Maquiné, Thierry Denoeux, and Yves Grandvalet. "Recycling experiments for sludge monitoring in waste water treatment." In *2004 IEEE Internal_ tional Conference on Systems, Man and Cybernetics* (IEEE Cat. No. 04CH37583) 2 (2004): 1342-1347.

Doyle, Amanda. "CCS Pilot Phase Successfully Completed on Norwegian Waste-to-Energy Plant." *The Chemical Engineer*. May 20, 2020.

Elliott, Douglas C., Patrick Biller, Andrew B. Ross, Andrew J. Schmidt, and Susanne B. Jones. "Hydrothermal Liquefaction of Biomass: Developments from Batch to Continuous Process." *Bioresource Technology* 178 (2015): 147-156.

European Biogas Initiative. "The Contribution of the Biogas and Biomethane Industries to Medium-Term Greenhouse Gas Reduction Targets and Climate Neutrality by 2050." April 2020.

FirstGroup. "New Bio-Methane Gas Bus Filling Station Opens in Bristol." News release. February 10, 2020, https://www.firstgroupplc.com/news-and-media
/latest-news/2020/10-02-20b.aspx.

FlixBus. "Biogas in Detail: What's Behind Bio-CNG and Bio-LNG?" News release, June 29, 2021. https://corporate.flixbus.com/biogas-in-detail-whats-behind-bio-cng-and-bio-lng/.

Franklin Institute, The. "Benjamin Franklin's Inventions." Accessed April 20, 2022, https://www.fi.edu/benjamin-franklin/inventions.

Geneco. "Case Study: Bio-Bus." Accessed April 20, 2022, https://www.geneco.uk.com/case-studies/bio-bus.

Gonzalez, Ahtziri. "Beyond Bans: Toward Sustainable Charcoal Production in Kenya." *Forests News*. October 30, 2020.

He, Pin Jing. "Anaerobic Digestion: An Intriguing Long History in China." *Waste Management* 30, no. 4 (2010): 549-550.

Hede, Karyn. "The Path to Renewable Fuel Just Got Easier." Pacific Northwest National Laboratory. News release. February 2, 2022, https://www.pnnl.gov/news-media/path-renewable-fuel-just-got-easier.

Hutkins, Robert. "Got Gas? Blame It on Your Bacteria." *ISAPP Science Blog*. September 8, 2016.

"ISAPP Board Members Look Back in Time to Respond to Benjamin Franklin's Suggestion on How to Improve "Natural Discharges of Wind from Our Bodies." *ISAPP News*. January 29, 2021.

Ishaq, Suzanne L., Peter L. Moses, and André-Denis G. Wright. "The Pathology of Methanogenic Archaea in Human Gastrointestinal Tract Disease" In *The Gut Microbiome—Implications for Human Disease*. London: IntechOpen: 2016.

International Biochar Initiative. "Biochar Production and By-Products." Accessed April 20, 2022, https://biochar.international/the-biochar-opportunity/biochar-production-and-by-products/.

Jain, Sarika. "Global Potential of Biogas." World Biogas Association. June 2019. Jensen, Michael. "Cheap Jet Fuel from Biogas." *LinkedIn*. May 3, 2017.

Kirk, Esben. "The Quantity and Composition of Human Colonic Flatus." *Gastroenterology* 12, no. 5 (1949) :782-794.

Klackenberg, Linus. "Biomethane in Sweden—Market Overview and Policies." Swedish Gas Association. March 16, 2021.

Kuenen, J. Gijs. "Anammox Bacteria: From Discovery to Application." *Nature Reviews Microbiology* 6, no. 4 (2008): 320-326.

Levaggi, Laura, Rosella Levaggi, Carmen Marchiori, and Carmine Trecroci. "Waste-to-Energy in the EU: The Effects of Plant Ownership, Waste Mobility, and Decentralization on Environmental Outcomes and Welfare." *Sustainability* 12, no. 14 (2020): 5743.

Metro Vancouver. "Hydrothermal Processing Biocrude Oil for Low Carbon Fuel." May 2020, https://mvupdate.metrovancouver.org/issue-62/hydrothermal-processing-biocrude-oil-for-low-carbon-fuel/.

National Archives. "From Benjamin Franklin to the Royal Academy of Brussels [After 19 May 1780]." Founders Online. Accessed April 20, 2022, https://founders.archives.gov/documents/Franklin/01-32-02-0281.

National Oceanic and Atmospheric Administration. "Despite Pandemic Shutdowns, Carbon Dioxide and Methane Surged in 2020." April 7, 2021.

Nikel, David. "Norway's Climate Plan to Halve Emissions by 2030." *Life In Norway*. January 8, 2021.

Norsk Folkemuseum. "Hygiene." Accessed April 20, 2022, https://norskfolkemu seum.no/en/hygiene.

Oregon Health Authority, Public Health Division. "Climate and Health in Oregon 2020." Accessed April 20, 2022. https://www.oregon.gov/oha/PH/HEALTHY ENVIRONMENTS/CLIMATECHANGE/Pages/profile-report.aspx.

Price, Toby. "Scandinavia Boasts 'World's First' Biogas-Powered Train." *Renewable Energy Magazine*. November 29, 2011.

Rehkopf Smith, Jill. "An Unexpected River Runs Through Western Washington County." *The Oregonian*. October 1, 2009.

Rudek, Joe, and Stefan Schwietzke. "Not All Biogas Is Created Equal." *EDF Blogs*. April 15, 2019.

Sahakian, Ara B., Sam-Ryong Jee, and Mark Pimentel. "Methane and the Gastrointestinal Tract." *Digestive Diseases and Sciences* 55, no. 8 (2010): 2135-2143.

Scania. "Premiere for the First International Biogas Bus." Press release. June 30, 2021, https://www.prnewswire.com/news-releases/premiere-for-the-first-international-biogas-bus-301322876.html.

Scanlan, Pauline D., Fergus Shanahan, and Julian R. Marchesi. "Human Methanogen Diversity and Incidence in Healthy and Diseased Coloni Groups Using mcrA Gene Analysis." *BMC Microbiology* 8, no. 1 (2008): 1-8.

Schindler, David W. "Eutrophication and Recovery in Experimental Lakes: Implications for Lake Management." *Science* 184, no. 4139 (1974): 897-899.

Schuster-Wallace, C.J., C. Wild, and C. Metcalfe. "Valuing Human Waste as an Energy Resource: A Research Brief Assessing the Global Wealth in Waste." United Nations University Institute for Water, Environment and Health. 2015.

Shaw Street, Erin. "A 'Poop Train' from New York Befouled a Small Alabama Town, Until the Town Fought Back." *The Washington Post*. April 20, 2018.

Sola, Phosiso, and Paolo Omar Cerutti. "Kenya Has Been Trying to Regulate the Charcoal Sector: Why It's Not Working." *The Conversation*. February 23, 2021.

Solli, Hilde. "Oslo's New Climate Strategy." KlimaOslo. News release, June 10, 2020, https://www.klimaoslo.no/2020/06/10/oslos-new-climate-strategy/.

Staalstrøm, André, and Lars Petter Røed. "Vertical Mixing and Internal Wave Energy Fluxes in a Sill Fjord." *Journal of Marine Systems* 159 (2016): 15-32.

Suarez, F. L., J. Springfield, and M. D. Levitt. "Identification of Gases Responsible for the Odour of Human Flatus and Evaluation of a Device Purported to Reduce This Odour." *Gut* 43, no. 1 (1998): 100-104.

"Thousands Lose Power in Northern California Amid Roll Out of PG&E Blackouts." *KXTV*. September 7, 2020.

Venkatesh, Govindarajan. "Wastewater Treatment in Norway: An Overview." *Journal AWWA* 105, no. 5 (2013): 92-97.

Villadsen, Sebastian NB, Philip L. Fosbøl, Irini Angelidaki, John M. Woodley, Lars P. Nielsen, and Per Møller. "The Potential of Biogas; The Solution to Energy Storage." *ChemSusChem* 12, no. 10 (2019): 2147-2153.

Wang, Hailong, Sally L. Brown, Guna N. Magesan, Alison H. Slade, Michael Quintern, Peter W. Clinton, and Tim W. Payn. "Technological Options for the Management of Biosolids." *Environmental Science and Pollution Research_ International* 15, no. 4 (2008): 308-317.

Wiig Sørensen, Benedikte. "Sustainable Waste Management for a Carbon Neutral Europe." KlimaOslo. News release, February 26, 2021, https://www.klimaoslo.no/2021/02/26/the-klemetsrud-carbon-capture-project/.

Williams, Chris. "Mythbusters: Top 25 Moments." *Discovery Channel*. June 16, 2010.

World Bank. "Zero Routine Flaring by 2030 (ZRF) Initiative." Accessed April 20, 2022, https://www.worldbank.org/en/programs/zero-routine-flaring-by-2030/about.

"Yamauba." Yokai.com. Accessed April 20, 2022, https://yokai.com/yamauba/.

참고 문헌

Alewell, Christine, Bruno Ringeval, Cristiano Ballabio, David A. Robinson, Panos Panagos, and Pasquale Borrelli. "Global Phosphorus Shortage Will Be Aggravated by Soil Erosion." *Nature Communications* 11, no. 1 (2020): 1-12.

Anawar, Hossain M., Zed Rengel, Paul Damon, and Mark Tibbett. "Arsenic-Phosphorus Interactions in the Soil-Plant-Microbe System: Dynamics of Uptake, Suppression and Toxicity to Plants." *Environmental Pollution* 233 (2018): 1003-1012.

Barragan-Fonseca, Karol B., Marcel Dicke, and Joop JA van Loon. "Nutritional Value of the Black Soldier Fly (Hermetia illucens L.) and its Suitability as Animal Feed- A Review." *Journal of Insects as Food and Feed* 3, no. 2 (2017): 105-120.

Bhattacharya, Preeti Tomar, Satya Ranjan Misra, and Mohsina Hussain. "Nutritional Aspects of Essential Trace Elements in Oral Health and Disease: An Extensive Review." *Scientifica* 2016 (2016): 5464373.

Brown, Sally. "Connections: Compost+Cannabis." *BioCycle*. January 7, 2020.

Brown, Sally, Laura Kennedy, Mark Cullington, Ashley Mihle, and Maile Lono- Batura. "Relating Pharmaceuticals and Personal Care Products in Biosolids to Home Exposure." *Urban Agriculture & Regional Food Systems* 4, no. 1 (2019): 1-14.

Brown, Sally, Rufus Chaney, and David M. Hill. "Biosolids Compost Reduces Lead Bioavailability in Urban Soils." *BioCycle* 44, no. 6 (2003): 20-24.

Brown, Sally L., Rufus L. Chaney, and Ganga M. Hettiarachchi. "Lead in Urban Soils: A Real or Perceived Concern for Urban Agriculture?" *Journal of Environmental Quality* 45, no. 1 (2016): 26-36.

Brown, Sally L., Rufus L. Chaney, J. Scott Angle, and James A. Ryan. "The Phytoavailability of Cadmium to Lettuce in Long-Term Biosolids-Amended Soils." *Journal of Environmental Quality* 27, no. 5 (1998): 1071-1078.

Burke Museum. "Traditional Coast Salish Foods List." September 14, 2013, https:// www.burkemuseum.org/ news/traditional-coast-salish-foods-list.

Clague, John J. "Cordilleran Ice Sheet." In *Encyclopedia of Paleoclimatology and Ancient Environments*. Dordrecht: Springer, 2009.

Cohen, Lindsay. " 'Crappy' Solution to Soil Shortage: U.S. Open Human Waste." *KOMO News*. June 29, 2015.

Collivignarelli, Maria Cristina, Alessandro Abbà, Andrea Frattarola, Marco Carnevale Miino, Sergio Padovani, Ioannis Katsoyiannis, and Vincenzo Torretta. "Legislation for the Reuse of Biosolids on Agricultural Land in Europe: Overview." *Sustainability* 11, no. 21 (2019): 6015.

Crunden, E. A. "For Waste Industry, PFAS Disposal Leads to Controversy, Regulation, Mounting Costs." *SEJournal Online* 5, no. 42. November 18, 2020.

Defoe, Phillip Peterson, Ganga M. Hettiarachchi, Christopher Benedict, and Sabine Martin. "Safety of Gardening on Lead- and Arsenic-Contaminated Urban Brownfields." *Journal of Environmental Quality* 43, no. 6 (2014): 2064-2078.

Defoe, Phillip Peterson. "Urban Brownfields to Gardens: Minimizing Human Exposure to Lead and Arsenic." PhD diss. Kansas State University, 2014.

De Groote, Hugo, Simon C. Kimenju, Bernard Munyua, Sebastian Palmas, Menale Kassie, and Anani Bruce. "Spread and Impact of Fall Armyworm (Spodoptera frugiperda JE Smith) in Maize Production Areas of Kenya." *Agriculture, Ecosystems & Environment* 292 (2020): 106804.

Doughty, Christopher E., Andrew J. Abraham, and Joe Roman. "The Sixth R: Revitalizing the Natural Phosphorus Pump." *EcoEvoRxiv*. March 18, 2020.

Driscoll, Matt. "A Happy Ending for Tacoma Community College's Beloved Garden." *The News Tribune*. March 15, 2016.

Driscoll, Matt. "How Can We Save the Community Garden at Tacoma Community College?" *The News Tribune*. September 28, 2015.

Duwamish Tribe. "Our History of Self Determination." Accessed April 20, 2022, https://www.duwamishtribe.org/

history.

Flavell-White, Claudia. "Fritz Haber and Carl Bosch—Feed the World." *The Chemical Engineer*. March 1, 2010.

Gerling, Daniel Max. "American Wasteland: A Social and Cultural History of Excrement 1860-1920." Doctoral dissertation, University of Texas, 2012.

Gross, Daniel A. "Caliche: The Conflict Mineral that Fuelled the First World War." *The Guardian*. June 2, 2014.

Hilbert, Klaus, and Jens Soentgen. "From the 'Terra Preta de Indio' to the 'Terra Preta do Gringo': A History of Knowledge of the Amazonian Dark Earths." In *Ecosystem and Biodiversity of Amazonia*. London: InTechOpen, 2021.

Historic England. "The Great Stink—How the Victorians Transformed London to Solve the Problem of Waste." Accessed April 20, 2022, https://historicengland.org.uk/images-books/archive/collections/photographs/the-great-stink/.

Johnson, Steven. *The Ghost Map: The Story of London's Most Terrifying Epidemic—and How it Changed Science, Cities, and the Modern World*. New York: Penguin, 2006.

Kawa, Nicholas C., Yang Ding, Jo Kingsbury, Kori Goldberg, Forbes Lipschitz, Mitchell Scherer, and Fatuma Bonkiye. "Night Soil: Origins, Discontinuities, and Opportunities for Bridging the Metabolic Rift." *Ethnobiology Letters* 10, no. 1 (2019): 40-49.

Kimmerer, Robin Wall. *Braiding Sweetgrass: Indigenous Wisdom, Scientific Knowledge and the Teachings of Plants*. Minneapolis: Milkweed Editions, 2013.

King County. "DNRP Carbon Neutral." December 17, 2019, https://kingcounty.gov/depts/dnrp/about/beyond-carbon-neutral.aspx.

King County Wastewater Treatment Division. "King County Biosolids Program Strategic Plan 2018-2037." June 2018, https://kingcounty.gov/~/media/services/environment/wastewater/resource-recovery/plans/1711_KC-WTD-Biosolids-2018-2037-Strategic-Plan-rev2.ashx?la=en.

Kolbert, Elizabeth. "Head Count." *The New Yorker*. October 14, 2013.

Krietsch Boerner, Leigh. "Industrial Ammonia Production Emits More CO2 Than Any Other Chemical-Makin Reaction. Chemists Want to Change That." *Chemical & Engineering News*. June 15, 2019.

Laporte, Dominique. *History of Shit*. Translated by Nadia Benabid and Rodolphe el-Khoury. Cambridge, Massachusetts: The MIT Press, 2002.

Lehman, J. "Terra Preta Nova—Where to from Here?" In *Amazonian Dark Earths: Wim Sombroek's Vision*. Dordrecht: Springer, 2009.

Matthews, Todd. "Outside Pacific Plaza: A Garden Grows High Above Downtown Tacoma." *Tacoma Daily Index*, Accessed April 20, 2022.

National Institute for Occupational Safety and Health. "Guidance For Controlling Potential Risks To Workers Exposed to Class B Biosolids." June 6, 2014.

Orozco-Ortiz, Juan Manuel, Clara Patricia Peña-Venegas, Sara Louise Bauke, Christian Borgemeister, Ramona Mörchen, Eva Lehndorff, and Wulf Amelung. "Terra Preta Properties in Northwestern Amazonia (Colombia)." *Sustainability* 13, no. 13 (2021): 7088.

Perkins, Tom. "Biosolids: Mix Human Waste with Toxic Chemicals, Then Spread on Crops." *The Guardian*. October 5, 2019.

Philpott, Tom. "Our Other Addiction: The Tricky Geopolitics of Nitrogen Fertilizer." *Grist*. February 12, 2010.

Piccolo, Alessandro. "Humus and Soil Conservation." In *Humic Substances in Terrestrial Ecosystems*. 225-264. Amsterdam: Elsevier, 1996.

Rockefeller Foundation. "Black Soldier Flies: Inexpensive and Sustainable Source for Animal Feed." November 10, 2020.

Rolph, Amy. "What Was Washington State Like During the Last Ice Age?" *KUOW*. August 10, 2017.

Ross, Rachel. "The Science Behind Composting." *LiveScience*. September 12, 2018.

Rout, Hemant Kumar. "India's First Coal Gasification Based Fertiliser Plant on Track." *The New Indian Express*. January 10, 2021.

Santana-Sagredo, Francisca, Rick J. Schulting, Pablo Méndez-Quiros, Ale Vidal-Elgueta, Mauricio Uribe,

참고 문헌

Rodrigo Loyola, Anahí Maturana-Fernández et al. " 'White Gold' Guano Fertilizer Drove Agricultural Intensification in the Atacama Desert from AD 1000." *Nature Plants* 7, no. 2 (2021): 152-158.

Schmidt, Hans-Peter. "Terra Preta—Model of a Cultural Technique." *The Biochar Journal*. 2014.

Science History Institute. "Fritz Haber." December 7, 2017, https://www.science history.org/historical-profile/fritz-haber.

Sellars, Sarah, and Vander Nunes. "Synthetic Nitrogen Fertilizer in the U.S." *farmdoc daily* 11 (2021): 24.

Shumo, Marwa, Isaac M. Osuga, Fathiya M. Khamis, Chrysantus M. Tanga, Komi KM Fiaboe, Sevgan Subramanian, Sunday Ekesi, Arnold van Huis, and Christian Borgemeister. "The Nutritive Value of Black Soldier Fly Larvae Reared on Common Organic Waste Streams in Kenya." *Scientific Reports* 9, no. 1 (2019): 1-13.

Specter, Michael. "Ocean Dumping Is Ending, but Not Problems; New York Can't Ship, Bury or Burn Its Sludge, but No One Wants a Processing Plant." *New York Times*. June 29, 1992.

Tajima, Kayo. "The Marketing of Urban Human Waste in the Early Modern Edo/Tokyo Metropolitan Area." *Environnement Urbain/Urban Environment* 1 (2007).

Thrush, Coll-Peter. "The Lushootseed Peoples of Puget Sound Country." University of Washington Libraries Digital Collections, Accessed April 20, 2022, https:// content.lib.washington.edu/aipnw/thrush.html.

Tong, Ziya. *The Reality Bubble: Blind Spots, Hidden Truths, and the Dangerous Illusions that Shape Our World*. London: Allen Lane, 2019.

Tulalip Tribes of Washington. "Lushootseed Encyclopedia." Accessed April 20, 2022, https://tulaliplushootseed.com/encyclopedia/.

United Nations Environment Programme. "Food Waste Index Report 2021." Accessed April 20, 2022, https://www.unep.org/resources/report/unep-food-waste-index-report-2021.

Washington State Department of Ecology. "Tacoma Smelter Plume Project." Accessed April 20, 2022, https://ecology.wa.gov/Spills-Cleanup/Contamination-cleanup/Cleanup-sites/Tacoma-smelter.

"Wastewater Treatment Plant to Recycle Nutrients into 'Green' Fertilizer." *Water-World*. September 29, 2008.

Wilfert, Philipp, Prashanth Suresh Kumar, Leon Korving, Geert-Jan Witkamp, and Mark CM Van Loosdrecht. "The Relevance of Phosphorus and Iron Chemistry to the Recovery of Phosphorus from Wastewater: A Review." *Environmental Science & Technology* 49, no. 16 (2015): 9400-9414.

Winick, Stephen. "Ostara and the Hare: Not Ancient, but Not As Modern As Some Skeptics Think." Folklife Today. April 28, 2016.

Xue, Yong. " 'Treasure Nightsoil As If It Were Gold:' Economic and Ecological Links between Urban and Rural Areas in Late Imperial Jiangnan." *Late Imperial China* 26, no. 1 (2005): 41-71.

CHAPTER 10 선물

Agyei, Dominic, James Owusu-Kwarteng, Fortune Akabanda, and Samuel Akomea-Frempong. "Indigenous African Fermented Dairy products: Processing Technology, Microbiology and Health Benefits." *Critical Reviews in Food Science and Nutrition* 60, no. 6 (2020): 991-1006.

Alley, William M., and Rosemarie Alley. *The Water Recycling Revolution: Tapping into the Future*. London: Rowman & Littlefield, 2022.

Apicella, Coren L., Paul Rozin, Justin TA Busch, Rachel E. Watson-Jones, and Cristine H. Legare. "Evidence from Hunter-Gatherer and Subsistence Agricultural Populations for the Universality of Contagion Sensitivity." *Evolution and Human Behavior* 39, no. 3 (2018): 355-363.

Awerbuch, Leon, and Corinne Tromsdorff. "From Seawater to Tap or from Toilet to Tap? Joint Desalination and Water Reuse Is the Future of Sustainable Water Management." *IWA*. September 14, 2016.

Bastiaanssen, Thomaz FS, Caitlin SM Cowan, Marcus J. Claesson, Timothy G. Dinan, and John F. Cryan. "Making Sense of... the Microbiome in Psychiatry." *International Journal of Neuropsychopharmacology* 22, no. 1 (2019): 37-52.

Beal, Colin M., F. Todd Davidson, Michael E. Webber, and Jason C. Quinn. "Flare Gas Recovery for Algal Protein Production." *Algal Research* 20 (2016): 142–152.

Bested, Alison C., Alan C. Logan, and Eva M. Selhub. "Intestinal Microbiota, Probiotics and Mental Health: From Metchnikoff to Modern Advances: Part I- Autointoxication Revisited." *Gut Pathogens* 5, no. 1 (2013): 1–16.

Borenstein, Seth. "Cheers! Crew Drinks up Recycled Urine in Space." *Associated Press*. May 20, 2009.

Boxall, Bettina. "L.A.'s Ambitious Goal: Recycle All of the City's Sewage into Drinkable Water." *Los Angeles Times*. February 22, 2019.

Buck, Chris, and Jennifer Lee, directors. *Frozen II*. Disney, 2019.

Buendia, Justin R., Yanping Li, Frank B. Hu, Howard J. Cabral, M. Loring Bradlee, Paula A. Quatromoni, Martha R. Singer, Gary C. Curhan, and Lynn L. Moore. "Regular Yogurt Intake and Risk of Cardiovascular Disease Among Hypertensive Adults." *American Journal of Hypertension* 31, no. 5 (2018): 557–565.

Calysta. "Calysta Announces 39 Million Investment to Fund Global Expansion Plans." Press release. September 9, 2021, https://calysta.com/calysta-announces-39-million-investment-to-fund-global-expansion-plans/.

Calysta. "FeedKind Protein Can Enable Blue Economy and Increase Global Food Security." Press release. October 4, 2017, https://calysta.com/feedkind-protein-can-enable-blue-economy-and-increase-global-food-security/.

Campana, Raffaella, Saskia van Hemert, and Wally Baffone. "Strain-Specific Probiotic Properties of Lactic Acid Bacteria and Their Interference with Human Intestinal Pathogens Invasion." *Gut Pathogens* 9, no. 1 (2017): 1–12.

Casadevall, Arturo, Dimitrios P. Kontoyiannis, and Vincent Robert. "On the Emergence of Candida auris: Climate Change, Azoles, Swamps, and Birds." *MBio* 10, no. 4 (2019): e01397-19.

Chang, Chin-Feng, Yu-Ching Lin, Shan-Fu Chen, Enrique Javier Carvaja Barriga, Patricia Portero Barahona, Stephen A. James, Christopher J. Bond, Ian N. Roberts, and Ching-Fu Lee. "Candida theae sp. nov., a New Anamorphic Beverage-Associated Member of the Lodderomyces Clade." *International Journal of Food Microbiology* 153, no. 1–2 (2012): 10–14.

Chen, Mu, Qi Sun, Edward Giovannucci, Dariush Mozaffarian, JoAnn E. Manson, Walter C. Willett, and Frank B. Hu. "Dairy Consumption and Risk of Type 2 Diabetes: 3 Cohorts of US Adults and an Updated Meta-Analysis." *BMC Medicine* 12, no. 1 (2014): 1–14.

Cuthbert, M. O., Tom Gleeson, Nils Moosdorf, Kelvin M. Befus, A. Schneider, Jens Hartmann, and B. Lehner. "Global Patterns and Dynamics of Climate-Groundwater Interactions." *Nature Climate Change* 9, no. 2 (2019): 137–141.

Daly, Luke, Martin R. Lee, Lydia J. Hallis, Hope A. Ishii, John P. Bradley, Phillip Bland, David W. Saxey et al. "Solar Wind Contributions to Earth's Oceans." *Nature Astronomy* 5, no. 12 (2021): 1275–1285.

De Roos, Nicole M., and Martijn B. Katan. "Effects of Probiotic Bacteria on Diarrhea, Lipid Metabolism, and Carcinogenesis: A Review of Papers Published between 1988 and 1998." *The American Journal of Clinical Nutrition* 71, no. 2 (2000): 405–411.

Farré-Maduell, Eulàlia, and Climent Casals-Pascual. "The Origins of Gut Microbiome Research in Europe: From Escherich to Nissle." *Human Microbiome Journal* 14 (2019): 100065.

Fields, R. Douglas. "Raising the Dead: New Species of Life Resurrected from Ancient Andean Tomb." *Scientific American*. February 19, 2012.

Fishman, Charles. *The Big Thirst: The Secret Life and Turbulent Future of Water.* New York: Free Press, 2011.

Fox, Michael J., Kiran DK Ahuja, Iain K. Robertson, Madeleine J. Ball, and Rajaraman D. Eri. "Can Probiotic Yogurt Prevent Diarrhoea in Children on Antibiotics? A Double-Blind, Randomised, Placebo-Controlled Study." *BMJ Open* 5, no. 1 (2015): e006474.

Gao, Xing Wang, Mohamed Mubasher, Chong Yu Fang, Cheryl Reifer, and Larry E. Miller. "Dose-Response Efficacy of a Proprietary Probiotic Formula of Lactobacillus acidophilus CL1285 and Lactobacillus casei LBC80R for Antibiotic-Associated Diarrhea and Clostridium difficile-Associated Diarrhea Prophylaxis in Adult Patients." *American Journal of Gastroenterology* 105, no. 7 (2010): 1636–1641.

Gates, Bill. "Janicki Omniprocessor." *YouTube*. January 5, 2015, https://www.youtube.com/

watch?v=bVzppWSIFU0.

Gates, Bill. "This Ingenious Machine Turns Feces into Drinking Water." *GatesNotes*. January 5, 2015.

Goldenberg, Joshua Z., Christina Yap, Lyubov Lytvyn, Calvin Ka–Fung Lo, Jennifer Beardsley, Dominik Mertz, and Bradley C. Johnston. "Probiotics for the Prevention of Clostridium difficile–Associated Diarrhea in Adults and Children." *Cochrane Database of Systematic Reviews* 12 (2017).

Gorman, Steve. "U.S. High-Tech Water Future Hinges on Cost, Politics." *Reuters*. March 11, 2009.

Gross, Terry. "The Worldwide 'Thirst' For Clean Drinking Water." *NPR*. April 11, 2011.

Gunaratnam, Sathursha, Carine Diarra, Patrick D. Paquette, Noam Ship, Mathieu Millette, and Monique Lacroix. "The Acid-Dependent and Independent Effects of Lactobacillus acidophilus CL1285, Lacticaseibacillus casei LBC80R, and Lacticaseibacillus rhamnosus CLR2 on Clostridioides difficile R20291." *Probiotics and Antimicrobial Proteins* 13, no. 4 (2021): 949-956.

Haefele, Marc B., and Anna Sklar. "Revisiting 'Toilet to Tap.'" *Los Angeles Times*. August 26, 2007.

Hansman, Heather. "A New Efficient Filter Helps Astronauts Drink Their Own Urine." *Smithsonian Magazine*. September 11, 2015.

Harris-Lovett, Sasha, and David Sedlak. "Protecting the Sewershed." *Science* 369, no.6510 (2020): 1429-1430.

Hurlimann, Anna, and Sara Dolnicar. "When Public Opposition Defeats Alternative Water Projects-The Case of Toowoomba Australia." *Water Research* 44, no. 1 (2010): 287-297.

Inyang, Mandu, and Eric RV Dickenson. "The Use of Carbon Adsorbents for the Removal of Perfluoroalkyl Acids from Potable Reuse Systems." *Chemosphere* 184 (2017): 168-175.

Jones, Anthony. "Bill Gates Drinks Glass of Water That Was Human Feces Minutes Earlier." *Business 2 Community*. January 7, 2015.

Jumrah, Wahab. "The 1962 Johor–Singapore Water Agreement: Lessons Learned." *The Diplomat*. September 30, 2021.

Kambale, Richard Mbusa, Fransisca Isia Nancy, Gaylord Amani Ngaboyeka, Joe Bwija Kasengi, Laure B. Bindels, and Dimitri Van der Linden. "Effects of Probiotics and Synbiotics on Diarrhea in Undernourished Children: Systematic Review with Meta-Analysis." *Clinical Nutrition* 40, no. 5 (2021): 3158-3169.

Kim, Jungbin, Kiho Park, Dae Ryook Yang, and Seungkwan Hong. "A Comprehensive Review of Energy Consumption of Seawater Reverse Osmosis Desalination Plants." *Applied Energy* 254 (2019): 113652.

Kisan, Bhagwat Sameer, Rajender Kumar, Shelke Prashant Ashok, and Ganguly Sangita. "Probiotic Foods for Human Health: A Review." *Journal of Pharmacognosy and Phytochemistry* 8, no. 3 (2019): 967-971.

Kort, Remco. "A Yogurt to Help Prevent Diarrhea?" *On Biology*. December 8, 2015.

Kort, Remco, and Wilbert Sybesma. "Probiotics for Every Body." *Trends in Biotechnology* 30, no. 12 (2012): 613-615.

Kort, Remco, Nieke Westerik, L. Mariela Serrano, François P. Douillard, Willi Gottstein, Ivan M. Mukisa, Coosje J. Tuijn et al. "A Novel Consortium of Lactobacillus rhamnosus and Streptococcus thermophilus for Increased Access to Functional Fermented Foods." *Microbial Cell Factories* 14, no. 1 (2015): 1-14.

Lee, Hannah, and Thai Pin Tan. "Singapore's Experience with Reclaimed Water: NEWater." *International Journal of Water Resources Development* 32, no. 4 (2016): 611-621.

Mackie, Alec. "California's Water History: The Origin of 'Toilet-to-Tap.'" *CWEA*. Accessed April 20, 2022, https://www.cwea.org/news/whats-the-origin-of-toilet-to-tap/.

Marco, Maria L., Mary Ellen Sanders, Michael Gänzle, Marie Claire Arrieta, Paul D. Cotter, Luc De Vuyst, Colin Hill et al. "The International Scientific Association for Probiotics and Prebiotics (ISAPP) Consensus Statement on Fermented Foods." *Nature Reviews Gastroenterology & Hepatology* 18, no. 3 (2021): 196-208.

Marron, Emily L., William A. Mitch, Urs von Gunten, and David L. Sedlak. "A Tale of Two Treatments: The Multiple Barrier Approach to Removing Chemical Contaminants During Potable Water Reuse." *Accounts of Chemical Research* 52, no. 3 (2019): 615-622.

Martín, Rebeca, Sylvie Miquel, Leandro Benevides, Chantal Bridonneau, Véronique Robert, Sylvie Hudault, Florian Chain et al. "Functional Characterization of Novel Faecalibacterium prausnitzii Strains Isolated from Healthy Volunteers: A Step Forward in the Use of *F. prausnitzii* as a Next-Generation Probiotic." *Frontiers in Microbiology* (2017): 1226.

Mellen, Greg. "From Waste to Taste: Orange County Sets Guinness Record for Recycled Water." *The Orange County Register.* February 18, 2018.

Michels, Karin B., Walter C. Willett, Rita Vaidya, Xuehong Zhang, and Edward Giovannucci. "Yogurt Consumption and Colorectal Cancer Incidence and Mortality in the Nurses' Health Study and the Health Professionals Follow-up Study." *The American Journal of Clinical Nutrition* 112, no. 6 (2020): 1566-1575.

Nagpal, Ravinder, Shaohua Wang, Shokouh Ahmadi, Joshua Hayes, Jason Gagliano, Sargurunathan Subashchandrabose, Dalane W. Kitzman, Thomas Becton, Russel Read, and Hariom Yadav. "Human-Origin Probiotic Cocktail Increases Short-Chain Fatty Acid Production via Modulation of Mice and Human Gut Microbiome." *Scientific Reports* 8, no. 1 (2018): 1-15.

NASA. "NASA Awards Grants for Technologies That Could Transform Space Exploration." Press release, August 14, 2015, https://www.nasa.gov/press-release/nasa-awards-grants-for-technologies-that-could-transform-space-exploration.

National Research Council. *Water Reuse: Potential for Expanding the Nation's Water Supply Through Reuse of Municipal Wastewater.* Washington, DC: The National Academies Press, 2012.

Nemeroff, Carol, and Paul Rozin. "The Contagion Concept in Adult Thinking in the United States: Transmission of Germs and of Interpersonal Influence." *Ethos* 22, no. 2 (1994): 158-186.

O'Connell, Todd. "1,4-Dioxane: Another Forever Chemical Plagues Drinking-Water Utilities." *Chemical & Engineering News.* November 9, 2020.

Piani, Laurette, Yves Marrocchi, Thomas Rigaudier, Lionel G. Vacher, Dorian Thomassin, and Bernard Marty. "Earth's Water May Have Been Inherited from Material Similar to Enstatite Chondrite Meteorites." *Science* 369, no. 6507 (2020): 1110-1113.

Plunkett, Luke. "Bill Gates Drinks Water Made From Human Poop." *Kotaku.* January 7, 2015.

"Reclaimed Wastewater Meets 40% of Singapore's Water Demand." *WaterWorld.* January 24, 2017.

Reynolds, Ross, and Kate O'Connell. "Poop Water: Why You Should Drink It." *KUOW.* March 19, 2015.

Rivard, Ry. "A Brief History of Pure Water's Pure Drama." *Voice of San Diego.* September 17, 2019.

Rotch, Thomas Morgan, and John Lovett Morse. "Report on Pediatrics." *Boston Medical and Surgical Journal* 153 (1905): 724-727.

Rozin, Paul, Brent Haddad, Carol Nemeroff, and Paul Slovic. "Psychological Aspects of the Rejection of Recycled Water: Contamination, Purification and Disgust." *Judgment and Decision Making* 10, no. 1(2015): 50-63.

Rubio, Raquel, Anna Jofré, Belén Martín, Teresa Aymerich, and Margarita Garriga. "Characterization of Lactic Acid Bacteria Isolated from Infant Faeces as Potential Probiotic Starter Cultures for Fermented Sausages." *Food Microbiology* 38 (2014): 303-311.

Rubio, Raquel, Anna Jofré, Teresa Aymerich, Maria Dolors Guàrdia, and Margarita Garriga. "Nutritionally Enhanced Fermented Sausages as a Vehicle for Potential Probiotic Lactobacilli Delivery." *Meat Science* 96, no. 2 (2014): 937-942.

Ruiz-Moyano, Santiago, Alberto Martín, María José Benito, Francisco Pérez Nevado, and María de Guía Córdoba. "Screening of Lactic Acid Bacteria and Bifidobacteria for Potential Probiotic Use in Iberian Dry Fermented Sausages." *Meat Science* 80, no. 3 (2008): 715-721.

Sanitation Technology Platform. "Preparing for Commercial Field Testing of the Janicki Omni Processor." November 2019, https://gatesopenresearch.org/documents/4-181.

Singapore Ministry of Foreign Affairs. "Water Agreements." Accessed April 20, 2022, https://www.mfa.gov.sg/SINGAPORES-FOREIGN-POLICY/Key-Issues/Water-Agreements.

Slovic, Paul. "Talking About Recycled Water—And Stigmatizing It." Decision Research. February 28, 2009.

Stefan, Mihaela I., and James R. Bolton. "Mechanism of the Degradation of 1, 4-Dioxane in Dilute Aqueous Solution Using the UV/Hydrogen Peroxide Process." *Environmental Science & Technology* 32, no. 11 (1998): 1588-1595.

Steinberg, Lisa M., Rachel E. Kronyak, and Christopher H. House. "Coupling of Anaerobic Waste Treatment to

Produce Protein-and Lipid-Rich Bacterial Biomass." *Life Sciences in Space Research* 15 (2017): 32-42.

St. Fleur, Nicholas. "The Water in Your Glass Might Be Older Than the Sun." *New York Times*. April 15, 2016.

Sun, Fengting, Qingsong Zhang, Jianxin Zhao, Hao Zhang, Qixiao Zhai, and Wei Chen. "A Potential Species of Next-Generation Probiotics? The Dark and Light Sides of Bacteroides fragilis in Health." *Food Research International* 126 (2019): 108590.

Tan, Audrey, and Ng Keng Gene. "Linggiu Reservoir, Singapore's Main Water Source in Malaysia, Back at Healthy Levels for First Time Since 2016." *The Straits Times*. February 4, 2021.

Tan, Thai Pin, and Stuti Rawat. "NEWater in Singapore." Global Water Forum. January 15, 2018.

Vikhanski, Luba. *Immunity: How Elie Metchnikoff Changed the Course of Modern Medicine*. Chicago: Chicago Review, 2016.

Wastyk, Hannah C., Gabriela K. Fragiadakis, Dalia Perelman, Dylan Dahan, Bryan D. Merrill, B. Yu Feiqiao, Madeline Topf et al. "Gut-Microbiota-Targeted Diets Modulate Human Immune Status." *Cell* 184, no. 16 (2021): 4137-4153.

Westerik, Nieke, Arinda Nelson, Alex Paul Wacoo, Wilbert Sybesma, and Remco Kort. "A Comparative Interrupted Times Series on the Health Impact of Probiotic Yogurt Consumption Among School Children From Three to Six Years Old in Southwestern Uganda." *Frontiers in Nutrition* (2020): 303.

Zhang, Ting, Qianqian Li, Lei Cheng, Heena Buch, and Faming Zhang. "Akkermansia muciniphila Is a Promising Probiotic." *Microbial Biotechnology* 12, no. 6 (2019): 1109-1125.

CHAPTER 11 위안

Al-Azzawi, Mohammed, Les Bowtell, Kerry Hancock, and Sarah Preston. "Addition of Activated Carbon into a Cattle Diet to Mitigate GHG Emissions and Improve Production." *Sustainability* 13, no. 15 (2021): 8254.

Altieri, Miguel A., and Fernando R. Funes-Monzote. "The Paradox of Cuban Agriculture." *Monthly Review*. January 1, 2012.

American Chemical Society. "Sewage—Yes, Poop—Could Be a Source of Valuable Metals and Critical Elements." Press release. March 23, 2015.

Arden, Amanda. " 'Kidneys of the Earth.' Wetlands Filter and Cool Wash. Co. Wastewater." *KOIN*. September 14, 2021.

Augustin, Ed, and Fraces Robles. "Cuba's Economy Was Hurting. The Pandemic Brought a Food Crisis." *New York Times*. September 20, 2020.

Baisre, Julio A. "Assessment of Nitrogen Flows into the Cuban Landscape." *Biogeochemistry* 79, no. 1 (2006): 91-108.

BC Salmon Farmers Association. "Small Business Week Profile—Salish Soils." Press release. October 24, 2014, https://www.3blmedia.com/news/small-business-week-profile-salish-soils.

Cato, M. Porcius, and M. Terentius Varro. *On Agriculture (Loeb Classical Library No. 283)*. Translated by W. D. Hooper and Harrison Boyd Ash. Loeb Classical Library 283. Cambridge, Massachusetts: Harvard University Press, 1934.

Cederholm, C. J., D. H. Johnson, R. E. Bilby, L.G. Dominguez, A. M. Garrett, W. H. Graeber, E. L. Greda, et al. "Pacific Salmon and Wildlife—Ecological Contexts, Relationships, and Implications for Management." Washington Department of Fish and Wildlife, 2000.

Costello, Christopher, Ling Cao, Stefan Gelcich, Miguel Á. Cisneros-Mata, Christopher M. Free, Halley E. Froehlich, Christopher D. Golden et al. "The Future of Food from the Sea." *Nature* 588, no. 7836 (2020): 95-100.

Cui, Liqiang, Matt R. Noerpel, Kirk G. Scheckel, and James A. Ippolito. "Wheat Straw Biochar Reduces Environmental Cadmium Bioavailability." *Environment International* 126 (2019): 69-75.

Doubilet, David, and Jennifer Hayes. "Cuba's Underwater Jewels Are in Tourism's Path." *National Geographic*. November 2016.

Feinstein, Dianne. "Feinstein, Toomey, Menendez, Collins Introduce Bipartisan Bill to Repeal Ethanol Mandate." Press release, July 20, 2021. https://www.feinstein.senate.gov/public/index.cfm/2021/7/feinstein-toomey-menendez-collins-introduce-bipartisan-bill-to-repeal-ethanol-mandate.

Food and Agriculture Organization of the United Nations. "Fertilizer Use by Crop in Cuba." 2003. https://www.fao.org/3/y4801e/y4801e00.htm.

Food and Agriculture Organization of the United Nations. "Tackling Climate Change Through Livestock: A Global Assessment of Emissions and Mitigation Opportunities." 2013.

Gale, Mark, Tu Nguyen, Marissa Moreno, and Kandis Leslie Gilliard-AbdulAziz. "Physiochemical Properties of Biochar and Activated Carbon from Biomass Residue: Influence of Process Conditions to Adsorbent Properties." *ACS Omega* 6, no. 15 (2021): 10224-10233.

Galford, Gillian L., Margarita Fernandez, Joe Roman, Irene Monasterolo, Sonya Ahamed, Greg Fiske, Patricia González-Díaz, and Les Kaufman. "Cuban Land Use and Conservation, from Rainforests to Coral Reefs." *Bulletin of Marine Science* 94, no. 2 (2018): 171-191.

Genchi, Giuseppe, Maria Stefania Sinicropi, Graziantonio Lauria, Alessia Carocci, and Alessia Catalano. "The Effects of Cadmium Toxicity." *International Journal of Environmental Research and Public Health* 17, no. 11 (2020): 3782.

Gewin, Virginia. "How Corn Ethanol for Biofuel Fed Climate Change." *Civil Eats*. February 14, 2022.

Hansen, H. H., IML Drejer Storm, and A. M. Sell. "Effect of Biochar on in Vitro Rumen Methane Production." *Acta Agriculturae Scandinavica, Section A–Animal Science* 62, no. 4 (2012): 305-309.

Hoegh-Guldberg, Ove, Catherine Lovelock, Ken Caldeira, Jennifer Howard, Thierry Chopin, and Steve Gaines. "The Ocean as a Solution to Climate Change: Five Opportunities for Action." Washington, DC: World Resources Institute, 2019.

Hoffman, Jeremy S., Vivek Shandas, and Nicholas Pendleton. "The Effects of Historical Housing Policies on Resident Exposure to Intra-Urban Heat: A Study of 108 US Urban Areas." *Climate* 8, no. 1 (2020): 12.

Hu, Winnie. "Please Don't Flush the Toilet. It's Raining." *New York Times*. March 2, 2018.

International Biochar Initiative. "Profile: Using Biochar for Water Filtration in Rural Southeast Asia." October 2012.

Kearns, Joshua, Eric Dickenson, Myat Thandar Aung, Sarangi Madhavi Joseph, Scott R. Summers, and Detlef Knappe. "Biochar Water Treatment for Control of Organic Micropollutants with UVA Surrogate Monitoring." *Environmental Engineering Science* 38, no. 5 (2021): 298-309.

Kilcoyne, Clodagh, and Conor Humphries. "Ireland Looks to Seaweed in Quest to Curb Methane from Cows." *Reuters*. November 17, 2021.

Lark, Tyler J., Nathan P. Hendricks, Aaron Smith, Nicholas Pates, Seth A. Spawn-Lee, Matthew Bougie, Eric G. Booth, Christopher J. Kucharik, and Holly K. Gibbs. "Environmental Outcomes of the US Renewable Fuel Standard." *Proceedings of the National Academy of Sciences* 119, no. 9 (2022): e2101084119.

Lee, Uisung, Hoyoung Kwon, May Wu, and Michael Wang. "Retrospective Analysis of the US Corn Ethanol Industry for 2005-2019: Implications for Greenhouse Gas Emission Reductions." *Biofuels, Bioproducts and Biorefining* 15, no. 5 (2021): 1318-1331.

Leng, R. A., Sangkhom Inthapanya, and T. R. Preston. "Biochar Lowers Net Methane Production from Rumen Fluid in Vitro." *Livestock Research for Rural Development* 24, no. 6 (2012): 103.

Lim, XiaoZhi. "Can Microbes Save Us from PFAS?" *Chemical & Engineering News*. March 22, 2021.

McNerthney, Casey. "Heat Wave Broils Western Washington, Shattering Seattle and Regional Temperature Records on June 28, 2021." *HistoryLink.org*. July 1, 2021.

MesoAmerican Research Center. "Milpa Cycle." Accessed April 20, 2022, https:// www.marc.ucsb.edu/research/maya-forest-is-a-garden/maya-forest-gardens/milpa-cycle.

Murphy, Andi. "Meet the Three Sisters Who Sustain Native America." *PBS*. November 16, 2018.

Nelson, Amy. "An Oasis in the Most Unlikely Place." *Biohabitats*. August 3, 2015. Newman, Andy. "2 Months of Rain in a Day and a Half: New York City Sets Records." *New York Times*. August 23, 2021.

Newtown Creek Alliance. "Combined Sewer Overflow." Accessed April 20, 2022, http://www.

newtowncreekalliance.org/combined-sewer-overflow/.

Newtown Creek Alliance. "The History and Geography of Newtown Creek." Accessed April 20, 2022, https://storymaps.arcgis.com/stories/4d38389f05a94d5e8bb67e f7e5b03b32.

New York City Department of Environmental Protection. "Combined Sewer Overflow Long Term Control Plan for Newtown Creek." June 2017.

Norris, Charlotte E., G. Mac Bean, Shannon B. Cappellazzi, Michael Cope, Kelsey LH Greub, Daniel Liptzin, Elizabeth L. Rieke, Paul W. Tracy, Cristine LS Morgan, and C. Wayne Honeycutt. "Introducing the North American Project to Evaluate Soil Health Measurements." *Agronomy Journal* 112, no. 4 (2020): 3195-3215.

Odell, Jenny. *How to Do Nothing: Resisting the Attention Economy.* Brooklyn: Melville House, 2020.

Oro Loma Sanitary District. "Horizontal Levee Project." Accessed April 20, 2022, https://oroloma.org/horizontal-levee-project/.

Pandey, Avaneesh. "Poop Gold: Study Finds Human Feces Contain Precious Metals Worth Millions." *International Business Times.* March 24, 2015.

Plumer, Brad, and Nadja Popovich. "How Decades of Racist Housing Policy Left Neighborhoods Sweltering." *New York Times.* August 24, 2020.

Ramirez, Rachel. "Report: Utilities Are Less Likely to Replace Lead Pipes in Low-Income Communities of Color." *Grist.* March 12, 2020.

"Record Rainfall Floods The City: Sewer Overflow Swamps Eight Hotels and Times Square Subway Station." *New York Times.* July 29, 1913.

Richardson, Dana Erin, and Sarah Zentz, directors. "Back to Eden." ProVisions Productions, 2011.

Richter, Brent. "Lehigh's Sechelt' Mine Wins Provincial Recognition." *Coast Reporter.* October 8, 2010.

Ryan, John. "Extreme Heat Cooks Shellfish Alive on Puget Sound Beaches." KUOW. July 7, 2021.

"Salish Soils Takes Leading Role in Community." *The Local Weekly.* June 19, 2013.

"Sewage Yields More Gold than Top Mines." *Reuters.* January 30, 2009.

Shandas, Vivek, Jackson Voelkel, Joseph Williams, and Jeremy Hoffman. "Integrating Satellite and Ground Measurements for Predicting Locations of Extreme Urban Heat." *Climate* 7, no. 1 (2019): 5.

Shindell, Drew, Yuqiang Zhang, Melissa Scott, Muye Ru, Krista Stark, and Kristie L. Ebi. "The Effects of Heat Exposure on Human Mortality Throughout the United States." *GeoHealth* 4, no. 4 (2020): e2019GH000234.

Smith, Kathleen S., Geoffrey Plumlee, and Philip L. Hageman. "Mining for Metals in Society's Waste." *The Conversation.* October 1, 2015.

Sughis, Muhammad, Joris Penders, Vincent Haufroid, Benoit Nemery, and Tim S. Nawrot. "Bone Resorption and Environmental Exposure to Cadmium in Children: A Cross-Sectional Study." *Environmental Health* 10, no. 1 (2011): 1-6.

"The Ocean As Solution, Not Victim." *Living on Earth.* April 2, 2021.

U.S. Environmental Protection Agency. "Case Summary: Settlement Reached at Newtown Creek Superfund Site." Accessed April 20, 2022, https://www.epa.gov/enforcement/case-summary-settlement-reached-newtown-creek-superfund-site.

Westerhoff, Paul, Sungyun Lee, Yu Yang, Gwyneth W. Gordon, Kiril Hristovski, Rolf U. Halden, and Pierre Herckes. "Characterization, Recovery Opportunities, and Valuation of Metals in Municipal Sludges from US Wastewater Treatment Plants Nationwide." *Environmental Science & Technology* 49, no. 16 (2015): 9479-9488.

Winders, Thomas M., Melissa L. Jolly-Breithaupt, Hannah C. Wilson, James C. MacDonald, Galen E. Erickson, and Andrea K. Watson. "Evaluation of the Effects of Biochar on Diet Digestibility and Methane Production from Growing and Finishing Steers." *Translational Animal Science* 3, no. 2 (2019): 775-783.

Yearwood, Burl, Cho Cho Aung, Ridima Pradhan, and Jennifer Vance. "Toxins in Newtown Creek." *World Environment* 5, no. 2 (2015): 77-79.

CHAPTER 12 모멘텀

American Society of Civil Engineers. "2021 Infrastructure Report Card." Accessed April 20, 2022, www.infrastructurereportcard.org.

Barth, Brian. "Humanure: The Next Frontier in Composting." *Modern Farmer*. March 7, 2017.

BBC website: *A History of the World*, "Moule's Mechanical Dry Earth Closet," 2014. Bertschi School. "Where Science Lives." Accessed April 20, 2022, https://www.bertschi.org/science-wing.

Bill & Melinda Gates Foundation. "Reinvent the Toilet: A Brief History." Accessed April 20, 2022, https://www.gatesfoundation.org/our-work/programs/global-growth-and-opportunity/water-sanitation-and-hygiene/reinvent-the-toilet-challenge-and-expo.

Clivus Multrum. "About Us." Accessed April 20, 2022, https://www.clivusmultrum.eu/about-us/.

Cosgrove, Anne. "Restrooms That Recapture Water and Waste." *Facility Executive*. December 2019.

De Ceuvel. "Sustainability." Accessed April 20, 2022, https://deceuvel.nl/en/about/sustainable-technology/.

DELVA. "De Ceuvel—Amsterdam." Accessed April 20, 2022, https://delva.la/projecten/de-ceuvel/.

"Earth Closets." *OldandInteresting.com* August 15, 2007. http://www.oldandinteresting.com/earth-closet.aspx.

Engineering for Change. "Tiger Toilet." Accessed April 20, 2022, https://www.engineeringforchange.org/solutions/product/tiger-toilet/.

ENR California. "Green Project Best Project: Arch | Nexus SAC." October 5, 2017. Haukka, J. K. "Growth and Survival of Eisenia fetida (Sav.)(Oligochaeta: Lumbrici-dae) in Relation to Temperature, Moisture and Presence of Enchytraeus albidus(Henle)(Enchytraeidae)." *Biology and Fertility of Soils* 3, no. 1 (1987): 99-102.

Hennigs, Jan, Kristin T. Ravndal, Thubelihle Blose, Anju Toolaram, Rebecca C. Sindall, Dani Barrington, Matt Collins et al. "Field Testing of a Prototype Mechanical Dry Toilet Flush." *Science of the Total Environment* 668 (2019): 419-431.

Historic England. "The Story of London's Sewer System." *The Historic England Blog*. March 28, 2019, https://heritagecalling.com/2019/03/28/the-story-of-londons-sewer-system/.

Holland, Oscar. "Has the Wooden Skyscraper Revolution Finally Arrived?" *CNN*. February 19, 2020.

Hugo, Victor. *Les Misérables*. Translated by Lee Fahnestock and Norman MacAfee. London: Penguin, 2013.

International Living Future Institute. "Bertschi Living Building Science Wing." Accessed April 20, 2022, https://living-future.org/lbc/case-studies/bertschi-living-building-science-wing/.

International Living Future Institute. "Perkins SEED Classroom." Accessed April 20, 2022, https://living-future.org/lbc/case-studies/perkins-seed-classroom/.

Jenkins, Joseph. *The Humanure Handbook*. Grove City, Pennsylvania: Joseph Jenkins, 1994. Kenter, Peter. "A Community That Will Last." *Municipal Sewer & Water*. September 2016. Lalander, Cecilia, Stefan Diener, Maria Elisa Magri, Christian Zurbrügg, Anders Lindström, and Björn Vinnerås. "Faecal Sludge Management with the Larvae of the Black Soldier Fly (Hermetia illucens)—From a Hygiene Aspect." *Science of the Total Environment* 458 (2013): 312-318.

Leich, Harold H. "The Sewerless Society." *The Bulletin of the Atomic Scientists*. November 1975.

Lewis-Hammond, Sarah. "Composting Toilets: A Growing Movement in Green Disposal." *The Guardian*. July 23, 2014.

LIXIL. "LIXIL to Pilot Household Reinvented Toilets in Partnership with the Gates Foundation." Press release. November 6, 2018, https://www.lixil.com/en/news/pdf/181106_BMGF_E.pdf.

Mackinnon, Eve. "Eco-Friendly Composting Toilets Already Bring Relief to Big Cities—Just Ask London's Canal Boaters." *Independent*. May 16, 2018.

Montesano, Jin Song. "Refreshing our Sanitation Targets, Standing Firm on Our Commitments." LIXIL press release. November 15, 2019, https://www.lixil.com/en/stories/stories_16/.

Nelson, Bryn. "A Building Not Just Green, but Practically Self-Sustaining." *New York Times*. April 2, 2013.

Nelson, Bryn. "In Rural Minnesota, A 70-Acre Lab for Sustainable Living." *New York Times*. January 11, 2013.

New York Academy of Medicine Center for History (blog); "A Different Kind of Flush," by Johanna Goldberg,

November 19, 2013.

Nierenberg, Jacob. "SEED Classroom Is the Learning Space of a Greener, Better Future." *The Section Magazine*. April 7, 2020.

O'Neill, Meaghan. "The World's Tallest Timber-Framed Building Finally Opens Its Doors." *Architectural Digest*. March 22, 2019.

Perrone, Jane. "To Pee or Not to Pee." The Guardian. November 13, 2009.

Progress on Household Drinking Water, Sanitation and Hygiene 2000-2020: Five Years into the SDGs. Geneva: World Health Organization (WHO) and the United Nations Children's Fund (UNICEF), 2021.

Rolston, Kortny. "CSU Research Is in the Toilet, Literally." ₩Source₩. March 9, 2015.

Schuster-Wallace, C.J., C. Wild, and C. Metcalfe. "Valuing Human Waste as an Energy Resource: A Research Brief Assessing the Global Wealth in Waste." United Nations University Institute for Water, Environment and Health. 2015.

Sedlak, David. "The Solution to Cities' Water Problems Has Been Hiding in Rural Areas This Whole Time." ₩Quartz₩. November 14, 2018.

Sky City Cultural Center and Haak'u Museum. "Virtual Tour." Accessed April 20, 2022, https://beta. acomaskycity.org/page/virtual_tour.

TBF Environmental Solutions. "The Tiger Toilet." Accessed April 20, 2022, https:// www.tbfenvironmental.in/the-tiger-toilet.html.

UNICEF. "Billions of People Will Lack Access to Safe Water, Sanitation and Hygiene in 2030 Unless Progress Quadruples." Press release. July 1, 2021, https://www.unicef.org/press-releases/billions-people-will-ack-access-safe-water-sanitation-and-hygiene-2030-unless.

Ward, Barbara J., Tesfayohanes W. Yacob, and Lupita D. Montoya. "Evaluation of Solid Fuel Char Briquettes from Human Waste." ₩Environmental Science & Technology₩ 48, no. 16 (2014): 9852-9858.

WHO/UNICEF Joint Monitoring Programme for Water Supply, Sanitation and Hygiene (JMP). "Open Defecation." Accessed April 20, 2022, https://washdata.org/monitoring/inequalities/open-defecation.

찾아보기

Philos 31

똥

1판 1쇄 인쇄 2024년 12월 3일
1판 1쇄 발행 2024년 12월 23일

지은이 브린 넬슨
펴낸이 고현석
펴낸곳 (주)북이십일 아르테

책임편집 최윤지 **기획편집** 장미희 김지영
교정교열 박장호 **디자인** 디자인 말리북(최윤선, 오미인, 조여름)
마케팅 한충희 남정한 최명열 나은경 한경화
영업 변유경 김영남 강경남 황성진 김도연 권채영 전연우 최유성
제작 이영민 권경민
해외기획 최연순 소은선 홍희정

출판등록 2000년 5월 6일 제406-2003-061호
주소 (10881) 경기도 파주시 회동길 201(문발동)
대표전화 031-955-2100 **팩스** 031-955-2151 **이메일** book21@book21.co.kr

ISBN 979-11-7117-925-1(03400)

(주)북이십일 경계를 허무는 콘텐츠 리더

북이십일 채널에서 도서 정보와 다양한 영상 자료, 이벤트를 만나세요!

인스타그램 instagram.com/21_arte   **포스트** post.naver.com/staubin
          instagram.com/jiinpill21   post.naver.com/21c_editors

페이스북 facebook.com/21arte   **홈페이지** arte.book21.com
          facebook.com/jiinpill21   book21.com

똥에 관한 책이라고? 역겹다고 생각할지 모르지만, 전혀 그렇지 않다! 사실 이 점이 브린 넬슨이 이 영리하고 방대한 책에서 이야기하려는 것이다. 일상적인 생리 현상에 대한 우리의 혐오감은 사회의 중요한 문제들을 해결할 수 있는 기발한 방법들을 가로막고 있다. 우리가 더 '똥 같은', 그래서 더 행복한 미래를 찾아낼 수 있을까? 넬슨은 가능하다고 믿는다. 이 책을 읽고 나면 당신도 그렇게 될 것이다.

— **댄 페이긴**(Dan Fagin), 저널리스트, 퓰리처상 수상작 『톰스 리버』 저자

브린 넬슨은 방귀부터 똥, 섭취와 배출에 이르기까지 배변과 관련된 모든 것을 사랑하는 전문가다. '똥' '분뇨' '대변' '배설물', 뭐라고 부르든 우리가 알고 있다고 생각한 물질에 대해 이 책은 새롭게 바라보게 한다. 넬슨은 우리 몸에서 나오는 것들, 심지어 죽음 이후 남겨진 우리 몸조차 지구를 구할 수 있다는 놀라운 가능성을 제시한다. 경이롭다.

— **로리 개릿**(Laurie Garrett), 과학 작가, 퓰리처상 수상작 『전염병의 도래』 저자

아마도 당신은 세상을 구하고 패러다임을 바꿀 수 있는 똥의 힘에 오래전부터 매료되어 있었을지도 모른다. 아니면 지속 가능한 똥의 힘에 이제 막 눈을 뜨고 있을지도 모른다. 어느 쪽이든, 이 책은 오래된 금기를 깨고 똥이 품은 놀라운 가능성을 눈앞에 펼쳐 보일 것이다.

— **케이틀린 도티**(Caitlin Doughty), 장례지도사, 『잘해봐야 시체가 되겠지만』 저자

화장실 유머야 늘 좋아했지만, 이 책을 읽고 난 뒤에는 똥을 향한 감사함마저 느껴졌다. 똥은 더 많이 이야기되어야 할 주제다. 어쩌면 우리의 '뒷일'이 '앞일'이 되어야 할지도 모른다.

— **닉 카루소**(Nick Caruso), 동물학자, 『너도 방귀 뀌니?』 저자

브린 넬슨은 유머와 통찰력, 불굴의 의지로 "더 지저분한 미래"가 더 행복하고, 더 건강하고, 더 풍요로울 것이라고 설득한다. 『똥』은 정말 매력적인 책이다.

— **미셸 나이하우스**(Michelle Nijhuis), 저널리스트, 『소중한 짐승들』 저자

우리는 역사, 문화, 그리고 어린 시절의 경험을 통해, 우리 대장에서 나오는 것들에 대해 크게 말하거나 깊이 생각하지 않도록 훈련받아 왔다. 그러나 넬슨은 우리의 뿌리 깊은 잘못된 혐오감을 유쾌하게 뒤집는다. 『똥』은 배설물에 담긴 역사, 미스터리, 그리고 무한한 가능성을 놀랍도록 재치 있고, 지적이며, 흥미진진하게 탐험하는 대담한 여정이다.

— **메린 매케나**(Maryn McKenna), 저널리스트, 『빅 치킨』 저자

본능적으로 똥에 혐오감이 든다고 해도, 저소득 국가에서 생산된 똥이 부유한 국가에서 생산된 똥보다 평균적으로 두 배 더 무겁다는 사실에 흥미를 느끼지 않을 사람이 있을까? 미생물학 박사 브린 넬슨은 이런 흥미로운 사실들과 광범위한 과학적 정보를 놀랍도록 매끄럽게 엮어 낸다.

— 《뉴욕타임스》

폭넓고 깊이 있는 지식에 재치 있는 유머를 더했다. 우리 사회의 가장 시급한 문제를 해결하는 데 도움이 되는 기발한 아이디어에 관심이 있는 모든 사람에게 추천할 만한 책.

— 《북리스트》